普通高等教育"十一五"国家级规划教材

"十二五"江苏省高等学校重点教材

# 数字图像处理与图像通信

## (第 4 版)

朱秀昌　刘峰　胡栋　编著

U0282810

北京邮电大学出版社
www. buptpress. com

## 内容简介

本书主要介绍数字图像处理和图像通信方面的基本原理、主要技术和典型应用。全书共分13章，系统叙述了数字图像信号的基本特征，数字图像处理的基本原理和方法，静止和活动图像的压缩编码、网络传输，图像处理和图像通信领域的部分新技术和新应用。

本书可作为信号处理、通信工程、计算机应用、广播电视、自动控制、生医工程、地理信息等领域的工程技术人员、大专院校相关专业的高年级学生或研究生学习、应用图像处理和图像通信技术的教材。

**图书在版编目(CIP)数据**

数字图像处理与图像通信 / 朱秀昌，刘峰，胡栋编著. -- 4版. -- 北京：北京邮电大学出版社，2016.8(2020.8重印)

ISBN 978-7-5635-4785-2

Ⅰ. ①数… Ⅱ. ①朱… ②刘… ③胡… Ⅲ. ①数字图像处理 Ⅳ. ①TN911.73

中国版本图书馆CIP数据核字(2016)第127308号

---

**书　　名**：数字图像处理与图像通信(第4版)
**著作责任者**：朱秀昌　刘　峰　胡　栋　编著
**责 任 编 辑**：刘　颖
**出 版 发 行**：北京邮电大学出版社
**社　　址**：北京市海淀区西土城路10号(邮编：100876)
**发 行 部**：电话：010-62282185　传真：010-62283578
**E-mail**：publish@bupt.edu.cn
**经　　销**：各地新华书店
**印　　刷**：保定市中画美凯印刷有限公司
**开　　本**：787 mm×1 092 mm　1/16
**印　　张**：21.5
**字　　数**：560千字
**版　　次**：2002年5月第1版　2016年8月第4版　2020年8月第3次印刷

---

ISBN 978-7-5635-4785-2　　定　价：43.00元

**·如有印装质量问题，请与北京邮电大学出版社发行部联系·**

# 第 4 版前言

本书初版、再版及三版以来，受到了不少热心的读者及使用本书作为教材的老师和学生的肯定。正因为如此，2015 年本书被江苏省教育厅认定为“十二五”江苏省高等学校重点教材。出于对广大师生和读者的回报，也是为了更加完善本教材，我们对第 3 版进行了修订。参照读者意见和我们的教学体验，对全书的所有部分作了仔细的审视，改正了所发现的错误，修改了一些表述不妥的地方，删减了一些过时的或冗余的内容、话语，修正和改进了一些插图。

这次修订保持了本书结构大体不变，以适应多种教学环境和不同背景读者的需要。全书大致分为三个部分：第一部分，第 1～3 章，为数字图像的理论基础；第二部分，第 4～8 章，为数字图像处理的基本内容；第三部分，第 9～13 章，为数字图像通信的基本内容。

本书在编写中既注意到各章节之间的关联，又特别注意到使各章节之间保持一定的独立性。因此，在实际的教学应用中，大体上可以有三种选择方案：如果课时允许，可以全书讲授，形成较系统和全面的“数字图像处理与图像通信”课程；如果课时有一定的限制，可以讲授第 1～8 章，形成较系统的“数字图像处理”基础课程；还可以选择第 1～3 章，再加上第 9～14 章，形成较系统的“数字图像通信”基础课程。同时，在具体的讲授过程中可以根据实际情况，增减有关的内容，尤其是可灵活处理打“*”的章节。

我们虽然尽力作了修订，估计还难免存在差错之处，诚恳地希望广大读者一如既往地关注我们的教材，并给我们提出宝贵的意见、建议和希望，这是我们今天修订和今后改进的根本动力所在。

作　者

2016 年 5 月 于南京

# 目　录

# 第1章 绪　论

图像信息具有直观、形象、易懂和信息量大等特点，因此它是人们日常生活、生产中接触最多、最受欢迎的信息种类之一。近年来，随着超大规模集成电路、个人计算机以及通信网络技术的发展，图像信息的处理和传输无论是在理论研究还是在实际应用等方面都取得了长足的进展。尤其是因特网的普及、物联网需求的增加、无线通信的兴起、云计算的问世，对数字图像处理与图像通信技术的发展起了关键性的推动作用，而数字图像技术的发展又反过来促进和加速了相关技术的进步。

本章在简单归纳图像信息特点和数字图像的基础上，简要介绍了人眼视觉系统特性和图像质量的评价方法，给出了图像处理系统和图像通信系统的基本模型，回顾了图像信息技术发展的简要历程。

## 1.1 图像信息和图像技术

### 1.1.1 图像信息的特点

人们经常接触的信息主要有三大类，它们分别是语音信息、文本信息和图像信息。这里所说的图像信息的特点，是和语音、文本信息相比较而言，关注这些信息的发出、接收、理解和表达等方面有何不同。

**1. 三类信息的比较**

(1) 理解和表达方式比较

对于语音信息，人们无论是说话（发出语音信息）或听话（接收语音信息），都必须通过大脑的思维，将不同的音节“转换”为不同的含义。很显然，人们都必须遵循同一“转换”规则，使语音的含义比较明确，才能进行有效的信息交流。

文本信息是语音信息的书面“符号”表达方式，所表示的含义和相应的语音一样。但文本信息和语音信息相比更加简洁和抽象，其产生和理解，需要遵循一套严密的“转换”法则，才能将符号及其组合赋予确切的含义。文本信息的规则往往较语音信息更为复杂和严格，它所表示的内容也更为精确。为此，人们需要努力学习和掌握这些规则。

和语音、文本不同，(自然)图像反映的是人眼看到的实际存在景物，“所见即所得”，直观性强。对于通常的自然景物图像，人们不必要经过特别的学习就能自主理解，从而对同一图像也可能出现各人的解读不尽相同的情况，由此带来了图像的含义不确切问题。

(2) 接收和发出方式比较

人们在发言或聆听的过程中，基本上是一种“串行”的输入、输出方式。以发言为例，说话者必须一个字一个字地说，由若干个字形成一句话，由若干句话形成一段发言，不可能同时将这段话的每个字的所有的语音一并发出。当然，听话也是如此。

文本信息的接收或发出方式也和语音差不多，文章必须一个字一个字、一句话一句话地写出来,读书也必须逐字、逐句地读。显然,这也是一种串行的信息交流方式。

“百闻不如一见”中的“一见”表明人眼接收图像信息的方式是一种“并行”的方式,所看之处,所有的内容尽收眼底,而不是逐行逐点地观看。可见,由于图像信息的直观和便于“并行”接收,所以尽管图像的信息量庞大,但人们的接收速度却没有问题。

(3) 图像信息的特点

和语音、文本信息相比较,图像信息(这里主要指自然场景图像,不包括某些特殊的图形、标记或图标等)主要具有以下三方面特点:

一是图像的直观性强。在一般情况下图像是外界场景的直接反映,它的内容和由眼睛直接观察到的、呈现在人们脑海里的印象非常接近,或者说人们摄取图像的方法本身就是受人眼获得图像机理的启示。

二是图像的信息量特别大。俗话说“百闻不如一见”,它表明一幅图像带给人们的信息量是巨大的。例如,可以凭一张某人的照片在人群中识别出此人,但很难依据一篇描述此人的文章(尽管可以用成千上万的文字来描述)来识别他。

三是图像的表意不确切。尤其是自然场景图像,表意存在一定的模糊性,这是相对于语音和文本信息而言的。例如,面对同一幅图像,不同的观察者会有不同的理解和感受,甚至有可能给出不同的解释,如让他们写出各自观察的内容,则几乎是各不相同。

将以上叙述的内容归纳后形成表1.1。图像信息的直观性强,易于为人们所接受,能表达语音或文本信息难以表达的内容,这些就是图像信息备受人们欢迎的根本原因之一,也是图像处理和通信近来得到迅速发展的根本动力之一。

**表1.1　三类信息的特点比较**

| 信息类型 | 确切性 | 直观性 | 接收方式 | 信息量 | 易于理解程度 |
|---|---|---|---|---|---|
| 语音信息 | 中 | 中 | 串行 | 中 | 难(需转换) |
| 文本信息 | 好 | 差 | 串行 | 小 | 较难(需转换) |
| 图像信息 | 差 | 好 | 并行 | 特大 | 易(无须转换) |

**2. 图像的数据量**

数字图像的数据量很大。例如一幅普通的512×512像素组成的灰度图像,其灰度级如用8 bit的二进制数表示,则有 $2^8=256$ 级灰度,那么该图像的数据量高达512×512=256 KB。对庞大数据量的图像进行处理,必须用高速信号处理器或计算机才能胜任。如果要快速传输这一类图像数据,则必然要占用较宽的频带。再如传输标准数字电视图像所需的速率约为160 Mbit/s,而一路标准的数字语音只需64 kbit/s速率,两者相差几个数量级。所以在采集、传输、存储、处理、显示等各个环节的实现上,图像处理技术难度较大,成本也高,往往形成技术瓶颈。

虽然看起来数字图像的数据量很大,但是在图像画面上,经常有很多像素具有相同或接近的灰度,各个像素之间也不是完全独立的,具有一定的相关性。如在电视画面中,同一行中相邻两个像素或相邻两行间的像素,其相关系数可达0.9以上,而相邻两帧之间的相关性比帧内相关性一般说来还要高些。如后续章节所述,正是由于图像存在相当大的统计相关性,所以图像数据存在压缩的可能性。

## 1.1.2 图像信号

虽然我们对图像很熟悉，对图像的特点也很了解，但到底什么是图像却很难下一个严格的定义。一般而言，自然图像是当光辐射能量照在物体上，经过物体的反射或透射，或由发光物体本身发出的光能量，在图像采集设备中所呈现出的、能够为人的视觉所感知的物体的视觉信息。照片、电影、电视、图画等都属于图像的范围。

**1. 图像信号的数学表示**

图像按其亮度等级的不同，可以分成二值图像（只有黑白两种亮度等级）和灰度图像（有多种亮度等级）两种。按其色调不同，可分为无色调的灰度（黑白）图像和有色调的彩色图像两种。按其内容的变化性质不同，有静态图像和活动图像之分。而按其所占空间的维数不同，又可分为平面的二维图像和立体的三维图像等。

图像的亮度一般可以用多变量函数来表示：

$$I=f(x,y,z,\lambda,t) \tag{1.1}$$

其中，$x,y,z$ 表示空间某点的坐标，$t$ 为时间轴坐标，$\lambda$ 为光的波长。

当取 $z=z_0$ 时，则表示二维图像；当取 $t=t_0$，或 $I$ 与 $t$ 无关时，则表示静态图像；当 $\lambda$ 取为定值时则表示单色图像。

一般地，由于 $I$ 表示的是物体的反射、透射或辐射能量，因此它是正的、有界的，即

$$0\leqslant I\leqslant I_{\max} \tag{1.2}$$

其中，$I_{\max}$表示 $I$ 的最大值，$I=0$ 表示黑色。

式(1.1)是一个多维函数，它不易于分析处理，为此需要采用一些有效的方法进行降维。首先，根据三基色原理可知，$I$ 可以表示为 3 个基色分量 $I_R$、$I_G$ 和 $I_B$ 之和，即

$$I=I_R+I_G+I_B \tag{1.3}$$

其中，

$$\begin{cases}I_R=f_R(x,y,z,\lambda_R,t)\\ I_G=f_G(x,y,z,\lambda_G,t)\\ I_B=f_B(x,y,z,\lambda_B,t)\end{cases} \tag{1.4}$$

其中，$\lambda_R,\lambda_G,\lambda_B$ 为三个基色的波长。

为了进一步降低维数，还可以采用扫描技术，如电视摄像机、扫描仪等都采用了这种方法，此时一幅画面不是一次性获得，而是采用线性扫描的方法以极快的速度逐行逐点地采集，这与我们阅读一页书非常类似。对于平面灰度图像，式(1.1)中 $z=0$，$\lambda$ 为常数，$x$ 和 $y$ 分别用以 $t$ 为参数的扫描函数表示：

$$\begin{cases}x=\psi_1(t)\\ y=\psi_2(t)\end{cases} \tag{1.5}$$

于是，高维的图像被转换为一维信号。同样，利用式(1.3)、(1.4)、(1.5)也可以再恢复出原来的高维图像。

**2. 模拟视频信号**

根据三基色原理，利用 R(红)、G(绿)、B(蓝)三色不同比例的混合可以表示各种色彩。摄像机在拍摄时，通过光敏器件（如 CCD，电荷耦合器件），将光信号转换为 RGB 三基色电信号。在电视机或监视器内部，最终也是使用 RGB 信号分别控制撞击荧光屏的电子流，或液晶显示屏的驱动电路使其发光产生影像。

在实际的传输和存储中,为了和黑白电视信号兼容、节约视频信号带宽,将三基色信号按一定比例组合成亮度($Y$)和色度($U,V$)信号,它们之间的关系如下:

$$\begin{cases} Y=0.3R+0.59G+0.11B \\ U=B-Y \\ V=R-Y \end{cases} \tag{1.6}$$

为了使 $U$、$V$ 和 $Y$ 能在一个频带内传输,到达黑白/彩色视频信号接收兼容的目的,还需将这两个色度信号进行正交幅度调制。设 $U(t)$,$V(t)$ 为色度信号,$Y(t)$ 为亮度信号,则经调制后的两个色度信号分别为

$$\begin{cases} u(t)=U(t)\sin(\omega_{sc}t) \\ v(t)=V(t)\Phi(t)\cos(\omega_{sc}t) \end{cases} \tag{1.7}$$

其中,$\omega_{sc}=2\pi f_{sc}$ 为色度信号的副载波角频率,$\Phi(t)$ 是开关函数。由此产生的正交幅度调制的色度信号为

$$c(t)=u(t)+v(t)=C(t)\sin[\omega_{sc}t+\theta(t)] \tag{1.8}$$

其中,$\theta(t)=\Phi(t)\arctan[V(t)/U(t)]$,$C(t)=\sqrt{U^2(t)+V^2(t)}$。

$\Phi(t)$ 为开关函数,如 $\Phi(t)=1$,可表示 NTSC 电视制式的色度信号;如 $\Phi(t)=+1$(偶数行)或 $-1$(奇数行),则可表示彩色副载波逐行倒相的 PAL 制色度信号。

在 PAL 制视频中,行频 $f_h=15.625$ kHz,帧频为 25 Hz,场频为 50 Hz,色度副载频 $f_{sc}=283.75f_h=4.43$ MHz。而在 NTSC 制视频中,行频 $f_h=15.75$ kHz,帧频为 30 Hz,场频为 60 Hz,色度副载频 $f_{sc}=227.50f_h=3.59$ MHz。两种制式都采用隔行扫描的方式,图像宽高比皆为 4∶3。

从视频信号的频谱上看,色度信号的副载波位于亮度信号频谱的高频端,如图 1.1 所示。这样,在亮度信号的高频部分间插经过正交调制的两个色度分量,形成彩色电视的基带信号,又称为复合电视信号或全电视信号:

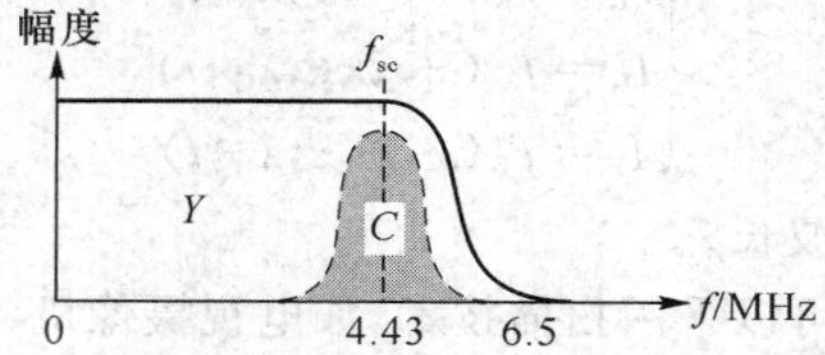


图 1.1　复合视频信号的频谱(PAL 制)

$$e(t)=Y(t)+c(t)=Y(t)+C(t)\sin[\omega_{sc}t+\theta(t)] \tag{1.9}$$

应用复合视频主要是为了方便传输以及发射。将 RGB 信号转换成 YUV 信号、Y/C 信号以及复合视频信号的过程,被称为(电视)编码,而其逆过程称为(电视)解码。另外,为了保证传送的图像能够稳定再现,实际的全电视信号还包括复合同步信号(包括行场同步、行场消隐)及色同步信号等。上面介绍的是彩色电视信号,黑白电视信号可以看作是彩色电视信号的特殊情况,此时的 $c(t)=0$。

除了复合视频输出外,几乎所有的视频设备都具有 S-Video 输出端子。S-Video 信号将亮度 $Y(t)$ 和色度信号 $c(t)$ 分两条线输出,避免了将 $Y$、$C$ 复合起来输出,然后在应用设备中又要进行 $Y$、$C$ 分离,这样的一个反复过程是有损于图像质量的。

和电影一样,视频图像也是由一系列单个静止画面组成的,这些静止画面被称为帧

(frame)。一般当帧频在每秒20～30帧之间时，视频图像的运动感觉就非常光滑连续，而低于每秒15帧时，连续运动图像就会有动画感。我国的电视标准是PAL制，它规定每秒25帧，每帧有水平方向的625扫描行。由于采用了隔行扫描(interlaced scan)方式，625行扫描线分为奇数行和偶数行，这分别构成了每一帧的奇、偶两场(field)。

## 1.1.3 数字图像技术

图像是人类获取信息的一个重要来源，图像信息的采集、处理、存储和传输等环节也和其他信息数字化浪潮同步实现了全面的数字化。

**1. 图像信息的获取、处理及应用**

(1) 获取

最常见图像处理是在以计算机为中心的包括各种输入、输出、存储及显示设备在内的数字图像处理系统上进行的。为此，必须首先为计算机获取数字图像信息。早先是先获取模拟图像，再对模拟图像进行数字化之后交由计算机处理。在如今数字化时代，大多数情况是由数字设备直接获取数字图像，然后交由计算机处理。

(2) 处理

数字图像信号处理实际上是数字信号处理(Digital Signal Processing，DSP)学科的一个分支。简单地从技术角度来看，数字图像处理就是用现代数字信号处理的方法来处理数字图像信号。因此我们有必要关注数字信号处理领域的发展。

数字信号处理通常是指利用计算机或/和专用处理设备(包括器件)，以数字的形式对信号进行采集、滤波、检测、均衡、变换、调制、压缩、去噪、估计等处理，以得到符合人们需要的信号形式。显然，这里所指的处理，就是对数字化后的信号施加某种数学运算。如对图像信号进行去噪，就是利用某种滤波运算，滤除或抑制混杂在图像数据中的噪声和干扰，提高图像质量，使图像看起来更加清晰。

从1965年快速傅里叶变换算法(FFT)提出以来，数字信号处理技术获得了重大突破。随着超大规模集成电路技术和计算机技术的发展，各种快速数字信号处理器件大量问世并得到广泛应用。目前，国际市场上涌现出多种多样的高速数字信号处理器(Digital Signal Processor，DSP)、大容量(千万门级)的现场可编程门阵列(Field Programmable Gate Array，FPGA)、高性能图像处理专用集成电路(Application Specific Integrated Circuits，ASIC)以及融合DSP、ASIC和FPGA于一体的片上系统(System On Chip，SOC)等，它们的高速运算能力解决了许多信号实时处理问题，使复杂的图像处理易于实时实现。例如，目前高性能DSP的处理能力已达数千MIPS(Million Instructions Per Second)以上，集成度高达数千万门以上，而功耗却低至0.001mW/MIPS以下。同时，器件性能的更新周期还在逐步缩短。

(3) 应用

在近代科学研究、军事技术、工农业生产、气象、医学等领域中，人们越来越多地利用图像来认识和判断事物，解决实际问题。例如，在环境保护中，人们利用人造卫星所拍摄的地面照片，来分析获取地球资源、全球气象和污染情况；在航天探测中，利用宇宙飞船所拍摄的月球、火星等表面照片，来分析这些星球的形成；在医学上，通过CT断层扫描，医生可以观察和诊断人体内部是否有病变组织；在公安侦破中，采用对指纹图像提取和比对来进行侦破；在军事上，目标的自动识别和自动跟踪都需要进行高速图像处理。图像处理的应用范围愈来愈广，时至今日，已经很难找到哪个领域不需要图像技术了。

**2. 图像处理的主要内容**

(1) 图像变换

图像变换通常是利用正交变换,如傅里叶变换、余弦(正弦)变换、沃尔什变换、哈达码变换、小波变换等,将图像转换到变换域中进行处理。如由时间域或空间域的图像转换到频率域,在频率域进行去噪处理、压缩处理等。这些变换大多都有快速算法,从而大大提高了处理运算的速度,有利于实际应用。

(2) 图像增强

图像增强主要是指利用各种灰度函数变换方法,对图像中的像素值进行处理,加强人们感兴趣部分的图像内容,包括图像灰度修正、图像平滑、噪声去除、边缘增强等。

(3) 图像复原

在景物成像过程中,由于目标的运动、系统畸变、噪声干扰等因素,导致成像后的图像的降质(或退化)。图像复原就是把降质图像(场景)尽可能恢复成原来的图像(场景)。图像复原主要研究内容包括对图像降质因素的分析和降质模型的建立,以及针对降质模型的多种复原处理方法。

(4) 图像分割

图像分割的主要目标是按照具体应用要求将图像中有意义或感兴趣的部分分离或提取出来,这种分离或提取通常是根据图像的某些特征或属性来进行的。图像分割可以帮助人们进一步理解、分析或识别图像的内容;图像分割往往不是最终的目的,经常是模式识别和图像分析的预处理。

(5) 图像重建

图像重建是对一些三维物体,应用 X 射线、超声波等方法获取物体内部的结构数据,再将此数据进行重建处理而构成物体内部某些部位的图像。其中,最成功的实际应用之一就是 CT 成像技术。

(6) 图像压缩

尽管数字图像的数据量庞大,但图像信息存在较强的内在相关性,所以可以对数字图像进行数据量的压缩处理,减少其相关性,形成高效的表示方法,在满足一定图像质量要求的前提下,最大限度地减少图像的数据量,以存储更多的图像,或节省图像传输带宽。

由于图像信息处理包括的内容太多,而且随着技术的发展,学科本身的发展及学科之间的渗透、融合,有些内容已发展成为独立的学科领域,如图像融合、图像分析、图像理解等。因此,上面列举的几项内容仅是数字图像处理最为基础的部分。

## 1.2 人眼视觉特性和图像质量评价

一般说来,图像是给人看的,人眼是图像信息最终、最重要的接受者,也是图像质量最权威的判断者。人的视觉系统具有一些重要的特殊性能,图像处理只有尽可能地顺应或利用这些特点,才能够达到高效处理、获得高质量图像的目的。

### 1.2.1 人眼视觉特性

**1. 人眼构造和视觉现象**

图 1.2 为人眼的横截面的简单示意图。眼睛的前部为一圆球,其平均直径约为 20 mm,它

由3层薄膜包着,即角膜/巩膜外壳、脉络膜和视网膜。

角膜是一种硬而透明的组织,它覆盖着眼睛的前表面。巩膜与角膜连在一起,是一层包围着眼球剩余部分的不透明的膜。

脉络膜位于巩膜的里边,这层膜包含有血管网,它是眼睛的重要滋养源。脉络膜外壳着色很重,因此有助于减少进入眼内的外来光和眼球内的回射。在脉络膜的最前面被分为睫状体和虹膜。虹膜的收缩和扩张控制着允许进入眼内的光量。虹膜的中间开口处是瞳孔,它的直径是可变的,可由2 mm变到8 mm,用以控制进入眼球内部的光通量。虹膜的前部含有明显的色素,而后部则含有黑色素。

眼睛最里层的膜是视网膜(retina),它布满在整个眼球后部的内壁上,当眼球处于适当聚焦时,从眼睛的外部物体来的光就在视网膜上成像。整个视网膜表面上分布的分离的"光接收器"造成了图像视觉。这种"光接收器"可分为两类:锥状体(cones)和杆状体(rods)细胞。每只眼睛中锥状体的数目在$6\times10^6\sim7\times10^6$之间。它们主要位于视网膜的中间部分,叫作中央凹,它对颜色很敏感,人们用这些锥状体能充分地识别图像的细节,因为每个锥状体都被接到其本身神经的一端,控制眼睛的肌肉使眼球转动,从而使人所感兴趣物体的像落在视网膜的中央凹上,锥状视觉又叫白昼视觉。

杆状体数目更多,约有$7.5\times10^7\sim1.5\times10^8$个,分布在视网膜表面上,因为分布面积较大并且几个杆状体接到一根神经的末端上,因而使接收器能够识别细节的量减少了。杆状体用来给出视野中大体的图像,它没有色彩的感觉而对照明度的景物则较敏感。例如,在白天呈现鲜明颜色的物体,在月光之下却没有颜色,这是因为只有杆状体受到了刺激,而杆状体没有色彩的感觉,杆状视觉因此又叫夜视觉。

眼睛中的晶状体与普通的光学透镜之间的主要区别在于前者的适应性强,如图1.2所示,晶状体前面的曲率半径大于后表面的曲率半径。晶状体的形状由睫状体韧带的张力来控制。为了对远方的物体聚集,肌肉就使晶状体变得较厚。

当晶状体的折射能力由最小变到最大时,晶状体的聚集中心与视网膜之间的距离约由17 mm缩小到14 mm。当眼睛聚焦到大于3 m的物体时,晶状体的折射能力最弱,当聚焦到非常近的物体时,其折射能力最强。利用这一数据,将易于计算出任何物体在视网膜上形成的图像大小。

**2. 视觉特性**

人眼除了一般的视觉功能外还具有一些其他特性,了解这些特性对图像信号的处理是很有用处的,因为不管对图像进行何种处理,在很多情况下,最后还是要由眼睛来观看的。

(1) 亮度适应能力

当一个人从一个明亮的大厅步入一个较暗的房间后,开始感到一片漆黑,什么也看不清,但经过一段时间的适应就逐渐能够看清物体,称这种适应能力为暗光适应。同样,当从暗的房屋进入明亮的大厅时,开始也是什么都看不清,但渐渐地又能分辨物体了,这种适应能力称为亮光适应。亮光适应所需时间比暗光适应短得多,它仅需1~2 s,而暗光适应需10~30 s。

人能适应亮度的范围是很宽的,由暗视阈值到强闪光之间的光强度差别约为$10^{10}$级。当然人的眼睛并不能同时适应这样宽的光强范围。一个人适应某一平均亮度时,能够同时鉴别出光强变化的范围要比这窄得多。图1.3中短交叉虚线说明了这种情况,在交点以下,主观感觉亮度是更亮,而在交点以上,主观感觉是更暗。

此外,实验可以证明,主观感觉亮度与进入眼内的外界刺激光强并非呈线性关系。图 1.3 表明,在很大范围内,主观亮度与光强的对数呈线性关系。图 1.3 中下部的曲线表明了白昼视觉和夜晚视觉的不同。

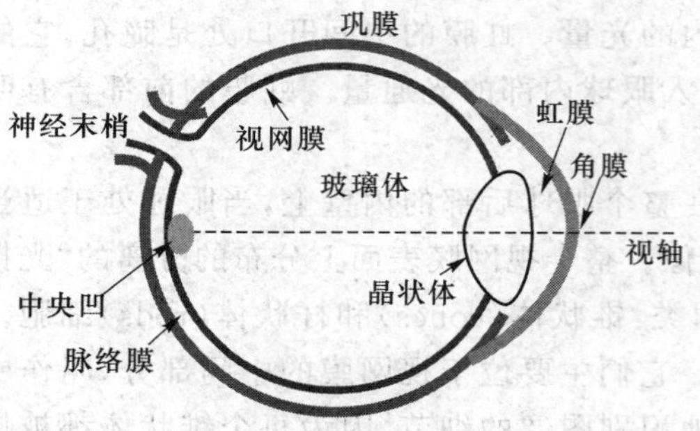


图 1.2　人眼截面示意图

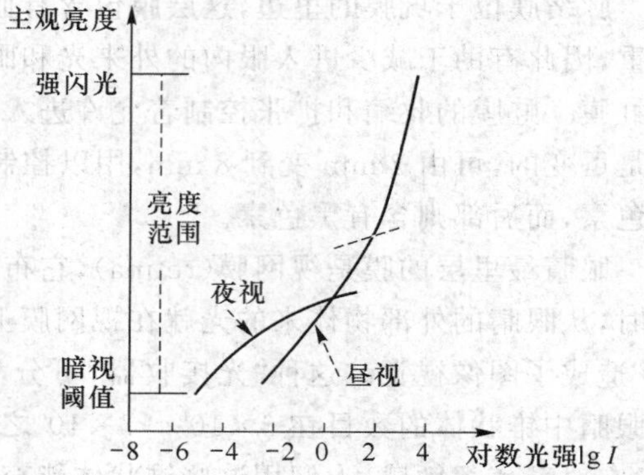


图 1.3　眼睛亮度的适应能力

(2) 同时对比度

由于人眼对亮度有很强的适应性,因此很难精确判断刺激的绝对亮度。即使有相同亮度的刺激,由于其背景亮度不同,人眼所感受的主观亮度也是不一样的。图 1.4 可用来说明同时对比的刺激,图中 3 个小方块实际上有着相同的物理亮度,但因为与它们的背景强度相关很大,故它们的主观亮度显得大不一样,这种效应就叫同时对比度。同时对比效应随着背景面积增大而显著,这种效应与后面要讨论的 Mach 带现象相类似,但是 Mach 带现象是对亮暗分界部分而言,而同时对比是由面积上亮度差产生的现象。

由于同时对比是由亮度差别引起,所以也可称为亮度对比。相应的还有色度对比,例如同样的灰色物体,背景为红时看起来带绿色,反过来,绿背景时看起来带红色。

图 1.4　同时对比度

(3) 对比灵敏度

眼睛的对比灵敏度可以由实验测得。在均匀照度为 $I$ 的背景上设有一照度为 $\Delta I+I$ 的光斑,如图 1.5(a)所示,眼睛刚能分辨的照度差 $\Delta I$ 是 $I$ 的函数,当背景照度 $I$ 增大时,能够分辨出光斑的 $\Delta I$ 也需要增大,在相当宽的强度范围内 $\Delta I/I$ 的数值为一常数,约等于 0.02。这个比值称为 Weber 比。但是在亮度很强或很弱时,这个比值就不再保持为常数。

另一个类似的实验表明,眼睛的对比灵敏度还与周围环境有关,如图 1.5(b)所示。设有两相邻的光斑,一个强度为 $I$,另一强度为 $I+\Delta I$。周围环境的照明强度为 $I_0$,实验测得,$\Delta I/I$ 比值为常数的范围要大大减小,而且是环境照明强度 $I_0$ 的函数,图 1.5(b)中曲线表明了这一点。更有趣的是图中曲线谷点的包络线和图 1.5(a)中的曲线相同。在环境照明强度为 $I_0$ 情况下,$\Delta I/I$ 的比值为常数的范围虽大大减小,但它仍可和大多数电子成像系统的动态范围相

比拟。因为对数强度的微分为

$$d(\log I)=dI/I \tag{1.10}$$

这表明由于主观感觉亮度的变化是 $\Delta I/I$，因此为了适应人的视觉特性，先对输入图像进行对数运算的预处理是有益的。人眼刚能分辨的亮度差异(Just Notice Difference，JND)所需要的最小光强度差值，为亮度的辨别阈值。只有当亮度变化值达到 JND 值时，人眼才会有所感觉。

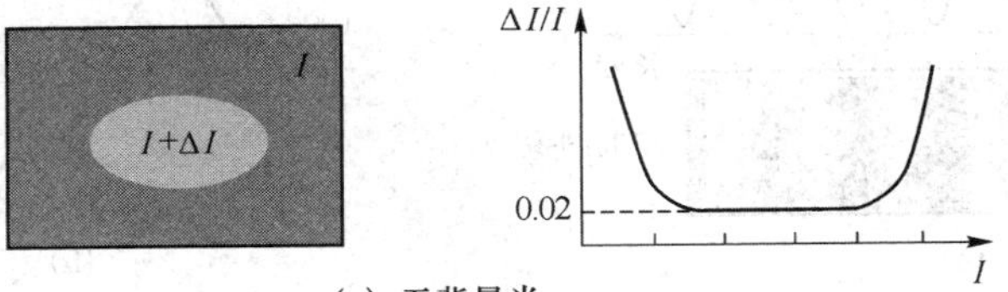


(a) 无背景光

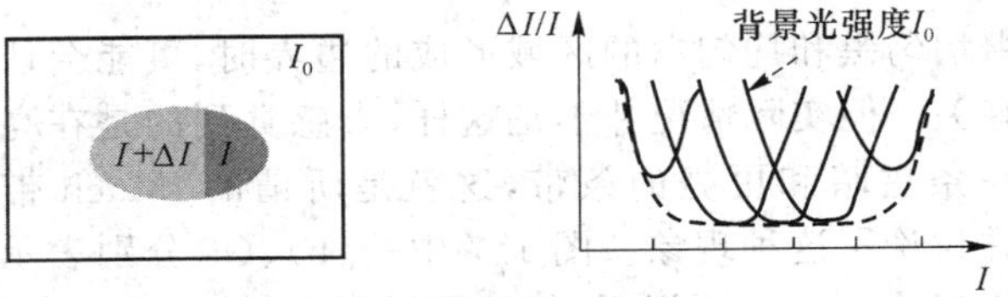


(b) 有背景光

图 1.5　对比灵敏度的测定

(4) 分辨率

对于空间上或时间上二相邻的视觉信号，人们刚能鉴别出二者存在的能力称为视觉系统的分辨率。这一特性显然与视网膜上单位面积内分布的视细胞数有关。如果把视网膜看成由许多感光单元镶嵌在其上的视细胞镶嵌板，那么若单位面积内的感光单元减少，则对图像的分辨能力也会随之减小。

分辨率可用视觉锐度(Visual Acuity)或调制传递函数(Modulation Transfer Function，MTF)来表示，前者表示视觉辨认物体细节的能力，所能分辨的最小视角，后者表示视觉对不同频率的正弦光栅刚能鉴别所要求的信号对比度。这两种测度实际上是互相补充的。第一种定义在空间域，第二种则定义在相应的频率域。

最为常见的测试分辨率的工具是一种由一组黑白相间的线条组成的测试卡。其中一条白线和一条同样宽度的黑线组成一线对，当线对的宽度越来越窄，直到眼睛不能区分黑白线时，就用 1 mm 内的线对数来定义分辨率。当然也可用刚能辨别出的试验模式视角的倒数 $1/\alpha$ 来定义锐度，这里 $\alpha$ 以分为单位。分辨率与照度有关，当照度太低时，只有杆状细胞起作用，故分辨率很低。当照度增加时，分辨率增加。但当照度太强时，背景亮度和物体亮度相接近，此时受侧抑制作用，分辨率反而又降低。分辨率还与刺激位置有关，当刺激落在中央凹时分辨率最高，在中央凹的四周分辨率迅速下降，在这之外则缓慢减小，而在视网膜的四周分辨率最低。

调制传递函数是另一种表示分辨率的测度。如果把人眼看成一个精密的光学系统，可用分析光学系统的方法来研究人的视觉特性。令输入图像的强度是沿水平方向按正弦方式变化的线栅，如图 1.6(a)所示，单位长度正弦变化的周期数即为空间频率。测试视觉调制传递函数的过程是让观察者在一定距离处观看两张这样变化的正弦光栅。一张图片作为参考图，其对比度和空间频率是固定的，另一张是测试图片，它的对比度和空间频率是可变的。测试图片在一定的空间频率下改变其对比度，直到观察者对两张图片的亮度感觉相同为止，然后测试图换一频率,重复以上步骤。这样就可得到视觉的 MTF,图 1.6(b)所示即是一例。从图中可以看出,调制传递函数具有带通滤波特性,它的最灵敏空间频率是在 2～5 Hz/(°)的范围内。

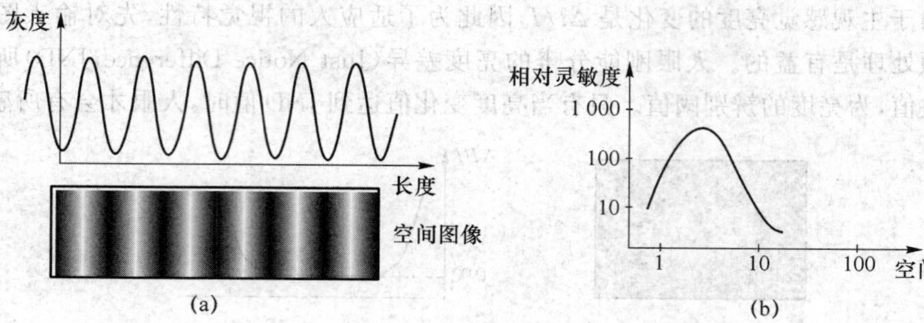

图 1.6　MTF 的特性

(5) Mach 带

人们在观察一条由均匀黑和均匀白的区域形成的边界时,可能会认为人的主观感受是与边界区域像素的强度有关。但实际情况并不是这样,人感觉到的是在亮度变化部位附近的暗区和亮区中分别存在一条更暗和更亮的条带,这就是所谓的“Mach 带”,如图 1.7(a)所示。Mach 在 1865 年观察并讨论了这种现象。图 1.7 中的(b)、(c)分别表示了实际的图像强度和主观感觉的图像强度的变化情形。可以看出,实际图像的左右两边是两个不同灰度的条带。而主观亮度中增加了一个分量,它相当于对原图进行了二阶导数的操作,这是因为在阶跃边界处主观的反差显著地增强了。

(6) 视觉暂留

人眼的视觉暂留现象描述了主观亮度和光作用时间的关系。当一定强度的光突然作用于视网膜时,人眼并不能立即获得稳定的亮度感觉,而需经过一个短暂的变化过程才能够达到稳定的亮度感觉。在过渡过程中,先随时间变化由小到大,达到最大值后,再回降到稳定的亮度感觉值;与此相反,当作用于人眼的光线突然消失后,亮度感觉并非立即消失,而是近似按指数规律下降而逐渐消失的。图 1.8(a)、(b)分别表示实际亮度和主观亮度感觉随时间的变化过程。

人眼亮度感觉变化滞后于实际亮度变化的视觉暂留现象是人眼重要特性之一,它表明人眼不能够及时地随着外界光照强度的变化而变化。人眼视觉暂留时间,在日间约为 0.02 s,夜间视觉时约为 0.2 s。也正是我们人眼的这种特性,使得人们“误”将连续更换的画面当成连续活动的图像,电影或电视都是利用人眼这一特性而获得动感效果的。如果人眼没有视觉暂留特性,还不知道如何才能看到动态场景的重现呢?

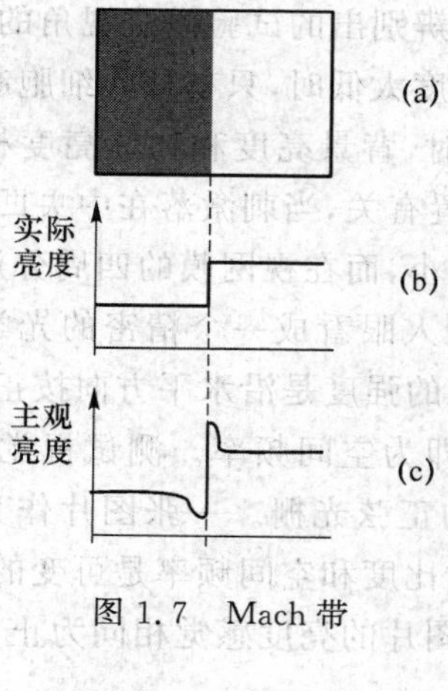

图 1.7　Mach 带

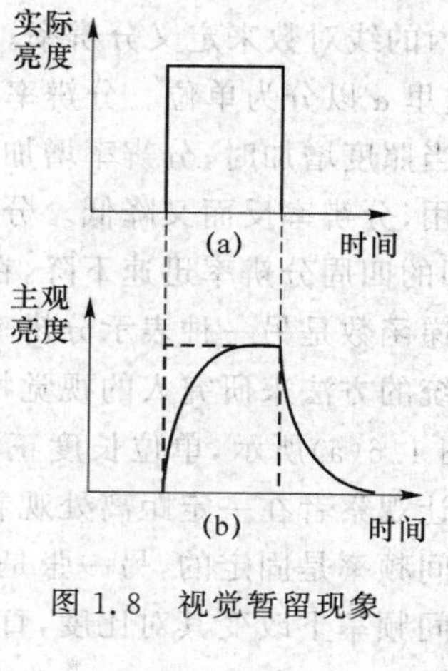

图 1.8　视觉暂留现象

## 1.2.2 图像质量的评价方法

对于图像处理或图像通信系统，其信息的主体是图像，衡量这个系统的重要指标，就是图像的质量。例如，在图像编码中，要求在保持被编码图像一定质量的前提下，以尽量少的码字来表示图像，以便节省信道和存储容量。而图像增强就是为了改善图像显示的主观视觉质量。再如图像复原，则用于补偿图像的降质，使复原后的图像尽可能接近原始图像质量。所有这些，都要求有一个合理的图像质量评价方法。

图像质量的含义包括两方面：一个是图像的逼真度，即被评价图像与原标准图像的偏离程度；另一个是图像的可懂度，是指图像能向人或机器提供信息的能力。相比较而言，图像的可懂度属于更高一层次的问题，涉及更多人的感知判断，难以统一评价，所以当前的图像质量评价的重点主要在于图像的逼真度，考察处理后图像和原图像的一致性程度。尽管最理想的情况是能够找出图像逼真度和图像可懂度的定量描述方法，以作为评价图像和设计图像系统的依据。但是，由于目前对人的视觉系统性质还没有充分理解，对人的心理因素尚无定量描述方法，因而用得较多、最具权威性的还是所谓的主观评价方法。

**1. 图像质量的主观评价**

图像的主观评价就是通过人来观察图像，对图像的优劣作主观评定，然后对评分进行统计平均，就得出评价的结果。这时评价出的图像质量与观察者的特性及观察条件等因素有关。为保证主观评价在统计上有意义，选择观察者时既要考虑有未受过训练的"外行"观察者，又要考虑有对图像技术有一定经验的"内行"观察者。另外，参加评分的观察者至少要有20名，测试条件应尽可能与使用条件相匹配。

在图像质量的主观评价方法中又分两种评价计分方法，就是国际上通行的5级评分的质量尺度和妨碍尺度，如表1.2所示。它是由观察者根据自己的经验，对被评价图像做出质量判断。在有些情况下，也可以提供一组标准图像作为参考，帮助观察者对图像质量做出合适的评价。一般来说，对非专业人员多采用质量尺度，对专业人员则使用妨碍尺度为宜。

**表1.2 两种尺度的图像5级评分**

| 妨碍尺度 | 得分 | 质量尺度 |
|---|---|---|
| 无觉察 | 5 | 非常好 |
| 刚觉察 | 4 | 好 |
| 觉察但不讨厌 | 3 | 一般 |
| 讨厌 | 2 | 差 |
| 难以观看 | 1 | 非常差 |

图像质量主观评价试验可依据国际标准ITU-R的BT.500-11"电视图像质量主观评价方法"和ITU-R的BT.710-2"高清晰度电视图像质量的主观评价方法"进行。其中常用的方法就是双刺激连续质量打分法(Double Stimulus Continuous Quality Scale，DSCQS)。试验中向评价者交替展示一系列的图片或两个视频序列A和B，一个是未受损的"原始"序列，另一个是受损的测试序列，然后要求观察者给出A和B的质量评分(5分制，从"非常好"到"非常差")。这两个序列的顺序，在测试的过程中被随机地给出，这样评价者就不知道哪个是原始的，哪个是受损序列，从而防止了评价者带偏见地比较这两个序列。

**2. 图像质量的客观评价**

尽管主观质量的评价是最权威的方式,但是在一些研究场合,或者由于实验条件的限制,也希望对图像质量有一个定量的客观描述。图像质量的客观评价由于着眼点不同而有多种方法,这里介绍的是几种经常使用的针对灰度图像的逼真度测量方法。对于彩色图像逼真度的定量表示是一个更加复杂的问题,实用中往往是将彩色图像的各个彩色分量作为灰度图像分别进行评价。

(1) 均方误差值

对于数字图像,设 $f(m,n)$ 为原参考图像,$\hat{f}(m,n)$ 为其降质图像,尺寸都是 $M\times N$,即 $M$ 行、$N$ 列,它们之间的均方误差值(Mean Square Error,MSE)定义如下:

$$\mathrm{MSE}_Q=\frac{1}{M\cdot N}\sum_{n=0}^{N-1}\sum_{m=0}^{M-1}\{Q[f(m,n)]-Q[\hat{f}(m,n)]\}^2 \tag{1.11}$$

其中,运算符 $Q[\cdot]$ 表示在计算逼真度前,为使测量值与主观评价的结果一致而进行的某种预处理,如对数处理、幂处理等。为简单起见,也常用 $Q[f]=f$,即不做任何预处理,这时它们的 $\mathrm{MSE}_Q$ 简化为

$$\mathrm{MSE}=\frac{1}{M\cdot N}\sum_{n=0}^{N-1}\sum_{m=0}^{M-1}[f(m,n)-\hat{f}(m,n)]^2 \tag{1.12}$$

(2) 峰值信噪比

设 $A$ 为图像 $f(m,n)$ 的最大灰度值,如对 8 比特精度的图像,$A=2^8-1=255$,则 $M\times N\times A^2$ 可看成图像信号的峰值功率,将 $\sum_{n=0}^{N-1}\sum_{m=0}^{M-1}[f(m,n)-\hat{f}(m,n)]^2$ 看成因图像降质而引起的噪声功率,则可以用峰值信噪比(Peak Signal Noise Ratio,PSNR)来表示图像的逼真度,单位为 dB:

$$\mathrm{PSNR}=10\cdot\lg\frac{M\times N\times A^2}{\sum_{n=0}^{N-1}\sum_{m=0}^{M-1}[f(m,n)-\hat{f}(m,n)]^2}=10\cdot\lg\left(\frac{A^2}{\mathrm{MSE}}\right) \tag{1.13}$$

上述均方误差(MSE)和峰值信噪比(PSNR)是 ITU-R 视频质量专家组(Video Quality Experts Group,VQEG)规定的两个简单的图像质量客观评价技术参数,因而也是两个最为常用的参数。

虽然 PSNR(也包括 MSE)在研究和测试中经常被采用,但它还存在一定的局限性:一是为了获得 PSNR 数据,需要用原始的图像作为对比,这在不少情况下是难以实现的。二是 PSNR 往往不一定准确地反映主观的图像质量值,相同的 PSNR 值并不一定表示其主观的质量一样,主观上感觉好的图像不一定 PSNR 值高。为了克服 PSNR 方法的局限性,包括 VQEG 在内的很多研究人员致力于开发更加合理的客观的测试过程,提出了多种客观测试方法,下面介绍的基于结构相似性 SSIM 的图像质量评价方法就是一种和主观评价比较接近的尝试。但是,目前还没有一个可以完全代替主观测试的方法。

**3. SSIM 图像质量评价**

由于大多数图像应用的最终评价主体是人,因此充分考虑 HVS 特性的图像主观质量评价方法是近来大家所关注的问题。基于结构相似性(Structure Similarity Image Measurement,SSIM)图像质量评价方法仍然是一种有参考图像的客观评价,但它充分考虑了人眼视觉特性。这个方法认为,相对于亮度和对比度信息,人类视觉系统对图像中的结构信息高度敏

感,具有自动从视觉感知中提取的结构信息的能力,因此结构信息量的变化能够反映一个图像视觉感知失真的程度。而且,从图像形成的角度上看,结构信息反映了场景中物体的结构,它基本独立于图像的亮度和对比度,亮度或对比度的改变对图像结构信息影响不大。

SSIM 方法对原始图像与失真图像分别从亮度、对比度和结构 3 个方面的相似性进行比较,最后计算出的 SSIM 值。实验证明,SSIM 评价与主观质量评价比较一致,而且由于计算量较小。

SSIM 的比较对象为两幅灰度图像 $x$ 和 $y$,设其中一个为参考图像,另外一个为失真图像。它们的亮度、对比度和结构度的定义如下:

亮度的比较表达式为

$$l(x,y)=\frac{2\mu_x\mu_y+C_1}{\mu_x^2+\mu_y^2+C_1} \tag{1.14}$$

对比度的比较表达式为

$$c(x,y)=\frac{2\sigma_x\sigma_y+C_2}{\sigma_x^2+\sigma_y^2+C_2} \tag{1.15}$$

结构的比较表达式为

$$s(x,y)=\frac{2\sigma_{xy}+C_3}{\sigma_x\sigma_y+C_3} \tag{1.16}$$

上述 3 式中,$x$ 的平均强度为 $\mu_x=\frac{1}{N}\sum_{i=1}^{N}x_i$,标准差为 $\sigma_x=\frac{1}{N-1}\sum_{i=1}^{N}(x_i-\mu_x)^2$,$y$ 的平均强度、标准差和 $x$ 类似,$x$、$y$ 之间的协方差为 $\sigma_{xy}=\frac{1}{N-1}\sum_{i=1}^{N}[(x_i-\mu_x)(y_i-\mu_y)]$,$C_1$、$C_2$、$C_3$ 是为了避免分母接近零时测量值不稳定而定义的小常数。公式中所有的变量都需作归一化处理。最后,将这个 3 个比较式(1.14)、式(1.15)和式(1.16)组合起来成为图像 $x$ 和 $y$ 的 SSIM 指数:

$$\mathrm{SSIM}(x,y)=[l(x,y)]^{\alpha}\cdot[c(x,y)]^{\beta}\cdot[s(x,y)]^{\gamma} \tag{1.17}$$

为了简化表达,设定 $\alpha=\beta=\gamma=1$ 并且 $C_3=C_2/2$,则 SSIM 指数为

$$\mathrm{SSIM}(x,y)=\frac{(2\mu_x\mu_y+C_1)(2\sigma_{xy}+C_2)}{(\mu_x^2+\mu_y^2+C_1)(\sigma_x^2+\sigma_y^2+C_2)} \tag{1.18}$$

这样得到的 SSIM 指数 $0\leqslant\mathrm{SSIM}(x,y)\leqslant1$,且 SSIM 值越接近 1,说明失真图像的主观质量越好。结构相似度函数具有以下特性:

(1) 对称性:$\mathrm{SSIM}(x,y)=\mathrm{SSIM}(y,x)$。

(2) 有界性:$\mathrm{SSIM}(x,y)\leqslant1$。

(3) 具有唯一的最大值:当且仅当 $x=y$ 时,$\mathrm{SSIM}(x,y)=1$。

由于图像统计特征通常是非全局平稳的,对整幅图像计算 SSIM 指数,不如局部分块的效果好。例如,把图像分成不重叠的 8×8 的小块,分块计算它们的 SSIM 值,整幅图像的 SSIM 值由各块的测量值加权平均得到,也可由简单平均得到

$$\mathrm{SSIM}(X,Y)=\frac{1}{M}\sum_{j=1}^{M}\mathrm{SSIM}(x_j,y_j) \tag{1.19}$$

其中,$X$ 和 $Y$ 分别是参考图像和失真图像,$x_j$ 和 $y_j$ 分别是它们的对应位置的第 $j$ 个小块,$M$ 是图像小块的个数。

SSIM 质量评价方法考虑了 HVS 特性,从高层视觉特性出发理解图像质量,避免了底层建模的复杂性,以一种简洁的方式较好地评价了图像质量,与主观视觉质量基本上保持一致

性,很大程度上克服了 PSNR 等指标和主观感受并不完全一致的缺陷。

**4. 其他评价方法**

图像质量评价结果受人的因素影响较大,除了人的视觉系统因素外,还会受到环境条件、视觉性能、人的情绪、兴趣所在以及应用目标等因素的影响。因此,针对应用场合的不同,还有其他一些评价方法。例如,ISO 在制订 MPEG-4 标准时提出采用两种方式来进行视频图像质量的评价,一种是基于感觉的质量评价(perception-based quality assessment),另一种是基于任务的质量评价(task-based quality assessment)。根据具体的应用情况,可以选择其中一种或两种方式。

(1) 基于感觉的质量评价

其基本方法相当于前面的主观质量的评价,但同时考虑到声音、图像的联合感觉效果也可能影响图像的质量。例如,人们对呈现于优美的音乐环境中的同一幅画面的感觉一般会比它处于恶劣噪声环境中要好。

(2) 基于任务的质量评价

通过使用者对一些典型的应用任务的执行情况来判别图像的适宜性。比较典型的是:脸部识别、表情识别、盲文识别、物体识别、手势语言、手写文件阅读,以及机器自动执行某些工作等。此时对图像质量的评价并不完全建立在观赏的基础上,更重要的是考虑图像符号的表示功能,如对哑语手势图像,主要看它是否能正确表达适当的手势。

## 1.3 图像系统的构成

### 1.3.1 图像系统的线性模型

为了简单起见,实践中通常把传输或处理图像信号的系统近似为二维线性位移不变系统。与我们熟悉的一维线性时不变系统类似,这种系统的频率响应是该系统的脉冲响应的傅里叶变换。

设对二维函数所做的运算 $L[\cdot]$满足以下两式:

$$L[f_1(x,y)+f_2(x,y)]=L[f_1(x,y)]+L[f_2(x,y)] \tag{1.20}$$

$$L[a\cdot f(x,y)]=a\cdot L[f(x,y)] \tag{1.21}$$

其中,若 $a$ 为任意常数,则称此运算为二维线性运算,由它所描述的系统为二维线性系统。

和一维线性系统类似,当二维线性系统的输入为单位脉冲函数 $\delta(x,y)$时,系统的输出便称为脉冲响应,用 $h(x,y)$表示,故有 $L[\delta(x,y)]=h(x,y)$。

二维单位脉冲函数 $\delta(x,y)$可定义为

$$\delta(x,y)=\begin{cases}\infty, & x=y=0\\ 0, & \text{其他}\end{cases} \tag{1.22}$$

且满足:

$$\int_{-\infty}^{\infty}\int_{-\infty}^{\infty}\delta(x,y)\mathrm{d}x\mathrm{d}y=\int_{-\varepsilon}^{\varepsilon}\int_{-\varepsilon}^{\varepsilon}\delta(x,y)\mathrm{d}x\mathrm{d}y=1 \tag{1.23}$$

其中,$\varepsilon$ 为任意小的正数。

由二维单位脉冲函数 $\delta(x,y)$定义易得出以下几个性质:

(1) 采样性质

$$f(x,y)\delta(x-\alpha,y-\beta)=f(\alpha,\beta)\delta(x-\alpha,y-\beta) \tag{1.24}$$

(2) 筛选性质

$$\int_{-\infty}^{\infty}\int_{-\infty}^{\infty} f(x,y)\delta(x-\alpha,y-\beta)\mathrm{d}x\mathrm{d}y = f(\alpha,\beta) \tag{1.25}$$

(3) 偶函数和可分离性质

$$\delta(-x,-y)=\delta(x,y)=\delta(x)\cdot\delta(y) \tag{1.26}$$

由于 $h(x,y)$ 是当系统的输入为 $\delta$ 函数或理想点光源时的系统输出，是对点光源的响应，因此也称之为点扩展函数(Point Spread Function, PSF)。$\delta$ 函数经过理想的图像传输系统的点扩展函数 $h(x,y)$ 后，仍然能保持它的单位脉冲特性。而质量差的图像传输系统 $h(x,y)$ 会把图像中的 $\delta$ 函数在其中心点处弥散开来。

当输入的单位脉冲函数延迟了 $\alpha$、$\beta$ 单位后，若有

$$L[\delta(x-\alpha,y-\beta)]=h(x-\alpha,y-\beta) \tag{1.27}$$

则称此系统为二维线性位移不变系统。

### 1.3.2　图像处理系统

实际的图像处理系统的是一个非常复杂的，既包括硬件又包括软件的系统，随着具体的应用目标的不同，其构成也是大不相同的。但是，如果从它们最基本的功能特征出发，可以构建出图 1.9 这个数字图像处理系统的概念模型。

在这个基本的系统中，包括了 5 大部分图像处理功能：待处理图像信号的输入，即采集模块；已处理图像信号的输出，即显示模块；在处理过程中需要用到的控制和储存模块；和用户打交道的存取、通信模块；最为关键的图像处理核心模块。

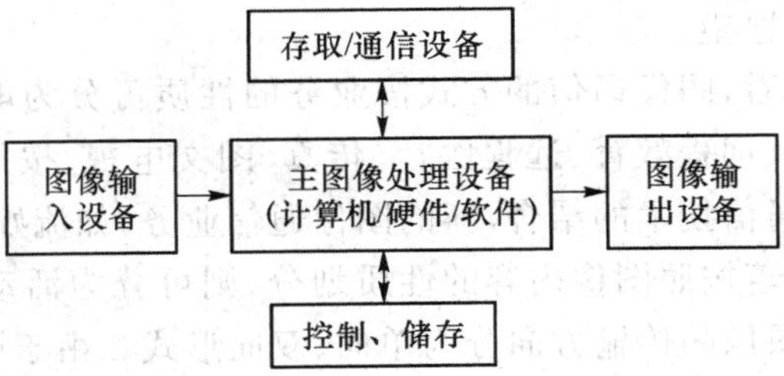


图 1.9　数字图像处理系统模型

**1. 图像输入设备**

根据不同的应用需求，图像的输入可以采用不同的方式，如 CCD 摄像机、数字照相机、磁带录像机的输出，激光视盘的输出，红外/X 光摄像机、扫描仪的输出，计算机断层扫描机、核磁共振(MRI)的输出等。此外，接收的广播电视信号，来自其他图像处理系统的信号，也可以作为图像处理系统的输入。

**2. 图像输出设备**

平板液晶显示器(LCD)和发光二极管(LED)显示器是近年来迅速发展的一种显示设备，取代了以往的玻璃屏幕阴极射线管(CRT)显示器和近年来的等离子(PDP)显示器。此外，输出设备还包括彩色打印机、硬拷贝机、彩色绘图仪等。

**3. 图像存储和控制设备**

控制设备主要是用于在图像处理过程中对主图像处理设备进行控制，如键盘、鼠标、触摸屏、遥控器、控制杆、各种开关等；图像存储设备主要是用于在图像处理的过程中，对图像信息

本身和其他相关信息的进行暂时或永久的存储，如各种 RAM、ROM、闪存(Flash Memory)、硬盘、光盘、磁带机等。

**4. 用户存取、通信设备**

有些情况下，用户需将已处理好的或还要进一步处理的图像信号取出或送入主图像处理设备，该模块可满足用户的这一需求。存取可以是本地的操作，如光盘、磁带、硬盘或各种存取器件等，也可以是网络存储，甚至是云存储(Cloud Storage)；而通信则是相当于远端的存取操作，如基于局域网、Internet、数字通信网的通信设备等。

**5. 主图像处理设备**

这部分是图像处理系统的核心。主处理设备可以大到分布式计算机组、大型计算机，小至一台微机，甚至嵌入式系统、片上系统(SOC)或 DSP 芯片等。除了硬件外，更重要的是它还包括用于图像处理的各种通用或专用软件，其规模可以是一套图像处理系统软件，也可能只是一段图像处理指令。

### 1.3.3 图像通信系统

图像通信系统所传送的主要是人的视觉能够感知的图像信息，包括自然景物、文字符号、动画图形等。在通信的发送端，由图像输入设备将图像信息变为电信号，经光、电等传输媒体传送到通信的接收端，再将其恢复成视觉可以接收的形式。通信中引入图像信息的传输，不仅大大地丰富了通信的内容，而且也更符合人获取信息的生理、心理特点。例如，用图像、声音等信息综合起来的声像或视听业务(Audio-Video Service)取代单一的电话通信方式后，使“只闻其声不见其容”的通信变为“既闻其声又见其容”的通信，通信过程更加自然生动，满足了人们进行“面对面”信息交流的愿望。

目前从应用的角度来看，图像通信的方式按业务的性质可分为电视广播、网络视频、可视电话、会议电视、远程监控、远程教育、远程医疗、传真、图文电视、按需电视(VOD)、Web 视频等。随着计算机、电视与通信技术的结合，新的图像通信业务，如流媒体、网络视频(IPTV)、手机视频等正在不断出现。若按照图像内容的性质划分，则可分为活动图像和静止图像通信两大类。另外，还可以根据图像的传输方向分为单向、双向形式。由于图像信息具有信息量大的特点，图像通信需要占用比话音通信大得多的信道带宽。为了使图像通信在大众中普及应用，就必须根据不同类型的图像的特点，采用行之有效的信息压缩方法，达到图像信息的高效传输的目的。

如图 1.10 所示是一个基本的数字图像通信系统(单向)组成框图。图中左边是发送端，右边是接收端。在发送端，图像信源首先进入的数字化部分，经过 A/D 转换形成数字图像信号。信源编码的作用是去除或减少图像信息中的冗余度，压缩图像信号的频带或降低其数码率，以达到经济有效地传输或存储的目的。经过压缩后的图像信号，由于去除了冗余度，相关性减少，抗干扰性能较差。为了增强其抗干扰的能力，通常可对其进行信道编码，即适当增加一些保护码(纠错码)。这时数码率虽然略有所增加，但却显著提高了抗干扰性能。最后，系统中的调制部分把信号变为更适宜于信道中传输的形式，常用的数字调制方式有 mPSK、mQAM、VSB、OFDM 等。在接收端，接收信号的解调、信道解码、信源解码等部分均为发送端相应部分的逆过程，这里不再赘述。有时，为了获得更好的图像质量，可在信源编码之前增加预处理，在解码之后、显示之前增加后处理。

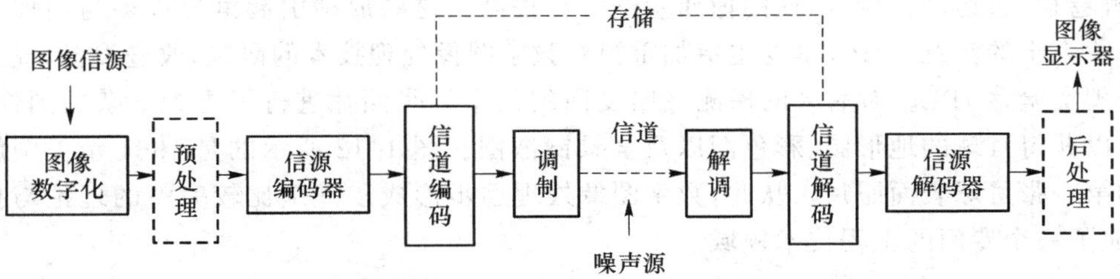


图 1.10　数字图像通信系统模型

通信信道一般可理解为传输图像信号的通信线路，但从广义上说，存储处理器也可看成信道，它也能将图像信息从一地传送到另一地，只不过不是采用电信号的传送方式，而是通过机械搬移的方法来实现信息传送。

和以往地模拟系统相比，上述数字方式的图像传输系统具有以下几方面的优点：

(1) 有利于网络传输和存储，只要网络正常，远距离、多转发、多存取、多复制都不会影响图像质量。

(2) 有利于采用压缩编码技术。虽然数字图像的基带信号的传输需要占用很高的频带，但采用数字图像处理和压缩编码技术后，可在一定的信道频带(传输码率)的条件下，获得比模拟传输更高的通信质量、更窄带的带宽占用。

(3) 易于与计算机、网络技术结合，实现综合图像、声音、数据等信息内容的多媒体业务。

(4) 可采用数字通信中的抗干扰和加密编码技术，提高抗干扰性能，实现保密通信。

(5) 便于采用大规模集成电路，降低功耗，减小体积、重量，提高可靠性，降低成本，易于维护。

## 1.4　图像处理与图像通信的发展简况

时至今日，图像处理和图像通信的技术和应用对人们来说不仅不再陌生，而且已经成为熟悉的“朋友”。在人们的生活、工作和娱乐中，会不断地和图像打交道，接收、发送、处理、观赏、存储图像。这一切在几十年前还是不可想象的事，我们经历了从以往的“哪个行业需要图像技术?”到今天的“哪个行业可以离开图像技术?”的巨大转变。下面让我们简单追述一下它们的发展历程。

**1. 图像处理的发展**

最早的数字图像处理可以追溯到 20 世纪 20 年代借助于打印机设备进行的数字图像处理。如图 1.11 所示，当时电报打印机采用特殊字符在编码纸带上打出的图像。但现代意义上的数字图像处理技术是建立在计算机的快速发展的基础之上的，它开始于 20 世纪 60 年代初期，那时第 3 代计算机的研制成功，快速傅里叶变换的出现，使得某些图像处理算法可以在计算机上得以实现。

在图像处理的研究和应用方面，美国喷气推进实验室(Jet Propulsion Laboratory，JPL)的开拓性的工作就是其中一例。他们对航天探测器“徘徊者 7 号”在 1964 年发回的几千张月球照片，使用计算机以及其他设备，采用几何校正、灰度变换、去噪声、傅里叶变换以及二维线性滤波等方法进行处理，并考虑了太阳位置和月球环境的影响，由计算机成功地绘制了月球表面地图。随后，又对 1965 年“徘徊者 8 号”发回地球的几万张照片进行了较为复杂的数字图像处理,如解卷积、去运动模糊等,使图像质量进一步提高。这些成绩引起世界许多与图像处理相关的行业人士的注意。JPL本身也更加重视对数字图像处理技术的研究,改进设备,成立专用图像处理实验室JPL。对后来的探测飞船发回的几十万张照片进行了更为复杂的图像处理,以致可以获得月球的地形图、彩色图以及全景镶嵌图。图1.12所示的是1964年美国航天器传送的第一张月球表面照片。从此,数字图像处理逐步形成了一个比较完整的理论与技术体系,构成了一个专门的工程技术领域。

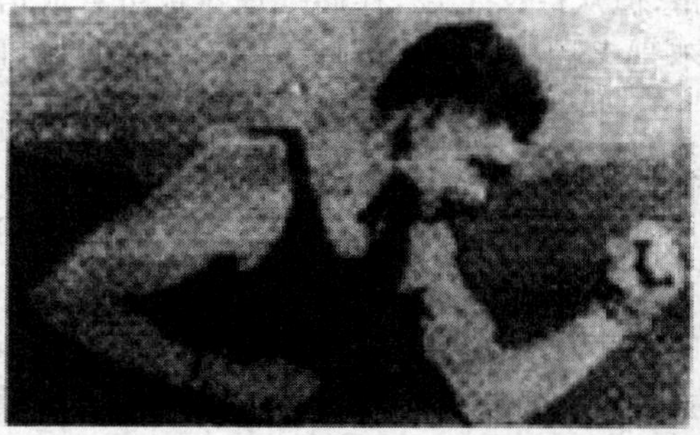

图1.11 1921年的打印图像

图1.12 1964年美国航天器发回的第一张月球照片

20世纪70年代以来,JPL以及各国有关部门已把数字图像处理技术从空间技术推广到生物学、X射线图像增强、光学显微图像的分析、陆地卫星、多波段遥感图像的分析、粒子物理、地质勘探、人工智能、工业检测等应用领域。其中X射线的CT技术的发明、应用以及1979年诺贝尔奖的获得,CT技术在临床诊断中的广泛应用使得医学数字图像处理技术备受关注。这些成功的应用又促使了图像处理这门技术得到更加深入和广泛的发展。这期间,Rosenfeld的第一本有关数字图像处理的专著得以出版。

到了20世纪80年代、90年代以及进入21世纪以来,越来越多的从事数学、物理等理论研究以及计算机科学研究的人员关注和加入到图像处理这一研究领域,逐渐改变了图像处理仅受工程技术人员关注的状况。各种与图像处理有关的新理论与新技术不断出现,如小波分析(Wavelet)、机器学习(Machine Learning)、形态学(Morphology)、偏微分方程(Partial Differential Function,PDE)、模糊集合(Fuzzy Sets)、计算机视觉(Computer Vision)、人工神经网络等(Artificial Neural Networks,ANN)、压缩感知(Compressive Sensing,CS)等,已经成为图像处理理论与技术的研究热点,并取得了长足的进展。与此同时,计算机运算速度的提高,硬件处理器能力的增强,使得人们由仅能够处理单幅的二维彩色图像,到开始能够处理多频段彩色图像、三维图像和多视点视频图像。

近年来,图像处理不仅对可见光、CT图像进行处理,而且扩展到对红外图像、磁共振图像(Magnetic Resonance Imaging,MRI)、太赫兹图像(THz Imaging)等新的研究和应用。图1.13是太赫兹成像应用于安检的一例,太赫兹波透过报纸检测到隐藏刀具的图像。太赫兹是介于毫米波与红外之间(0.1~10 THz)的电磁波,能够渗透多种材料,却不会出现X射线的电离损伤,比其他成像方式更具优势。可应用于生物医学、安全检查,无损检测等众多领域。

图像处理技术如今已逐步渗透到人类生活和社会发展的各个方面。例如近年来蓬勃发展的医学图像处理、航天图像处理、智能图像分析、多媒体信息处理、遥感图像处理、生物图像特征识别、自动目标识别和跟踪、虚拟现实技术等，图像处理在其中占据了主导地位。作为图像处理技术应用的一个生动的缩影，图 1.14 是中国嫦娥 2 号月球探测器 2010 年 10 月在距月球表面 100 km 处用 CCD 立体相机拍摄的 7 m 分辨率、100％覆盖的全月球像图的一个局部——Daniel 环形坑，直径 29 km。

(a) 普通图像　　(b) 太赫兹图像

图 1.13 太赫兹成像示意图

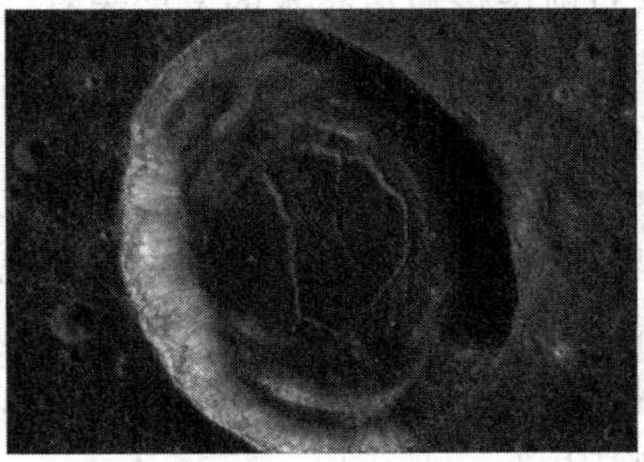

图 1.14 嫦娥 2 号发回的月球图像

**2. 图像通信的发展**

图像通信至今已经历了一百多年发展里程。早在 1865 年，在法国的巴黎和里昂之间就已试验成功了属于图像通信领域的传真通信，它比 1876 年美国贝尔发明电话还要早。在进入 20 世纪之后，传真通信的质量得到了不断的改进。1925 年电视发明，1960 年彩色电视开始广播。图 1.15 出示的是 1936 年柏林夏季奥运会现场摄像的场面，面对图中沉重的摄像机，使我们深感今日摄像机的灵巧与便捷。到了 1964 年，美国纽约国际博览会展出了第一台可以传送活动图像的“可视电话”，现代图像通信从此开始。20 世纪 70 年代以后，远程会议电视的实验也获得成功。然而总体上说，由于受到社会发展及相关技术的制约，这些图像通信方式的传送速度慢、设备复杂、成本高的缺点一直得不到有效的解决，图像通信一直处于缓慢、区域性的发展状态。

20 世纪 80 年代以来，微电子工艺水平的提高，计算机技术的发展，通信设备数字化程度的加速，相关的国际标准的陆续颁布，以及社会信息交流的增加，推动了图像通信的发展。1988 年，国际电报电话咨询委员会(CCITT，即今天的国际电联的电信分部 ITU-T)开始制订用于视听业务(Audio-Visual Service)的活动图像编码的国际标准，即 H.261 建议，并在 1990 年正式通过。该建议是对图像编码近 40 年研究成果的总结，将可视通信技术从实验室推向市场，有力地推动了会议电视、电视电话等图像通信的国际化和产业化进程，成为图像通信史上一个重要的发展里程碑。

此后的 20 世纪 90 年代，图像通信开始进入一个高速发展的新阶段。在此之后，一系列有关图像编码、图像通信的国际标准先后颁布，众多的符合国际标准的图像通信设备纷纷涌向市场，新的图像通信方式也陆续出现，图像通信呈现出一派蓬勃发展的景象。这一阶段的图像通信主要包括多点视频会议、视频点播、可视电话、远程教学和远程医疗等业务，主要承载于综合业务数据网(ISDN)和数字数据网(DDN)上，业务提供者通常是电信运营商。

进入 21 世纪以后，随着计算机网络和 Internet 的发展，无线和移动通信的普及，一个以宽带接入、无线收发、流式传送为特征的图像通信新模式已经在呈现在我们面前。伴随着视音频采集技术的提高和网络带宽的增加，以高清图像、高环境保真为新特点的新一代会议电视系统正在取代上一代会议电视系统；伴随着 Internet 的发展，图像通信的业务种类增加，如多点或广播方式的视频通信、网上视频的点播、商品信息的远程交互式展示等;伴随着流媒体技术的发展,使人们在收听或收看广播电视节目时不受时间和地理位置的限制,最典型的代表就是手机电视和 IPTV 的普及;伴随着移动通信网络的发展,原来仅能在有线网络上提供的图像业务开始向移动通信网络延伸,例如 3G 网络中采用流媒体技术的图像传输。

从目前图像通信技术的发展来看,图像通信业务完全承载于有线、无线的 IP 网络上,图像信息传输方式已逐渐统一到 IP 方式,同时其服务质量也逐步满足各种层次商业化发展的需要。随着无线、IP 图像通信的逐步普及,图像通信新业务的不断产生,正在全方位地影响着我们的生活:使用手机拍照、手机视频已成一种习惯,开启远程视频对话、会议已成为一种工作方式;世界范围的远程教育盛行,生动的视频课堂拉近了世界名校和我们的距离;视频监控在重要场所、家庭小区、交通要道无处不在、无时不拍;Google“眼镜”,镶嵌在眼镜框上的灵巧摄像机,可将看到的场景随即拍摄立时传送;图像的自由空间光传输、基于量子的图像传输正在研究、实验中。

最后特别要提及的现代图像通信的尖端应用的一个实例,就是中国的宇宙飞船的“太空课堂”项目,实现了飞船和地面之间的实时图像传输。2013 年 6 月中国神舟十号宇宙飞船女航天员王亚平在距离地面约 300 km 的浩瀚太空为青少年授课,图 1.16 是载入航天史上的中国首次“太空授课”视频实况的一个画面。

图 1.15　1936 年柏林夏季奥运

图 1.16　2013 年中国神舟十号的太空课堂实况图像

## 习题与思考

1.1　和语音及文本信息相比较,图像信息具有哪些特点?

1.2　图像处理系统主要由哪些模块组成?各部分的功能如何?

1.3　列举出 4 个自己所接触到的实际图像处理或图像通信的应用实例。

1.4　什么是人眼的视觉暂留现象?在图像显示中是如何利用这种现象的?

1.5　和模拟图像传输比较,数字图像传输系统具有哪些优越性?

1.6　目前,图像质量评价的最权威的方法是什么?

# 第2章 数字图像基础

随着图像技术的发展，传统的模拟照相机、摄像机已经逐步淘汰，可以直接获取数字图像的数码相机、数字摄像机等已占据主流地位，大大方便了在计算机上进行图像处理。但是，数字图像设备的普及，并不表示图像的数字化不再重要，原因如下。

(1) 外界场景是连续光的世界，图像是连续光强的一种呈现。

(2) 许多数字图像设备其来源仍然是模拟图像，只是在设备内部完成了数字化，甚至数据压缩处理。

(3) 人眼所能够感知、理解的是模拟图像，数字图像必须通过 D/A 转换，成为模拟图像显示后才能够为人眼所接受。

由此可知，图像信号的“源”和“宿”都是连续的、模拟的，只是在中间的处理过程中采用了数字化的方法。所以，了解图像的数字化过程有助于对数字图像的产生有深入的理解，有助于对图像处理方法有深入的理解，有助于对数字图像和模拟图像之间关系有深入的理解。

为此，本章首先依据二维采样定理给出连续图像数字化的 3 个基本过程：采样、量化和编码。然后简单介绍了图像数据的不同的存储格式和数字视频的国际标准参数。最后，对实际图像处理和图像通信系统中的图像设备和器件，尤其是图像采集和显示设备的原理和功能进行了简要的说明。

## 2.1 图像信号的数字化

如第 1 章所述，通常意义下的图像是光强度的分布，是空间坐标 $x,y,z$ 的函数，如 $f(x,y,z)$。如果是一幅彩色图像，各点值还应反映出色彩变化，即用 $f(x,y,z,\lambda)$ 表示，其中 $\lambda$ 为波长。假如是活动彩色图像，还应是时间 $t$ 的函数，可表示为 $f(x,y,z,\lambda,t)$。人眼所感知的景物一般是连续的，称之为模拟图像。对模拟图像来说，$f(\cdot)$ 是一个非负的连续的有限函数，也就是 $0\leqslant f(x,y,z,\lambda,t)<\infty$。

模拟图像的连续性包含了两方面的含义，即空间位置延续的连续性，以及每一个位置上光强度变化的连续性。连续的模拟图像无法用计算机进行处理，也无法在各种数字系统中传输或存储，所以必须将代表图像的连续（模拟）信号转变为离散（数字）信号，这样的变换过程称其为图像信号的数字化。

图像信号的数字化的过程一般包含 3 个方面：采样、量化和编码。

(1) 采样

图像在空间上的离散化过程称为采样（sampling）、取样或抽样。被选取的点称为采样点、抽样点或样点，这些采样点也称为像素（pixel）。在采样点上的函数值称为采样值、抽样值或样值。采样就是在空间上用有限的采样点来代替连续无限的坐标值。一幅图像应取多少样点才能够完全由这些样点来重建原图像呢？样点取得过多，增加了用于表示这些样点的信息量；如果样点取得过少，则有可能会丢失原图像所包含的信息。所以最少的样点数应该满足一定的约束条件:由这些样点,采用某种方法能够完全重建原图像。实际上,这就是二维采样定理的内容。

(2) 量化

对每个采样点灰度值的离散化过程称为量化。即用有限个数值来代替连续无限多的灰度值。常见的量化可分为两大类,一类是将每个样值独立进行量化的标量量化方法,另一类是将若干样值联合起来作为一个矢量来量化的矢量量化方法。在标量量化中按照量化等级的划分方法不同又分为两种,一种是将样点灰度值等间隔分档,称为均匀量化;另一种是不等间隔分档,称为非均匀量化。

(3) 编码

经过采样,连续图像实现了空间的离散化;经过量化,样点的连续灰度值实现了量值的离散化。对于这样的离散以后有限的灰度量,就可以用二进制或多进制的数字来表示了,这种表示就是"编码":用特定的符号来表示离散的量值。最常见的编码方法就是自然二进制编码,如十进制的0、1、2、3、…编码成二进制的000、001、010、011、…。

值得注意的是,量化本来是指对连续样值进行的一种离散化处理过程,无论是标量量化还是矢量量化,其对象都是连续值。但在实际的量化实现时,往往是首先将连续量采用足够精度的均匀量化的方法形成数字量,也就是通常所说的PCM(Pulse Code Modulation)编码(几乎所有的A/D变换器都是如此),再根据需要,在PCM数字量的基础上实现均匀、非均匀或矢量量化。

### 2.1.1 图像信号的频谱

在讨论二维图像信号的数字化之前,首先简要介绍一维信号的傅里叶变换。对于一维有界信号$f(x)$,其傅里叶变换$F(u)$和逆变换分别定义为

$$F(x)=\int_{-\infty}^{\infty}f(x)\mathrm{e}^{-\mathrm{j}2\pi ux}\,\mathrm{d}x \tag{2.1}$$

$$f(x)=\int_{-\infty}^{\infty}F(u)\mathrm{e}^{\mathrm{j}2\pi ux}\,\mathrm{d}u \tag{2.2}$$

其中,$F(u)$被称作$f(x)$的频谱,其物理意义是$f(x)$可由空域上的各谐波分量叠加得到。

在二维情况下,类似地定义$f(x,y)$的傅里叶变换$F(u,v)$和逆变换分别为

$$F(u,v)=\int_{-\infty}^{\infty}\int_{-\infty}^{\infty}f(x,y)\mathrm{e}^{-\mathrm{j}2\pi(ux+vy)}\,\mathrm{d}x\mathrm{d}y \tag{2.3}$$

$$f(x,y)=\int_{-\infty}^{\infty}\int_{-\infty}^{\infty}F(u,v)\mathrm{e}^{\mathrm{j}2\pi(ux+vy)}\,\mathrm{d}u\mathrm{d}v \tag{2.4}$$

其中,$F(u,v)$也称作$f(x,y)$的频谱,同样,它表明了空间频率成分与二维图像信号之间的相互关系。

在二维情况下,傅里叶变换也存在与一维变换类似的性质,例如,对称性、位移、比例等,这里不一一列出,读者可根据一维变换的性质自行推导得出。

尽管从理论的角度看,时域或空域有限信号的频谱宽度是无限的,但是对于要处理的实际二维图像,其傅里叶变换一般是在频率域上有界的,即信号频谱的有效成分总是落在一定的频率域范围之内。

上述频率域性质的依据在于:图像中景物的复杂性具有一定的限度,其中大部分内容是变化不大的区域,完全像"雪花"点似的图像没有任何实际意义。另外,人眼对空间细节的分辨能

力以及显示器的分辨能力都是具有一定的限度。因而在频率域上观察，通常图像的频谱大多局限在一定的范围内，过高的频率分量没有多大的实际意义。

## 2.1.2　二维采样定理

图像采样要解决的问题是找出能从采样图像精确地恢复原图像所需要的最小 $M$ 和 $N$（$M$、$N$ 分别为水平和垂直方向采样点的个数），即各采样点在水平和垂直方向的最大间隔，这一问题由二维采样定理解决，它可看作一维奈奎斯特(Nyquist)采样定理的推广。

**1. 二维采样定理**

图 2.1(a)为原始的模拟图像 $f_i(x,y)$，其傅里叶频谱 $F_i(u,v)$ 如图 2.1(b)所示，它在水平方向的截止频率为 $u_m$，在垂直方向的截止频率为 $v_m$，则只要水平方向的空间采样频率 $u_0 \geqslant 2u_m$，垂直方向的空间采样频率 $v_0 \geqslant 2v_m$，即采样点的水平间隔 $\Delta x \leqslant 1/(2u_m)$，垂直间隔 $\Delta y \leqslant 1/(2v_m)$，图像可被精确地恢复。这就是二维采样定理，下面予以简要证明。

对理想采样而言，在一维空间是用冲激函数序列作为采样函数的。与此类似，在二维空间则用冲激函数阵列作为采样函数，这些冲激水平方向之间的距离为 $\Delta x$，垂直方向之间的距离为 $\Delta y$，因此该冲激阵列 $s(x,y)$ 可定义为

$$s(x,y)=\sum_{i=-\infty}^{\infty}\sum_{j=-\infty}^{\infty}\delta(x-i\Delta x,y-j\Delta y) \tag{2.5}$$

其中，二维离散冲激函数定义为

$$\delta(x,y)=\begin{cases}1, & x=y=0\\ 0, & \text{其他}\end{cases}$$

令 $f_i(x,y)$ 为一连续函数，频域上占有限带宽，空间上无限大。用理想空间采样函数对连续图像进行采样后的图像为

$$\begin{aligned}f_p(x,y)&=f_i(x,y)\cdot s(x,y)=f_i(x,y)\sum_{i=-\infty}^{\infty}\sum_{j=-\infty}^{\infty}\delta(x-i\Delta x,y-j\Delta y)\\&=\sum_{i=-\infty}^{\infty}\sum_{j=-\infty}^{\infty}f_i(i\Delta x,j\Delta y)\cdot\delta(x-i\Delta x,y-j\Delta y)\end{aligned} \tag{2.6}$$

在频域，它的频谱为

$$\mathscr{F}\{f_p(x,y)\}=\mathscr{F}\{f_i(x,y)\}*\mathscr{F}\{s(x,y)\} \tag{2.7}$$

其中，“$*$”表示卷积，“$\mathscr{F}\{\}$”表示傅里叶变换。

空间域上 $\delta$ 函数无穷阵列的傅里叶变换是频域中 $\delta$ 函数的无穷阵列，即

$$\mathscr{F}\{s(x,y)\}=\frac{1}{\Delta x\Delta y}\sum_{i=-\infty}^{\infty}\sum_{j=-\infty}^{\infty}\delta\left(u-\frac{i}{\Delta x},v-\frac{j}{\Delta y}\right) \tag{2.8}$$

因此

$$\begin{aligned}\mathscr{F}\{f_p(x,y)\}&=F_i(u,v)*\frac{1}{\Delta x\Delta y}\sum_{i=-\infty}^{\infty}\sum_{j=-\infty}^{\infty}\delta\left(u-\frac{i}{\Delta x},v-\frac{j}{\Delta y}\right)\\&=\frac{1}{\Delta x\Delta y}\sum_{i=-\infty}^{\infty}\sum_{j=-\infty}^{\infty}F_i(u-i\Delta u,v-j\Delta v)\end{aligned} \tag{2.9}$$

用 $F_p(u,v)$ 表示采样后的频谱，则

$$F_p(u,v)=\frac{1}{\Delta x\Delta y}\sum_{i=-\infty}^{\infty}\sum_{j=-\infty}^{\infty}F_i(u-i\Delta u,v-j\Delta v) \tag{2.10}$$

由此可见，采样后的频谱是原频谱 $F_i(u,v)$ 在 $u$、$v$ 平面内按 $\Delta u=1/\Delta x$、$\Delta v=1/\Delta y$ 周期无限重复，如图 2.1(c)所示。

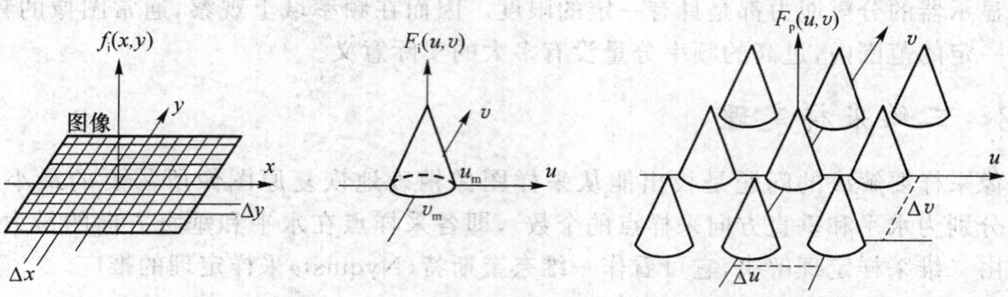


(a) 模拟图像及采样网格　　(b) 模拟图像的频谱　　(c) 采样图像的频谱

图 2.1　采样图像的频谱

因此，若原图像频谱是限带的，而 $\Delta x,\Delta y$ 取得足够小，使 $\Delta u \geqslant 2u_m,\Delta v\geqslant 2v_m$（$u_m$、$v_m$ 为频谱受限的最高频率），则采样后频谱将不会重叠，我们可以通过低通滤波的方法完全恢复原图像，也就是说，图像信号在满足二维奈奎斯特采样准则的情况下，完全可以从采样图像信号来精确重建原图像。

**2. 从采样图像恢复原图像**

如图 2.1 中(c)所示，在满足采样定理条件下，各周期延拓的频谱区域互不交叠，为了从二维采样恢复原图像，只要用一个中心位于原点的理想二维方形滤波器就可以完整地将频谱中的各个高次谐波滤除，从剩下的基波分量就可以恢复原始图像。理想的低通滤波器的特性为

$$H(u,v)=\begin{cases}1, & |u|\leqslant u_m,|v|\leqslant v_m\\ 0, & 其他\end{cases} \tag{2.11}$$

显然，恢复图像的频谱 $F_r(u,v)$ 应该等于采样图像的频谱 $F_p(u,v)$ 和低通滤波器 $H(u,v)$ 的乘积，即

$$F_r(u,v)=F_p(u,v)H(u,v) \tag{2.12}$$

根据 $H(u,v)$ 和 $F_p(u,v)$ 的定义，可知 $F_r(u,v)=F_i(u,v)$，即可完全恢复原图像 $f_i(x,y)$，这样，我们从频域的角度证明了二维采样定理。

还可以从空域的角度来描述二维采样定理，以加深对此定理的空域和频域之间内在关系的理解。用以恢复图像的理想低通滤波器的冲激响应是 $H(u,v)$ 的傅里叶逆变换，即

$$\begin{aligned} h(x,y) &= \int_{-\infty}^{\infty}\int_{-\infty}^{\infty} H(u,v)\mathrm{e}^{\mathrm{j}2\pi(ux+vy)}\,\mathrm{d}u\mathrm{d}v \\ &= \Delta x\cdot\Delta y\int_{-\frac{1}{2\Delta x}}^{\frac{1}{2\Delta x}}\mathrm{e}^{\mathrm{j}2\pi ux}\,\mathrm{d}u\cdot\int_{-\frac{1}{2\Delta y}}^{\frac{1}{2\Delta y}}\mathrm{e}^{\mathrm{j}2\pi vy}\,\mathrm{d}v \\ &= \mathrm{Sa}\left(\frac{\pi x}{\Delta x}\right)\cdot\mathrm{Sa}\left(\frac{\pi y}{\Delta y}\right) \end{aligned} \tag{2.13}$$

其中，函数 $\mathrm{Sa}(x)=\dfrac{\sin x}{x}$。于是，在空域恢复图像可以通过采样信号和低通滤波器的冲激响应的卷积求得：

$$\begin{aligned} f_r(x,y) &= f_p(x,y)*h(x,y) \\ &= \left[\sum_{i=-\infty}^{\infty}\sum_{j=-\infty}^{\infty} f_i(i\Delta x,j\Delta y)\cdot\delta(x-i\Delta x,y-j\Delta y)\right]*h(x,y) \\ &= \sum_{i=-\infty}^{\infty}\sum_{j=-\infty}^{\infty} f_i(i\Delta x,j\Delta y)\cdot\mathrm{Sa}\left[\frac{\pi}{\Delta x}(x-i\Delta x)\right]\cdot\mathrm{Sa}\left[\frac{\pi}{\Delta y}(y-j\Delta y)\right] \end{aligned} \tag{2.14}$$

由于式(2.14)中的重建图像 $f_r(x,y)$ 就是原始图像 $f_i(x,y)$，因此原来连续图像信号可通过以其采样值为权值的二维 Sa 函数的线性组合而得以恢复。

**3. 亚采样和混叠效应**

由上面分析可知，表示同一幅数字化以后的图像的数据量直接和采样频率成正比。降低采样频率是减少图像数据量的最直接、简单易行的手段之一，因此在实际中常应用这种方法来降低数据量。但是采样频率的高低是受到采样定理约束的，满足采样定理下限条件(采样定理中的不等式取等号时)的采样频率称为奈奎斯特采样频率，这一频率界定了要想从采样图像无失真地恢复原图像的最低频率。当采样定理的条件不满足时，也就是采样频率小于奈奎斯特采样频率时，即常说的亚采样(sub-sampling)，采样图像频谱的高次谐波就会发生重叠，即所谓的频谱混叠(aliasing)。对于已发生混叠的频谱，无论用什么滤波器也不可能将原图像的频谱分量滤取出来，由此在图像的恢复中将会引入一定的失真，通常称之为混叠失真。因此，在采用亚采样进行图像数字化时的一个重要问题就是尽量减少频谱混叠所引起的失真。

**【例 2.1】** 从一种具体的菱形亚采样的方法来了解在亚采样的场合应如何减少混叠失真。

经过大量的统计分析，常见自然图像的频谱主要分布在二维频谱中以原点为中心、4 个顶点在 $u$、$v$ 轴上的一个菱形(diamond)范围内，如图 2.2(a)所示。这是由于在自然场景图像中，垂直的和水平的物体、线条、运动等比在其他方向上要多，因而反映在频谱中就是水平和垂直方向的频率分量要比其他方向多。

在前面介绍的二维采样中样点的分布是呈方格状的，即最基本的正交采样方式。而这里介绍的是菱形亚采样，如图 2.2(b)所示，采样点的分布在水平方向和垂直方向是相互交错的，和间隔为 $\Delta x$、$\Delta y$ 的正交采样相比，它在水平方向的密度要减少了 50%，是一种亚采样。但是，它的采样频谱在周期性延拓的过程中，由于原图像的菱形频谱结构而未发生频谱混叠，因此可以用适当的滤波器〔如图 2.2(c)所示的中心位于原点的菱形低通滤波器〕将其基本频谱部分滤出，可以无失真(或失真较小)地恢复原图像。这种菱形亚采样的方法，它可以对模拟图像直接进行，也可对高速正交采样后的图像进行再采样。由于亚采样可以使数据量降低一半，因此它被广泛采用。

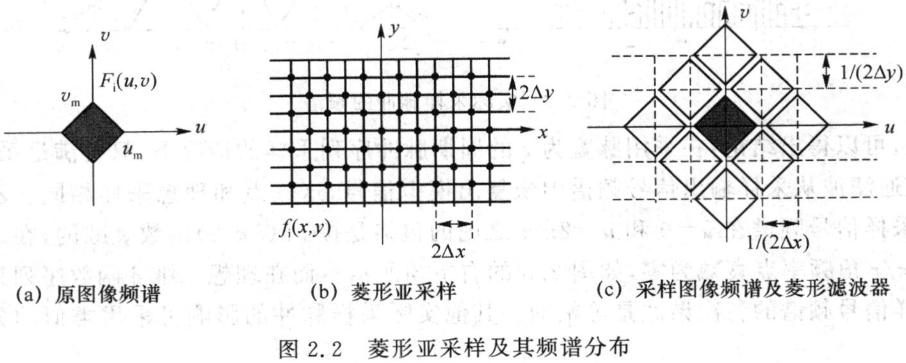


图 2.2　菱形亚采样及其频谱分布

**4. 实际采样脉冲效应**

在图像实际的采样过程中，采样脉冲不是理想的 $\delta$ 函数，采样点阵列也不是无限的。因此在图像重建时就会产生边界误差和模糊现象，影响重建图像质量。

为了分析简单起见，假定实际采样脉冲阵列 $c(x,y)$ 是由截短 $\delta$ 函数阵列 $d(x,y)$ 通过冲

激响应为 $p(x,y)$ 的线性滤波器产生的,可表示为

$$c(x,y)=d(x,y)*p(x,y)=\sum_{i=-I}^{I}\sum_{j=-J}^{J}p(x-i\Delta x,y-j\Delta y) \tag{2.15}$$

其中,$(2I+1)\times(2J+1)$ 的有限截短 $\delta$ 函数阵列为

$$d(x,y)=\sum_{i=-I}^{I}\sum_{j=-J}^{J}\delta(x-i\Delta x,y-j\Delta y) \tag{2.16}$$

由 $c(x,y)$ 阵列采样的图像 $f_{\mathrm{p}}(x,y)$ 可以表示为

$$f_{\mathrm{p}}(x,y)=f_{\mathrm{i}}(x,y)\cdot c(x,y)=\sum_{i=-I}^{I}\sum_{j=-J}^{J}f_{\mathrm{i}}(x,y)p(x-i\Delta x,y-j\Delta y) \tag{2.17}$$

根据卷积定理可得采样图像的频谱:

$$F_{\mathrm{p}}(u,v)=F_{\mathrm{i}}(u,v)*[D(u,v)\cdot P(u,v)] \tag{2.18}$$

其中,$P(u,v)$ 是 $p(x,y)$ 的傅里叶变换,$D(u,v)$ 是截短采样阵列 $d(x,y)$ 的傅里叶变换。

**【例 2.2】** 为了用图说明实际脉冲采样的频谱,采用剖面宽度为 $\tau$、周期为 $\Delta x$ 的采样脉冲阵列 $s(x,y)$。如图 2.3 所示,为了简洁起见,图左边是二维空间域当 $y=0$ 时的截面图,图右边是二维频域当 $v=0$ 时的截面图。

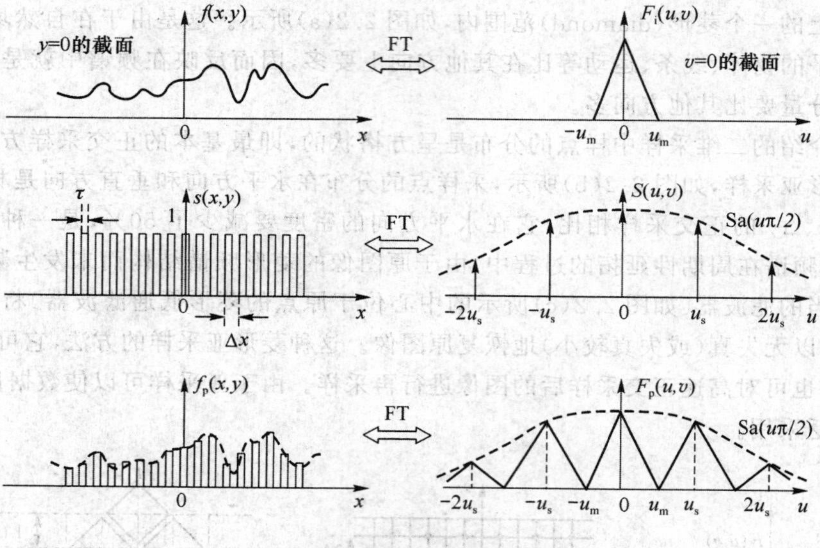


图 2.3 实际采样脉冲的频谱

于是,可以得出结论:在采用脉宽为 $\tau$ 的周期脉冲序列采样的情况下,只要满足采样定理,便可用低通滤波从采样输出信号频谱中恢复出模拟信号,这一点和理想采样相同。不同点在于,实际采样信号频谱在 $u=0$ 和 $u=2\pi/\tau$ 之内的包络是按 $\mathrm{Sa}(u\pi/2)$ 函数衰减的,在采样脉冲宽度的 $2\pi/\tau$ 角频率点衰减为零,如图 2.3 的右下角所示。而在理想二维 $\delta$ 函数序列采样的情况下,采样信号频谱的各次谐波是等幅的。其他实际采样脉冲的影响可采用类似的分析方法获得。

### 2.1.3 量化和编码

**1. 量化**

经过采样的图像,只是在空间上被离散成为像素(样本)的阵列。而每个样本灰度值还是

一个有无穷多个取值的连续变化量,必须将其转化为有限个离散值、赋予不同码字才能真正成为数字图像,交由计算机或其他数字设备进行处理,这种转化称为量化(quantization)。如果对每个样值进行独立处理,称之为标量(scalable)量化,标量量化有两种方式:一种是将样本的连续灰度值空间进行等间隔分层的均匀量化,另一种是不等间隔分层的非均匀量化。在两个量化级(称之为两个判决电平)之间的所有灰度值用一个量化值(称为量化器输出的量化电平)来表示。量化既然是以有限个离散值来近似表示无限多个连续量,就一定会产生误差,这就是所谓的量化误差,由此所产生的失真即量化失真或量化噪声。

当量化层次少到一定程度时,量化值与模拟量值之间的差值——量化误差——变得很显著,引起严重的图像失真,尤其会在原先亮度值缓慢变化的区域引起生硬的所谓"伪轮廓"失真。这样量化的层数越多,由量化引起的失真就越小,但量化层数的增加就意味表示图像信息的数据量的增加。因此,量化的层数最终是一种折中的选择,图像量化的基本要求就是在量化噪声对图像质量的影响可忽略的前提下用最少的量化层进行量化。

通常对采样值进行等间隔的均匀量化,量化层数 $K$ 取为 2 的 $n$ 次幂,即 $K=2^n$。这样,每个量化区间的量化电平可采用 $n$ 位(比特)自然二进制码表示,形成最通用的 PCM 编码。对于均匀量化,由于是等间隔分层,量化分层越多,量化误差越小,但是编码时占用比特数就越多。例如,采用 8 bit 量化,那么图像灰度等级分为 $2^8=256$ 层。又如,输入某一图像样本幅度为 127.2,则量化为 127,可用二进制码 01111111 来表示。

**2. 均匀量化信噪比**

在对采样值进行 $n$ 比特的线性 PCM 编码时,每个量化分层的间隔(量化步长)的相对值为 $1/2^n$,假定采样值在它的动态范围内的概率分布是均匀分布,则可以证明,量化误差的均方值 $N_q$(相当于功率)为

$$N_q=\left(\frac{1}{12}\right)\left(\frac{1}{2^n}\right)^2=(12\cdot 2^n)^{-2} \tag{2.19}$$

于是,参照信噪比的定义,将峰值信号功率 $S_{pp}$(其相对值为 1)与量化均方噪声 $N_q$ 之比的对数定义为量化峰值信噪比,单位为 dB,其表达式为

$$\mathrm{PSNR}_q=10\lg\frac{S_{pp}}{N_q}=10\lg(12\cdot 2^n)^2\approx 10.8+6n \tag{2.20}$$

式(2.20)为表征线性 PCM 性能的基本公式,通常将其简称为量化信噪比,并用 $(S/N)_q$ 表示。

由式(2.20)可见,每采样的编码比特数 $n$ 直接关系到数字化的图像质量,每增减 1 bit,就使量化信噪比增减约 6 dB。选择 $n$ 可以用主观评价方法,比较原图像与量化图像的差别,当量化引起的差别已觉察不出或可以忽略时,所对应的最小量化层比特数即为 $n$。目前,对于一般的应用,如电视广播、视频通信等,采用的是 8 bit 量化,已基本能满足要求。但对某些应用,如高质量的静止图像、遥感图像处理等,需要 10 bit 或更高精度的编码比特。

除了以上介绍的均匀量化外,还可以根据实际图像信号的概率分布进行非均匀量化,由此可获得更好的量化效果,这在后面有关章节的最佳量化部分予以介绍。

# 2.2 数字图像的表示

## 2.2.1 数字图像文件格式

数字化后的图像数据在计算机中或其他数字设备中一般有两种存储方式,一种是点阵图

(Raster)又称位图模式,而另一种是矢量图(Vector)模式。

**1. 矢量图文件格式**

矢量图格式不存储图像数据的每一点,而是用一组命令来描述,这些命令描述一幅画面中所包含对象的大小、形状、位置、颜色等属性。例如,一个圆形图案只要存储圆心的坐标位置和半径长度,以及圆形边线和内部的颜色。矢量图的缩放不会影响到显示精度,图像不会失真,且图像的存储空间较之位图方式要少得多。但是矢量图存储方式的缺点除了难以表示绝大部分的自然图像外,它在显示时还需要做复杂的分析计算工作,显示速度较慢。所以,矢量处理比较适合存储各种图表、图形、图案和动画类文件,而一般自然图像文件较少采用矢量处理方式。例如,WMF(Windows Metafile Format)格式就是一种矢量图形常用的文件格式,它适用于描述能够用数学方式表达出来的图形,微软公司在Office软件中所提供的剪切画就是矢量类型的WMF格式。

**2. 位图文件格式**

位图(bit map)是由许多点组成,这些点称为像素,图像的每一像素的数据可存放在以字节为单位的矩阵中。比如,一幅640×480的图像,表示这幅图像是由307 200个点所组成,如果是单色图像,一字节(Byte)可存放一个像素的数据;如果是RGB真彩色图像,需要3个字节存放一个像素的数据。这种方式能够精确地描述各种不同颜色模式的图像画面,比较适合存储内容复杂的图像和真实的照片,但图像在放大和缩小的过程中会产生失真,占用存储空间也较大。下面列出现在常见的几种位图格式。

(1) BMP格式

BMP(Bitmap)格式是微软Windows应用程序所支持的,特别是图像处理软件,基本上都支持这种与设备无关的BMP格式。BMP格式可简单分为黑白、16色、256色、真彩色几种格式,其中前3种采用索引彩色方式来节省磁盘空间。随着Windows操作系统的广泛普及,BMP格式影响也越来越大,不过其图像文件的大小比JPEG等格式大得多。

(2) TIFF格式

TIFF(Tagged Image File Format)格式是由Aldus公司与微软公司共同开发设计的图像文件格式,常简称TIF格式。它的最大特点就是与计算机的结构、操作系统以及图形硬件系统无关。它可以处理二值图像、灰度图像、调色板图像和真彩色图像,而且,一个TIFF文件可以存放多幅图像。在存储真彩色图像时和BMP格式一样,直接存储RGB三原色的数据而不使用彩色索引(调色板)。

(3) GIF格式

GIF(Graphics Interchange Format)格式是一种LZW压缩的8位图像文件,这种格式的文件多用于网络传输(如HTML网页文档中),速度要比传输其他图像文件格式快得多。它还可以指定透明的区域,使图像与背景很好地融为一体。可以随着它下载的过程,由模糊到清晰逐渐演变显示在屏幕上。利用GIF动画程序,可把一系列不同的GIF图像集合在一个文件里,和普通的GIF文件一样插入网页,显示动画。不足之处是GIF只能处理256色,不能用于存储真彩色图像。

(4) JPEG格式

JPEG(Joint Photographic Experts Group)是JPEG标准的产物,该标准由国际标准化组织(ISO)制订,是面向连续色调静止图像的一种压缩标准。由于其很高的压缩效率和良好的标准化,目前已广泛用于彩色传真、静止图像、视频会议、印刷及新闻图片的传送上。它采用的是一种有信息损失的压缩方式，无法重建原始图像。

(5) PNG 格式

PNG(Portable Network Graphic format)格式是一种无损位图文件存储格式，简便、压缩性能好。PNG 支持索引彩色、灰度和真彩色图像存储。用来存储灰度图像时，灰度的深度可多达 16 位，存储彩色图像时，彩色图像的深度可多达 48 位。

**3. 视频文件格式**

(1) AVI 格式

AVI(Audio Video Interleaved)，即音频视频交错格式，1992 年由微软公司推出。所谓"音频视频交错"，就是将视频和音频交织在一起进行同步播放。这种视频格式的优点是图像质量好，可以跨多个平台使用，其缺点是容量庞大。

(2) DV-AVI 格式

DV-AVI(Digital Video AVI)是由索尼、松下、JVC 等多家厂商联合提出的一种家用数字视频格式。目前非常流行的数码摄像机就是使用这种格式记录视频数据的，它可以通过 IEEE 1394 端口传输视频数据到电脑。

(3) MOV 格式

MOV(MOVie digital video technology)是由苹果(Apple)公司推出的一种视频文件格式，以前只能在苹果公司的 Mac OS 操作系统中使用，现在已被包括微软 Windows 在内的所有主流电脑平台支持，可用 Quick Time 播放器播放。

(4) RM 格式

RM(Real Media)是由 Real Networks 公司开发的一种流式视频文件格式，此格式文件尺寸小，适合网络发布，因此得到迅速推广，网上直播大多采用这种格式。此格式的文件可用 Real Player 等大多数播放器播放。

(5) MPEG 格式

MPEG(Moving Picture Expert Group)格式是 ISO 制订的运动图像压缩国际标准，包括 MPEG-1、MPEG-2 和 MPEG-4，常见的 VCD、SVCD、DVD 就是这种格式。

(6) DivX 格式

DivX 格式是 DivX 公司在微软 MPEG-4(v3)基础上衍生出的一种高效视频编码标准。使用 DivX 压缩技术对 DVD 盘片的视频图像进行高质量压缩，其画质直逼 DVD 并且容量只有 DVD 的数分之一。

(7) ASF 格式

ASF(Advanced Streaming Format)是微软公司为了和 Real Player 竞争而推出的一种视频格式，用户可以直接使用 Windows 自带的 Media Player 对其进行播放。由于它使用了 MPEG-4 的压缩算法，所以压缩率和图像的质量都很不错。

(8) WMV 格式

WMV(Windows Media Video)是微软推出的一种采用独立编码方式，并且可以直接在网上实时观看视频节目的文件压缩格式。

## 2.2.2　视频信号的数字化

和前面讨论的图像数字化过程一样，视频信号的数字化也包括位置的离散化(采样)、所得样值的离散化(量化)以及 PCM 编码这三个过程。

**1. 视频信号的扫描和采样**

不论是 PAL 制还是 NTSC 制视频信号,它们都是模拟信号,要想让数字设备能够处理它们,必须进行数字化,即 A/D 转换。而模拟视频信号体系的基本特点是用扫描方式把三维图像信号 $f(x,y,t)$ 转化为一维随时间变换的信号。扫描后的视频信号在时间维上把图像分为离散的一帧一帧的图像;在每一帧图像内又在垂直方向上($y$ 维)将图像离散为一条一条的水平扫描行。把图像分成若干帧的过程,实际是在时间方向上进行了采样;把图像分成若干行的过程,实际是在垂直方向上进行了采样。在时间方向和垂直方向上的采样间距往往由模拟电视系统决定。因此,可供自由处置的只有水平方向($x$ 维),在水平方向上可以设置不同的采样间隔。图 2.4 是电视信号的扫描、采样的示意图。

**2. 视频信号的带宽**

下面讨论在水平方向不同的采样间隔和图像频谱之间的关系。图 2.5 是一帧电视信号的扫描、采样的示意图,由图可见,扫描输出的一维时间连续信号的最高时间频率 $F_m$ 与图像水平方向最高空间频率 $U_m$ 存在下述关系:

$$F_m = \frac{a \cdot U_m}{\tau} \tag{2.21}$$

其中,$a$ 为画面宽度(不考虑回扫),$\tau$ 为一行扫描时间。式(2.21)表明,在空间一行中最高频率分量波动的次数($aU_m$)和在时间域最高时间频率波动的次数($\tau F_m$)应该是一致的。根据二维采样定理,在空间域采样点的间隔 $\Delta x$ 应满足:

$$\frac{a}{\Delta x} \geqslant 2U_m \tag{2.22}$$

记 $\Delta t$ 为扫描采样点间距离 $\Delta x$ 所需的时间,扫描时间和扫描长度存在比例关系(如图 2.5 所示):

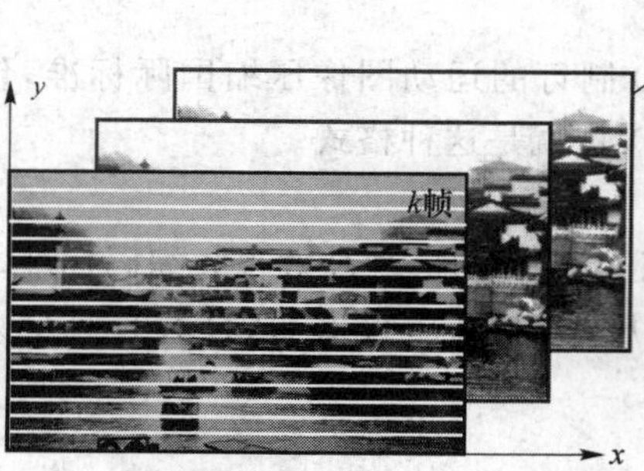


图 2.4　电视信号的扫描及采样

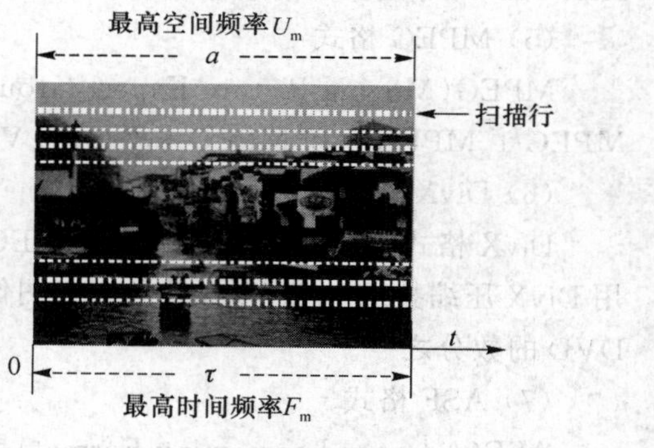


图 2.5　扫描间隔和最高时间频率

$$\frac{\Delta t}{\tau} = \frac{\Delta x}{a} \tag{2.23}$$

综合以上 3 式可得

$$\frac{1}{\Delta t} \geqslant 2F_m \tag{2.24}$$

这个结论与一维采样定理相同,采样频率必须大于等于信号最高频率的 2 倍。因此,可以把二维图像扫描输出的信号直接作为一维信号来采样。

## 2.2.3　数字视频国际标准

在模拟视频数字化的方法中，主要分为两类：一类是直接对包括彩色副载波在内的复合视频信号进行采样、量化和编码，简称复合方式；另一类是先将复合视频信号分解为一个亮度信号(Y)和两个色差信号(R-Y 和 B-Y)，然后分别对这 3 个分量进行采样、量化和编码，简称分量方式。下面分别予以介绍。

**1. 复合数字视频信号**

在复合数字系统中，模拟 NTSC 或 PAL 制信号由模拟设备产生，再由 A/D 变换器对它进行变换，形成复合数字视频输出。由于彩色副载波在模拟视频信号中是一个载有重要信息的高能量的分量，它必须在幅度上和相位上被精确地再生，所以常常使用和彩色副载波相同步的采样频率。大多数的复合系统采用 3 或 4 倍的副载波频率进行同步采样，每样点精度为 8 bit，表 2.1 是这种系统的基本采样参数。有些复合系统在数字化后还采取一些措施，如消除消隐间隔等，以便更好地利用数字化的优点来减少数据量。这种数字化方式的一个不足之处就是数字化以后的视频仍然和模拟视频的不同制式密切相关，不利于国际互通。

**表 2.1　复合数字系统的采样参数**

| 标准 | 采样频率 | 采样精度/bit | 数据率/(Mbit · $s^{-1}$) |
|---|---|---|---|
| NTSC | $3f_{sc}$ | 8 | 85.9 |
| NTSC | $4f_{sc}$ | 8 | 114.5 |
| PAL | $3f_{sc}$ | 8 | 106.3 |
| PAL | $4f_{sc}$ | 8 | 141.8 |

**2. ITU-R BT.601 分量数字视频格式**

(1) BT.601 建议

由于世界上存在有 PAL、NTSC 等不同的模拟电视制式，这些制式之间的直接互通是不可能的。而且，如前所述，数字视频信号是在模拟视频信号的基础上经过采样、量化和编码形成的，必然会形成不同制式的数字视频信号，为国际的数字视频信号的互通带来巨大的不便，因此十分有必要在世界范围内建立统一的数字视频标准。1982 年 10 月，国际无线电咨询委员会(Consultative Committee for International Radio，CCIR)通过了第一个关于演播室彩色电视信号数字编码的建议，即 1993 年变更成国际电联无线电通信部门(International Telecommunications Union-Radio communications sector，ITU-R)的 BT.601 分量数字视频系统建议，其主要内容如表 2.2 所示。该建议考虑到现行的多种彩色电视制式，提出了一种世界范围内兼容的数字编码方式。

**表 2.2　ITU-R BT.601 建议的主要参数(亮、色采样频率比为 4 : 2 : 2)**

| 参量 | | NTSC 制(525 行，60 场) | PAL 制(625 行，50 场) |
|---|---|---|---|
| 编码信号 | | Y/R-Y/B-Y | |
| 全行采样点数 | Y | 858 | 864 |
| | R-Y/B-Y | 429 | 432 |
| 采样结构 | | 正交，按行/场/帧重复，每行中的 R-Y/B-Y 采样与奇数(1,3,5,…)点 Y 采样同位 | |

续表

| | | |
|---|---|---|
| 采样频率/MHz | Y | 13.5 |
| | R-Y/B-Y | 6.75 |
| 编码方式 | | 亮度信号和色差信号均为 PCM 8 bit |
| 每行有效采样点数 | Y | 720 |
| | R-Y/B-Y | 360 |

BT.601 建议采用了对亮度信号和两个色差信号分别编码的分量编码方式,对不同制式的信号采用单一的采样频率,而且和任何模拟系统的彩色副载波频率无关,因为在分量系统中不再包含任何彩色副载波。这个频率就是 13.5 MHz,也是对亮度信号 Y 的采样频率。由于色差信号的带宽远比亮度信号的带宽窄,因而对色差信号 R-Y(或 V)和 B-Y(或 U)的采样频率较 Y 减半,为 6.75 MHz。每个数字有效行分别有 720 个亮度采样点和 360×2 个色差信号采样点。对每个分量的采样点都是均匀量化(8 bit 或 10 bit 精度)、PCM 编码。这几个参数对 525 行、60 场/秒和 625 行、50 场/秒的制式都是相同的。所谓的有效采样点是指在数字化模拟视频时,只在有图像信号出现时刻(扫描正程)的样点是有效的,其余时刻的样点则不在 PCM 编码的范围内。这是因为在数字化的视频信号中,不再需要如实地表示行、场同步信号和消隐信号,只要一个简单的脉冲表示行、场(帧)的起始位置即可。例如,对于 PAL 制视频,完整地传输所有的样点数据,大约需要 200 Mbit/s 左右的传输速率。但如果仅传输有效样点只需要 160 Mbit/s 左右的速率。

(2) 采样点的分布格式

从表 2.2 中我们还可以看到,色度信号的采样率要比亮度信号的采样率低一半,这样做的原因是考虑到人的眼睛对色度信号的分辨率比亮度信号低。按照这种比例采样的数字视频格式常常又称作 4∶2∶2 格式,可以简单理解为每一行里的 Y、U、V 的样点数之比为 4∶2∶2。这些样点位置的几何分布如图 2.6(a)所示。图中的水平虚线表示视频的扫描线,图 2.6(b)、(c)、(d)分别给出了 4∶4∶4、4∶1∶1 和 4∶2∶0 格式的样点位置示意图。

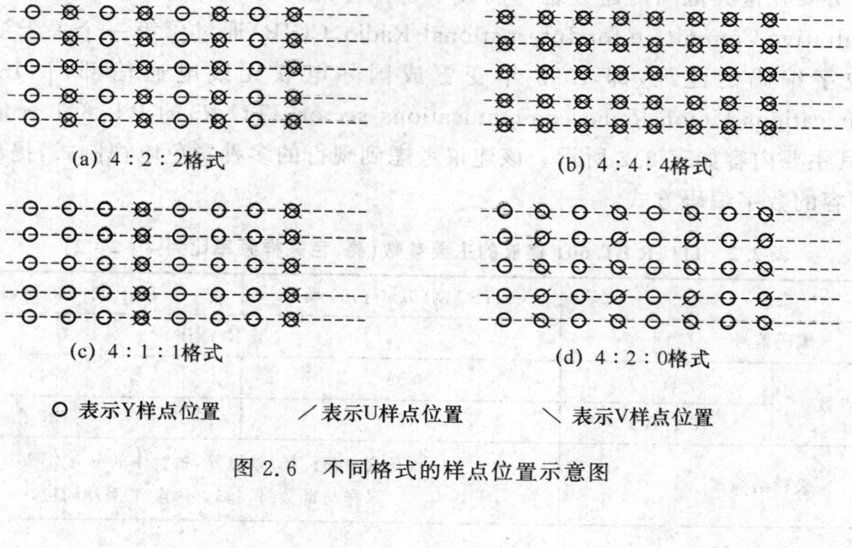


图 2.6 不同格式的样点位置示意图

需要说明的是4∶2∶0格式虽然不在ITU-R BT.601标准中，但这种格式在实际应用中还是相当广泛的，为了和其他格式作对比，因此也将4∶2∶0格式放在这里。4∶2∶0格式对每行扫描线来说，只有一种色度分量以2∶1采样，相邻的扫描行存储不同的色度分量。

图2.7表示了BT.601标准中每一扫描行的采样结构。对PAL制的亮度信号，每一条扫描行采样864个样本；对NTSC制的亮度信号，每一条扫描行采样858个样本。对所有的制式，每一扫描行的有效样本数均为720个，对应的色度有效样本数为亮度的一半。

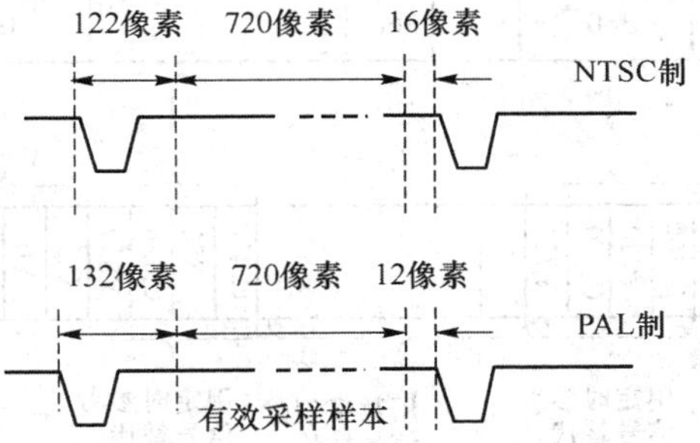


图2.7　BT.601的亮度行采样结构

**3. ITU-R BT.656格式数字视频接口**

BT.601给出了分量视频信号数字化的采样标准，而BT.656则是针对525行和625行的视频系统，按照BT.601标准定义的YUV4∶2∶2格式来规范的具体信号接口标准，也就是视频数据(码流)格式。它对525行和625行视频都适用，提供了8/10位并行接口(bit-parallel interface)参数和8/10位串行接口(bit-serial interface)参数。按照BT.656所形成的数据流包括数字视频信号、定时参考信号和辅助信号。BT.656码流中高8位为全0或全1，保留作为数据标识，因此在8 bit方式中，实际上表示信号值只有254种可能，类似在10 bit方式中，表示信号值只有1 016种可能。

图2.8表示了BT.601的数据和BT.656格式之间的对应关系。视频数据以$C_b$、Y、$C_r$、Y、$C_b$、Y、$C_r$、…的顺序组成。其中，$C_b$、Y、$C_r$表示亮度色度对齐格式下的亮度和色度采样点，紧接着的Y是下一个采样点。由于Y信号的采样频率是C信号的两倍，因此在同一个C采样时间片断内，有两个Y采样信号。视频数据和其他定时参考数据、辅助数据构成BT.656的接口信号结构，如图2.8中最下面一行所示。这里可以将$C_b$看成B-Y或U，将$C_r$看成R-Y或V。

**4. ITU-T的CIF格式视频**

在一些互通要求比较高的场合，为了既可用625行的电视图像又可用525行的电视图像，ITU-T规定了称为公共中间格式(Common Intermediate Format，CIF)的视频标准，及相应的1/4公共中间分辨率格式(Quarter-CIF，QCIF)和准QCIF(SQICF，Sub-QCIF)格式等，具体规格如表2.3所示。

CIF格式视频具有如下特性：CIF视频图像的空间分辨率为家用录像系统(Video Home System，VHS)的分辨率，即352×288；CIF格式使用简单的非隔行扫描(non-interlaced scan)方式；CIF格式使用NTSC帧速率，图像的最大帧速率为30 000/1 001≈29.97帧/秒，使用1/2的PAL垂直分辨率，即288线/帧。

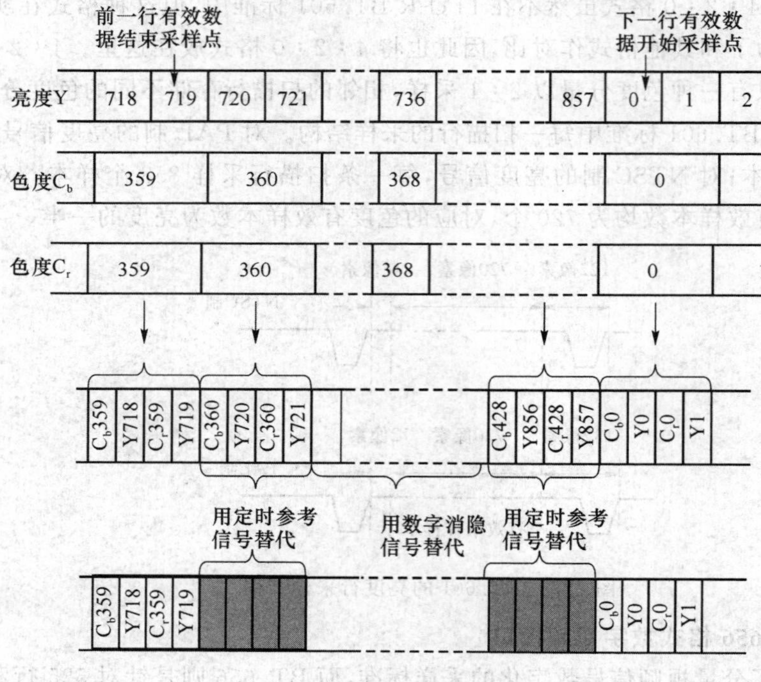


图 2.8　BT.656 接口数据流格式和组成

**表 2.3　CIF 系列图像格式参数**

| | SQCIF | | QCIF | | CIF | | 4CIF | |
|---|---|---|---|---|---|---|---|---|
| | 行数/帧 | 像素/行 | 行数/帧 | 像素/行 | 行数/帧 | 像素/行 | 行数/帧 | 像素/行 |
| 亮度(Y) | 96 | 128 | 144 | 176 | 288 | 352 | 576 | 704 |
| 色度($C_b$) | 48 | 64 | 72 | 88 | 144 | 176 | 288 | 352 |
| 色度($C_r$) | 48 | 64 | 72 | 88 | 144 | 176 | 288 | 352 |

## 2.3　图像设备和器件

这一节主要介绍在实际的图像系统中所涉及的一些图像设备和器件,它们大多是数字化的,如数字摄像机、数字照相机、扫描仪、信号处理器等,它们可以直接输出数字化图像信号,甚至是经压缩的数字图像信号。这样一来,这些图像设备和其他数字设备的连接更加方便了,既可缩小设备体积,降低设备成本,还可提高设备的可靠性。

### 2.3.1　图像信号的采集

**1. 数码相机**

数码照相机即数字照相机,是用光电转换的方法来进行照片拍摄的,其基本的工作原理类似于电荷耦合器件(Charge Coupled Device,CCD)摄像机。不同之处在于,摄像机拍摄的是连续图像,数码相机拍摄的是单幅照片,并且一般说来数码相片的清晰度要比摄像机画面的清晰度高。数码相机和传统相机的最大区别在于它用 CCD 或 CMOS 光电转换器件代替了感光胶片,因此,其 CCD 的分布密度就很大程度上决定了数码相机的分辨率。目前好的数码相机的分辨率已经超过普通的胶片相机,从 1 024×768、2 036×3 060,到 4 592×3 056 甚至更高,价格也从上万元降至千元以下。衡量数码相机分辨率的一个更为普及的参数就是每张照片的像素数,如每张照片 500 万像素,目前普及型的数码相机已经达到 2 000 万像素的水平。

为了节省数码照片的数据量,减少存储空间,数码相机内部都带有高速图像处理芯片,将拍摄的照片及时进行压缩存储,压缩的方法大多数采用 JPEG 静止图像压缩标准,压缩率在几倍到几十倍、上百倍之间,根据用户的要求进行设定。由于数码相机采用了图像处理芯片,除了对照片进行压缩处理以外,数码相机还可以承担其他的一些图像处理工作,如电子画面伸缩(Zoom)、防抖动处理、自动聚焦、彩色平衡处理、短时间摄像,甚至于人脸识别等。

与传统相机一样,数码相机也是由镜头、快门和光圈组成,只不过传统相机是将影像存放到感光胶片上,而数码相机是将影像保存到其所带的内存或可以插拔的存储卡上(也可以转移到硬盘或光盘上)。普通的数码相机操作十分容易,一般均为傻瓜型的,不需要特别设定和调校。当拍摄照片时,可以从数码相机附带的小型液晶显示器上观察效果,按下快门以后,拍摄的照片就和刚才在显示器上看到的一样,并存储在数码相机的存储器内。事后可以将数码相机接到电脑或电视上,应用相应的软件即可将这些照片存储起来或在显示器上观看,数码照片数据还可供打印、调用、传输等使用,也可和普通照片一样将它们“冲洗”出来获得硬拷贝。由于数码相机的便携性,其发展的速度非常快,在一般的摄影领域,它已经基本取代了普通的胶片相机。近来,已经将数码相机作为一个功能部件集成到手机上,成为照相手机。品质较好的照相手机的分辨率已经达到 500 万到 800 万像素,使得人们利用照相手机可以轻易获得较为满意的照片。

**2. 彩色扫描仪**

扫描仪的主要作用是将纸质、胶片等介质上的图像、图形或文字采集下来,进行数字化处理以后通过和计算机的接口送到计算机存储、显示或处理。因此,扫描仪是一种静止画面的采集设备,为计算机提供数字化的静止图像信号。大部分扫描仪本身还具有图像压缩功能,如输出经 JPEG 标准压缩后的图像数据,以减少图像输出的数据量。

扫描仪是集光、机、电于一体的产品,它的核心部件是 CCD,CCD 主要完成光电转换。除了 CCD 以外,它的组成部分还有光源、透镜、A/D 转换、信号处理电路及机械传动机构。扫描时,从光源发出的光照在图片上,光电转换器 CCD 接收从图片反射回来的光,并把它转换为模拟电信号,经过 A/D 转换,变成数字信号送给计算机。被扫描的图像不同,反射光的强弱和颜色就不同,因而就可得到不同颜色和灰度的图像。

常见的彩色扫描仪是利用一个白色光源和一个可旋转的红、绿、蓝三色滤色片,分别产生 3 色光源,经过 3 次扫描,每次分别得到待输入原稿中的红、绿、蓝色成分,再经过红、绿、蓝 3 基色套色合成为 RGB 彩色图像数据,每一次扫描过程类似于灰度扫描仪。若每次扫描 CCD 能分辨 8 位 256 等级灰度,则在扫描过程中每个像素的 RGB 三基色数据合成后形成 24 位真彩色数据。

另一种彩色扫描仪利用 3 个独立的红、绿、蓝光源一次完成扫描,其基本原理与上述 3 次扫描的方法没有大的区别。所不同的是在扫描过程中,独立的三色光源按红、绿、蓝依次闪烁,一次就捕获 RGB 三色数据。这种方法可避免 3 次扫描时每次扫描因机械传动的微小差别而造成的像素不准问题。但由于使用了三色光源,会造成三基色套色不准的问题。

衡量扫描仪的好坏的一个主要指标是它的分辨率,分辨率表示扫描仪对图像细节的表现能力。通常用每英寸长度上扫描图像点数(Dot Per Inch,DPI)表示,分辨率越高,图像越清晰。目前多数扫描仪的分辨率一般都在 1 200DPI 以上。

**3. 模拟摄像机**

获得模拟视频信号的方法有多种,除了视频摄像机外,还有录像机输出,激光视盘(LD)等,它们所输出的模拟信号的格式是和摄像机一致的,都是某种制式的模拟视频信号。早期的光导管摄像机已遭淘汰,现在常用的是 CCD、CMOS 摄像机。

CCD 摄像机内的核心部件是一种固态半导体面阵集成电路,即 CCD 感光芯片,它由若干行、若干列的离散硅成像单元排列而成。CCD 阵列中各自独立的硅成像单元又叫感光基元(photosite),它能产生与输入光强成正比的输出电压。通常,CCD 摄像机的感光阵列的大小为 1/2 英寸、3/4 英寸或 1 英寸等。摄像机所对准的场景的光线通过镜头聚焦投射到阵列上,每个感光基元由于光照的作用而产生出不同的输出电压。这些电压通过适当的逻辑电路,按照逐单元、逐行的顺序,在一帧的时间内将整个阵列的所有基元的电压送出,形成标准的视频信号。平面阵列中每一行的基元数的多少和行数的多少决定了所摄图像的清晰度的高低。常用的 CCD 摄像机的分辨率为 512×512、1 024×1 024,4 096×4 096 等,每个像素的尺寸大约在 10 $\mu$m 左右。

**4. 数字摄像机**

数字视频信号可以有两种获得的途径,一种是直接的方式,另一种是间接的方式。所谓间接方式是指将模拟视频信号数字化以后产生数字视频,以前这是获得数字视频的唯一方法。近来随着电子领域数字化的进程,开始出现并愈来愈多地使用直接输出数字图像的装置和设备。例如,和计算机配合使用的彩色扫描仪输出的就直接是数字信号。再如,众多的数字摄像机的输出也是数字视频信号。这样的摄像机可以直接和数字图像设备相连接,而不需要经过 A/D 转换。随着半导体技术的发展,现在直接输出数字图像信号的设备已经成为数字视频信号源的主流,如今数字摄像、数字录像已经取代了模拟摄像和模拟录像。

数字摄像机的种类较多,常见的有 3 类,第一类数字摄像机输出的是 ITU-R. 601 标准视频,这类摄像机输出的数字视频质量高,但它们价格也较贵,一般用于电视演播室。第二类数字摄像机输出的是经压缩的数字视频,通常它们是摄录一体化的机型,即同时可以将摄取的内容记录在可读写光盘、磁卡上,它们的体积小,价格适中,因此这一类数字摄像机应用最为广泛。第三类是一种简易型的数字摄像头,以 USB(通用串行总线)接口方式向计算机输出经压缩的数字视频,可以用于要求不高的办公室或家庭环境。

随着数字视频(Digital Video,DV)标准被国际上几十家大电子制造公司统一,数字视频已广泛进入各个视频应用领域,其中最典型的代表是 DV 标准的数字摄像机,它属于上述的第二类摄像机。DV 摄像机对经过 CCD(或 CMOS)光电转换得到的视频信号进行数字化,获得的数字视频信号再经过数字信号处理、数据压缩,最终可输出已压缩的数字视频信号(如压缩比为 3∶1～5∶1)。这样的数字摄像输出的图像质量较高,水平清晰度可达 500 线,已接近广播级模拟摄像机指标的下限。

现在大多数数字摄像机都具备符合 IEEE1394 接口和 HDMI 接口规范的输出。1394 俗称“火线”(Fire Wire)接口，HDMI(High Definition Multimedia Interface)是高清多媒体接口，包括了数字视频、音频数据。它们已普遍用于和 PC 或其他设备相连，高速传送视音频信号。当然，这类摄像通常还带有普通模拟复合视频输出及 S-Video 分量视频输出。

简易型的数字摄像头也是直接输出数字视频信号，并且具有 USB 接口，可以很方便地和电脑连接，直接为计算机提供图像信号，可以省去一块视频采集卡。不仅节省了办公室图像设备的成本，同时也减少了采集卡兼容性有限给用户带来的麻烦，减少了出故障的次数，省去打开计算机、插入采集卡的麻烦。

除了上述的三类传统的摄像机外，还有更新的一类以“网络摄像机”为代表的数字摄像机，它把数字视频信号的采集、压缩编码、网络传输协议，甚至无线收发信等部分也一并做在摄像机内部，直接输出给用户的就是经过压缩和封装的视频数据流，如符合 TCP/IP 协议的数据流，或者是已调制的无线发射信号。而且压缩的标准可以有多种选择和设置，如既可以是 H. 26x，也可以是 MPEG-x。从本质上来说，这类摄像机本身就是一台图像通信设备，更加方便了用户获取图像信息。

这些输出数字视频的摄像机不仅可以提供高质量的活动图像的信号源，而且非常适合计算机、通信网等要求输入数字视频的设备，在这些设备上可以免去视频信号数字化这一复杂而又易引起失真的过程。

**5. 摄像机的选用**

摄像机的选用首先要考虑和图像设备能否方便地衔接。例如，有些图像设备需要模拟视频信号接入，那么，采用 CCD 模拟彩色摄像机输入就比较合适。尽管现在数字摄像机已经普及，但它们的输出大部分是经过压缩的数字信号，因而在这些场合使用并不方便，还不能直接作为这些图像设备的数字视频输入。

然后需要关心摄像机输出视频的质量如何。摄像机的质量也有高低之分，大体上分为专业级、业务级(采访级)和家用级三等。例如，对于高档图像系统(如通信系统、广播系统、采集系统等)，可采用质量较好的专业级摄像机或业务级摄像机。要求摄像机的输出视频信号失真小，彩色逼真，同时信噪比要高，尤其是在光线暗的情况下更是如此。如果摄像机输出的噪声较大，由于噪声并不如图像信号那样具有相关性，不少图像处理(如压缩编码)算法对噪声来说是失效的，反而会无端地增加处理工作的负担。对摄像机还要求它具有较高的光灵敏度，一般要求最低的照明度小于 20Lux，这样方可保证在较暗的光照下摄像机也能正常工作。这一点对于桌面式图像终端尤为重要，因为在这类办公室环境里一般都不会配备附加光照。

价格因素也是摄像机选用必须考虑的问题之一。对于桌面型图像终端，价格低廉也很重要，一般选用家用级摄像机，例如家用的摄录一体化的便携式摄像机，甚至选用置于计算机显示器顶上的袖珍摄像头，也包括嵌入笔记本电脑、智能手机中的迷你摄像单元。

此外，在摄像机选用时还需考虑某些特定的应用要求。例如，在有多个摄像机输入的场合下，因为图像通信终端往往在某一时刻只能传输一路图像，对来自多个摄像机的视频信号则要进行选择输入，此时可增加一台多路视频选择器来解决这一问题。视频选择器实际上是一种多路视频切换开关，可以对多路输入视频进行适配和切换，由用户控制信号选择，将所需要的某路视频信号送入图像终端。再如，对远程视频监控系统而言，采用网络摄像机作为系统的视频输入显然是一种比较方便、经济的选择。

最后,摄像机的选择还有许多的细节问题需要考虑,例如对模拟视频信号需要区分是 NTSC 制模拟彩色视频信号还是 PAL 制信号?需要区分是标准的复合视频信号还是分量的 S-Video 信号?需要确认分量视频的亮度 Y 信号的峰峰值是否为 1 V,色度 C 信号的峰峰值是否为 0.3 V,输出阻抗是否为 75 Ω 等细节。对数字摄像机则主要考虑它的接口兼容性。

## 2.3.2 图像信号的接入

这里所述的图像信号的接入,主要是指将已生成的图像信号送到图像设备或计算机设备的过程。由于数字图像信号可以直接送往计算机,因而不需要图像接入设备。但模拟图像信号接入计算机,就必须要有相应的图像接入设备,最常见的就是各种图像采集卡,或者图像捕获卡。如果不是送往计算机,而是送往某一图像处理设备,则在此设备中必须有一个与采集卡类似功能的部件来完成同样的任务。

图像采集卡是基于计算机的一块插卡,通常插于计算机的 PCI 插槽中,或者通过 USB、IEEE1394 接口、HDMI 接口外置。图像采集卡的作用如同一个小型的视频信号处理平台,它可以对输入的模拟视频进行捕获、数字化、冻结、存储、处理、输出等多种操作。图像采集卡有很多种类,从图像的活动性来分有静止图像采集卡(早期),有活动图像(视频)采集卡;从图像质量来分,有普通图像质量(8 bit)的采集卡,有高质量(10 bit)图像采集卡;从图像的应用场合来分,有用于采集普通场景的采集卡,有用于显微图像、天体图像等特殊场合的采集卡。

应用较广的活动图像采集卡,又称视频采集卡(Video Capture Card),它的主要功能是从输入的活动视频中实时捕捉一段时间的动态图像,并将它以文件的形式存储于硬盘中,以便进行后期的处理。一般来说,它只捕捉外界图像源的连续的图像,但不作处理。它也可以将摄像机、录像机或影碟机中的视频信号实时地接入到计算机内部。现在的视频采集卡普遍具有从静态捕获到动态捕获视频图像的功能。有的视频捕获卡(如好莱坞 TC2012 卡、品尼高 v10 卡、益视达 HDV 8000Pro 卡等)还带有视频处理专用芯片,可以进行多种实时视频处理。

视频捕获卡捕获的图像尺寸一般为标准电视画面,即 768×576,每秒 25 帧(PAL 制)或 30 帧(NTSC 制),捕获后以 AVI、MPEG 或非压缩视频的格式存于硬盘。一般的视频采集卡都支持 NTSC、PAL 视频标准,并可以同时输入 2~4 路复合视频以供切换选择。有的还支持输入 S-Video 信号,以提高输入图像的质量。视频采集卡往往支持多种格式的图像读写,如 BMP、GIF、PCX、JPEG、MPEG 等图像文件格式。更高档的采集卡,可支持更高分辨率的图像(如 1 024×768、1 920×1 080 等),更多的视频采集路数(如 4 路、8 路等),更快的帧频(如 100 帧/秒以上),更大的存储空间(如数 10 GB)。

## 2.3.3 图像信号的显示

图像信号的显示往往是图像处理和图像通信的最终目的。图像信号的显示设备又可分为两种方式。一种是所谓的"硬拷贝"方式,其目的除了观察图像内容以外,还可以长期保存图像,如彩色打印机、传真机、热转移图像拷贝机等。另一种是所谓的"软拷贝"方式,如电视机的荧光屏、计算机的显示器、大屏幕投影显示器等,只是为了临时的观察,看完以后并不需要保存,这是一种最经常使用的图像显示方式。

**1. CRT 显示器**

彩色阴极射线管(Cathode Ray Tube,CRT)显示器,或称显像管,它的基本结构如图 2.9 所示。它主要由电子枪、电子束偏转系统和荧光屏组成。其中电子枪用来发射电子,并使之成为加速和聚焦的电子束,根据输入信号的大小,可以控制电子束的强弱;偏转系统使电子束作水平或垂直的偏转,以使电子束根据屏幕扫描路径的要求打在荧光屏的指定位置;荧光屏随着入射电子束的强度发出不同强弱的光,从而显示出可供观看的图像。

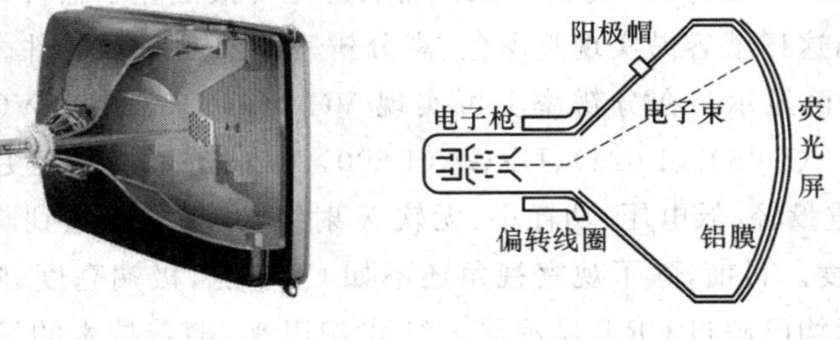


(a) 实物剖面　(b) 示意图

图 2.9　显像管的基本结构

常见的彩色显像管是单枪 3 束显像管,在这种显像管中,3 条电子束共用一个电子枪,3 条电子束水平排列,射到荧光屏上对应的像素点。由电子枪发出的 3 束电子流的强弱分别代表所显示像素的 RGB 三基色分量的大小。当电子流击中荧光屏某像素点上对应的 RGB 荧光粉小点时,会使其发出不同的色光,一个像素的 3 种不同的色光在人眼中混合成某种颜色的光。当电子束周而复始地从左到右、从上到下快速扫描时,由于眼睛的视觉暂留作用,就会在我们眼中形成一幅幅活动的画面。从 CRT 显示器的工作原理可以看出,显像管所需要的输入信号为模拟三基色(RGB)信号。

由于 CRT 显示器的大体积、高功耗、有辐射、分辨率难提高等原因,作为几十年来图像显示的主流产品,近十年来渐渐被新兴的液晶显示屏逐出市场,现在已经难觅其踪影了。

**2. 液晶显示器**

液晶显示器(Liquid Crystal Display,LCD)中的液晶,是一种在一定温度范围内呈现既不同于固态、液态,又不同于气态的特殊物质态,它既具有各向异性的晶体所特有的双折射性,又具有液体的流动性。在显示应用领域,液晶由于它的各向异性而具有电光效应,所以能够制成不同类型的显示器件。

这里以 TN 型(Twist Nematic:扭曲向列,液晶分子的扭曲取向偏转 90°)液晶为例介绍它的工作原理。将涂有透明导电层的两片玻璃基板间夹上一层正介电异向性液晶,液晶分子沿玻璃表面平行排列,排列方向在上下玻璃之间连续扭转 90°。然后上下各加一偏光片,底面加上反光片,就构成了 TN 型液晶显示器的主体。TN 的改进 STN(Super TN)型液晶,和 TN 型液晶结构大体相同,只不过液晶分子不是扭曲 90°而是扭曲 180°,还可以扭曲 210°或 270°等,其特点是电光响应曲线更好,可以适应更多的行列驱动。

TN 或 STN 型液晶,一般是对液晶盒施加电压,达到一定电压值,对行和列进行选择,出现“显示”现象,所以行列数越多,要求驱动电压越高,因此,往往 TN 或 STN 型液晶要求有较高的正极性驱动电压或较低的负极性电压,也因为如此,TN 和 STN 型液晶难以做成高分辨率的液晶模块。

DSTN(Double STN)液晶,上下屏分别由两个数据通道传送数据,很多液晶屏由于其内部增加了驱动电源的变换部分,所以外部无须输入高驱动电压,通常可以实现单电源供电。到目前为止,STN(DSTN)液晶只可以实现伪彩色显示,可以实现 VGA、SVGA 等一些较高的分辨率,但由于构成它们的矩阵方式是无源矩阵,每个像素实际上是个无极电容,容易出现串扰现象,从而不能显示真正的活动图像,而 TFT 液晶则彻底解决了这个问题。

TFT(Thin Film Transistor)为薄膜晶体管有源矩阵液晶显示器件,在每个像素点上设计一个场效应开关管,这样就容易实现真彩色、高分辨率的液晶显示器件。现在的 TFT 型液晶一般都实现了真彩色显示。在分辨率上可实现 VGA(640×480)、SVGA(800×600)、XGA(1 024×768)、SXGA(1 280×1 024)、UXGA(1 600×1 200)标准,甚至更高。

LCD 体积小、重量轻、低电压、功耗小、无软 X 射线,几乎可以做到与 CRT 相媲美的全彩色显示和相当的亮度。目前,除了观察视角还不如 CRT 宽,极端亮度、响应速度还不如 CRT 以外,其他各项指标均已超过 CRT 显示器。21 世纪以来,随着技术的发展,LCD 显示器的价格逐步下降,性能稳步上升,在大部分的应用场合 LCD 已经取代了 CRT 显示器。

**3. 等离子显示器**

图像平板显示的另一有力的竞争者就是和 LCD 同时出现的等离子显示屏(Plasma Display Panel,PDP)。在 PDP 器件中,一种惰性气体(如氙气)充满在两层玻璃片之间,它间隔 100～200 μm 宽平行分开排列。使用电极使气体放电产生紫外光,红、绿、蓝荧光物质吸收这些放电的紫外光的能量,再辐射出彩色可见光呈现在屏幕上。因此不同于 LCD,PDP 是一种发射型显示器。

PDP 屏幕尺寸大,造型簿,重量轻,可以将它安装在墙上或天花板上。无论是在水平方向还是在垂直方向,PDP 显示器可提供大于 160°的视角,观众几乎可以从任意的视点来观赏屏幕上的明晰的图像,而不是仅仅从正对屏幕中心区才能看清。PDP 显示器不受磁场影响,因此它可以靠近喇叭放置却不会受其磁场干扰而产生屏幕图像扭曲。

PDP 技术发展的速度是很快的,20 世纪 70 年代开始彩色等离子显示器(PDP)的研制,1994 年 40 英寸的挂壁式 AD-PDP 显示器展出,前几年大量推出了 65 英寸 PDP 彩色显示屏。但是,PDP 显示器本身还存在一些缺陷,在和其他显示器件竞争时呈现出明显的劣势。

尽管 PDP 的原理和荧光灯的原理类似,但荧光灯具有很高的发光效率(80 lm/w),而目前 PDP 还没有获得这么高的效率。为了达到相同的发光亮度,即使是和 CRT 相比,PDP 需要耗费更多的功率,PDP 成本的大部分在供电部分和传送功率到显示板的集成电路上。PDP 不仅功耗大,而且分辨率不容易再提高,只能停留在电视机的水平上,远低于液晶屏。再加上 PDP 屏幕的尺寸变化不灵活,难以适应手机、笔记本、平板电脑各种应用。就是 PDP 的这几项重要缺陷,使它在和液晶屏的激烈竞争中如今已落入被淘汰的结局。

**4. 发光二极管显示器**

发光二极管(Light Emitting Diode,LED)显示器是一种通过控制半导体发光二极管的显示方式,用来显示文字、图形、图像、视频等多种信息的显示屏幕。最初,LED 只是作为微型指示灯,在计算机、音响等设备中使用。随着大规模集成电路和计算机技术的不断进步,平板 LED 显示器近年来得到迅速的发展和广泛的应用。

严格地说，LCD 与 LED 是两种不同的显示技术，LCD 是由液态晶体组成的显示屏，而 LED 则是由发光二极管组成的显示屏。LCD 的液晶面板本身并不发光，它只是控制透过它的透射光的强度，因此，LCD 的后面都必须有一块称之为“背板”的发光源，背板的性能直接影响液晶显示的效果。目前的绝大部分的电视 LED 显示屏并不是采用发光二极管来替代液晶，而只是用发光二极管背板来替代 LCD 中原来的冷阴极荧光灯背光板，做到既可节能又可降低显示器的厚度。这样的 LED 显示屏虽然不是真正的由发光二极管独自显示图像，但与 LCD 显示器相比，LED 显示屏色彩鲜艳、亮度高、寿命长、工作稳定可靠，功耗只有 LCD 的几分之一，刷新速率高，能提供宽达 160°的视角，在视频显示方面有更好的性能表现。图 2.10 为一普通的大屏幕 LED 显示器外观。

图 2.10　40 英寸 LED 显示器外观

目前，LED 显示器已成为具有绝对优势的新一代显示器，正广泛应用于大型广场、商业广告、体育场馆、信息传播、新闻发布、证券交易等，可以满足不同环境的需要。

近来，出现了更先进的有机 LED(Organic LED, OLED)显示屏，它的单个像元的反应速度是 LCD 液晶屏的 1 000 倍，在强光下也具有足够的亮度，并且适应－40℃的低温。

**5. 显示器的选用**

为了获得最好的图像显示效果，图像系统应尽量选择符合应用要求的显示设备，为此需考虑以下几点。

首先，一般情况下需要考虑显示器的类型，除了户外特大的显示屏，目前基本上都倾向于选用 LED 显示器。其次，要考虑显示器能够接收视频信号的接口和格式。常用的格式包括：模拟 PAL 制、NTSC 制复合视频，S-Video 分量视频；BT. 601 标准的数字 YUV 视频，RGB 视频，各种标准的压缩视频。常用的物理接口包括：模拟视频 BNC 接口、RCA 接口，S-Video 接口；数字视频的 IEEE1394 接口，HDMI 接口。最后，显示器的选择需要考虑它的屏幕尺寸和分辨率，尺寸大的显示器观看效果好，分辨率越高的显示图像的清晰度也越高。对于要求较高的场合，可选择专用的彩色监视器，它的各种技术指标都比普通的电视机、显示器要高。

除了显示器的类型、尺寸和接口以外，还有一些因素在选用显示器时也可以考虑。

(1) 尽可能选择有倍频扫描的新型监视器，它可将输入的隔行视频信号进行处理后成为逐行视频信号，经处理的视频信号在这种监视器上所显示的画面的闪烁感就大为减少，图像特别稳定。

(2) 安置显示器时选择适当的位置，使得人眼和监视器的屏幕中心在一条水平轴线上，距离监视器约为 5～6 倍的屏幕高度，以保证收看效果良好。注意环境光照对监视器的显示效果的影响，一般光照射到监视器屏幕上的光强度不要超过 100lux。

(3) 在需要同时连接多个监视器的情况下，应增加一台视频分配器，将待输出的视频信号进行放大、分配，可解决多个监视器共同使用的问题。

对于基于 PC 的桌面图像设备，图像的显示比较简单，输出图像就显示在计算机显示屏上或显示屏的一个窗口上,窗口尺寸和位置可随意调整。在这种情况下,图像设备输出的 Y/R-Y/B-Y 数字视频信号,经过格式变换成为相应的 R、G、B 信号送到计算机的显示卡,通过计算机显示屏将图像显示出来。还可根据需要在计算机中增加一块电视卡,将 Y/U/V 或 R/G/B/数字视频编码成和电视标准一致的 NTSC 或 PAL 制复合视频或 S-Video 输出,供另一台彩色监视器使用。

## 2.3.4　视频信号的转换

一般数字图像处理系统(基于计算机或 DSP)不能直接处理模拟视频信号,模拟视频信号必须经过电视解码和 A/D 变换后进入数字系统才有效;同样,数字系统输出的数字视频信号也不能直接送往显示器去显示,必须将它经电视编码和 D/A 变换后形成模拟视频信号,方能够在显示器上显示。

在过去的设备中,模拟视频到数字视频的转换往往是将模拟视频信号首先经过模拟方式的电视解码(即 Y、C 分离),形成 Y、U、V3 个模拟分量,再分别采用 3 个 A/D 变换器转换为 3 路数字视频分量,如 ITU-R BT. 601 标准的数字视频。而数字视频到模拟视频的转换则是将 3 个数字视频分量信号首先分别经过 3 个 D/A 变换器形成 Y、U、V3 个模拟分量,再将这 3 个模拟视频分量进行电视编码形成模拟复合电视信号或 S-Video 信号。

随着图像信号的数字化的进展,这种模拟和数字之间的转换工作已经发生了很大的变化。在模拟到数字视频的转换中,首先将复合模拟视频信号经过一个 A/D 变换器转换为数字视频信号,然后在数字域中进行 Y、U、V 分离,形成 3 个独立的数字分量。数字视频到模拟视频的转换过程和上述的过程基本相反,即先将 Y、U、V 数字分量经 D/A 变换器变为模拟 Y、C 分量,插入行、场同步和色同步信号后合成为模拟视频信号。

## 2.3.5　图像信号的处理

在数字图像处理和图像通信中,有大量的数字信号处理工作要完成,如在后面章节讲到的图像的二维滤波、数据在空间域和频率域之间的相互变换等,都要求在很短的时间内甚至是实时地完成。要实现这一点,传统的计算机、数字信号处理器(Digital Signal Processor,DSP)技术已经难以胜任。这一问题的解决很大程度上要依靠高速 DSP 技术的支持。这也促使数字信号处理器必然要打破传统的格局,朝着高速、多核和并行处理的方向发展。

**1. 对 DSP 的要求**

和普通的 DSP 应用的场合不同,在图像系统中对 DSP 有许多特殊的要求,其原因大致来自 3 个方面。

(1) 处理的数据量庞大。和文本信息相比,图像的信息量就显得十分庞大,因此要求 DSP 运算速度快,具有对信号进行实时处理的能力,具有高速的存储能力,具有高速数据再生和数据定位能力;在运算上要适应简单、规则、重复率高、速度快的算法;如果需要,还应具有并行运算和多机协同工作的能力。

(2) 处理的数据量可变、突发性强。图像信息的数据量在很多情况下是随图像的内容而变化的,例如,图像编码中的码率是随着不同的信息内容、不同的时间而不断变化的,场景图像中物体的运动等也会形成数据量的突发或波动。因此要求 DSP 能适应复杂、不规则但运算量较小的算法及控制任务。

(3) 图像数据往往具有较高的复合性、同步性、实时性要求。例如，在多媒体通信中所传输的是多种媒体的复合信息，如视频、语音、文本等，各类信息之间存在着很强的时空关联，因此对信息传输的同步性、实时性的要求也就相当高。

高速 DSP 之所以能够在图像领域得到广泛的应用，主要是它具有以下几点长处：一是它具有很强的实时性，因为 DSP 常常带有一个或多个针对某项处理的硬件协处理器，使处理速度加快；二是它具有较大的灵活性，因为 DSP 的功能是通过面向芯片结构的指令软件编程来实现的，有一些 DSP 还能通过更改底层微码来改变 DSP 的结构和功能，而无须更改硬件平台；三是它的成本较低，因为 DSP 并非是为某种功能所设计的芯片，因而它应用范围广、出片量多，可以降低芯片成本。

**2. 新型高速 DSP**

近年来，各类新型的高速 DSP 层出不穷，性能也日趋完善，难以一一介绍。为了能够大体了解这一类新型 DSP 的主要特点和优越的性能，下面简要介绍美国德州仪器(Texas Instruments, TI)公司 2012 年最新推出的视频片上系统(SOC)"达·芬奇"(DaVinci)系列芯片中的 DM8168。DaVinci 系列芯片是一类综合能力很强的视频处理专用芯片，内部集成了一个高速 C64/67 类 DSP 内核和一个嵌入式 ARM 类 CPU 内核，再加上适当的协处理器和外围电路，可以实时完成复杂的图像数据处理和系统控制工作。

TMS320DM8168 视频片上系统将多路高清视频的采集、处理、压缩、显示、通信以及控制功能集成于单芯片之上，从而满足用户对高集成度、高清视频处理日益增长的需求，为数字图像处理和多媒体应用提供了一个完整的"片上系统"解决方案，其主要系统结构如图 2.11 所示，主要特性如下：

(1) 集成了 1 个 1 GHz 浮点 C674x DSP，1 个 1.2 GHz ARM Cortex-A8，3 个高分辨率视频图像协处理器(HDVICP2)，1 个高清视频处理子系统 HDVPSS，1 个 SGX530 2D/3D 图形加速引擎。

(2) HDVICP 协处理器不仅支持高清分辨率的 H.264、MPEG-4、VC1，而且支持 AVS 和 SVC 标准。

(3) 具有同时支持 3 路 1 080p/60 帧高清视频的 H.264 编码能力(时延小于 50 ms)。

(4) 支持 2 路 10/100/1 000M 高速网络接口以太网接口。

(5) 支持 PCI-E 总线，USB2.0、HDMI、DVI 等多种外设接口。

(6) 支持多达 16 路的模拟视频、音频输入，多达 3 路独立视频显示输出。

(7) 支持 256MB 的 Nand Flash 存储器，2GB 的 DDR3 存储器。

(8) 支持接口：1 路 SD 卡，1 路 RS232，1 路 RS485，10 路 SATA 硬盘。

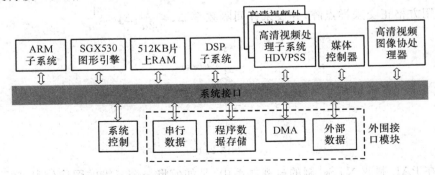

图 2.11　DM8168 主要结构图

**3. 高速DSP芯片的发展趋势**

在图像领域,人们正在继续研究和开发新的处理算法和技术,例如,图像处理中的图像分割、图像融合、图像重建、模式识别、机器学习、神经网络等算法,图像通信中的目标检测、识别、配准和跟踪,图像的小波变换,高清视频的压缩编码、压缩感知中的重建优化算法等。为了满足图像处理、图像通信的各种应用需求,将来的DSP的发展在以下几个方面会更加突出。

新型高速DSP正朝着高速、多核、低功耗、一体化方向发展,采用0.05 μm以下的芯片集成技术,可以将8～10个DSP内核集成到一个芯片上。总的DSP能力将提高10～15倍,运算能力将达到上千MIPS。新型DSP将采用超过1 GHz更高的时钟速率。在提高性能的同时,芯片的功耗不断降低,DSP功耗可降至0.1 mW/MIPS甚至更低。

新型高速DSP的结构将朝着并行化多处理器的方向发展,如增加芯片内的各运算单元的并行处理能力;或者在一个芯片内设置多个处理器,使它们可同时并行工作;此外还可以增加芯片之间的协同工作能力,方便地组成多处理器协同工作系统,甚至于组成大型的DSP阵列。例如,为了实现运动估计全搜索算法,在一片专用的DSP中就包括256个可以并行工作的分处理器,只需几十个时钟周期就可以实现一个16×16块图像的运动估计。

为了适应不同的应用场合,尽力减少开发的经济开销和时间开销,新型高速DSP正在朝“片上系统”的一体化模式发展。一块芯片就是一个系统,可以将原来含有DSP的功能板压缩在一块芯片内完成。它内部除了有擅长运算的高速DSP以外,还包含有擅长控制和管理的CPU,如ARM10。通常这样的SOC还会包含一个或多个硬件协处理器,专门从事某项计算负担繁重的运算,如运动估计和补偿、视频格式转换等。SOC配备有十分丰富的外围接口,如芯片的多路视频、音频的I/O接口、芯片和系统总线之间的接口、多种对外的数据通信收发接口、芯片和用户外设之间的接口、芯片和外存储单元之间的接口等。

新型高速DSP相关软件的配套也是影响DSP应用发展的重要因素之一。要提高DSP的应用范围和开发效率,就必须改变目前开发者各自为政的方式。将来DSP程序的开发必将朝规范化、层次化方向发展,标准化各层次之间的接口,使应用程序的开发从具体的DSP结构中脱离出来。这样,DSP的算法开发者就可以在特定的层次中进行创造性的工作,而不会影响整个系统的软件结构,使开发工作的效率大为提高。

## 习题与思考

2.1　设某图像信号的基带频谱 $F(u,v)$ 分布如题图2.1所示,试画出该图像采样后的频谱分布,采用方格正交采样点阵,并设采样间隔频率 $\Delta x<\frac{1}{2a}$,$\Delta y<\frac{1}{2a}$。

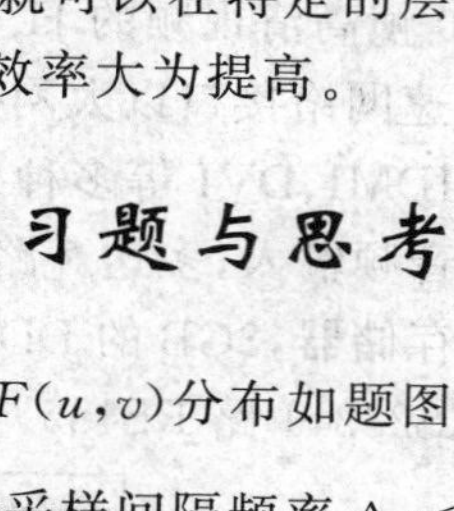

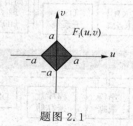

题图2.1

2.2　在PAL制或NTSC制的电视体系中,是如何将一个三维的图像信号 $f(x,y,t)$ 变为一维的随时间变化的扫描信号 $g(t)$ 的?

2.3　在图像数字化过程中，要对一模拟带宽为 6 MHz 的模拟灰度图像信号进行采样频率为 6 MHz 的亚采样，下述方法中哪种方法比较恰当，并说明理由。

(1) 先对模拟信号进行 3 MHz 的低通滤波，再进行 6 MHz 的亚采样；

(2) 先对模拟信号进行 6 MHz 的低通滤波，再进行 6 MHz 的亚采样；

(3) 先对模拟信号进行 12 MHz 的采样，再进行 3 MHz 带宽的数字低通滤波，再进行 6 MHz的亚采样；

(4) 先对模拟信号进行 6 MHz 的采样，再进行 3 MHz 带宽的数字低通滤波。

2.4　从空域和频域两个方面论证，只要满足二维采样定理，就可以由采样图像完全恢复出原图像。

2.5　在计算机图像表示或存储中，位图文件格式和矢量图文件格式有什么不同？

2.6　在考虑实际采样脉冲效应，即非理想采样脉冲引起复原图像的失真时，如果实际采样脉冲为三角形，则在用理想低通滤波器来恢复原图像时，加上一个什么样的滤波器就可以消除非理想采样脉冲引起的恢复图像失真？

2.7　假定图像的采样值在它的动态范围内的概率分布是均匀分布，分别计算在 8 bit 和 10 bit 均匀量化时所获得图像的量化信噪比的值。

2.8　近年来用于图像处理的高速 DSP 器件发展的主要的趋势是什么？

# 第3章 图像变换

在数字信号处理中，通常有两类方法：一类是时域分析法，另一类是频域分析法。在数字图像信号处理技术中同样存在这两类方法。图像变换就是将图像信号从空间域变换到频率域，或者相反，使我们可以更加方便地从另外一个角度来分析、处理图像信号或相应的频率域(变换域)信号。

图像变换的方法众多，从傅里叶变换、余弦变换，到沃尔什变换、哈达玛变换，以及 K-L 变换等。所有的这些变换虽然名称各不相同，但有一点是共同的，那就是每一种变换都存在自己固定的正交基函数集(除 K-L 变换外)，正是由于各种正交基函数集的不同才形成了不同的变换。正如空间的一个矢量可以用不同的坐标系表示一样，变换的途径虽然不同，但它们都是空间域图像 $f(x,y)$ 的变换表达式。

本章首先介绍离散图像的二维傅里叶变换、离散余弦变换，并由此得出离散图像变换的一般表达式。然后讨论沃尔什变换、哈达玛变换，最后简单介绍 K-L 变换。

## 3.1 离散傅里叶变换

### 3.1.1 一维离散傅里叶变换

在连续信号的分析中，傅里叶变换为人们深入理解和分析各种信号的特性提供了一种强有力的手段。为了能进行定量数值的处理，可以通过采样使原来连续变化的信号变成离散信号。并且由采样定理可以知道，当采样满足一定条件时，就可以由有限的采样精确地恢复出原连续信号，由此可以保证信号在连续域和离散域的等价性。现在的问题是，对于离散信号，是否也有对应的离散数值变换，它既能反映信号的特性，又只需有限的样本，以利于使用计算机、DSP 等进行数值分析呢？答案是肯定的。其中最基本的一种即为离散傅里叶变换(Discrete Fourier Transform，DFT)。

先看一下一维离散傅里叶变换：设 $\{f(k)\mid k=0,\cdots,N-1\}$ 为一维信号的 $N$ 个采样，其离散傅里叶变换及其逆变换分别为

$$\left.\begin{aligned} F(u) &= \sum_{k=0}^{N-1} f(k)\mathrm{e}^{-\mathrm{j}2\pi uk/N}, \qquad & k,u = 0,1,\cdots,N-1 \\ f(k) &= \frac{1}{N}\sum_{u=0}^{N-1} F(u)\mathrm{e}^{\mathrm{j}2\pi uk/N} \qquad & k,u = 0,1,\cdots,N-1 \end{aligned}\right\} \tag{3.1}$$

然后再讨论离散傅里叶变换与连续傅里叶变换之间的关系。为了讨论方便，简单回顾一下广义函数——单位脉冲 $\delta$ 函数及其有关性质。

**1. δ 函数及其性质**

$\delta$ 函数的定义为

$$\delta(t)=\begin{cases}0, & t\neq 0\\ \infty, & t=0\end{cases} \quad 和 \quad \int_{-\infty}^{\infty}\delta(t)\mathrm{d}t=1 \tag{3.2}$$

$\delta$ 函数主要具有下列性质：

(1) 筛选性质

$$\int_{-\infty}^{\infty}h(t)\delta(t-t_0)\mathrm{d}t=h(t_0) \tag{3.3}$$

其中，$h(t)$是在 $t_0$ 处连续的任意函数。

(2) 尺度变化性质

$$\delta(at)=\frac{1}{|a|}\cdot\delta(t) \qquad (a\ 为任意不为\ 0\ 的常数) \tag{3.4}$$

(3) 采样性质

如果 $h(t)$在 $t=T$ 处是连续的，则 $h(t)$在时间 $T$ 处的一个样本 $\hat{h}(t)$可表示为

$$\hat{h}(t)=h(t)\delta(t-T)=h(T)\delta(t-T) \tag{3.5}$$

这里乘积必须在广义函数论意义下来解释，$T$ 时刻产生的脉冲(样本)，其幅度等于时刻 $T$ 的函数值。如果 $h(t)$在 $t=nT(n=0,\pm1,\pm2,\cdots)$处是连续的，则称

$$\hat{h}(t)=h(t)\sum_{n=-\infty}^{\infty}\delta(t-nT)=\sum_{n=-\infty}^{\infty}h(nT)\delta(t-nT) \tag{3.6}$$

为 $h(t)$的采样间隔为 $T$ 的采样波形。于是，$h(t)$的采样波形是等间距脉冲的一个无限序列，每一个脉冲的幅度就等于 $h(t)$在脉冲出现时刻的值。

(4) 卷积性质

$$\delta(t-t_1)*\delta(t-t_2)=\delta(t-(t_1+t_2)) \tag{3.7}$$

(5) $\delta$ 函数的傅里叶变换为常数 1

$$\delta(t)\Leftrightarrow 1 \tag{3.8}$$

(6) $\delta$ 函数序列的傅里叶变换也是一个 $\delta$ 函数序列

$$\sum_{n=-\infty}^{\infty}\delta(t-nT)\Leftrightarrow\frac{1}{T}\sum_{n=-\infty}^{\infty}\delta\left(f-\frac{n}{T}\right) \tag{3.9}$$

**2. 频率域采样定理**

类似于时间域采样，也存在频率域中的采样定理，如果函数 $h(t)$的持续时间有限，即当 $|t|>T_c$时 $h(t)=0$，则其傅里叶变换 $H(f)$能由其等间隔的频域样本唯一确定：

$$H(f)=\sum_{n=-\infty}^{\infty}H\left(\frac{n}{2T_c}\right)\frac{\sin\left[2\pi T_c\left(f-\frac{n}{2T_c}\right)\right]}{2\pi T_c\left(f-\frac{n}{2T_c}\right)} \tag{3.10}$$

**3. 一维 DFT 的推演**

现在结合图 3.1 说明离散傅里叶变换定义式(3.1)的推演，图中左边部分为时域信号，右边部分为其对应的傅里叶频谱。图中(a)是一理想连续函数的傅里叶变换对，为将这个变换离散化，首先对 $h(t)$采样，用于采样的时域脉冲序列函数为 $\Delta_0(t)$，采样间隔为 $T$，见图(b)左边，采样后的函数见图(c)左边，采样的结果为

$$h(t)\Delta_0(t)=\sum_{k=-\infty}^{\infty}h(kT)\delta(t-kT) \tag{3.11}$$

注意图(c)的右边因 $T$ 的选择所造成的频域混叠效应。实际中只允许考虑时间有限的时

域信号,所以用图(d)所示的宽度为 $T_0$ 矩形时间窗截断采样后的函数。矩形窗函数为

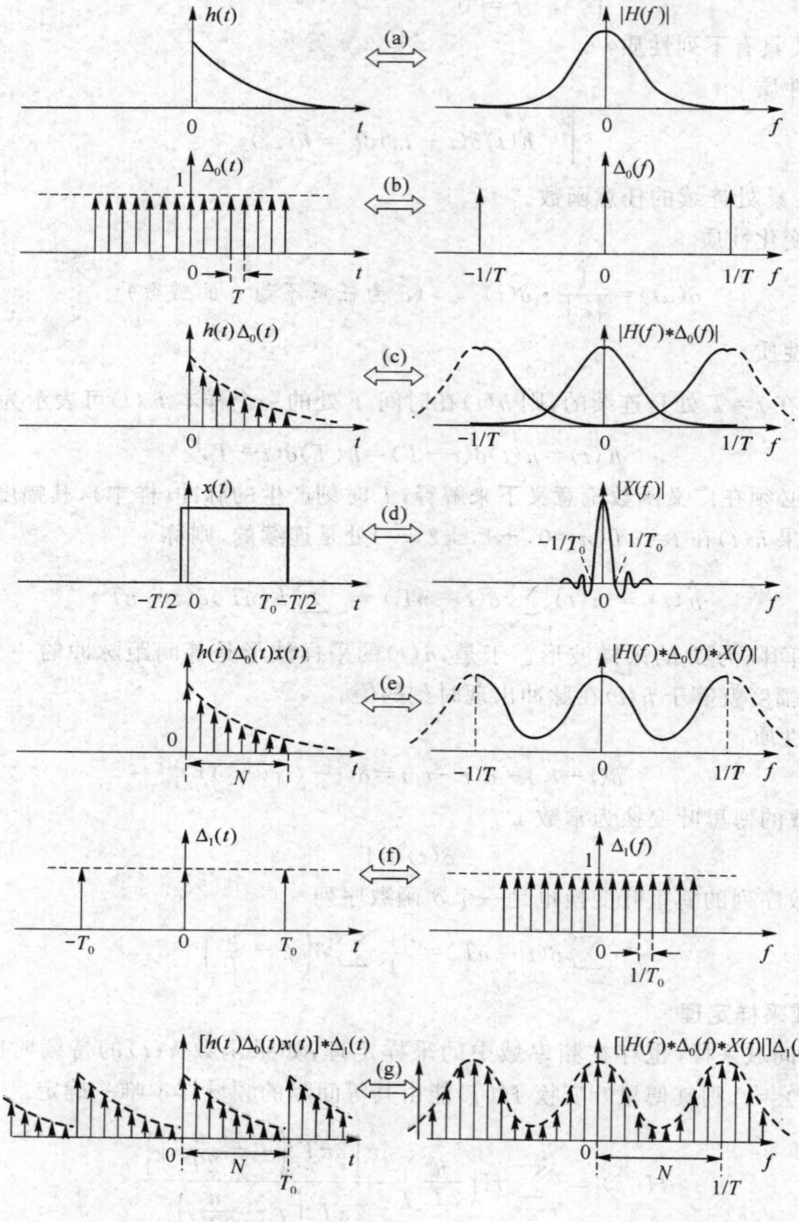


图 3.1 离散傅里叶变换的推演

$$x(t)=\begin{cases}1, & -T/2<t<T_0-T/2 \\ 0, & \text{其他}\end{cases} \tag{3.12}$$

其中,$T_0$ 为截断函数的持续时间。它使得 $T_0$ 内正好有 $N$ 个样本,$N=T_0/T$。由截断得到

$$h(t)\Delta_0(t)x(t)=\sum_{k=0}^{N-1}h(kT)\delta(t-kT) \tag{3.13}$$

图中(e)表示截断后的波形及其傅里叶变换。由卷积定理可知,时域上的截断引起了频率域的“皱波”效应。

最后对式(3.13)的傅里叶变换频谱进行采样，它等效于截断后的采样波形与图(f)中的时间函数 $\Delta_1(t)$ 作卷积，卷积结果如图(g)左边所示。函数 $\Delta_1(t)$ 为

$$\Delta_1(t) = T_0 \sum_{r=-\infty}^{\infty} \delta(t - rT_0) \tag{3.14}$$

于是，图(g)中左边的周期为 $T_0$ 的周期函数可以写成

$$\tilde{h}(t) = (h(t)\Delta_0(t)x(t)) * \Delta_1(t) = T_0 \sum_{r=-\infty}^{\infty} \sum_{k=0}^{N-1} h(kT)\delta(t - kT - rT_0) \tag{3.15}$$

图(g)右边为 $\tilde{h}(t)$ 的傅里叶变换。由于离散周期函数的傅里叶变换仍为离散周期函数，于是现在可以推导周期函数 $\tilde{h}(t)$ 的傅里叶变换，它应是个等间隔的脉冲序列：

$$\tilde{H}(f) = \sum_{n=-\infty}^{\infty} a_n \cdot \delta(f - nf_0) \tag{3.16}$$

其中，$f_0 = 1/T_0, n = 0, \pm 1, \pm 2, \cdots$

$$\begin{aligned} a_n &= \frac{1}{T_0} \int_{-\frac{T}{2}}^{T_0 - \frac{T}{2}} \tilde{h}(t) \mathrm{e}^{-\mathrm{j}2\pi nt/T_0} \mathrm{d}t \\ &= \frac{1}{T_0} \int_{-\frac{T}{2}}^{T_0 - \frac{T}{2}} T_0 \sum_{r=-\infty}^{\infty} \sum_{k=0}^{N-1} h(kT)\delta(t - kT - rT_0) \mathrm{e}^{-\mathrm{j}2\pi nt/T_0} \mathrm{d}t \end{aligned}$$

考虑到积分只对一个周期进行，即取 $r=0$，因此

$$\begin{aligned} a_n &= \int_{-\frac{T}{2}}^{T_0 - \frac{T}{2}} \sum_{k=0}^{N-1} h(kT)\delta(t - kT) \mathrm{e}^{-\mathrm{j}2\pi nt/T_0} \mathrm{d}t \\ &= \sum_{k=0}^{N-1} h(kT) \int_{-\frac{T}{2}}^{T_0 - \frac{T}{2}} \delta(t - kT) \mathrm{e}^{-\mathrm{j}2\pi nt/T_0} \mathrm{d}t \\ &= \sum_{k=0}^{N-1} h(kT) \mathrm{e}^{-\mathrm{j}2\pi nkT/T_0} \end{aligned} \tag{3.17}$$

由于 $T_0 = NT$，式(3.17)又可写为

$$a_n = \sum_{k=0}^{N-1} h(kT) \mathrm{e}^{-\mathrm{j}2\pi nk/N}, \quad n = 0, \pm 1, \pm 2, \cdots \tag{3.18}$$

将此式带入式(3.16)，$\tilde{h}(t)$ 的傅里叶变换为

$$\tilde{H}(f) = \sum_{n=-\infty}^{\infty} \sum_{k=0}^{N-1} h(kT) \mathrm{e}^{-\mathrm{j}2\pi nk/N} \delta(f - nf_0) \tag{3.19}$$

可以发现，从上式(3.19)中只能计算出 $N$ 个独立的值。因此，$\tilde{H}(f)$ 是以 $N$ 个样本点为周期的，用 $\tilde{H}\left(\frac{n}{NT}\right)$ 来记这 $N$ 个独立的值，即 $a_n$ 的一个周期，前 $N$ 个独立值：

$$\tilde{H}\left(\frac{n}{NT}\right) = \sum_{k=0}^{N-1} h(kT) \mathrm{e}^{-\mathrm{j}2\pi nk/N}, \quad n = 0, 1, \cdots, N-1 \tag{3.20}$$

注意到符号 $\tilde{H}(n/NT)$ 表示该离散傅里叶变换是连续傅里叶变换的一个近似，故对一般周期函数可将式(3.20)写为

$$G\left(\frac{n}{NT}\right) = \sum_{k=0}^{N-1} g(kT) \mathrm{e}^{-\mathrm{j}2\pi nk/N}, \quad n = 0, 1, \cdots, N-1 \tag{3.21}$$

离散傅里叶逆变换由下式给出，即

$$g(kT) = \frac{1}{N} \sum_{n=0}^{N-1} G\left(\frac{n}{NT}\right) \mathrm{e}^{\mathrm{j}2\pi nk/N}, \quad k = 0, 1, \cdots, N-1 \tag{3.22}$$

将式(3.22)代入(3.21),利用下列正交关系即可证明式(3.20)与(3.22)互成变换对:

$$\sum_{k=0}^{N-1} e^{j2\pi rk/N} e^{-j2\pi nk/N} = \begin{cases} N, & r=n \\ 0, & 其他 \end{cases} \tag{3.23}$$

离散傅里叶逆变换公式(3.21)也具有周期性,其周期由 $g(kT)$ 的 $N$ 个样本组成。

从以上的推导中可以看到,变换对要求在时域和频域两方面的函数都是周期性的。当把时间采样坐标 $kT$ 直接改写为离散变量 $k$,频域采样坐标 $n/NT$ 直接记为 $u$,就得到一般离散傅里叶变换(DFT)的形式:

$$F(u) = \sum_{k=0}^{N-1} f(k) e^{-j2\pi uk/N}, \quad u,k = 0,1,\cdots,N-1$$

$$f(k) = \frac{1}{N}\sum_{u=0}^{N-1} F(u) e^{j2\pi uk/N}, \quad k,u = 0,1,\cdots,N-1 \tag{3.24}$$

总之,人们之所以对离散傅里叶变换感兴趣,主要是因为它是连续傅里叶变换的一个近似,而近似的准确度是和被分析函数波形有关的。傅里叶变换对的时域函数是一个周期函数,周期由采样截断后的原函数的 $N$ 个样点决定。变换对的频域函数也是一个周期函数,周期也由 $N$ 点决定,但它们的值和原来的频率函数不同,误差是由混叠效应和时域截断所造成的。减小采样间隔 $T$,可把混叠产生的误差减少到可以接受的程度。换句话说,只要处理得当,就可以用离散傅里叶变换得到本质上和连续傅里叶变换等价的结果。

**4. 离散卷积和相关**

在离散信号的情况下,可参照连续函数卷积的方法来定义离散卷积,将连续卷积的积分运算转化为离散卷积的求和运算。设 $x(n)$是长度为 $P$ 的序列,$h(n)$是长度为 $Q$ 的序列,为了计算这两个序列的卷积,必须分别将这两个序列扩展为长度为 $N$、周期为 $N$ 的序列 $x'(n)$和 $h'(n)$,使得 $N=P+Q-1$,扩展方式如下:

$$x'(n)=\begin{cases} x(n), & 0\leqslant n\leqslant P-1 \\ 0, & P-1<n\leqslant N-1 \end{cases}$$

$$h'(n)=\begin{cases} h(n), & 0\leqslant n\leqslant Q-1 \\ 0, & Q-1<n\leqslant N-1 \end{cases}$$

则定义 $y'(n)$为 $x'(n)$和 $h'(n)$离散卷积:

$$y'(n) = x'(n) * h'(n) = \sum_{k=0}^{N-1} x'(k)h'(n-k)$$

显然,$y'(n)$长度为 $N$,也是一个周期为 $N$ 的函数。在实际中,往往为了方便起见,可直接用下式定义 $x(n)$和 $h(n)$的离散卷积 $y(n)$:

$$y(n) = x(n) * h(n) = \sum_{k=0}^{N-1} x(k)h(n-k) \tag{3.25}$$

这里,$x(n)$、$h(n)$两个序列实际上可能分别是两个连续函数的采样值,其序列的长度是样本的点数。而且,$x(n)$、$h(n)$并非真的是周期序列,只不过在作离散卷积时为了计算的方便假设它们是无限长周期序列,而真正关注的是其中的一个周期。和离散傅里叶变换类似,离散卷积和连续卷积之间的误差仍然主要取决于时域和频域的采样间隔,只要采样间隔充分小,则离散卷积完全有理由充分逼近相应的连续卷积,离散卷积带来的误差是可以忽略的。

和连续域类似,离散域卷积定理:两卷积信号的频谱等于这两个信号频谱的乘积,即

$$x(n) * h(n) \Leftrightarrow X(f) \cdot H(f) \tag{3.26}$$

相应地,用符号"∘"表示相关运算,定义离散相关为

$$z(n)=x(n)\circ h(n)=\sum_{i=0}^{N-1}x(i)h(n+i) \tag{3.27}$$

离散相关定理为两相关信号的频谱等于一信号的频谱和另一信号频谱共轭的乘积,即

$$x(n)\circ h(n)\Leftrightarrow X(f)\cdot H^{*}(f) \tag{3.28}$$

**5. DFT 的计算**

离散傅里叶变换(DFT)在数字信号处理及数字图像处理中应用十分广泛。它建立了离散时域(或空域)与离散频域之间的联系。由上述卷积定理可知,如果信号或图像处理直接在时域或空域上处理,计算量会随着离散采样点数的增加而急剧增加。因此,一般可采用 DFT 方法,将输入的数字信号首先进行 DFT,把时域(空域)中的卷积或相关运算简化为在频域上的相乘处理,然后进行 DFT 逆变换,恢复为时域(空域)信号。这样,计算量大大减少,提高了处理速度。另外,DFT 还有一个明显的优点是具有快速算法,即快速傅里叶变换(FFT),使计算量减少到直接进行 DFT 计算的一小部分。

### 3.1.2 二维离散傅里叶变换

在深入理解了一维离散傅里叶变换之后,就不难将其推广到二维情况。

**1. 二维 DFT 的定义**

设$\{f(x,y)\mid x=0,1,\cdots,M-1;y=0,1,\cdots,N-1\}$为二维离散信号,其离散傅里叶变换和逆变换分别为

$$F(u,v)=\frac{1}{\sqrt{MN}}\sum_{x=0}^{M-1}\sum_{y=0}^{N-1}f(x,y)\mathrm{e}^{-\mathrm{j}2\pi\left(\frac{ux}{M}+\frac{vy}{N}\right)},\quad \begin{aligned}x,u&=0,1,\cdots,M-1\\ y,v&=0,1,\cdots,N-1\end{aligned} \tag{3.29}$$

$$f(x,y)=\frac{1}{\sqrt{MN}}\sum_{u=0}^{M-1}\sum_{v=0}^{N-1}F(u,v)\mathrm{e}^{\mathrm{j}2\pi\left(\frac{ux}{M}+\frac{vy}{N}\right)},\quad \begin{aligned}x,u&=0,1,\cdots,M-1\\ y,v&=0,1,\cdots,N-1\end{aligned} \tag{3.30}$$

这里为了对称性,将正逆变换公式前的系数取值相同,皆为 $1/\sqrt{MN}$。在其他一些定义中,只有逆变换公式前的系数取值 $1/MN$,这两者的实际效果是相同的。

在不少场合,可以假定图像为方阵,即 $M=N$,此时 DFT 的变换对可简化为

$$F(u,v)=\frac{1}{N}\sum_{x=0}^{N-1}\sum_{y=0}^{N-1}f(x,y)\mathrm{e}^{-\frac{\mathrm{j}2\pi(ux+vy)}{N}},\quad x,y,u,v=0,1,\cdots,N-1 \tag{3.31}$$

$$f(x,y)=\frac{1}{N}\sum_{u=0}^{N-1}\sum_{v=0}^{N-1}F(u,v)\mathrm{e}^{\frac{\mathrm{j}2\pi(ux+vy)}{N}},\quad x,y,u,v=0,1,\cdots,N-1 \tag{3.32}$$

在 DFT 变换对中,称 $F(u,v)$为离散信号 $f(x,y)$的频谱,一般情况下是复函数,其实部和虚部分别为 $R(u,v)$和 $I(u,v)$,可以用下式表达:

$$F(u,v)=|F(u,v)|\exp[\mathrm{j}\varphi(u,v)]=R(u,v)+\mathrm{j}I(u,v) \tag{3.33}$$

其中,$|F(u,v)|$为其幅度谱,定义为

$$|F(u,v)|=[R^2(u,v)+I^2(u,v)]^{\frac{1}{2}} \tag{3.34}$$

$\varphi(u,v)$为其相位谱,定义为

$$\varphi(u,v)=\arctan\left[\frac{I(u,v)}{R(u,v)}\right] \tag{3.35}$$

需要强调的是,离散变换一方面是连续变换的一种近似。另一方面,其本身在数学上是严格的变换对。在今后进行的信号分析中,就可以简单地直接把数字域上得到的结果作为对连

续场合的解释,使两者之间得到了统一。

图 3.2 出示了 Girl 图像的二维 DFT 的示意。由于图像的 DFT 是复数运算,得到的频谱一般也是复数,难以直观表示。图(b)表示的是其幅度谱,中心是低频部分,越亮的地方代表的幅度越大,可见图像的大部分能量集中在低频区域。幅度谱中“十字”形亮线表示原图像中水平和垂直方向的分量较其他方向要多,因为在人们周围的自然场景中水平和垂直的线条出现的可能性较大。图(c)的相位谱看起来似乎是一片噪声,说明相位信息是以一种更隐蔽的方式出现在人们面前,但是非常重要,因为相位信息中携带着图像的位置信息,没有它将无法从频谱还原(IDFT)出原图像。

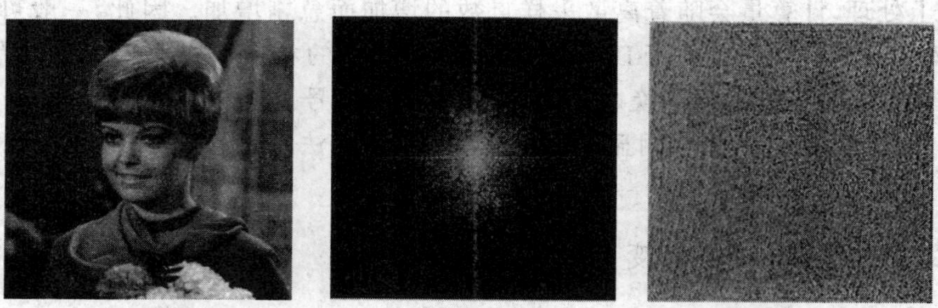

(a) 原始图像　　(b) DFT的幅度谱　　(c) DFT相位谱

图 3.2　Girl 图像的 DFT

**2. 二维 DFT 的性质**

在二维 DFT 情况下,存在和一维变换相同的性质,如线性、位移、尺度、卷积、相关等,在表 3.1 中以一维的形式列出,并列出了与之相应的连续信号的性质,以便进行比较。

**表 3.1　离散傅里叶变换的性质**

| 连续傅里叶变换 | 性质 | 离散傅里叶变换 |
|---|---|---|
| $x(t)+y(t)\longleftrightarrow X(f)+Y(f)$ | 线性 | $x(k)+y(k)\longleftrightarrow X(n)+Y(n)$ |
| $H(t)\longleftrightarrow h(-f)$ | 对称性 | $(1/N)H(k)\longleftrightarrow h(-n)$ |
| $h(t-t_0)\longleftrightarrow H(f)\mathrm{e}^{-\mathrm{j}2\pi f t_0}$ | 时间域平移 | $h(k-i)\longleftrightarrow H(n)\mathrm{e}^{-\mathrm{j}2\pi n i/N}$ |
| $h(t)\mathrm{e}^{\mathrm{j}2\pi f t_0}\longleftrightarrow H(f-f_0)$ | 频率域位移 | $h(k)\mathrm{e}^{\mathrm{j}2\pi k i/N}\longleftrightarrow H(n-i)$ |
| $h(t)=\left[\int_{-\infty}^{\infty}H^*(f)\mathrm{e}^{\mathrm{j}2\pi f t}\mathrm{d}f\right]^*$ | 另一种逆变换 | $h(k)=\left[\sum_{k=0}^{N-1}H^*(n)\mathrm{e}^{\mathrm{j}2\pi nk/N}\right]^*$ |
| $h_e(t)\longleftrightarrow R_e(f)$ | 偶函数 | $h_e(k)\longleftrightarrow R_e(n)$ |
| $h_o(t)\longleftrightarrow jI_o(f)$ | 奇函数 | $h_o(k)\longleftrightarrow jI_o(n)$ |
| $h(t)=h_e(t)+h_o(t)$ | 奇偶分解 | $h(k)=h_e(k)+h_o(k)$ |
| $y(t)=\int_{-\infty}^{\infty}x(\tau)h(t-\tau)\mathrm{d}\tau=x(t)*h(t)$ | 卷积 | $y(k)=\sum_{i=0}^{N-1}x(i)h(k-i)=x(k)*h(k)$ |
| $x(t)*h(t)\longleftrightarrow X(f)H(f)$ | 时域卷积定理 | $x(k)*h(k)\longleftrightarrow X(n)H(n)$ |
| $y(t)=\int_{-\infty}^{\infty}x(\tau)h(t+\tau)\mathrm{d}\tau=x(t)\circ h(t)$ | 相关 | $y(k)=\sum_{i=0}^{N-1}x(i)h(k+i)=x(k)\circ h(k)$ |
| $x(t)h(t)\longleftrightarrow X(f)*H(f)$ | 频率卷积定理 | $x(k)h(k)\longleftrightarrow(1/N)X(n)*H(n)$ |
| $\int_{-\infty}^{\infty}h^2(t)\mathrm{d}t=\int_{-\infty}^{\infty}\lvert H(f)\rvert^2\mathrm{d}f$ | 巴什瓦定理 | $\sum_{k=0}^{N-1}h^2(k)=\frac{1}{N}\sum_{n=0}^{N-1}\lvert H(n)\rvert^2$ |

下面介绍的两条是二维 DFT 情况下特有的性质：

(1) 变换的可分离性

由于 DFT 正逆变换的指数项(变换核)可以分解为只含 $u$、$x$ 和 $v$、$y$ 的两个指数项的积，因此，二维 DFT 正逆变换运算可以分别分解为两次一维 DFT 运算：

$$F(u,v)=\frac{1}{N}\sum_{x=0}^{N-1}\left\{\sum_{y=0}^{N-1}f(x,y)e^{-\frac{j2\pi vy}{N}}\right\}e^{-\frac{j2\pi ux}{N}} \tag{3.36}$$

$$f(x,y)=\frac{1}{N}\sum_{u=0}^{N-1}\left\{\sum_{v=0}^{N-1}F(u,v)e^{\frac{j2\pi vy}{N}}\right\}e^{\frac{j2\pi ux}{N}} \tag{3.37}$$

其中，$u,v,x,y\in\{0,1,\cdots,N-1\}$。这一性质就是二维变换可分离性的含义。

(2) 旋转不变性

若分别在空间域和频率域引入极坐标，使：

$$\begin{cases}x=r\cos\theta\\ y=r\sin\theta\end{cases}\qquad\begin{cases}u=w\cos\varphi\\ v=w\sin\varphi\end{cases}$$

$f(x,y)$和 $F(u,v)$在相应的极坐标中可分别表示为 $f(r,\theta)$和 $F(w,\varphi)$。则存在以下傅里叶变换对：

$$f(r,\theta+\theta_0)\Leftrightarrow F(w,\varphi+\theta_0) \tag{3.38}$$

上述性质表明，若将 $f(x,y)$在空间域旋转角度 $\theta_0$，则相应地 $F(u,v)$在频域中也将旋转同一角度 $\theta_0$。

**3. 二维 DFT 的实现**

由于二维 DFT 存在可分离性，因此用两次一维 DFT 就可以实现二维变换：

$$F(u,v)=\mathscr{F}x\{\mathscr{F}y[f(x,y)]\}\text{或}F(u,v)=\mathscr{F}y\{\mathscr{F}x[f(x,y)]\} \tag{3.39}$$

其中，$\mathscr{F}x$(或 $\mathscr{F}y$)表示对变量 $x$(或 $y$)进行傅里叶变换。在具体实现中，$x$、$y$ 分别与行、列坐标相对应，即

$$F(u,v)=\mathscr{F}_{\text{行}}\{\mathscr{F}_{\text{列}}[f(x,y)]\} \tag{3.40}$$

式(3.40)表示先对图像矩阵的各列作行一维 DFT，然后再对变换结果的各行作列的一维 DFT。这种流程的缺点是在计算变换时要改变下标，于是就不能用同一个(一维)变换程序。解决这一问题的方法是采用下面的计算流程：

$$f(x,y)\rightarrow\mathscr{F}_{\text{列}}[f(x,y)]=F(u,y)\xrightarrow{\text{转置}}F(u,y)^{\mathrm{T}}$$
$$\rightarrow\mathscr{F}_{\text{列}}[F(u,y)^{\mathrm{T}}]=F(u,v)^{T}\xrightarrow{\text{转置}}F(u,v) \tag{3.41}$$

二维 DFT 的逆变换流程与之类似，利用 DFT 的共轭性质，只需将输入改为 $F^*(u,v)$，就可以按正变换的流程进行逆变换。

在 DFT 的计算中，如果根据定义直接计算，则共需要 $N^2\times N^2$ 次复数的乘法。当 $N$ 增大时，这个计算量是非常大的。根据可分离性质，就可以用两次一维快速 DFT(FFT)来降低计算的复杂度。此时，所需的复数乘法次数为 $N^2\log_2 N$。

## 3.2 离散余弦变换

由前面分析可知，DFT 是复数域的运算，尽管借助于 FFT 可以提高运算速度，但还是在实际应用、特别是实时处理中带来了不便。由于实偶函数的傅里叶变换只含实的余弦项，现实

世界中的信号都是实信号,因此可在此基础上构造一种方便计算且和傅里叶变换含义一致的实数域的正交变换——离散余弦变换(Discrete Cosine Transform,DCT)。通过研究发现,它除了具有一般的正交变换性质外,它的变换矩阵的基向量很近似于 Toeplitz 矩阵的特征向量,后者体现了人类的语言、图像信号的相关特性。因此,在对语音、图像信号的正交变换中,DCT 变换被认为是一种仅次于 K-L 变换的准最佳变换。但是 DCT 变换具有确定的变换矩阵,而 K-L 变换矩阵与信号内容有关,实现困难。在已颁布的一系列图像、视频压缩编码的国际标准中,都把 DCT 作为其中的一个基本处理模块,这足以表明其优良的性能和重要的地位。

DCT 除了上述介绍的几个特点,即:实数变换、确定变换矩阵(与变换对象内容无关)、准最佳变换性能外,二维 DCT 还是一种可分离的变换。下面首先从一维 DCT 开始,然后再介绍二维时的情况。

## 3.2.1　一维离散余弦变换

**1. 从 DFT 到 DCT**

DCT 变换的基本思想是将一个实函数对称延拓成一个实偶函数,实偶函数的傅里叶变换也必然是实偶函数。下面以离散一维 DCT 为例加以说明。

给定实信号序列 $\{f(x)\mid x=0,1,\cdots,N-1\}$,可以按式(3.42)将其延拓为偶对称序列(如图 3.3 所示):

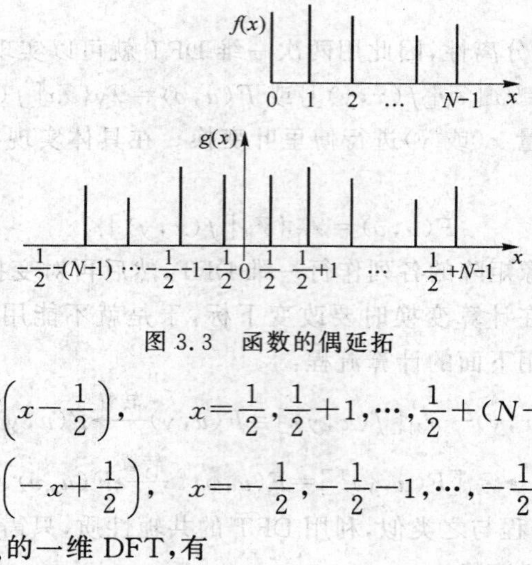


图 3.3　函数的偶延拓

$$g(x)=\begin{cases} f\left(x-\dfrac{1}{2}\right), & x=\dfrac{1}{2},\dfrac{1}{2}+1,\cdots,\dfrac{1}{2}+(N-1) \\ f\left(-x+\dfrac{1}{2}\right), & x=-\dfrac{1}{2},-\dfrac{1}{2}-1,\cdots,-\dfrac{1}{2}-(N-1) \end{cases} \tag{3.42}$$

于是对 $g(x)$ 求 $2N$ 点的一维 DFT,有

$$\begin{aligned} G(u) &= \frac{1}{\sqrt{2N}}\sum_{x=-\frac{1}{2}-(N-1)}^{\frac{1}{2}+(N-1)} g(x)\cdot \mathrm{e}^{-\mathrm{j}2\pi xu/2N} \\ &= \frac{1}{\sqrt{2N}}\sum_{x=-\frac{1}{2}-(N-1)}^{-\frac{1}{2}} g(x)\cdot \mathrm{e}^{-\mathrm{j}\pi xu/N}+\frac{1}{\sqrt{2N}}\sum_{x=\frac{1}{2}}^{\frac{1}{2}+(N-1)} g(x)\cdot \mathrm{e}^{-\mathrm{j}\pi xu/N} \end{aligned} \tag{3.43}$$

令 $y=-x$,代入上式第一项,并仍以 $x$ 表示,得

$$G(u)=\frac{1}{\sqrt{2N}}\sum_{x=\frac{1}{2}}^{\frac{1}{2}+(N-1)} g(-x)\cdot e^{j\pi xu/N}+\frac{1}{\sqrt{2N}}\sum_{x=\frac{1}{2}}^{\frac{1}{2}+(N-1)} g(x)\cdot e^{-j\pi xu/N} \tag{3.44}$$

考虑到在 $x=1/2$ 到 $1/2+(N-1)$ 段，$g(x)=g(-x)=f(x-1/2)$，然后利用欧拉定理可得

$$\begin{aligned}G(u)&=\frac{1}{\sqrt{2N}}\sum_{x=\frac{1}{2}}^{\frac{1}{2}+(N-1)} f\left(x-\frac{1}{2}\right)\cdot\left(e^{j\pi xu/N}+e^{-j\pi xu/N}\right)\\&=\frac{2}{\sqrt{2N}}\sum_{x=\frac{1}{2}}^{\frac{1}{2}+(N-1)} f\left(x-\frac{1}{2}\right)\cdot\cos\frac{\pi ux}{N}\\&=\sqrt{\frac{2}{N}}\sum_{x=\frac{1}{2}}^{\frac{1}{2}+(N-1)} f\left(x-\frac{1}{2}\right)\cdot\cos\frac{\pi ux}{N}\end{aligned} \tag{3.45}$$

再令 $x-\frac{1}{2}=x'$ 并再以 $x$ 表示，可得

$$G(u)=\sqrt{\frac{2}{N}}\sum_{x'=0}^{N-1} f(x')\cdot\cos\frac{\pi\left(x'+\frac{1}{2}\right)u}{N}=\sqrt{\frac{2}{N}}\sum_{x=0}^{N-1} f(x)\cdot\cos\frac{\pi(2x+1)u}{2N} \tag{3.46}$$

将 $N$ 点的 $f(x)$ 偶延拓后形成 $2N$ 点的实偶函数，其 DFT 也是一个 $2N$ 点的实偶函数，然而实际有效信息只有一半，所以各取时域和频域的一半作为一种新的变换，即离散余弦变换。但不要忘记，DCT 的本质仍然是 DFT，$f(x)$ 的 DCT 结果所表现出来的频域特征本质上是和 DFT 所反映的频域特征是相同的。

**2. 一维 DCT 定义**

按照前述思路，一维 DCT 的定义如下：

设 $\{f(x)\mid x=0,1,\cdots,N-1\}$ 为实信号序列，其离散余弦的正、逆变换分别为

$$F(u)=C(u)\sqrt{\frac{2}{N}}\sum_{x=0}^{N-1} f(x)\cos\frac{(2x+1)u\pi}{2N},\qquad x,u=0,1,\cdots,N-1 \tag{3.47}$$

$$f(x)=\sqrt{\frac{2}{N}}\sum_{u=0}^{N-1} C(u)F(u)\cos\frac{(2x+1)u\pi}{2N},\qquad x,u=0,1,\cdots,N-1 \tag{3.48}$$

其中，

$$C(u)=\begin{cases}1/\sqrt{2}, & u=0\\ 1, & \text{其他}\end{cases} \tag{3.49}$$

可见一维 DCT 的正逆变换的变换核都是

$$g(u,x)=C(u)\sqrt{\frac{2}{N}}\cos\frac{(2x+1)u\pi}{2N} \tag{3.50}$$

## 3.2.2 二维离散余弦变换

**1. 二维 DCT 定义**

将一维 DCT 的定义推广到二维，二维函数的 DCT 如下：

设 $\{f(x,y)\mid x,y=0,\cdots,N-1\}$ 为二维实信号序列，其正、反二维 DCT 分别为

$$F(u,v)=\frac{2}{N}C(u)C(v)\sum_{x=0}^{N-1}\sum_{y=0}^{N-1} f(x,y)\cos\frac{(2x+1)u\pi}{2N}\cos\frac{(2y+1)v\pi}{2N} \tag{3.51}$$

$$f(x,y)=\frac{2}{N}\sum_{u=0}^{N-1}\sum_{v=0}^{N-1}C(u)C(v)F(u,v)\cos\frac{(2x+1)u\pi}{2N}\cos\frac{(2y+1)v\pi}{2N} \tag{3.52}$$

其中,$C(u)$、$C(v)$的定义同前,$x$、$y$、$u$、$v=0,1,\cdots,N-1$。

二维 DCT 的正逆变换的变换核都相同,且是可分离的,即

$$g(x,y,u,v)=g_1(x,u)g_2(y,v)=\sqrt{\frac{2}{N}}C(u)\cos\frac{(2x+1)u\pi}{2N}\cdot\sqrt{\frac{2}{N}}C(v)\cos\frac{(2y+1)v\pi}{2N} \tag{3.53}$$

根据 DCT 可分离的性质,采用两次一维 DCT 实现图像信号的二维 DCT,其流程与 DFT 类似:

$$\begin{aligned}f(x,y)\rightarrow\mathscr{D}_{\text{列}}[f(x,y)]=F(u,y)\xrightarrow{\text{转置}}F(u,y)^{\mathrm{T}}\\ \rightarrow\mathscr{D}_{\text{行}}[F(u,y)^{\mathrm{T}}]=F(u,v)^{\mathrm{T}}\xrightarrow{\text{转置}}F(u,v)\end{aligned} \tag{3.54}$$

为了解决实时处理所面临的运算复杂性,目前已有多种快速 DCT(FDCT),其中一些是由 FFT 的思路发展起来的。

**2. 二维 DCT 和 DFT 的频谱差异**

最后要注意的是二维 DCT 的频谱分布的特点。由于 DCT 相当于对信号作带有中心偏移的偶函数延拓后进行二维 DFT,因此,其谱域与 DFT 相差一倍,如图 3.4 所示。从图中可见,对于 DCT,位置(0,0)处对应信号直流系数,$(N-1,N-1)$对应于信号高频系数,而同阶的 DFT 中,位置$(N/2,N/2)$处对应于信号的高频系数。

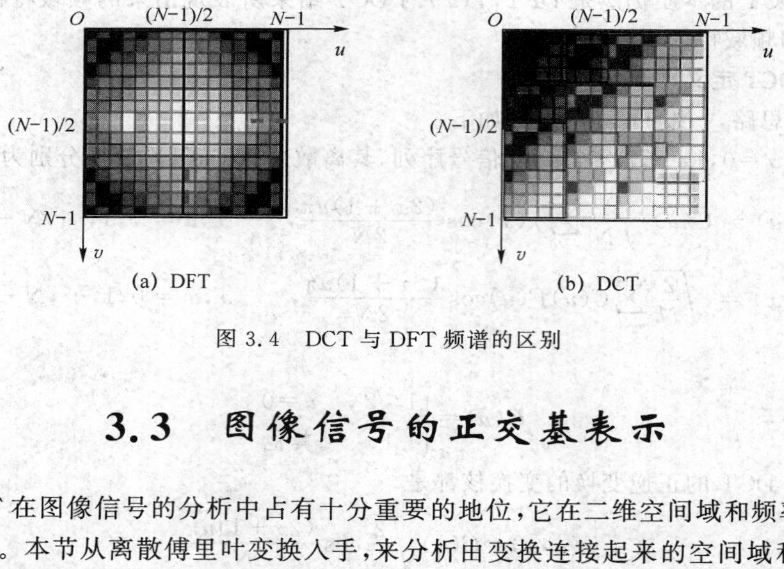


图 3.4　DCT 与 DFT 频谱的区别

## 3.3　图像信号的正交基表示

二维 DFT 在图像信号的分析中占有十分重要的地位,它在二维空间域和频率域之间建立了定量的联系。本节从离散傅里叶变换入手,来分析由变换连接起来的空间域和频率域之间的关系,空间域图像的变化对频率域频谱的影响,以及频率域的变化对空间域图像的影响。

### 3.3.1　变换核的一般表示

一般地,可以把正逆变换写成下面的通用形式:

$$F(u,v)=\sum_{x}\sum_{y}f(x,y)g(x,y,u,v) \tag{3.55}$$

$$f(x,y)=\sum_{u}\sum_{v}F(u,v)h(x,y,u,v) \tag{3.56}$$

其中，$f(x,y)$为二维信号函数，$F(u,v)$为其对应的变换域函数，$x,y,u,v=0,1,\cdots,N-1$，$g(x,y,u,v)$和$h(x,y,u,v)$分别称为正变换核和逆变换核。

如果$g(x,y,u,v)=P(x,u)Q(y,v)$，$h(x,y,u,v)=P_1(x,u)Q_1(y,v)$，则称变换是可分离的。此时，变换可写为

$$F(u,v)=\sum_x\sum_y f(x,y)P(x,u)Q(y,v) \tag{3.57}$$

$$f(x,y)=\sum_u\sum_v F(u,v)P_1(x,u)Q_1(y,v) \tag{3.58}$$

对于可分离的变换，可用两次一维变换来实现二维变换。对于傅里叶变换，其变换核具体为

$$g=P\cdot Q=\frac{1}{\sqrt{N}}e^{-j2\pi ux/N}\cdot\frac{1}{\sqrt{N}}e^{-j2\pi vy/N} \tag{3.59}$$

$$h=P_1\cdot Q_1=\frac{1}{\sqrt{N}}e^{j2\pi ux/N}\cdot\frac{1}{\sqrt{N}}e^{j2\pi vy/N} \tag{3.60}$$

### 3.3.2 变换的矩阵表示

通常为了分析、推导的方便，将可分离变换写成矩阵形式：

$$\boldsymbol{F}=\boldsymbol{PfQ}^{\mathrm{T}} \tag{3.61}$$

$$\boldsymbol{f}=\boldsymbol{P}_1\boldsymbol{FQ}_1{}^{\mathrm{T}} \tag{3.62}$$

其中，$\boldsymbol{F}$是二维频谱按第$u$行、$v$列排列成的频谱矩阵，$\boldsymbol{f}$是按$x$行、$y$列排列成的图像矩阵；$\boldsymbol{P}$、$\boldsymbol{P}_1$分别是由$P(x,u)$、$P_1(x,u)$按第$u$行、$x$列排成的矩阵，而$\boldsymbol{Q}^{\mathrm{T}}$、$\boldsymbol{Q}_1{}^{\mathrm{T}}$分别是由$Q(y,v)$、$Q_1(y,v)$按第$y$行、$v$列排列成的转置矩阵。

将式(3.61)两端分别左乘$\boldsymbol{P}^{-1}$和右乘$(\boldsymbol{Q}^{\mathrm{T}})^{-1}$，则有：

$$\boldsymbol{f}=\boldsymbol{P}^{-1}\boldsymbol{F}(\boldsymbol{Q}^{\mathrm{T}})^{-1} \tag{3.63}$$

若变换矩阵是酉矩阵，即$(\boldsymbol{P}^*)^{\mathrm{T}}\boldsymbol{P}=\boldsymbol{I}$，$(\boldsymbol{Q}^*)^{\mathrm{T}}\boldsymbol{Q}=\boldsymbol{I}$，$\boldsymbol{I}$表示同阶单位阵。于是

$$\boldsymbol{f}=(\boldsymbol{P}^*)^{\mathrm{T}}\boldsymbol{FQ}^* \tag{3.64}$$

$*$号表示求共轭，将上式与式(3.62)比较可知

$$\boldsymbol{P}_1=(\boldsymbol{P}^*)^{\mathrm{T}} \tag{3.65}$$

$$\boldsymbol{Q}_1=(\boldsymbol{Q}^*)^{\mathrm{T}} \tag{3.66}$$

由此说明，对于二维正交变换〔式(3.61)〕，其逆变换〔式(3.62)〕总是存在的，且逆变换核等于正变换核的共扼转置。

**【例 3.1】** 试证明二维 DFT 的正交性，即证明变换核矩阵为酉矩阵。

**证明**：根据矩阵乘法的定义，$\boldsymbol{A}\cdot\boldsymbol{B}=\{a_{ij}\}\{b_{ij}\}=\{c_{ij}\}$。其中$c_{i,j}=\sum_k a_{i,k}b_{k,j}$，因此对于正变换核，有

$$(\boldsymbol{P}^*)^{\mathrm{T}}\cdot P=\left\{\frac{1}{\sqrt{N}}e^{j2\pi ik/N}\right\}\cdot\left\{\frac{1}{\sqrt{N}}e^{-j2\pi jk/N}\right\}=\left\{\frac{1}{N}\sum_{k=0}^{N-1}e^{j2\pi(i-j)k/N}\right\}=\boldsymbol{I}$$

此式证明了$\boldsymbol{P}$矩阵是酉矩阵，其中最后一步是利用了下面的正交关系：

$$\sum_{k=0}^{N-1}e^{j2\pi(i-j)k/N}=\begin{cases}N & i=j\\0, & i\neq j\end{cases} \tag{3.67}$$

由于二维 DFT 中,矩阵 $\boldsymbol{P}$、$\boldsymbol{Q}$ 都是对称矩阵,且 $\boldsymbol{P}_1=\boldsymbol{P}^{\mathrm{T}}$,$\boldsymbol{Q}_1=\boldsymbol{Q}^{\mathrm{T}}$,因此,按照同样的方法可以证明逆变换核矩阵也是酉矩阵。二维 DFT 可表示为

$$\boldsymbol{F}=\boldsymbol{P}\boldsymbol{f}\boldsymbol{Q} \tag{3.68}$$

$$\boldsymbol{f}=\boldsymbol{P}^{*}\boldsymbol{F}\boldsymbol{Q}^{*} \tag{3.69}$$

### 3.3.3 基本图像和基本频谱

对于用矩阵形式表示的二维正交变换,还可以写成外积形式。为此将 $\boldsymbol{P}$、$\boldsymbol{Q}$ 写成向量形式:$\boldsymbol{P}=[\boldsymbol{P}_0\boldsymbol{P}_1\cdots\boldsymbol{P}_{N-1}]$,$\boldsymbol{Q}=[\boldsymbol{Q}_0\boldsymbol{Q}_1\cdots\boldsymbol{Q}_{N-1}]$,其中 $\boldsymbol{P}_i$ 和 $\boldsymbol{Q}_i$ 为列向量,并将矩阵 $\boldsymbol{f}$ 分解成下面的求和形式:

$$\boldsymbol{f}=\begin{bmatrix} f_{00} & 0 & \cdots & 0 \\ 0 & 0 & \cdots & 0 \\ \vdots & \vdots & & \vdots \\ 0 & 0 & \cdots & 0 \end{bmatrix}+\begin{bmatrix} 0 & f_{01} & \cdots & 0 \\ 0 & 0 & \cdots & 0 \\ \vdots & \vdots & & \vdots \\ 0 & 0 & \cdots & 0 \end{bmatrix}+\cdots+\begin{bmatrix} 0 & 0 & \cdots & 0 \\ 0 & 0 & \cdots & 0 \\ \vdots & \vdots & & \vdots \\ 0 & 0 & \cdots & f_{N-1,N-1} \end{bmatrix} \tag{3.70}$$

于是,可以将式(3.68)写成下面的向量外积形式:

$$\boldsymbol{F}=\boldsymbol{P}\boldsymbol{f}\boldsymbol{Q}^{\mathrm{T}}=\sum_i\sum_j f_{ij}\boldsymbol{P}_i\boldsymbol{Q}_j^{\mathrm{T}} \tag{3.71}$$

所谓向量的外积,就是指一个 $N\times1$ 维向量与另一个 $1\times N$ 维向量的积,结果为一 $N\times N$ 阶矩阵。同样,式(3.69)也可写成向量外积形式:

$$\boldsymbol{f}=\boldsymbol{P}^{*}\boldsymbol{F}(\boldsymbol{Q}^{*})^{\mathrm{T}}=\sum_i\sum_j F_{ij}\boldsymbol{P}_i^{*}\boldsymbol{Q}_j^{*\mathrm{T}} \tag{3.72}$$

在式(3.72)中,由于 $\boldsymbol{P}_i^{*}\boldsymbol{Q}_j^{*\mathrm{T}}$ 是固定的矩阵(只与该正交变换的阶数有关),可以将它们称之为"基本图像"。因此,其物理意义十分明显:在以变换域系数($F_{ij}$)作为加权的情况下,由外积的组合,或者说由某种变换的"基本图像"的组合,可以得到原始图像 $\boldsymbol{f}$。同样可以类似地理解式(3.71)中的 $\boldsymbol{P}_i\boldsymbol{Q}_j^{\mathrm{T}}$ 为"基本频谱",图像的频谱等于以图像域系数($f_{ij}$)作为加权的基本频谱之和。

下面以 5×5 的 DFT 为例,进一步说明基本图像和基本频谱的概念。根据前面的讨论,$\boldsymbol{P}_1$、$\boldsymbol{Q}_1$ 都是对称酉矩阵,则有 $\boldsymbol{P}_1=(\boldsymbol{P}^{*})^{\mathrm{T}}$ 和 $\boldsymbol{Q}_1=(\boldsymbol{Q}^{*})^{\mathrm{T}}$,以及 $\boldsymbol{P}=\boldsymbol{Q}$。因此,对 5×5 二维 DFT 而言,由式(3.68)、式(3.69)可得到

$$\boldsymbol{f}=\boldsymbol{P}^{*}\boldsymbol{F}\boldsymbol{P}^{*\mathrm{T}}=\sum_{i=0}^{4}\sum_{j=0}^{4}\boldsymbol{F}_{ij}\boldsymbol{P}_i^{*}\boldsymbol{P}_j^{*\mathrm{T}} \tag{3.73}$$

$$\boldsymbol{F}=\boldsymbol{P}\boldsymbol{f}\boldsymbol{P}=\sum_{i=0}^{4}\sum_{j=0}^{4}f_{ij}\boldsymbol{P}_i\boldsymbol{P}_j^{\mathrm{T}} \tag{3.74}$$

称$\{\boldsymbol{P}_i^{*}\boldsymbol{P}_j^{*\mathrm{T}}\}$为基本图像(5×5),$\{\boldsymbol{P}_i\boldsymbol{P}_j^{\mathrm{T}}\}$为基本频谱(5×5),由 $i$、$j$ 的不同取值,它们均各包括 25 个 5×5 阶矩阵。

现在讨论基本图像和基本矩阵的形成过程。首先考察 $\boldsymbol{P}$ 和 $\boldsymbol{P}^{*}$:

$$\boldsymbol{P}=[\boldsymbol{P}_0\cdots\boldsymbol{P}_4]=\frac{1}{\sqrt{5}}\begin{bmatrix} W_{00} & W_{01} & W_{02} & W_{03} & W_{04} \\ W_{10} & W_{11} & W_{12} & W_{13} & W_{14} \\ W_{20} & W_{21} & W_{22} & W_{23} & W_{24} \\ W_{30} & W_{31} & W_{32} & W_{33} & W_{34} \\ W_{40} & W_{41} & W_{42} & W_{43} & W_{44} \end{bmatrix}=\frac{1}{\sqrt{5}}\begin{bmatrix} W_0 & W_0 & W_0 & W_0 & W_0 \\ W_0 & W_1 & W_2 & W_3 & W_4 \\ W_0 & W_2 & W_4 & W_1 & W_3 \\ W_0 & W_3 & W_1 & W_4 & W_2 \\ W_0 & W_4 & W_3 & W_2 & W_1 \end{bmatrix} \tag{3.75}$$

式(3.75)左边矩阵中 $W_{i,j}=\mathrm{e}^{-\mathrm{j}2\pi ij/5}$，将指数项中的两个幂常数($i$ 和 $j$)相乘后按模 5 运算，得到的结果为 $k$，形成上式右边的 $W_k=\mathrm{e}^{-\mathrm{j}2\pi k/5}$。

有了 $\boldsymbol{P}$ 后，将其各元素取共轭，就得到 $\boldsymbol{P}^*$ 的各元素。为便于比较，利用周期性：

$$\mathrm{e}^{-\mathrm{j}2\pi k/N}=\mathrm{e}^{-\mathrm{j}2\pi(N-k)/N} \tag{3.76}$$

于是可得

$$\boldsymbol{P}^*=\frac{1}{\sqrt{5}}\begin{bmatrix} W_0 & W_0 & W_0 & W_0 & W_0 \\ W_0 & W_4 & W_3 & W_2 & W_1 \\ W_0 & W_3 & W_1 & W_4 & W_2 \\ W_0 & W_2 & W_4 & W_1 & W_3 \\ W_0 & W_1 & W_2 & W_3 & W_4 \end{bmatrix} \tag{3.77}$$

用式(3.77)中的任意一列和任意一列的转置相乘后(外积)可得一个 5×5 矩阵，即一个基本图像，这样的基本图像共有 25 个。以后，任意一个 5×5 图像都可以表示为这 25 个基本图像的加权和，权的大小，或加权系数则等于相应位置的傅里叶频谱系数。例如 $F_{24}$ 对应的基本图像为

$$\boldsymbol{P}_2\boldsymbol{P}_4^{\mathrm{T}}=\frac{1}{\sqrt{5}}\begin{bmatrix} W_0 \\ W_3 \\ W_1 \\ W_4 \\ W_2 \end{bmatrix}\cdot\frac{1}{\sqrt{5}}\begin{bmatrix} W_0 & W_1 & W_2 & W_3 & W_4 \end{bmatrix}$$

$$=\frac{1}{5}\begin{bmatrix} W_0W_0 & W_0W_1 & W_0W_2 & W_0W_3 & W_0W_4 \\ W_3W_0 & W_3W_1 & W_3W_2 & W_3W_3 & W_3W_4 \\ W_1W_0 & W_1W_1 & W_1W_2 & W_1W_3 & W_1W_4 \\ W_4W_0 & W_4W_1 & W_4W_2 & W_4W_3 & W_4W_4 \\ W_2W_0 & W_2W_1 & W_2W_2 & W_2W_3 & W_2W_4 \end{bmatrix}$$

利用基本图像和基本频谱，就可以知道频域的分量在空间域的影响，或者空间域的某种图案在频域中大致的对应分布。例如，如果能看出要分析的图像的形状和基本图像集中的某个基图像或若干基图像的加权和相近，那么对该图像的傅里叶变换是很有启发意义的。

由上述 5×5 基本图像和基本频谱的概念可知，任意一幅 5×5 图像的频谱是由 25 幅基本频谱的加权得到的，加权系数即为相应图像的像素值，从而每一个频谱系数都和整幅图像有关，即整幅图像对某一频谱分量都有贡献。同样，任意一个像素值也可看成是所有频谱分量的贡献。

## 3.4　沃尔什和哈达玛变换*

### 3.4.1　离散沃尔什变换

上面介绍的傅里叶变换、DCT 变换都是由正弦或余弦等三角函数为基本的正交函数基，在快速算法中要用到复数乘法、三角函数乘法，占用时间仍然较多。在某些应用领域，需要有

更为有效和便利的变换方法。沃尔什变换就是其中一种,它包括只有+1和−1两个数值所构成的完备正交基。由于沃尔什函数基是二值正交基,与数字逻辑的二个状态相对应,因此更加适用于计算机处理。另外,沃尔什变换与傅里叶变换相比,可以减少存储空间和提高运算速度,这一点对图像处理来说是至关重要的。特别是在大量数据需要进行实时处理时,沃尔什变换更加显示出其优越性。

**1. 一维离散沃尔什变换**

一维沃尔什变换核为

$$g(x,u)=\frac{1}{N}\prod_{i=0}^{n-1}(-1)^{b_i(x)b_{n-1-i}(u)} \tag{3.78}$$

其中,$b_k(z)$是$z$的二进制表示的第$k$位值,或者是0,或者是1。如$z=6$,其二进制表示是110,因此$b_0(z)=0$,$b_1(z)=1$,$b_2(z)=1$。$N$是沃尔什变换的阶数,$N=2^n$。$u=0,1,2,\cdots,N-1$,$x=0,1,2,\cdots,N-1$。

由此,一维离散沃尔什变换可写成

$$W(u)=\frac{1}{N}\sum_{x=0}^{N-1}f(x)\prod_{i=0}^{n-1}(-1)^{b_i(x)b_{n-1-i}(u)} \tag{3.79}$$

其中,$u=0,1,2,\cdots,N-1$,$x=0,1,2,\cdots,N-1$。

一维沃尔什逆变换核为

$$h(x,u)=\prod_{i=0}^{n-1}(-1)^{b_i(x)b_{n-1-i}(u)} \tag{3.80}$$

相应的一维沃尔什逆变换为

$$f(x)=\sum_{u=0}^{N-1}W(u)\prod_{i=0}^{n-1}(-1)^{b_i(x)b_{n-1-i}(u)} \tag{3.81}$$

其中,$u=0,1,2,\cdots,N-1$,$x=0,1,2,\cdots,N-1$。

一维沃尔什逆变换除了与正变换有系数差别之外,其他与正变换相同。为了计算方便,对常用的$b_k(z)$值列表如3.2所示。

**表3.2 $N=2$、4、8时沃尔什变换中的$b_k(z)$值**

| $N,z$取值 \ $z,b_k(z)$取值 | $N=2$ $(n=1)$ $z\leqslant1$ | | $N=4(n=2)$ $z\leqslant3$ | | | | $N=8(n=3)$ $z\leqslant7$ | | | | | | | |
|---|---|---|---|---|---|---|---|---|---|---|---|---|---|---|
| $z$的十进制值 | 0 | 1 | 0 | 1 | 2 | 3 | 0 | 1 | 2 | 3 | 4 | 5 | 6 | 7 |
| $z$的二进制值 | 0 | 1 | 00 | 01 | 10 | 11 | 000 | 001 | 010 | 011 | 100 | 101 | 110 | 111 |
| $b_0(z)$ | 0 | 1 | 0 | 1 | 0 | 1 | 0 | 1 | 0 | 1 | 0 | 1 | 0 | 1 |
| $b_1(z)$ | | | 0 | 0 | 1 | 1 | 0 | 0 | 1 | 1 | 0 | 0 | 1 | 1 |
| $b_2(z)$ | | | | | | | 0 | 0 | 0 | 0 | 1 | 1 | 1 | 1 |

根据表3.2中$b_k(z)$,很容易求得沃尔什变换核,其核是一个对称阵列,其行和列是正交的。同时,正、逆变换核除了系数相差$1/N$这个常数项外,其他完全相同。因此,计算沃尔什变换的任何算法都可直接用来求其逆变换。其变换核阵列如表3.3所示,"+"表示+1,"−"表示−1,并忽略了系数$1/N$。

**表 3.3　$N$=2、4、8 时的沃尔什变换核**

| $u$ \ $x$ | $N=2(n=1)$ | | $N=4$ ($n=2$) | | | | $N=8$ ($n=3$) | | | | | | | |
|---|---|---|---|---|---|---|---|---|---|---|---|---|---|---|
| | 0 | 1 | 0 | 1 | 2 | 3 | 0 | 1 | 2 | 3 | 4 | 5 | 6 | 7 |
| 0 | + | + | + | + | + | + | + | + | + | + | + | + | + | + |
| 1 | + | − | + | + | − | − | + | + | + | + | − | − | − | − |
| 2 | | | + | − | + | − | + | + | − | − | + | + | − | − |
| 3 | | | + | − | − | + | + | + | − | − | − | − | + | + |
| 4 | | | | | | | + | − | + | − | + | − | + | − |
| 5 | | | | | | | + | − | + | − | − | + | − | + |
| 6 | | | | | | | + | − | − | + | + | − | − | + |
| 7 | | | | | | | + | − | − | + | − | + | + | − |

如当 $n=2$、$N=4$ 时沃尔什变换核为

$$\boldsymbol{G}_4=\frac{1}{4}\begin{bmatrix}1 & 1 & 1 & 1\\ 1 & 1 & -1 & -1\\ 1 & -1 & 1 & -1\\ 1 & -1 & -1 & 1\end{bmatrix} \tag{3.82}$$

**2. 二维离散沃尔什变换**

将一维的情况推广到二维，可以得到二维沃尔什变换的正变换核为

$$g(x,y,u,v)=\frac{1}{N^2}\prod_{i=0}^{n-1}(-1)^{[b_i(x)b_{n-1-i}(u)+b_i(y)b_{n-1-i}(v)]} \tag{3.83}$$

它们也是可分离和对称的，二维沃尔什变换可以分成两步一维沃尔什变换来进行。相应的二维沃尔什正变换为

$$W(u,v)=\frac{1}{N^2}\sum_{x=0}^{N-1}\sum_{y=0}^{N-1}f(x,y)\prod_{i=0}^{n-1}(-1)^{[b_i(x)b_{n-1-i}(u)+b_i(y)b_{n-1-i}(v)]} \tag{3.84}$$

其中，$u,v=0,1,2,\cdots,N-1$；$x,y=0,1,2,\cdots,N-1$。其矩阵表达式为

$$\boldsymbol{W}=\boldsymbol{GfG} \tag{3.85}$$

其中，$\boldsymbol{G}$ 为 $N$ 阶沃尔什正变换核矩阵。

二维沃尔什变换的逆变换核为

$$h(x,y,u,v)=\prod_{i=0}^{n-1}(-1)^{[b_i(x)b_{n-1-i}(u)+b_i(y)b_{n-1-i}(v)]} \tag{3.86}$$

相应的二维沃尔什逆变换为

$$f(x,y)=\sum_{u=0}^{N-1}\sum_{v=0}^{N-1}W(u,v)\prod_{i=0}^{n-1}(-1)^{[b_i(x)b_{n-1-i}(u)+b_i(y)b_{n-1-i}(v)]} \tag{3.87}$$

其中，$u,v=0,1,2,\cdots,N-1$；$x,y=0,1,2,\cdots,N-1$。其矩阵表达式为

$$\boldsymbol{f}=\boldsymbol{HWH} \tag{3.88}$$

其中，$\boldsymbol{H}$ 为 $N$ 阶沃尔什逆变换核矩阵，与 $\boldsymbol{G}$ 只有系数之间的区别。

**【例 3.2】**　二维数字图像信号是均匀分布的，即

$$f=\begin{bmatrix}1&1&1&1\\1&1&1&1\\1&1&1&1\\1&1&1&1\end{bmatrix}$$

求此信号的二维沃尔什变换。

**解**:由于图像是4×4矩阵,$n=2$、$N=4$,沃尔什变换核如式(3.82)所示。因此二维沃尔什变换由式(3.85)给出。

$$\boldsymbol{W}=\frac{1}{4^2}\begin{bmatrix}1&1&1&1\\1&1&-1&-1\\1&-1&1&-1\\1&-1&-1&1\end{bmatrix}\cdot\begin{bmatrix}1&1&1&1\\1&1&1&1\\1&1&1&1\\1&1&1&1\end{bmatrix}\cdot\begin{bmatrix}1&1&1&1\\1&1&-1&-1\\1&-1&1&-1\\1&-1&-1&1\end{bmatrix}=\begin{bmatrix}1&0&0&0\\0&0&0&0\\0&0&0&0\\0&0&0&0\end{bmatrix}$$

上例表明,二维沃尔什变换具有能量集中的性质,原始图像数据越是均匀分布,沃尔什变换后的数据越集中于矩阵的左上角,因此,应用二维沃尔什变换可以压缩图像信息。

综上所述,沃尔什变换是将一个函数变换成取值为+1或−1的基本函数构成的级数,用它来逼近数字脉冲信号时要比傅里叶变换有利。因此,它在图像传输,通信技术和数据压缩中获得较广泛的使用。同时,沃尔什变换是实数,而傅里叶变换是复数,所以对一个给定的问题,沃尔什变换所要求的计算机存储量比傅里叶变换要少,运算速度也快。

### 3.4.2 离散哈达玛变换

哈达玛(Hadamard)变换本质上是一种特殊排序的沃尔什变换,哈达玛变换矩阵也是一个方阵,只包括+1和−1两个矩阵元素,各行或各列之间彼此是正交的,即任意二行或二列对应元素相乘后的各数之和必定为零。哈达玛变换核矩阵与沃尔什变换不同之处仅仅是行的次序不同。哈达玛变换的最大优点在于它的变换核矩阵具有简单的递推关系,即高阶矩阵可以用二个低阶矩阵求得。这个特点使人们更愿意采用哈达玛变换,不少文献中常采用沃尔什-哈达玛变换这一术语。

**1. 一维离散哈达玛变换**

一维哈达玛变换核为

$$g(x,u)=\frac{1}{N}(-1)^{\sum_{i=0}^{n-1}b_i(x)b_i(u)} \tag{3.89}$$

其中,$N=2^n$,$u=0,1,2,\cdots,N-1$,$x=0,1,2,\cdots,N-1$。$b_k(z)$是$z$的二进制表示的第$k$位。对应的一维哈达玛变换式为

$$H(u)=\sum_{x=0}^{N-1}f(x)g(x,u)=\frac{1}{N}\sum_{x=0}^{N-1}f(x)(-1)^{\sum_{i=0}^{n-1}b_i(x)b_i(u)} \tag{3.90}$$

哈达玛逆变换与正变换除相差$1/N$常数项外,其形式基本相同。一维哈达玛逆变换核为

$$h(x,u)=(-1)^{\sum_{i=0}^{n-1}b_i(x)b_i(u)} \tag{3.91}$$

相应的一维哈达玛逆变换为

$$f(x)=\sum_{u=0}^{N-1}H(u)h(x,u)=\sum_{u=0}^{N-1}H(u)(-1)^{\sum_{i=0}^{n-1}b_i(x)b_i(u)} \tag{3.92}$$

其中,$N=2^n$,$u=0,1,2,\cdots,N-1$,$x=0,1,2,\cdots,N-1$。

如$N=2^n$,高、低阶哈达玛变换之间具有简单的递推关系。最低阶($N=2$)的哈达玛矩

阵为

$$\boldsymbol{H}_2=\begin{bmatrix}1 & 1\\ 1 & -1\end{bmatrix} \tag{3.93}$$

那么,$2N$ 阶哈达玛矩阵 $\boldsymbol{H}_{2N}$ 与 $N$ 阶哈达玛矩阵 $\boldsymbol{H}_N$ 之间的递推关系可用下式表示:

$$\boldsymbol{H}_{2N}=\begin{bmatrix}\boldsymbol{H}_N & \boldsymbol{H}_N\\ \boldsymbol{H}_N & -\boldsymbol{H}_N\end{bmatrix} \tag{3.94}$$

例如,$N=4$ 的哈达玛矩阵为

$$\boldsymbol{H}_4=\begin{bmatrix}\boldsymbol{H}_2 & \boldsymbol{H}_2\\ \boldsymbol{H}_2 & -\boldsymbol{H}_2\end{bmatrix}=\left[\begin{array}{cc:cc}1 & 1 & 1 & 1\\ 1 & -1 & 1 & -1\\ \hdashline 1 & 1 & -1 & -1\\ 1 & -1 & -1 & 1\end{array}\right] \tag{3.95}$$

$N=8$ 的哈达玛矩阵为

$$\boldsymbol{H}_8=\begin{bmatrix}\boldsymbol{H}_4 & \boldsymbol{H}_4\\ \boldsymbol{H}_4 & -\boldsymbol{H}_4\end{bmatrix}=\left[\begin{array}{cccc:cccc}1 & 1 & 1 & 1 & 1 & 1 & 1 & 1\\ 1 & -1 & 1 & -1 & 1 & -1 & 1 & -1\\ 1 & 1 & -1 & -1 & 1 & 1 & -1 & -1\\ 1 & -1 & -1 & 1 & 1 & -1 & -1 & 1\\ \hdashline 1 & 1 & 1 & 1 & -1 & -1 & -1 & -1\\ 1 & -1 & 1 & -1 & -1 & 1 & -1 & 1\\ 1 & 1 & -1 & -1 & -1 & -1 & 1 & 1\\ 1 & -1 & -1 & 1 & -1 & 1 & 1 & -1\end{array}\right] \tag{3.96}$$

在哈达玛矩阵中,沿某一列符号改变的次数通常称为这个列的列率。如式(3.96)表示的 8 个列的列率分别是 0,7,3,4,1,6,2,5。但在实际使用中,常对列率随 $u$ 增加而增加的次序感兴趣,此时称为定序哈达玛变换。

定序哈达玛变换核和逆变换核定义为

$$g(x,u)=\frac{1}{N}(-1)^{\sum\limits_{i=0}^{n-1}b_i(x)p_i(u)} \tag{3.97}$$

其中,$p_i(u)$ 与 $b_i(u)$ 之间的关系如下:

$$\begin{aligned}p_0(u)&=b_{n-1}(u)\\ p_1(u)&=b_{n-1}(u)+b_{n-2}(u)\\ p_2(u)&=b_{n-2}(u)+b_{n-3}(u)\\ &\vdots\\ p_{n-1}(u)&=b_1(u)+b_0(u)\end{aligned} \tag{3.98}$$

**【例 3.3】** $N=8$ 的定序哈达玛变换核为

$$\begin{bmatrix}1 & 1 & 1 & 1 & 1 & 1 & 1 & 1\\ 1 & 1 & 1 & 1 & -1 & -1 & -1 & -1\\ 1 & 1 & -1 & -1 & -1 & -1 & 1 & 1\\ 1 & 1 & -1 & -1 & 1 & 1 & -1 & -1\\ 1 & -1 & -1 & 1 & 1 & -1 & -1 & 1\\ 1 & -1 & -1 & 1 & -1 & 1 & 1 & -1\\ 1 & -1 & 1 & -1 & -1 & 1 & -1 & 1\\ 1 & -1 & 1 & -1 & 1 & -1 & 1 & -1\end{bmatrix}$$

很显然,此时列率为 0,1,2,3,4,5,6,7,是随 $u$ 增大的次序。对应的定序哈达玛变换对为

$$H(u) = \frac{1}{N}\sum_{x=0}^{N-1} f(x)(-1)^{\sum_{i=0}^{n-1} b_i(x)p_i(u)} \tag{3.99}$$

$$f(x) = \sum_{u=0}^{N-1} H(u)(-1)^{\sum_{i=0}^{n-1} b_i(x)p_i(u)} \tag{3.100}$$

**2. 二维离散哈达玛变换**

二维离散哈达玛变换对为

$$H(u,v) = \frac{1}{N^2}\sum_{x=0}^{N-1}\sum_{y=0}^{N-1} f(x,y)(-1)^{\sum_{i=0}^{n-1}[b_i(x)b_i(u)+b_i(y)b_i(v)]} \tag{3.101}$$

$$f(x,y) = \sum_{u=0}^{N-1}\sum_{v=0}^{N-1} H(u,v)(-1)^{\sum_{i=0}^{n-1}[b_i(x)b_i(u)+b_i(y)b_i(v)]} \tag{3.102}$$

其中,$N=2^n$,$u,v=0,1,2,\cdots,N-1$;$x,y=0,1,2,\cdots,N-1$。上述两式的二维离散哈达玛变换是未定序的,如果将以上两个变换式中的 $b_i(\cdot)$ 换为 $p_i(\cdot)$,其定义和一维定序的情况一致,则形成了二维定序的离散哈达玛变换。

同样,哈达玛变换核是可分离和对称的。二维哈达玛变换也可分成两步一维变换来完成。哈达玛变换也存在快速算法 FHT,其原理与 FWT 类似,这里就不赘述了。

## 3.5 离散 K-L 变换*

在图像变换中有一类重要的正交变换称为 K-L(Karhunen-Loève)变换,K-L 变换既有连续的也有离散的。我们这里主要介绍离散的 K-L 变换,也称为特征向量变换、主分量分析(Principal Component Analysis,PCA)或霍特林(Hotelling)变换,它是完全从图像的统计性质出发实现的变换。它在数据压缩、图像分析、特征提取和统计识别等处理中是很有用的。

### 3.5.1 K-L 变换

在实际应用中可以将尺寸为 $N\times N$ 的图像 $f(x,y)$ 视作二维随机变量场,为了便于矩阵计算,我们将二维图像矩阵中的数据按行的顺序首尾相接排列成一列,用 $N^2\times1$ 维随机列向量 $\boldsymbol{X}$ 来表示:

$$\boldsymbol{X}=[f(1,1),\cdots,f(1,N),f(2,1),\cdots,f(2,N),\cdots,f(N,1),\cdots,f(N,N)]^{\mathrm{T}} \tag{3.103}$$

显然,此列向量中,$f(1,1),\cdots,f(1,N)$ 是图像的第 1 行数据,$f(2,1),\cdots,f(2,N)$ 是图像的第 2 行数据,…,$f(N,1),\cdots,f(N,N)$ 是图像的最后一行数据。

在图像二维随机场中,每个像素数据都是一个随机变量,度量多维随机变量之间的相关程度可用协方差矩阵表示,按定义,$\boldsymbol{X}$ 随机向量的协方差矩阵为

$$\boldsymbol{C_X}=E[(\boldsymbol{X}-\boldsymbol{m_X})(\boldsymbol{X}-\boldsymbol{m_X})^{\mathrm{T}}] \tag{3.104}$$

其中,$E$ 表示求期望值,$\boldsymbol{m_X}$ 是 $\boldsymbol{X}$ 的平均值,定义为 $\boldsymbol{m_X}=E[\boldsymbol{X}]$。

$\boldsymbol{X}$ 是 $N^2\times1$ 维向量,所以 $\boldsymbol{C}_x$ 是 $N^2\times N^2$ 实对称方阵,其中的元素 $C_{kk}$(在矩阵对角线上)表示 $\boldsymbol{X}$ 中第 $k$ 个分量的方差,元素 $C_{kl}$(不在矩阵对角线上)表示 $\boldsymbol{X}$ 中第 $k$ 个元素和第 $l$ 个元素之间的协方差。由于像素之间存在着强弱不等的相关性,$\boldsymbol{X}$ 的归一化协方差矩阵 $\boldsymbol{C}_x$ 中的大部分元素都不为 0,在 0 到 1 之间。

希望设计一种正交变换，通过这种变换将图像数据 $\boldsymbol{X}$ 变换成变换域的数据 $\boldsymbol{Y}$，可以用一正交变换矩阵 $\boldsymbol{A}$ 来实现这一变换，即

$$\boldsymbol{Y}=\boldsymbol{A}(\boldsymbol{X}-\boldsymbol{m_X}) \tag{3.105}$$

由于 $\boldsymbol{X}$ 和 $\boldsymbol{Y}$ 都是 $N^2\times1$ 维列向量，因此线性正交变换矩阵 $\boldsymbol{A}$ 是 $N^2\times N^2$ 维的方阵。为了消除 $\boldsymbol{X}$ 中直流分量的影响，将 $\boldsymbol{X}$ 减去它的均值形成一个零均值的随机向量 $\boldsymbol{X}-\boldsymbol{m_X}$。最为关键的问题在于，希望通过这一正交变换所形成的随机向量 $\boldsymbol{Y}$ 中的数据（变换系数）是完全不相关的。这一要求等价于 $\boldsymbol{Y}$ 的 $N^2\times N^2$ 维协方差矩阵 $\boldsymbol{C_Y}$ 中除了对角元素（表示方差）不等于零以外，其他所有元素都等于零。也就是说，$\boldsymbol{C_Y}$ 必须为对角阵。

下面来看一看 $\boldsymbol{Y}$ 的协方差矩阵 $\boldsymbol{C_Y}$，根据协方差矩阵的定义，考虑到 $\boldsymbol{m_Y}=\boldsymbol{0}$，

$$\begin{aligned}\boldsymbol{C_Y}&=E[(\boldsymbol{Y}-\boldsymbol{m_Y})(\boldsymbol{Y}-\boldsymbol{m_Y})^{\mathrm{T}}]=E\{[\boldsymbol{A}(\boldsymbol{X}-\boldsymbol{m_X})][\boldsymbol{A}(\boldsymbol{X}-\boldsymbol{m_X})]^{\mathrm{T}}\}\\&=\boldsymbol{A}E\{[(\boldsymbol{X}-\boldsymbol{m_X})][(\boldsymbol{X}-\boldsymbol{m_X})]^{\mathrm{T}}\}\boldsymbol{A}^{\mathrm{T}}=\boldsymbol{A}\boldsymbol{C_X}\boldsymbol{A}^{\mathrm{T}}\end{aligned} \tag{3.106}$$

现在的目标是选取适当的矩阵 $\boldsymbol{A}$ 使 $\boldsymbol{C_Y}$ 成为对角阵 $\boldsymbol{\Lambda}$，即

$$\boldsymbol{C_Y}=\boldsymbol{A}\boldsymbol{C_X}\boldsymbol{A}^{\mathrm{T}}=\boldsymbol{\Lambda} \tag{3.107}$$

根据矩阵对角化条件，式(3.107)中如果 $\boldsymbol{A}$ 矩阵是由 $\boldsymbol{C_X}\boldsymbol{C_X}^{\mathrm{T}}$ 的特征向量组成的正交矩阵，通过对 $\boldsymbol{C_X}$ 左乘 $\boldsymbol{A}$、右乘 $\boldsymbol{A}^{\mathrm{T}}$ 达到将 $\boldsymbol{C_X}$ 转换为对角矩阵 $\boldsymbol{C_Y}$ 的目标。又因为任一对称矩阵 $\boldsymbol{U}$ 和 $\boldsymbol{UU}$ 的特征向量相同，而 $\boldsymbol{C_X}$ 是对称矩阵，所以 $\boldsymbol{C_X}\boldsymbol{C_X}^{\mathrm{T}}$ 的特征向量和 $\boldsymbol{C_X}$ 的特征向量也相同，从而 $\boldsymbol{A}$ 矩阵是由 $\boldsymbol{C_X}$ 的特征向量组成。同时，对角阵 $\boldsymbol{\Lambda}$（即 $\boldsymbol{C_Y}$）的对角元素就是和 $\boldsymbol{C_X}$ 的特征向量所对应的特征值。

由于 $\boldsymbol{C_X}$ 是 $N^2\times N^2$ 维实对称矩阵，所以总可以找到 $N^2$ 个正交特征向量。设 $e_i$ 和 $\lambda_i$ 是 $\boldsymbol{C_X}$ 的特征向量和对应的特征值，其中 $i=1,2,\cdots,N^2$。并设特征值按递减排序，即 $\lambda_1\geqslant\lambda_2\geqslant\cdots\geqslant\lambda_{N^2}$。那么，矩阵 $\boldsymbol{A}$ 的行就是 $\boldsymbol{C_X}$ 的特征向量，即

$$\boldsymbol{A}=[\boldsymbol{e}_1\quad\boldsymbol{e}_2\quad\cdots\quad\boldsymbol{e}_{N^2}]=\begin{bmatrix}e_{11}&e_{12}&\cdots&e_{1N^2}\\e_{21}&e_{22}&\cdots&e_{2N^2}\\\vdots&\vdots&&\vdots\\e_{N^21}&e_{N^22}&\cdots&e_{N^2N^2}\end{bmatrix} \tag{3.108}$$

其中，$e_{ij}$ 表示 $\boldsymbol{C_X}$ 的第 $i$ 个特征向量 $e_i$ 的第 $j$ 个分量。由式(3.106)可知，用这样的矩阵 $\boldsymbol{A}$ 进行变换能够保证 $\boldsymbol{Y}$ 的协方差矩阵为对角阵，从而保证向量 $\boldsymbol{Y}$ 的数据相互独立，没有相关性。因而 $\boldsymbol{A}$ 矩阵就是我们所求的 K-L 变换矩阵，式(3.105)就是 K-L 正变换式。可以证明：$\boldsymbol{Y}$ 的均值为 0，即

$$E[\boldsymbol{Y}]=E[\boldsymbol{A}(\boldsymbol{X}-\boldsymbol{m_X})]=\boldsymbol{m_Y}=\boldsymbol{0} \tag{3.109}$$

由于 $\boldsymbol{C_X}$ 是实对称矩阵，当 $\boldsymbol{A}$ 是由 $\boldsymbol{C_X}$ 的特征向量组成的矩阵时，可以证明 $\boldsymbol{A}$ 是正交矩阵，$\boldsymbol{C_Y}$ 是一个对角阵，它的主对角线上的元素是 $\boldsymbol{C_X}$ 的特征值，即：

$$\boldsymbol{C_y}=\begin{bmatrix}\lambda_1&&&\boldsymbol{0}\\&\lambda_2&&\\&&\ddots&\\\boldsymbol{0}&&&\lambda_{N^2}\end{bmatrix} \tag{3.110}$$

它的主对角线以外的元素为 0，即 $\boldsymbol{Y}$ 的各个元素是互不相关的。由于 $\boldsymbol{C_Y}$ 是由对角元素 $\{\lambda_i\}$ 组成的对角阵，自然 $\lambda_i$ 也是 $\boldsymbol{C_Y}$ 的特征值，所以 $\boldsymbol{C_Y}$ 和 $\boldsymbol{C_X}$ 有相同的特征值和特征向量。

## 3.5.2　最小均方误差重建

和其他变换类似，K-L 变换也有逆变换，可以由 $\boldsymbol{Y}$ 来重建 $\boldsymbol{X}$。由于 $\boldsymbol{A}$ 矩阵的各行都是正交归一化矢量，所以 $\boldsymbol{A}^{-1}=\boldsymbol{A}^{\mathrm{T}}$，由式(3.105)可得

$$\boldsymbol{X}=\boldsymbol{A}^{\mathrm{T}}\boldsymbol{Y}+\boldsymbol{m}_{\boldsymbol{X}} \tag{3.111}$$

上式建立的 K-L 逆变换是 $\boldsymbol{X}$ 精确的重建，但在很多场合下，我们可以从 $\boldsymbol{C}_{\boldsymbol{X}}$ 中取一部分(如 $K$ 个)大的特征向量，即所谓主分量(principal component)来构造 $\boldsymbol{A}$ 的近似矩阵 $\boldsymbol{A}_K$。这时的 $\boldsymbol{A}_K$ 由 $\boldsymbol{A}$ 的前 $K$ 个列 $\boldsymbol{e}_1\sim\boldsymbol{e}_K$ 组成，由 $\boldsymbol{A}_K$ 可以重建 $\boldsymbol{X}$ 的近似值 $\boldsymbol{X}_K$：

$$\boldsymbol{X}_K=\boldsymbol{A}_K{}^{\mathrm{T}}\boldsymbol{Y}+\boldsymbol{m}_{\boldsymbol{X}} \tag{3.112}$$

可以证明 $\boldsymbol{X}_K$ 和 $\boldsymbol{X}$ 之间的均方误差为

$$\sigma=\sum_{j=1}^{N^2}\lambda_j-\sum_{j=1}^{K}\lambda_j=\sum_{j=K+1}^{N^2}\lambda_j \tag{3.113}$$

上式表明，如果 $K=N^2$，则两者之间的均方误差为 0。由于 $\lambda_i$ 是单调递减的，可以根据误差的要求来控制所取特征值的个数 $K$，或者说，我们可以通过取不同的 $K$ 值来达到 $\boldsymbol{X}_K$ 和 $\boldsymbol{X}$ 之间的均方误差为任意小。这就是我们常说的 K-L 变换可以做到在均方误差最小意义下的最优变换。

正是由于 K-L 变换的最大优点是去相关性能很好，所以可将它用于图像数据的有效表示或压缩处理。但是，二维 K-L 变换不是可分离的变换，不能通过求两次一维的 K-L 变换来完成二维 K-L 变换的运算。同时它是一种和图像数据有关的变换，变换矩阵随着不同的图像而不同。如果图像是遍历的随机场，则可以用一幅图像的自相关来代替协方差矩阵。否则要统计多幅图像。在变换中，必须计算图像数据的 $N^2\times N^2$ 协方差矩阵的特征值和特征向量，计算量庞大，因此 K-L 变换难以应用到实际中去，尤其是实时应用。

## 习题与思考

3.1　如果用一维 DFT(离散傅里叶变换)的程序计算一个序列数据的一维 DCT(离散余弦变换)值，请问需将输入数据作什么运算？

3.2　在图像的傅里叶变换中，什么是基本图像？什么是基本频谱？如果被处理的图像非常接近某一基本图像，那么这一图像的频谱的分量的分布是比较集中还是比较分散？为什么？

3.3　二维 DCT 是一种正交、可分离变换。一个 $N\times N$ 的矩阵 $\boldsymbol{M}$ 的二维 DCT 变换可以表示为

$$\boldsymbol{M}_{\mathrm{DCT}}=\boldsymbol{A}\cdot\boldsymbol{M}\cdot\boldsymbol{A}^{\mathrm{T}}$$

其中，矩阵 $\boldsymbol{A}$ 的元素 $a_{m,n}=u_m\cos\dfrac{\pi(2n+1)}{2N}$，常数 $u_m=\begin{cases}\sqrt{\dfrac{1}{N}}, & m=0\\ \sqrt{\dfrac{2}{N}}, & m\neq 0\end{cases}$。计算 3×3 矩阵 $\boldsymbol{M}=\begin{bmatrix}76 & 65 & 131\\ 80 & 60 & 72\\ 82 & 83 & 74\end{bmatrix}$的二维 DCT 变换结果。

3.4　为什么 K-L 变换是在均方误差最小准则下的最优变换？

3.5　写出 $N=8$ 时的二维沃尔什变换矩阵。

3.6　设有一组随机矢量 $\boldsymbol{x}=[x_1, x_2, x_3]^{\mathrm{T}}$，其中 $\boldsymbol{x}_1=[0\ 0\ 1]^{\mathrm{T}}$，$\boldsymbol{x}_2=[0\ 1\ 0]^{\mathrm{T}}$，$\boldsymbol{x}_3=[1\ 0\ 0]^{\mathrm{T}}$。请分别给出 $\boldsymbol{x}$ 的协方差矩阵和经 K-L 变换所得到的矢量 $\boldsymbol{y}$ 的协方差矩阵。取 $\boldsymbol{y}$ 的第一个分量近似重建的矢量 $\hat{\boldsymbol{x}}=$？

3.7　在图像的正交变换中，经常利用某些变换的性质简化计算。试画出以一维 $N$ 点 DFT 变换模块，实现二维 $N\times N$ 点图像的 DFT 逆变换的算法流程图。

3.8　设 $x, y$ 都是连续变量，计算下列各式的傅里叶变换：

(1) $\dfrac{\mathrm{d}f(x)}{\mathrm{d}x}$；　(2) $\dfrac{\partial f(x,y)}{\partial x}+\dfrac{\partial f(x,y)}{\partial y}$；　(3) $\dfrac{\partial^2 f(x,y)}{\partial x^2}+\dfrac{\partial^2 f(x,y)}{\partial y^2}$。

3.9　证明平稳随机信号 $f(x)$ 的自相关函数的傅里叶变换就是 $f(x)$ 的功率谱 $|F(u)|^2$。

# 第4章　图像增强

在图像的形成、传输或存储等过程中，由于受多种因素的影响，如光学系统失真、曝光不足或过量、电子系统噪声、物体的相对运动、环境的干扰等，往往使图像与原始景物之间或图像与原始图像之间产生某种差异，常将这种差异称之为降质或退化。降质或退化的图像通常模糊不清，使人观察起来不满意，或者使机器从中提取的信息减少甚至造成错误。因此，必须对降质的图像进行改善。改善的方法有两类：一类是从主观出发，可不考虑图像降质的原因，只将图像中感兴趣的部分加以处理或突出有用的图像特征，故改善后的图像并不一定要去逼近原图像。如提取图像中目标物轮廓、衰减各类噪声、将黑白图像转变为伪彩色图像等，这一类图像改善方法称为图像增强(image enhancement)，是本章着重讨论的内容。从图像质量评价观点来看，图像增强的主要目的是提高图像的可懂度。另一类改善方法是从客观出发，针对图像降质的具体原因，设法补偿降质因素，从而使改善后的图像尽可能地逼近原始图像。这类改善方法称为图像恢复或图像复原技术。显然，图像复原主要目的是提高图像的逼真度。图像复原内容将在第 5 章讨论。

图像增强处理的方法基本上可分为空间域方法和频率域方法两大类。空间域方法在原图像上直接进行数据运算，对像素的灰度值进行处理。如果是对图像作逐点运算，称为点运算，如果是在像点邻域内进行运算，称为局部运算或邻域运算。频率域方法是在图像的变换域中进行处理，增强人们感兴趣的频率分量，然后进行逆变换，便得到增强后的图像。

本章首先介绍图像的灰度级修正法，然后介绍图像平滑、图像锐化、图像的伪彩色处理和几何校正等。

## 4.1　灰度级修正

灰度级修正是对图像在空间域进行增强的一种简单而有效的方法，根据对图像不同的要求而采用不同的修正方法。灰度级修正属于点运算，它不改变像素点的位置，只改变像素点的灰度值。设输入图像为 $f(x,y)$，经变换后的输出图像为 $g(x,y)$，修正函数或变换函数为 $T[\cdot]$，则有

$$g(x,y)=T[f(x,y)] \tag{4.1}$$

通过选择不同的映射变换，达到不同的灰度修正的效果。

### 4.1.1　灰度变换

一般成像系统只具有一定的亮度响应范围，亮度的最大值与最小值之比称为亮度对比度。由于成像系统的限制，常出现亮度对比度不足的弊病，使人眼观看图像时视觉效果很差。采用下面介绍的 3 种常用灰度变换法可以大大改善视觉效果，即线性、分段线性以及非线性变换。当然，灰度变换远不止这 3 种方法，在实际中经常需要根据应用的需求，灵活地设计变换函数。

**1. 线性变换**

假定原图像 $f(x,y)$ 的灰度范围为 $[0,M]$，希望变换后图像 $g(x,y)$ 的灰度范围扩展至 $[0,N]$，则可采用最简单的线性变换，可表示为

$$g(x,y)=\frac{N}{M}f(x,y) \tag{4.2}$$

若图像灰度在 $0\sim M$ 范围内，其中大部分像素的灰度级分布在区间 $[a,b]$，很小部分的灰度级超出了此区间，则可在 $[a,b]$ 区间进行灰度线性变换，可令

$$g(x,y)=\begin{cases} c, & 0\leqslant f(x,y)<a \\ \dfrac{d-c}{b-a}[f(x,y)-a]+c, & a\leqslant f(x,y)<b \\ d, & b\leqslant f(x,y)\leqslant M \end{cases} \tag{4.3}$$

其中，$c$、$d$ 为常数，这些分割点 $a$ 和点 $b$ 可根据用户的不同需要来确定，此式如图 4.1 所示。

**2. 分段线性变换**

为了突出感兴趣的目标或灰度区间，相对抑制那些不感兴趣的灰度区域，可采用分段线性变换。常用的 3 段线性变换法如图 4.2 所示，其数学表达式如下：

$$g(x,y)=\begin{cases} \dfrac{c}{a}f(x,y), & 0\leqslant f(x,y)<a \\ \dfrac{d-c}{b-a}[f(x,y)-a]+c, & a\leqslant f(x,y)<b \\ \dfrac{N-d}{M-b}[f(x,y)-b]+d, & b\leqslant f(x,y)\leqslant M \end{cases} \tag{4.4}$$

式(4.4)对灰度区间 $[0,a)$ 和 $[b,M]$ 受到了压缩，对灰度区间 $[a,b)$ 进行扩展。通过细心调整折线拐点的位置及控制分段直线的斜率，可对任一灰度区间进行扩展或压缩。这种变换适用于在黑色或白色附近有噪声干扰的情况，例如，照片中的划痕，由于变换后在 $[0,a)$ 以及 $[b,M]$ 之间的灰度受到压缩，因而使污斑得到减弱。

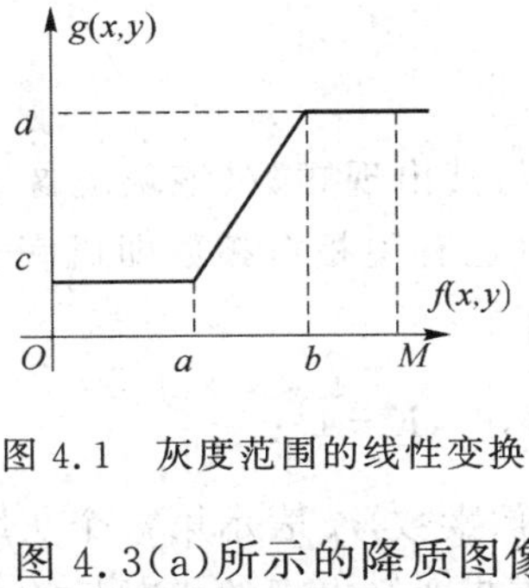


图 4.1　灰度范围的线性变换

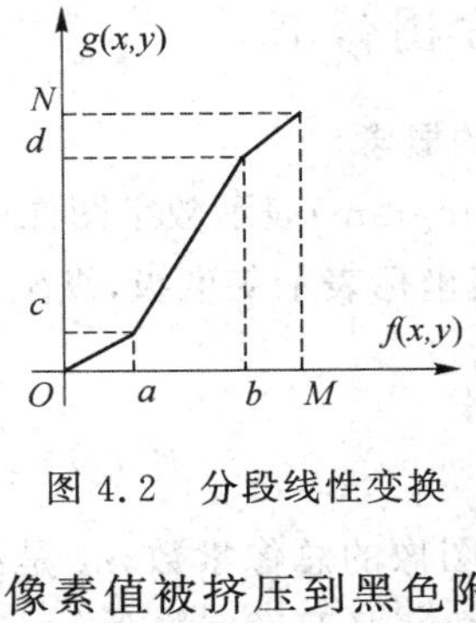


图 4.2　分段线性变换

**【例 4.1】**　图 4.3(a)所示的降质图像，灰度偏暗的像素值被挤压到黑色附近(0～50)，灰度偏亮的像素值被挤压到白色附近(200～255)。选择 $a=50, b=200, c=100, d=150, M=N=255$ 时，参照式(4.4) 采用下式进行灰度变换

$$g(x,y)=\begin{cases} (100/50)f(x,y), & 0\leqslant f(x,y)<50 \\ (50/150)[f(x,y)-50]+100, & 50\leqslant f(x,y)<200 \\ (105/55)[f(x,y)-200]+150, & 200\leqslant f(x,y)<255 \end{cases}$$

用此式对降质的图像(中间灰度段被严重压缩)进行变换后得到的图像如图 4.3(b)所示，

中间灰度得到了拉伸,整个画面的灰度层次显得比较丰富。

(a) 降质图像　　(b) 灰度变换后的图像

图 4.3 线性灰度变换

**3. 非线性灰度变换**

当用某些非线性变换函数,例如,对数函数、幂指数函数等作为式(4.1)的变换函数时,可实现图像灰度的非线性变换。例如,对数变换的一般式为

$$g(x,y)=a+\frac{\ln[f(x,y)+1]}{b\cdot\ln c} \tag{4.5}$$

其中,$a$、$b$、$c$ 是便于调整曲线的位置和形状而引入的参数,它使 $f(x,y)$ 的低灰度范围得以扩展,而 $f(x,y)$ 的高灰度范围得到压缩,以使图像的灰度分布与人的视觉特性相匹配。

指数变换的一般式为

$$g(x,y)=b^{c[f(x,y)-a]}-1 \tag{4.6}$$

其中,$a$、$b$、$c$ 参数也是用来调整曲线的位置和形状,它的效果与对数变换相反,对图像的高灰度区进行较大的扩展。

除了指数型、对数型变换函数外,还有很多非线性变换函数,如正弦型、正切型变换函数,都针对特定的降质图像进行增强,获得比简单的线性灰度变换更好的增强效果。

## 4.1.2 直方图修正

**1. 直方图的概念**

直方图(histogram)表示数字图像中每一灰度级与其出现频数(该灰度像素的数目)间的统计关系。用横坐标表示灰度级,纵坐标表示其频数(也有用相对频数即概率表示的),这样,直方图可定义为

$$P(r_k)=\frac{n_k}{N},\qquad k=0,1,\cdots,K-1 \tag{4.7}$$

其中,$N$ 为一幅图像的总像素数,$n_k$ 是第 $k$ 级灰度的像素数,$r_k$ 表示第 $k$ 个灰度级,最高灰度级为 $K$,在大多数情况下可直接令 $r_k=k$,$P(r_k)$ 表示该灰度级出现的相对频数,即在灰度 $r_k$ 处直方图的值。对于模拟图像(或连续图像)的直方图在概念上和图像灰度的概率密度函数相当。图 4.4 是 Lena 图像的直方图。

直方图能给出该图像像素分布的大致描述,如图像的灰度范围、灰度级的分布、整幅图像的平均亮度等,但是仅从直方图不能完整地描述一幅图像,因为一幅图像只对应一个直方图,但是一个直方图可对应不同的图像。图 4.5 便是不同图像内容具有相同直方图的实例。

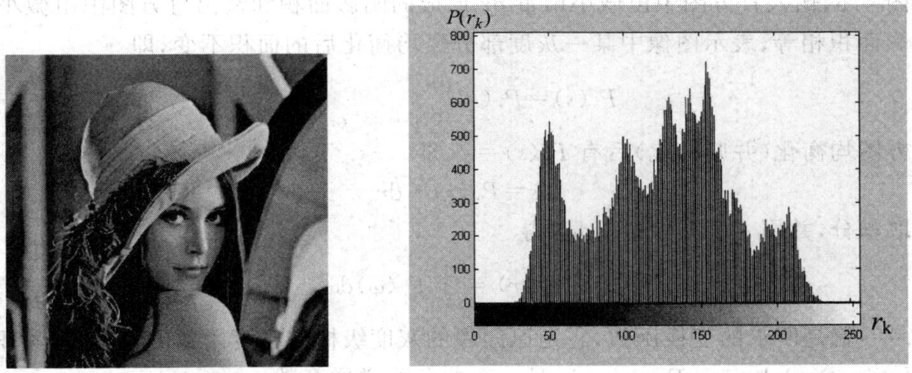


(a) Lena 图像　　(b) Lena 图像的直方图

图 4.4　Lena 图像及直方图

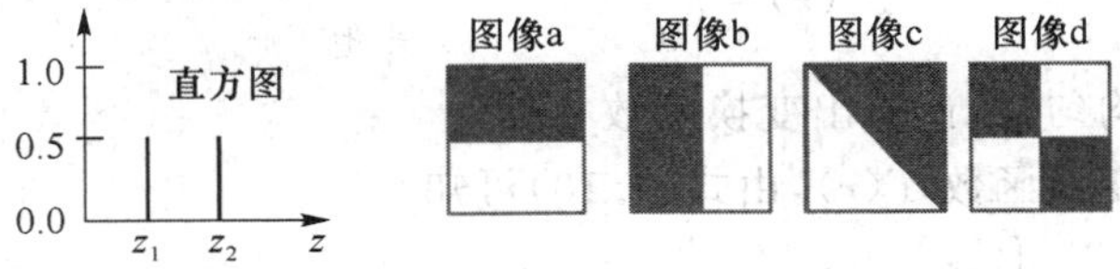


图 4.5　几个具有相同直方图的图像实例

**2. 直方图均衡化**

直方图均衡化也叫作直方图均匀化，是一种常用的灰度增强算法。例如，一幅对比度较小的图像，其直方图分布一定集中在某一比较小的灰度范围之内，经过均匀化处理之后，其所有灰度级出现的相对频数（概率）相同，拉大了图像的对比度，更多地展现了图像的细节，改善了图像的视觉效果。图 4.6 所示为连续情况下非均匀概率密度函数 $P_r(r)$ 经变换函数 $s=T(r)$ 转换为均匀概率分布 $P_s(s)$ 的情况，图中 $r$ 为变换前的归一化灰度级，$0 \leqslant r \leqslant 1$。$T(r)$ 为变换函数，$s=T(r)$ 为变换后的图像灰度值。为使这种变换具有实际意义，应满足如下条件：

（1）在 $0 \leqslant r \leqslant 1$ 区间内，$T(r)$ 为单值单调递增函数；

（2）对于 $0 \leqslant r \leqslant 1$，对应有 $0 \leqslant s=T(r) \leqslant 1$，保证变换后像素灰度级仍在允许范围内。

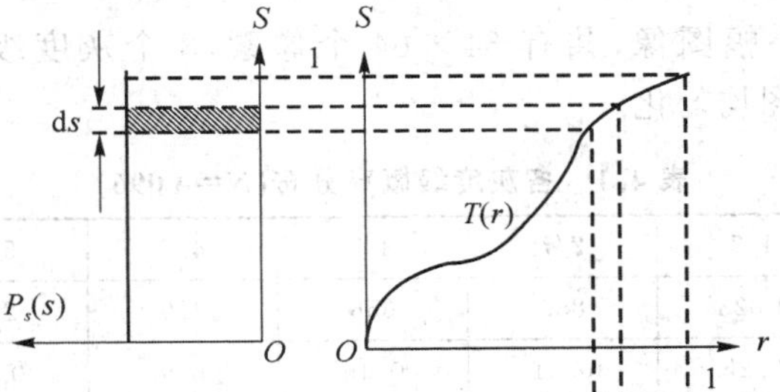

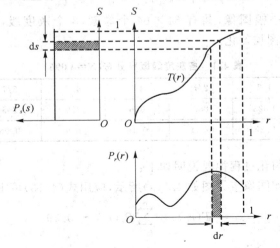

图 4.6　直方图均衡化处理

参考图 4.6,输入直方图中由微小增量 $dr$ 形成的阴影面积和输出直方图中由微小增量 $ds$ 形成的阴影面积相等,表示图像中某一灰度部分经均衡化后的面积不变,即

$$P_s(s)=P_r(r)\frac{dr}{ds}\bigg|_{r=T^{-1}(s)} \tag{4.8}$$

当直方图均衡化(并归一化)后有 $P_s(s)=1$,即

$$ds=P_r(r)\cdot dr \tag{4.9}$$

两边取积分,并用 $\omega$ 替代积分变量,得

$$s=T(r)=\int_0^r P_r(\omega)d\omega \tag{4.10}$$

式(4.10)就是所求的变换函数,它是原图像的灰度级概率密度函数的积分,即累积分布函数(Cumulative Distribution Function),是一个非负的递增函数。

**【例 4.2】** 给定一幅图像的灰度级概率密度函数为

$$P_r(r)=\begin{cases}-2r+2, & 0\leqslant r\leqslant 1\\ 0, & \text{其他}\end{cases}$$

要求对其直方图均匀化,计算出变换函数 $T(r)$。

**解**:实际上,要求变换函数 $T(r)$,由式(4.10)可知

$$s=T(r)=\int_0^r P_r(\omega)d\omega=\int_0^r(-2\omega+2)d\omega=-r^2+2r, 0\leqslant r\leqslant 1 \tag{4.11}$$

有了 $T(r)$,即可由 $r$ 计算 $s$,亦即由 $P_r(r)$ 分布的图像得到 $P_s(s)$ 分布的图像,至于按 $T(r)$ 变换后的图像灰度级分布是否均匀,即 $P_s(s)$ 是否等于 1,请读者通过计算 $T^{-1}(s)$ 来验证。

在离散的情况下,参考式(4.7),设总像素数为 $N$,共有 $K$ 个灰度级,其中第 $k$ 个灰度级 $r_k$ 出现的像素数为 $n_k$,则第 $k$ 个灰度级出现的频数为

$$P_r(r_k)=\frac{n_k}{N}, \quad 0\leqslant r_k\leqslant 1, k=0,1,\cdots,K-1 \tag{4.12}$$

对其进行均匀化处理,和连续图像的情况类似,变换函数为直方图函数的求和,即

$$s_k=T(r_k)=\sum_{j=0}^{k}P_r(r_j)=\sum_{j=0}^{k}\frac{n_j}{N} \tag{4.13}$$

而逆变换函数为

$$r_k=T^{-1}(s_k), \quad 0\leqslant s_k\leqslant 1 \tag{4.14}$$

**【例 4.3】** 假设有一幅图像,共有 64×64 个像素,8 个灰度级,各灰度级概率分布如表 4.1所示,试将其直方图均匀化。

**表 4.1 各灰度级概率分布($N$=4 096)**

| 灰度级 $r_k$ | 0 | 1/7 | 2/7 | 3/7 | 4/7 | 5/7 | 6/7 | 1 |
|---|---|---|---|---|---|---|---|---|
| 像素数 $n_k$ | 790 | 1 023 | 850 | 656 | 329 | 245 | 122 | 81 |
| 概率 $P_k(r_k)$ | 0.19 | 0.25 | 0.21 | 0.16 | 0.08 | 0.06 | 0.03 | 0.02 |

现将图像直方图均匀化过程扼要说明如下:

根据表 4.1 做出的此图像直方图如 4.7(a)所示,应用式(4.13)可求得变换函数为

$$s_0=T(r_0)=\sum_{j=0}^{0}P_r(r_j)=0.19$$

$$s_1=T(r_1)=\sum_{j=0}^{1}P_r(r_j)=P_r(r_0)+P_r(r_1)=0.19+0.25=0.44$$

按此同样的方法计算出 $s_2=0.65$，$s_3=0.81$，$s_4=0.89$，$s_5=0.95$，$s_6=0.88$，$s_7=1.00$，如表 4.2中的第 2 列所示。

**表 4.2　直方图均匀化过程**

| 原灰度级 | 变换函数值 | 原来量化级 | 原来像素数 | 新灰度级 | 新灰度级分布 |
|---|---|---|---|---|---|
| $r_0=0$ | $s_0=T(r_0)=0.19$ | 0/7=0.00 | 790 | | |
| $r_1=1/7$ | $s_1=T(r_1)=0.44$ | 1/7=0.14 | 1023 | $s_0'$ (790) | 790/4 096=0.19 |
| $r_2=2/7$ | $s_2=T(r_2)=0.65$ | 2/7=0.29 | 850 | | |
| $r_3=3/7$ | $s_3=T(r_3)=0.81$ | 3/7=0.43 | 656 | $s_1'$ (1023) | 1023/4 096=0.25 |
| $r_4=4/7$ | $s_4=T(r_4)=0.89$ | 4/7=0.57 | 329 | | |
| $r_5=5/7$ | $s_5=T(r_5)=0.95$ | 5/7=0.71 | 245 | $s_2'$ (850) | 850/4 096=0.21 |
| $r_6=6/7$ | $s_6=T(r_6)=0.98$ | 6/7=0.86 | 122 | $s_3'$ (985) | 985/4 096=0.24 |
| $r_7=1$ | $s_7=T(r_7)=1.00$ | 7/7=1.00 | 81 | $s_4'$ (448) | 448/4 096=0.11 |

图 4.7(b)给出了 $s_k$ 与 $r_k$ 之间的关系曲线，根据变换函数 $T(r_k)$可以逐个将 $r_k$ 变成 $s_k$。从表 4.1 中可以看出原图像给定的 $r_k$ 是等间隔的(每个间隔 1/7)，而经过 $T(r_k)$求得的 $s_k$ 就不一定是等间隔的，从图 4.7(b)中可以清楚地看出这一点，为了不改变原图像的量化器，必须对每一个变换的 $s_k$ 取最靠近的量化值，表 4.2 中列出了重新量化后得到的新灰度 $s_0'$，$s_1'$，$s_2'$，$s_3'$，$s_4'$，把计算出来的 $s_k$ 与量化级数相比较。可以得出：

$$s_0=0.19\rightarrow\frac{1}{7},\quad s_1=0.44\rightarrow\frac{3}{7},\quad s_2=0.65\rightarrow\frac{5}{7},\quad s_3=0.81\rightarrow\frac{6}{7}$$

$$s_4=0.89\rightarrow\frac{6}{7},\quad s_5=0.95\rightarrow1,\quad s_6=0.98\rightarrow1,\quad s_7=1\rightarrow1$$

由以上可知，经过变换后的灰度级不是 8 个，而只有 5 个，它们是：

$$s_0'=1/7,\quad s_1'=3/7,\quad s_2'=5/7,\quad s_3'=6/7,\quad s_4'=1$$

把相应原灰度级的像素数相加就得到新灰度级的像素数。均匀化以后的直方图如图 4.7(c)所示，从图中可以看出均衡化后的直方图比原直方图 4.7(a)均匀了，但它并不能完全均匀，这是由于在均衡化的过程中，原直方图上有几个像素数较少的灰度级归并到一个新的灰度级上，而像素较多的灰度级间隔被拉大了。这样减少图像的灰度等级以换取对比度的扩大。如果读者对被灰度被压缩部分的图像细节比较感兴趣，则可参考有关局部自适应直方图均衡方法(Local Adaptive Histogram Equalization，LAHE)的资料。

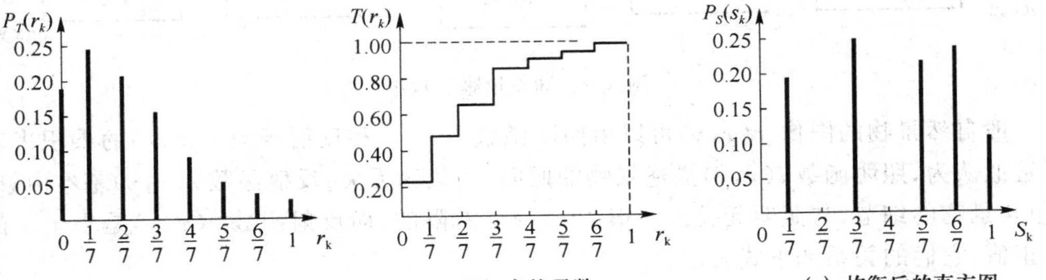


(a) 原直方图　　(b) 变换函数　　(c) 均衡后的直方图

图 4.7　图像直方图均衡化

### 4.1.3 直方图规定化

以上均匀化处理后的图像虽然增强了图像的对比度,但它并不一定适合有些应用场合,因此可以采用直方图规定化处理方法。

直方图规定化操作就是将图像原来的直方图通过直方图变换形成某个特定的直方图,其变换过程仍然是按照式(4.7)来进行计算。常用的规定化函数有均匀分布函数、指数分布函数、双曲分布函数、瑞利分布函数等,也可以是人为定义的函数。

下面具体讨论如何实现直方图规定化处理。先讨论连续的情况:设 $P_r(r)$ 和 $P_z(z)$ 分别代表原始图像和规定化处理后的灰度概率密度函数,分别对原始直方图和规定化处理后的直方图进行均匀化处理,即分别采用下列两个转换函数进行转换:

$$s = T(r) = \int_0^r P_r(\omega)\mathrm{d}\omega, \qquad v = G(z) = \int_0^z P_z(\omega)\mathrm{d}\omega \tag{4.15}$$

均匀化处理后,二者所获得的图像灰度概率密度函数 $P_s(s)$ 和 $P_v(v)$ 应该是相等的(均为1),为此可用 $s$ 代替 $v$,再使用 $z=G^{-1}(v)=G^{-1}(s)=G^{-1}[T(r)]$ 变换来获得希望的图像,从而得到直方图规定化转换为

$$z=G^{-1}[T(r)] \tag{4.16}$$

上述式(4.15)和式(4.16)针对概率密度函数连续分布的情况,对于离散图像实现式(4.15)和式(4.16)通常采用类似于例 4.3 中的近似方法,因此,实际得到的图像直方图仍然与人们希望的直方图有所偏差。

## 4.2 图像的同态增晰

图像的同态增晰法,也称同态滤波(homomorphic filtering),属于图像频率域处理范畴,其作用也是对图像的灰度范围和对比度同时进行调整。实际中往往会遇到这样的图像,它的灰度动态范围很大,而人们感兴趣的部分的灰度级范围却很小,图像的细节没办法辨认,采用一般的灰度级线性变换法很难满足要求。为此可采用同态增晰的方法,在图像的对数频率域进行滤波,在压缩图像整体灰度范围的同时扩张人们所感兴趣灰度的范围,其基本原理框图如图 4.8 所示。

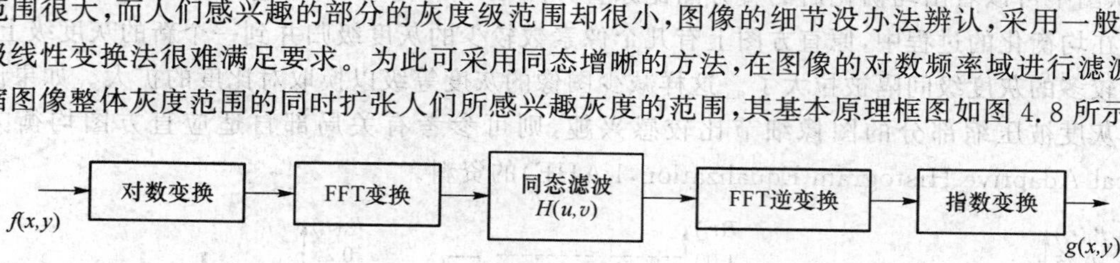


图 4.8 同态增晰方框图

一般自然景物的图像 $f(x,y)$ 可以由照明函数 $i(x,y)$ 和反射函数 $r(x,y)$ 的乘积来表示。可以近似认为,照明函数 $i(x,y)$ 描述景物的照明,与景物无关;反射函数 $r(x,y)$ 基本由景物决定,包含景物的细节,与照明无关。一般 $i(x,y)$ 是有限的,而反射函数 $r(x,y)$ 是小于 1 的,且均为正值,它们的关系如下式表示:

$$f(x,y)=i(x,y)\cdot r(x,y) \tag{4.17}$$

其中,$0<i(x,y)<\infty$,$0<r(x,y)<1$。

同态滤波的主要过程如下:

(1) 对图像函数 $f(x,y)$ 取对数,即进行对数变换,

$$\mathrm{Ln}[f(x,y)]=\mathrm{Ln}[i(x,y)\cdot r(x,y)]=\mathrm{Ln}[i(x,y)]+\mathrm{Ln}[r(x,y)] \tag{4.18}$$

使得变换后的照明函数 $i(x,y)$ 分量和反射函数 $r(x,y)$ 分量呈现简单的相加关系。

(2) 对式(4.18)取傅里叶变换，得

$$F_l(u,v)=\mathscr{F}\{\mathrm{Ln}[f(x,y)]\}=\mathscr{F}\{\mathrm{Ln}[i(x,y)]+\mathrm{Ln}[r(x,y)]\}=I_l(u,v)+R_l(u,v) \tag{4.19}$$

由于场景的照明亮度一般是缓慢变化的，所以照明函数的频谱特性相对集中在低频段，而景物本身具有较多的细节和边缘，反射函数的频谱相对集中在高频段，这样在对数频率域上照明分量和反射分量得到初步的分离。另一方面，照明函数描述的图像分量变化幅度大而包含的信息少，而反射函数描述的景物图像的灰度级较少而信息较多，为此必须将其扩展。

(3) 将对数图像频谱式(4.19)乘上同态滤波函数 $H(u,v)$，其特性如图 4.9 所示，这是二维圆对称滤波函数的一个剖面。图中 $d(u,v)$ 表示二维频域平面原点到点 $(u,v)$ 的距离。很明显，$H(u,v)$ 的作用是压缩频谱的低频段，扩展频谱的高频段。如前所述，照明函数以低频为主，反射函数以高频为主，同态滤波同时加到这两个函数上，其作用是压低了照明函数，提升了反射函数，从而达到抑制整个图像的灰度范围、扩大图像细节的灰度范围的作用。经同态增晰滤波后的图像 $g(x,y)$ 的对数频谱为

$$G_l(u,v)=I_l(u,v)\,H(u,v)+R_l(u,v)\,H(u,v)=G_i(u,v)+G_r(u,v) \tag{4.20}$$

(4) 对上式求傅里叶逆变换，得

$$\begin{aligned}\mathscr{F}^{-1}[G(u,v)]&=\mathscr{F}^{-1}[I(u,v)\,H(u,v)]+\mathscr{F}^{-1}[R(u,v)\,H(u,v)]\\&=\mathrm{Ln}[g_i(x,y)]+\mathrm{Ln}[g_r(x,y)]\\&=\mathrm{Ln}[g_i(x,y)\,g_r(x,y)]\end{aligned} \tag{4.21}$$

(5) 进行指数变换，得到经同态滤波处理的图像

$$g(x,y)=\mathrm{Exp}\{\mathrm{Ln}[g_i(x,y)\,g_r(x,y)]\}=g_i(x,y)\,g_r(x,y) \tag{4.22}$$

其中，$g_i(x,y)$ 和 $g_r(x,y)$ 分别是同态增晰后图像的新的照射分量和反射分量。此外，可以根据不同图像特性和需要，选用不同的 $H(u,v)$，以获得满意的结果。

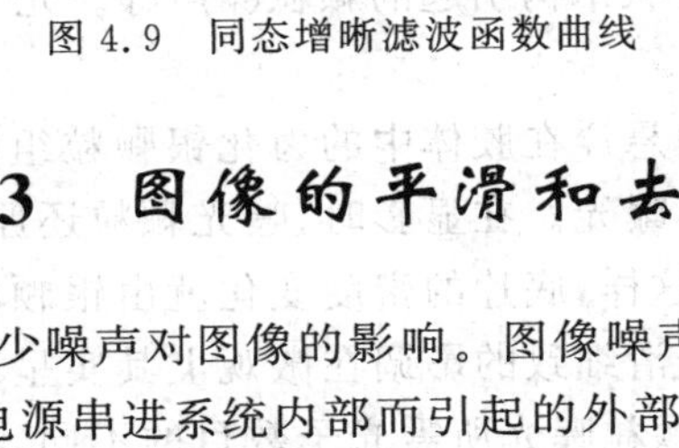

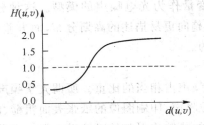

图 4.9　同态增晰滤波函数曲线

# 4.3 图像的平滑和去噪

图像平滑的目的是为了减少噪声对图像的影响。图像噪声来自于多方面，有来自于图像系统外部干扰，如电磁波或经电源串进系统内部而引起的外部噪声。也有来自于系统内部的干扰，如摄像机感光元件和其他电子器件的热噪声，电器机械运动而产生的抖动噪声等内部噪声。和图像增强处理方法类似，减少噪声的平滑方法可以在空间域处理，也可以在频率域处理。

## 4.3.1 图像噪声的特性

"噪声"(noise)一词来自于声学,原指人们在聆听目标声音时受到其他声音的干扰,这种引起干扰作用的声音被称之为"噪声"。后来将"噪声"一词引入电路和系统中,把那些干扰正常信号的电平称之为"噪声"。将其引入到图像系统中来,可以从两个方面来理解所谓的"图像噪声"。一方面,从电信号的角度来理解,因为图像的形成往往与图像器件的电子特征密切相关,因此,多种电子噪声会反映到图像信号中来。这些噪声既可以在电信号中观察得到,也可以在电信号转变为图像信号后在图像上表现出来。另一方面,图像的形成和显示都和光有关,和承载图像的媒质密不可分,因此由光照、光电现象、承载媒质造成的噪声也是产生图像噪声重要原因。

**1. 图像噪声的来源**

图像系统中的噪声来自多方面,经常影响图像质量的噪声源主要有 3 类,电子噪声、光电转换噪声和光学噪声。

(1) 电子噪声

电子、电气噪声来自电子元器件,如电阻引起的热噪声,真空器件引起的散粒噪声和闪烁噪声,面结型晶体管产生的颗粒噪声和 $1/f$ 噪声,场效应管的沟道热噪声等。电子噪声一般是在阻性器件中由于电子随机热运动而造成的,一般可以认为是加性噪声,具有平稳性,常用的零均值高斯白噪声作为其模型。它具有一个高斯函数形状的直方图分布以及平坦的功率谱,可用其均值和方差来完全表征。所谓的 $1/f$ 噪声,是一种强度与频率成反比的随机噪声。

(2) 光电子噪声

光电子噪声是由光的统计本质和图像传感器中光电转换过程引起的,如光电管的光量子噪声和电子起伏噪声,CCD 或 CMOS 摄像器件引起的各种噪声等。从光学图像到电子图像的光电转换微观上是一个统计过程,因为每个像素接收到的光子数目是在统计意义上和光的强度成正比的,不可避免地会产生光电子噪声。在弱光照的情况下,其影响更为严重,此时常用具有泊松密度分布的随机变量作为光电噪声的模型。这种分布的方差等于其均值的平方根。在光照较强时,泊松分布趋向更易描述的高斯分布,而方差仍等于均值的平方根。这意味着噪声的幅度是与信号有关的。

(3) 光学噪声

对于图像系统而言,光学噪声占相当的比重。所谓光学噪声是指由光学现象产生的噪声。如胶片的粒状结构产生的颗粒噪声;印刷图像的纸张表面粗糙、凹凸不平所产生的亮度浓淡不匀的噪声;投影屏和荧光屏的粒状结构引起的颗粒噪声等。光学噪声多半是乘性噪声,往往会随信号大小而变化。

例如,感光片的感光乳剂由悬浮在胶体中的卤化银颗粒组成,曝光是一个二值过程,每个颗粒要么完全曝光,要么完全不曝光。在显影时,曝光颗粒还原成的不透明纯银颗粒被保留,而未曝光的颗粒则被冲洗掉。这样,底片的密度变化就由银颗粒的密集程度变化所决定。在显微镜下检查可发现,照片上光滑细致的影调在微观上其实呈现一个随机的颗粒性质。此外颗粒本身大小的不同以及每一颗粒曝光所需光子数目的不同,都会引入随机性。对于多数应用,颗粒噪声可用高斯白噪声作为有效模型。

**2. 图像噪声的分类**

图像噪声可按照不同的区分原则来进行分类,形成不同的分类方法和不同的类型。

按图像噪声产生的原因可以分为外部噪声和内部噪声两大类。外部噪声，指系统外部干扰，如电磁波、电源串进系统内部而引起的噪声，天体放电现象等引起的噪声。内部噪声，指系统内部设备、器件、电路所引起的噪声，如散粒噪声、热噪声、光量子噪声等。

按统计特性可以分为平稳和非平稳噪声两种。在实际应用中，其统计特性不随时间变化的噪声称其为平稳噪声，其统计特性随时间变化的称其为非平稳噪声。

按噪声幅度分布形状来区分：如其幅度分布是服从高斯分布的噪声就称其为高斯噪声，而服从瑞利分布的噪声就称其为瑞利噪声。

按噪声频谱形状来区分：如频谱幅度均匀分布的噪声称为白噪声，频谱幅度与频率成反比的称为 $1/f$ 噪声，而与频率平方成正比的称为三角噪声等。

按噪声和信号之间关系可分为加性噪声和乘性噪声两类。假定信号为 $s(t)$，噪声为 $n(t)$，噪声不管输入信号大小，总是加到信号上，成为 $s(t)+n(t)$ 形式，则称此类噪声为加性噪声，如放大器噪声、光量子噪声、胶片颗粒噪声等。如果噪声受图像信息本身调制，成为 $s(t)[1+n(t)]$ 形式，则称其为乘性噪声。这种情况下，如信号很小，噪声也不大。为了分析处理方便，常常将乘性噪声近似认为是加性噪声，而且不论是乘性还是加性噪声，总是假定信号和噪声是互相统计独立的。

**3. 常见噪声的统计特性**

噪声是随机的，只能用概率统计方法来分析和处理。因此可以借用随机过程的概率密度函数来描述图像噪声。但在很多情况下，这样的描述是很复杂的，甚至是不可能的，而且实际应用往往也不必要。通常是用其统计数字特征，即均值、方差、相关函数等来近似描述，因为这些数字特征都可以反映出噪声的主要特征。

(1) 高斯白噪声

高斯白噪声的幅度服从正态分布，形状如图 4.10(a)所示，可用式(4.23)表示。高斯白噪声的频谱为常数，即所有的频率分量都相等，犹如“白光”的频谱是常数一样，故名之为“白”噪声。既然有“白”噪声，那么也有“有色”噪声，显然，有色噪声的频谱就不再是平坦的了。

$$P(z)=\frac{1}{\sqrt{2\pi}\sigma}\exp\left[-\frac{(z-\mu)^2}{2\sigma^2}\right] \tag{4.23}$$

(2) 脉冲(椒盐)噪声

这种随机椒盐(脉冲)噪声(Salt-Pepper Impulsive Noise)的概率密度分布呈二值状态，形状如图 4.10(b)所示，可用式(4.24)表示。它的灰度只有两个值，$a$ 和 $b$。一般情况下 $a$ 值很小，接近黑色，在图像上呈现为随机散布的小黑点；$b$ 值很大，接近白色，在图像上呈现为随机散布的小白点。因此，形象地称这种犹如在图像上撒上胡椒和食盐状的脉冲噪声为“椒盐”噪声。

$$P(z)=\begin{cases}p_a, & z=a\\ p_b, & z=b\\ 0, & \text{其他}\end{cases} \tag{4.24}$$

(3) 均匀噪声

这种噪声的概率密度分布为常数，形状如图 4.10(c)所示，可用式(4.25)表示。它的灰度在$[a,b]$区间呈均匀分布。

$$P(z)=\begin{cases}1/(b-a), & a\leqslant z\leqslant b\\ 0, & \text{其他}\end{cases} \tag{4.25}$$

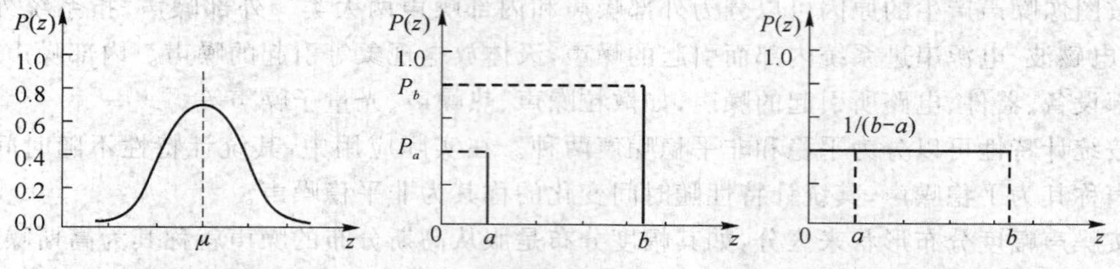


(a) 高斯噪声的概率密度分布　(b) 脉冲噪声的概率密度分布　(c) 均匀噪声的概率密度分布

图 4.10　常见噪声的概率密度分布

## 4.3.2　空间域邻域平均

邻域平均法是一种局部空间域处理的算法。设一幅图像 $f(x,y)$ 为 $N\times N$ 的阵列,平滑后的图像为 $g(x,y)$,它的每个像素的灰度级由包含 $(x,y)$ 邻域的几个像素的灰度级的平均值所决定,即用下式得到平滑的图像

$$g(x,y)=\frac{1}{M}\sum_{(m,n)\in S}f(m,n) \tag{4.26}$$

其中,$x,y=0,1,2,\cdots,N-1$,$S$ 是以 $(x,y)$ 点为中心的邻域的集合,$M$ 是 $S$ 内坐标点的总数。图 4.11 示出了 4 个邻域点和 8 个邻域点的集合。

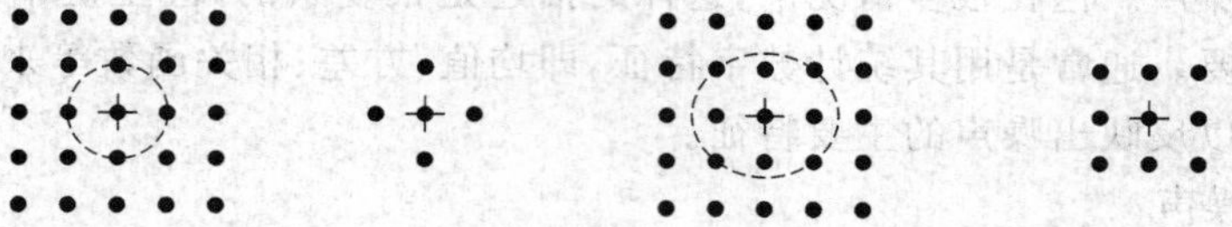

(a) 4邻域　(b) 8邻域

图 4.11　图像邻域平均法

图像邻域平均法算法简单,计算速度快,但它的主要缺点是在降低噪声的同时使图像产生模糊,特别在边沿和细节处,邻域越大,模糊越厉害。为了减少这种效应,可以采用阈值法,也就是根据下列准则形成平滑图像。

$$g(x,y)=\begin{cases}\dfrac{1}{M}\sum\limits_{(m,n)\in S}f(m,n), & \left|f(x,y)-\dfrac{1}{M}\sum\limits_{(m,n)\in S}f(m,n)\right|>T\\ f(x,y), & \text{其他}\end{cases} \tag{4.27}$$

其中,$T$ 是一个规定的非负阈值,当一些点和它们邻域灰度的均值的差值不超过规定的 $T$ 阈值时,仍保留这些点的像素灰度值。这样平滑后的图像比直接采用式(4.26)的模糊度减少。当某些点的灰度值与它们的邻域灰度的均值差别较大时,它很可能是噪声,则取其邻域平均值作为该点的灰度值。

为了克服简单局部平均的弊病,目前已提出许多保留边沿细节的局部平滑算法,它们讨论的重点都在如何选择邻域的大小、形状和方向,如何选择参加平均的点数以及邻域各点的权重系数等。它们有:灰度最相近的 $K$ 个邻点平均法,梯度倒数加权平滑,最大均匀性平滑,小斜面模型平滑等,有关这些方法请参阅相关参考文献。

图 4.12(a)为一幅原始图像,采用上述的邻域平均法对图 4.12(b)中被高斯噪声污染后的图像进行滤波,处理后的图像如图 4.12(c)所示。可以看出,图像经过平均处理后,图像的噪声有了明显的降低,但图像的细节,尤其是边缘部分变得相对模糊了,这是邻域平均法的缺陷,

因为这种平均本来就是以图像模糊为代价来换取噪声影响的减少的。

(a) 原图像　(b) 加高斯噪声　(c) 3×3邻域平均滤波

图 4.12　图像的邻域平均法

## 4.3.3　频率域低通滤波

对于一幅图像，它的边缘、细节、跳跃部分以及噪声都代表图像的高频分量，而大面积的背景区和缓慢变化部分则代表图像的低频分量，用频域低通滤波法除去其高频分量就能去掉噪声，从而使图像得到平滑。其工作原理可用下式表示，即

$$G(u,v)=H(u,v)F(u,v) \tag{4.28}$$

其中，$F(u,v)$是含噪声图像的傅里叶变换，$G(u,v)$是平滑后图像的傅里叶变换，$H(u,v)$是低通滤波器传递函数。利用$H(u,v)$使$F(u,v)$的高频分量得到衰减，得到$G(u,v)$后再经过逆变换就得到所希望的图像$g(x,y)$了。

下面介绍 3 种常用的低通滤波器。

**1. 理想低通滤波器**

一个理想的低通滤波器(ILPF)的传递函数由下式表示，即

$$H(u,v)=\begin{cases}1, & D(u,v)\leqslant D_0\\ 0, & D(u,v)>D_0\end{cases} \tag{4.29}$$

其中，$D_0$ 是一个规定的非负的量，称为理想低通滤波器的截止频率。$D(u,v)$代表从频率平面的原点到$(u,v)$点的距离，即

$$D(u,v)=(u^2+v^2)^{1/2} \tag{4.30}$$

其频率特性曲线如图 4.13(a)所示。理想低通滤波器平滑处理的机理比较简单，它可以彻底滤除 $D_0$ 以外的高频分量。但是由于它在通带和阻带转折处太"陡峭"，即 $H(u,v)$在 $D_0$ 处由 1 突变到 0，频域的突变引起空域的波动，由它处理后的图像在空间域会产生较严重的模糊和"振铃"现象。正是由于理想低通滤波存在此"振铃"现象，使其平滑效果下降。

**2. 巴特沃思低通滤波器**

巴特沃思低通滤波器(BLPF)又称作最大平坦滤波器。与 ILPF 不同，它的通带与阻带之间没有明显的不连续性，因此它的空域响应没有"振铃"现象发生，模糊程度减少，一个 $n$ 阶巴特沃思滤波器的传递函数为

$$H(u,v)=\frac{1}{1+0.414[D(u,v)/D_0]^{2n}} \tag{4.31}$$

从图 4.13(b)中 BLPF 的传递函数特性曲线 $H(u,v)$可以看出，在它的尾部保留有较多的高频，所以对噪声的平滑效果不如 ILPE。一般情况下，常采用下降到 $H(u,v)$最大值的 0.707 那一点为低通滤波器的截止频率点。对式(4.31)，当 $D(u,v)=D_0$、$n=1$ 时，$H(u,v)=0.707$。

**3. 指数低通滤波器**

指数低通滤波器(ELPF)的传递函数 $H(u,v)$ 可表示为

$$H(u,v)=\exp\{-0.347[D(u,v)/D_0]^n\} \tag{4.32}$$

当 $D(u,v)=D_0$、$n=1$ 时，$H(u,v)=0.707$。从图 4.13(c)中可以看出，由于 ELPF 具有比较平滑的过滤带，经此平滑后的图像没有振铃现象，而 ELPF 与 BLPF 相比，它具有更快的衰减特性，ELPF 滤波的图像比 BLPF 处理的图像稍微模糊一些。

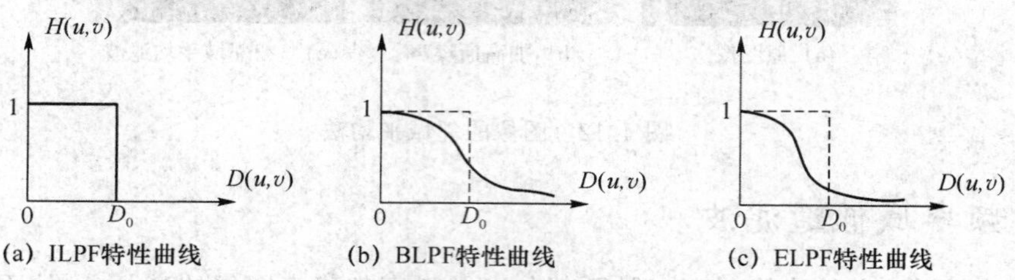


图 4.13 常见低通滤波器的特性曲线

## 4.3.4 多幅图像平均

多幅图像平均法是利用对同一景物的多幅图像取平均来有效抑止图像中随机噪声的成分。对同一场景拍摄的多幅图像，其中表示场景图像的部分在每次拍摄中是不变的，经过平均运算以后仍然是不变的；但是其中的噪声分量是随机的，每次拍摄时，其值是随机变化的(设为 0 均值)，有正有负，在平均运算以后很有可能被抵消，这样就可达到降低噪声的目的。

设原图像为 $f(x,y)$，图像噪声为加性噪声 $n(x,y)$，则有噪声的图像 $g(x,y)$ 可表示为

$$g(x,y)=f(x,y)+n(x,y) \tag{4.33}$$

其数学期望为

$$E[g(x,y)]=E[f(x,y)+n(x,y)] \tag{4.34}$$

由于图像在多次拍摄中是不变的，所以

$$E[f(x,y)]=f(x,y)$$

若图像噪声是互不相关的加性噪声，且均值为 0，有 $E[n(x,y)]=0$，则

$$f(x,y)=E[g(x,y)] \tag{4.35}$$

其中，$E[g(x,y)]$ 是 $g(x,y)$ 的期望值，对 $M$ 幅有噪声的图像经平均后有

$$f(x,y)=E[g(x,y)]\approx\bar{g}(x,y)=\frac{1}{M}\sum_{i=1}^{M}g_i(x,y) \tag{4.36}$$

根据方差的定义，可以推出：

$$\sigma^2_{\bar{g}(x,y)}=\mathrm{D}\left[\frac{1}{M}\sum_{i=1}^{M}[f(x,y)+n_i(x,y)]\right]=\frac{1}{M^2}\mathrm{D}\left[\sum_{i=1}^{M}n_i(x,y)\right]=\frac{1}{M}\sigma^2_{n(x,y)} \tag{4.37}$$

其中，$D[\cdot]$ 为求方差运算，图像 $f(x,y)$ 不是随机变量，方差为 0，$\sigma^2_{\bar{g}(x,y)}$ 和 $\sigma^2_{n(x,y)}$ 是 $\bar{g}$ 和 $n$ 在点 $(x,y)$ 处的方差。式(4.37)表明对 $M$ 幅图像平均可把噪声方差减少 $M$ 倍，当 $M$ 增大时，$\bar{g}(x,y)$ 将更加接近于 $f(x,y)$。

多幅图像取平均处理常用于照相机或摄像机的图像中，用以减少电视摄像机 CCD 器件所引起的噪声。这时对同一景物连续摄取多幅图像并数字化，再对多幅图像平均，这种方法的实际应用难点在于如何把多幅图像配准起来，以便使相应的像素能正确地对应排列。

## 4.3.5 中值滤波

中值滤波是一种非线性滤波，由于它在实际运算过程中并不需要图像的统计特性，所以比较方便。中值滤波首先应用在一维信号处理技术中，后来被二维图像信号处理技术所引用。在一定的条件下，可以克服线性滤波器所带来的图像细节模糊，而且对滤除脉冲干扰及图像扫描噪声最为有效。但是对一些细节多，特别是点、线、尖顶细节多的图像不宜采用中值滤波的方法。

所谓"中值"是指将一个数据序列中的数据按照从大到小(或者相反)的顺序排列，如果这个序列的长度为奇数，则排在中间的那个数就是此序列的中值；如果数据序列的长度是偶数，可定义处于中间两个数的平均数为中值。因此，中值滤波最简单的办法就是用一个含有奇数点的条形或方形滑动窗口在被处理的图像上逐点滑动，将窗口正中那点的值用窗口内各点灰度的中值代替。

**1. 一维中值滤波**

设有一个一维序列 $x_1, x_2, \cdots, x_n$。取条形窗口长度为 $m$($m$ 为奇数)，对此序列进行中值滤波，就是从输入序列中相继抽出 $m$ 个数，$x_{i-v}, \cdots, x_{i-1}, x_i, x_{i+1}, \cdots, x_{i+v}$，其中 $i$ 为窗口的中心位置，$v=(m-1)/2$，再将这 $m$ 个点按其数值大小排列，取其序号为正中间的那个数作为滤波输出。用 Med{…}表示上述的取中值的运算，则中值滤波的数学公式为

$$y_i = \text{Med}\ \{x_{i-v} \cdots x_i \cdots x_{i+v}\}, \qquad i \in \mathbf{Z}, \qquad v = \frac{m-1}{2} \tag{4.38}$$

**【例 4.4】** 有一个序列为{…,2,3,9,3,4,…}，用窗口长度等于 5 的中值滤波器进行滤波，当处理"9"这点时，重新排序后的序列为{ 2,3,3,4,9 }，其中间的值 3，则用此滤波器输出"3"来取代原来的"9"。此例若用平均滤波，窗口也是取 5，那么平均滤波输出为(2+3+3+4+10)/ 5=4.2。

从例 4.4 可见，如果原序列中"9"是孤立噪声，则通过中值滤波将其改变为"3"，而如果采用邻域平均滤波，则将取值为"4.2"，实际上是将孤立噪声点的值"9"分摊到窗口的各个点中。当然，如果"9"这个点不是孤立噪声，而是图像的细节，则会因为中值滤波而丧失，这就是中值滤波的主要不足之处。

**2. 二维中值滤波**

采用条形窗口的办法是一维中值滤波，将这种办法推广到二维，采用方形窗口，就形成二维中值滤波。对二维序列$\{X_{i,j}\}$进行中值滤波时，滤波窗口也是二维的，二维数据的中值滤波可以表示为

$$y_{i,j} = \underset{A}{\text{Med}}\{x_{i,j}\} \tag{4.39}$$

其中，$A$ 为滤波器窗口，窗口的尺寸 $i, j \in \mathbf{Z}, x_{i,j} \in A$，可取 3×3、5×5 或更大。滤波后的 $y_{i,j}$ 的值等于窗口里 3×3(或 5×5)个像素中灰度值处于第 5(或第 13)的那个像素值。滤波窗口的形状也不一定拘泥于正方形，如图 4.14 所示，可以有多种不同的形状，如线状、方形、圆形、十字形等。在实用中，对于有缓变的较长轮廓线物体的图像，采用方形或圆形窗口为宜；对于包含尖顶角物体的图像，适宜用十字形窗口。

总体说来，和低通滤波器相比，中值滤波器能够较好地保留原图像中的跃变部分，非常有效地去除孤立噪声，但在使用中值滤波时必须注意如何保持图像中有效的细线状物体。

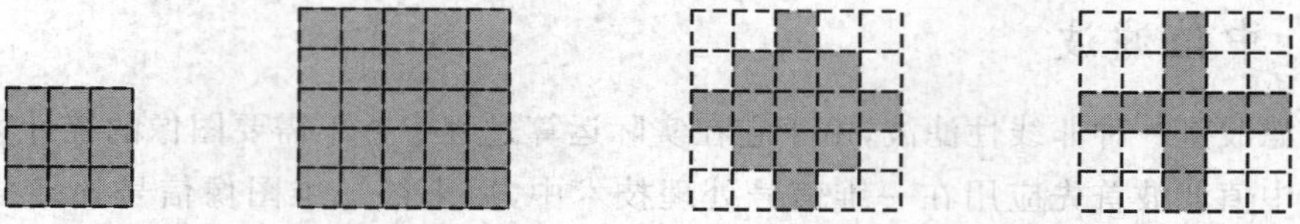

(a) 3×3窗口　(b) 5×5窗口　(c) 圆形窗口　(d) 十字形窗口

图 4.14　二维中值滤波器的不同窗口选择

**3. 中值滤波器的性能**

中值滤波常用来减弱随机干扰或孤立噪声,对于其性能的分析,由于中值滤波是非线性滤波,因此要得到一般的定量结论比较困难。

从频域的角度来分析,由于中值滤波是非线性的,为此在输入与输出之间不存在一一对应的关系,故不能用一般线性滤波器频率特性的研究方法。为了能够直观地定性地看出中值滤波输入和输出频谱变化情况,可采用总体试验观察方法。

设 $X(u,v)$ 为输入图像频谱,$Y(u,v)$ 为输出图像频谱,参照线性系统的方法,定义

$$H(u,v)=\left|\frac{Y(u,v)}{X(u,v)}\right| \tag{4.40}$$

为中值滤波器的频率响应特性。实验表明,$H(u,v)$ 是与 $X(u,v)$ 有关的,呈不规则波动不大的曲线,其均值比较平坦。可以认为经中值滤波后,传输函数近似为"1",即中值滤波对信号的频域影响不大,频谱基本不变。

图 4.15 是对 Lena 图像进行中值滤波的结果比较。图(a)是加了脉冲噪声的图像,图(b)是对其进行 3×3 窗口中值滤波之后的图像。由图(b)可知,经中值滤波后,图像的噪声得到了很大程度的抑制,但图中眉毛、眼睛等细节处也被模糊了。

(a) Lena 加噪图像　(b) 3×3窗口中值滤波图像

图 4.15　中值滤波结果比较

## 4.4　图像的锐化

图像锐化处理的目的是使模糊图像变得清晰。但针对引起图像模糊的原因而形成的去模糊方法是图像复原所讨论的问题,将在第 5 章图像复原中介绍。本节仅介绍一般的去模糊方法。

图像的模糊实质上就是受到平均或积分运算，因此对其进行逆运算如微分运算、梯度运算，就可以使图像清晰。从频谱角度来分析，图像模糊的实质是其高频分量被衰减，因而可以用高频加重滤波来使图像清晰。但要注意的是能够进行锐化处理的图像必须要求有较高的信噪比，否则，图像锐化后，信噪比更低。因为锐化将使噪声受到比信号力度还大的增强，故必须小心处理。一般是先去除或减轻干扰噪声后，才能进行锐化处理。

## 4.4.1 一阶微分算子法

针对图像模糊的可能是图像受到平均或积分运算，可用微分运算来实现图像的锐化。微分运算是求信号的变化率，有加强高频分量的作用，从而使图像边缘、细节和轮廓变得清晰。为了把图像中任何方向伸展的边缘和轮廓由模糊变清晰，希望对图像的某种导数运算是各向同性的，可以证明，梯度的幅度和拉普斯运算是符合上述条件的。

**1. 梯度法**

对于图像函数 $f(x,y)$，它在点 $(x,y)$ 处的梯度是一个矢量，定义为

$$\nabla f(x,y)=\left[\frac{\partial f(x,y)}{\partial x} \quad \frac{\partial f(x,y)}{\partial y}\right]^{\mathrm{T}} \tag{4.41}$$

其方向表示函数 $f(x,y)$ 最大变化率的方向；其大小为梯度的幅度，用 $|\nabla f(x,y)|$ 表示，并由下式算出

$$|\nabla f(x,y)|=\sqrt{\left(\frac{\partial f}{\partial x}\right)^2+\left(\frac{\partial f}{\partial y}\right)^2} \tag{4.42}$$

由式(4.42)可知，梯度的幅度值就是 $f(x,y)$ 在其最大变化率方向上的单位距离所增加的量。对于数字图像而言，式(4.42)可以近似为差分算法

$$|\nabla f(i,j)|=\sqrt{[f(i,j)-f(i+1,j)]^2+[f(i,j)-f(i,j+1)]^2} \tag{4.43}$$

其中，各像素的位置如图 4.16(a)所示，式(4.43)亦可以近似为另一种更简单的差分算法

$$|\nabla f(i,j)|=|f(i,j)-f(i+1,j)|+|f(i,j)-f(i,j+1)| \tag{4.44}$$

以上梯度法又称为水平垂直差分法。另一种梯度法叫作罗伯特(Robert)梯度法，它是一种交叉差分计算法，具体的像素位置如图 4.16(b)所示。其数学表达式为

$$|\nabla f(i,j)|=\sqrt{[f(i,j)-f(i+1,j+1)]^2+[f(i+1,j)-f(i,j+1)]^2} \tag{4.45}$$

同样可近似为

$$|\nabla f(i,j)|=|f(i,j)-f(i+1,j+1)|+|f(i+1,j)-f(i,j+1)| \tag{4.46}$$

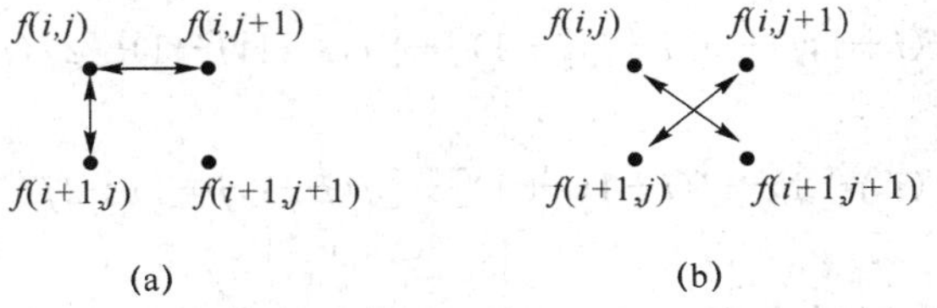


图 4.16 求梯度的两种差分算法

由梯度的计算可知，在图像中灰度变化较大的边沿区域其梯度值大，在灰度变化平缓的区域其梯度值较小，而在灰度均匀区域其梯度值为零。图 4.17(a)是一幅稻米的图像，图(b)是采用差分梯度法计算的结果。由此可见，图像经过梯度运算后，留下灰度值急剧变化的边沿处的点。

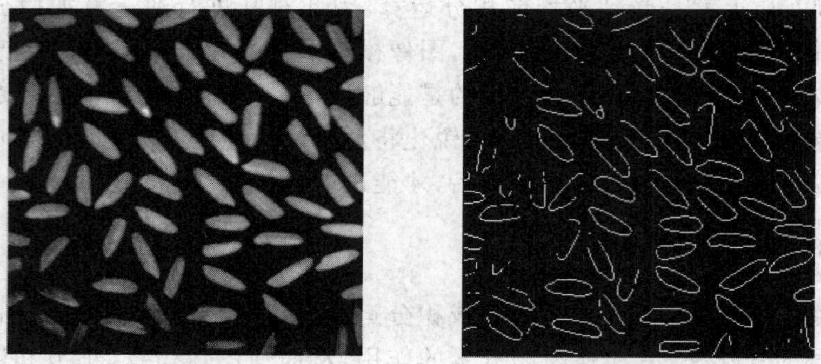

(a) 稻米图像　　(b) 梯度运算结果

图 4.17　图像梯度锐化结果

当梯度计算完之后,可以根据需要生成不同的梯度图像,常见的有以下几种。

(1) 使各点的灰度 $g(x,y)$ 等于该点的梯度幅度,即

$$g(x,y)=|\nabla f(x,y)| \tag{4.47}$$

此图像仅显示灰度变化的边缘轮廓,图 4.17(b)就是如此。

(2) 使梯度图像为

$$g(x,y)=\begin{cases}|\nabla f(x,y)|, & |\nabla f(x,y)|\geqslant T\\ f(x,y), & \text{其他}\end{cases} \tag{4.48}$$

其中,$T$ 是一个非负的阈值,适当选取 $T$,既可使明显的边缘轮廓得到突出,又不会破坏原灰度变化比较平缓的背景。

(3) 如果将明显边缘用一固定的灰度级 $L$ 来显示,这种梯度图像为

$$g(x,y)=\begin{cases}L, & |\nabla f(x,y)|\geqslant T\\ f(x,y), & \text{其他}\end{cases} \tag{4.49}$$

**2. Sobel 算子**

采用梯度微分锐化图像时,不可避免地同样会使噪声、条纹等干扰信息得到增强,这里介绍的 Sobel 算子可在一定程度上克服这个问题。Sobel 算子法的基本方法如图 4.18 所示,分别经过两个 3×3 算子的窗口滤波,将所得的结果按下式给出,获得增强后图像的灰度值。

$$g=\sqrt{S_x^2+S_y^2} \tag{4.50}$$

其中,

$$S_x=[f(i+1,j-1)+2f(i+1,j)+f(i+1,j+1)]-[f(i-1,j-1)+2f(i-1,j)+f(i-1,j+1)] \tag{4.51}$$

$$S_y=[f(i-1,j+1)+2f(i,j+1)+f(i+1,j+1)]-[f(i-1,j-1)+2f(i,j-1)+f(i+1,j-1)] \tag{4.52}$$

式(4.51)和式(4.52)分别对应图 4.18 所示的两个滤波模板。为了简化计算,也可以用 $g=|S_x|+|S_y|$ 来代替式(4.50)的计算,从而得到锐化后的图像。从上面的讨论可知,Sobel 算子不像普通梯度算子那样用两个像素之差值,而用两列或两行加权和之差值,这就导致了以下两个优点:

(1) 由于引入了平均因素,因而对图像中的随机噪声有一定的平滑作用。

(2) 由于它是相隔两行或两列之差分,故边缘两侧之元素得到了增强,故边缘显得粗而亮。

| | | |
|---|---|---|
| -1 | -2 | -1 |
| 0 | 0 | 0 |
| 1 | 2 | 1 |

对水平边缘响应大

| | | |
|---|---|---|
| -1 | 0 | 1 |
| -2 | 0 | 2 |
| -1 | 0 | 1 |

对垂直边缘响应大

图 4.18　Sobel 算子模板

## 4.4.2　拉普拉斯算子法

拉普拉斯算子处理是常用的边缘增强处理算子，它是各向同性的二阶导数，图像 $f(x,y)$ 的拉普拉斯算子为

$$\nabla^2 f(x,y)=\frac{\partial^2 f(x,y)}{\partial^2 x}+\frac{\partial^2 f(x,y)}{\partial^2 y} \tag{4.53}$$

如果图像 $f(x,y)$ 的模糊是由扩散现象引起的（如胶片颗粒化扩散，光点散射），则锐化后的图像 $g(x,y)$ 为

$$g(x,y)=f(x,y)-k\nabla^2 f(x,y) \tag{4.54}$$

其中，$k$ 为与扩散效应有关的系数。式(4.54)表示在模糊图像 $f(x,y)$ 的边缘、轮廓等处加上适当的拉普拉斯算子值（$-k\nabla^2 f(x,y)$），就得到锐化以后较为清晰的图像 $g(x,y)$。这里对 $k$ 的选择要合理，$k$ 太大会使图像中的轮廓边缘产生过冲，$k$ 太小则锐化作用不明显。

对数字图像，$(x,y)$ 的离散值用 $(i,j)$ 表示，$f(x,y)$ 的二阶偏导数可近似用二阶差分表示为

$$\left.\begin{aligned}\frac{\partial^2 f(x,y)}{\partial x^2}&\approx\nabla_x f(i+1,j)-\nabla_x f(i,j)\\&=[f(i+1,j)-f(i,j)]-[f(i,j)-f(i-1,j)]\\&=f(i+1,j)+f(i-1,j)-2f(i,j)\\\frac{\partial^2 f(x,y)}{\partial y^2}&\approx f(i,j+1)+f(i,j-1)-2f(i,j)\end{aligned}\right\} \tag{4.55}$$

其中，$\nabla_x$ 表示 $x$ 方向的一阶差分。这样，拉普拉斯算子 $\nabla^2 f$ 为

$$\begin{aligned}\nabla^2 f(x,y)&=\frac{\partial^2 f(x,y)}{\partial x^2}+\frac{\partial^2 f(x,y)}{\partial y^2}\\&\approx f(i+1,j)+f(i-1,j)+f(i,j+1)+f(i,j-1)-4f(i,j)\end{aligned} \tag{4.56}$$

该算子的 3×3 等效模板如图 4.19 所示。可见数字图像在 $(i,j)$ 点的拉普拉斯算子，可以由 $(i,j)$ 点灰度值减去该点邻域平均灰度值来求得。当 $k=1$ 时，拉普拉斯锐化后的图像为

$$\begin{aligned}g(i,j)&=f(i,j)-\nabla^2 f(i,j)\\&=5f(i,j)-f(i+1,j)-f(i-1,j)-f(i,j+1)-f(i,j-1)\end{aligned} \tag{4.57}$$

由此可以看出，拉普拉斯算子可以对由扩散模糊的图像起到边界轮廓增强的效果。要注意，如果不是扩散过程引起的模糊图像，效果并不一定很好。另外，同梯度算子进行锐化一样，拉普拉斯算子也增强了图像的噪声。但同梯度法相比，拉普拉斯算子对噪声所起的作用较梯度法弱。故用拉普拉斯算子进行边缘检测时，仍然有必要先对图像进行平滑或去噪处理。

| | | |
|---|---|---|
| 0 | 1 | 0 |
| 1 | -4 | 1 |
| 0 | 1 | 0 |

图 4.19　拉普拉斯算子模板

**【例 4.5】**　一维拉普拉斯窗检测结果如图 4.20 所示。

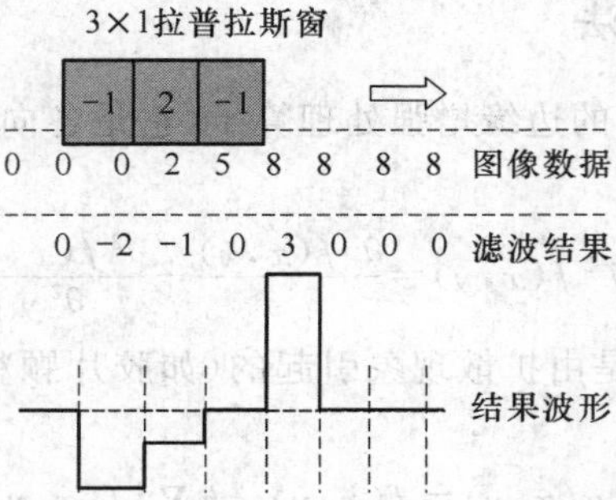


图 4.20　一维拉普拉斯窗检测结果

**【例 4.6】**　二维拉普拉斯算子图像增强实例。

图 4.21(a)是原图像，采用图 4.19 的 3×3 拉普拉斯算子处理后的边缘图像如图 4.21(b)所示。

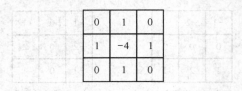

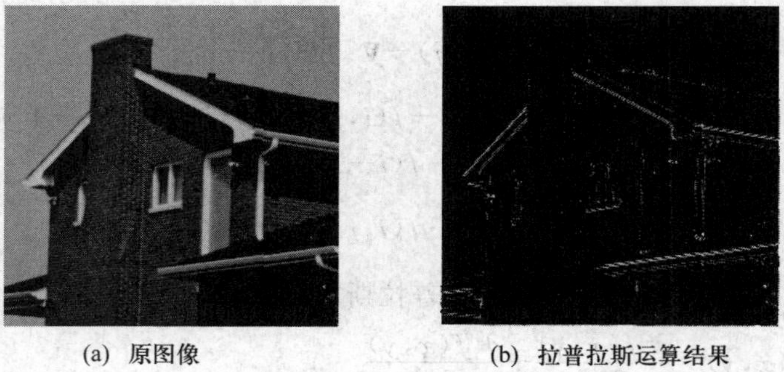

(a) 原图像　　(b) 拉普拉斯运算结果

图 4.21　拉普拉斯运算

## 4.4.3　高通滤波法

图像中的边缘或线条等细节部分与图像频谱的高频分量相对应，因此采用高通滤波让高频分量顺利通过，使图像的边缘或线条等细节变得清楚，实现图像的锐化。高通滤波可用空域法或频域法来实现。在空间域是用卷积方法，与空域低通滤波的邻域平均法类似，只不过其中的冲激响应方阵 $\boldsymbol{H}$ 不同，例如，常见的 3×3 高通卷积模板如下：

$$\boldsymbol{H}=\begin{bmatrix}0 & -1 & 0\\ -1 & 5 & -1\\ 0 & -1 & 0\end{bmatrix}\quad \boldsymbol{H}=\begin{bmatrix}-1 & -1 & -1\\ -1 & 9 & -1\\ -1 & -1 & -1\end{bmatrix}\quad \boldsymbol{H}=\begin{bmatrix}1 & -2 & 1\\ -2 & 5 & -2\\ 1 & -2 & 1\end{bmatrix}$$

类似于低通滤波器，高通滤波亦可在频率域中实现，也有 3 种常见的主要类型。为了简单起见，现仅将它们的传递函数公式开列如下：

(1) 理想高通滤波器

$$H(u,v)=\begin{cases}1, & D(u,v)>D_0\\0, & D(u,v)\leqslant D_0\end{cases} \tag{4.58}$$

(2) 巴特沃思高通滤波器

$$H(u,v)=\frac{1}{1+0.414[D_0/D(u,v)]^{2n}} \tag{4.59}$$

(3) 指数高通滤波器

$$H(u,v)=\exp\{-0.347[D_0/D(u,v)]^n\} \tag{4.60}$$

# 4.5 图像的伪彩色处理

二维灰度(单色)图像可以用 $I=f(x,y)$ 表示，彩色图像可用 $C=f(x,y,\lambda)$ 表示，其中 $\lambda$ 为光谱变量(如波长)。在单色图像中，$I$ 为每个像素的总光强，不管它是由几个或什么波长的光波所组成的；在彩色图像中，$C$ 为每个像素点上的不同波长光的强度。可见彩色图像和光的波长、强度等因素密切相关。

## 4.5.1 图像的彩色表示

光的本质是电磁波，电磁波波长范围很宽，但是只有波长在 400～760 nm 这样很小范围内的电磁波，才能使人产生视觉，感到明亮和彩色，并且不同的波长给人以不同的色彩感觉，把这个波长范围内的电磁波叫可见光。为了规范彩色的度量和标准，1931 年国际照明委员会(International Commission of Illumination, CIE)颁布三基色光的波长：红色—700 nm，绿色—546.1 nm，蓝色—435.8 nm。之所以称之为三基色，是因为这 3 种色彩中任意一个都不能够由另外两个合成得到。从理论上讲，大多数彩色都可用这 3 种基本彩色按不同的比例混合得到。3 种彩色的光强越强，到达眼睛的光能量就越多，感觉越亮；它们的比例不同，看到的彩色也就不同；没有光到达眼睛，既没有亮的感觉，也没有色的感觉，就是一片漆黑。

当三基色按不同强度相加时，总的光强增强，并可得到各种不同的彩色。某一种彩色和这三种彩色之间的关系可用下面的式子来描述：

$$C=r(R)+g(G)+b(B) \tag{4.61}$$

其中，$r$、$g$、$b$ 是红、绿、蓝三色的混合比例，一般称为三色系数。如图 4.22 所示，当三基色等量相加时，得到白色；等量的红绿相加而蓝为 0 值时得到黄色；等量的红蓝相加而绿为 0 时得到品红色；等量的绿蓝相加而红为 0 时得到青色。如果每种基色的强度用 8 位(bit)表示，一个像素需 3×8=24 bit，因此，则 $RGB$ 组合可产生 2 的 24 次方 16 777 216 种彩色。

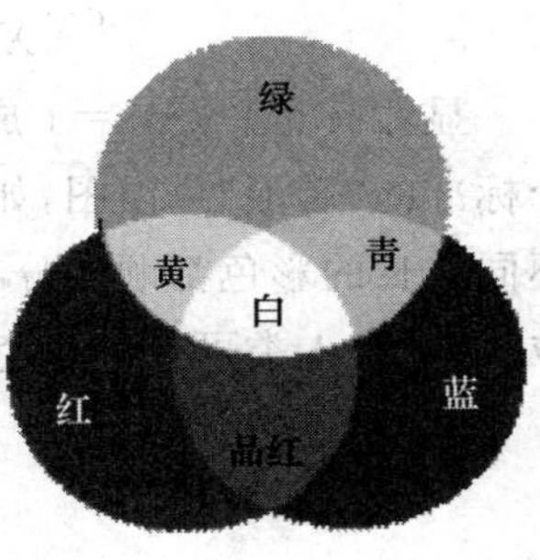

图 4.22 三基色混色图

**1. 彩色视觉**

人对物体的彩色视觉是由物体反射的光所引起的，如果物体能均匀地反射所有的光，则呈白色；若不均匀，则呈现出彩色。人眼视网膜上的感光细胞分为杆状细胞和锥状细胞,其中锥状细胞有彩色感,对波长敏感,但是分辨率低,需要较好的光照。锥状细胞还可以进一步分为 R 类锥状细胞、G 类锥状细胞和 B 类锥状细胞,3 类锥状细胞对不同波长光的敏感程度曲线如图 4.23 所示。

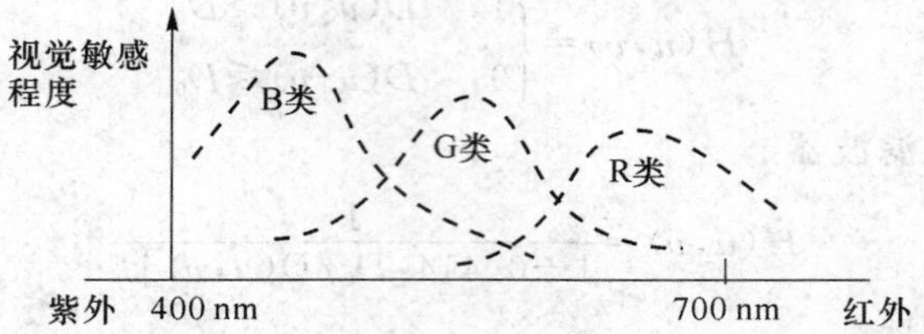


图 4.23　三类锥状细胞的彩色敏感程度示意图

人眼的感光细胞就好像 CCD 器件中的感光单元,将所获得的光的信息通过视觉神经细胞传到人的大脑,经大脑判断产生彩色视觉感。人眼大约有 100 万视觉神经,可以“并行”处理、传送视觉信息。

**2. 彩色模型**

所谓彩色模型指的是某个三维彩色空间中的一个可见光子集,它包含某个色彩域的所有色彩。任何一个彩色模型都无法包含所有的可见光。基于人的眼睛对 *RGB* 的反应,CIE 提出一系列彩色模型,如 CIE *XYZ* 模型、CIE *YUV* 模型等,用于对色彩的定量表示。这些彩色模型是独立于设备的,已被广泛地使用,它能够规范不同类型的设备产生规定的彩色,如扫描仪、监视器、打印机等。

(1) CIE *XYZ* 彩色模型

这一模型以彩色视觉的三基色混色原理为根据,将人眼视作三基色(红、绿、蓝)接收器,所有的色彩感觉均被视作该不同比例三基色“刺激”的结果。因此,在 *XYZ* 模型中,定义了相当于红绿蓝的三个刺激量 *XYZ*,它们的取值区间皆为 0～1。当 $X=1,Y=1,Z=1$ 时,表示白色,$X=0,Y=0,Z=0$ 时,表示黑色。

*XYZ* 和 CIE 的 *RGB* 三基色之间的关系定义如下:

$$\begin{pmatrix} X \\ Y \\ Z \end{pmatrix} = \begin{pmatrix} 0.4092 & 0.3099 & 0.1999 \\ 0.1770 & 0.8123 & 0.0107 \\ 0.0000 & 0.0101 & 0.9899 \end{pmatrix} \begin{pmatrix} R \\ G \\ B \end{pmatrix} \tag{4.62}$$

和 *XYZ* 相对应,可以定义三个刺激量的比例系数 $x$、$y$、$z$ 如下:

$$x=\frac{X}{X+Y+Z},\quad y=\frac{Y}{X+Y+Z},\quad z=\frac{Z}{X+Y+Z} \tag{4.63}$$

显然有 $x+y+z=1$ 成立,$x$、$y$、$z$ 的取值区间也为 0～1。以 $x$ 和 $y$ 为二维坐标,可建立一个标准的“舌形”色度图,如图 4.24 所示。舌形的曲线周边为光谱色,即可见光的连续光谱上不同波长的彩色都顺序分布在此曲线上。由光谱色混合而成的各种彩色位于舌形内的各个部位,它代表人类可见的彩色范围。

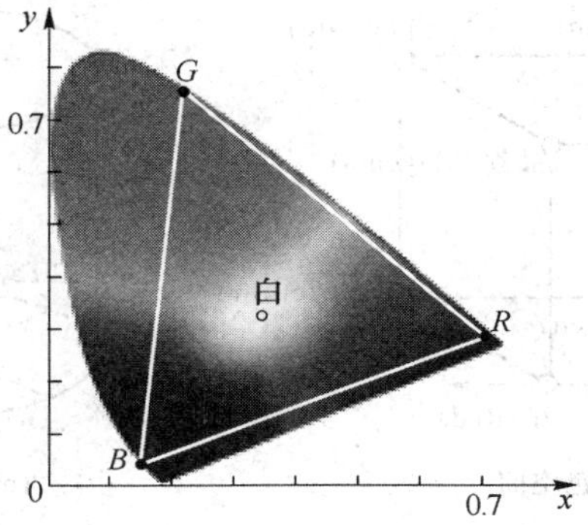


图 4.24 *XYZ* 色度示意

在色度图上，可以按照 *RGB* 的波长标出 *RGB* 的 3 个点，从而获得 *RGB* 三角形，即由不同 *RGB* 混合而成的彩色全部位于此三角形内。三角形中间的那一点为白色，它表明在这一点，三基色的比例相同，因而呈现为白色。其他所有可见光的彩色都可以在色度图中得到表示。从此色度图和 *RGB* 三角形可以明白，由 *RGB* 三基色可以组合产生大多数彩色，但不是全部；从理论上讲，*RGB* 是可以任意选择的，实际上 *RGB* 也确实有不同的选择，例如，PAL 制电视、NTSC 制电视系统所选的 *RGB* 都和 ICE 的 *RGB* 不同，而它们各自也不相同。

(2) *RGB* 彩色模型

如上所述，*RGB* 模型构成的彩色空间是 CIE 原色空间的一个子集，通常用于彩色阴极射线管和彩色光栅图形显示器。可以将 *RGB* 彩色模型表示为三维直角坐标彩色系统中的一个单位正方体，如图 4.25(a)所示。在正方体的主对角线上，各基色的量相等，产生由暗到亮的白色，即灰度。(0,0,0)为黑，(1,1,1)为白，正方体的其他 6 个角点分别为红、黄、绿、青、蓝和品红。*RGB* 彩色模型的立方体内的每个点都表示一个不同比例的 *RGB* 的彩色，*RGB* 图像中每个像素都可以映射到此图彩色空间中的一点。

在 *RGB* 彩色表示格式中，可以直接赋给某像素点的 *R*、*G*、*B* 分量为一定值，大小限定在 0～255 之间，则该像素点的彩色就由 *R*、*G*、*B* 彩色空间上的矢量来决定。

(3) *HSI* 彩色模型

除用 *RGB* 来表示图像之外，还可用色调-饱和度-亮度(Hue Saturation Intensity，HSI)彩色模型，如图 4.25(b)所示。彩色的色调(色度)*H* 反映了该彩色最接近什么样的光谱波长，用色环中的角度表示。如 0°表示为红色，120°为绿色，240°为蓝色。*S* 表示饱和度，用色环的原点(圆心)到彩色点的半径来表示，在环的外围是纯的饱和的彩色，其饱和度为 1；在圆柱的中心为中性(灰色)，其饱和度为 0。饱和度的概念可描述如下：假如有一桶红色的颜料，对应的色调为 0，饱和度为 1。混入白色染料后红色变得不再强烈，减少了它的饱和度，增加了亮度。粉红色对应于饱和度约 0.5 左右，随着更多的白色染料加入到混合物中，红色变得越来越淡，饱和度降低，最后接近于 0(白色)。相反地，如果你将黑色染料与纯红色混合，它的亮度将降低(变黑)，而它的色度(红色)和饱和度(1,0)将保持不变。*HSI* 彩色模型中的 *I* 表示亮度，从下到上，*I* 逐渐增加，相当于增加同等比例的 *RGB*。

*HSI* 彩色模型符合人眼对彩色的感觉。在改变某一彩色的属性，比如改变色调时只需改变 *H* 坐标，而不像在 *RGB* 模型中要同时改变 3 个分量。也就是说，*HSI* 彩色模型中的 3 个坐标是独立的。

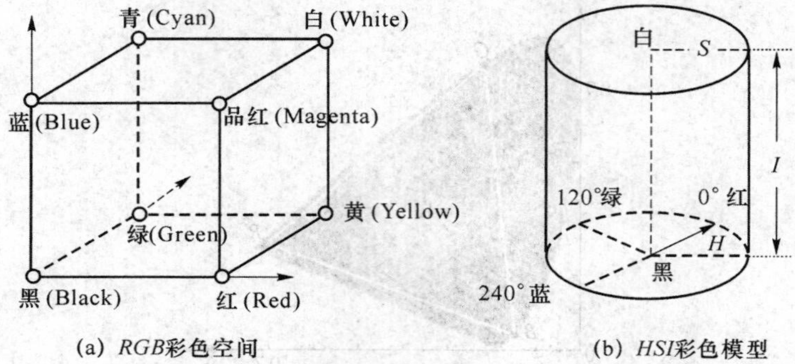


图 4.25　彩色模型表示

(4) CIE *YUV* 彩色模型

在彩色电视系统中,PAL 制 CCD 或 CMOS 彩色摄像机把采集的图像信号经分色、放大、校正得到 *RGB* 三基色信号,再经过矩阵变换电路得到亮度信号 $Y$ 和两个色差信号 $U=0.483(B-Y)$、$V=0.877(R-Y)$,最后发送端将亮度和色差 3 个信号分别进行编码,用同一频段发送出去,这就是常用的 *YUV* 彩色空间。

采用 *YUV* 彩色空间的重要性是它的亮度信号 $Y$ 和色度信号 $U$、$V$ 是分离的。如果只有 $Y$ 信号分量而没有 $U$、$V$ 分量,就表示黑白灰度图像。彩色电视采用 *YUV* 空间正是为了用亮度信号 $Y$ 解决彩色电视机与黑白电视机的兼容问题,使黑白电视机也能接收彩色信号。RGB 与 CIE *YUV* 彩色模型之间转换关系如下:

$$\begin{bmatrix} Y \\ U \\ V \end{bmatrix} = \begin{bmatrix} 0.299 & 0.587 & 0.114 \\ -0.147 & -0.289 & 0.435 \\ 0.615 & -0.515 & -0.100 \end{bmatrix} \begin{bmatrix} R \\ G \\ B \end{bmatrix} \tag{4.64}$$

## 4.5.2　伪彩色处理

伪彩色(Pseudo Color)处理是图像处理中常用的一种方法,所谓伪彩色处理是指将一幅原来没有色彩的灰度图像通过某种对应关系,映射到彩色空间,使之变成一幅彩色图像。这样的彩色图像和日常意义下的彩色图像的含义不同,它并非表示图像中物体的真正彩色,因而将这种为了某一种目的经过变换形成的彩色图像称之为“伪彩色”图像,称此变换为“伪彩色”变换。

按照不同的对应关系,伪彩色变换方法有多种。最常用的方法就是将单色图像的不同的灰度级匹配到彩色空间中的某些点,将单色图像映射为一幅彩色图像。用计算机实现时,可将按某种规则生成的映射关系存储在查找表中,从而简单地给每个灰度级赋一彩色,形成伪彩色图像。经验表明,要取得可能令人更满意的伪彩色效果,最好不要采用随机赋值的方法进行伪彩色映射。例如可将灰度轴匹配到彩色空间中的一条连续的曲线上。伪彩色处理可以是连续彩色,也可以由几种离散的彩色构成。除了这种直接的灰度-色彩映射关系外,还可以采用频率-色彩映射关系,形成另一类基于滤波的伪彩色方法。

**1. 灰度分割伪彩色变换**

灰度分割是伪彩色处理技术中最简单的一种。设一幅灰度图像 $f(x,y)$,在某一个灰度级如 $f(x,y)=L_1$ 上设置一个平行 $x$-$y$ 平面的切割平面,如图 4.26 所示。

灰度图像被切割成只有两个灰度级，对切割平面以下的即灰度级小于 $L_1$ 的像素分配给一种彩色（如蓝色），相应地对切割平面以上的即灰度级大于 $L_1$ 的像素分配给另一种彩色（如红色）。这样切割结果就可以将黑白图像变为只有两个彩色的伪彩色图像，如图 4.26 所示。

若将灰度图像用 $M-1$ 个灰度级平面去切割，就会得到 $M$ 个不同灰度级的区域 $S_1, S_2, \cdots, S_M$。对这 $M$ 个区域中的像素人为分配给 $M$ 种不同彩色，这样就可以得到具有 $M$ 种彩色的伪彩色图像，如图 4.27 所示。灰度分割伪彩色处理的优点是简单易行，便于实现。

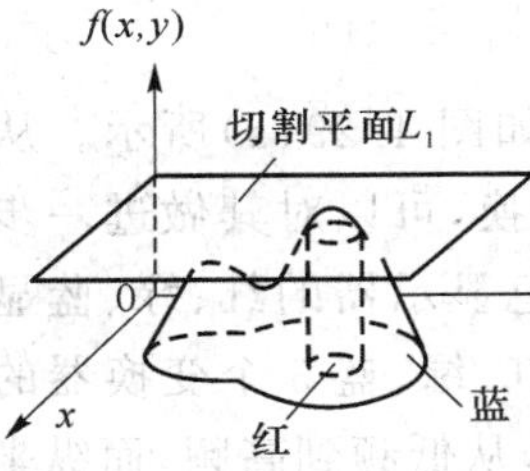


图 4.26　灰度分割示意图

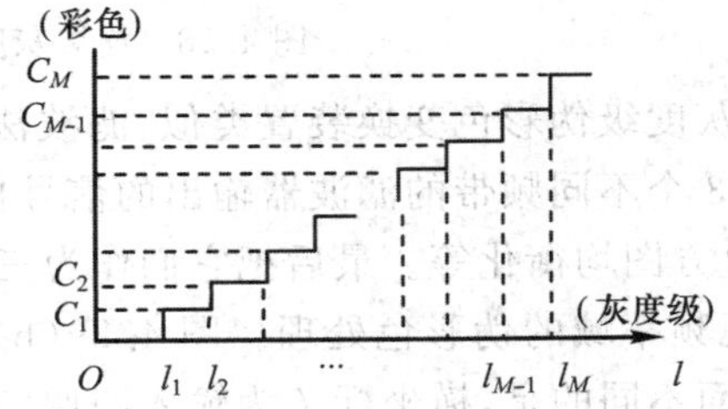


图 4.27　多灰度伪彩色分割示意图

这一类灰度分割的伪彩色处理的方法常常应用在遥感、医学图像处理中，例如计算或者显示灰度图像中某灰度级面积或区域。因为在灰度图像中，人眼很难分辨出相邻处灰度的差异，但如果将不同的灰度表示成不同的颜色，由于彩色空间远大于灰度空间，因而可以将较小的灰度差别转换为较大的彩色差别，再加上人眼对色彩的差异十分敏感，就会很容易将不同的灰度在伪彩色表示中将其区分出来。

**2. 连续灰度级伪彩色变换**

这种伪彩色处理技术（在遥感技术中常称为假彩色合成方法），可以将具有连续灰度图像变为具有多种颜色渐变的连续彩色图像。图 4.28(a)所示的就是一种可以实时进行的灰度图像的连续伪彩色变换和显示的装置。

由图 4.28(a)可见，其变换方法是先将黑白灰度图像同时送入具有不同变换特性的红、绿、蓝 3 个变换器，然后再将 3 个变换器的不同输出分别送到彩色显示器的红、绿、蓝通道。同一灰度由于 3 个变换器对其实施不同变换，使 3 个变换器的输出不同分量，然后在彩色显示器里合成某一种彩色。在这种伪彩色变换中，不同大小灰度级一定可以合成为不同的彩色，取得较好的图像视觉效果。

这种伪彩色变换的红、绿、蓝三个变换器的变换特性如图 4.28(b)所示。横坐标为输入图像 $f(x,y)$ 的灰度范围，纵坐标为变换器的输出值。从图中可以看出，若 $f(x,y)=0$，则 $L_B(x,y)=L$，$L_R(x,y)=L_G(x,y)=0$，只有蓝变换通道有输出，从而显示蓝色；同样，若 $f(x,y)=L/2$，则 $L_G(x,y)=L$，$L_R(x,y)=L_B(x,y)=0$，仅绿通道有输出，显示绿色；若 $f(x,y)=L$，则 $L_R(x,y)=L$，$L_B(x,y)=L_G(x,y)=0$，从而显示红色。因此不难理解，若黑白图像 $f(x,y)$ 灰度级在 $0\sim L$ 之间变化，$I_R$、$I_B$、$I_G$ 会有不同输出，从而合成不同的彩色图像。

**3. 频域滤波伪彩色变换**

频域滤波伪彩色变换是一种在频率域进行伪彩色处理的技术，与上面不同的是输出图像的伪彩色与黑白图像的灰度级无关，而是取决于黑白图像中不同空间频率成分。如为了突出图像中高频成分（图像细节）将其变为红色，只要将红通道滤波器设计成高通特性即可。而且可以结合其他处理办法，如直方图修正等，使其彩色对比度更强。如果要抑制图像中某种频率成分，可以设计一个带阻滤波器，将阻带内所有的频率成分加以抑制。

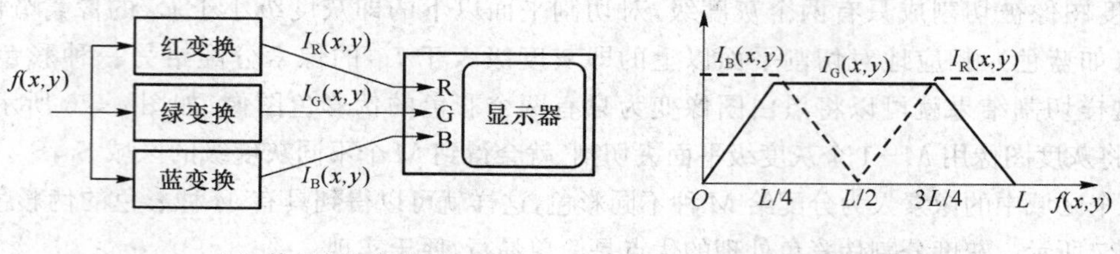


(a) 伪彩色变换装置 (b) 变换器特性

图 4.28 连续灰度级伪彩色变换

和连续灰度级伪彩色变换装置类似,滤波法伪彩色变换装置如图 4.29(a)所示。从图中可以看出从 3 个不同频带的滤波器输出的信号再经过傅里叶逆变换,可以对其做进一步的附加处理,如直方图均衡化等。最后把它们作为三基色分别加到彩色显示器的红、绿、蓝显示通道,从而实现频率域的伪彩色处理。图 4.29(b)为伪彩色变换的红、绿、蓝 3 个变换器的变换特性。和前面不同的是,横坐标 $f$ 为输入图像 $f(x,y)$ 的频谱范围,从低频到高频,而纵坐标为变换器的输出值。

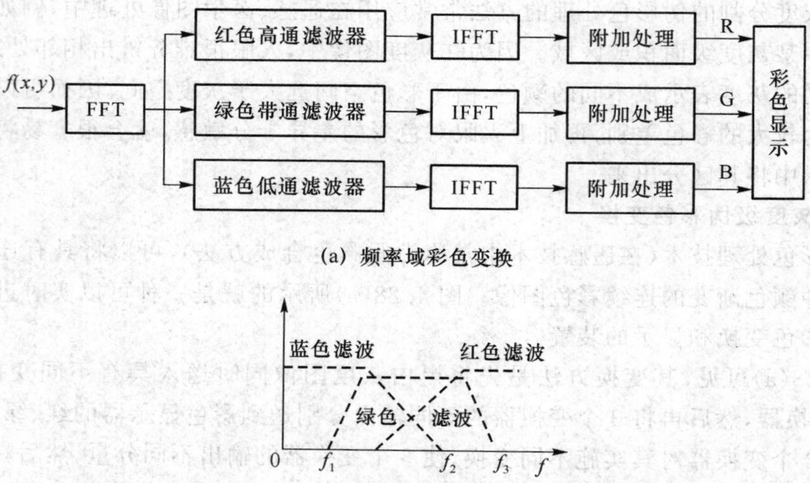


(a) 频率域彩色变换

(b) 滤波器的频域特性

图 4.29 频率域伪彩色增强处理

# 4.6 图像的几何校正

图像在生成过程中,由于成像系统本身具有非线性或者摄像时视角不同,都会使生成的图像产生几何失真。典型的几何失真如图 4.30 所示。对于卫星遥感图像,产生几何失真的因素更多、更复杂,一般可分为系统失真和非系统失真。系统失真是指具有规律性的、能预测的失真。如多光谱扫描镜线速不匀、检测器采样延迟造成的各波段间不配准、同一波段扫描行间的错动以及卫星前进运动造成的扫描歪斜等产生的失真。非系统失真是指由于各种随机因素或者是系统外部因素所造成的失真。如由于卫星飞行姿态变化(侧滚、俯滚、偏航)、飞行高度和速度的变化以及地球自转等引起的失真。

需要在对图像做定量分析时,例如,对于地理制图、土地利用和资源的调查等,就一定要对失真的图像先进行精确的几何校正。在图像处理中，有时也要以一幅图像为基准，去校准另一幅图像的几何形状。

几何校正通常可分两步进行，第一步是图像空间坐标的变换，第二步工作必须重新确定在校正空间中各像素点的灰度值。

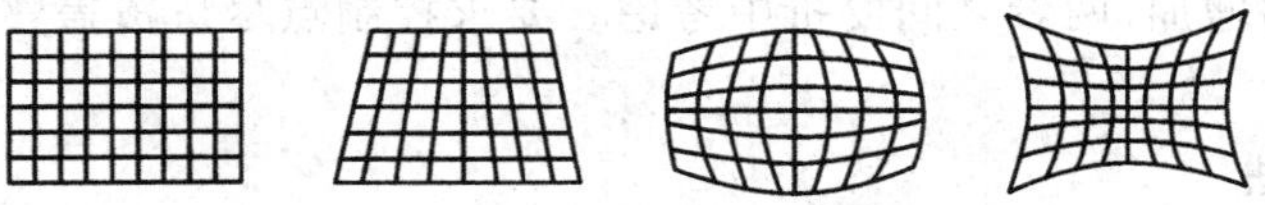


图 4.30　几种典型的几何失真

## 4.6.1　空间几何变换

图像的空间几何坐标变换是指按照一幅标准图像 $g(u,v)$ 或一组基准点去校正另一幅几何失真图像 $f(x,y)$。根据两幅图像中的一些已知对应点对（又称控制点对），建立起函数关系式，将失真图像的坐标系 $(x,y)$ 变换到标准图像坐标系 $(u,v)$，从而实现失真图像按标准图像的几何位置校正，使 $f(x,y)$ 中的每一像素点都可在 $g(u,v)$ 找到对应像点。这里介绍两种常用的实现这类坐标变换的方法。

**1. 三角形线性法**

图像的几何失真一般讲是非线性的，但在一个局部小区域内可近似认为是线性的。基于这一假设，利用标准图像和被校正图像之间的对应点对，将图像划分成一系列对应的小三角形区域，其中的一对三角形如图 4.31 所示。$ABC$ 和 $A'B'C'$ 分别为两个三角形的顶点，也是 3 对控制点，在三角形区内满足以下线性关系：

$$\begin{cases} x = au + bv + c \\ y = du + ev + f \end{cases} \tag{4.65}$$

若 3 对控制点在两个坐标系中的位置分别为 $(x_1, y_1)$、$(x_2, y_2)$、$(x_3, y_3)$ 和 $(u_1, v_1)$、$(u_2, v_2)$、$(u_3, v_3)$，则可建立两组方程组

$$\left.\begin{matrix} \begin{cases} x_1 = au_1 + bv_1 + c \\ x_2 = au_2 + bv_2 + c \\ x_3 = au_3 + bv_3 + c \end{cases} \\ \begin{cases} y_1 = du_1 + ev_1 + f \\ y_2 = du_2 + ev_2 + f \\ y_3 = du_3 + ev_3 + f \end{cases} \end{matrix}\right\} \tag{4.66}$$

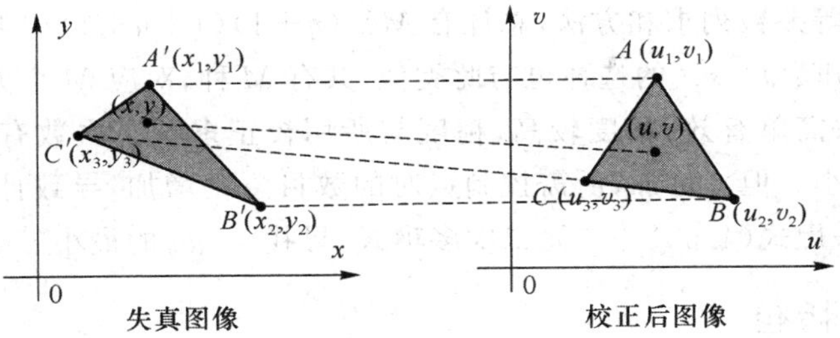


图 4.31　小三角形线性法几何校正

由这两个方程组可求出 $a$、$b$、$c$、$d$、$e$、$f$ 这 6 个系数,再利用式(4.66)可实现三角形区内其他像点的坐标变换。对于不同的三角形,这 6 个系数的值是不相同的。这种算法计算简单,能满足一定的精度要求。由于它是以许多小范围内的线性失真去处理大范围内的非线性失真,所以选择的控制点对越多,分布越均匀,三角形区域的面积越小,则变换的精度越高。当然控制点多又会导致计算量的增加,两者之间要折中考虑。要求控制点尽量覆盖整个待校正区域,控制点位置要找得准确。

**2. 二元多项式法**

这是一种非线性校正方法,它将标准图像的空间坐标$(u,v)$和被校正图像的空间坐标$(x,y)$之间的关系用一个二元 $n$ 次多项式来描述:

$$x=\sum_{i=0}^{n}\sum_{j=0}^{n-i}a_{ij}u^iv^j \text{和 } y=\sum_{i=0}^{n}\sum_{j=0}^{n-i}b_{ij}u^iv^j \tag{4.67}$$

例如,当 $n=2$ 时,即二次多项式

$$\left.\begin{aligned}x&=a_{00}+a_{01}v+a_{02}v^2+a_{10}u+a_{11}uv+a_{20}u^2\\y&=b_{00}+b_{01}v+b_{02}v^2+b_{10}u+b_{11}uv+b_{20}u^2\end{aligned}\right\} \tag{4.68}$$

其中,$a_{ij}$、$b_{ij}$ 为待定常数,它可以采用已知的控制点对,用曲面拟合方法,按最小二乘方准则选取适当的 $a_{ij}$、$b_{ij}$,使得拟合误差平方和 $\varepsilon$ 为最小。以 $a_{ij}$ 为例,即

$$\varepsilon=\min_{a}\sum_{e=1}^{L}\left(x_e-\sum_{i=0}^{n}\sum_{j=0}^{n-i}a_{ij}u_e^iv_e^j\right)^2 \tag{4.69}$$

其中,$L$ 为控制点对的个数,$n$ 为多项式次数。接着对所有的 $a_{ij}$ 求偏导并令其等于 0,即

$$\frac{\partial\varepsilon}{\partial a_{st}}=\sum_{e=1}^{L}2\left(\sum_{i=0}^{n}\sum_{j=0}^{n-i}a_{ij}u_e^iv_e^j-x_e\right)u_e^sv_e^t=0 \tag{4.70}$$

对 $b_{ij}$ 也作同样运算,由此得到

$$\sum_{e=1}^{L}\left(\sum_{i=0}^{n}\sum_{j=0}^{n-i}a_{ij}u_e^iv_e^j\right)u_e^sv_e^t=\sum_{e=1}^{L}x_eu_e^sv_e^t \tag{4.71}$$

$$\sum_{e=1}^{L}\left(\sum_{i=0}^{n}\sum_{j=0}^{n-i}b_{ij}u_e^iv_e^j\right)u_e^sv_e^t=\sum_{e=1}^{L}y_eu_e^sv_e^t \tag{4.72}$$

其中,$s=0,1,\cdots,n;t=0,1,\cdots,n-s,s+t\leqslant n,x_e,y_e,u_e,v_e$为控制点对应的坐标值。

式(4.71)与式(4.72)为两组由 $M$ 个方程式组成的线性方程组,每个方程包含 $M$ 个未知数,分别求解上述两组方程就可求出 $a_{ij}$、$b_{ij}$,将它们代入式(4.66)就可以求出两个坐标系之间的变换关系。

下面以式(4.67)的 $a_{ij}$ 方程为例,说明如何求得 $M$ 的具体数值:对于 $n$ 次多项式而言,$u$、$v$ 合在一起的次数不超过 $n$ 次,其中 1 个 0 次项,2 个 1 次项,3 个 2 次项,……,依此类推,直至 $n+1$个 $n$ 次项,按照等差数列求和方法,总计有 $M=(n+1)(1+n+1)/2$ 项,每一项有一个系数,共 $M$ 个系数(未知数)。$s$、$t$ 的选择也与此类似,共有 $M$ 种,对应 $M$ 个方程。

二元多项式方法简单有效,精度较高,精度与所用校正多项式次数有关。多项式次数愈高,位置拟合误差越小。但 $n$ 增加,所需控制点对的数目急剧增加,导致计算量急剧增加。在实际应用中通常多采用式(4.68)的二元二次多项式,寻找 $a_{ij}$、$b_{ij}$ 的最小二乘方解。

### 4.6.2 像素点插值

图像经几何位置校正后,会出现两种情况。一种情况是校正后图像上的坐标点$(u_0,v_0)$来

自待校正图像的 $A$ 点刚好落在原来图像空间上的网格点 $(x_0, y_0)$ 上，则点 $(u_0, v_0)$ 的灰度值就用 $(x_0, y_0)$ 的灰度值来代替，如图 4.32 中对应线①所示，即 $g(u_0, v_0)=f(x_0, y_0)$。

另一种情况是如图 4.32 中对应线②所指，校正后图像上的 $(u_1, v_1)$ 点，来自待校正图像的 $B$ 点不是刚好落在原来图像空间上的网格点上。怎样决定 $g(u_1, v_1)$ 的值呢？通常采用像素点插值(又称为内插)的方法解决，即由 $B$ 点周围的点的灰度值来决定 $B$ 点的值，也就是 $(u_1, v_1)$ 的值。内插的方法有多种，如最近邻内插、双线性内插、三次样条(Spline)函数内插、Hermite 内插等。一般的图像插值方法将在第 8 章中介绍，这里只简单介绍前两种最常用的方法。

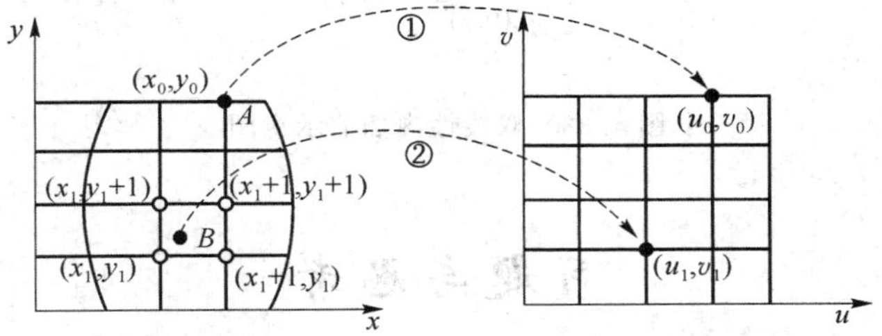


(a) 待校正图像 $f(x,y)$　　(b) 校正后图像 $g(u,v)$

图 4.32　灰度插值示意图

**1. 最近邻内插**

找出 $B$ 点周围 4 个数字化网格点中最接近 $B$ 的那一点 $(x_1, y_1)$，则由 $(x_1, y_1)$ 点的灰度值来表示 $B$ 点的值，即

$$g(u_1, v_1)=f(x_1, y_1) \tag{4.73}$$

**2. 双线性内插**

用 $B$ 点周围四个相邻的网格点灰度值加权内插作为 $B$ 点的灰度值，也就是 $g(u_1, v_1)$ 的值。如图 4.32 所示，这 4 个点为 $(x_1, y_1)$，$(x_1+1, y_1)$，$(x_1, y_1+1)$，$(x_1+1, y_1+1)$。为简单起见，设 $(x_1, y_1)=(0,0)$，则 $(x_1+1, y_1)=(1,0)$，$(x_1, y_1+1)=(0,1)$，$(x_1+1, y_1+1)=(1,1)$。$B$ 点和 $(0,0)$ 点在 $x$ 方向的距离为 $x$，在 $y$ 方向的距离为 $y$，显然 $B$ 点的值为 $f(x,y)$。

在 $x$ 方向作一次线性内插后得

$$f(x,0)=f(0,0)+x[f(1,0)-f(0,0)],\qquad f(x,1)=f(0,1)+x[f(1,1)-f(0,1)] \tag{4.74}$$

再在 $y$ 方向作第二次线性内插线，得到 $B$ 点的值，即

$$f(x,y)=f(x,0)+y[f(x,1)-f(x,0)] \tag{4.75}$$

合并化简后得

$$\begin{aligned} f(x,y)=&[f(1,0)-f(0,0)]x+[f(0,1)-f(0,0)]y+\\ &[f(1,1)+f(0,0)-f(0,1)-f(1,0)]xy+f(0,0)\\ =&ax+by+cxy+d \end{aligned} \tag{4.76}$$

其中，$a$、$b$、$c$、$d$ 为常数，可见双线性内插实际上是用 4 个已知点的双曲抛物面来拟合的。双线性内插的示意图如图 4.33 所示。

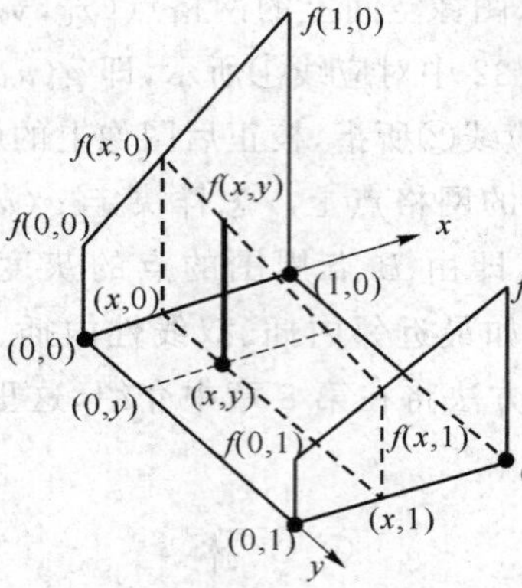


图 4.33　双线性内插的示意图

## 习题与思考

4.1　对用于图像噪声消除而言,中值滤波器和一般的低通滤波器相比较有哪些优越性?它比较适合消除哪类噪声?它是线性滤波器还是非线性滤波器?

4.2　某图像的直方图在高亮度和低亮度的部分比较集中,采用如题图 4.1 所示的直方图变换曲线可以将此图像的灰度均衡化吗?

4.3　试述图像中高斯白噪声、脉冲噪声的幅度分布和频谱分布的特性。

4.4　用 Matlab 工具编程实现如题图 4.2 所示的拉普拉斯算子模板对图像的边缘检测。

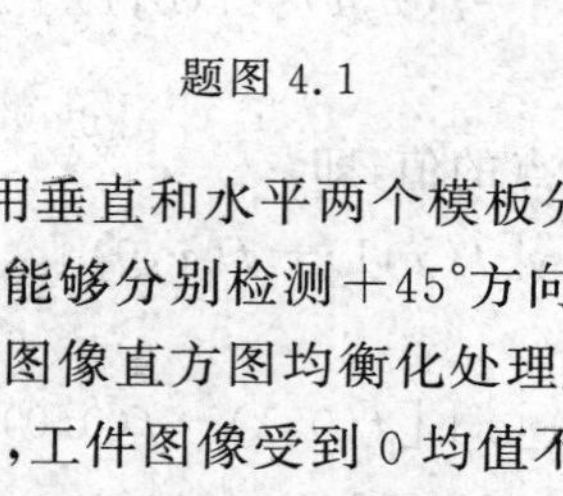

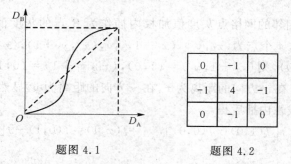

题图 4.1

| | | |
|---|---|---|
| 0 | −1 | 0 |
| −1 | 4 | −1 |
| 0 | −1 | 0 |

题图 4.2

4.5　Sobel 算子采用垂直和水平两个模板分别检测图像中的垂直和水平方向的边缘,请按照这一思路,设计两个能够分别检测 $+45°$ 方向和 $-45°$ 方向边缘的 $3\times3$ 检测模板。

4.6　试说明在数字图像直方图均衡化处理后,往往得不到真正均匀灰度分布的原因。

4.7　在工业检测中,工件图像受到 0 均值不相关噪声的影响。如果图像采集装置每秒可采集 25 幅图像,要采用多幅图像平均方法将噪声的方差减少到 1/10,试计算工件至少需要保持多长时间固定在采集装置前?

4.8　已知一幅图像如题图 4.3 所示,试绘制如下图像:

(1) 经 3×3 平均低通滤波后的图像;

(2) 经 3×3 中值滤波后的图像。

(图像外围的像素值皆为 1,滤波后的像素值经四舍五入为整数)

| | | | | | |
|---|---|---|---|---|---|
| 1 | 1 | 1 | 1 | 1 | 1 |
| 1 | 1 | 1 | 1 | 9 | 1 |
| 1 | 7 | 7 | 7 | 1 | 1 |
| 1 | 7 | 7 | 7 | 1 | 1 |
| 1 | 7 | 7 | 7 | 1 | 1 |
| 1 | 1 | 1 | 1 | 1 | 1 |

题图 4.3

4.9 设计一种图像伪彩色处理的方案,仅采用一架黑白摄像机就能够检测出形状相同但颜色不同的几种物品。

4.10 如题图 4.4 所示,图像中相邻 4 个点的灰度值分别为

$f(221,396)=18$, $f(221,397)=45$, $f(222,396)=52$, $f(222,397)=36$

求插值点 $f(221.3,396.7)$。

(1) 用最邻近插值法求解;(2) 用双线性插值法求解。

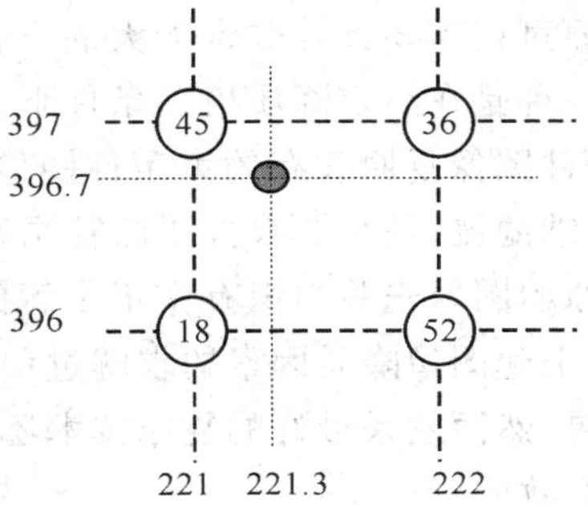


题图 4.4

# 第5章　图像复原

图像复原(Image Restoration),也称图像恢复,是图像处理的一个重要方面。其目的就是尽可能地减少或去除在获取数字图像过程中发生的图像质量的下降(退化),恢复被降质图像的本来面目。因此,为了达到图像复原的目的,需要弄清降质的原因,分析引起降质的因素,建立相应的数学模型,并沿着使图像降质的逆过程恢复图像。与图像增强相似,图像复原的目的也是改善图像质量。不同的是图像复原是试图利用降质过程的先验知识使已降质的图像恢复本来面目,从图像质量评价的角度来看,是提高图像的逼真度。

在实际应用中,图像在成像过程的每一个环节都有可能引起降质。最为典型的图像降质表现为光学系统的像差、光学成像系统的衍射、成像系统的非线性畸变、感光器件的非线性、成像过程的相对运动、大气的湍流效应、环境随机噪声等。由于引起降质的因素众多而且性质不同,因此,图像复原的方法、技术也各不相同。即使针对同样的降质原因,也存在不同的复原方法。

对于图像复原,常见的有两种分类方法。一种是根据处理对象所在的域进行划分,分为空间域和频率域图像复原。如空间域上的最小二乘方复原方法,频率域上的逆滤波、维纳滤波等复原方法。由于空间域上的复原过程需要计算非常庞大的方程组,通常借助计算相对简单的频域处理方法来进行复原。另一种是在给定降质模型条件下,根据复原过程中是否增加约束条件来进行分类,分为无约束条件图像复原和有约束条件图像复原。如无约束条件的逆滤波图像复原方法,有约束条件的维纳滤波、最小二乘方图像复原等方法。

图像复原实际上就是在对原始图像先验知识有一定了解的条件下,建立图像降质的数学模型,进而寻求一种去除或削弱引起图像降质因素的求解过程。在许多情况下,不同的图像复原技术往往给出不同的复原效果,然而效果最好的复原技术还是取决于问题本身,针对具体实际应用的复原方法往往是最为有效的。

本章在介绍图像降质模型和矩阵表示的基础上,讨论几种在实际应用中比较经典的图像复原技术,如无约束和有约束复原等,最后还简略介绍了最大后验概率复原和最大熵复原等非线性图像复原方法。

## 5.1　图像的降质模型

图像复原处理的关键问题在于建立降质模型。输入图像 $f(x,y)$ 经过某个降质系统后的输出是一幅降质的图像,为了讨论方便,把引起图像降质的噪声作为加性噪声来考虑,这一点通常也与许多实际应用情况相一致。如图像数字化时的量化噪声、采集时引入的随机噪声等就可以作为加性噪声,即使不是加性噪声而是乘性噪声,也可以用对数方式转化为相加形式。另外,不管是成像过程还是变换过程所引起的降质在本质上都是经过了一个降质系统之后的输出。通常如果单独考虑噪声引起的降质时,图 5.1 所示的框图就可以作为它的图像降质和复原的模型。

图像 $f(x,y)$ 经过降质系统 $h(x,y)$ 之后的输出,并叠加上噪声 $n(x,y)$ 构成了降质的图像

$g(x,y)$。降质的图像与复原滤波器 $\omega(x,y)$ 卷积得到复原的图像 $\hat{f}(x,y)$ 图像。

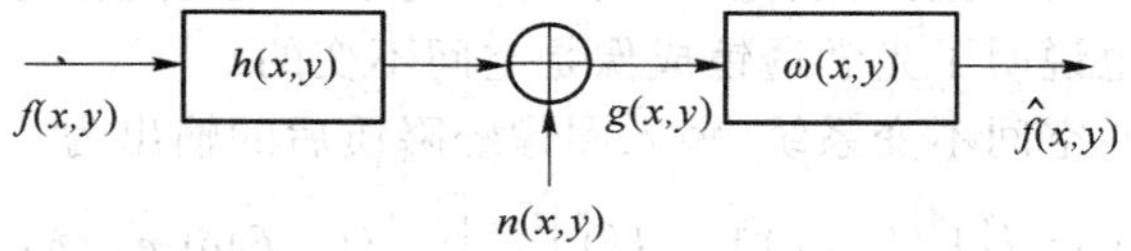


图 5.1　图像的降质及复原模型

在这里 $n(x,y)$ 是一种基于统计性质描述的噪声信号。在实际应用中,往往假设噪声是白噪声(White Noise),即它的频谱密度为常数,并且与图像不相关。这种假设是一种理想情况,因为白噪声的概念是一个数学上的抽象,但只要在噪声带宽比图像带宽大得多的情况下,此假设仍是一个切实可行和方便的模型。

根据图像的降质模型及复原的基本过程可知,复原处理的关键在于对降质系统 $h(x,y)$ 的了解。就一般而言,系统是某些元件或部件以某种方式构成的整体。系统的类型很多,如线性系统和非线性系统,时变系统和非时变系统,集中参数系统和分布参数系统,连续系统和离散系统等。

在图像复原处理中,尽管非线性、时变和空间变化的系统模型更具有普遍性和准确性,更与复杂的降质环境相接近,但它却给实际处理工作带来巨大的困难,常常找不到解或者很难用计算机来处理,使得复原处理变得没有意义。因此,在图像复原处理中,往往用线性系统和空间不变系统模型来加以近似。这种近似的优点使得线性系统中的许多理论和方法可直接用于解决图像复原问题,同时不失其可用性。下面推导在线性和位移不变系统下图像降质的一般表达式。

### 5.1.1　连续图像的降质模型

一幅连续的输入图像 $f(x,y)$ 可以看作是由一系列点源组成的。因此,$f(x,y)$ 可以通过点源函数的卷积来表示。即

$$f(x,y)=\int_{-\infty}^{+\infty}\int_{-\infty}^{+\infty}f(\alpha,\beta)\delta(x-\alpha,y-\beta)\mathrm{d}\alpha\mathrm{d}\beta \tag{5.1}$$

其中,$\delta$ 函数为点源函数(冲激函数),表明空间上的点脉冲。实际上式(5.1)也可以用数学上 $\delta$ 函数的性质得出。

在不考虑噪声的一般情况下,连续图像经过降质系统 $H[\cdot]$ 后的输出为

$$g(x,y)=H[f(x,y)] \tag{5.2}$$

把式(5.1)代入到式(5.2),输出函数为

$$g(x,y)=H[f(x,y)]=H\left[\int_{-\infty}^{+\infty}\int_{-\infty}^{+\infty}f(\alpha,\beta)\delta(x-\alpha,y-\beta)\mathrm{d}\alpha\mathrm{d}\beta\right] \tag{5.3}$$

对于非线性和空间变化系统,要从上式求出 $f(x,y)$ 是非常困难的。为了使求解具有实际意义,现在只考虑线性和位移不变系统的图像降质。

对于线性系统,显然有

$$H[k_1f_1(x,y)+k_2f_2(x,y)]=k_1H[f_1(x,y)]+k_2H[f_2(x,y)]=k_1g_1(x,y)+k_2g_2(x,y) \tag{5.4}$$

其中,$g_1(x,y)$、$g_2(x,y)$ 分别是输入图像信号 $f_1(x,y)$、$f_2(x,y)$ 通过系统之后的输出。

对于位移不变系统,则有

$$H[\delta(x-\alpha,y-\beta)]=h(x-\alpha,y-\beta) \tag{5.5}$$

也就是说,对于经过空间不变系统(或者称为位置不变系统)之后的响应只取决于在该点的输入值,而与该点的空间位置无关。实际上,许多光学系统的成像过程确实是空间不变的系统(透镜的成像作图法也说明了光学透镜成像是空间不变的)。

由此可见,对于线性空间不变系统,输入图像经降质后的输出为

$$\begin{aligned} g(x,y) &= H[f(x,y)] = H\left[\int_{-\infty}^{+\infty}\int_{-\infty}^{+\infty} f(\alpha,\beta)\delta(x-\alpha,y-\beta)\mathrm{d}\alpha\mathrm{d}\beta\right] \\ &= \int_{-\infty}^{+\infty}\int_{-\infty}^{+\infty} f(\alpha,\beta)H[\delta(x-\alpha,y-\beta)]\mathrm{d}\alpha\mathrm{d}\beta \\ &= \int_{-\infty}^{+\infty}\int_{-\infty}^{+\infty} f(\alpha,\beta)h(x-\alpha,y-\beta)\mathrm{d}\alpha\mathrm{d}\beta \end{aligned} \tag{5.6}$$

其中,$h(x-\alpha,y-\beta)$称为该降质系统的点扩展函数,或叫作系统的冲激响应函数。它表示系统对位于坐标$(\alpha,\beta)$处的冲激函数$\delta(x-\alpha,y-\beta)$的响应。式(5.6)表明,只要系统对冲激函数的响应为已知,就可以非常清楚地知道降质图像是如何形成的。因为对于任一输入$f(\alpha,\beta)$的响应,都可以用上式计算出来。当冲激相应函数已知时,从$f(x,y)$得到$g(x,y)$非常容易,但是从$g(x,y)$恢复得到$f(x,y)$却仍然是件不容易的事,这也正是图像复原困难的原因之一。

在线性和空间条件不变情况下,降质系统的输出就是输入图像信号与该系统冲激响应的卷积,即

$$g(x,y) = \int_{-\infty}^{+\infty}\int_{-\infty}^{+\infty} f(\alpha,\beta)h(x-\alpha,y-\beta)\mathrm{d}\alpha\mathrm{d}\beta = f(x,y) * h(x,y) \tag{5.7}$$

图像退化除了成像系统本身的因素之外,还要受到噪声的干扰,假定噪声$n(x,y)$是加性白噪声,这时上式可写成:

$$\begin{aligned} g(x,y) &= \int_{-\infty}^{+\infty}\int_{-\infty}^{+\infty} f(\alpha,\beta)h(x-\alpha,y-\beta)\mathrm{d}\alpha\mathrm{d}\beta + n(x,y) \\ &= f(x,y) * h(x,y) + n(x,y) \end{aligned} \tag{5.8}$$

在频率域,和式(5.8)对应的表达式为

$$G(u,v) = F(u,v)H(u,v) + N(u,v) \tag{5.9}$$

式(5.9)中,$G(u,v)$、$F(u,v)$、$N(u,v)$分别是降质图像$g(x,y)$、原图像$f(x,y)$、噪声信号$n(x,y)$的傅里叶变换(这里近似将随机噪声看作普通信号),$H(u,v)$是系统的点冲激相应函数$h(x,y)$的傅里叶变换,称为系统在频率域的传递函数。

式(5.8)或式(5.9)就是连续函数的降质模型。由此可见,图像复原实际上就是已知$g(x,y)$从式(5.8)求$f(x,y)$的问题,或者已知$G(u,v)$从式(5.9)求$F(u,v)$的问题,这两者表述是等价的。可见,进行图像复原的关键问题是寻求降质系统在空间域上冲激响应函数$h(x,y)$,或者降质系统在频率域上的传递函数$H(u,v)$。一般来说,传递函数比较容易求得。因此,在进行图像复原之前,应设法求得完全的或近似的降质系统传递函数,要想得到$h(x,y)$,只需对$H(u,v)$求傅里叶逆变换即可。如果不附加任何约束条件时,即使得到$h(x,y)$,求解$f(x,y)$也往往存在不唯一性。例如,当某个函数$m(x,y)$与$h(x-\alpha,y-\beta)$正交时,$f(x,y)+km(x,y)$均满足式(5.8),此时只能从许多解中找到满足特定条件的合理解。

## 5.1.2 几个典型的降质模型

**1. 孔径衍射造成的图像降质**

为了说明场景的成像原理,将实际的成像系统简化为如图 5.2 所示的只由一个简单的透镜组成的系统,位于物平面原点上的点光源(可看成二维冲激函数)在像平面上的原点处生成一个光斑图像,这个光斑图像(成像系统的冲激响应)恰好就是成像系统的点扩展函

数(Point Spread Function,PSF)。

此时从点光源 $S$ 发出发散的球面波的一部分进入透镜,透镜的高折射率使光波速度减慢。由于靠近光轴部分的透镜比边缘厚,所以轴上的光线比周围的光线减慢得多。在理想情形下,这种厚度上的差别恰好可以将这一发散的球面波变成另一个会聚在像点 $O$ 处的球面波,形成一个单点图像。在物平面上场景可以看成是众多点光源的集合,所有的光通过透镜后在像平面上形成对应的光斑的集合,即场景图像。

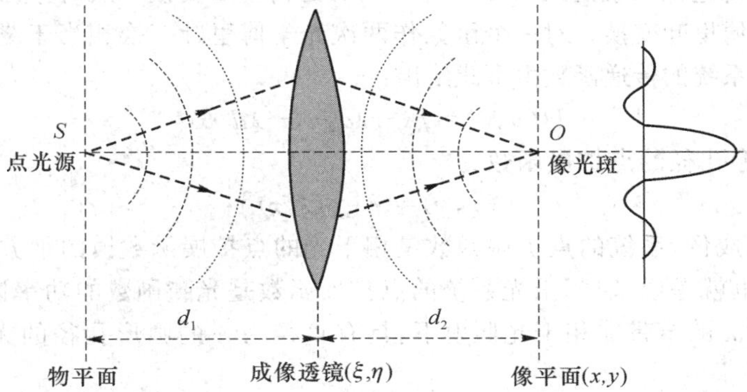


图 5.2　简单的透镜成像系统

然而,在许多实际的光学成像系统中,由于透镜的有限大小以及厚度非均匀性等因素影响,上述的透镜成像系统等效为一个孔径(Aperture)成像系统。所谓孔径,实际上相当于取代透镜的一张不透光的平面,在光轴中心开有透光的小圆孔,孔中的透光率服从某种分布。孔径的衍射效应影响了光学成像系统的成像,对如图 5.3(a)所示的一个点光源发出的球面发散入射光波的响应不再是一个球面会聚的出射光波的单点图像,而是一个扩展的模糊环状图像,如图 5.3(b)所示,这样形成的模糊像光斑也是系统的点扩展函数。

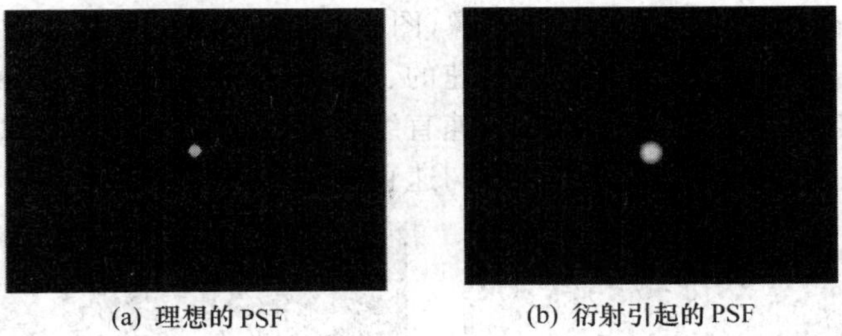

(a) 理想的PSF　　(b) 衍射引起的PSF

图 5.3　孔径衍射造成的模糊

由此可见,孔径的衍射效应是造成图像模糊的主要原因。透镜的作用等效于一个孔径,孔径所在平面上透光率的空间分布被称为光瞳函数(Pupil Function),光瞳平面的坐标表示采用$(\xi,\eta)$,对于一个圆心位于$(\xi_0,\eta_0)$处且直径为 $a$ 的圆形孔径,其光瞳函数为

$$p(\xi,\eta)=\begin{cases}1, & \sqrt{(\xi-\xi_0)^2+(\eta-\eta_0)^2}\leqslant a\\0, & \sqrt{(\xi-\xi_0)^2+(\eta-\eta_0)^2}>a\end{cases} \tag{5.10}$$

根据光学成像的惠更斯-菲涅尔(Huygens-Fresnel)原理,对于相干光成像系统,除了有复系数不同之外,点扩展函数在幅值上就是光瞳函数的二维傅里叶变换(推导略):

$$h(x,y)=c\int_{-\infty}^{\infty}\int_{-\infty}^{\infty}p(\xi,\eta)\exp\left[-\frac{\mathrm{j}2\pi}{\lambda d_2}(x\xi+y\eta)\right]\mathrm{d}\xi\mathrm{d}\eta \tag{5.11}$$

其中,$c$ 是一个与 $d_1$ 和 $d_2$ 有关的只影响相位的常数,$x,y$ 是在成像平面的坐标,$d_2$ 是透镜或

孔径离开成像平面的距离，$\lambda$ 是光波波长。如进行变量替换，令

$$\xi'=\frac{\xi}{\lambda d_2},\qquad \eta'=\frac{\eta}{\lambda d_2}$$

则式(5.11)可以写成更加明白的傅里叶表示式：

$$h(x,y)=c'\int_{-\infty}^{\infty}\int_{-\infty}^{\infty}p(\lambda d_2\xi',\lambda d_2\eta')\exp[-(x\xi'+y\eta')]\mathrm{d}\xi'\mathrm{d}\eta' \tag{5.12}$$

该降质系统的传递函数就是式(5.12)中 $h(x,y)$ 的傅里叶变换。然而，点扩展函数 $h(x,y)$ 本身又是光瞳函数的傅里叶变换。对一个函数作两次光学傅里叶变换相当于绕原点作反转，所以相干光的光学成像系统的传递函数由下式给出：

$$H(u,v)=p(-\lambda d_2 u,-\lambda d_2 v) \tag{5.13}$$

显然，对于圆形孔径的点扩展函数为

$$h(x,y)=\mathscr{F}[p(\xi,\eta)] \tag{5.14}$$

对于非相干光成像，系统的点扩展函数是相干光的点扩展函数模的平方，即光瞳函数的傅里叶变换的平方，也就是说，非相干光系统的点扩展函数是光瞳函数的功率谱。

在中心波长为 $\lambda$ 的窄带非相干光照射下，具有直径为 $a$ 的圆形孔径的无像差透镜的点扩展函数为

$$h(r)=\left[\frac{2\mathrm{J}_1(\pi r/r_0)}{\pi r/r_0}\right]^2 \tag{5.15}$$

其中，$\mathrm{J}_1(\cdot)$ 是第一类的一阶贝塞尔(Bessel)函数，$r_0=\lambda d_2/a$，$r=\sqrt{x^2+y^2}$。

非相干光系统光学传递函数为光瞳函数的自相关函数，即

$$H(u,v)=\int_{-\infty}^{\infty}\int_{-\infty}^{\infty}p(\xi,\eta)p(\xi-\lambda d_2 u,\eta-\lambda d_2 v)\mathrm{d}\xi\mathrm{d}\eta \tag{5.16}$$

**2. 相对运动造成的图像降质**

在获取图像时，由于景物和摄像机或照相机之间的相对运动，往往会造成图像的模糊。图 5.4即为一例，图(a)是静止拍摄的清晰图像，图(b)是拍摄时摄像机相对场景有大约 15 个像素的相对运动形成的模糊图像。对于由变速的、非直线运动所造成的模糊图像的恢复问题比较复杂，为了简单起见，下面主要分析由匀速直线运动所造成的模糊图像的恢复问题，而非匀速直线运动在某些条件下可以看成是多段匀速直线运动的合成结果。

(a) 原图像　　(b) 运动模糊图像

图 5.4　目标相对运动造成的图像模糊

(1) 运动模糊的系统传递函数

假设相机的曝光介质所产生的图像降质除受相对运动影响之外，不考虑其他因素的变化。设物体 $f(x,y)$ 在一平面运动，令 $x(t)$ 和 $y(t)$ 分别是物体在 $x$ 和 $y$ 方向上的分量，$t$ 表示运动的时间。记录介质的总曝光量是在快门打开到关闭这段时间内的积分，而快门开启和关闭瞬

间可以认为非常短。设 $T$ 为曝光时间，则曝光成像后的模糊图像 $g(x,y)$ 为

$$g(x,y)=\int_0^T f[x-x_0(t),y-y_0(t)]\mathrm{d}t \tag{5.17}$$

下面主要寻找这种因匀速直线运动所造成图像模糊的系统传递函数 $H(u,v)$。对式(5.17)两边进行傅里叶变换，得

$$\begin{aligned}G(u,v)&=\int_{-\infty}^{\infty}\int_{-\infty}^{\infty}g(x,y)\exp[-\mathrm{j}2\pi(ux+vy)]\mathrm{d}x\mathrm{d}y\\&=\int_{-\infty}^{\infty}\int_{-\infty}^{\infty}\left\{\int_0^T f[x-x_0(t),y-y_0(t)]\mathrm{d}t\right\}\cdot\exp[-\mathrm{j}2\pi(ux+vy)]\mathrm{d}x\mathrm{d}y\end{aligned} \tag{5.18}$$

式(5.18)变换积分次序，则有

$$G(u,v)=\int_0^T\left\{\int_{-\infty}^{\infty}\int_{-\infty}^{\infty}f[x-x_0(t),y-y_0(t)]\exp[-\mathrm{j}2\pi(ux+vy)]\mathrm{d}x\mathrm{d}y\right\}\mathrm{d}t \tag{5.19}$$

由傅里叶变换的位移性质可知

$$\begin{aligned}G(u,v)&=\int_0^T F(u,v)\exp\{-\mathrm{j}2\pi[ux_0(t)+vy_0(t)]\}\mathrm{d}t\\&=F(u,v)\int_0^T\exp\{-\mathrm{j}2\pi[ux_0(t)+vy_0(t)]\}\mathrm{d}t\end{aligned} \tag{5.20}$$

其中，$F(u,v)$ 是 $f(x,y)$ 的傅里叶变换，令

$$H(u,v)=\int_0^T\exp\{-\mathrm{j}2\pi[ux_0(t)+vy_0(t)]\}\mathrm{d}t \tag{5.21}$$

则式(5.20)可以写成

$$G(u,v)=F(u,v)H(u,v) \tag{5.22}$$

这是已知的降质模型的表达式。式(5.21)就是由匀速直线运动所造成图像模糊系统的传递函数。如 $x(t)$ 和 $y(t)$ 的性质已知，就可以从式(5.21)得到降质系统的传递函数，进行反傅里叶变换就可以恢复出 $f(x,y)$。

(2) 只有 $x$ 方向运动

如果只有 $x$ 方向的匀速运动，由式(5.17)图像模糊后任意点 $(x,y)$ 的值可以简化为

$$g(x,y)=\int_0^T f[x-x_0(t),y]\mathrm{d}t \tag{5.23}$$

如果在 $T$ 时间里物体运动的总位移量为 $a$，则在任意 $t$ 时间里物体在 $x$ 方向上的分量为 $x_0(t)=at/T$。由于只考虑 $x$ 方向的运动，即 $y(t)=0$。于是，式(5.21)变为

$$\begin{aligned}H(u,v)&=\int_0^T\exp[-\mathrm{j}2\pi ux_0(t)]\mathrm{d}t=\int_0^T\exp\left(-\mathrm{j}2\pi u\frac{at}{T}\right)\mathrm{d}t\\&=\frac{\mathrm{j}T}{2\pi ua}(\mathrm{e}^{-\mathrm{j}2\pi ua}-1)=\frac{T\sin(\pi ua)}{\pi ua}\exp(-\mathrm{j}\pi ua)\end{aligned} \tag{5.24}$$

与此对应，沿 $x$ 方向运动引起模糊的系统点扩展函数可以矩形门函数表示为

$$h(x,y)=\frac{T}{a}\mathrm{rect}\left(\frac{x}{a}-\frac{1}{2}\right)\delta(y) \tag{5.25}$$

由式(5.24)可知，当 $u=n/a$($n$ 为整数)时，$H(u,v)=0$，在这些点上无法直接进行反傅里叶变换恢复原图像，因此在去运动模糊处理时必须予以注意。

**3. 大气湍流造成的图像降质**

在航空图像、卫星图像、天文图像中，由于受大气湍流的影响，使图像产生退化。要全面地考虑每时每刻对退化的影响，是一个相当复杂的问题。在此只给出在长时间作用的情况下，大

气湍流引起图像降质的系统传递函数近似为

$$H(u,v)=\exp[-C(u^2+v^2)^{5/6}] \tag{5.26}$$

其中,$C$ 为与湍流性质有关的常数。

### 5.1.3 离散图像的降质模型

为了方便计算机对降质图像进行恢复,必须考虑对式(5.7)所示的图像降质模型中的降质图像 $g(x,y)$、降质系统的点扩展函数 $h(x,y)$、要恢复的输入图像 $f(x,y)$ 进行均匀采样离散化,并引申出离散的图像降质模型。为了研究方便,先考虑一维情况,然后再推广到二维离散图像的降质模型。

**1. 一维离散情况的降质模型**

为使讨论简化,暂不考虑噪声存在。设 $f(x)$ 为具有 $A$ 个采样值的离散输入函数,$h(x)$ 为具有 $B$ 个采样值的降质系统的冲激响应,则经降质系统后的离散输出函数 $g(x)$ 为输入 $f(x)$ 和冲激响应 $h(x)$ 的卷积,即

$$g(x)=f(x)*h(x) \tag{5.27}$$

为了避免上述卷积所产生的各个周期重叠(设每个采样函数的周期为 $M$),分别对 $f(x)$ 和 $h(x)$ 用添零延伸的方法扩展成周期为 $M=A+B-1$ 的周期函数,即

$$f_e(x)=\begin{cases}f(x), & 0\leqslant x\leqslant A-1\\ 0, & A\leqslant x\leqslant M-1\end{cases}$$

$$h_e(x)=\begin{cases}h(x), & 0\leqslant x\leqslant B-1\\ 0, & B\leqslant x\leqslant M-1\end{cases} \tag{5.28}$$

此时输出:

$$g_e(x)=f_e(x)*h_e(x)=\sum_{m=0}^{M-1}f_e(m)h_e(x-m) \tag{5.29}$$

其中,$x=0,1,2,\cdots,M-1$。

因为 $f_e(x)$ 和 $h_e(x)$ 已扩展成周期函数,故 $g_e(x)$ 也是周期性函数,式(5.27)的卷积运算可用矩阵表示为

$$\begin{bmatrix}g_e(0)\\ g_e(1)\\ g_e(2)\\ \vdots\\ g_e(M-1)\end{bmatrix}=\begin{bmatrix}h_e(0) & h_e(-1) & \cdots & h_e(-M+1)\\ h_e(1) & h_e(0) & \cdots & h_e(-M+2)\\ h_e(2) & h_e(1) & \cdots & h_e(-M+3)\\ \vdots & \vdots & & \vdots\\ h_e(M-1) & h_e(M-2) & \cdots & h_e(0)\end{bmatrix}\cdot\begin{bmatrix}f_e(0)\\ f_e(1)\\ f_e(2)\\ \vdots\\ f_e(M-1)\end{bmatrix} \tag{5.30}$$

因为 $h_e(x)$ 的周期为 $M$,所以 $h_e(x)=h_e(x+M)$,即 $h_e(-1)=h_e(M-1)$,$h_e(-2)=h_e(M-2)$,$\cdots$,$h_e(-M+1)=h_e(1)$。将它们代入到式(5.30)后,$M\times M$ 阶矩阵 $\boldsymbol{H}$ 可写为

$$\boldsymbol{H}=\begin{bmatrix}h_e(0) & h_e(M-1) & \cdots & h_e(1)\\ h_e(1) & h_e(0) & \cdots & h_e(2)\\ h_e(2) & h_e(1) & \cdots & h_e(3)\\ \vdots & \vdots & & \vdots\\ h_e(M-1) & h_e(M-2) & \cdots & h_e(0)\end{bmatrix} \tag{5.31}$$

这样,式(5.30)可写成更简洁的形式:

$$\boldsymbol{g}=\boldsymbol{H}\boldsymbol{f} \tag{5.32}$$

其中,$\boldsymbol{g}$、$\boldsymbol{f}$ 都是 $M$ 维列向量,$\boldsymbol{H}$ 是 $M\times M$ 阶矩阵,矩阵中的每一行元素均相同,只是每行以循

环方式右移一位，因此矩阵 $\boldsymbol{H}$ 是循环矩阵。可以证明，循环矩阵相加的结果是循环矩阵，循环矩阵相乘的结果还是循环矩阵。

**2. 二维离散模型**

上述讨论的一维降质模型不难推广到二维情况。设输入的数字图像 $f(x,y)$ 大小为 $A\times B$，点扩展函数 $h(x,y)$ 被均匀采样为 $C\times D$ 大小。为避免交叠误差，仍用添零扩展的方法，将它们扩展成 $M=A+C-1$ 和 $N=B+D-1$ 个元素的周期函数。

$$f_e(x,y)=\begin{cases}f(x,y), & 0\leqslant x\leqslant A-1,0\leqslant y\leqslant B-1\\ 0, & \text{其他}\end{cases}$$

$$h_e(x,y)=\begin{cases}h(x,y), & 0\leqslant x\leqslant C-1,0\leqslant y\leqslant D-1\\ 0, & \text{其他}\end{cases} \tag{5.33}$$

则输出的降质数字图像为

$$g_e(x,y)=\sum_{m=0}^{M-1}\sum_{n=0}^{N-1}f_e(m,n)h_e(x-m,y-n)=f_e(x,y)*h_e(x,y) \tag{5.34}$$

其中，$x=0,1,2,\cdots,M-1$；$y=0,1,2,\cdots,N-1$。式(5.34)的二维离散降质模型同样可以采用矩阵表示形式，即

$$\boldsymbol{g}=\boldsymbol{H}\boldsymbol{f} \tag{5.35}$$

其中，$\boldsymbol{g}$、$\boldsymbol{f}$ 是 $MN\times1$ 维列向量，$\boldsymbol{H}$ 是 $MN\times MN$ 维矩阵。其方法是将 $g(x,y)$ 和 $f(x,y)$ 中的元素排成的列向量。

$$\boldsymbol{f}=[\underbrace{f_e(0,0),f_e(0,1),\cdots,f_e(0,N-1)}_{\text{第1行元素}},\underbrace{f_e(1,0),f_e(1,1),\cdots,f_e(1,N-1)}_{\text{第2行元素}},\cdots,$$
$$\underbrace{f_e(M-1,0),\cdots,f_e(M-1,N-1)}_{\text{第}M\text{行元素}}]^{\mathrm{T}}$$

$$\boldsymbol{g}=[\underbrace{g_e(0,0),g_e(0,1),\cdots,g_e(0,N-1)}_{\text{第1行元素}},\underbrace{g_e(1,0),g_e(1,1),\cdots,g_e(1,N-1)}_{\text{第2行元素}},\cdots,$$
$$\underbrace{g_e(M-1,0),\cdots,g_e(M-1,N-1)}_{\text{第}M\text{行元素}}]^{\mathrm{T}} \tag{5.36}$$

$\boldsymbol{H}$ 矩阵是由 $M\times M$ 个大小为 $N\times N$ 的子矩阵组成，即

$$\boldsymbol{H}=\begin{bmatrix}\boldsymbol{H}_0 & \boldsymbol{H}_{M-1} & \boldsymbol{H}_{M-2} & \cdots & \boldsymbol{H}_1\\ \boldsymbol{H}_1 & \boldsymbol{H}_0 & \boldsymbol{H}_{M-1} & \cdots & \boldsymbol{H}_2\\ \vdots & \vdots & \vdots & & \vdots\\ \boldsymbol{H}_{M-1} & \boldsymbol{H}_{M-2} & \boldsymbol{H}_{M-3} & \cdots & \boldsymbol{H}_0\end{bmatrix} \tag{5.37}$$

其中，$\boldsymbol{H}_j$ 为 $N\times N$ 子矩阵，$j=0,1,\cdots,M-1$，是由延拓函数 $h_e(x,y)$ 的第 $j$ 行循环右移构成，即

$$\boldsymbol{H}_j=\begin{bmatrix}h_e(j,0) & h_e(j,N-1) & h_e(j,N-2) & \cdots & h_e(j,1)\\ h_e(j,1) & h_e(j,0) & h_e(j,N-1) & \cdots & h_e(j,2)\\ \vdots & \vdots & \vdots & & \vdots\\ h_e(j,N-1) & h_e(j,N-2) & h_e(j,N-3) & \cdots & h_e(j,0)\end{bmatrix} \tag{5.38}$$

由 $\boldsymbol{H}_j$ 的下标可以看出，$\boldsymbol{H}$ 是由 $\{\boldsymbol{H}_j\}$ 构成的分块右移循环矩阵。

如果考虑到噪声，一个更加完整的离散图像降质模型可以写成如下形式：

$$g_e(x,y)=\sum_{m=0}^{M-1}\sum_{n=0}^{N-1}f_e(m,n)h_e(x-m,y-n)+n_e(x,y) \tag{5.39}$$

写成相应的矩阵形式为

$$g=Hf+n \tag{5.40}$$

其中,$\boldsymbol{g}$、$\boldsymbol{f}$、$\boldsymbol{H}$ 分别用式(5.36)和式(5.37)表示,噪声 $\boldsymbol{n}$ 用类似式(5.36)的方法表示,它们都是基于空间域的列向量或矩阵。

上述离散降质模型都是在线性空间不变的前提下得出的,已为许多图像复原方法所采用,并具有良好的复原效果。在此模型下,图像复原就是在给定 $g(x,y)$,并且知道降质系统的点扩展函数 $h(x,y)$和噪声分布 $n(x,y)$的情况下,估计出降质前的原始图像 $f(x,y)$。但是,对于实际应用,要想从式(5.40)得出 $f(x,y)$,这是一个典型的反问题(Inverse Problem)或病态问题(Ill Posed Problem),可能没有解,可能解不稳定,也可能有多重解。暂且不考虑这个问题,由上面的分析可知,图像复原的计算工作量是十分巨大的。例如,对于一般大小的图像来说,如 $M=N=512$,此时矩阵 $\boldsymbol{H}$ 的大小为 $MN\times MN=512\times512\times512\times512=2^{18}\times2^{18}$,要直接得出 $f(x,y)$则需要求解有 $2^{18}$个未知数的 $2^{18}$个联立方程组(相当于求解 $\boldsymbol{H}$ 矩阵的逆矩阵),其计算量是十分惊人的。为了解决这样的问题,可以利用循环矩阵的性质,求其等价对角矩阵来简化矩阵求逆运算,得到可以实现的方法。

### 5.1.4 降质模型的矩阵表示

在矩阵运算中,对角矩阵的运算是比较简单的。通过循环矩阵的相似性定理将图像降质模型中的 $\boldsymbol{H}$ 矩阵进行对角化。在进行对角化处理时所选用的特征向量为复指数形式,具有正交性,稍后可看到实际上就是 $h(x,y)$的离散傅里叶变换的形式。从而使得庞大方程组运算简化成少量的傅里叶变换等运算,通过 FFT 算法就能比较方便地进行数值计算。

**1. 一维循环矩阵的对角化**

先讨论一维的情况,对于式(5.31)的循环矩阵,定义标量集 $\lambda(k)$,$k=0,1,\cdots,M-1$:

$$\lambda(k)=h_e(0)+h_e(M-1)\exp\left[\mathrm{j}\,\frac{2\pi}{M}k\right]+h_e(M-2)\exp\left[\mathrm{j}\,\frac{2\pi}{M}2k\right]+\cdots+h_e(1)\exp\left[\mathrm{j}\,\frac{2\pi}{M}(M-1)k\right] \tag{5.41}$$

定义列矢量集 $\boldsymbol{w}(k)$,$k=0,1,\cdots,M-1$:

$$\boldsymbol{w}(k)=\left[1\quad \exp\left(\mathrm{j}\,\frac{2\pi}{M}k\right)\quad \exp\left(\mathrm{j}\,\frac{2\pi}{M}2k\right)\quad\cdots\quad \exp\left(\mathrm{j}\,\frac{2\pi}{M}(M-1)k\right)\right]^{\mathrm{T}} \tag{5.42}$$

则由矩阵乘法运算法则可验证:

$$\boldsymbol{H}\boldsymbol{w}(k)=\lambda(k)\boldsymbol{w}(k),\quad k=0,1,\cdots,M-1 \tag{5.43}$$

式(5.43)成立,由矩阵理论可知,$\lambda(k)$和 $\boldsymbol{w}(k)$就是循环矩阵 $\boldsymbol{H}$ 所对应的特征值和特征向量。从式(5.42)还能看出,循环矩阵的特征向量和 $\boldsymbol{H}$ 矩阵的元素的值没有关系,只要是 $M\times M$ 的循环矩阵,它的特征向量组成的矩阵 $\boldsymbol{W}$ 都是相同的。将 $\boldsymbol{H}$ 的 $M$ 个特征向量组成一个 $M\times M$ 的矩阵 $\boldsymbol{W}$,即

$$\boldsymbol{W}=[\boldsymbol{w}(0)\quad \boldsymbol{w}(1)\quad\cdots\quad \boldsymbol{w}(M-1)] \tag{5.44}$$

矩阵理论可以证明,$M$ 阶循环矩阵 $\boldsymbol{H}$ 具有 $M$ 个不同的特征向量,从而保证了 $\boldsymbol{W}$ 的各列之间相互独立且正交,$\boldsymbol{W}$ 的逆矩阵存在,即 $\boldsymbol{W}\boldsymbol{W}^{-1}=\boldsymbol{I}$,$\boldsymbol{I}$ 为单位矩阵。根据矩阵对角化准则,可以把 $\boldsymbol{H}$ 矩阵对角化表示为

$$\boldsymbol{H}=\boldsymbol{W}\boldsymbol{D}\boldsymbol{W}^{-1} \tag{5.45}$$

其中,$\boldsymbol{D}$ 是一个对角矩阵,其对角元素正是 $\boldsymbol{H}$ 的特征值,$d(k,k)=\lambda(k)$,即

$$D=\begin{bmatrix}\lambda(0) & 0 & \cdots & 0\\ 0 & \lambda(1) & \cdots & 0\\ 0 & 0 & \cdots & 0\\ \vdots & \vdots & & \vdots\\ 0 & 0 & \cdots & \lambda(M-1)\end{bmatrix} \tag{5.46}$$

这样 $\boldsymbol{H}$ 矩阵的逆矩阵为

$$\boldsymbol{H}^{-1}=(\boldsymbol{WDW}^{-1})^{-1}=(\boldsymbol{W}^{-1}\boldsymbol{D}^{-1}\boldsymbol{W})^{\mathrm{T}}=\boldsymbol{WD}^{-1}\boldsymbol{W}^{-1} \tag{5.47}$$

由于 $\boldsymbol{D}$ 是对角阵，$\boldsymbol{D}^{-1}$ 也是对角阵，它的每个元素为 $\boldsymbol{D}$ 中对应元素的倒数。$\boldsymbol{W}$ 矩阵的值和 $\boldsymbol{H}$ 矩阵的元素无关，因此使得 $\boldsymbol{H}$ 的逆矩阵 $\boldsymbol{H}^{-1}$ 比较容易获得。

另外，由于式(5.41)中的 $\lambda(k)=\sum_{i=0}^{M-1}h_e(i)\exp\left(\mathrm{j}\frac{2\pi}{M}ik\right)$ 可看成是 $h_e(x)$ 的离散傅里叶变换，因此，某一向量 $h_e(x)$ 形成的循环矩阵 $\boldsymbol{H}$ 的特征值 $\lambda(k)$ 正是该向量 $h_e(x)$ 的离散傅里叶变换的第 $k$ 个值 $H(k)$。这样，与 $\boldsymbol{H}$ 矩阵对应 $\boldsymbol{D}$ 矩阵的对角元素恰恰为此序列的傅里叶变换。

**2. 二维分块循环矩阵的对角化**

可以将上述结论推广到二维离散降质模型，同样使得分块循环矩阵式(5.37)对角化。

定义一个 $M\times M$ 块的循环分块矩阵 $\boldsymbol{W}$(实际上 $\boldsymbol{W}$ 矩阵大小为 $MN\times MN$)，分块循环矩阵中的任何一个子块大小为 $N\times N$，令 $\boldsymbol{W}$ 的第 $i$ 行第 $m$ 列个子块表示式为

$$\boldsymbol{w}(i,m)=\exp\left[\mathrm{j}\frac{2\pi}{M}im\right]\boldsymbol{w}_N,\qquad i,m=0,1,2,\cdots,M-1 \tag{5.48}$$

其中，子块 $\boldsymbol{w}_N$ 为一个 $N\times N$ 矩阵，其第 $k$ 行第 $n$ 列位置的元素为

$$w_N(k,n)=\exp\left[\mathrm{j}\frac{2\pi}{N}kn\right],\qquad k,n=0,1,2,\cdots,N-1 \tag{5.49}$$

借助上面的讨论结果可知，由式(5.48)和式(5.49)所构成的 $MN\times MN$ 的矩阵 $\boldsymbol{W}$ 是由分块循环矩阵 $\boldsymbol{H}$ 的特征向量组成，必定有逆矩阵 $\boldsymbol{W}^{-1}$，且矩阵的 $MN$ 个特征向量是线性无关的。逆矩阵 $\boldsymbol{W}^{-1}$ 的形式与 $\boldsymbol{W}$ 相似，也是一个分块循环矩阵。即第 $i$ 行第 $m$ 列个子块表示式为

$$\boldsymbol{w}^{-1}(i,m)=\frac{1}{M}\exp\left[-\mathrm{j}\frac{2\pi}{M}im\right]\boldsymbol{w}_N^{-1},\qquad i,m=0,1,2,\cdots,M-1 \tag{5.50}$$

而子块 $\boldsymbol{w}_N{}^{-1}$ 仍为一个 $N\times N$ 的矩阵，其第 $k$ 行 $n$ 列元素可写成

$$w_N^{-1}(k,n)=\frac{1}{N}\exp\left[-\mathrm{j}\frac{2\pi}{N}kn\right],\qquad k,n=0,1,2,\cdots,N-1 \tag{5.51}$$

于是分块循环矩阵 $\boldsymbol{H}$ 可以写成

$$\boldsymbol{H}=\boldsymbol{WDW}^{-1} \tag{5.52}$$

或

$$\boldsymbol{D}=\boldsymbol{W}^{-1}\boldsymbol{HW} \tag{5.53}$$

其中，矩阵 $\boldsymbol{D}$ 是一个 $M\times M$ 子块的对角阵，除了对角位置的 $M$ 个子块外，其他子块皆为 $\boldsymbol{0}$ 子块；每个子块都是一个 $N\times N$ 的对角阵，除了对角线位置上的 $N$ 个元素外，其他元素皆为 0。这样，$\boldsymbol{D}$ 矩阵总维数为 $MN\times MN$，而且它的 $M\times N$ 个对角元素是恰恰是 $\boldsymbol{H}$ 矩阵的特征值。

此外，还可以证明，$\boldsymbol{H}$ 的转置矩阵 $\boldsymbol{H}^{\mathrm{T}}$ 可以用 $\boldsymbol{D}$ 的复共轭 $\boldsymbol{D}^*$ 来表示，即

$$\boldsymbol{H}^{\mathrm{T}}=\boldsymbol{WD}^*\boldsymbol{W}^{-1} \tag{5.54}$$

**3. 对角化在降质模型中的应用**

(1) 一维情况

把式(5.45)中的 $\boldsymbol{H}=\boldsymbol{WDW}^{-1}$ 代入到式(5.35)可以得到

$$\boldsymbol{g}=\boldsymbol{W}\boldsymbol{D}\boldsymbol{W}^{-1}\boldsymbol{f} \tag{5.55}$$

用 $\boldsymbol{W}^{-1}$ 左乘上式两边,得

$$\boldsymbol{W}^{-1}\boldsymbol{g}=\boldsymbol{W}^{-1}\boldsymbol{W}\boldsymbol{D}\boldsymbol{W}^{-1}\boldsymbol{f}=\boldsymbol{D}\boldsymbol{W}^{-1}\boldsymbol{f} \tag{5.56}$$

等式左边的乘积中,$\boldsymbol{W}^{-1}$ 是一个 $M\times M$ 维的矩阵,即

$$\boldsymbol{W}^{-1}=\frac{1}{M}\begin{bmatrix} 1 & 1 & 1 & \cdots & 1 \\ 1 & \exp[-\mathrm{j}\frac{2\pi}{M}] & \exp[-\mathrm{j}\frac{2\pi}{M}2] & \cdots & \exp[-\mathrm{j}\frac{2\pi}{M}(M-1)] \\ 1 & \exp[-\mathrm{j}\frac{2\pi}{M}2] & \exp[-\mathrm{j}\frac{2\pi}{M}4] & \cdots & \exp[-\mathrm{j}\frac{2\pi}{M}(M-1)2] \\ \vdots & \vdots & \vdots & & \vdots \\ 1 & \exp[-\mathrm{j}\frac{2\pi}{M}(M-1)] & \exp[-\mathrm{j}\frac{2\pi}{M}(M-1)2] & \cdots & \exp[-\mathrm{j}\frac{2\pi}{M}(M-1)(M-1)] \end{bmatrix} \tag{5.57}$$

$\boldsymbol{g}$ 是一个 $M$ 维的列向量,其乘积 $\boldsymbol{W}^{-1}\boldsymbol{g}$ 也是一个 $M$ 维的列向量,其第 $k$ 项记为 $G(k)$,则

$$G(k)=\frac{1}{M}\sum_{i=0}^{M-1}g_e(i)\exp\left[-\mathrm{j}\frac{2\pi}{M}ik\right],\qquad k=0,1,2,\cdots,M-1 \tag{5.58}$$

同理,$\boldsymbol{W}^{-1}\boldsymbol{f}$ 的第 $k$ 项记为 $F(k)$,即

$$F(k)=\frac{1}{M}\sum_{i=0}^{M-1}f_e(i)\exp\left[-\mathrm{j}\frac{2\pi}{M}ik\right],\qquad k=0,1,2,\cdots,M-1 \tag{5.59}$$

它们分别是扩展序列 $g_e(x)$ 和 $f_e(x)$ 的离散傅里叶变换。另外,式(5.56)中 $\boldsymbol{D}$ 矩阵的主对角线元素是 $\boldsymbol{H}$ 矩阵的特征值 $\lambda(k)$。根据式(5.41),记 $\lambda(k)$ 为 $M\times H(k)$,则

$$\lambda(k)=\sum_{i=0}^{M-1}h_e(i)\exp\left[-\mathrm{j}\frac{2\pi}{M}ik\right]=MH(k),\qquad k=0,1,2,\cdots,M-1 \tag{5.60}$$

其中,$H(k)$ 便是扩展序列 $h_e(x)$ 的离散傅里叶变换。综合上述分析,可将式(5.55)简化成一维傅里叶变换序列的对应项之积,即

$$G(k)=M\times H(k)F(k),\qquad k=0,1,2,\cdots,M-1 \tag{5.61}$$

式(5.61)是式(5.55)在频率域上进行处理的结果。

(2) 二维情况

将上述讨论过程推广到二维降质情况,并考虑噪声项,有 $\boldsymbol{g}=\boldsymbol{H}\boldsymbol{f}+\boldsymbol{n}$,用 $\boldsymbol{W}^{-1}$ 左乘,得

$$\boldsymbol{W}^{-1}\boldsymbol{g}=\boldsymbol{W}^{-1}(\boldsymbol{H}\boldsymbol{f}+\boldsymbol{n})=\boldsymbol{W}^{-1}\boldsymbol{H}\boldsymbol{f}+\boldsymbol{W}^{-1}\boldsymbol{n}=\boldsymbol{W}^{-1}\boldsymbol{W}\boldsymbol{D}\boldsymbol{W}^{-1}\boldsymbol{f}+\boldsymbol{W}^{-1}\boldsymbol{n} \tag{5.62}$$

利用 $\boldsymbol{W}^{-1}\boldsymbol{W}=\boldsymbol{I}$,上式可写成

$$\boldsymbol{W}^{-1}\boldsymbol{g}=\boldsymbol{D}\boldsymbol{W}^{-1}\boldsymbol{f}+\boldsymbol{W}^{-1}\boldsymbol{n} \tag{5.63}$$

$\boldsymbol{W}^{-1}$ 是一个 $MN\times MN$ 维分块循环矩阵矩阵,它的各元素可由式(5.49)和式(5.50)给出。$\boldsymbol{D}$ 由式(5.53)给出,是 $MN\times MN$ 维对角矩阵。$\boldsymbol{f}$、$\boldsymbol{g}$、$\boldsymbol{n}$ 为 $MN\times 1$ 维的列向量,这些向量由扩展图像 $f_e(x,y)$、$g_e(x,y)$ 和 $n_e(x,y)$ 的各行堆积而成。$\boldsymbol{W}^{-1}\boldsymbol{g}$ 用下式表示

$$[\boldsymbol{W}^{-1}\boldsymbol{g}]^{\mathrm{T}}=[G(0,0)\ \cdots\ G(0,N-1)\ G(1,0)\ \cdots\ G(1,N-1)\ \cdots\ G(M-1,0)\ \cdots\ G(M-1,N-1)]^{\mathrm{T}} \tag{5.64}$$

与一维情况分析相同,类似于式(5.61),对于任一对变量 $F(u,v)$,$G(u,v)$ 可表示成

$$G(u,v)=H(u,v)F(u,v)+N(u,v),\qquad u=0,1,2,\cdots,M-1,\qquad v=0,1,2,\cdots,N-1 \tag{5.65}$$

此式 $G(u,v)$ 即为 $g_e(x,y)$ 的二维离散傅里叶变换。同样,$F(u,v)$、$N(u,v)$、$H(u,v)$ 分别对应于 $f_e(x,y)$、$n_e(x,y)$ 和 $h_e(x,y)$ 的二维离散傅里叶变换。

式(5.65)的意义在于:包含在式(5.40)中给定降质模型的庞大方程组可简化为计算大小

为 $M\times N$ 的离散傅里叶变换,如用 FFT 算法,可方便地实现。

# 5.2 无约束图像复原

前面用循环矩阵对角化的方法有效地解决了图像复原中对矩阵 $\boldsymbol{H}$ 求逆的问题,但是对噪声的影响,尤其是噪声对解的稳定性的影响未予考虑。由于这种情况没有对问题的解施加一定的约束,因此称这类方法为无约束(unconstraint)图像复原技术,常见的方法有最简单的逆滤波,运动模糊的消除和最小二乘方等方法。

## 5.2.1 无约束最小二乘方复原

图像复原的主要目标是在降质图像 $\boldsymbol{g}$ 给定的情况下,根据对降质系统 $\boldsymbol{H}$ 和噪声 $\boldsymbol{n}$ 的某些特性的了解或假设,估计出原始图像 $\hat{\boldsymbol{f}}$,使得 $\hat{\boldsymbol{f}}$ 尽量接近原图像 $\boldsymbol{f}$,最好能够达到 $\hat{\boldsymbol{f}}=\boldsymbol{f}$,也就是说使得误差函数 $e(\hat{\boldsymbol{f}})=\|\hat{\boldsymbol{f}}-\boldsymbol{f}\|^2$ 尽可能小,这就是一种典型的误差函数最小二乘方(Least Square,LS)优化问题。但是,由于原图像 $\boldsymbol{f}$ 是不可知的,需要寻找其他的等价或接近的误差函数,也称之为准则函数,使得这种事先所确定的准则函数为最小。采用不同的误差准则函数,就得到不同的复原方法。

对于式(5.40)一般图像降质模型 $\boldsymbol{g}=\boldsymbol{Hf}+\boldsymbol{n}$,如果对噪声一无了解,则默认 $\boldsymbol{n}=\boldsymbol{0}$,$\boldsymbol{g}=\boldsymbol{Hf}$。根据上述准则,即寻找一个 $\hat{\boldsymbol{f}}$,使得 $\boldsymbol{g}$ 与 $\boldsymbol{H}\hat{\boldsymbol{f}}$ 之偏差在最小二乘方意义上最小,也就是使得 $\boldsymbol{g}-\boldsymbol{H}\hat{\boldsymbol{f}}$ 的范数最小。该准则函数用 $\mathrm{J}(\hat{\boldsymbol{f}})$ 表示

$$\mathrm{J}(\hat{\boldsymbol{f}})=\|\boldsymbol{g}-\boldsymbol{H}\hat{\boldsymbol{f}}\|^2 \tag{5.66}$$

根据矢量范数的定义,矢量 $\boldsymbol{a}$ 的范数 $\|\boldsymbol{a}\|^2=\boldsymbol{a}^{\mathrm{T}}\boldsymbol{a}$,可知

$$\|\boldsymbol{g}-\boldsymbol{H}\hat{\boldsymbol{f}}\|^2=(\boldsymbol{g}-\boldsymbol{H}\hat{\boldsymbol{f}})^{\mathrm{T}}(\boldsymbol{g}-\boldsymbol{H}\hat{\boldsymbol{f}}) \tag{5.67}$$

为使得准则函数 $\mathrm{J}(\hat{\boldsymbol{f}})$ 最小,实际上就是求 $\mathrm{J}(\hat{\boldsymbol{f}})$ 的极小值,即求 $\mathrm{J}(\hat{\boldsymbol{f}})$ 对 $\hat{\boldsymbol{f}}$ 的偏导并令其等于 $\boldsymbol{0}$,解此方程得到 $\hat{\boldsymbol{f}}$。在求极小值的过程中,$\hat{\boldsymbol{f}}$ 不受任何其他条件的约束,因此也称为无约束图像复原。求偏导时需用到矢量微分的下面两个性质:

(1) 矢量乘积 $\boldsymbol{a}^{\mathrm{T}}\boldsymbol{x}$、$\boldsymbol{x}^{\mathrm{T}}\boldsymbol{a}$ 对 $\boldsymbol{x}$ 的偏导为

$$\frac{\partial(\boldsymbol{a}^{\mathrm{T}}\boldsymbol{x})}{\partial\boldsymbol{x}}=\frac{\partial(\boldsymbol{x}^{\mathrm{T}}\boldsymbol{a})}{\partial\boldsymbol{x}}=\boldsymbol{a} \tag{5.68}$$

(2) 二次型 $\boldsymbol{x}^{\mathrm{T}}\boldsymbol{Ax}$ 对 $\boldsymbol{x}$ 的偏导为

$$\frac{\partial(\boldsymbol{x}^{\mathrm{T}}\boldsymbol{Ax})}{\partial\boldsymbol{x}}=(\boldsymbol{A}+\boldsymbol{A}^{\mathrm{T}})\boldsymbol{x} \tag{5.69}$$

其中,$\boldsymbol{x}$、$\boldsymbol{a}$ 为 $N\times 1$ 维列矢量,$\boldsymbol{A}$ 为 $N\times N$ 维方阵。由此可以得到

$$\frac{\partial\mathrm{J}(\hat{\boldsymbol{f}})}{\partial\hat{\boldsymbol{f}}}=\frac{\partial}{\partial\hat{\boldsymbol{f}}}[\boldsymbol{g}^{\mathrm{T}}\boldsymbol{g}-\boldsymbol{g}^{\mathrm{T}}\boldsymbol{H}\hat{\boldsymbol{f}}-\hat{\boldsymbol{f}}^{\mathrm{T}}\boldsymbol{H}^{\mathrm{T}}\boldsymbol{g}+\hat{\boldsymbol{f}}^{\mathrm{T}}\boldsymbol{H}^{\mathrm{T}}\boldsymbol{H}\hat{\boldsymbol{f}}]=-2\boldsymbol{H}^{\mathrm{T}}(\boldsymbol{g}-\boldsymbol{H}\hat{\boldsymbol{f}})=\boldsymbol{0} \tag{5.70}$$

也就是

$$\boldsymbol{H}^{\mathrm{T}}\boldsymbol{H}\hat{\boldsymbol{f}}=\boldsymbol{H}^{\mathrm{T}}\boldsymbol{g} \tag{5.71}$$

即可得到一般情况下无约束最小二乘方复原图像为

$$\hat{\boldsymbol{f}}=(\boldsymbol{H}^{\mathrm{T}}\boldsymbol{H})^{-1}\boldsymbol{H}^{\mathrm{T}}\boldsymbol{g}=\boldsymbol{H}^{-1}\boldsymbol{g} \tag{5.72}$$

$(\boldsymbol{H}^{\mathrm{T}}\boldsymbol{H})^{-1}\boldsymbol{H}^{\mathrm{T}}$是 $\boldsymbol{H}$ 矩阵的广义逆矩阵,因此这种复原方法也称之为逆滤波复原。如 $\boldsymbol{H}$ 为非奇异方阵,则上式中后面一个等号成立,实际上是线性方程组 $\boldsymbol{g}=\boldsymbol{Hf}$ 的直接解。

还可以利用前面式(5.47)的 $\boldsymbol{H}^{-1}=\boldsymbol{W}\boldsymbol{D}^{-1}\boldsymbol{W}^{-1}$ 的关系,将上式(5.72)用系统对角化矩阵 $\boldsymbol{D}$ 来描述,复原图像可以写成

$$\hat{\boldsymbol{f}}=\boldsymbol{H}^{-1}\boldsymbol{g}=(\boldsymbol{W}\boldsymbol{D}^{-1}\boldsymbol{W}^{-1})\boldsymbol{g}=\boldsymbol{W}\boldsymbol{D}^{-1}\boldsymbol{W}^{-1}\boldsymbol{g} \tag{5.73}$$

即

$$\boldsymbol{W}^{-1}\hat{\boldsymbol{f}}=\boldsymbol{D}^{-1}\boldsymbol{W}^{-1}\boldsymbol{g} \tag{5.74}$$

式(5.73)和式(5.74)表明,在最小二乘方准则下寻找出的最优估计图像 $\hat{\boldsymbol{f}}$ 可由降质系统冲激响应的逆矩阵 $\boldsymbol{H}^{-1}$ 及其对角矩阵 $\boldsymbol{D}$ 得出。根据对角阵与傅里叶变换的关系,式(5.74)等价于下列的傅里叶变换的表达式,即

$$F(u,v)=G(u,v)/H(u,v) \tag{5.75}$$

可见,在 $\boldsymbol{H}$ 为非奇异方阵、不考虑噪声的情况下,无约束的最小二乘方复原和下面所述的逆滤波复原是等价的,只不过这里是从对矢量化准则函数进行最小二乘方求解的角度获得的结果。

## 5.2.2　逆滤波复原

在不考虑图像噪声情况下,由图像降质模型式(5.9)可知,降质图像 $g(x,y)$、系统点扩展函数 $h(x,y)$、原始图像 $f(x,y)$ 与其傅里叶变换 $G(u,v)$、$H(u,v)$、$F(u,v)$ 的关系为式(5.75),当 $H(u,v)$ 不为 0 时,可得

$$F(u,v)=\frac{G(u,v)}{H(u,v)} \tag{5.76}$$

这意味着,如果知道降质图像的傅里叶变换值和降质系统的传递函数,就可以得到原始图像的傅里叶变换,经傅里叶逆变换就得到原始图像。由此可见,复原后的图像为

$$\hat{f}(x,y)=\mathscr{F}^{-1}[\hat{F}(u,v)]=\mathscr{F}^{-1}\left[\frac{G(u,v)}{H(u,v)}\right] \tag{5.77}$$

在考虑噪声的情况下,上式可写成

$$\hat{f}(x,y)=\mathscr{F}^{-1}[\hat{F}(x,y)]+\mathscr{F}^{-1}\left[\frac{N(u,v)}{H(u,v)}\right] \tag{5.78}$$

如果记 $M(u,v)=\dfrac{1}{H(u,v)}$为降质系统的恢复转移函数,由于 $M(u,v)$起到反向滤波作用,故称为反向滤波或称逆滤波复原,这是最早应用于数字图像复原的一种方法。

实际上,使用逆滤波式(5.77)或式(5.78)进行图像复原时,由于 $H(u,v)$出现在分母,当在$(u,v)$平面某些点上或区域上 $H(u,v)$很小或等于零,即出现了零点,就会导致不定解。因此,即使没有噪声,一般也不可能精确地复原 $f(x,y)$。如果考虑噪声项 $N(u,v)$,则出现零点时,噪声项将被放大,零点的影响将会更大,噪声对图像复原的结果起主导地位,这就是逆滤波图像复原存在的病态性质。它意味着降质图像中小的噪声干扰在 $H(u,v)$取很小值的那些频谱上将对恢复图像产生很大的影响。因此,对于多数图像直接采用逆滤波复原时会遇到上述求解方程的病态性。

为了克服这种不稳定性,一方面可利用下一节所采用的有约束图像复原方法;另一方面,利用噪声一般在高频范围衰减速度较慢,而信号的频谱随频率升高下降较快的性质,在复原时,限制逆滤波只在频谱坐标离原点不太远的有限区域内运行,而且关心的也是信噪比高的那

些频率位置。例如，在逆滤波图像复原时，可以采用限定恢复转移函数最大值的方法来解决其病态问题，其 $H(u,v)$ 和恢复转移函数 $M(u,v)$ 如图5.5所示。

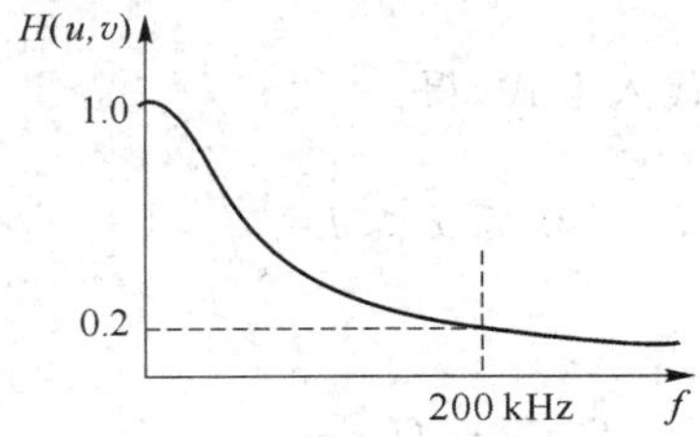


(a) 实际的传递函数

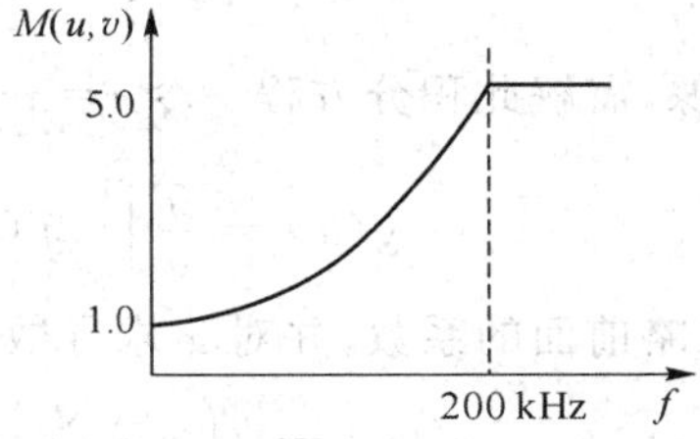


(b) 修改后的恢复转移函数

图5.5 有限制的逆滤波复原

实际上，为了避免 $H(u,v)$ 的值太小，另一种改进方法是在 $H(u,v)=0$ 的那些频谱点及其附近，人为地设置 $H^{-1}(u,v)$ 的值，使得在这些频谱点附近不会对 $F(u,v)$ 产生太大的影响，如取恢复转移函数 $M(u,v)$ 为

$$M(u,v)=\begin{cases}\dfrac{1}{H(u,v)}, & u^2+v^2\leqslant d^2\\ 1, & u^2+v^2>d^2\end{cases} \tag{5.79}$$

其中，$d$ 为常数，在以 $d$ 为半径的频域区内，$H(u,v)$ 无零点，按照 $1/H(u,v)$ 进行逆滤波，在此区域以外，则不加改变。

### 5.2.3 运动模糊的消除

作为逆滤波图像复原的应用的实例，下面讨论如何去除由匀速直线运动引起的图像模糊。这种复原问题在实际中会经常遇到，如拍摄快速运动的物体，照相机镜头在曝光瞬间的偏移引起照片的模糊等都属于这类问题。

**1. 逆滤波复原**

假设对平面匀速运动的景物拍摄一幅图像照片 $f(x,y)$，并设 $x_0(t)$ 和 $y_0(t)$ 分别是景物在 $x$ 和 $y$ 方向的运动分量，$T$ 为曝光时间，记录媒体（如胶片等）任何一点所得到的曝光量，是在曝光期间对曝光进行积分得到。为了突出运动对图像的影响，把其他因素都忽略，则实际所采集的模糊图像 $g(x,y)$ 为

$$g(x,y)=\int_0^T f[x-x_0(t),y-y_0(t)]\,\mathrm{d}t \tag{5.80}$$

这实际上就是重写前面的式(5.17)。为了考虑方便，设图像只在 $x$ 方向上运动，则该降质系统的传递函数为式(5.24)所示，重写如下：

$$H(u,v)=\frac{T\sin(\pi ua)}{\pi ua}\exp(-\mathrm{j}\pi ua) \tag{5.81}$$

此时 $H(u,v)$ 的函数形式为具有零点的函数形式。显然，当 $u=n/a$（$n$ 为整数）时，$H(u,v)$ 出现零点。在进行图像复原时，要将零点去掉，在 $u<1/a$ 范围内进行复原运算，这对复原结果一般影响不大。

**2. 递推法复原**

为了避免上述零点问题，可近似认为 $f(x,y)$ 在空间域 $0\leqslant x\leqslant L$ 以外的区域为0，且零点出现在频率域 $u<1/a$ 区间外。可以根据在此区间内对降质模型的了解，用递推的方法直接复原出原来图像 $f(x,y)$，而不是采用逆滤波的方法。

由式(5.23)可知,在只有 $x$ 方向上的运动可表示为

$$g(x)=\int_0^T f\left(x-\frac{st}{T}\right)\mathrm{d}t, \qquad 0\leqslant x\leqslant L \tag{5.82}$$

要求原图像,需解此积分方程。令 $\tau=x-\dfrac{st}{T}$ 代入上式,得

$$g(x)=\frac{T}{a}\int_{x-s}^{x} f(\tau)\mathrm{d}\tau, \qquad 0\leqslant x\leqslant L \tag{5.83}$$

为简单起见,忽略前面的系数,并对 $x$ 求导数,得

$$g'(x)=f\left(x-\frac{st}{T}\right)\Bigg|_{t=T}^{t=0}=f(x)-f(x-s) \tag{5.84}$$

$$f(x)=g'(x)+f(x-s), \qquad 0\leqslant x\leqslant L \tag{5.85}$$

为了简单起见,现设 $L$ 是 $s$ 的整数倍,$L=Ks$,$K$ 为正整数。用 $s$ 表示在曝光期间 $T$ 内图像内景物移动的距离。如图 5.6 所示,将图像划分为宽度为 $s$ 的 $K$ 个竖条,这样 $x$ 轴上在 0～$L$ 范围内任意一点的 $x$ 坐标值可表示为

$$x=z+ms \tag{5.86}$$

其中,$m$ 为 $x/s$ 的整数部分,其值为 0,1,2,…,$K-1$,$z$ 表示余数。

把式(5.86)代入式(5.85)得

$$f(z+ms)=g'(z+ms)+f[z+(m-1)s] \tag{5.87}$$

此式表明,在第 $m$ 条中的一点原图像的值 $f(z+ms)$ 可以用这一点降质图像的导数值 $g'(z+ms)$ 加邻近第($m-1$)条中相同位置的原图像值 $f[z+(m-1)a]$。它表示原图像的值之间是一种迭代关系。

设 $\varphi(z)=f(z-s)$,$0\leqslant z\leqslant s$,$\varphi(z)$ 代表了在曝光期间景物移入 $0\leqslant z\leqslant a$ 的部分。此时,式(5.87)可通过 $\varphi(z)$ 用递推的方式表示为另一种形式。

$m=0$ 时,

$$f(z)=g'(z)+f(z-s)=g'(z)+\varphi(z)$$

$m=1$ 时,

$$f(z+s)=g'(z+s)+f(z)=g'(z+s)+g'(z)+\varphi(z)$$

$m=2$ 时,

$$f(z+2s)=g'(z+2s)+f(z+s)=g'(z+2s)+g'(z+s)+g'(z)+\varphi(z)$$

$$\vdots$$

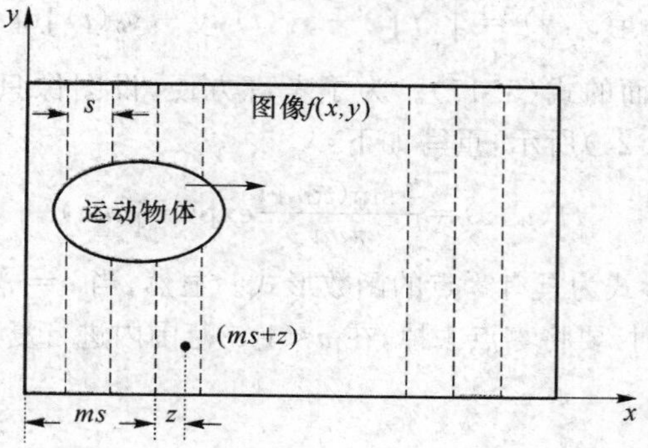


图 5.6　水平匀速运动降质图像的复原示意图

依此类推,形成了以 $m$ 为索引的递推公式,可将(5.87)式写成递推的结果,可得

$$f(z+ms)=\sum_{j=0}^{m}g'(z+js)+\varphi(z) \tag{5.88}$$

将式(5.86)的关系 $x=ms+z$ 代入式(5.88)后，

$$f(x)=\sum_{j=0}^{m}g'(x-ms+js)+\varphi(x-ms)=\sum_{j=0}^{m}g'[x-(m-j)s]+\varphi(x-ms)$$

因为 $j$ 的变化范围为 $0\sim m$，而 $(m-j)$ 的变化范围为 $m\sim 0$，故上式可以等效为

$$f(x)=\sum_{j=0}^{m}g'(x-js)+\varphi(x-ms) \tag{5.89}$$

这里 $g'(x)$ 是已知的，所以要求 $f(x)$ 就只需要估计 $\varphi(x-ma)$。下面介绍一种从模糊图像直接估计 $\varphi(x)$ 的方法。

当 $x$ 从 0 变化到 $L$ 时，$m$ 从 0 变化到 $K-1$。$\varphi$ 的自变量为 $x-ma$，它只是在 $0\sim a$ 之间变化，即 $0\leqslant x-ma\leqslant a$，因此在 $0\leqslant x\leqslant L$ 区间内计算 $f(x)$ 时，$\varphi$ 的值重复了 $K$ 次。令式(5.89)中的求和项为

$$\hat{f}(x)=\sum_{j=0}^{m}g'(x-js) \tag{5.90}$$

代入到式(5.89)，可写成

$$\varphi(x-ms)=f(x)-\hat{f}(x)\text{或者 }\varphi(x)=f(x+ms)-\hat{f}(x+ms) \tag{5.91}$$

如果对每个 $js\leqslant x<(j+1)s$ 进行计算，并把 $j=0,1,2,\cdots,K-1$ 的结果加起来求平均，得到

$$\varphi(x)=\frac{1}{K}\sum_{j=0}^{K-1}f(x+js)-\frac{1}{K}\sum_{j=0}^{K-1}\hat{f}(x+js) \tag{5.92}$$

上式右边第一项为未知项，但是当 $K$ 很大时接近 $f(x)$ 的平均值，设它为常数 $A$，上式变为

$$\varphi(x)\approx A-\frac{1}{K}\sum_{j=0}^{K-1}\hat{f}(x+js) \tag{5.93}$$

并将式(5.90)代入到式(5.93)，得到在 $0\leqslant x\leqslant L$ 区间内

$$\varphi(x-ms)\approx A-\frac{1}{K}\sum_{j=0}^{K-1}\tilde{f}(x+js-ms)\approx A-\frac{1}{K}\sum_{j=0}^{K-1}\sum_{i=0}^{m}g'(x-ms)=A-mg'(x-ms) \tag{5.94}$$

这样就得出 $\varphi(x-ms)$ 的表达式，重新代入到式(5.89)，得出只有 $x$ 方向上匀速直线运动模糊图像复原后的表达式为

$$f(x)\approx A-mg'(x-ms)+\sum_{j=0}^{m}g'(x-js) \tag{5.95}$$

按照上述思路，将 $y$ 代入，即可得到最终复原图像为

$$f(x,y)\approx A-mg'(x-ms,y)+\sum_{j=0}^{m}g'(x-js,y) \tag{5.96}$$

实际上对于运动模糊复原最主要的是需要明确运动方向以及运动速度，如果对运动方向和速度估计不准，复原的效果就较差。

## 5.3　有约束图像复原

在无约束图像复原中，最小二乘方复原除了寻找一个最优估计图像 $\hat{f}$，使得准则函数 $J(\hat{f})=\|\boldsymbol{g}-\boldsymbol{H}\hat{\boldsymbol{f}}\|^2$ 最小外，不受任何其他条件的约束。这种逆滤波图像复原方法比较简

单,只要了解降质系统的传递函数或点扩展函数,就能利用前面分析的方法进行复原。但是由于传递函数存在零点的问题,复原只能局限在离原点不太远的有限区域内进行,使得无约束图像复原具有相当大的局限性。而且在实际应用中,由于噪声和解的精度的影响,前述图像复原线性方程组解的波动性很大,是一个病态问题。为了获得良态解,也即为了获得更好的图像复原效果,必须根据实际图像处理问题的具体要求,利用更多的有关降质模型、噪声特性、图像统计特性等有关信息,对问题的解附加一定的限制和约束,使得所估计的结果不要超出这些约束条件,减少方程的解波动,增加解的可靠性和实用性,因而获得更加接近原图像的复原效果。根据所了解的先验知识的不同,采用不同的约束条件,从而得到不同的图像复原技术。最常见的是有约束图像复原方法为最小二乘方复原、维纳滤波复原、功率谱均衡复原、平滑约束复原等。

## 5.3.1 有约束最小二乘方复原

在有约束的最小二乘方复原问题中,令 $\boldsymbol{Q}$ 为 $\hat{\boldsymbol{f}}$ 的线性算子,要设法寻找一个最优估计 $\hat{\boldsymbol{f}}$,使形式为 $\|\boldsymbol{Q}\hat{\boldsymbol{f}}\|^2$、服从约束条件 $\|\boldsymbol{g}-\boldsymbol{H}\hat{\boldsymbol{f}}\|^2=\|\boldsymbol{n}\|^2$ 的函数最小化。求这类问题的最小化,可采用拉格朗日乘子算法。也就是说,寻找一个 $\hat{\boldsymbol{f}}$,使得下列准则函数最小化:

$$\mathrm{J}(\hat{\boldsymbol{f}})=\|\boldsymbol{Q}\hat{\boldsymbol{f}}\|^2+\alpha(\|\boldsymbol{g}-\boldsymbol{H}\hat{\boldsymbol{f}}\|^2-\|\boldsymbol{n}\|^2) \tag{5.97}$$

其中,$\alpha$ 为拉格朗日乘数。

由此式可见,这里存在两种"约束":第一种是 $\boldsymbol{Q}\hat{\boldsymbol{f}}$,用 $\boldsymbol{Q}$ 算子对解 $\hat{\boldsymbol{f}}$ 进行约束,使得运算的结果是有特定物理意义的量,如 $\boldsymbol{Q}\hat{\boldsymbol{f}}$ 表示信噪比、跳变分量、信号能量等,使它的范数平方 $\|\boldsymbol{Q}\hat{\boldsymbol{f}}\|^2$ 最小,形成最小二乘方的准则函数。第二种是上式 $\alpha$ 后面的部分,是拉格朗日乘子算法的约束条件,是对 $\hat{\boldsymbol{f}}$ 的另一种约束。这种约束的物理含义就是要使估计误差 $\boldsymbol{g}-\boldsymbol{H}\hat{\boldsymbol{f}}$ 等于噪声 $\boldsymbol{n}$,确保估计结果的最为准确。由于 $\boldsymbol{n}$ 是随机变量,所以这里的"等于"只能是在范数平方意义上的相等,即 $\|\boldsymbol{g}-\boldsymbol{H}\hat{\boldsymbol{f}}\|^2=\|\boldsymbol{n}\|^2$。

在式(5.97)中,$\hat{\boldsymbol{f}}$ 和 $\alpha$ 都是变量,$\mathrm{J}(\hat{\boldsymbol{f}})$ 对 $\hat{\boldsymbol{f}}$ 求偏导并使其为零,$\partial\mathrm{J}(\hat{\boldsymbol{f}})/\partial\hat{\boldsymbol{f}}=\boldsymbol{0}$,利用前述的矢量微分的两个性质,求解得到

$$\hat{\boldsymbol{f}}=(\boldsymbol{H}^{\mathrm{T}}\boldsymbol{H}+\gamma\boldsymbol{Q}^{\mathrm{T}}\boldsymbol{Q})^{-1}\boldsymbol{H}^{\mathrm{T}}\boldsymbol{g} \tag{5.98}$$

其中,$\gamma=1/\alpha$,$\hat{\boldsymbol{f}}$、$\boldsymbol{g}$ 是估计图像和降质图像按照行(列)顺序堆叠起来的 $MN\times1$ 维列向量,而 $\boldsymbol{H}$ 是一个 $MN\times MN$ 分块循环矩阵。解式(5.98)的核心就是如何选用一个合适的变换矩阵 $\boldsymbol{Q}$(线性算子)。选择 $\boldsymbol{Q}$ 形式不同,就可得到不同类型的有约束的最小二乘方图像复原方法。

当 $\boldsymbol{Q}=\boldsymbol{I}$ 时,$\boldsymbol{I}$ 为 $MN\times MN$ 的单位矩阵,对解 $\hat{\boldsymbol{f}}$ 不产生约束,即对解 $\hat{\boldsymbol{f}}$ 不进行线性运算,准则函数 $\|\boldsymbol{Q}\hat{\boldsymbol{f}}\|^2=\|\hat{\boldsymbol{f}}\|^2$ 表示得到的解 $\hat{\boldsymbol{f}}$ 的能量最小,避免产生的解出现过大的波动。具体的解为

$$\hat{\boldsymbol{f}}=(\boldsymbol{H}^{\mathrm{T}}\boldsymbol{H}+\gamma\boldsymbol{I})^{-1}\boldsymbol{H}^{\mathrm{T}}\boldsymbol{g} \tag{5.99}$$

更简单的情况是不考虑噪声,即当 $\gamma=0$ 时,式(5.99)便退化为无约束情况的图像复原,如式(5.72)所示。可见无约束最小二乘方复原是有约束最小二乘方复原的特殊情况。

如前所述,式(5.98)或者式(5.99)是在空间域上进行图像复原的理论方法,由于矩阵或向

量的维数巨大，实际上很难直接用上述方法求解，通常都需要采用类似于逆滤波方法，转换到频率域上进行处理。

## 5.3.2　维纳滤波复原

如前所述，(5.97)式是一种基本的有约束图像复原的表达式，选择不同的 $\boldsymbol{Q}$ 就得到不同类型的最小二乘方滤波复原方法。如选用和 $\boldsymbol{R}_f$（堆叠图像 $\boldsymbol{f}$ 的相关矩阵）、$\boldsymbol{R}_n$（堆叠噪声 $\boldsymbol{n}$ 的相关矩阵）有关的 $\boldsymbol{Q}$，就可以得到维纳滤波的复原方法；如选用和拉普拉斯算子相关的 $\boldsymbol{Q}$，就可以得到最大平滑的复原滤波方法。

在维纳滤波复原中，选择 $\boldsymbol{Q}=\boldsymbol{R}_f{}^{-1/2}\boldsymbol{R}_n{}^{1/2}$，其中 $\boldsymbol{R}_f$ 和 $\boldsymbol{R}_n$ 可以分别表示为

$$\boldsymbol{R}_f=E\{\boldsymbol{f}\boldsymbol{f}^{\mathrm{T}}\}\text{和 }\boldsymbol{R}_n=E\{\boldsymbol{n}\boldsymbol{n}^{\mathrm{T}}\} \tag{5.100}$$

$\boldsymbol{R}_f$ 的第 $i$ 行第 $j$ 列元素是 $E\{f_i f_j\}$，$\boldsymbol{R}_n$ 的第 $i$ 行第 $j$ 列元素是 $E\{n_i n_j\}$，分别表示图像 $\boldsymbol{f}$ 的第 $i$ 个和第 $j$ 个元素的相关和噪声 $\boldsymbol{n}$ 的第 $i$ 个和第 $j$ 个元素的相关。因为图像 $\boldsymbol{f}$ 和噪声 $\boldsymbol{n}$ 的每个元素值都是实数，所以 $\boldsymbol{R}_f$ 和 $\boldsymbol{R}_n$ 都是实对称矩阵。在大部分图像中，邻近的像素点是高度相关的，而距离较远的像素其相关性较弱。因此，典型的相关矩阵只在主对角线方向上有一条非零元素带，而在右上角和左下角的区域多为零值或接近零值。

当像素的相关性只是它们相互距离而不是位置的函数时（默认图像和噪声的平稳性），可近似将 $\boldsymbol{R}_f$ 和 $\boldsymbol{R}_n$ 用块循环矩阵表示，根据块循环矩阵的对角化方法，可以写成：

$$\boldsymbol{R}_f=\boldsymbol{W}\boldsymbol{D}_f\boldsymbol{W}^{-1}\text{和 }\boldsymbol{R}_n=\boldsymbol{W}\boldsymbol{D}_n\boldsymbol{W}^{-1} \tag{5.101}$$

在这种情况下，根据块循环矩阵对角化的原理，用于对角化的 $\boldsymbol{W}$ 矩阵和被对角化的矩阵数据 $\boldsymbol{R}_f$ 或 $\boldsymbol{R}_n$ 无关，只和数据矩阵的尺寸有关，对 $\hat{\boldsymbol{f}}$ 约束后，有

$$\boldsymbol{Q}\hat{\boldsymbol{f}}=\sqrt{\boldsymbol{R}_f^{-1}}\cdot\sqrt{\boldsymbol{R}_n}\cdot\hat{\boldsymbol{f}}=\boldsymbol{W}\sqrt{\boldsymbol{D}_f^{-1}}\boldsymbol{W}^{-1}\boldsymbol{W}\sqrt{\boldsymbol{D}_n}\boldsymbol{W}^{-1}\hat{\boldsymbol{f}}=\boldsymbol{W}\sqrt{\boldsymbol{D}_f^{-1}}\sqrt{\boldsymbol{D}_n}\boldsymbol{W}^{-1}\hat{\boldsymbol{f}} \tag{5.102}$$

其中，$\sqrt{\boldsymbol{X}}$ 表示对矩阵 $\boldsymbol{X}$ 的每个元素进行平方根运算，$\sqrt{\boldsymbol{R}_f^{-1}}=\boldsymbol{W}\sqrt{\boldsymbol{D}_f^{-1}}\boldsymbol{W}^{-1}$，$\sqrt{\boldsymbol{R}_n^{-1}}=\boldsymbol{W}\sqrt{\boldsymbol{D}_n^{-1}}\boldsymbol{W}^{-1}$，$\boldsymbol{D}_f$ 和 $\boldsymbol{D}_n$ 分别对应于 $\boldsymbol{R}_f$ 和 $\boldsymbol{R}_n$ 相应的对角矩阵，根据循环矩阵对角化的性质可知，$\boldsymbol{D}_f$ 和 $\boldsymbol{D}_n$ 中的对角诸元素分别为 $\boldsymbol{R}_f$ 和 $\boldsymbol{R}_n$ 中行元素的傅里叶变换，并用 $S_f(u,v)$ 和 $S_n(u,v)$ 表示，它们分别是信号和噪声的功率谱。

式(5.102)两端左乘 $\boldsymbol{W}^{-}1$，则

$$\boldsymbol{W}^{-1}\boldsymbol{Q}\hat{\boldsymbol{f}}=\sqrt{\boldsymbol{D}_f^{-1}}\sqrt{\boldsymbol{D}_n}\boldsymbol{W}^{-1}\hat{\boldsymbol{f}} \tag{5.103}$$

现在，我们已经习惯将 $\boldsymbol{W}^{-1}\boldsymbol{X}$ 的元素直接看成是 $\boldsymbol{X}$ 的傅里叶变换，将 $\boldsymbol{D}_y$ 的元素直接看成是 $\boldsymbol{Y}$ 的傅里叶变换。因此，上式中 $\boldsymbol{W}^{-1}\hat{\boldsymbol{f}}$ 的元素就是 $\hat{F}(u,v)$，$\sqrt{\boldsymbol{D}_f^{-1}}\sqrt{\boldsymbol{D}_n}$ 为两个对角矩阵相乘，其中 $\sqrt{\boldsymbol{D}_f^{-1}}$ 和 $\sqrt{\boldsymbol{D}_n}$ 的对角元素分别为 $\sqrt{\boldsymbol{R}_f^{-1}}$ 和 $\sqrt{\boldsymbol{R}_n}$ 的傅里叶变换 $\sqrt{S_f^{-1}(u,v)}$ 和 $\sqrt{S_n(u,v)}$，则 $\sqrt{\boldsymbol{D}_f^{-1}}\sqrt{\boldsymbol{D}_n}$ 的对角元素就是这两者的乘积 $\sqrt{S_f^{-1}(u,v)}\sqrt{S_n(u,v)}$。因此 $\boldsymbol{Q}\hat{\boldsymbol{f}}$ 矢量中每一个元素 $\mathrm{J}(u,v)$ 都可以写成傅里叶变换的形式：

$$\mathrm{J}(u,v)=\sqrt{\frac{S_n(u,v)}{S_f(u,v)}}\cdot\hat{F}(u,v) \tag{5.104}$$

式(5.103)中的 $\sqrt{\frac{S_n(u,v)}{S_f(u,v)}}$ 表示噪声和信号的功率谱之比的平方根，即通常所用信噪比的倒数，此值越小，表明该频率上的信噪比越大。用 $\boldsymbol{Q}$ 算子对估计图像 $\hat{\boldsymbol{f}}$ 进行约束，求最小值的结果使得所产生的估计图像于所在频率上信噪比最大。

套用式(5.99)的结果 $\hat{\boldsymbol{f}}=(\boldsymbol{H}^{\mathrm{T}}\boldsymbol{H}+\gamma\boldsymbol{Q}^{\mathrm{T}}\boldsymbol{Q})^{-1}\boldsymbol{H}^{\mathrm{T}}\boldsymbol{g}$,其中,

$$\begin{aligned}\boldsymbol{Q}^{\mathrm{T}}\boldsymbol{Q}&=(\sqrt{\boldsymbol{R}_f^{-1}\boldsymbol{R}_n})^{\mathrm{T}}(\sqrt{\boldsymbol{R}_f^{-1}\boldsymbol{R}_n})=\sqrt{\boldsymbol{R}_n}\sqrt{\boldsymbol{R}_f^{-1}}\sqrt{\boldsymbol{R}_f^{-1}}\sqrt{\boldsymbol{R}_n}=\sqrt{\boldsymbol{R}_n\boldsymbol{R}_f^{-1}}\sqrt{\boldsymbol{R}_n}\\&=\boldsymbol{W}\sqrt{\boldsymbol{D}_n}\boldsymbol{W}^{-1}\boldsymbol{W}\boldsymbol{D}_f\boldsymbol{W}^{-1}\boldsymbol{W}\sqrt{\boldsymbol{D}_n}\boldsymbol{W}^{-1}=\boldsymbol{W}\boldsymbol{D}_f^{-1}\boldsymbol{D}_n\boldsymbol{W}^{-1}\end{aligned}\tag{5.105}$$

由于 $\boldsymbol{D}_f$、$\boldsymbol{D}_f^{-1}$都是对角阵,上式中其连乘和顺序无关,因此

$$\boldsymbol{Q}^{\mathrm{T}}\boldsymbol{Q}=\boldsymbol{W}\boldsymbol{D}_f^{-1}\boldsymbol{D}_n\boldsymbol{W}^{-1}\tag{5.106}$$

再由(5.43)式和式(5.45)可知:

$$\boldsymbol{H}^{\mathrm{T}}\boldsymbol{H}=(\boldsymbol{W}\boldsymbol{D}^*\boldsymbol{W}^{-1})(\boldsymbol{W}\boldsymbol{D}\boldsymbol{W}^{-1})=\boldsymbol{W}\boldsymbol{D}^*\boldsymbol{D}\boldsymbol{W}^{-1}\tag{5.107}$$

其中,“ * ”表示求共轭运算。把式(5.106)和式(5.107)代入到式(5.98),可得

$$\hat{\boldsymbol{f}}=(\boldsymbol{W}\boldsymbol{D}^*\boldsymbol{D}\boldsymbol{W}^{-1}+\gamma\boldsymbol{W}\boldsymbol{D}_f^{-1}\boldsymbol{D}_n\boldsymbol{W}^{-1})^{-1}\boldsymbol{W}\boldsymbol{D}^*\boldsymbol{W}^{-1}\boldsymbol{g}\tag{5.108}$$

式(5.108)两边左乘 $\boldsymbol{W}^{-1}$,得到

$$\boldsymbol{W}^{-1}\hat{\boldsymbol{f}}=(\boldsymbol{D}^*\boldsymbol{D}+\gamma\boldsymbol{D}_f^{-1}\boldsymbol{D}_n)^{-1}\boldsymbol{D}^*\boldsymbol{W}^{-1}\boldsymbol{g}\tag{5.109}$$

可以看出,括号内的矩阵都是对角矩阵。式(5.109)中各元素可以写成

$$\hat{\boldsymbol{F}}(u,v)=\left\{\frac{H^*(u,v)}{H^*(u,v)H(u,v)+\gamma\left[\dfrac{S_n(u,v)}{S_f(u,v)}\right]}\right\}G(u,v)\tag{5.110}$$

式(5.110)的大括号中就是我们所熟悉的维纳滤波器,下面讨论的几种情况:

(1) 式(5.110)本质上是在信噪比最大化约束条件下的最小二乘方复原滤波器。

(2) 如果 $\gamma=1$,方括号内的项被称为维纳滤波器。需要指出的是,当 $\gamma=1$ 时,并不是在约束条件下得到的最佳解,此时并不一定满足约束条件 $\|\boldsymbol{g}-\boldsymbol{H}\hat{\boldsymbol{f}}\|^2=\|\boldsymbol{n}\|^2$。但是它在 $E[f(x,y)-\hat{f}(x,y)]^2$ 最小化的意义下是最优的,即残差图像的均方误差最小,满足维纳滤波器的均方误差最小的定义。如 $\gamma$ 为变数,则称为参变维纳滤波器。

(3) 无噪声时,$S_n(u,v)=0$,式(5.110)退化成逆滤波器。因此,逆滤波器可看成是维纳滤波器的一种特殊情况。可以这样来理解,维纳滤波器是在有噪声存在的情况下,在统计意义上对逆滤波器传递函数的修正,提供了在有噪声情况下均方意义上的最佳复原。

(4) 当无信号时,这时滤波器都完全截止,阻止噪声通过。

(5) 利用式(5.110)进行图像复原,需要了解图像和噪声的功率谱密度 $S_f(u,v)$、$S_n(u,v)$等。实际上,对随机噪声的统计性质的了解往往是十分困难的,一般都假设为白噪声,即功率谱密度为一常数,并且与图像不相关。此时 $S_n(u,v)$等于在零点时的谱密度 $S_n(0,0)$,可由噪声的相关函数 $R_n(x,y)$获得

$$S_n(u,v)\approx S_n(0,0)=\int_{-\infty}^{\infty}\int_{-\infty}^{\infty}R_n(x,y)\mathrm{d}x\mathrm{d}y\tag{5.111}$$

(6) 当 $S_f(u,v)$和 $S_n(u,v)$统计性质未知时,式(5.110)可以近似为

$$\hat{F}(u,v)\approx\left[\frac{H^*(u,v)}{|H(u,v)|^2+K}\right]G(u,v)\tag{5.112}$$

其中,$K$ 是噪声对信号的频谱密度之比。此时,可得到降质图像在一定程度上的复原,但是,得不到最佳复原。

图 5.7 是维纳滤波图像复原的一例,其中(a)是原始图像,(b)是加了白噪声以后的降质图像,(c)是用维纳滤波器对(b)进行滤波复原以后的图像,复原以后的峰值信噪比(PSNR)提高了 4 dB 以上。

(a) 原始图像　(b) 加噪模糊图像(22 dB)　(c) 复原后图像(22 dB)

图 5.7　维纳滤波图像复原

## 5.3.3　功率谱均衡复原

上面从最小二乘方原则出发，推导出使原图像与估计图像的均方误差最小的维纳滤波图像复原。实际上，还可以根据另外的准则（对图像特性的合理的要求），如使估计图像 $\hat{f}(x,y)$ 的功率谱 $\hat{S}_f(u,v)$ 与原图像 $f(x,y)$ 的功率谱 $S_f(u,v)$ 相等，即由

$$\hat{S}_f(u,v)=S_f(u,v) \tag{5.113}$$

导出功率谱均衡（Power Spectrum Equalization）复原滤波器。

从降质图像 $g(x,y)$ 得出复原的估计图像 $\hat{f}(x,y)$ 过程中，复原滤波器的恢复转移函数 $M(u,v)$、估计图像的功率谱 $\hat{S}_f(u,v)$、降质图像的功率谱 $S_g(u,v)$ 之间的关系为

$$\hat{S}_f(u,v)=|M(u,v)|^2 S_g(u,v) \tag{5.114}$$

根据图像退化的降质模型和功率谱的定义可知

$$\begin{aligned}S_g(u,v)&=E\{G(u,v)G^*(u,v)\}\\&=E\{[H(u,v)F(u,v)+N(u,v)][H(u,v)F(u,v)+N(u,v)]^*\}\\&=|H(u,v)|^2 S_f(u,v)+S_n(u,v)\end{aligned} \tag{5.115}$$

把上式代入到式(5.114)，可得

$$|M(u,v)|=\sqrt{\frac{\hat{S}_f(u,v)}{S_g(u,v)}}=\sqrt{\frac{\hat{S}_f(u,v)}{|H(u,v)|^2 S_f(u,v)+S_n(u,v)}} \tag{5.116}$$

根据功率谱均衡复原滤波器的要求 $\hat{S}_f(u,v)=S_f(u,v)$，代入上式，可得

$$|M(u,v)|=\sqrt{\frac{1}{|H(u,v)|^2+\dfrac{S_n(u,v)}{S_f(u,v)}}} \tag{5.117}$$

因此，功率谱均衡复原图像频谱的各元素可以写成

$$\hat{F}(u,v)=\sqrt{\frac{1}{|H(u,v)|^2+\dfrac{S_n(u,v)}{S_f(u,v)}}}\cdot G(u,v) \tag{5.118}$$

上式与维纳滤波器相比，除分子相差一项 $H(u,v)$ 之外，它们之间基本相似，同样需要预先知道功率谱 $S_f(u,v)$ 和 $S_n(u,v)$。当无噪声时，这两种滤波器都简化为逆滤波器；当无信号

时,这两种滤波器都完全截止。

它们的不同是在 $H(u,v)=0$ 处,维纳滤波器其恢复转移函数强迫响应为零,而功率谱均衡复原滤波器恢复转移函数则不等于零。功率谱均衡滤波器在靠近 $H(u,v)=0$ 处有较高的增益,这就使复原出的图像比维纳滤波有更多的细微结构。当然,从均方意义上说,这样的细微结构并不是最佳的。但实验表明,人的视觉系统并不是最小均方处理器,因此,人们更喜欢用功率谱均衡复原出图像。而且对于较低信噪比的图像,用功率谱均衡复原会比相应的维纳滤波使图像显得更锐化一些。

从上面分析可知,功率谱均衡滤波器具有相当强的图像复原能力,在某些情况下其性能优于维纳滤波器。

### 5.3.4 平滑约束复原

维纳滤波和功率谱均衡滤波复原都是一种统计意义上的复原方法。维纳滤波的最佳准则是以图像和噪声的相关矩阵为基础的,所得到的结果是对一簇图像在平均的意义上是最佳的,同时要求图像和噪声都属于平稳随机场,并且它的频谱密度是已知的。但是在实际情况中,人们往往缺少这一方面的先验知识,一般只能采用适当的功率谱模型来近似。

由于图像毕竟不是一个任意的数据矩阵,它反映的是自然界实际的场景,因此数据间的变化是比较平缓的,突然的变化较少,陡峭的剧变极少。根据图像数据的这一特性,有理由要求所估计的图像数据是平滑过渡的,是施加了平滑约束(Smoothness Constraints)的。平滑约束最小二乘方复原是一种以平滑度为基础的图像复原方法,如使得估计图像数据的二阶导数为最小。它只需要知道有关噪声的均值和方差等先验知识就可对每个给定的图像得到最优结果。这意味着在用该方法复原过程中,对每个给定的图像都是最佳的。

平滑约束最小二乘方复原仍然是以有约束最小二乘方滤波复原式(5.97)为基础的,关键是如何选择合适的约束算子矩阵 $\boldsymbol{Q}$。

在图像平滑约束复原中,一般选择图像的拉普拉斯算子作为其二阶导数的衡量,因为它不涉及一般导数的方向性,相对比较简单。设估计图像 $\hat{f}(x,y)$ 在 $(x,y)$ 处的拉普拉斯算子(二阶导数)可用以下差分式近似

$$\frac{\partial^2 \hat{f}}{\partial x^2}+\frac{\partial^2 \hat{f}}{\partial y^2}\approx \hat{f}(x+1,y)+\hat{f}(x-1,y)+\hat{f}(x,y+1)+\hat{f}(x,y-1)-4\hat{f}(x,y) \tag{5.119}$$

上式结果可用 $\hat{f}(x,y)$ 与下面的二维算子 $p(x,y)$ 卷积得到:

$$p(x,y)=\begin{bmatrix}0 & 1 & 0\\ 1 & -4 & 1\\ 0 & 1 & 0\end{bmatrix} \tag{5.120}$$

按照式(5.97)的准则函数,$\|\boldsymbol{Q}\hat{\boldsymbol{f}}\|^2$ 中 $\hat{\boldsymbol{f}}$ 是 $MN$ 维的列矢量,$\boldsymbol{Q}$ 是 $MN\times MN$ 维的分块循环矩阵,又称之为平滑矩阵:

$$\boldsymbol{Q}=\begin{bmatrix}\boldsymbol{q}_0 & \boldsymbol{q}_{M-1} & \cdots & \boldsymbol{q}_1\\ \boldsymbol{q}_1 & \boldsymbol{q}_0 & \cdots & \boldsymbol{q}_2\\ \vdots & \vdots & & \vdots\\ \boldsymbol{q}_{M-1} & \boldsymbol{q}_{M-2} & \cdots & \boldsymbol{q}_0\end{bmatrix} \tag{5.121}$$

为了满足矩阵运算的要求,将 $p(x,y)$ 矩阵补零后形成 $N\times N$ 维 $p_e(x,y)$ 矩阵,上式中每个子矩阵 $\boldsymbol{q}_j$ 是 $p_e(x,y)$ 矩阵的第 $j$ 行组成的 $N\times N$ 维的循环矩阵,即

$$q_j = \begin{bmatrix} p_e(j,0) & p_e(j,N-1) & \cdots & p_e(j,1) \\ p_e(j,1) & p_e(j,0) & \cdots & p_e(j,2) \\ \vdots & \vdots & & \vdots \\ p_e(j,N-1) & p_e(j,N-2) & \cdots & p_e(j,0) \end{bmatrix} \tag{5.122}$$

重写(5.98)式最优解的结果为

$$\hat{f} = (\boldsymbol{H}^{\mathrm{T}}\boldsymbol{H} + \gamma\boldsymbol{Q}^{\mathrm{T}}\boldsymbol{Q})^{-1}\boldsymbol{H}^{\mathrm{T}}\boldsymbol{g} \tag{5.123}$$

参照前面的对角化方法可得

$$\hat{f} = (\boldsymbol{WD}^*\boldsymbol{DW}^{-1} + \gamma\boldsymbol{WD}_Q^*\boldsymbol{D}_Q\boldsymbol{W}^{-1})^{-1}\boldsymbol{WD}^*\boldsymbol{W}^{-1}\boldsymbol{g} \tag{5.124}$$

式(5.124)两边左乘以 $\boldsymbol{W}^{-1}$，得到

$$\boldsymbol{W}^{-1}\hat{f} = (\boldsymbol{D}^*\boldsymbol{D} + \gamma\boldsymbol{D}_Q^*\boldsymbol{D}_Q)^{-1}\boldsymbol{D}^*\boldsymbol{W}^{-1}\boldsymbol{g} \tag{5.125}$$

对应于复原图像频谱中的每一个元素，可表示成

$$\hat{F}(u,v) = \left[\frac{H^*(u,v)}{|H(u,v)|^2 + \gamma|p_e(u,v)|^2}\right]G(u,v) \tag{5.126}$$

其中，$u=0,1,2,\cdots,N-1$，$v=0,1,2,\cdots,N-1$。在形式上与维纳滤波器有些相似，主要区别是这里除了对噪声均值和方差的估计外不需要对其他统计参数的知识。与维纳滤波器要求一样，$\gamma$ 是一个调节参数，当调节 $\gamma$ 满足 $\|\boldsymbol{g}-\boldsymbol{H}\hat{f}\|^2 = \|\boldsymbol{n}\|^2$ 时，式(5.126)才能达到最优。

图像复原是一个由降质图像反求原图像的病态反问题，常常出现无解、无穷多解或对计算精度异常敏感的不切实际的解。因此在上述的平滑约束图像复原中，我们对估计图像求解采用了式(5.121)的 $\boldsymbol{Q}$ 算子的约束。在这种平滑约束的情况下，所获得的最优解 $\hat{f}$ 是经拉普拉斯滤波后其能量之和最小的一幅图像。拉普拉斯滤波的结果表示图像的跳变分量大小，也就是高频分量。选择了跳变分量最少，可以有效避免了在图像复原中出现的非良态解，使得到的结果更加符合实际图像具有高度相关、以中低频能量为主的特性。

## 5.4 非线性图像复原*

由前面的分析可知，维纳滤波、功率谱均衡、平滑滤波复原等方法都要求图像降质模型是线性、位移不变系统，噪声和图像是叠加关系。但是，在实际中大多数图像降质系统都不是真正的线性位移不变的，或多或少包含了非线性因素，噪声也并非真正的加性噪声。因此，前面用线性系统复原方法处理时，只是一种近似，或者在较小的空间范围、频谱范围或灰度动态范围内，其特性基本上符合线性要求。

近来，多种考虑到图像系统中的非线性因素，使得图像复原的方法更加切合实际的非线性图像复原的方法得到了广泛的研究，获得了良好的效果。例如，最大后验概率复原，最大熵复原等就是比较典型的代表。

### 5.4.1 最大后验复原

如果将图像复原问题看成是一个基于样本(降质图像)求解原图像的估计问题，这就是统计意义下图像的最大后验(Maximum A Posterior，MAP)估计复原。将原始图像 $f(x,y)$ 和被观测到的降质图像 $g(x,y)$ 都看成二维随机场，在已知 $g(x,y)$ 的前提下，对 $f(x,y)$ 进行种种估计，求出后验概率密度函数 $P(f(x,y)|g(x,y))$，当 $P(f(x,y)|g(x,y))$ 为最大值时所对应

的 $\hat{f}(x,y)$ 就代表在已知降质图像 $g(x,y)$时最有可能的那个原始图像 $f(x,y)$，也称 $\hat{f}(x,y)$ 是 $f(x,y)$的最大后验估计。

把图像 $f(x,y)$、$g(x,y)$堆叠成列向量 $\boldsymbol{f}$、$\boldsymbol{g}$，根据贝叶斯准则可知，有 $P(\boldsymbol{f}|\boldsymbol{g})P(\boldsymbol{g})=P(\boldsymbol{g}|\boldsymbol{f})P(\boldsymbol{f})$。因此，求 $P(\boldsymbol{f}|\boldsymbol{g})$的最大值等效于求式(5.127)的最大值，即

$$\max_{f} P(\boldsymbol{f}|\boldsymbol{g})=\max_{f}\frac{P(\boldsymbol{g}|\boldsymbol{f})P(\boldsymbol{f})}{P(\boldsymbol{g})}=c\max_{f} P(\boldsymbol{g}|\boldsymbol{f})P(\boldsymbol{f}) \tag{5.127}$$

其中，降质图像的分布 $P(\boldsymbol{g})$独立于最优化问题，可看成与 $\boldsymbol{f}$ 无关的常数，对最大后验估值的影响用常数 $c$ 表示。为了求解式(5.127)，忽略常数，采用等效的对数运算，对式(5.127)取对数后再求偏导，使其为零，即

$$\frac{\partial}{\partial \boldsymbol{f}}[\ln P(\boldsymbol{g}|\boldsymbol{f})]+\frac{\partial}{\partial \boldsymbol{f}}[\ln P(\boldsymbol{f})]=\boldsymbol{0} \tag{5.128}$$

解出其中的 $\boldsymbol{f}$ 即满足要求。为此，考虑先前的降质模型

$$\boldsymbol{g}=\boldsymbol{H}\boldsymbol{f}+\boldsymbol{n} \tag{5.129}$$

其中，$\boldsymbol{H}$ 是线性模型的循环矩阵。为了简单起见，最大后验图像复原把图像看成是一个平稳随机场，并服从多维高斯分布，只需要均值和方差参数就可以确定。

设系统噪声 $\boldsymbol{n}$ 满足零均值的 $N$ 维高斯分布：

$$P(\boldsymbol{n})=\frac{1}{\sqrt{(2\pi)^N\mid \boldsymbol{C}_{nn}\mid}}\exp\left(-\frac{1}{2}\boldsymbol{n}^{\mathrm{T}}\boldsymbol{C}_{nn}^{-1}\boldsymbol{n}\right) \tag{5.130}$$

其中，$\boldsymbol{C}_{nn}=E[\boldsymbol{n}\cdot\boldsymbol{n}^{\mathrm{T}}]$是 $\boldsymbol{n}$ 的协方差矩阵，$|\boldsymbol{C}_{nn}|$是其行列式。

由于 $\boldsymbol{n}$ 的均值为 0，式(5.129)中的 $\boldsymbol{H}\boldsymbol{f}$ 可以近似看成是 $\boldsymbol{g}$ 的均值。这样在 $\boldsymbol{f}$ 的分布为已知的条件下，$\boldsymbol{g}$ 的随机性是由 $\boldsymbol{n}$ 决定的，即 $\boldsymbol{C}_{gg}=E[\boldsymbol{g}\cdot\boldsymbol{g}^{\mathrm{T}}]=E[\boldsymbol{n}\cdot\boldsymbol{n}^{\mathrm{T}}]=\boldsymbol{C}_{nn}$，$P(\boldsymbol{g}|\boldsymbol{f})$和 $P(\boldsymbol{n})$具有相同的分布类型，即

$$P(\boldsymbol{g}|\boldsymbol{f})=\frac{1}{\sqrt{(2\pi)^N|\boldsymbol{C}_{nn}|}}\exp\left[-\frac{1}{2}(\boldsymbol{g}-\boldsymbol{H}\boldsymbol{f})^{\mathrm{T}}\boldsymbol{C}_{nn}^{-1}(\boldsymbol{g}-\boldsymbol{H}\boldsymbol{f})\right] \tag{5.131}$$

不考虑常数，式(5.131)取对数后对 $\boldsymbol{f}$ 求偏导可得

$$\frac{\partial}{\partial \boldsymbol{f}}[\ln P(\boldsymbol{g}|\boldsymbol{f})]=\frac{\partial(\boldsymbol{H}\boldsymbol{f})}{\partial \boldsymbol{f}}\boldsymbol{C}_{nn}^{-1}(\boldsymbol{g}-\boldsymbol{H}\boldsymbol{f})=\boldsymbol{H}^{\mathrm{T}}\boldsymbol{C}_{nn}^{-1}(\boldsymbol{g}-\boldsymbol{H}\boldsymbol{f}) \tag{5.132}$$

另外，图像中各像素的灰度也可以认为是正态分布，设均值为 $\boldsymbol{m}_f=E[\boldsymbol{f}]$，方差为 $\boldsymbol{C}_{ff}=E[\boldsymbol{f}\cdot\boldsymbol{f}^{\mathrm{T}}]$，则 $\boldsymbol{f}$ 的概率密度函数为

$$P(\boldsymbol{f})=\frac{1}{\sqrt{(2\pi)^N|\boldsymbol{C}_{ff}|}}\exp\left[-\frac{1}{2}(\boldsymbol{f}-\boldsymbol{m}_f)^{\mathrm{T}}\boldsymbol{C}_{ff}^{-1}(\boldsymbol{f}-\boldsymbol{m}_f)\right] \tag{5.133}$$

于是，不考虑常数，式(5.133)取对数后对 $\boldsymbol{f}$ 求偏导得

$$\frac{\partial}{\partial \boldsymbol{f}}[\ln P(\boldsymbol{f})]=-\boldsymbol{C}_{ff}^{-1}(\boldsymbol{f}-\boldsymbol{m}_f) \tag{5.134}$$

把式(5.132)和式(5.134)代入到式(5.128)，得到

$$\boldsymbol{H}^{\mathrm{T}}\boldsymbol{C}_{nn}^{-1}(\boldsymbol{g}-\boldsymbol{H}\boldsymbol{f})-\boldsymbol{C}_{ff}^{-1}(\boldsymbol{f}-\boldsymbol{m}_f)=\boldsymbol{0} \tag{5.135}$$

如果事前通过简单的处理使 $\boldsymbol{f}$ 的均值 $\boldsymbol{m}_f$ 为 0，式(5.135)可解得

$$\hat{\boldsymbol{f}}=(\boldsymbol{C}_{ff}^{-1}+\boldsymbol{H}^{\mathrm{T}}\boldsymbol{C}_{nn}^{-1}\boldsymbol{H})^{-1}\boldsymbol{H}^{\mathrm{T}}\boldsymbol{C}_{nn}^{-1}\boldsymbol{g} \tag{5.136}$$

这是一个关于 $\hat{\boldsymbol{f}}$ 的线性方程，求解后可得到恢复图像 $\hat{\boldsymbol{f}}$。此方程可以通过迭代或其他方法求解，但计算量巨大，寻找较简单的迭代方法仍然值得研究。

将(5.136)式和有约束最小二乘方的结果 $\hat{\boldsymbol{f}}=(\boldsymbol{H}^{\mathrm{T}}\boldsymbol{H}+\gamma\boldsymbol{Q}^{\mathrm{T}}\boldsymbol{Q})^{-1}\boldsymbol{H}^{\mathrm{T}}\boldsymbol{g}$ 相比较，就会发现：如

果噪声 $\boldsymbol{n}$ 为 $N$ 维独立高斯分布随机场，式(5.136)中的协方差矩阵 $\boldsymbol{C}_{nn}^{-1}$ 为单位矩阵，将不起作用；考虑维纳滤波复原中的约束算子 $\boldsymbol{Q}=\boldsymbol{R}_f^{-1/2}\boldsymbol{R}_n^{1/2}$ 相当于这里的 $\boldsymbol{Q}=\boldsymbol{C}_{ff}^{-1/2}\boldsymbol{C}_{nn}^{1/2}$，$\boldsymbol{Q}$ 是对称算子，$\boldsymbol{Q}^{\mathrm{T}}\boldsymbol{Q}=\boldsymbol{C}_{ff}^{-1}\boldsymbol{C}_{nn}$，考虑 $\boldsymbol{C}_{nn}^{-1}$ 为单位矩阵，式(5.136)中的图像的协方差矩阵 $\boldsymbol{C}_{ff}^{-1}$ 相当于约束项 $\gamma\boldsymbol{Q}^{\mathrm{T}}\boldsymbol{Q}$。可见，在这种情况下 MAP 方法和最小二乘方复原方法是一致的。

最后，注意到在式(5.127)中，如果我们得不到 $\boldsymbol{f}$ 的分布信息，或简单地将 $\boldsymbol{f}$ 作为均匀分布来处理，则此时的最大后验概率复原就成为最大似然(Maximum Likelihood，ML)估计的复原方法，复原计算将简化为

$$\max_f P(\boldsymbol{f}|\boldsymbol{g})=\max_f\frac{P(\boldsymbol{g}|\boldsymbol{f})P(\boldsymbol{f})}{P(\boldsymbol{g})}\propto\max_f P(\boldsymbol{g}|\boldsymbol{f}) \tag{5.137}$$

## 5.4.2 最大熵复原

最大熵复原是在图像复原过程中加最大熵约束的方法，是一种典型的非线性复原方法。该方法要求恢复的图像在满足一系列成像公式的前提下其图像熵最大。也就是说在图像恢复问题的所有可行解中，选择熵最大的那一个作为最终的复原图像解。

相对于传统线性方法，最大熵复原方法的优点在于不需要对图像先验知识做更多假设，可在抑制噪声和恢复图像细节之间取得较好的平衡，获得比线性恢复方法更好的效果。另外，大多数的最大熵复原方法还可以恢复残缺(不完全数据)图像。但是，最大熵算法作为一种非线性方法，要求解最大熵是比较困难的，通常只能用极其耗时的迭代方法，计算量大，这也限制了它在一些领域的实际应用。因此，寻找高效、快速、稳定的算法一直是最大熵图像复原研究的主要内容。

**1. 定义另一种“熵”**

根据信息论原理，熵的大小是表征随机变量集合(信源)的随机程度的统计平均值。设有一个包含 $M$ 个随机变量的集合，最小的随机情况是某一随机变量出现的概率为1，其他随机变量出现的概率为0，这个随机变量的结果是可以预知的，它的出现不是随机的，不会给我们带来任何信息量，因此，该随机变量集合的熵值为0。最大的熵值情况是所有的随机变量是等可能性的，即为等概率分布，每一个随机变量出现的概率皆为 $1/M$，此时随机变量集合的熵值最大，为 $\ln M$。一般情况下，随机变量集合的熵值在 $0\sim\ln M$ 之间。

对于一幅 $N\times N$ 大小的非负图像 $f(i,j)$，如果将图像看作是一个随机变量集合(包含 $N\times N$ 个随机变量)，任一像素的灰度值表示这一点随机变量的概率。仿效随机变量熵的定义，定义其图像熵为

$$H_f=-\sum_{i=1}^{N}\sum_{j=1}^{N}f(i,j)\ln f(i,j) \tag{5.138}$$

有两点需要注意：一是由于上面定义的 $H_f$ 的结构类似于信息论中的熵表示，所以称为图像熵，但是这里的图像熵和我们经常用到的图像信源熵的定义是不同的，是一种借用；二是图像灰度和概率密度不同，它的取值范围超过0、1之间，但是计算出的熵值的相对大小还是相同的。

从信源熵的概念出发，随机集合的熵值越大，说明此集合中各个随机变量的概率大小越是趋同，它们之间的差别越是小。与此类似，在(5.138)式定义的图像熵中，图像的熵值越大，说明图像中各像素的灰度值越是趋同，之间的差别越是小，也就是图像越平滑。因此，从本质上看，图像最大熵的约束就是图像平滑的约束。

类似地可以定义噪声的熵 $H_n$。但考虑到图像中噪声值可正可负，为保证图像的非负性，定义等效噪声为

$$n'(i,j)=n(i,j)+B \tag{5.139}$$

这里 $B$ 为最大的噪声负值,保证等效噪声 $n'(i,j)$ 为正值。于是噪声熵 $H_n$ 定义为

$$H_n = -\sum_{i=1}^{N}\sum_{j=1}^{N} n'(i,j)\ln n'(i,j) \tag{5.140}$$

**2. 最大加权熵复原**

定义了图像熵和噪声熵以后,图像最大熵复原问题就是一个求图像熵和噪声熵加权之和的极大值问题。此时,加权熵可写为

$$H = H_f + \rho H_n \tag{5.141}$$

加权熵 $H$ 实际上是一个用于优化(求极大值)的准则函数,$H_f$ 为图像熵,$H_n$ 为等效噪声熵,$\rho$ 为加权系数,用以调整对噪声熵的强调,$\rho$ 值大,噪声熵 $H_n$ 对总量 $H$ 的贡献也大,对噪声的平滑要求加强,结果对噪声的平滑作用要远远超过对图像的平滑。这也是符合实际情况的,在复原中不能对图像进行过分平滑,否则会损失大量的图像细节。

在用拉格朗日法对(5.141)式求极值的过程中还要增加具体的约束条件。

第一个约束条件为

$$E = \sum_{i=1}^{N}\sum_{j=1}^{N} f(i,j) \tag{5.142}$$

这一约束条件的基础是默认图像的灰度值之和是一个常数,也就是说在优化的过程中始终保持图像的灰度之和不变,这相当于随机集合所有元素概率之和为 1 的准则。

第二个约束是图像的降质函数 $h(p,q)$ 为线性位移不变系统,降质图像 $g(p,q)$ 为 $h(p,q)$ 和原图像 $f(p,q)$ 的卷积,外加噪声 $[n'(p,q)-B]$:

$$g(p,q) = \sum_{m=0}^{N-1}\sum_{n=0}^{N-1} h(p-m,q-n)f(m,n) + n'(p,q) - B \tag{5.143}$$

其中,$p,q=0,1,\cdots,N-1$。

最大熵复原就是在满足式(5.142)和式(5.143)图像降质模型的约束条件下,使得恢复后的图像熵和噪声熵的加权和达到最大。利用求条件极值的拉格朗日乘子法,引入函数:

$$R = H_f + \rho H_n + \sum_{p=0}^{N-1}\sum_{q=0}^{N-1}\lambda_{pq}\Big[\sum_{m=0}^{N-1}\sum_{n=0}^{N-1} h(p-m,q-n)f(m,n) + n'(p,q) - B - g(p,q)\Big] + \beta\Big\{\sum_{m=0}^{N-1}\sum_{n=0}^{N-1} f(m,n) - E\Big\} \tag{5.144}$$

其中,$\lambda_{pq}(p,q=0,1,\cdots,N-1)$ 和 $\beta$ 是 $(N^2+1)$ 个拉格朗日乘子,$\rho$ 是加权因子,用来设置 $H_f$ 和 $H_n$ 相互之间的比例。$R$ 分别对 $f$ 和 $n'$ 求偏导(实际中可用差分替代),并令其等于零:

$$\frac{\partial R}{\partial f(i,j)} = 0, \quad \frac{\partial R}{\partial n'(i,j)} = 0 \tag{5.145}$$

解上述方程组,得到使 $R$ 达到极大值的复原图像 $\hat{f}(x,y)$ 和噪声 $\hat{n}(x,y)$:

$$\hat{f}(m,n) = \exp\Big[-1 + \rho + \sum_{p=0}^{N-1}\sum_{q=0}^{N-1}\lambda_{pq} h(p-m,q-n)\Big] \tag{5.146}$$

$$\hat{n}(m,n) = \exp\Big[-1 + \frac{\lambda_{pq}}{\rho}\Big] \tag{5.147}$$

式(5.146)和式(5.147)中,$p,q=0,1,\cdots,N-1$。将 $\hat{f}(m,n)$ 和 $\hat{n}(m,n)$ 代入到两个约束条件式(5.142)和式(5.143)中,得到 $N^2+1$ 个关于 $\lambda_{pq}$ 和 $\beta$ 的非线性方程组;解此方程组便可以求得 $\lambda_{pq}$ 和 $\beta$ 的值,将它们代入式(5.146),从而最终可得复原图像 $\hat{f}(x,y)$。实验表明,当权值 $\rho$ 选择恰当时,可以获得较为满意的使噪声得到平滑的图像复原结果。

# 习题与思考

5.1 图像复原处理和图像增强处理的目标和结果有什么异同之处？

5.2 考虑矩阵 $\boldsymbol{W}$〔式(5.44)〕，它的列 $\boldsymbol{w}(0),\boldsymbol{w}(1),\cdots,\boldsymbol{w}(M-1)$ 由式(5.42)给出，证明由元素 $z(i,m)=\dfrac{1}{M}\exp\left(-\mathrm{j}\,\dfrac{2\pi}{M}im\right)$ 组成的矩阵 $\boldsymbol{Z}$ 是矩阵 $\boldsymbol{W}$ 的逆矩阵。其中，$i,m=1,2,\cdots,M-1$。

5.3 根据式(5.41)和式(5.42)写出下述循环矩阵

$$H=\begin{bmatrix}-1 & 0 & 2 & 3\\ 3 & -1 & 0 & 2\\ 2 & 3 & -1 & 0\\ 0 & 2 & 3 & -1\end{bmatrix}$$

的特征值和特征矢量。并用这些特征值和特征矢量构造矩阵，证明式(5.45)。

5.4 设两个系统的冲激响应函数都为 $h_1(x,y)=e^{-(x+y)}$，其中，$x\geqslant 0,y\geqslant 0$。若将这两个系统串接，试求系统总的冲激响应 $h(x,y)$。

5.5 在图像获取中，一幅图像进行了垂直方向上的均匀线性运动，用时 $T_1$；然后运动方向转为水平仍然做匀速运动，用时为 $T_2$。假设图像改变方向所用的时间可以忽略，快门开关时间也可以忽略，试求降质系统的 $H(u,v)$。

5.6 设一个线性位置不变的图像降质系统的冲激响应为

$$h(x-a,y-b)=e^{-[(x-a)^2+(y-b)^2]}$$

假定输入到系统的图像为无穷小宽度的线，可用 $f(x,y)=\delta(x-a)$ 表示。不考虑噪声影响，求其输出图像 $g(x,y)$。

5.7 在图像的最大熵复原中所定义的图像“熵”的物理含义是什么？在复原过程中最大熵的约束实际上是对复原图像施加的什么约束？

5.8 在图像的最大后验概率(MAP)复原中，在简单的线性降质且噪声服从正态分布的情况下，证明这时 MAP 复原和有约束最小二乘方复原的结果一样。

5.9 成像时由于受到大气干扰而产生的图像模糊可以用转移函数 $H(u,v)=\exp[-(u^2+v^2)/(2\sigma^2)]$ 表示。在不考虑噪声的情况下，写出复原这类图像的维纳滤波器的表达式。

5.10 在有约束最小二乘图像复原时，常对估计图像 $\hat{f}$ 引入 $\boldsymbol{Q}$ 算子约束，如包含高通卷积核 $p(x,y)=\begin{vmatrix}0 & 1 & 0\\ 1 & -4 & 1\\ 0 & 1 & 0\end{vmatrix}$ 的 $\boldsymbol{Q}$，说明为何要引入此约束以及该算子在图像复原中的作用。

5.11 对 $3\times 3$ 循环矩阵 $\boldsymbol{H}=\begin{bmatrix}1 & 2 & 0\\ 0 & 1 & 2\\ 2 & 0 & 1\end{bmatrix}$ 用式 $\boldsymbol{H}=\boldsymbol{W}\boldsymbol{D}\boldsymbol{W}^{-1}$ 对其角化，求其对角阵 $\boldsymbol{D}$。

# 第6章 图像分割

对于前面所讨论的有关图像变换、图像增强和图像复原等处理，它们侧重于通过变换、滤波等方法消除降质影响，恢复图像原貌，改善图像视觉效果，属于一种较低层次（以像素为处理单元）的图像处理技术。较高层次的图像处理技术涉及图像分析、图像理解等，这类处理技术输入的仍然是图像，但是其输出是对图像场景的描述、分类、理解等。在处理过程中，感兴趣的是如何对图像中的目标进行描述，着眼点是像素集合或者说是某个目标区域，而不是针对单个的像素点。实现图像从低层次处理到高层次处理的一个重要过程就是图像分割（Image Segmentation），它是介于低层次处理和高层次处理的中间层次，一直是图像处理领域中的重点和难点问题之一。图像在分割后的处理，如特征提取、目标识别等都依赖图像分割的质量。

本章主要介绍三种较为通用、也是较为基本的图像分割方法：阈值法、边界法和区域法，随后简单介绍一些基于数学形态学的二值图像分割的基本概念和应用。

## 6.1 图像分割定义和分类

**1. 图像分割的定义**

对图像进行分割处理就是把图像分成一些具有不同特征的有意义区域，以便进一步分析或理解。例如，一幅航拍照片，可以分割成公路、湖泊、森林、住宅、农田等区域。如仅对一幅图像中的目标感兴趣，可以通过分割把背景去除，提取目标。因此，图像分割就是把图像分成各具特性的区域并提取感兴趣目标的技术和过程。这些特性可以是像素的灰度、颜色、纹理等，提取目标可以对应于单个区域，也可以对应于多个区域。可见，图像分割是从低层次图像处理到较高层次图像分析、更高层次图像理解的关键步骤，具有十分重要的地位和研究价值。一方面，图像分割高于一般意义上的图像处理，研究对象通常是对象所在的区域或者是对象的特征，并非单个像素灰度值；另一方面，由于图像分割、目标分离、特征提取和参数测量都是将原始图像转化为更抽象、更紧凑的形式，把以像素为单元的描述转换为以区域、以周长、以面积以及其他对象特征为基础的描述，使得更高层的分析和理解成为可能。所以，图像分割又是图像分析的一个底层而关键的阶段，是一种基本的计算机视觉技术。

图像分割至今尚未有一致公认的严格定义，按照通常对图像分割的理解，图像分割出的区域需同时满足均匀性和连通性的条件。均匀性是指该区域中的所有像素点都满足基于灰度、纹理、颜色或其他某种特征的相似性准则，即边界所分开区域的内部特征或属性是一致的，而不同区域内部的特征或属性是不同的。连通性是指该区域内任意两点存在相互连通的路径。

**2. 分割方法的分类**

图像分割技术的研究多年来一直受到人们的高度重视，国内外权威刊物上每年都有几百篇有关的研究报道。然而迄今为止，对图像分割算法并没有统一的分类方法。通常根据各自的处理策略、实现技术、应用目的等进行不同的分类。例如，根据实现技术的不同，图像分割可分为基于图像直方图的分割（阈值分割、聚类等）、基于邻域的分割（区域生长、分裂合并等）、基于边界的分割（边缘检测、边界跟踪等）等若干类，本章就采用这种分类方法。

此外，还可以根据分割过程中处理策略的不同，图像分割可分为并行算法和串行算法两类；根据使用知识的特点和层次不同，图像分割可分为直接基于灰度值的操作（边缘检测、区域生长等，直接对当前图像数据进行操作，可使用先验知识）和基于模型操作（基于 Snakes 模型、基于组合优化模型等，建立在先验知识的基础上）两类；根据应用目的的不同，可将图像分割分为粗分割和细分割两类；根据分割对象的属性不同，可将图像分割分为灰度图像分割和彩色图像分割两类；根据是否借助一定区域内像素灰度变换模式，图像分割可分为纹理图像分割和非纹理图像分割两类；根据分割对象的状态不同，图像分割可分为静态图像分割和动态图像分割两类。

近来越来越多的学者开始将统计学习、神经网络、遗传算法、模糊集理论等研究成果运用到图像分割中，产生了多种结合特定数学方法和针对特殊图像分割的先进图像分割技术。这些内容已经超出本书范围，对其中部分图像分割新技术将安排在第 8 章和其他图像处理新技术一并予以简单介绍。

## 6.2　基于阈值的图像分割

阈值法图像分割对物体与背景有较强对比的景物分割特别有用，这种方法计算简单，而且总能用封闭而且连通的边界定义不交叠的区域。使用阈值规则进行图像分割时，所有灰度值大于或等于（或相反）某阈值的像素都被判属于目标物体。所有灰度值小于（或相反）该阈值的像素被排除在目标物体之外，属于背景。于是，边界就成为在物体中和背景有邻域关系的这样一些内部点的集合。

如果感兴趣的物体在其内部具有均匀一致的灰度值，并分布在具有另一灰度值的均匀背景上，使用全局阈值方法效果就很好。如果物体同背景的差别在图像中存在区域变化，那么可以采用自适应阈值的方法，使得用于划分的阈值随着物体和背景差别的变化而改变，尽量保持清楚的划分。还可以用概率统计、类间方差等优化方法对更为复杂的情况进行分割。

### 6.2.1　直接阈值法

利用阈值对图像内容进行分割是一种最基本的图像分割方法，经过近半个多世纪的研究，现已提出了大量的算法。其基本原理就是选取一个或多个处于图像灰度取值范围之中的灰度阈值，然后将图像中各个像素的灰度值与阈值进行比较，并根据比较的结果将图像中的对应像素分成两类或多类，从而把图像划分成互不交叉重叠区域的集合，达到图像分割的目的。这些区域的划分是有实际意义的，它们或者代表不同的对象，或者代表对象的不同部分。

阈值化图像分割的难点通常有两个：一是在图像分割之前，难以确定图像分割区域的数目，或者说要把图像分割成几个部分；另一个是阈值的确定，因为阈值选择的准确性直接影响分割的精度及图像描述分析的正确性。对于只有低亮度背景和高亮度目标两类对象的灰度图像来说，阈值选取过高，容易把大量的目标误判为背景；阈值过低，又容易把大量的背景误判为目标。

为了解决这上述问题，采用阈值化图像分割时通常需要对图像做一定的模型假设，利用模型尽可能了解图像由几个不同的区域组成。这类模型中经常采用这样一种假设：目标或背景内的相邻像素间的灰度值是相似的，但不同目标或背景的像素在灰度上存有差异。

**1. 单阈值分割**

对于两类阈值分割问题，设原始图像为 $f(x,y)$，按照一定准则在 $f(x,y)$ 中找到某种特征值，该特征值便是进行分割时的阈值 $T$，或者找到某个合适的区域空间 $\Omega$，将图像分割为两个

部分,分割后的图像为

$$g(x,y)=\begin{cases}b_0, & f(x,y)<T\\ b_1, & f(x,y)\geqslant T\end{cases} \quad 或\ g(x,y)=\begin{cases}b_0, & (x,y)\in\Omega\\ b_1 & (x,y)\notin\Omega\end{cases} \tag{6.1}$$

式(6.1)表明,通过阈值划分的结果是区域信息,表示图像中任意一点到底属于哪一个区域,由此可以确定图像中目标的区域和背景的区域。区域信息也可以很方便地用一幅二值图像来表示,即为通常所说的图像二值化。如取 $b_0=0$(黑),$b_1=255$(白),在生成的二值化图像中,白色代表背景区域,黑色代表目标区域,当然也可以反过来。

**【例 6.1】** 一个具体的细胞图像的二值分割实例如图 6.1 所示,根据经验确定分割阈值 $T=130$。其中图(a)是原始的灰度指纹图像,图(b)是经阈值分割后的二值化图像,其中亮的部分为背景 $b_1$,暗的部分为目标(细胞)$b_0$。

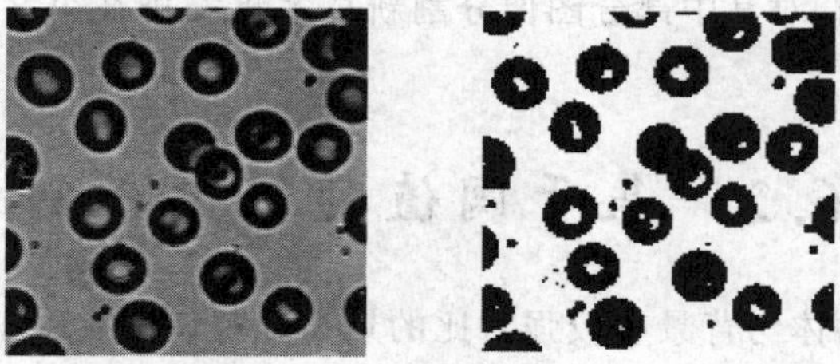

(a) 原始灰度图像　　(b) 阈值分割后图像

图 6.1 单阈值分割示意图

**2. 多阈值分割**

对于采用多阈值的多类目标分割情况,分割后的图像可以表示为

$$g(x,y)=b_i, \quad if \quad T_i\leqslant f(x,y)\leqslant T_{i+1}, \quad i=1,2,\cdots,K \tag{6.2}$$

其中,$T_1,T_2,\cdots,T_{K+1}$ 是一组分割阈值,$b_1,b_2,\cdots,b_K$ 是经分割后对应不同区域的图像灰度值,$K$ 为分割后的区域或目标数。显然,多阈值分割得到的结果仍然包含多个灰度区域。

**【例 6.2】** 多阈值分割的一个实例如图 6.2 所示。图(a)是原始 256 级灰度图像,图(b)是 3 个域值分割后形成的表示分割区域的 4 值图像,图(c)是 7 个阈值分割后的 8 值图像。在大多数多阈值图像分割应用中,一类数值代表一类目标,如 4 值图像代表 4 类目标,8 值图像代表 8 类目标,但是此例不是,只是模仿从灰度图像经多阈值划分得到的结果,并不具有实际目标分类划分的意义。

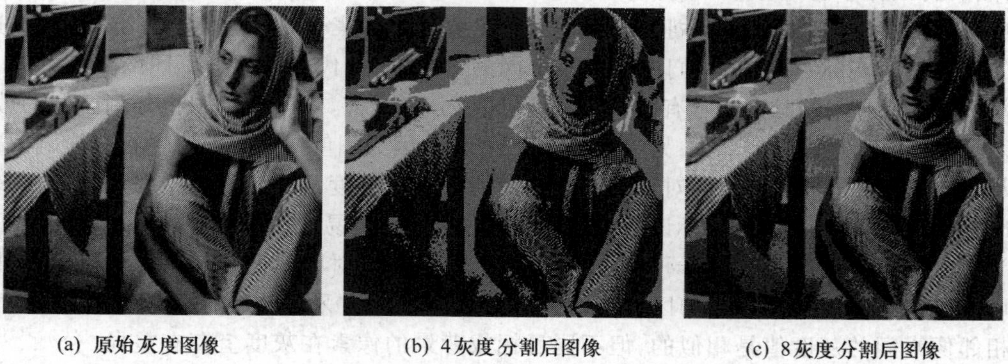

(a) 原始灰度图像　　(b) 4灰度分割后图像　　(c) 8灰度分割后图像

图 6.2 多阈值图像分割示意图

实际上,无论是单阈值分割还是多阈值分割,都难以做到准确分割,分割结果中都有可能

出现不同区域的某些部分存在相同目标类的情况，或者与其相反，同一区域中包含不同的目标类。其原因从阈值分割的基本原理可知，在阈值分割时只考虑目标像素本身的主要灰度值，忽略了目标像素值都是有一定范围的，不同目标像素值之间有可能相互"渗透"，难以截然分开。因此，对于实际图像难以达到分割的真实效果，只有在图像中不同物体的灰度值相差较大时才会得到相对较好的分割效果。

为了克服分割目标之间灰度相近、目标内灰度波动时阈值分割不清的困难，在有些情况下，还可以对图像作一些必要的预处理，然后再进行阈值分割。例如，可以对原图像进行邻域平均，减少目标内灰度的波动，再使用合适阈值实行有效的分割。

## 6.2.2 直方图阈值法

利用图像直方图特性确定灰度阈值方法的原理是：如果图像所含的目标区域和背景区域大小可比，而且目标区域和背景区域在灰度上有明显的区别，那么该图像的直方图会呈现"双峰一谷"状：其中一个峰值对应于目标的中心灰度，另一个峰值对应于背景的中心灰度。也就是说，理想图像的直方图，目标和背景对应不同的峰值，选取位于两个峰值之间的谷值作为阈值，就很容易将目标和背景分开，从而得到分割后的图像。

直方图阈值分割的优点是实现简单，对于不同类别的物体灰度值或其他特征相差很大时，它能有效地对图像进行分割。但它的缺点也很明显：(1)对于图像中不存在明显灰度差异或灰度值范围有较大重叠的图像分割问题难以得到准确的结果；(2)由于它仅仅考虑了图像的灰度信息而不考虑图像的空间信息，因此对噪声和灰度不均匀很敏感。所以，在实际中，总是把直方图阈值法和其他方法结合起来运用。

**【例 6.3】** 图 6.3 是采用直方图阈值分割方法示意图。图(a)是原始采集的指纹灰度图像，图(b)是它的灰度直方图，可以看出具有明显的两个峰值，则谷值被认为是最佳的分割阈值，大约为 120 左右，图(c)是用二值图像表示的分割结果。

(a) 原始指纹灰度图像

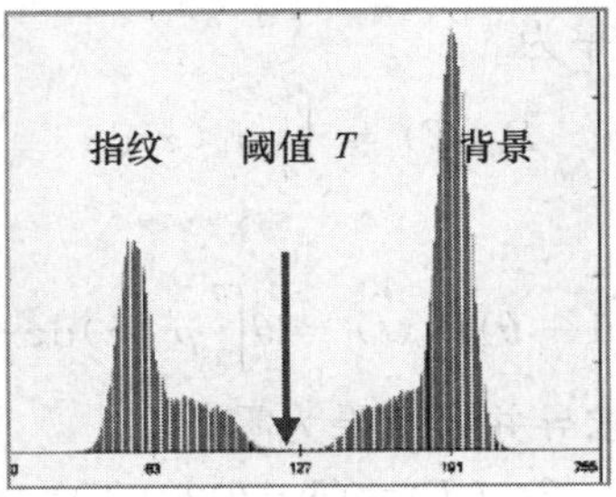


(b) 指纹图像的直方图

(c) 直方图分割后图像

图 6.3 直方图分割示意图

如果将直方图的包络看成一条曲线，则选取直方图谷值可采用求曲线极小值的方法。设用 $h(z)$ 表示图像直方图包络，$z$ 为图像灰度变量，那么极小值应满足：

$$\frac{\mathrm{d}h(z)}{\mathrm{d}z}=0, \qquad \frac{\mathrm{d}^2 h(z)}{\mathrm{d}z^2}>0 \tag{6.3}$$

与这些极小值点对应的灰度值就可以用作图像分割阈值。由于实际图像受噪声影响，其直方图包络经常出现很多起伏，使得由式(6.3)计算出来的极小值点有可能并非是正确的图像分割阈值，而是对应虚假的谷值。一种有效的解决方法是先对直方图进行平滑处理，如用高斯函数对直方图包络函数进行卷积运算得到相对平滑直方图包络，如式(6.4)所示，然后再用式(6.3)求得阈值。

$$h(z,\sigma)=h(z)*g(z,\sigma)=\frac{1}{\sqrt{2\pi}\sigma}\int_{-\infty}^{\infty}h(z-u)\exp\left(-\frac{z^2}{2\sigma^2}\right)\mathrm{d}u \tag{6.4}$$

其中,$\sigma$ 为高斯函数的标准差,"$*$"表示卷积运算。

对于双峰一谷状的灰度直方图,也可以用两个二次曲线 $y=ax^2+bx+c$ 或者使用两个高斯函数来拟合直方图双峰间的部分。然后用上述求极值方法或求两个高斯函数的交点来确定阈值。需要指出的是,由于直方图是各灰度的统计特性,未考虑图像其他方面的知识,只依靠直方图分割的结果有可能是错误的。即使直方图是典型的双峰一谷特性,这个图像也未必包含和背景具有明显反差的目标。例如,一幅左边是黑色而右边是白色的图像和一幅黑白像素点随机分布的图像具有相同的直方图,但是后者就不包含任何有意义的目标。

## 6.2.3　统计最优阈值法

这是一种根据图像灰度统计特性来确定阈值的方法,即寻找使得目标和背景被误分割的概率最小的阈值。因为在实际图像分割中,总有可能存在把背景误分割为目标区域或者把目标误分割为背景区域。如果使得上述两种误分割出现的概率之和最小,便是一种统计最优阈值分割方法。

最优阈值选取方法如图 6.4 所示。设一幅混有加性高斯噪声的图像,含有目标和背景两个不同区域,目标点出现的概率为 $\theta$,目标区域灰度值概率密度为 $p_o(z)$,则背景点出现的概率为 $1-\theta$,背景区域灰度概率密度为 $p_b(z)$。按照概率理论,这幅图像的灰度混合概率密度函数为

$$p(z)=\theta p_o(z)+(1-\theta)p_b(z) \tag{6.5}$$

假设根据灰度阈值 $T$ 对图像进行分割,并将灰度小于 $T$ 的像点作为背景点,灰度大于 $T$ 的像点作为目标点。于是将目标点误判为背景点的概率为

$$P_b(T)=\int_0^T p_o(z)\mathrm{d}z \tag{6.6}$$

把背景点误判为目标点的概率为

$$P_o(T)=\int_T^{\infty}p_b(z)\mathrm{d}z \tag{6.7}$$

而总的误差概率为

$$P(T)=\theta P_b(T)+(1-\theta)P_o(t)=\theta\int_0^T p_o(z)\mathrm{d}z+(1-\theta)\int_T^{\infty}p_b(z)\mathrm{d}z \tag{6.8}$$

根据函数求极值方法,对 $T$ 求导并令结果为零,有

$$\theta p_o(T)=(1-\theta)p_b(T) \tag{6.9}$$

如果知道了具体的概率密度函数,就可从式(6.9)中解出最佳的阈值 $T$,再用此阈值对图像进行分割即可。

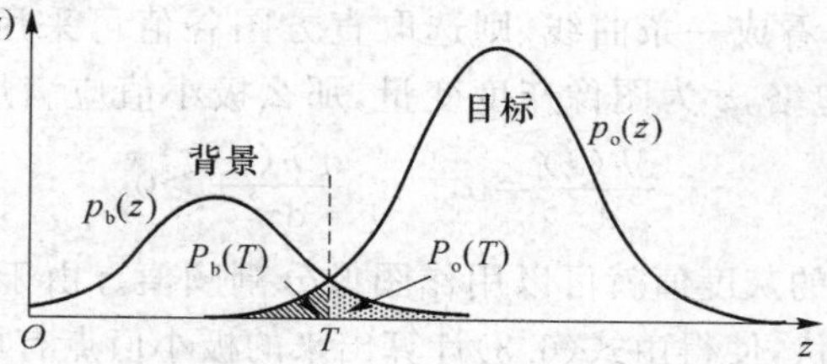


图 6.4　最优阈值选取方法

**【例 6.4】** 目标和背景灰度概率密度服从高斯分布的图像分割。设目标和背景的灰度分别服从如下的高斯分布：

$$p_o(z)=\frac{1}{\sqrt{2\pi}\sigma_o}\exp\left[-\frac{(z-\mu_o)^2}{2\sigma_o^2}\right] \text{和} \ p_b(z)=\frac{1}{\sqrt{2\pi}\sigma_b}\exp\left[-\frac{(z-\mu_b)^2}{2\sigma_b^2}\right] \tag{6.10}$$

其中，$\mu_o$ 和 $\mu_b$ 分别是目标和背景的平均灰度值，而 $\sigma_o$ 和 $\sigma_b$ 分别是目标和背景区域的均方差。把式(6.10)代入到式(6.9)并取对数有

$$\ln\sigma_b-\ln\sigma_o-\frac{(T-\mu_o)^2}{2\sigma_o^2}=\ln(1-\theta)-\ln\theta-\frac{(T-\mu_b)^2}{2\sigma_b^2} \tag{6.11}$$

或者

$$\frac{(T-\mu_o)^2}{2\sigma_o^2}-\frac{(T-\mu_b)^2}{2\sigma_b^2}=\ln\frac{\theta\sigma_b}{(1-\theta)\sigma_o} \tag{6.12}$$

式(6.12)可以化简成关于变量 $T$ 的标准的二次方程 $Ax^2+Bx+C=0$，其系数为

$$\left.\begin{aligned}
&A=\sigma_b^2-\sigma_o^2\\
&B=2(\mu_b\sigma_o^2-\mu_o\sigma_b^2)\\
&C=\mu_o^2\sigma_b^2-\mu_b^2\sigma_o^2+2\sigma_b^2\sigma_o^2\ln\left[\frac{\theta\sigma_o}{(1-\theta)\sigma_b}\right]
\end{aligned}\right\} \tag{6.13}$$

该二次方程在一般情况下有 2 个解。如果认为背景和目标灰度散布的高斯分布是由叠加噪声引起，且两个区域的方差相同，即整幅图像噪声来自同一个信号源，$\sigma_o=\sigma_b=\sigma$，$A=0$，则存在 1 个统计最优阈值 $T$，即

$$T=\frac{\mu_o+\mu_b}{2}+\frac{\sigma^2}{\mu_b-\mu_o}\ln\left(\frac{\theta}{1-\theta}\right) \tag{6.14}$$

进一步，如果目标和背景灰度值的先验概率相等(两区域大小相当)，或者噪声方差为 0 (没有噪声，图像中只有两种灰度)，则最优阈值就是两个区域的平均灰度值的中值。对于其他如正态分布、瑞利分布、对数正态分布等，可以采用类似的方法求得最佳阈值 $T$。

实际上，在很多情况下对复杂的整幅图像用单一阈值并不能给出良好的分割结果。如在光亮背景中的暗物体，由于光照不均匀，虽然物体与背景始终有反差，但在图像的某一部分，物体和背景两者都比其他某一区域亮。此时，单一阈值分割就会存在问题。在图像中的一部分能把物体和背景精确区分出的阈值，对另一部分来说，可能把太多的背景也作为物体分割下来了。克服这一缺点常有以下一些方法：如果已知在图像上的位置函数描述不均匀照射，就可以设法利用灰度级校正技术先进行校正，然后采用单一阈值来分割；另外一种方法是把图像分成小块，并对每一块设置局部阈值。但是，如果图像只含物体或只含背景，那么这块图像就找不到阈值，这时可以用附近像素块求得的局部阈值用内插法给此像素块指定一个阈值。

### 6.2.4　最大类间方差法

最大类间方差法是由 Otsu 于 1978 年首先提出来的，这是一种比较典型的图像分割方法，也称为 Otsu 分割法。从模式识别的角度看，最佳阈值是指能够产生最佳的目标类与背景类分离(分割)性能的阈值。其中分离性能的优劣用类间方差来表征，类间方差越大说明分割性能越好。这里，仅介绍一维最大类间方差的分割方法。

假定某一阈值 $T$ 将图像各像素按灰度分成两类，$C_0$ 类和 $C_1$ 类。$C_0$ 类包含灰度级为 $[0,1,\cdots,z]$ 的像素，每个灰度级的概率为 $P_i$，$C_0$ 类的概率和为 $\omega_0=\sum_{i=0}^{z}P_i$，灰度均值为 $\mu_0=\sum_{i=0}^{z}i\cdot P_i/\omega_0$。$C_1$ 类包含灰度级 $[z+1,z+2,\cdots,K-1]$ 的像素，其概率和为 $\omega_1=\sum_{i=z+1}^{K-1}P_i$，灰度均值为 $\mu_1=$

$\sum_{i=z+1}^{K-1} i \cdot P_i/\omega_1$。图像的总平均灰度为 $\mu=\omega_0\mu_0+\omega_1\mu_1$。则定义类间方差为

$$\sigma=[\omega_0\cdot(\mu_0-\mu)^2+\omega_1\cdot(\mu_1-\mu)^2] \tag{6.15}$$

从最小灰度值到最大灰度值遍历所有灰度级，使得式(6.15)中 $\sigma$ 最大时的 $z$ 即为分割的最佳阈值 $T$。因为方差是灰度分布均匀性的一种度量，方差越大，说明构成图像的两部分差别越大，当部分目标错分为背景或部分背景错分为目标都会导致两部分差别变小。因此，使类间方差最大的分割意味着错分概率最小。

在实际应用中，直接应用式(6.15)计算量太大，因此一般在实现时可采用等价公式(6.16)，则最佳阈值 $T$ 为使得式(6.16)为最小时的 $z$ 值，即

$$\max_z[\omega_0\omega_1(\mu_0-\mu_1)^2] \tag{6.16}$$

上述一维 Otsu 分割法在进行阈值分割时只考虑了像素的灰度信息，没有考虑像素的空间信息。随后，人们将该方法扩展到二维空间，二维 Otsu 分割法充分利用了像素与其邻域的空间相关信息，因而具有较强的抗噪能力。

## 6.3 基于边界的图像分割

基于边界的图像分割方法主要是针对图像不同区域边界的像素灰度值变化比较剧烈的情况，首先检测出图像中可能的边缘点，再按一定策略连接成区域的边界(轮廓)，从而实现不同区域的分割。边缘检测技术按照像素点处理的顺序可分为串行边缘检测和并行边缘检测两种。在串行边缘检测技术中，当前像素点是否属于欲检测的边缘，取决于先前像素的验证结果；而在并行边缘检测技术中，一个像素点是否属于欲检测的边缘，取决于当前正在检测的像素点以及该像素点的邻近像素点的状况，这种方法可以同时用于检测图像中的所有像素点，因而称为并行边缘检测技术。基于边缘的图像分割难点在于边缘点的确定和按照何种策略连接边缘点组成目标的边界。

### 6.3.1 高斯-拉普拉斯算子法

众所周知，图像中不同区域其灰度值是不同的，或者说两个具有不同灰度值的相邻区域之间总存在灰度边缘，灰度边缘是灰度值不连续的结果，这种不连续常可利用求导数的方法方便地检测到。并行微分算子法就是对图像中灰度的变化进行检测，通过一阶导数极值点或二阶导数过零点来检测边缘。常用的一阶导数算子有梯度算子、Sobel 算子和 Prewitt 算子，二阶导数算子有 Laplacian 算子，还有 Kirsch 算子等非线性算子。

微分算子不仅对边缘信息敏感，而且对图像噪声也很敏感。为了减少噪声对图像的影响，通常在求导之前先对图像进行低通类滤波，降低噪声干扰，常用的滤波器主要是 Gaussian 滤波器；然后再继续进行二阶 Laplacian 导数运算，相当于高通滤波，检测出边缘信息用于后续的图像分割。这一算法是由计算机视觉的创始人 Marr 首先提出的，它的两次滤波等效于用 Laplacian 算子对高斯函数求二阶导数得到的 LOG(Laplacian Of Gaussian)滤波算子，该算子和人眼检测边界的视觉特性比较符合，能排除噪声干扰，有效检测边界。近年来研究的滤波器还有可控滤波器、样条滤波器等。对于常用的有关梯度算子、Laplacian 算子、Sobel 算子等在第 4 章已经介绍，在此仅以 Marr 采用的高斯-拉普拉斯算子为例说明微分算子用于图像的边缘检测。

二维高斯滤波器的响应函数为

$$g(x,y)=\frac{1}{2\pi\sigma^2}\exp\left(-\frac{x^2+y^2}{2\sigma^2}\right) \tag{6.17}$$

其中，$\sigma$ 为高斯分布的均方差。设 $f(x,y)$ 为原始灰度图像，则采用式(6.17)平滑后的结果相当于求 $f(x,y)$ 和 $g(x,y)$ 的卷积，对平滑后的图像再运用拉普拉斯算子 $\nabla^2$，根据线性系统中卷积和微分的可交换性，有

$$\nabla^2[g(x,y) * f(x,y)] = [\nabla^2 g(x,y)] * f(x,y) \tag{6.18}$$

其中，

$$\nabla^2 g(x,y) = \frac{1}{2\pi\sigma^2}\nabla^2\left[\exp\left(-\frac{x^2+y^2}{2\sigma^2}\right)\right] = \frac{1}{2\pi\sigma^4}\left(\frac{x^2+y^2}{\sigma^2}-2\right)\exp\left(-\frac{x^2+y^2}{2\sigma^2}\right) \tag{6.19}$$

式(6.18)即为 LOG 滤波器或 Marr 滤波器，利用该算法，通过判断符号的变化确定零交叉点的位置，即边缘点的位置。$\nabla^2 g(x,y)$ 是一个轴对称图形，具有各向同性性质，有时也根据 $\nabla^2 g(x,y)$ 三维图形的形状称为"墨西哥草帽"，如图 6.5 所示。

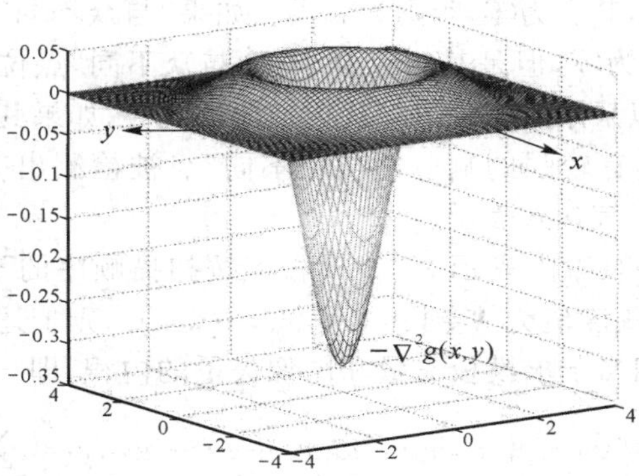


图 6.5　LOG 滤波器特性

由图 6.5 可见，函数在 $r=\sqrt{x^2+y^2}=\sqrt{2}\sigma$ 处有过零点，在 $r<\sqrt{2}\sigma$ 时为正，在 $r>\sqrt{2}\sigma$ 时为负。另外可以证明，该算子的平均值为零，因此当它与图像 $f(x,y)$ 卷积时并不会改变图像的整体动态范围，但会使得原始图像平滑，其平滑程度正比于 $\sigma$。由于 $\nabla^2 g$ 的平滑作用能有效减少噪声对图像的影响，所以当边缘模糊或噪声较大时，利用 LOG 算子检测过零点能提供较可靠的边缘位置。LOG 边缘检测的一例如图 6.6 所示，图(a)是原始图像，图(b)是边缘检测结果。

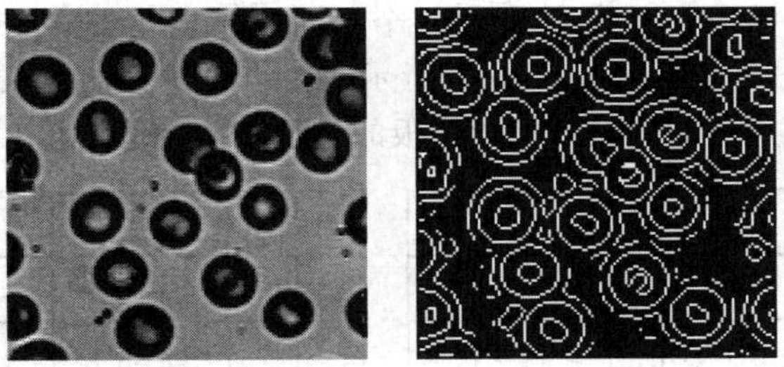

(a) 原始图像　(b) LOG边缘检测

图 6.6　LOG 边缘检测结果

从频域的角度也能说明此问题，因为，使用高斯函数卷积相当于一个低通滤波过程，其后的拉普拉斯运算相当于一个高通滤波过程，故总体上 LOG 算子为一个带通滤波过程。

## 6.3.2　边界模板匹配法

模板匹配法是一种利用选定几何特征的模板与图像卷积，检测图像是否具有该种几何特

征结构的方法。在图像分割场合,模板匹配可以用作边界检测,即用特定的模板来检测图像中的像素是否为目标的边界点。模板匹配法图像分割主要涉及两个问题:一是选用怎样的模板,不同模板所能正确检测边界的程度是不同的;二是模板匹配准则,即如何判断其相似程度。目前常用的模板匹配准则有差值测度、相关测度等。根据要检测图像的几何特征结构的不同,模板分为点模板、线模板、正交模板等。

**1. 点检测模板**

点检测模板是检测在均匀背景强度的图像中是否具有某种不同性质孤立点的一种常见模板,如图 6.7 图所示。模板紧扣在检测图像上,其模板中心沿着图像逐渐从一个像素移到另一个像素。在每一个模块所对应的图像像素点上,把该点的灰度值乘以模板相应方格中指示的数字,然后把结果相加。显然,如果没有"与众不同"的像素点存在,如恒定背景图像,其和为零,否则为非零。如果"与众不同"点偏离模板中心位置,其和也不为零,但是其响应会小于"与众不同"点位于模板中心时的情况,此时,可以采用阈值法去除这类较弱的响应,如果其和大于阈值,意味着该像素点具有较强的响应,"与众不同"点被检测出来了。上述检测过程可用如下数学表达式表示。

| | | |
|---|---|---|
| -1 | -1 | -1 |
| -1 | 8 | -1 |
| -1 | -1 | -1 |

图 6.7　点检测模板

设 $\boldsymbol{W}=[w_1,\cdots,w_5,\cdots,w_9]^{\mathrm{T}}$ 表示 3×3 模板上按扫描顺序的不同方格上的加权值,与模板紧扣着的图像上的像素灰度值为 $\boldsymbol{X}=[x_1,\cdots,x_5,\cdots,x_9]^{\mathrm{T}}$,则上述求和的过程就可以看成是图像与模板的卷积过程,相当于求模板矢量和图像矢量的内积,即

$$\boldsymbol{W}^{\mathrm{T}}\boldsymbol{X}=w_1x_1+w_2x_2+w_3x_3+\cdots+w_9x_9=\sum_{i=1}^{9}w_ix_i \tag{6.20}$$

设置阈值 $T$,检测模板中心像素是否有别于周围像素,判断准则为

$$\boldsymbol{W}^{\mathrm{T}}\boldsymbol{X}>\boldsymbol{T} \tag{6.21}$$

如果式(6.21)成立,则说明该点与众不同,有可能是边界点。

还可以把 3×3 模板推广到 $N\times N$ 模板,一般 $N$ 为奇数,如 5、7、9 等,此时有

$$\boldsymbol{W}^{\mathrm{T}}\boldsymbol{X}=\sum_{i=1}^{N\times N}w_ix_i>T \tag{6.22}$$

**2. 线检测模板**

常见的线检测模板如图 6.8 所示,它由多个不同的模板组成。其中有沿水平方向或垂直方向直线敏感的模板,分别如图(a)和图(c)所示,有沿±45°方向直线敏感的模板,分别如图(b)和图(d)所示。这里所谓的"敏感"是指模板的卷积输出的值比较大。

| | | |
|---|---|---|
| -1 | -1 | -1 |
| 2 | 2 | 2 |
| -1 | -1 | -1 |

(a)

| | | |
|---|---|---|
| -1 | -1 | 2 |
| -1 | 2 | -1 |
| 2 | -1 | -1 |

(b)

| | | |
|---|---|---|
| -1 | 2 | -1 |
| -1 | 2 | -1 |
| -1 | 2 | -1 |

(c)

| | | |
|---|---|---|
| 2 | -1 | -1 |
| -1 | 2 | -1 |
| -1 | -1 | 2 |

(d)

图 6.8　线检测模板

设 $\boldsymbol{W}_1$、$\boldsymbol{W}_2$、$\boldsymbol{W}_3$、$\boldsymbol{W}_4$ 分别是图 6.8 中 4 个 3×3 模板的加权矢量,与模板紧扣着的图像上的像素灰度值为 $\boldsymbol{X}=[x_1,\cdots,x_5,\cdots,x_9]^{\mathrm{T}}$,则各个线模板的响应为 $\boldsymbol{W}_i{}^{\mathrm{T}}\boldsymbol{X}$,$i=1,2,3,4$。如果第 $i$ 个模板响应最大,则可以认为 $X$ 与第 $i$ 个模板最接近。或者说,如果对所有的 $j=1,2,3,4$,除 $j=i$ 外,都有

$$\boldsymbol{W}_i^{\mathrm{T}}\boldsymbol{X}>\boldsymbol{W}_j^{\mathrm{T}}\boldsymbol{X} \tag{6.23}$$

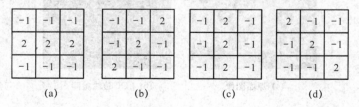

则可以说 $\boldsymbol{X}$ 和第 $i$ 个模板相近，具有和此模板对应的直线或线段。如 $i=1$，则 $\boldsymbol{X}$ 的中心点 $x_5$ 很可能处于某条水平直线上。

**3. 正交组合模板**

有一种既可以检测边缘，也可以检测直线或线段的正交组合模板，如图 6.9 所示。该模板由 9 个不同权重的 3×3 模板组成，被分成三组，第一组包含图(a)中的 4 个模板，它们构成边缘子空间基，适合于边缘检测。其中左边 2 个为各向同性的对称梯度模板，右边 2 个为波纹模板。第二组包含图(b)中的 4 个模板，它们构成直线子空间基，适合于直线或线段检测，其中左边 2 个为直线检测模板，右边 2 个为离散拉普拉斯模板。第三组只有 1 个模板，称为平均模板，它正比于一幅图像中模板所在区域的像素平均值。

将这些模板与原始图像卷积，相当于将原图像向各个空间投影。仍然以 $\boldsymbol{X}$ 代表 3×3 的图像区域，9 个不同的模板用矢量 $\boldsymbol{W}_i$ 表示，$i=1,2,\cdots,9$，用 $P_e$，$P_l$，$P_a$ 分别表示 $\boldsymbol{X}$ 向边缘子空间、直线子空间和平均子空间投影的幅值，则有

$$P_e=\sqrt{\sum_{i=1}^{4}(\boldsymbol{W}_i^{\mathrm{T}}\boldsymbol{X})^2},P_l=\sqrt{\sum_{i=5}^{8}(\boldsymbol{W}_i^{\mathrm{T}}\boldsymbol{X})^2},\ P_a=|\boldsymbol{W}_9^{\mathrm{T}}\boldsymbol{X}| \tag{6.24}$$

$\boldsymbol{W}_1$

| | | |
|---|---|---|
| 1 | $\sqrt{2}$ | 1 |
| 0 | 0 | 0 |
| -1 | $-\sqrt{2}$ | -1 |

$\boldsymbol{W}_2$

| | | |
|---|---|---|
| 1 | 0 | -1 |
| $\sqrt{2}$ | 0 | $-\sqrt{2}$ |
| 1 | 0 | -1 |

$\boldsymbol{W}_3$

| | | |
|---|---|---|
| 0 | -1 | $\sqrt{2}$ |
| 1 | 0 | -1 |
| $-\sqrt{2}$ | 1 | 0 |

$\boldsymbol{W}_4$

| | | |
|---|---|---|
| $\sqrt{2}$ | -1 | 0 |
| -1 | 0 | 1 |
| 0 | 1 | $-\sqrt{2}$ |

(a) 边缘子空间基

$\boldsymbol{W}_5$

| | | |
|---|---|---|
| 0 | 1 | 0 |
| -1 | 0 | -1 |
| 0 | 1 | 0 |

$\boldsymbol{W}_6$

| | | |
|---|---|---|
| -1 | 0 | 1 |
| 0 | 0 | 0 |
| 1 | 0 | -1 |

$\boldsymbol{W}_7$

| | | |
|---|---|---|
| 1 | -2 | 1 |
| -2 | 4 | -2 |
| 1 | -2 | 1 |

$\boldsymbol{W}_8$

| | | |
|---|---|---|
| -2 | 1 | -2 |
| 1 | 4 | 1 |
| -2 | 1 | -2 |

(b) 直线子空间基

$\boldsymbol{W}_9$

| | | |
|---|---|---|
| 1 | 1 | 1 |
| 1 | 1 | 1 |
| 1 | 1 | 1 |

(c) 平均子空间

图 6.9　正交组合模板

同理，用 $\theta_e$，$\theta_l$，$\theta_a$ 分别表示 $\boldsymbol{X}$ 向量与边缘子空间、直线子空间和平均子空间投影的夹角，则

$$\theta_e=\arccos\left(\frac{P_e}{||\boldsymbol{X}||}\right),\theta_l=\arccos\left(\frac{P_l}{||\boldsymbol{X}||}\right),\theta_a=\arccos\left(\frac{P_a}{||\boldsymbol{X}||}\right) \tag{6.25}$$

根据上述投影方法，分别计算像素在各个子空间上的投影，得到相应的幅度值和角度值。在某子空间投影幅度值越大的点，则像素属于这一类子空间所表示特征的可能性也越大。如一像素在 3 类子空间投影中幅度值 $P_l$ 为最大，则可判断该像素属于直线类的点，至于是垂直还是水平、抑或是 45°斜的直线还可以通过 $\boldsymbol{W}_5\sim\boldsymbol{W}_8$ 的卷积值的大小来判断。同样，夹角越小的投影值，像素属于该子空间的可能性也越大。通过投影、计算和比较，就可以初步确定图像中存在的边缘点、直线点以及孤立点等。

## 6.3.3　边界跟踪法

边界跟踪是一种常用的串行图像分割的方法，它通过检测、跟踪和连接目标的边界从而达到图像分割的目的。边界跟踪的基本方法是：先根据某些严格的跟踪准则找出目标物体轮廓或边界上的像素点，然后根据这些像素点用同样的跟踪准则找到下一个像素点，以此类推，直到闭合或者最后一个像素点都不满足跟踪准则为止。

边界跟踪提取图像边界和轮廓的性能好坏主要取决于以下几个因素：

(1) 跟踪起始点的选取。起始点的选取直接影响到跟踪的走向和跟踪的精确度，同时也

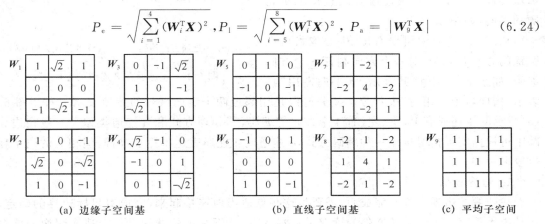

与跟踪的算法复杂度有着密切的关系。

(2) 跟踪准则的制订。跟踪准则必须明确满足怎样的条件可以认为跟踪的方向是正确的,以免错选边界或漏选边界。而且跟踪准则要便于分析、计算和理解,要符合"常理"。

(3) 跟踪过程的鲁棒性。跟踪过程中要具备抵御噪声干扰的能力,以免因噪声而引起误分割。

边界跟踪的方法很多,其中最基本和最常用的是一种链码(Chain Code)跟踪的方法,下面主要以链码为例来介绍边界跟踪的基本方法。

**1. 链码表示**

链码是一种常用的边界描述方法,分为直接链码和差分链码两种。在确定图像边界的起始点坐标之后,链码编码器需要确定下一个边界像素点的位置。直接链码编码器可以根据 4 邻域连通方式或 8 邻域连通方式直接表示轮廓的走向,如图 6.10 所示。

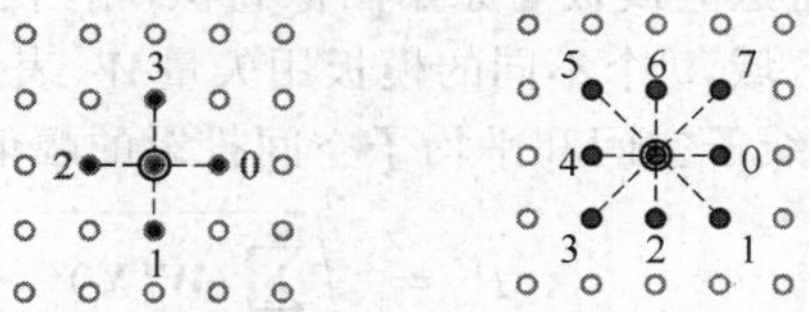

(a) 4-连通方向编码　　(b) 8-连通方向编码

图 6.10　4 连通及 8 连通的方向表示

从图 6.10(b)中可以看出,中心像素可以跟踪的方向有 8 个,对每个方向制订一个方向编号,如水平向右用"0"表示,水平向左用"4"表示,指向右上方用"7"表示等。差分链码是用邻近两个走向编号的差值表示。对于图 6.10(a)所示的 4 连通有上、下、左、右 4 个方向的编码,其处理方式和 8 连通类似。一般在边界跟踪中可根据实际情况选用一种编码方式,8 连通比 4 连通表达得更加准确,但相对的码字耗费也较多一些。

**2. 边界跟踪**

在图像的边界点检测完成后,需要将这些点适当地连接起来,完成对目标边界的确定,这就是边界跟踪。由于图像文件的读取是从左往右、从下往上的顺序,因此,选取图像的最右下方的边界像素点作为起始点。当找到起始点之后,把该点记录下来,定义初始的跟踪方向是左上方方向,判断该点是否为目标边界点,如是,则把该目标点为跟踪的起始点,逆时针旋转 90°作为新的跟踪方向,继续寻找新的跟踪方向上的点;如不是则沿顺时针旋转 45°,一直寻找新的目标点。找到目标点后,在当前跟踪方向的基础上,逆时针旋转 90°作为新的跟踪方向,用同样的方法跟踪下一个边界点,直到回到起始点为止。

图 6.11 是边界跟踪过程示意图,图中黑点表示边界点,白点表示非边界点。跟踪的初始点是最右下方的黑点 A,跟踪的初始方向设定为左上方 45°,跟踪开始后,初始点沿初始跟踪方向检测是否该方向有黑点,因为该方向有边界点 B,保存初始点,将检测到的 B 点作为新的初始点,在原来检测方向的基础上,逆时针旋转 90°作为新的跟踪方向,不是目标点则沿顺时针旋转 45°,沿新跟踪方向继续检测,直到找到黑像素目标点 C,然后将跟踪方向逆时针旋转 90°作为新的跟踪方向。重复上面的方法,不断改变跟踪方向,直到找到新的边界点。找到新的边界点后,将旧边界点保存,将新检测到的点作为新的初始点,这样不断重复上述过程,直到检测点回到最开始的检测点位置。图 6.11 中从 A 点开始到 E 点为止边界的链码(8 连通)为:5,5,4,5。

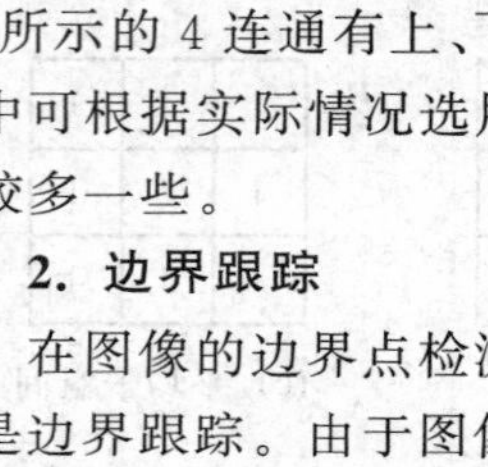

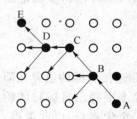

图 6.11　边界跟踪示意图

**【例 6.5】** 实际上在采用链码进行边界跟踪时,4 方向或 8 个方向的跟踪顺序与边界分割结果有着密切的关系。如果对于 4 连通邻域仅采用左、上、右、下的优先顺序方向，对于 8 连通邻域仅采用左、左上、上、右上、右、右下、下、左下的优先顺序方向，并且尽量不走回头路（除在上述所有方向都跟踪不到边界点之外），图 6.12 是对图中灰色表示的二值图像目标的边界采用链码分割时的走向示意图。

图 6.12(a)中从 A 点开始 4 连通链码表示边界结果为：3,2,3,2,2,2,0,3,3,3,0,1,1,0,0,3,3,3,1,1,0,1,0,1,1,2,2,1。

图 6.12(b)中从 A 点开始 8 连通链码表示边界结果为：5,5,4,4,7,6,6,0,2,1,7,6,6,2,1,1,2,2,4,3。

链码编码是一种无损形状编码方式，能准确地描述边界轮廓，而且可以由链码完全回复原来的边界。然而，为了实现更加平滑的对象形状，在链码编码之前需要进行预处理，如用滤波、形态学的腐蚀、膨胀等方法来减少噪声和边界检测差错的影响。

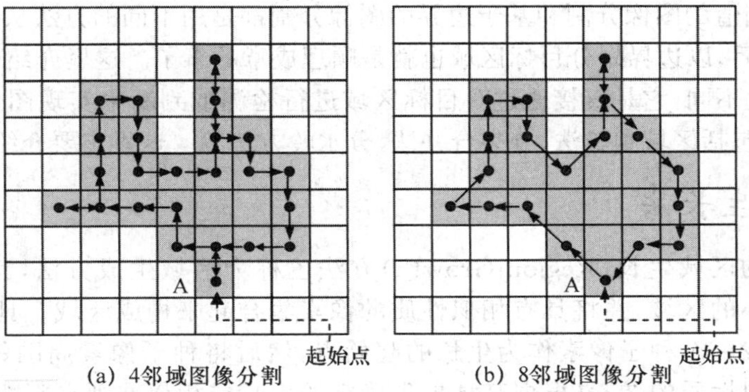


图 6.12　采用链码进行二值图像分割

## 6.3.4　边界拟合法

与边界跟踪方法的效果类似，边界拟合也是采用曲线或折线表示图像中不同区域之间的边界线。和边界跟踪不同的是，边界拟合方法针对边界检测所产生的边界点并不一定完全位于目标的实际边界上，有可能散落在边界周围，也有可能产生断续的边界点和过多的边界点等情况，通过曲线拟合的方法把边缘点连接成曲线边界或折线边界，从而达到对图像不同区域分割的目的。边界拟合有多种算法，如最小均方误差(MSE)曲线拟合，参数模型曲线拟合法等，这里仅以一维为例介绍边界拟合的 MSE 算法。

设一组已知检测到的稀疏边界点集合$\{y_i = f(x_i),\ i = 0,1,2,\cdots,N-1\}$，最小均方误差曲线拟合方法就是寻找一个函数 $\hat{f}(x)$，使得它与已知边界点的均方误差为最小，可表示为

$$\min_f \mathrm{MSE} = \min_f \frac{1}{N}\sum_{i=0}^{N-1}[y_i - f(x_i)]^2 \tag{6.26}$$

其中，函数 $\hat{f}(x)$ 就是所求的拟合边界，它可以是直线，也可以是多项式或其他曲线。为简单起见，设 $\hat{f}(x)$ 是一条二次曲线（如抛物线），则可以表示成

$$\hat{f}(x) = c_0 + c_1 x + c_2 x^2 \tag{6.27}$$

为了确定式(6.27)的 3 个系数，将已给定的边界点$\{y_i = f(x_i)\}$数据代入式(6.27)，其等效的矩阵表达式为

$$\boldsymbol{Y} = \boldsymbol{MC} \tag{6.28}$$

其中，$\boldsymbol{Y}=\begin{bmatrix} y_0 \\ y_1 \\ \vdots \\ y_{N-1} \end{bmatrix}$，$\boldsymbol{M}=\begin{bmatrix} 1 & x_0 & x_0^2 \\ 1 & x_1 & x_1^2 \\ \vdots & \vdots & \vdots \\ 1 & x_{N-1} & x_{N-1}^2 \end{bmatrix}$已知，求解系数 $\boldsymbol{C}=\begin{bmatrix} c_0 \\ c_1 \\ c_2 \end{bmatrix}$。

式(6.28)的最小均方误差解为

$$\boldsymbol{C}=[(\boldsymbol{M}^{\mathrm{T}}\boldsymbol{M})^{-1}\boldsymbol{M}^{\mathrm{T}}]\boldsymbol{Y} \tag{6.29}$$

式(6.29)右边中括号就是我们熟悉的 $\boldsymbol{M}$ 矩阵的伪逆矩阵形式。将解得的系数代入式(6.27)就得到所拟合的曲线(边界)。

# 6.4　基于区域的图像分割

前述的基于阈值的图像分割和基于边界的图像分割都是用不同的方法从搜寻目标的边缘入手，确定了边缘以后，以边界划分目标区域也就是顺理成章的事了。这里介绍的基于目标区域的图像分割方法与此不同，它是直接通过对目标区域进行检测或判断来实现图像分割的一类比较直接的方法，主要包括区域生长法、分裂合并法、分水岭方法等。这里主要介绍前两种方法。

## 6.4.1　区域生长法

图像分割中的区域生长(Region Growth)方法也称为区域生成方法，其基本思想是将一幅图像分成许多小的区域，并将具有相似性质的像素集合起来构成区域。具体来说，就是先对需要分割的区域找一个种子像素作为生长的起始点，然后将种子像素周围邻域中与种子像素有相同性质或相似性质的像素(根据某种事先确定的生长或相似准则来判断)合并到种子像素所在区域中。最后进一步将这些新像素作为新的种子像素继续进行上述操作，直到再没有满足条件的像素可被包括进来为止。于是区域就生成了，生长过程结束，图像分割随之完成。其实质就是把具有某种相似性质的像素连通起来，从而构成最终的分割区域。它利用了图像的局部空间信息，可有效地克服其他方法存在的图像分割空间不连续的缺点。

**1. 基本方法**

区域生长法相对比较简单，下面用一个简单的实例来说明基本的区域生长方法。

**【例 6.6】** 图 6.13 给出了一个简单的区域生长例子。图(a)中有下画杠的"$\underline{4}$"和"$\underline{8}$"为两个种子点。图(b)为采用生长准则为邻近点像素灰度值差的绝对值小于阈值 $T=3$。由图(a)可以看出，在种子像素 $\underline{4}$ 周围的邻近像素灰度值为 2、3、4、5，和 $\underline{4}$ 的差值小于 3。在种子像素 $\underline{8}$ 周围的邻近像素为 6、7、8、9，差值小于 3，生长结果如图(b)所示，整幅图被较好地分割成两个区域。(c)图的生长准则为 $T=2$ 的区域生长结果，其中灰度值为 6、2 的像素点无法合并到任何一个种子像素区域中。因此，区域生长其相似性生长准则是非常重要的。

| | | | | |
|---|---|---|---|---|
| 5 | 5 | 8 | 6 | 6 |
| 4 | 5 | 9 | $\underline{8}$ | 7 |
| 3 | $\underline{4}$ | 5 | 7 | 7 |
| 3 | 2 | 4 | 5 | 6 |
| 3 | 3 | 3 | 3 | 5 |

(a) 原始图像和种子像素

| | | | | |
|---|---|---|---|---|
| 4 | 4 | 8 | 8 | 8 |
| 4 | 4 | 8 | $\underline{8}$ | 8 |
| 4 | $\underline{4}$ | 4 | 8 | 8 |
| 4 | 4 | 4 | 4 | 8 |
| 4 | 4 | 4 | 4 | 4 |

(b) $T$=3区域生长结果

| | | | | |
|---|---|---|---|---|
| 4 | 4 | 8 | 6 | 6 |
| 4 | 4 | 8 | $\underline{8}$ | 8 |
| 4 | $\underline{4}$ | 4 | 8 | 8 |
| 4 | 2 | 4 | 4 | 6 |
| 4 | 4 | 4 | 4 | 4 |

(c) $T$=2区域生长结果

图 6.13　区域生长示例

从上例应用区域生长法来分割图像时，图像中属于某个区域的像素点必须加以标志，最终应该不存在没有被标注的像素点，但一个像素只能有一个标注。在同一区域的像素点必须相连（但区域之间不能重叠），这就意味着可以从现在所处的像素点出发，按照4连通或8连通方式到达任何一个邻近的像素点。

**2. 改进方法**

上述例子就是最简单的基于区域灰度差的生长过程，但是这种方法得到的分割效果对区域生长起点的选择具有较大的依赖性。为了克服这个问题，现在已出现了多种改进方法，现介绍两种比较简单的方法。

(1) 参考邻域平均灰度的区域生长法

在这种比较简单的方法中，目标像素是否可以"生长"进来，不仅仅只和种子像素进行比较，而是和包括种子像素在内的某个邻域（如目前已长成的区域）的灰度平均值进行比较。如果所考虑的像素与种子像素所在邻域的平均灰度值之差的绝对值小于某个给定的阈值 $T$，则将所有符合下列条件的像素 $f(x,y)$ 包括进种子像素所在区域，即

$$\max|f(x,y)-m|<T \tag{6.30}$$

其中，$m$ 为含有 $N$ 个像素的种子像素所在邻域 $R$ 的灰度平均值

$$m=\frac{1}{N}\sum_{R}f(x,y) \tag{6.31}$$

(2) 考虑相似性的区域生长法

这是一种以灰度分布相似性作为生长准则来决定合并区域的方法，需要比较邻接区域的累积直方图（Cumulative Histogram）并检测其相似性，具体过程如下：

① 把图像分成互不重叠的合适小区域。小区域的尺寸大小对分割的结果具有较大影响：太大时分割的形状不理想，一些小目标会被淹没难以分割出来；太小时检测分割可靠性就会降低，因为具有相似直方图的图像块的数量会急剧增加。

② 比较各个邻接小区域的累积灰度直方图，根据灰度分布的相似性进行区域合并。直方图分布的相似性常采用柯尔莫哥洛夫-斯米诺夫（Kolmogorov-Smirnov）距离检测或平滑差分检测，如果检测结果小于给定的阈值，则将两区域合并。

柯尔莫哥洛夫-斯米诺夫检测准则：

$$\max_{z\in R}|h_1(z)-h_2(z)|<T \tag{6.32}$$

平滑差分检测准则：

$$\sum_{z}|h_1(z)-h_2(z)|<T \tag{6.33}$$

其中，$h_1(z)$ 和 $h_2(z)$ 分别是邻接的两个区域的累积灰度直方图，$T$ 为给定的阈值。

③ 通过重复过程②的操作，将各个区域依次合并直到邻接的区域不满足式(6.32)或式(6.33)为止，或其他设定的终止条件为止。

## 6.4.2 分裂合并法

从上面图像分割的方法中了解到，图像阈值分割法可以认为是从上到下（从整幅图像根据不同的阈值分成不同区域）对图像进行分开，而区域生长法相当于从下往上（从种子像素开始到不接纳新像素最后构成整幅图像）不断对像素进行合并。如果将这两种方法结合起来对图像进行划分，便是分裂合并（Split and Merge）算法，其实质是先把图像分成任意大小而且不重

叠的区域,然后再合并或分裂这些区域以满足分割的要求。分裂合并算法需要采用图像的四叉树结构作为基本数据结构,下面先对其简单介绍。

**1. 图像的四叉树划分**

图像除了用各个像素表示之外,还可以根据应用目的的不同,以其他方式表示。四叉树就是其中最简单一种,图像的四叉树可以用于图像分割,也可以用于图像的压缩。

四叉树通常要求图像的大小为 2 的整数次幂,设 $N=2^n$,对于 $N\times N$ 大小的图像 $f(x,y)$,它是四叉树数据结构的"树根"$R$。如图 6.14 所示,将 $f(x,y)$均分为 4 个 $N/2\times N/2$ 的小图像(大小相同且互不重叠的正方形区域),即成为 4 个一层树枝 $R_1$,$R_2$,$R_3$ 和 $R_4$。如果需要,对每个树枝还可以再如此四分,形成多层的树状结构,如 $R_3$ 继续四分为 $R_{31}$,$R_{32}$,$R_{33}$ 和 $R_{34}$。直至分解到 $1\times 1$ 像素的"树叶"为止,最终的四叉树最多有 $n+1$ 层。图 6.14(a)是具体图像的四叉树划分示意图,与此对应的树状概念如图(b)所示。也可以从相反方向构造此四叉树数据结构,即从 $1\times 1$ 的"树叶"不断向上合并,$2\times 2$,$4\times 4$,…,直至 $N\times N$ 的树根。

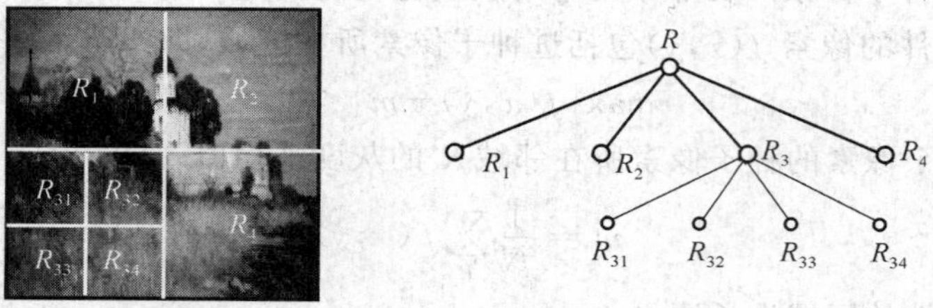

(a) 图像的划分　　(b) 数据的"树"状结构

图 6.14　图像的四叉树数据结构

**2. 分裂合并图像分割法**

在图像四叉树分割时,需要用到图像区域内和区域间的均一性(一致性),用作区域是否合并的判断准则。可以选择的一致性准则有:

(1) 区域中灰度最大值与最小值的方差小于某选定值。

(2) 两区域平均灰度之差及方差小于某选定值。

(3) 两区域的纹理特征相同。

(4) 两区域参数统计检验结果相同。

(5) 两区域的灰度分布函数之差小于某选定值。

下面介绍一种利用图像四叉树表达方法的简单分裂合并算法。从最高层树根 $R$ 开始,把 $R$ 连续地分裂成越来越小的 1/4 的正方形子区域 $R_i$。对于每个区域 $R_i$,如果符合一致性条件,则不再继续往下分裂;如果不符合,那么就将 $R_i$ 分成四等分。依此类推,直到 $R_i$ 为单个像素为止。

如果仅仅允许使用分裂,最后有可能出现相邻的两个区域具有相同的性质但并没有合成一体的情况。为解决这个问题,在每次分裂后需要进行合并操作,合并那些相邻且合并后组成的新区域满足一致性判断的区域。例如,对相邻的两个区域 $R_i$ 和 $R_j$,它们可以大小不同(即不在同一层),如果度符合一致性条件,就将它们合并起来。

**【例 6.7】** 图 6.15 给出使用分裂合并法分割图像的一个简单例子。图中阴影区域为目标,白色区域为背景,它们都具有常数灰度值。先将整个图像分裂成如图(a)所示的 4 个正方形区域。由于左上角区域内所有像素相同(或差不多),所以不必继续分裂。其他 3 个区域继续分裂,得到图(b)。此时除包括目标下部的中间两个子区域外,其他区域都可分别按目标和背景合并。对那两个子区域继续分裂可得到图(c)。因为此时所有区域都已满足合并条件,所以最后一次合并就可得到如图(d)所示的分割结果。

分裂合并法将图像分割成越来越小的区域直至每个区域中的像素点具有相似的数值。这种方法的一个优点是不再需要前面所说的种子像素。但是它有一个明显的缺点是有可能使分割后的区域具有不连续的边界。

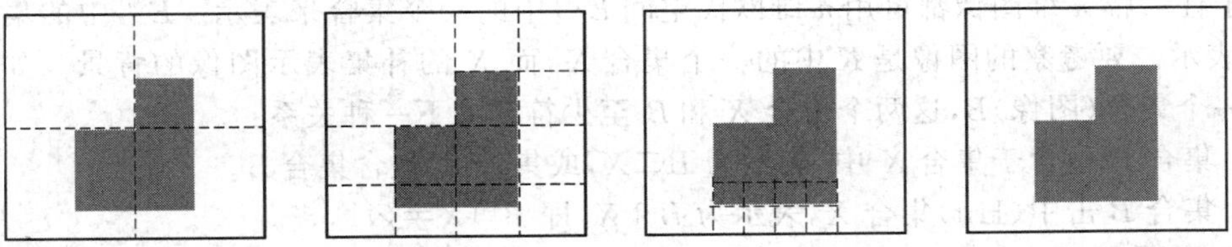

(a) 原始图像　(b) 第一步结果　(c) 第二步结果　(d) 分割结果

图 6.15　简单的区域分裂与合并算法过程

# 6.5 基于二值数学形态学的图像分割*

形态学(Morphology)是生物学的一个分支,常用它来处理动物和植物的形状和结构,数学形态学是由此衍生的一门建立在集合论基础上的数学理论,后有学者将数学形态学应用于图像处理和模式识别领域,形成了图像分析和处理的一种新方法。

在数学形态学中,用集合来描述图像目标,描述图像各部分之间的关系,说明目标的结构特点。本节在简要介绍基本集合概念的基础上,引入了二值图像形态学最基本的腐蚀和膨胀两种运算,以及其他常用的形态学处理方法。

## 6.5.1 数学形态学基本概念

**1. 基本集合定义**

为了便于理解,将涉及的一些集合的基本概念描述如下。

(1) 集合:把一些可区别的客体,按照某些共同特征加以汇集,这些具有共同特性客体的全体称为集合,又称为集。常用大写字母 $A,B,C,\cdots$ 表示。如果某种客体不存在,就称这种客体的全体是空集,记为 $\varnothing$。

(2) 元素:组成集合的各个客体,称为该集合的元素,又称为集合的成员,常用小写字母 $a$, $b,c,\cdots$ 表示。任何客体都不是 $\varnothing$ 的元素。用 $a\in A$ 表示 $a$ 是集合 $A$ 的元素。

(3) 子集:集合 $A$ 包含集合 $B$ 的充要条件是集合 $B$ 的每个元素都是集合 $A$ 的元素,也可以称为集合 $B$ 包含于集合 $A$。记为 $B\subseteq A$(读作 $B$ 包含于 $A$)或 $A\supseteq B$(读作 $A$ 包含 $B$)。此时,称 $B$ 是 $A$ 的子集。可见,如集合 $A$ 与 $B$ 相等,必然有 $B\subseteq A$,同时 $A\subseteq B$。

(4) 并集:由 $A$ 和 $B$ 的所有元素组成的集合称为 $A$ 和 $B$ 的并集,记为 $A\cup B$。

(5) 交集:由 $A$ 和 $B$ 的公共元素组成的集合称为 $A$ 和 $B$ 的交集,记为 $A\cap B$。

(6) 补集:$A$ 的补集,记为 $A^c$,定义为 $A^c=\{x|x\notin A\}$。

(7) 差集:两个集合 $A$ 和 $B$ 的差集,记为 $A$-$B$,定义为

$$A-B=\{x|x\in A,x\notin B\}=A\cap B^c \tag{6.34}$$

(8) 位移:集合 $A$ 用 $x=(x_1,x_2)$ 位移,记为 $(A)_x$,定义为

$$(A)_x=\{y|y=a+x,a\in A\} \tag{6.35}$$

**2. 集合之间的关系**

集合可以用来表示一幅图像。例如,在二值黑白图像中所有黑色像素点的集合就是对这幅图

像的完整描述,黑色像素点就是这个集合的元素,代表一个二维变量,可用二维坐标$(x,y)$表示。灰度数字图像可以用三维集合来表示,像素就是这个集合的元素,每个元素的前两个变量表示像素点的坐标,第三个变量代表离散的灰度值。更高维数的空间集合可以包括图像的其他属性,如第三维$z$坐标、颜色等。因此,二维图像、三维图像、二值图像或灰度图像都可以用集合来表示。

对于任一幅$n$维图像都可用$n$维欧氏空间$E^{(n)}$中的一个集合来表示。$E^{(n)}$中的集合的全体用$R$表示。要考察的图像是$R$中的一个集合$X$,而$X$的补集表示图像的背景。如果在$R$中另有一个集合(图像)$B$,这两个集合$X$和$B$至少符合如下一种关系:

(1) 集合$B$包含于集合$X$中,表示为$B\subset X$,或集合$X$包含集合$B$。

(2) 集合$B$击中(Hit)集合$X$,表示为$B\Uparrow X$,即$B\cap X\neq\varnothing$。

(3) 集合$B$与集合$X$相分离,又称$B$未击中(miss)$X$,表示为$B\subset X^c$,即$B\cap X=\varnothing$。

图 6.16 中$B_1$、$B_2$、$B_3$分别表示该集合和集合$X$上述的包含、击中和分离这三种关系。

**3. 结构元素**

结构元素(Structure Element)是数学形态学中一个最重要也是最基本的概念之一。在考察图像时,要设计一种收集图像信息的"探针",称为结构元素,也是一个集合。结构元素通常比待处理的图像简单,在尺寸上常常要小于目标图像,形状可以自己定义,如圆形、正方形、线段等。当待处理的图像是二值图像时,结构元素也采用二值图像;待处理的图像是灰度图像时,结构元素也采用灰度图像。

形态学处理就是在图像中不断移动结构元素,其作用类似于信号处理中的"滤波窗口"或"卷积模板",从而考察图像中各个部分之间的关系,提取有用的信息,进行结构分析和描述。结构元素与目标之间相互作用的模式可用形态学运算来表示,使用不同的结构元素和形态学算子可以获得目标图像的大小、形状、连通性、方向等许多重要信息。

对于每一个结构元素,需指定一个原点(或参考点),它是结构元素参与形态学运算的参考点,该原点可以包含在结构元素中,也可以不包含在结构元素中,但运算的结果会有所不同。图 6.17 出示了三种结构元素的例子,其中每个小方块代表一个像素,带有十字叉的像素为结构元素的参考点。图(a)、(b)的参考点都在结构元素内,图(c)的参考点则在结构元素外。

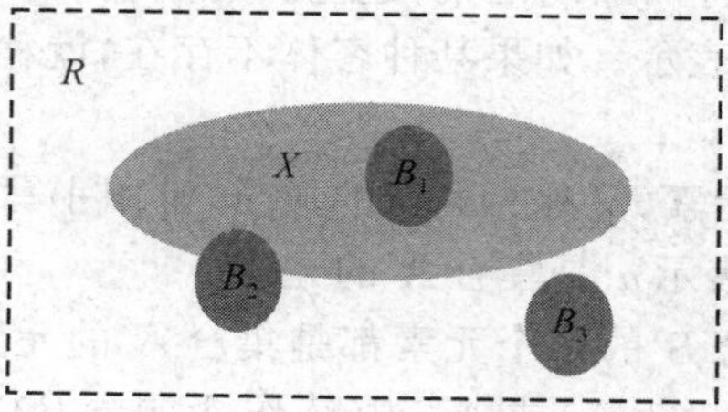


图 6.16　集合 $B$ 和 $X$ 之间的关系

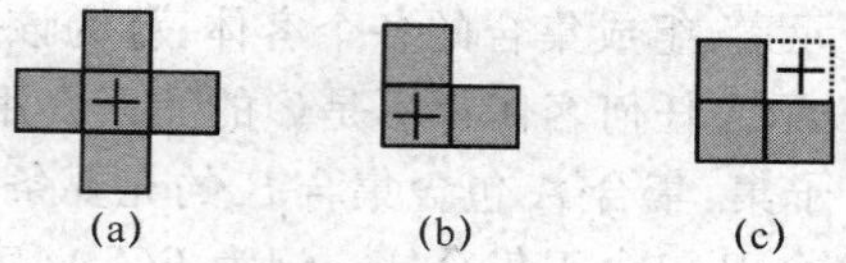


图 6.17　结构元素示例

结构元素的选取直接影响形态学运算的效果,因此,要根据具体情况来确定。在一般情况下,结构元素的选取必须考虑以下几个原则:

(1) 结构元素必须在几何上比原图像简单,且有界。

(2) 结构元素的尺寸相对要小于所考察的物体。

(3) 结构元素的形状最好具有某种凸性,如圆形、十字架形、方形等。对非凸性子集,由于连接两点的线段大部分位于集合的外面,落在其补集上,故用非凸性子集作为结构元素将得不到更多的有用信息。

## 6.5.2　二值数学形态学运算

二值数学形态学中运算对象是集合，但在实际运算中涉及两个集合时它们并不是平等对待。一般设 $X$ 为图像集合，$B$ 为结构元素，数学形态学运算是用 $B$ 对 $X$ 进行操作。二值形态学中腐蚀运算和膨胀运算是两种最基本的形态运算。

**1. 腐蚀运算**

腐蚀运算也称收缩运算，用符号“$\ominus$”表示，$X$ 用 $B$ 来腐蚀记为 $X\ominus B$，定义腐蚀后的集合 $E$ 为

$$E=X\ominus B=\{x\mid (B)_x\subseteq X\} \tag{6.36}$$

其中，$(B)_x$ 表示结构元素 $B$，下标 $x=(x_1,x_2)$ 表示 $B$ 的参考点在图像中的坐标。$X$ 被 $B$ 腐蚀后形成的集合 $E$：结构元素 $B$ 平移后仍包含在集合 $X$ 中的那些结构元素参考点的集合。换句话说，用结构元素 $B$ 来腐蚀图像中的目标集合 $X$，就是将 $B$ 放在整个图像上类似卷积一样逐点移动。每次移动后，观察结构元素 $B$ 是否完全包含在 $X$ 中。如果 $B$ 完全包含在 $X$ 内，则此时 $B$ 的参考点所在的那个 $X$ 中的像素予以保留，属于腐蚀后的集合 $E$；否则 $B$ 的参考点所对应的像素将不属于腐蚀后的集合 $E$，被“腐蚀”掉了。

**【例 6.8】**　图 6.18 是腐蚀运算的一个示例。图(a)是一幅二值图像，灰色部分代表灰度值为高(一般为 1)的区域，白色部分代表灰度值为低(一般为 0)的区域，其左上角空间坐标为(0,0)。灰色部分为目标集合 $X$，图(b)为结构元素 $B$，标有“＋”代表参考点。腐蚀的结果如图(c)所示，其中黑色为腐蚀后留下的部分。把结果 $X\ominus B$ 与 $X$ 相比发现，$X$ 的区域范围被缩小了，可见，不能容纳结构元素的部分都被“腐蚀”掉了。

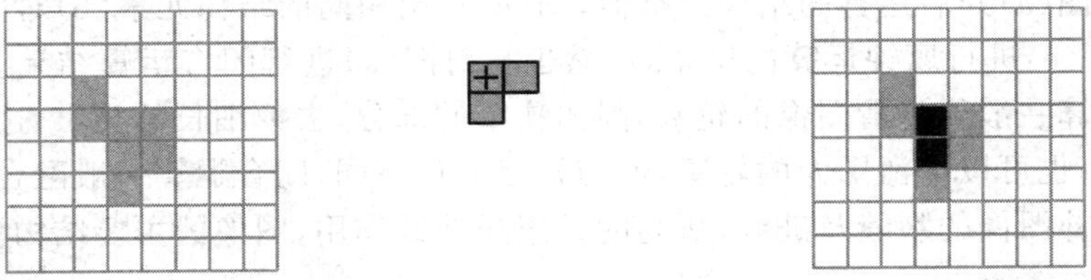

(a) 原二值图像　　(b) 结构元素　　(c) 腐蚀运算结果

图 6.18　二值图像的腐蚀运算示例

**2. 膨胀运算**

膨胀(Dilation)运算也称扩张运算，用符号“$\oplus$”表示，$X$ 用 $B$ 来膨胀，记为 $X\oplus B$，定义膨胀形成的集合 $D$ 为

$$D=X\oplus B=\{x\mid (B)_x\cap X\neq\varnothing\} \tag{6.37}$$

其中，$(B)_x$ 表示结构元素 $B$，下标 $x=(x_1,x_2)$ 表示 $B$ 的参考点在图像中的坐标。集合 $X$ 被 $B$ 膨胀就是结构元素 $B$ 平移后与集合 $X$ 的交集不为空集的那些结构元素参考点 $x=(x_1,x_2)$ 的集合。换句话说，$D$ 是 $B$ 的位移与集合 $X$ 至少有一个非零元素相交时，结构元素 $B$ 的参考点位置的集合。因此，膨胀运算又可以写成：

$$D=X\oplus B=\{x\mid [(B)_x\cap X]\subseteq X\} \tag{6.38}$$

**【例 6.9】**　图 6.19 是膨胀运算的一个示例。图(a)是一幅二值图像，灰色部分代表目标集合 $X$(一般为 1)，白色部分代表背景(一般为 0)。图(b)为结构元素 $B$，标有“＋”代表结构元素的参考点。膨胀的结果如图(c)所示，其中黑色为膨胀扩大的部分。把结果 $X\oplus B$ 与 $X$ 相比发现，$X$ 按照 $B$ 的形态“膨胀”了一定范围。因此，该运算被命名为膨胀。

**3. 开启和闭合运算**

一般情况下，膨胀与腐蚀不构成互为逆运算，所以它们可以级连结合使用。膨胀后再腐

蚀,或者腐蚀后再膨胀通常不能恢复成原来图像(目标),而是产生一种新的复合形态运算,这就是形态开启(Open)和闭合(Close)运算,它们也是数学形态学中的重要运算。

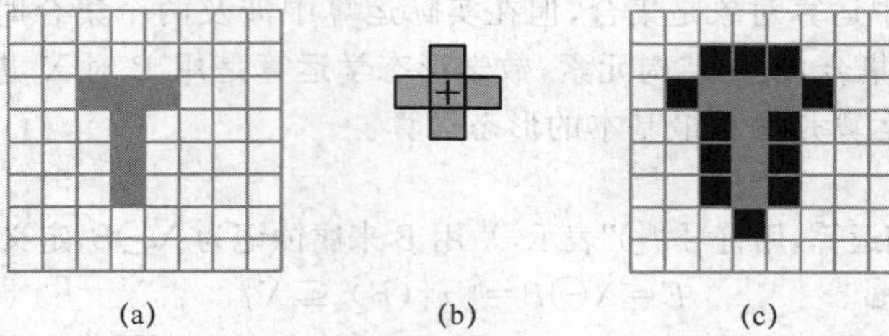

图 6.19　二值图像的膨胀运算示例

开启运算用符号"∘"表示,闭合运算用符号"·"表示,它们的定义如下:

$$X \circ B = (X \ominus B) \oplus B \tag{6.39}$$

$$X \cdot B = (X \oplus B) \ominus B \tag{6.40}$$

由此可知,开启运算(简称开运算)是先用结构元素对图像进行腐蚀之后,再进行膨胀。顾名思义,两个集合经过开运算,拉开了它们之间的距离。闭合运算(简称闭运算)是先用结构元素对图像进行膨胀之后,再进行腐蚀。顾名思义,两个集合经过闭运算,缩短了它们之间的距离。

**【例 6.10】** 开启和闭合运算示例。参考图 6.20,用图(b)所示的一个圆形结构元素对图(a)的图像区域进行开启和闭合运算,为了能看清楚结构元素在原图中的移动位置,原图用浅色来表示。其中图(c)是用结构元素(b)对图(a)腐蚀的结果,图(d)是对图(c)进行膨胀运算的结果,也就是对图(a)开启运算的结果。类似,图(e)是用相同的结构元素(b)对图(a)膨胀的结果,图(f)是对图(e)进行腐蚀运算的结果,当然也是对图(a)进行闭合运算结果。从图 6.20 可以看出,开启运算一般能平滑图像的轮廓,削弱狭窄的部分,去掉细长的突出、边缘毛刺和孤立斑点。闭合运算也可以平滑图像的轮廓,但与开启运算不同,闭合运算一般融合窄的缺口和细长的弯口,能填补图像的裂缝及破洞,所起的是连通补缺作用,图像的主要结构保持不变。

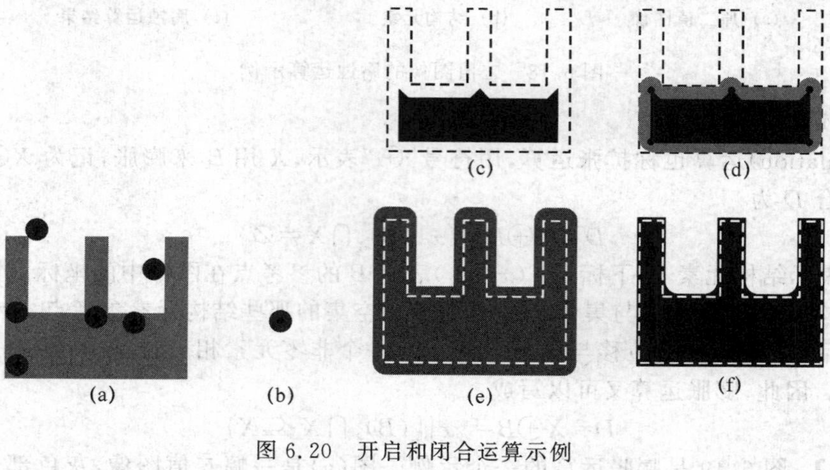

图 6.20　开启和闭合运算示例

## 6.5.3　二值图像的形态学处理

在前面讨论的形态学基础上,这里进一步探讨形态学在包括图像分割在内的图像处理或预处理中的一些实际应用。当处理二值图像时,所采用的是二值数学形态学运算。用形态学运算提取图像中表示形状、特征等有用成分,特别是用于提取某一区域的边界线、物体的边缘轮廓、目标的连接部分、物体的骨架特征等。

**1. 形态滤波**

从上节所介绍的基本形态运算和复合形态运算可知，它们都可以改变图像的某些特征，相当于对图像作滤波处理。同时还可以看到结构元素的形状和大小会直接影响形态滤波的输出效果。不仅不同形状的结构元素(如各向同性的圆形、十字形、矩形，不同朝向的有向线段等)，而且不同尺寸的同形状结构元素，其滤波效果也有明显的差异。也就是说，选择不同形状、不同尺寸的结构元素可以提取图像的不同特征。如图 6.21 表示了一种提取特定方向矢量的形态滤波的实例，图(b)的结构元素是一条具有特定朝向线段，用它对原图(a)进行腐蚀运算，其结果如图(c)所示，将原图众多朝向的线段中和结构元素方向一致的线段保留下来，其他方向的线段则被“滤除”。

(a) 原图　　(b) 结构元素　(c) 提取特定方向线段

图 6.21　用方向结构元素提取方向向量

**2. 平滑处理**

采集图像时由于各种因素，不可避免地存在噪声，多数情况下是加性噪声。可以通过形态运算进行平滑处理，滤除图像的加性噪声。

开启运算，$Y=X\circ B$，是一种先腐蚀、后膨胀的串行复合极值滤波，可以消除细小的孤立噪声点，切断细长的搭线，消除图像边缘毛刺等，具有平滑图像边界之功能，因而常用于二值图像的处理。如图 6.22 所示，图(a)是从原灰度图像经阈值分割得到的二值图像，由于分割的不完美和噪声的引入，使得图像不清楚。用开启运算可以较好地消除原二值图像中的噪声，使图像的质量得到很大的改进，如图 6.22(c)所示。

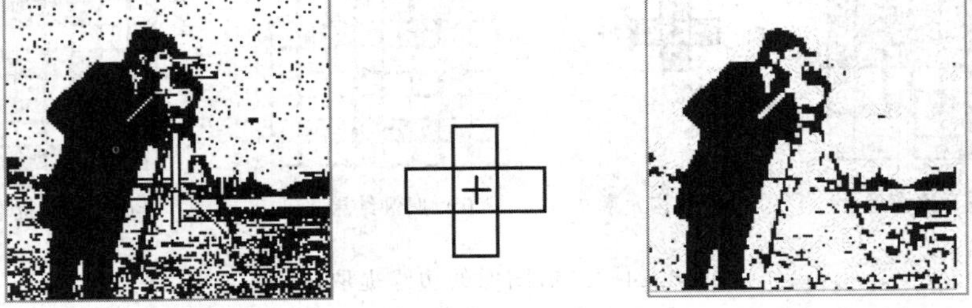

(a) 具有噪声的原图像　　(b) 结构元素(放大)　　(c) 去噪声之后图像

图 6.22　用开启运算除图像噪声

闭合运算，$Y=X\cdot B$，是一种先膨胀、后腐蚀的串行复合极值滤波，具有平滑边界、连接短的间断、填充小孔等作用。

还可以通过多个开启和闭合运算的串行结合来构成形态学去噪声滤波器。

**【例 6.11】**　考虑如图 6.23(a)左边的一个简单的二值图像 $X$，它是一个被噪声影响的矩形目标。图框外的黑色小块表示噪声，目标中的白色小孔也表示噪声，所有的背景噪声成分的物理尺寸均小于图(a)右边所示结构元素 $B$。图(b)左边是原图像 $X$ 被结构元素 $B$ 腐蚀后的图像，实际上它将目标周围的噪声块消除了，而目标内的噪声成分却变大了。因为目标中的空白部分实际上是内部的边界，经腐蚀后会变大。再用 $B$ 对腐蚀结果进行膨胀得到图(b)右边图像。然后对开启结果用 $B$ 进行闭合运算，即先膨胀得到图(c)左边，再腐蚀得到图(c)的右边最终的结果，它将目标内部的噪声块消除了。由此可见，$(X \circ B) \cdot B$ 可以构成滤除图像噪声的形态滤波器，能滤除目标内、外比结构元素小的噪声块。

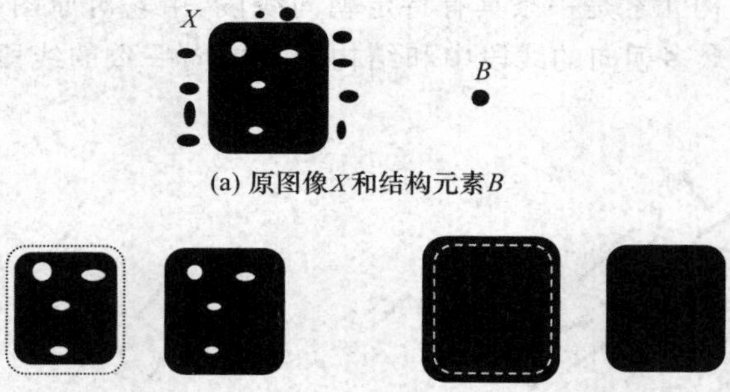


(a) 原图像 $X$ 和结构元素 $B$

(b) 腐蚀-膨胀的开启结果 $X \circ B$　　(c) 膨胀-腐蚀的闭合结果 $(X \circ B) \bullet B$

图 6.23　用开闭运算作图像平滑处理

**3. 边缘提取**

提取边界或边缘是图像分割的重要组成部分，也可以用形态学方法来完成。设目标物体为集合 $X$，提取物体边缘 $Y$ 的形态学运算为

$$Y = X - (X \ominus B) \tag{6.41}$$

**【例 6.12】** 如图 6.24 就采用上述算法的一个简单的示意图，图(a)是原图 $X$，是一个粗体的英语大写字母"$E$"，图(b)是结构元素 $B$，图(c)是用结构元素 $B$ 腐蚀 $X$ 后得到的图像 $X \ominus B$，图(d)是由 $X$ 减去腐蚀的结果 $X \ominus B$ 后所提取的边缘 $Y$，即字母"$E$"的外框。

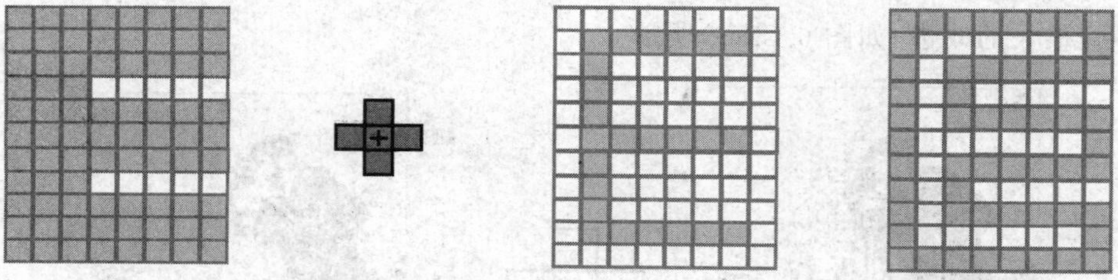

(a) 原二值图像　　(b) 结构元素　　(c) 腐蚀结果　　(d) 边缘提取结果

图 6.24　二值图像的边缘提取示例

实际上式(6.41)所表示的 $X$ 的边缘是目标的内边缘，也就是说处在边缘上的像素本身是 $X$ 集合内的元素。按照这种获取目标边缘的原理，还可以定义另外两种边缘，一种为

$$Y = (X \oplus B) - X \tag{6.42}$$

这种方法提取的 $X$ 边缘是目标的外边缘，即边缘上的像素不属于 $X$ 集合，而是在 $X$ 集合外紧贴于 $X$ 集合的邻域内的元素。显然，$X$ 的外边缘即是 $X^C$ 的内边缘。另一种为

$$Y = (X \oplus B) - (X \ominus B) \tag{6.43}$$

实际上是上述内外边缘的并集，可谓之"双边缘"。此式在形态学中称为形态梯度，也可称

为形态梯度边缘。

**4. 区域填充**

区域是目标图像边界线所包围的部分，边界是目标图像的轮廓线，因此目标图像的区域和其边界可以互求。下面通过具体示例来说明区域填充的形态学运算方法。

**【例 6.13】** 图 6.25(a)给出一个目标区域图像 $A$，其边界点用深色表示。目标上的点赋值为 1，目标外赋值为 0。图(b)为结构元素 $B$，标志点居中，一般情况下都选取对称的结构元素。图像 $A$ 的补集是 $A^c$，由图(c)给出，实际上就是区域外面所有的部分。填充过程实际上就是从目标的边界内某一点 $P$ 开始做以下迭代运算：

$$X_k=(X_{k-1}\oplus B)\cap A^c,\quad k=1,2,3,\cdots \tag{6.44}$$

其中，$X_0=P$ 是原图边界内的一个点（"$E$"的左上角黑色像素）如图(d)所示，在这一点被结构元素 $B$ 的膨胀，将膨胀的结果和 $A^c$ 做交集运算，目的是抹去不属于 $A$ 集合的点，留下的点集形成 $X_1$，再对 $X_1$ 进行膨胀，再和 $A^c$ 交集，形成 $X_2$，……，一直做下去到 $X_k$，当 $k$ 迭代到 $X_k=X_{k-1}$ 时结束。集合 $X_k$ 和 $A^c$ 的交集就包括了图像边界线所包围的填充区域及其边界，如图(e)所示。可见区域填充算法是一个用结构元素对其不断进行膨胀、求补和求交集的过程。

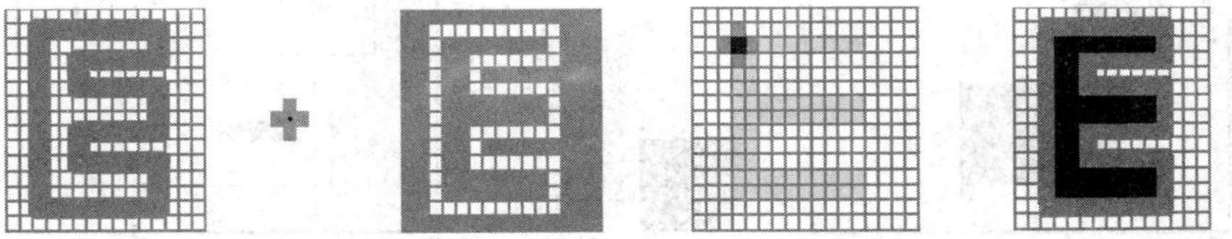

(a) 需填充图像 $A$ (b) 结构元素 (c) 图像补集 $A^c$ (d) 初始 $X_0$ 及膨胀点 (e) 填充后图像

图 6.25 形态学区域填充示例

**5. 击中与否运算**

击中/击不中(Hit-or-Miss)运算也称为击中与否运算，是形态学中一种非常有用的目标探测方法。它来源于这样的问题，即在图像的多个目标中找到特定形状的目标。击中与否运算的数学形态学运算定义为

$$Y=(A\ominus H)\cap(A^c\ominus M) \tag{6.45}$$

该运算是两部分运算集合的交集。其中 $A$ 是含有多个目标($X$、$Y$、$Z$、…)的二值图像，$A^c$ 是其补集，表示二值图像的背景。$H$ 和 $M$ 是结构元素，$H$ 通常等于特定目标或由特定目标的最小特征尺寸确定，$M$ 通常由特定目标的背景确定，并要求 $H\cap M=\varnothing$。按照式(6.45)的含义，检测特定目标的击中/击不中运算可分两步进行。

第一步是腐蚀运算 $A\ominus H$，腐蚀掉比特定目标小的物体，找到和特定目标一样或比特定目标大的物体，标注这些物体中包含的 $H$ 的参考点，每一个参考点代表有可能存在的一个特定目标。如果第一步腐蚀的结果为非空，表明该区域包含与特定目标一样或比特定目标大的物体。

第二步也是腐蚀运算 $A^c\ominus M$，用识别目标背景的结构元素对 $A$ 的背景 $A^c$ 进行识别，探测背景中是否有目标的背景存在。标注这些背景中包含 $M$ 的参考点，每一个参考点代表有可能存在的一个特定目标的背景。如果第二步腐蚀的结果为非空，表明该区域包含特定目标的背景。

两者的交集（或者两次所标注的共同参考点所指示的位置）正是在探测区域中同时具有目标形状和目标背景形状的物体，也就是我们所要寻找的特定目标。下面举例来说明。

**【例 6.14】** 在图 6.26(a)中寻找包含图(b)所示的结构元素的目标位置，图中黑色像素点

用 1 表示，白色像素点用 0 表示，结构元素的参考点在对应图形的中心位置。

选取结构元素 $H=X$，对原图像 $A$(由 $X$、$Y$、$Z$ 三部分组成)进行腐蚀运算，目的是检测图像 $A$ 中能够包含 $X$ 的目标，其结果如图(c)所示。图(d)是关于原图像 $A$ 的补集 $A^c$。选用一个小窗口 $W$，$W$ 能包含 $X$，图(e)的集合差($M=W-X$)看作目标 $X$ 的背景，用作检测 $A^c$ 的结构元素 $M$，图(f)表示集合 $A$ 的补集 $A^c$ 被目标背景 $M$ 腐蚀的结果。从图(c)与图(f)可以看出，图形 $X$ 在原图像 $A$ 中的位置是 $A$ 被 $X$ 腐蚀的结果和 $A^c$ 被($W-X$)腐蚀的结果的交集，这个交集位置正(图中的小圆点)是我们所要找的特定目标 $X$ 的位置。

至此可以明白，第一步用目标作结构元素对图像中物体进行腐蚀运算，结果是将图像中所有含有目标的参考点以及比目标大的物体的参考点统统找出来了；第二步用目标补集作为结构元素对图像中物体的补集进行腐蚀运算，结果是将图像中目标参考点以及比目标小的物体的参考点统统找出来了；最后将前两步的结果进行交集运算，只有目标的参考点符合要求，因此依据所“击中”的参考点，可以很方便地确定图像中目标的位置。

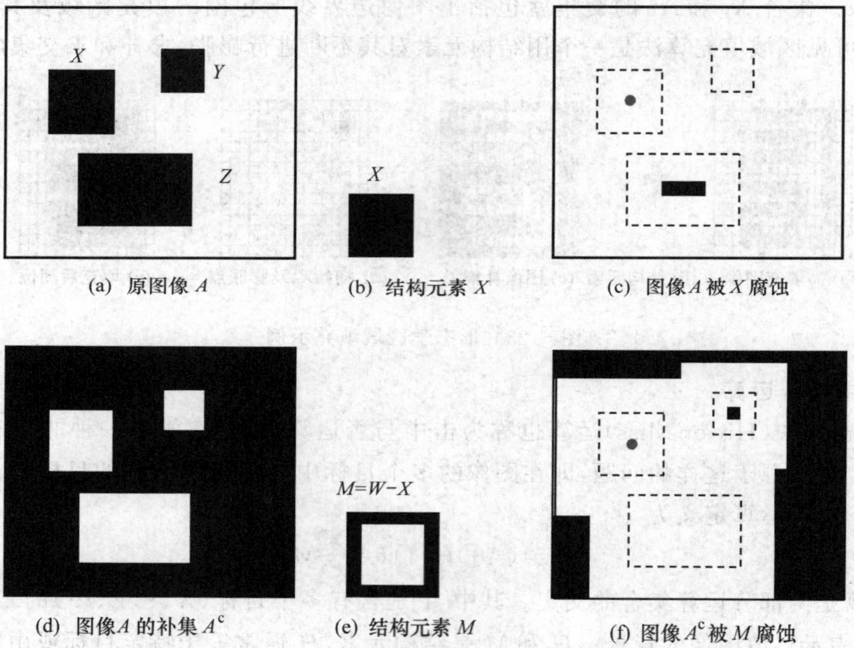


(a) 原图像 $A$　(b) 结构元素 $X$　(c) 图像 $A$ 被 $X$ 腐蚀

(d) 图像 $A$ 的补集 $A^c$　(e) 结构元素 $M$　(f) 图像 $A^c$ 被 $M$ 腐蚀

图 6.26　击中与否运算

**6. 细化与厚化**

(1) 细化处理

对目标的细化(Thinning)处理，本质上和腐蚀处理雷同，都是剪除目标中不必要的部分。细化和腐蚀的不同之处在于，细化要求在剪除的过程中，一般不要将一个目标断裂为两个或几个部分，要求始终保持目标的连接状态，最后成为细至一个像素宽的线条。细化后的线图是一种非常有用的特征，是描述图像几何及拓扑性质的重要特征之一，它决定了物体的结构形态。在文字识别、地质构造识别、工业零件识别或图像理解中，先进行细化处理有助于突出形状特点和减少冗余的信息。

集合 $X$ 被结构元素 $B$ 的细化用 $X\otimes B$ 表示，根据击中与否运算定义可知：

$$Y=X\otimes B=X-(X\Uparrow B)=X\cap(X\Uparrow B)^c \tag{6.46}$$

可见，细化实际上就是从 $X$ 中去掉被 $B$ 击中部分后的结果，当然细化中被 $B$ 击中的部分是不重要的部分。

实际上很难准确选定 $B$，一次性地达到细化的目的，取而代之的细化过程是用一系列的结构元素依次对目标进行上述的细化运算，例如，一种结构元素序列 $\{B\}$：

$$\{B\}=\{B_1,B_2,B_3,\cdots,B_n\} \tag{6.47}$$

其中，$B_i$ 是 $B_{i-1}$ 的旋转，如图 6.27 所示的是一个结构元素系列，包含 8 个依次旋转 45°的结构单元。

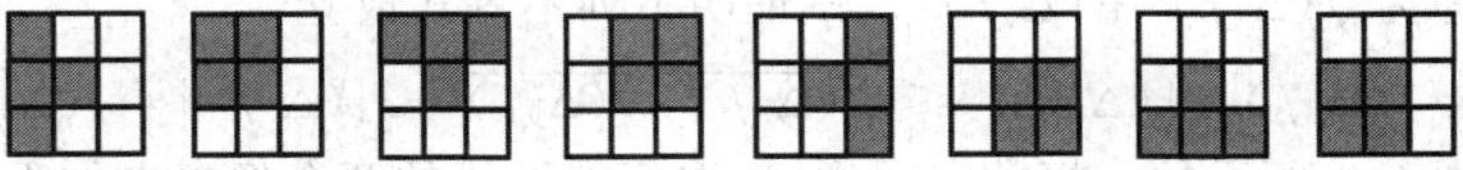

图 6.27 结构元素 $B_1 \sim B_8$ 系列

根据这个概念，定义 $X$ 被一个结构元素序列的细化为

$$Y=X\otimes\{B\}=(\cdots((X\otimes B_1)\otimes B_2)\cdots)\otimes B_n \tag{6.48}$$

实际上细化就是首先从 $X$ 中去掉连续被 $B_1$ 击中的部分，再把剩余图像中被 $B_2$ 击中的部分去掉，如此反复，直至 $B_n$。图 6.28 出示的一幅二值图像被细化的结果。图(a)是灰度原图像，二值化后的图像如图(b)所示，细化之后的结果如图(c)所示，很好地保留了图(b)中的拓扑结构。注意，二值化以后的图像(b)中以白色图像为目标。

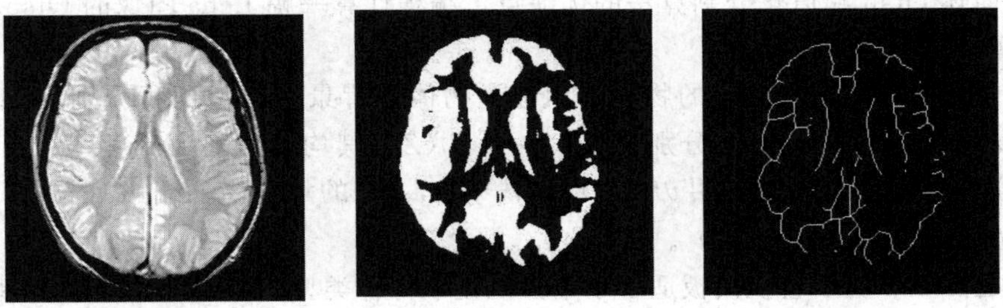

(a) 原图像 (b) 二值化后图像 (c) 细化后图像

图 6.28 形态学的细化示例

(2) 厚化处理

厚化(Thickening)是细化的形态学上的对偶，记为 $X⊚B$，也可以用击中与否运算表示，即

$$X⊚B=X\cup(X\Uparrow B) \tag{6.49}$$

其中，$B$ 是适合于厚化运算的结构元素。实际上，厚化运算也就是在 $X$ 的基础上增加 $X$ 被 $B$ 击中部分的结果。如果结构元素 $B$ 也可以表示成结构元素序列 $\{B\}=\{B_1,B_2,B_3,\cdots,B_n\}$，则厚化运算为

$$Y=X⊚\{B\}=(\cdots((X⊚B_1)⊚B_2)\cdots)⊚B_n \tag{6.50}$$

也就是从 $X$ 中增加连续被 $B_i$ 击中的结果。

## 习题与思考

6.1 试述区域生长算法的基本原理，并说明与区域分裂合并算法二者之间的区别。

6.2 图像中物体和背景像素灰度值的分布概率密度函数如下：

$$P(x)=\begin{cases}\dfrac{3}{4a^3}[a^2-(x-b)^2], & b-a\leqslant x\leqslant b+a\\ 0, & \text{其他}\end{cases}$$

对于目标来说，$a=2,b=7$；对于背景来说 $a=1,b=5$。

(1) 在平面坐标上描述出这两个分布的图形，并确定可取阈值的变化范围。

(2) 如果图像中目标像素占整幅图像中的比例为 8/9，试确定最佳阈值。

6.3 在使用梯度进行边缘检测时，定义梯度为相互垂直的两个差分($\Delta_x f$)和($\Delta_y f$)的平方和的平方根，即为 $\sqrt{(\Delta_x f)^2+(\Delta_y f)^2}$。试证明下列不等式成立：

$$\max\{|(\Delta_x f)|,|(\Delta_y f)|\}\leqslant\sqrt{(\Delta_x f)^2+(\Delta_y f)^2}\leqslant|(\Delta_x f)|+|(\Delta_y f)|$$

6.4 如题图 6.1 所示的一幅数字图像，选取标有短线的两个像素点作为两个代表区域的种子点，试画出区域生长后图像(区域生长后形成两个区域)。

$$\begin{array}{ccccc}1 & 0 & 4 & 7 & 5\\ 1 & 0 & 4 & 7 & 7\\ 0 & \underline{1} & 5 & \underline{5} & 5\\ 2 & 0 & 5 & 6 & 5\\ 2 & 2 & 5 & 6 & 4\end{array}$$

题图 6.1

6.5 简述 Otsu 阈值化分割算法的优缺点。编程计算一幅 Lena 图像的 Otsu 阈值，并阈值化该图像。

6.6 设图像是由在背景中的物体所组成。物体和背景占图像面积分别为 $\theta$ 和 $(1-\theta)$。它们的灰度分布都是正态分布，分别为 $P_s(Z)$ 和 $P_b(Z)$，其均值分别为 $\mu_s$ 和 $\mu_b$，且 $\mu_s<\mu_b$，其标准偏差分别为 $\sigma_s$ 和 $\sigma_b$。试证明 $\theta P_s(Z)+(1-\theta)P_b(Z)$ 的均值为 $\theta\mu_s+(1-\theta)\mu_b$，而方差为 $\theta\sigma_s^2+(1-\theta)\sigma_b^2+\theta(1-\theta)(\mu_s-\mu_b)^2$。

6.7 题图 6.2 所示卷积模板适合于增强或提取哪种类型的图像特征？说明理由。

6.8 设 $f_t$ 为对图像 $f$ 设置门限 $t$ 分割后的二值图像。$f_t$ 中两个灰度级为 $B$ 和 $S$。试证明不论 $f$ 中灰度级的概率密度如何，使积分 $\iint(f-f_t)^2\mathrm{d}x\mathrm{d}y$ 为最小的 $t$ 值始终是 $t=\dfrac{B+S}{2}$。

6.9 题图 6.3 的左图包含多个目标，右图为特定目标的形状，“十”字叉为其参考点。采用击中与否的方法在右图中寻找特定的目标。写出搜寻的过程，在图中标出搜寻的结果。

| | | |
|---|---|---|
| -1 | 2 | -1 |
| -1 | 2 | -1 |
| -1 | 2 | -1 |

(a)

| | | |
|---|---|---|
| -1 | -1 | -1 |
| 2 | 2 | 2 |
| -1 | -1 | -1 |

(b)

题图 6.2

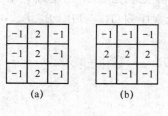

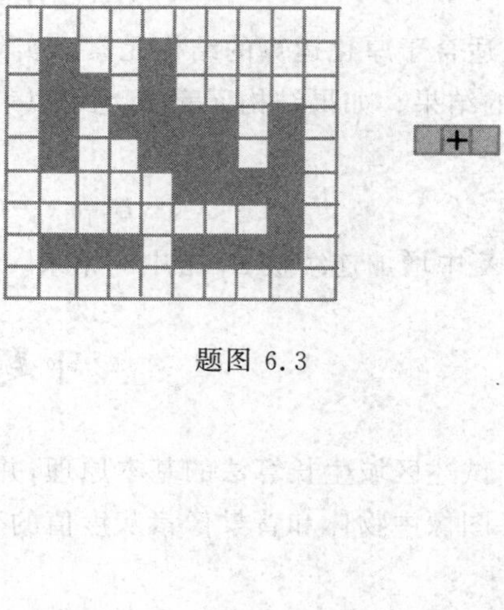

题图 6.3

# 第7章 图像重建

图像重建(Image Reconstruction)是指基于图像的三维重建,就是在不损坏待重建三维物体的前提下,借助于透视和计算机技术获取三维物体内部的某些参数,由这些参数建立三维"图像"的过程,是图像处理中非常重要的一部分内容。

图像重建中最常见的是投影重建,采用投影重建的方法可以获得一个物体的某一横截面(断层)的"图像"数据,根据这些数据,我们可以将它们表示成一幅横截面图像,但这些数据本身并不代表亮度(和普通图像不同),而是代表实际物体的某一物理数据,如物体的密度、物体对射线的衰减系数等。物体的所有断层图像叠加起来,就可以形成物体的三维"图像",借此就可以完整地获得三维物体内部的某些相关参数。

根据所获取投影图的成像方式的不同,可以分为透射断层成像、发射断层成像和反射断层成像。从成像所采用的射线波长不同来分,可以分为X射线成像、超声成像、微波成像、磁共振成像、激光共焦成像等。

图像重建技术在许多科学领域的广泛应用,增强了人们观察物体内部结构和质地的能力。如计算机断层成像(Computed Tomography,CT)、磁共振成像(Magnetic Resonance Imaging,MRI)、正电子发射成像(Positron Emission Tomography,PET)等已广泛应用于疾病的诊断和临床医学中,同时也是科学计算可视化技术的重要理论基础。

十分明显,物体内部数据的获得,需要经历线数据、面数据、体数据的建立这三个阶段,其中最为重要的是由线数据到面数据的建立,或者说断层数据的获得。本章所涉及的主要内容就在于此:首先介绍有关投影重建的主要类型和投影定理的基本概念;然后分别介绍三种基本的投影重建方法,即基于傅里叶逆变换的投影重建方法,基于卷积的逆投影的重建方法和基于级数展开的重建方法;最后介绍实际应用最为广泛的CT图像重建技术。

## 7.1 投影重建基础

在一些实际应用中,要了解物体内部的结构,可以将物体切成非常薄的薄片来进行分析,这是一种有损检测分析技术。大家知道,许多的实际检测对象,如人体生物组织,是不可以进行切片的。对于这类组织就需要通过其他的成像技术如X射线,$\gamma$射线以及超声波射线的投影来获取组织的平面切片图像。投影射线成像的基本原理在于人体组织对X射线或其他射线的衰减作用,而衰减是因为人体组织对射线吸收和散射的结果,如图7.1所示。人体内不同的组织结构,比如脂肪、肌肉、骨骼等对X射线吸收能力有所不同。一般来说,对于等能量的X射线,密度高的物质对射线的衰减显然高于疏松物质所引起的衰减。因此,当X射线照射到人体组织时,通过探测、接收透射线或反射线的光强便可以生成生物组织的平面切片图像,对此进行处理,从而判断体内的密度分布情况。

从上述实例可以看出,投影重建一般是指从一个物体的多条直线上(实际上是投影光线)的投影图重建二维图像的过程。这只是一个笼统的说明,那么用什么射线、如何检测射线、射线如何排列等问题以及投影重建的理论保证是什么,下面将予以简介。

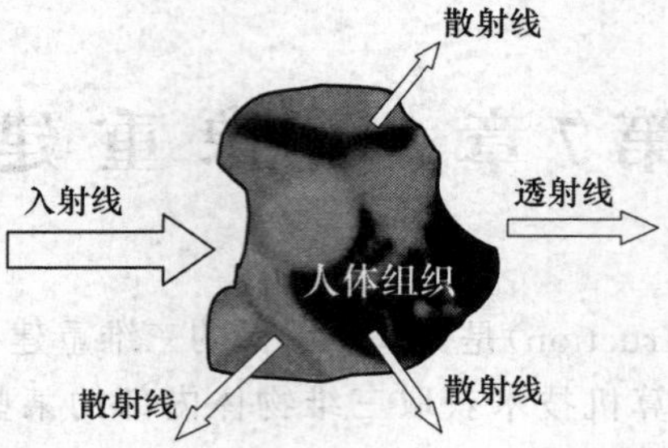


图 7.1 人体组织对射线的吸收

### 7.1.1 投影重建方式

$f(x)$表示在 $x$ 轴上的一维密度函数,如果将 $x$ 轴看成是一根非均匀密度未知的铁棒,那么,只要设法知道 $f(x)$随 $x$ 变化的情况,就可知道铁棒各处的密度。

对于二维函数 $f(x,y)$,如果将其定义域看成是一块密度未知的铁板,那么,只要设法知道 $f(x,y)$随$(x,y)$变化的情况,就可以获得铁板内各点的密度。如果将密度数据当作亮度来对待,铁板的密度分布 $f(x,y)$对应于某一“图像”信号。

对于三维函数 $f(x,y,z)$,如果将其定义域看成是一个密度未知的铁块,那么,只要设法知道 $f(x,y,z)$随$(x,y,z)$变化的情况,就可以获得铁块内各点的密度。但是铁块内部是不能够进入的,我们可以用多个平行于 $xOy$ 平面将此铁块切成非常薄的铁片,只要有办法求出其中每一薄片的密度,则整个铁块的密度也可以知道了。这样,就将一个求三维函数值的问题转化为求二维函数值的问题。有限区域的二维函数,可以把它当作一幅图像来对待。求二维函数值问题实际上就是图像重建,重建若干二维图像,堆叠成三维函数(立体图像)。这里二维像素(Pixel)或三维体素(Voxel)已经不再是亮度的概念了,而是随着实际问题的不同而赋予不同的物理含义。这一套方法又称为基于投影方式的三维图像重建。那么,如何获得函数的分布情况呢?通过各种方式的射线投影重建是卓有成效的方法之一。

**1. 透射断层重建**

透射(Transmission)投影成像,就是将位于物体外部的射线穿过物体后在检测器上得到的射线能量值转换成图像的过程。根据投影成像可以初步了解组织对射线的吸收强度,但是不可能判断物体内准确的密度分布情况。图 7.2 表示等强度的射线透过不同密度分布物体时的情况。其中一条射线束通过均匀密度物质的厚块,而另一射线通过不等密度的厚块组合,图中厚块上的数字表示每一单元的密度或衰减,因为总的衰减是叠加的,因而检测器的记录相同。因此,投影重建时需要一系列投影才能重建二维图像。

**2. 发射断层重建**

发射(Emission)断层成像系统,发射源在物体内部,一般是将具有放射性的离子(放射元素)注入物体内部,从物体外检测其经过物体吸收之后的放射量。通过这种方法可以了解离子在物体内部的运动情况和分布,从而可以检测到物体内部组织的结构分布。常见的发射断层成像有两种,正电子发射成像(PET)和单正电子发射断层成像(Single Positron Emission Computed Tomography,SPECT)。PET 利用放射元素在衰减时放出正电子的放射性离子,它放出的正电子很快与负电子相撞湮灭而产生一对相背运动的光子。如图 7.3 所示,检测光子数量的光子检测器围绕物体呈环形分布，如有光子放出，相对放置的两个检测器就可以检测到由一对正负电子产生的光子。PET 设备根据检测到光子的数量和方向就可以通过计算机重建出反映物体内部结构的图像。

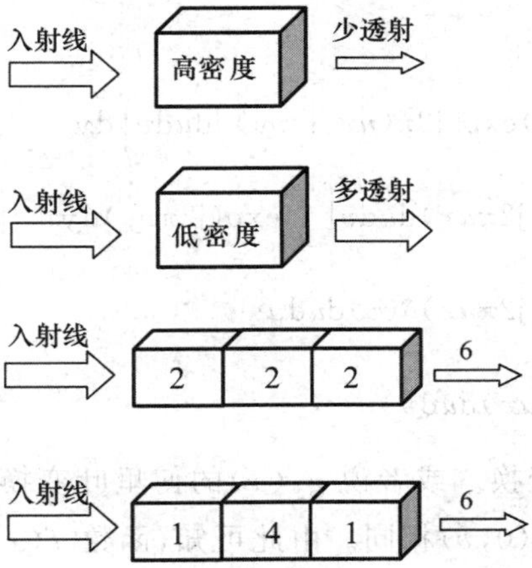


图 7.2　等强度射线穿透不同组织的情况

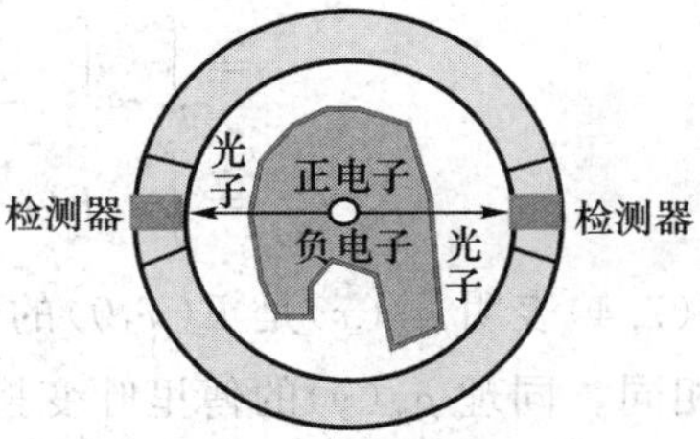


图 7.3　PET 成像系统示意图

**3. 反射断层重建**

反射(Reflection)断层成像系统，是利用射线入射到物体上，检测经物体反射(散射)后的信号来重建图像，如合成孔径雷达成像，医用超声成像等。在反射成像系统中，入射信号(例如单色平面波)直接发射到物体上，接收器接收到的是反射波信号。反射信号往往代表物体的一个或几个特征参数，如声速度、密度、反射系数等，从而得出物体的某些特征量。如超声波成像就是获取人体软组织的超声特性，雷达发射器从空中向地面发射无线电波，雷达接收器在特定角度所接收到的回波强度是地面反射量在一个扫描段的积分。

**4. 磁共振成像**

磁共振成像(MRI)早期也称为核磁共振成像(Nuclear MRI)。其工作机理简言之为：氢核以及其他有奇数个质子或中子的原子核，具有一定动量和旋量的质子，在磁场中它们会像陀螺一样旋转。一般情况下，质子在磁场中是随机排列的，当一个适当强度和频率的共振场信号作用于物体时，质子吸收能量并转向与磁场相交的方向。如果将共振场信号除去，质子吸收的能量将以相同频率的电磁波形式被释放，根据检测到的信号强度就可以确定某一方向上物体质子的密度积分。然后，用类似于透射重建的方法，可得到目标内部物质的分布数据。

## 7.1.2　投影定理

**1. 沿坐标轴的投影**

如图 7.4 所示，在二维情况下函数 $f(x,y)$在 $x$ 轴上(沿 $y$ 方向)的投影 $g_y(x)$ 定义为

$$g_y(x) = \int_{-\infty}^{\infty} f(x,y)\mathrm{d}y \tag{7.1}$$

其中，下标 $y$ 表示沿 $y$ 方向的投影射线，投影形成的函数 $g_y(x)$为随 $x$ 变化的一维函数。

函数 $f(x,y)$在 $y$ 轴上(沿 $x$ 方向)的投影 $g_x(y)$定义为

$$g_x(y) = \int_{-\infty}^{\infty} f(x,y)\mathrm{d}x \tag{7.2}$$

其中,下标 $x$ 表示沿 $x$ 方向的投影射线,投影形成的函数 $g_x(y)$ 为随 $y$ 变化的一维函数。

设 $f(x,y)$ 的傅里叶变换为 $F(u,v)$,则根据傅里叶逆变换公式可知:

$$f(x,y)=\int_{-\infty}^{\infty}\int_{-\infty}^{\infty}F(u,v)\exp[\mathrm{j}2\pi(ux+vy)]\mathrm{d}u\mathrm{d}v \tag{7.3}$$

把式(7.3)代入到式(7.1)可得

$$\begin{aligned}g_y(x)&=\int_{-\infty}^{\infty}\left\{\int_{-\infty}^{\infty}\int_{-\infty}^{\infty}F(u,v)\exp[\mathrm{j}2\pi(ux+vy)]\mathrm{d}u\mathrm{d}v\right\}\mathrm{d}y\\&=\int_{-\infty}^{\infty}\int_{-\infty}^{\infty}F(u,v)\exp(\mathrm{j}2\pi ux)\mathrm{d}u\mathrm{d}v\int_{-\infty}^{\infty}\exp(\mathrm{j}2\pi vy)\mathrm{d}y\\&=\int_{-\infty}^{\infty}\int_{-\infty}^{\infty}F(u,v)\exp(\mathrm{j}2\pi ux)\delta(v)\mathrm{d}u\mathrm{d}v\\&=\int_{-\infty}^{\infty}F(u,0)\exp(\mathrm{j}2\pi ux)\mathrm{d}u\mathrm{d}v\end{aligned} \tag{7.4}$$

式(7.4)表明 $g_y(x)$ 是 $F(u,0)$ 的傅里叶逆变换。或者说 $g_y(x)$ 的傅里叶变换 $G(u)$ 与 $F(u,0)$ 相同。同理 $g_x(y)$ 的傅里叶变换 $G(v)$ 与 $F(0,v)$ 相同。由此可知,函数 $f(x,y)$ 在 $x$ 轴上投影的傅里叶变换等于 $f(x,y)$ 的傅里叶变换在 $(u,v)$ 平面上沿 $u$ 轴 $(v=0)$ 平面上的“切片”,如图 7.5 所示。

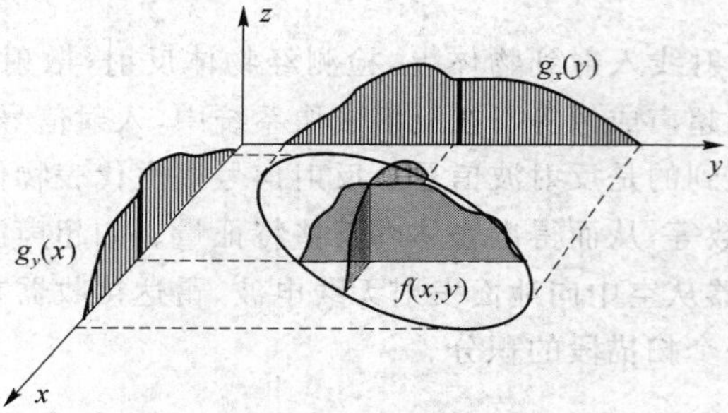


图 7.4　二维函数 $f(x,y)$ 在 $x$, $y$ 坐标轴上投影

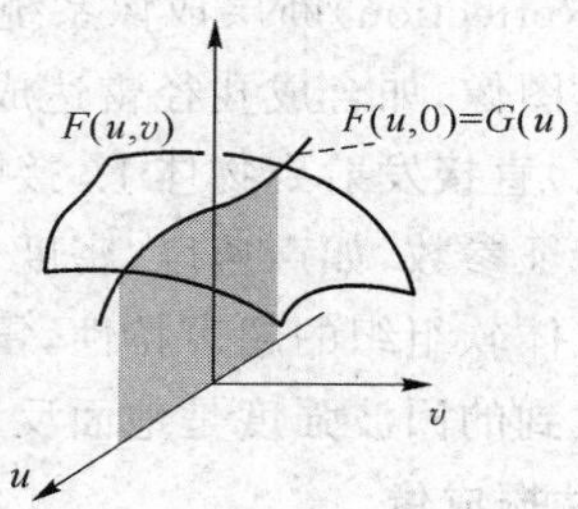


图 7.5　$g_y(x)$ 的傅里叶变换

**2. 任意方向的投影**

将上述投影原理推广到一般情况,假设 $x$-0-$y$ 坐标围绕原点旋转 $\theta$ 度后标记为 $\rho$-0-$t$ 坐标,直线 $\rho$ 与 $x$ 轴的夹角为 $\theta$。函数 $f(x,y)$ 沿 $t$ 方向投影到直线 $\rho$ 上,如图 7.6 所示。根据坐标旋转关系,可知

$$\begin{cases}\rho=x\cos\theta+y\sin\theta\\t=-x\sin\theta+y\cos\theta\end{cases} \tag{7.5}$$

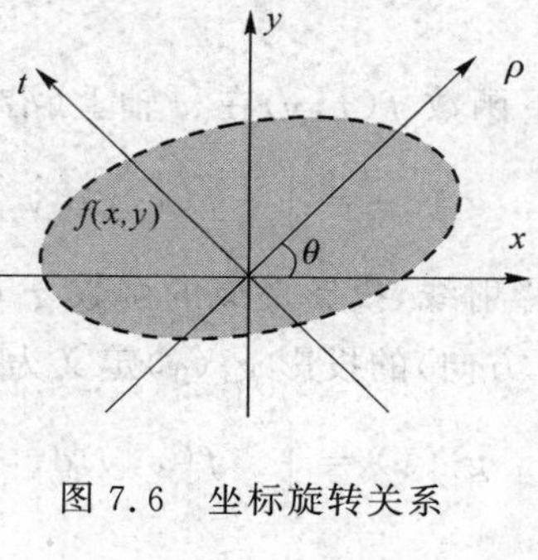


图 7.6　坐标旋转关系

于是可以得出函数 $f(x,y)$ 沿着 $t$ 方向、在轴 $\rho$ 上的投影为

$$g(\rho,\theta)=\int_{-\infty}^{\infty}f(x,y)\mathrm{d}t \tag{7.6}$$

其中，$\theta$ 是固定参数，积分路径是沿着 $t$ 方向的直线进行的。将投影式(7.6)只对 $\rho$ 变量进行一维傅里叶变换，得到 $g(\rho,\theta)$ 的傅里叶频谱 $G(R,\theta)$：

$$G(R,\theta)=\int_{-\infty}^{\infty}g(\rho,\theta)\exp(-\mathrm{j}2\pi R\rho)\mathrm{d}\rho \tag{7.7}$$

显然，上式中 $R$ 是傅里叶频率分量。进一步把式(7.6)代入上式，可得：

$$G(R,\theta)=\int_{-\infty}^{\infty}\int_{-\infty}^{\infty}f(x,y)\exp(-\mathrm{j}2\pi R\rho)\mathrm{d}\rho\mathrm{d}t \tag{7.8}$$

用式(7.5)的关系将式(7.8)右边的变量 $\rho$ 和 $t$ 统一成 $x$ 和 $y$，这里涉及多元函数积分中变量代换的 Jacob 行列式：

$$J=\begin{vmatrix}\dfrac{\partial\rho}{\partial x} & \dfrac{\partial\rho}{\partial y}\\ \dfrac{\partial t}{\partial x} & \dfrac{\partial t}{\partial y}\end{vmatrix}=\begin{vmatrix}\cos\theta & \sin\theta\\ -\sin\theta & \cos\theta\end{vmatrix}=\cos^2\theta+\sin^2\theta=1 \tag{7.9}$$

将 $J$ 代入式(7.8)，完成变量代换，得

$$G(R,\theta)=\int_{-\infty}^{\infty}\int_{-\infty}^{\infty}f(x,y)\exp[-\mathrm{j}2\pi R(x\cos\theta+y\sin\theta)]\mathrm{d}x\mathrm{d}y \tag{7.10}$$

为使函数 $f(x,y)$ 沿某一直线投影的傅里叶变换式(7.10)与 $f(x,y)$ 的二维傅里叶变换联系起来，可将 $R$ 看作二维频率域 $u$-0-$v$ 中和 $u$ 夹角为 $\theta$ 的一直线，则有 $u=R\cos\theta, v=R\sin\theta$，得：

$$G(R,\theta)=\int_{-\infty}^{\infty}\int_{-\infty}^{\infty}f(x,y)\exp[-\mathrm{j}2\pi(xu+yv)]\mathrm{d}x\mathrm{d}y=F(u,v)|_{\theta} \tag{7.11}$$

式(7.11)右边的下标 $\theta$ 表示只在与 $u$ 轴夹角为 $\theta$ 的直线上成立，可见 $f(x,y)$ 在一条与 $x$ 轴夹角为 $\theta$ 的直线 $\rho$ 上的投影的傅里叶变换等于其二维傅里叶变换在与 $u$ 轴成 $\theta$ 方向上的切片，这就是傅里叶投影定理，也称为切片定理，如图 7.7 所示。显然，如果投影变换 $G(R,\theta)$ 中对所有的 $R$ 和 $\theta$ 值都是已知的，则图像的二维傅里叶变换 $F(u,v)$ 也可以完全确定。对 $F(u,v)$ 进行二维傅里叶逆变换，就可以得到 $f(x,y)$，这就是投影重建技术的基础。

实际上，也可以从二维傅里叶变换的旋转特性出发，图 7.5 所示的 $f(x,y)$ 在 $x$ 轴上投影的傅里叶变换，当投影旋转 $\theta$ 以后，则其傅里叶变换也相应地旋转 $\theta$，如图 7.7 所示。

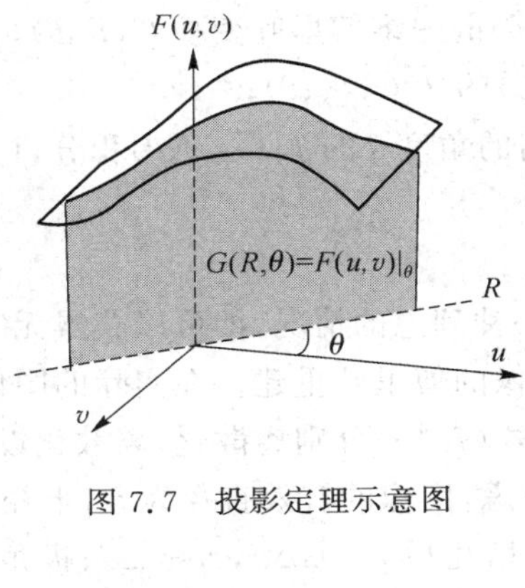


图 7.7　投影定理示意图

# 7.2 傅里叶投影重建

## 7.2.1 基本原理

傅里叶投影重建的基础就是傅里叶投影定理。根据投影定理(7.11),如果能将不同角度 $\theta_1,\theta_2,\cdots,\theta_n$ 得到的投影值进行傅里叶变换,就可以得到 $F(u,v)$ 分别在相应角度位置上的切片。当切片趋向无穷多,即取无穷多个投影时,就可获得在 $(u,v)$ 平面上的所有 $F(u,v)$ 值,从而进行傅里叶逆变换就可以重建图像 $f(x,y)$。

$$f(x,y)=\int_{-\infty}^{\infty}\int_{-\infty}^{\infty}F(u,v)\exp[\mathrm{j}2\pi(ux+vy)]\mathrm{d}u\mathrm{d}v \tag{7.12}$$

将式(7.12)中 $u$、$v$ 平面用极坐标 $R$、$\theta$ 来表示,则有 $u=R\cos\theta,v=R\sin\theta$,将变量代换的 Jacob 行列式 $J_1=\begin{vmatrix}\frac{\partial u}{\partial R} & \frac{\partial u}{\partial \theta}\\ \frac{\partial v}{\partial R} & \frac{\partial v}{\partial \theta}\end{vmatrix}=R$ 代入上式后得

$$f(x,y)=\int_0^{2\pi}\int_0^{\infty}G(R,\theta)\exp[\mathrm{j}2\pi R(x\cos\theta+y\sin\theta)]R\mathrm{d}R\mathrm{d}\theta \tag{7.13}$$

从式(7.13)可知,如果知道所有 $R$ 和 $\theta$ 的投影变换值 $G(R,\theta)$,则变换域的二维函数将全部确定。然后,取傅里叶逆变换就可以得到图像函数。利用傅里叶变换的共轭对称性,$\theta$ 的积分限由 $0\sim2\pi$ 换成 $0\sim\pi$,$R$ 换成 $|R|$ 后,积分限由 $0\sim\infty$ 换成 $-\infty\to+\infty$,式(7.13)可写成

$$f(x,y)=\int_0^{\pi}\int_{-\infty}^{\infty}|R|G(R,\theta)\exp[\mathrm{j}2\pi R(x\cos\theta+y\sin\theta)]\mathrm{d}R\mathrm{d}\theta \tag{7.14}$$

若将上式中内层对 $R$ 的积分表示成一个和 $\theta$ 有关的函数,并用下列符号表示:

$$f_1(x,y;\theta)=\int_{-\infty}^{\infty}|R|G(R,\theta)\exp[\mathrm{j}2\pi R(x\cos\theta+y\sin\theta)]\mathrm{d}R \tag{7.15}$$

则式(7.14)的傅里叶投影重建图像可表示为

$$f(x,y)=\int_0^{\pi}f_1(x,y;\theta)\mathrm{d}\theta \tag{7.16}$$

至此可以看出,连续函数的傅里叶逆变换图像重建的基本原理和计算步骤如下:

(1) 计算未知 $f(x,y)$ 在某一角度 $\theta$ 的投影 $g(\rho,\theta)$;

(2) 根据式(7.7)求出 $g(\rho,\theta)$ 的一维傅里叶变换 $G(R,\theta)$;

(3) 由 $G(R,\theta)$ 确定式(7.15)的 $f_1(x,y;\theta)$;

(4) 由式(7.16)对各个不同的角度 $\theta$ 的 $f_1(x,y;\theta)$ 积分,计算出 $f(x,y)$。

## 7.2.2 离散化处理

以上的傅里叶投影重建是一种理想的情况,即可以获得无穷多个投影,切片趋于无穷多时得到的。或者说,是针对连续图像的傅里叶重建。在实际的图像重建中,必须要考虑离散化处理问题,将式(7.7)、式(7.15)和式(7.16)分别离散化,离散化设置如图 7.8 所示。

在图像域,按极坐标 $(\rho,\theta)$ 考虑,图像的有效直径为 $D$,半径为 $D/2$。极轴 $\rho$ 有 $M$ 个均匀采样点,则采样间隔 $\Delta d=D/M$,离散化后 $\rho=m\Delta d$,$\mathrm{d}\rho\approx\Delta d$;极角 $\theta$ 共有 $N$ 个采样点,采样间隔为 $\pi/N$,离散化后 $\theta=n\Delta\theta$。投影信号 $g(\rho,\theta)$ 离散化就可表示为 $g(m\Delta d,n\Delta\theta)$。按直角坐标

$(x,y)$考虑,$x$、$y$方向的采样的点数分别为$p$、$q$,采样间隔为$\Delta x$、$\Delta y$,则$(x,y)$可以离散化为$(p\Delta x,q\Delta y)$。

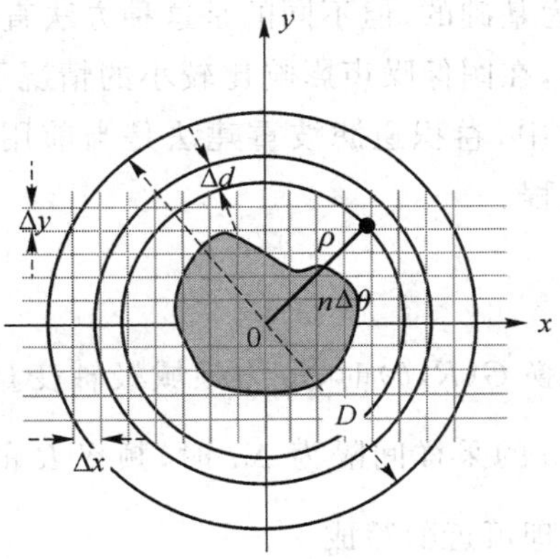


图 7.8 傅里叶逆变换的离散化设置

在频率域,由于频率的变化范围为$-1/(2\Delta d)$到$1/(2\Delta d)$,共有$M$个采样点,则$\mathrm{d}R=(1/\Delta d)/M=1/(M\Delta d)$,频域中极轴变量$R=k\mathrm{d}R=k/(M\Delta d)$,其中$k$为任一整数。

按照上述的离散化设置处理式(7.7)的$G(R,\theta)$由积分式变更为求和式:

$$\begin{aligned}G\left(\frac{k}{M\Delta d},n\Delta\theta\right)&=\Delta d\sum_{m=-(M-1)/2}^{(M-1)/2}g(m\Delta d,n\Delta\theta)\exp\left[-\mathrm{j}2\pi\left(\frac{k}{M\Delta d}\right)m\Delta d\right]\\&=\Delta d\sum_{m=-(M-1)/2}^{(M-1)/2}g(m\Delta d,n\Delta\theta)\exp\left(-\mathrm{j}\,\frac{2\pi km}{M}\right)\end{aligned}\tag{7.17}$$

式(7.15)的$f_1(x,y;\theta)$可写成

$$\begin{aligned}&f_1(p\Delta x,q\Delta y;n\Delta\theta)\\&=\int_{-1/(2d)}^{1/(2d)}|R|G(R,n\Delta\theta)\exp[\mathrm{j}2\pi R(p\Delta x\cos n\Delta\theta+q\Delta y\sin n\Delta\theta)]\mathrm{d}R\\&=\frac{1}{M\Delta d}\sum_{k=-(M-1)/2}^{(M-1)/2}\left|\frac{k}{M\Delta d}\right|G\left(\frac{k}{M\Delta d},n\Delta\theta\right)\exp[\mathrm{j}2\pi R(p\Delta x\cos n\Delta\theta+q\Delta y\sin n\Delta\theta)]\end{aligned}\tag{7.18}$$

最终的重建公式(7.16)离散化为

$$f(p\Delta x,q\Delta y)=\int_0^{\pi}f_1(p\Delta x,q\Delta y;\theta)\mathrm{d}\theta=\Delta\theta\sum_{n=0}^{N-1}f_1(p\Delta x,q\Delta y;n\Delta\theta)\tag{7.19}$$

由此可知,离散图像的傅里叶逆变换法重建步骤如下:

(1) 由得到的投影函数$g(m\Delta d,n\Delta\theta)$,根据式(7.17)对$N$个不同$n\Delta\theta$方向上投影进行一维傅里叶变换,得到$N$个频域函数$G(k\Delta R,n\Delta\theta)$的值。

(2) 对不同角度的极坐标频域函数$|k\Delta R|\ G(k\Delta R,n\Delta\theta)$用式(7.18)计算其一维傅里叶逆变换,得到函数$f_1(p\Delta x,q\Delta y;n\Delta\theta)$的值,共有$N$个。

(3) 利用式(7.19)对$N$个$f_1(p\Delta x,q\Delta y;n\Delta\theta)$的值求和,即可得到离散重建图像$f(p\Delta x,q\Delta y)$。

## 7.3 卷积逆投影重建

傅里叶逆变换重建法由于需要进行坐标变换、二维插值处理,重建精度会受到影响,但这

种方法的计算量比较小,所以当数据量和图像尺寸大时比较有吸引力。如在射电天文学研究中,傅里叶逆变换重建得到广泛的应用。这里介绍的卷积逆投影重建法与傅里叶逆变换重建法相似,也是以投影切片定理为基础的,但不同的是这种方法直接在时域进行。卷积逆投影法无论从软件或从硬件的角度看,在图像噪声影响比较小的情况下都能快速重建出准确清晰的图像。因而在 X 射线 CT 成像中,卷积逆滤波重建法是当前用得较多的一种图像重建方法。下面介绍卷积逆投影重建的过程。

### 7.3.1 重建过程

在计算投影一维傅里叶变换 $G(R,\theta)$时,$R$ 为频域极轴变量,$\theta$ 为极角变量。实际投影数据 $g(\rho,\theta)$总是范围有限的,当 $\rho$ 的采样间隔为 $\Delta d$ 时,频率 $R$ 的变化范围将是$-\dfrac{1}{2\Delta d}\sim\dfrac{1}{2\Delta d}$。于是上面式(7.14)投影切片定理可近似写成

$$f(x,y)\approx\int_0^{\pi}\int_{-\frac{1}{2\Delta d}}^{\frac{1}{2\Delta d}}|R|G(R,\theta)\exp[\mathrm{j}2\pi R(x\cos\theta+y\sin\theta)]\mathrm{d}R\mathrm{d}\theta \tag{7.20}$$

若记

$$h(\rho)=\int_{-\frac{1}{2\Delta d}}^{\frac{1}{2\Delta d}}|R|\exp(\mathrm{j}2\pi R\rho)\mathrm{d}R \tag{7.21}$$

因为 $\rho=x\cos\theta+y\sin\theta$,式(7.21)又可写成

$$h(x\cos\theta+y\sin\theta)=\int_{-\frac{1}{2\Delta d}}^{\frac{1}{2\Delta d}}|R|\exp[\mathrm{j}2\pi R(x\cos\theta+y\sin\theta)]\mathrm{d}R \tag{7.22}$$

对某个 $\theta$,由式(7.15)可知:

$$\begin{aligned}f_1(x,y;\theta)&=\int_{-\frac{1}{2\Delta d}}^{\frac{1}{2\Delta d}}|R|G(R,\theta)\exp[\mathrm{j}2\pi R(x\cos\theta+y\sin\theta)]\mathrm{d}R\\&=\int_{-\frac{1}{2\Delta d}}^{\frac{1}{2\Delta d}}|R|\left[\int_{-\infty}^{\infty}g(\rho,\theta)\exp(-\mathrm{j}2\pi R\rho)\mathrm{d}\rho\right]\exp[\mathrm{j}2\pi R(x\cos\theta+y\sin\theta)]\mathrm{d}R\\&=\int_{-\infty}^{\infty}g(\rho,\theta)\int_{-\frac{1}{2\Delta d}}^{\frac{1}{2\Delta d}}|R|\exp[\mathrm{j}2\pi R(x\cos\theta+y\sin\theta-\rho)]\mathrm{d}R\mathrm{d}\rho\\&=\int_{-\infty}^{\infty}g(\rho,\theta)h(x\cos\theta+y\sin\theta-\rho)\mathrm{d}\rho\end{aligned} \tag{7.23}$$

因此重建图像为对所有 $\theta$ 的积分:

$$f(x,y)=\int_0^{\pi}f_1(x,y;\theta)\mathrm{d}\theta \tag{7.24}$$

由式(7.23)可以看出,右边正是投影数据 $g(\rho,\theta)$与脉冲响应为 $h(\rho)$的滤波器的线性卷积。$h(\cdot)$称为卷积函数,$f_1(x,y;\theta)$可以认为是在 $\theta$ 角方向上卷积了的投影。因此从式(7.24)求 $f(x,y)$可被认为是求逆投影过程,采用这种方法重建也称为卷积逆投影重建法。式(7.24)表示 $f(x,y)$是所有过点$(x,y)$的直线上投影的卷积对角度的积分。

事实上,式(7.21)表示 $h(\rho)$是$|R|$的傅里叶逆变换,所以 $h(\rho)$是频率响应为 $H(R)=|R|$的滤波器,如图 7.9 所示,通常称为重建滤波器。由此可知,卷积逆投影重建的关键是设计重建滤波器。下面简单介绍重建滤波器的设计。

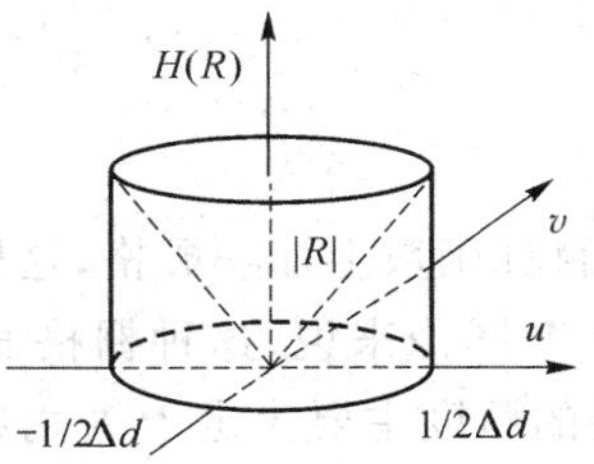


图 7.9　重建滤波器的频率响应

### 7.3.2　重建滤波器

如图 7.9 所示，滤波器 $H(R)$ 的范围限制在半径为 $1/(2\Delta d)$ 之内，对式(7.21)求积分可得

$$h(\rho)=\int_{-\frac{1}{2\Delta d}}^{\frac{1}{2\Delta d}} |R| \exp(\mathrm{j}2\pi R\rho)\mathrm{d}R$$

$$=\frac{1}{2(\Delta d)^2}\left[\frac{\sin\left(\frac{\pi\rho}{\Delta d}\right)}{\frac{\pi\rho}{\Delta d}}-\frac{\sin^2\left(\frac{\pi\rho}{2\Delta d}\right)}{2\left(\frac{\pi\rho}{2\Delta d}\right)^2}\right] \tag{7.25}$$

此式所对应的滤波器响应为

$$H(R)=|R|,\quad |R|\leqslant 1/(2\Delta d) \tag{7.26}$$

考虑在离散情况下，重建滤波器被有限截断，设在 $\rho$ 的变化范围内，对其取 $M$ 点，采样间隔为 $\Delta d$，即 $\rho=m\Delta d$，$|m|\leqslant\frac{M-1}{2}$。用极坐标表示，并用离散值代替连续积分时，则式(7.23)可以写成

$$f_1(k\Delta d,n\Delta\theta)\approx\Delta d\sum_{m=-\frac{M-1}{2}}^{\frac{M-1}{2}} g(m\Delta d,n\Delta\theta)h(k\Delta d-m\Delta d)$$

$$=\Delta d\sum_{m=-\frac{M-1}{2}}^{\frac{M-1}{2}} g(m\Delta d,n\Delta\theta)h[(k-m)\Delta d] \tag{7.27}$$

用极坐标和直角坐标之间的转换关系，求出与极坐标点相对应的直角坐标系上的点，从而得到用离散值表示的 $f_1(p\Delta x,q\Delta y;\theta)$，最后根据求逆投影式(7.24)得到重建图像：

$$f(p\Delta x,q\Delta y)=\int_0^{\pi} f_1(p\Delta x,q\Delta y,\theta)\mathrm{d}\theta\approx\Delta\theta\sum_{n=0}^{N-1} f_1(p\Delta x,q\Delta y,n\Delta\theta) \tag{7.28}$$

式(7.27)和式(7.28)是一组很方便用计算机进行快速运算的表达式。需要说明的是，卷积逆投影方法看起来是时域的卷积运算，但实际上最为关键的运算是重建滤波器的滤波运算，而滤波运算往往还是在频域进行。

## 7.4　代数法重建

前面讨论的傅里叶变换法和滤波器逆投影重建都是源自投影定理，在变换域(频率域)内处理。这类方法自始至终都在连续域内进行解析处理，为便于计算机实现，引入离散化和有限近似。这里介绍的代数重建技术则是属于另一类针对离散图像的重建方法，也称为级数展开法,它是一种逐次逼近的迭代算法。

## 7.4.1 代数法基本原理

在代数重建中,需要在重建的目标函数上加一栅格,这样就将目标划分为许多大小相等的体积单元,如图 7.10 所示。如对 CT 图像来说,这种栅格面积可以是 1.5 mm×1.5 mm,CT 薄层切片的厚度可以是 1 cm,薄层的厚度主要决定于 X 射线的宽度,是一个相对固定的常数。严格地说,每个体积单元内部并不是均匀不变的,然而在 CT 图像中,则假定每个体单元是单质均匀密度体。这样做不仅降低了计算机运算的负担,实际上所建立的 CT 图像仍然有足够好的清晰度,可以满足医学诊断上的需要。

这样一来,用代数法重建图像的过程便归结于计算每个体单元的衰减系数。图 7.10 表明,在许多位置,射线束只是部分地通过一些体单元。这些体单元在对每条射线吸收所起的作用是不一样的,也可以认为沿着射线方向吸收所起的贡献不同,如果用 $a_{ij}$ 表示栅格中的第 $j$ 个方格对沿第 $i$ 条射线所做的贡献的权值,用 $y_i$ 表示沿第 $i$ 条射线方向的总吸收的值,则有

$$y_i = \sum_{j=1}^{N} a_{ij} x_j, \qquad i = 1,2,3,\cdots,M \tag{7.29}$$

$M$ 为扫描该物体的总射线条数,$N$ 为小方格的总数,$N=n\times n$,标号如图 7.10 所示,$x_j$ 为第 $j$ 个方格的吸收系数或衰减系数,是我们要求解的量。一般情况下可用第 $i$ 条射线在第 $j$ 个小格上截取的面积表示 $a_{ij}$,或用射线在小格中的长度表示。

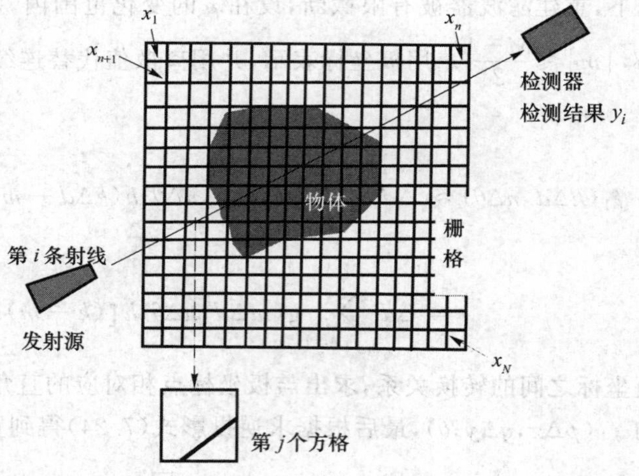


图 7.10 扫描重建栅格

将式(7.29)写成矩阵方程的形式:

$$\boldsymbol{Y} = \boldsymbol{A}\boldsymbol{X} \tag{7.30}$$

其中,$\boldsymbol{Y}$ 是射线经过目标衰减后所测量的值构成的 $M\times 1$ 维矢量,$\boldsymbol{X}$ 是 $N\times 1$ 维由目标栅格所构成的未知的图像(吸收系数)矢量,$\boldsymbol{A}$ 为 $M\times N$ 大小的投影矩阵。为了获得高质量的图像,$M$ 和 $N$ 的值都非常大,一般需在 $10^5$ 数量级,但对每条射线来说,它只能与很少像素相交,通常 $\boldsymbol{A}$ 为稀疏矩阵,其中只有少于 1%的元素不为零。由于维数巨大,经典的方法求解十分困难。为此,常采用迭代方法进行求解。

### 7.4.2　迭代算法

解大型线性方程组的数值方法很多,迭代法是最常用的方法之一。下面介绍一种简单的迭代求解方法,说明代数法图像重建的基本概念。

实际上式(7.29)是关于 $x_j(j=1,2,\cdots,N)$ 的 $M$ 个方程,在 $N$ 维空间上表示为 $M$ 个超平面。当该方程组有唯一解时,意味着所有 $M$ 个超平面相交于一点,交点即为方程组的解。为了说明迭代算法,以二维空间为例,式(7.30)可以简单写成:

$$\begin{cases} y_1=a_{11}x_1+a_{12}x_2 \\ y_2=a_{21}x_1+a_{22}x_2 \end{cases} \tag{7.31}$$

方程组中的两个方程分别代表平面上的两条直线 $L_1$ 和 $L_2$,其交点$(x_1,x_2)$是方程组式(7.31)的解,用矢量表示。迭代过程开始时,预先设置一个预估值 $\boldsymbol{x}^{(0)}$,如图 7.11 二维空间上的点 $O$。然后,将该点 $O$ 投影到第一条直线 $L_1$ 上,得到在此直线上的 $P$ 点。再将 $P$ 点投影到第二条直线 $L_2$ 上,得到在 $L_2$ 上的点 $Q$,再将 $Q$ 点投影到 $L_1$ 上,……如此继续,直到在 $L_1$ 和 $L_2$ 上的投影点重合为止。这个重合点就是方程的解。如果方程组存在唯一解,则此迭代过程是收敛的。

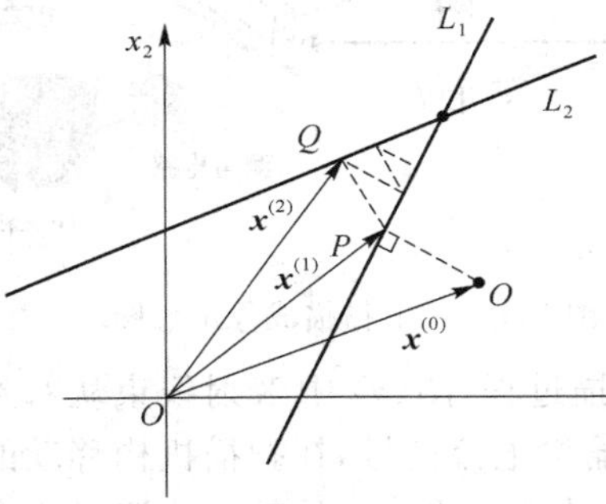


图 7.11　二维空间求解的迭代过程示意图

对于 $N$ 维空间的一般情况,首先初始化一个图像矢量 $\boldsymbol{x}^{(0)}$ 作为迭代起始点,然后将初始矢量投影到第一个超平面上,得到第一个尝试解 $\boldsymbol{x}^{(1)}$。由初始值矢量 $\boldsymbol{x}^{(0)}$ 到第一个解矢量 $\boldsymbol{x}^{(1)}$ 之间的计算公式如下:

$$\boldsymbol{x}^{(1)}=\boldsymbol{x}^{(0)}+\frac{y_1-\boldsymbol{a}_1\cdot\boldsymbol{x}^{(0)}}{||\boldsymbol{a}_1||^2}\boldsymbol{a}_1 \tag{7.32}$$

其中,$\boldsymbol{a}_i=(a_{ij})_{j=1,2,\cdots,n}$,$i=1,2,\cdots,M$ 是 $\boldsymbol{A}$ 的第 $i$ 行矢量,"·"表示内积。在获得 $\boldsymbol{x}^{(1)}$ 之后,将它投影到第二个方程表示的超平面上,得到 $\boldsymbol{x}^{(2)}$。将这个过程重复进行到第 $M$ 个超平面,得到 $\boldsymbol{x}^{(M)}$。然后再把最后一个超平面上的估值投影到第一个超平面上,重复上述过程,如果存在唯一解,最后必收敛到一点 $\boldsymbol{x}$。第 $k+1$ 步的迭代公式如下:

$$\boldsymbol{x}^{(k+1)}=\boldsymbol{x}^{(k)}+\frac{y_i-\boldsymbol{a}_i\cdot\boldsymbol{x}^{(k)}}{||\boldsymbol{a}_i||^2}\boldsymbol{a}_i \tag{7.33}$$

上述算法的收敛速度取决于超平面之间的夹角,夹角越小,收敛得越慢;同样,初始值也会影响到收敛性以及收敛速度,初始值点和收敛点的距离的不同会影响到迭代收敛的速度。

# 7.5 计算机断层扫描技术

计算机断层扫描技术又称为计算机层析或CT,是一种利用数字图像处理方法来获取三维图像数据的技术。CT机通常包括X射线管、X射线检测器、扫描机架、病人床以及用来重建图像结构的工作站等。

图7.12是CT扫描成像的示意图。可以看出,计算机断层扫描就是将人体中某一薄层中的组织分布情况经过射线对该薄层的扫描、检测器对信息的采集、计算机对数据的处理,以及最终将数据在监视器屏幕上显示出图像的过程。

在图7.12所示的系统中,扫描系统的X射线管和检测器,在任何情况下始终保持严格的相对静止状态,射线管发出的是平行直线形波束,扫描机围绕人体作旋转加平移运动,每转动一个角度就做一次平行光束扫描。

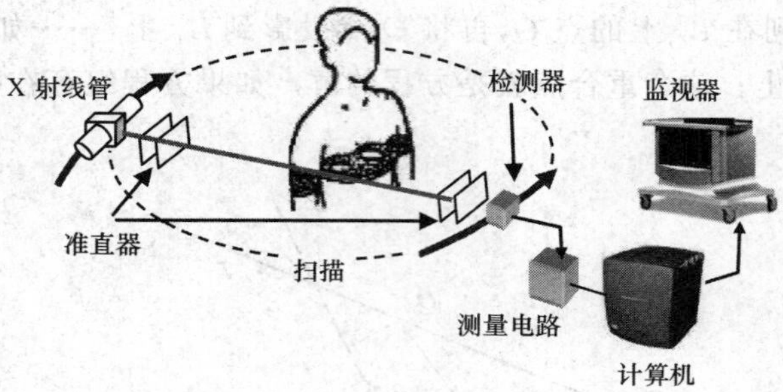


图7.12　CT扫描成像示意图

图7.13为某一角度的CT扫描过程,图(a)中X射线束从右到左对人体进行扫描,透射出的X射线被检测后由光电倍增器输出电流信号。在扫描机构移动的过程中,检测器记录经人体组织透射后的X光的强度(由电流表示),图(b)是某一位置时检测的电流－位置函数曲线。

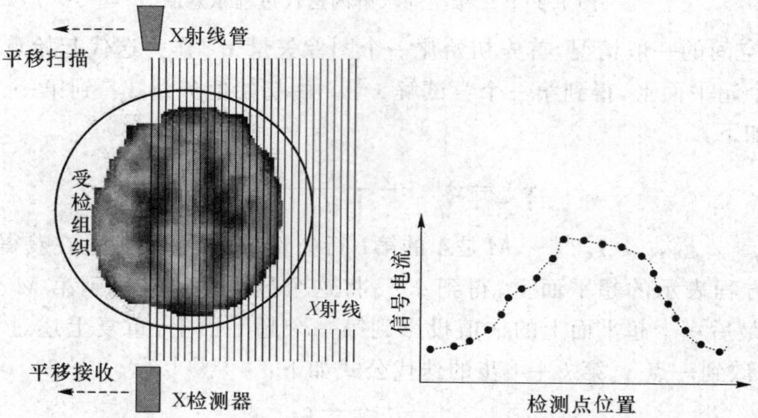


(a) CT机对人体扫描的平　　　(b) 光电倍增管输出电信

图7.13　CT一次平移扫描所获得的输出信号

第一次直线平移扫描完毕后,扫描系统旋转一个小角度,再作第二次直线式平移扫描,获得另一组投影数据。重复以上过程,便得到很多组投影数据,整个扫描过程如图7.14所示。

图 7.14 中所示的是对头颅组织进行的断层扫描，对扫描所得数据进行处理，采用前述的重建算法，就可获得一幅断层扫描图像。用同样的方法、以一定的间隔进行断层扫描，就得到一系列的断层图像，由这些断层图像经计算机处理就可形成人体头颅组织的三维图像。

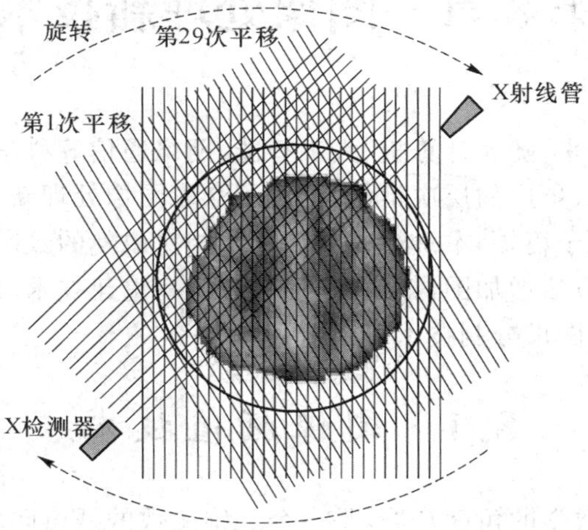


图 7.14　头颅 CT 扫描成像示意图

在实际诊断时，常采用 CT 值来度量，即 CT 图像的灰度值实际上是表示人体组织对 X 射线的衰减程度。其值是用人体各部分组织的衰减系数与水作比较而得，其定义为

$$\text{CT 值} = K\frac{(\mu-\mu_{水})}{\mu_{水}}$$

其中，$\mu$ 为人体某一部分组织的衰减系数，$\mu_{水}$ 为水的衰减系数，$K$ 为倍率。例如，$K=500$ 时，骨的 CT 值为 500，空气为 −800，水为 0。$K=1\,000$ 时，骨的 CT 值为 1 000，空气为 −1 000，水为 0。其他组织的 CT 值如表 7.1 所示。

**表 7.1　人体各组织的 CT 近似值**

| 组 织 | 与水比较的 X 射线衰减系数/(%) | CT 值 |
|---|---|---|
| 血浆 | 2.2 | 11.1 |
| 水肿 | 1.8～2.2 | 8.8～11.1 |
| 血块 | 7.4 | 37.0 |
| 脑膜瘤 | 4.6～5.2 | 23.0～27.0 |
| 灰质 | 3.8 | 19.0 |

# 习题与思考

7.1　图像重建中获取原始数据的模型有哪些？

7.2　简述投影定理，并加以证明。

7.3　如果 $f(x,y)$ 是旋转对称图像，证明它可以由单个投影重建。

7.4　试述傅里叶重建法的基本原理及其重建步骤。

7.5　试述卷积法图像重建的基本原理。

7.6　如果 $f(x,y)$ 可以分解成 $g(x)$ 和 $h(y)$ 的乘积，证明它可以由两个与坐标轴垂直的投影重建。

# 第 8 章　图像处理新技术

从 20 世纪 90 年代以来，随着计算机、人工智能、网络通信等科学技术的迅速发展，数字图像处理技术也迅速向更深、更广的层次推进，出现了众多图像处理新理论、新技术，更新了一些经典的图像处理方法。限于篇幅，本章简要介绍 4 类相对成熟的数字图像处理新技术：更精确的图像插值技术、用软件方法增加图像分辨率的超分辨率重建技术、用于保护知识产权的图像水印技术和效果比较好的图像分割技术。

## 8.1　图像插值技术

图像内插的方法，从数学的角度来看，是一个二维函数的插值问题。内插就是已知某个连续采样函数在一系列离散点的函数值，求解一个近似的内插函数，要求内插函数在采样节点上的函数值必须和该点的采样值一致。换句话说，如 $f(x)$ 是采样函数，$g(x)$ 是对应的内插函数，则 $g(x_k)=f(x_k)$，这里 $x_k$ 是内插节点。对于同样的数据，可有许多不同的内插函数，如双线性内插或双立方内插等，以一维情况为例，它们可统一写成如下形式：

$$g(x) = \sum_k f(x_k)h\left(\frac{x-x_k}{\Delta x}\right) \tag{8.1}$$

其中，$\Delta x$ 表示采样间隔，实际使用时常取 1，$x_k$ 和 $f(x_k)(k=1,2,\cdots)$ 分别是已知的采样函数节点坐标和函数值，$h$ 是内插核（kernel）函数，一般要求当 $x=x_k$ 时，$h(0)=1$ 以及 $x=x_j$ 且 $j\neq k$ 时，$h(x_j-x_k)=0$。显然，这样的核函数可使得内插函数在每个采样点 $x_k$ 满足 $g(x_k)=f(x_k)$，相当于由离散的采样值恢复出原来的连续函数，自然就可获得非采样点上的数据。一般情况下，要求内插核 $h(\cdot)$ 在内插函数的定义域上具有明显的紧支（compact）特性，即在很小的范围有值，其他地方函数值皆为零。

对于大多数均匀采样的情况，从信号处理的角度，(8.1)卷积式表达的是从连续信号 $f(x)$ 的离散采样值 $\{f(x_k)\}$ 恢复原信号的问题，在傅里叶频域相当于 $G(\omega)=F(\omega)\ H(\omega)$，频谱 $F(\omega)$ 的周期重复间隔为 $1/\Delta x$。根据奈奎斯特采样定理，希望 $H(\omega)$ 具有半带宽（$0.5/\Delta x$）理想低通特性，才能够最大程度减少重建连续信号时所引起的混叠误差。

需要说明的是，曾在第 4 章中提及的最邻近插值和双线性插值，这里从核函数插值的角度再次解读，以期建立一个统一的插值表示方法。

### 8.1.1　最近邻插值

在图像内插中，最简单的方法就是所谓的“最近邻”插值（Nearest Neighbor Interpolation），它是用原始图像中的最接近插值点的像素值作为该插值点的灰度值。对于灰度图像，即将原始图像进行逐点处理，把每一个像素点的灰度值按插值倍数进行复制。它的一维插值核函数是一个常量矩形函数：

$$h(x)=\begin{cases}0.5, & 0\leqslant|x|\leqslant 0.5\\ 0, & \text{其他}\end{cases} \tag{8.2}$$

其函数图形如图 8.1 所示。最近邻插值的优点是简单、易实现，在很多要求不高的场合得到广泛应用。它的缺点是插值后的图像质量不高，常常出现方块效应和锯齿效应。

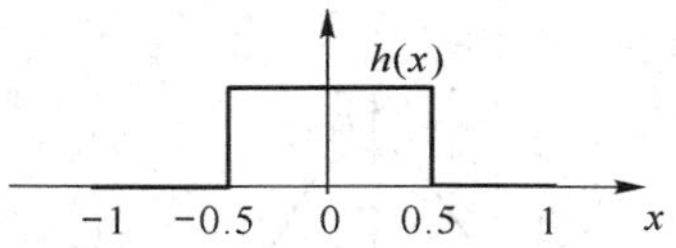


图 8.1　最近邻插值的核函数

## 8.1.2　双线性插值

最近邻插值法仅仅"复制"最近距离的那个像素的值，忽视了其他周围像素的影响，因而很可能没有反映新插入像素的变化。双线性插值(Bilinear Interpolation)考虑了插值处周围 4 个像素的影响，质量优于最近邻插值的图像，是一种简单且应用广泛的插值方法。

之所以称其为"双线性插值"，是因为在对图像插值时分两次对行、列像素分别进行线性插值处理。线性插值中目标点的值等于目标点附近的已知点的灰度值按一定的权值相加，其权值一般取为目标点和已知点之间的距离。以一维为例，在两点已知点 $A$、$B$ 间的其他所有点的灰度值从 $A$ 到 $B$ 呈线性过渡，式(8.3)是所采用的插值核函数，函数图形如图 8.2 所示。

$$h(x)=\begin{cases}1-|x|, & 0\leqslant |x|\leqslant 1\\ 0, & \text{其他}\end{cases} \tag{8.3}$$

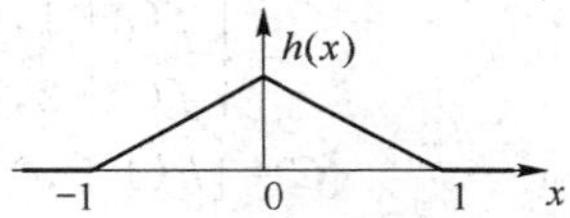


图 8.2　线性插值的核函数

线性插值放大的图像比最近邻插值产生的图像平滑，较少出现灰度值不连续的情况。由于线性插值具有低通滤波器的性质，使高频分量受损，放大后的图像也会出现明显的块状现象，使图像轮廓一定程度上变得模糊。

对于二维图像的一个插值像素点，其坐标为$(i+u,j+v)$，其中 $i$、$j$ 均为非负整数，代表已知像素点的坐标，$u$、$v$ 为 $[0,1)$ 区间的数，表示插值点和已知点$(i,j)$之间的距离。则该像素点的像素值 $f(i+u,j+v)$可由原始图像中坐标为$(i,j)$、$(i+1,j)$、$(i,j+1)$、$(i+1,j+1)$所对应的周围 4 个像素点值决定，即

$$\begin{aligned}f(i+u,j+v)=&(1-u)\cdot(1-v)\cdot f(i,j)+(1-u)\cdot v\cdot f(i,j+1)+\\&u\cdot(1-v)\cdot f(i+1,j)+u\cdot v\cdot f(i+1,j+1)\end{aligned} \tag{8.4}$$

## 8.1.3　双立方插值

双立方(bi-cubic)卷积插值和双线性插值相比，不仅考虑到插值点附近 4 个直接邻点灰度值的影响，还考虑到各邻点之间灰度值变化率的影响，利用了插值点周围 4×4 邻域像素的灰度值，因此具有更高的插值精度。双立方插值过程可以用下式表达：

$$f(x,y)=\sum_i\sum_j f(x_i,y_j)h(x-x_i)h(y-y_j) \tag{8.5}$$

其中，$f(x,\ y)$为待插值点的灰度值，$f(x_i,\ y_i)$为已知周围像素的灰度值，$h(\cdot)$为 3 次多项式插值核函数。双立方内插过程实际上就是一种卷积操作，故也称为 3 次卷积插值。由前面的式(8.1)可知，内插核函数通过类似卷积运算将离散数据变换为连续的函数。根据奈奎斯特定理，如果采样频率大于信号最高频率的两倍，则用 sinc 函数插值即可完全恢复原函数。因此，这里的插值核函数采用 sinc 的一种分段三次多项式逼近，如式(8.6)，其函数图形如图 8.3 所示。

$$h(x)=\begin{cases}3|x|^3-5|x|^2+2, & 0\leqslant|x|<1\\ -|x|^3+5|x|^2-8|x|+4, & 1\leqslant|x|<2\\ 0, & 2\leqslant|x|\end{cases}\tag{8.6}$$

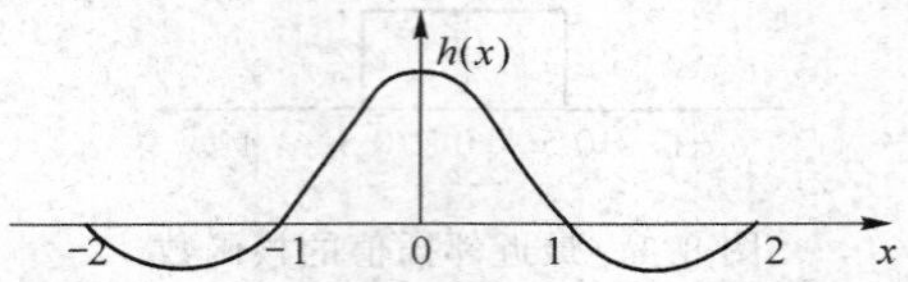


图 8.3 双立方卷积插值函数

式(8.5)可以用矩阵表示如下:

$$f(i+u,j+v)=\boldsymbol{A}\cdot\boldsymbol{B}\cdot\boldsymbol{C}\tag{8.7}$$

其中,

$$\boldsymbol{A}=[h(1+u)\quad h(u)h(1-u)\quad h(2-u)]$$

$$\boldsymbol{B}=\begin{bmatrix}f(i-1,j-1) & f(i-1,j+0) & f(i-1,j+1) & f(i-1,j+2)\\ f(i+0,j-1) & f(i+0,j+0) & f(i+0,j+1) & f(i+0,j+2)\\ f(i+1,j-1) & f(i+1,j+0) & f(i+1,j+1) & f(i+1,j+2)\\ f(i+2,j-1) & f(i+2,j+0) & f(i+2,j+1) & f(i+2,j+2)\end{bmatrix}$$

$$\boldsymbol{C}=[h(1+v)\quad h(v)\quad h(1-v)\quad h(2-v)]^{\mathrm{T}}$$

以上插值的坐标定位参照图 8.4,在实际应用中,$u$ 和 $v$ 的常取值 0 或 0.5。其中$(i,j)$ 表示邻域中某个像素位置,$f(i,j)$为对应的灰度值,$(u,v)$表示待插值点与$(i,j)$的相对位移,一般定义在 0~1 的范围内,即待插值点位置为$(i+u,j+v)$,其灰度值为 $f(i+u,j+v)$。

可见,插值像素点$(i+u,j+v)$ 的值和其周围的 16 个点有关。在实际计算时,可利用 $h(x,y)$的可分离性,分别在 $i$ 方向、$j$ 方向进行一维计算。

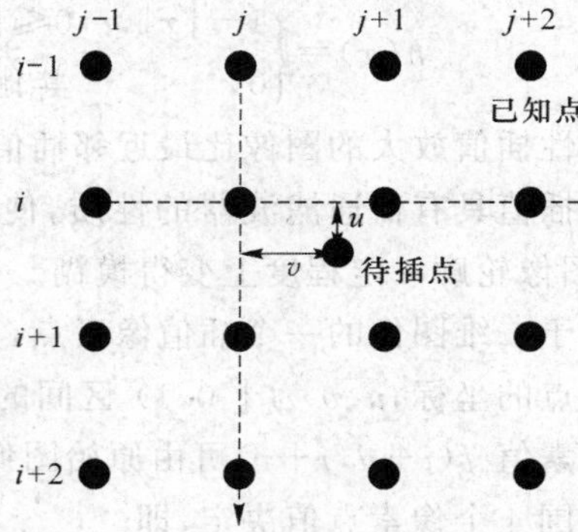


图 8.4 双立方插值坐标示意图

### 8.1.4 核回归插值

双线性、双立方等图像插值的方法因其简单易行而得到了广泛的应用。但其重建图像的质量往往不尽人意,尤其在图像的边缘和灰度变化较大之处会出现锯齿状的失真,在图像的细节变化之处易出现模糊。其原因在于线性插值的方法对所有的像素采用相同的插值函数,而没有考虑到图像边缘灰度变化剧烈等特点。而且插值核函数其频域特性基本属于低通滤波器,会对图像的边缘和细节进行平滑,丢失了高频信息,也就不能够保证有足够高的重建分辨率。

为了克服这一问题,可以采用核回归(Kernel Regression)插值的方法。严格说来,回归和插值是两类不同的函数估计方法。从信号处理的角度看,插值计算时认为信号未受噪声干扰,已知点的函数值是准确的,要求插值函数在这些已知点的函数值和已知的函数值一致。而在回归估计时,考虑到信号函数受到噪声的叠加,因而并不认为在已知点观测到的函数值是准确的,而是从总体考虑,得到受噪声影响最小的一个估计函数。由于这里是将回归方法用于图像插值,所以简称为回归插值,放在图像插值这一节予以介绍。

核函数回归是一种建立在多项式回归的基础上的一种插值方法。它和普通的对采样点的灰度值以一定比例进行加权平均的插值方法不同,在图像插值时考虑图像的局部特性,如是处于边缘区域还是平坦区域等，根据不同的特性适当地调整插值函数，产生比较符合局部情况的插值点。当然这种自适应非线性插值方法的运算量相对较大。

**1. 一维核回归**

先看一维情况，设一维函数的采样点的坐标为 $x_1, x_2, \cdots, x_m$，对应采样点灰度的观察值为 $y_1, y_2, \cdots, y_m$，$y_i$ 可以看成估计函数（回归函数）$g(x)$ 在 $x_i$ 的值 $g(x_i)$ 加上一个测量误差（或噪声）$e_i$，得到回归方程：

$$y_i = g(x_i) + e_i, \qquad i = 1, 2, \cdots, m \tag{8.8}$$

核回归的目标是通过观察数据 $\{y_i\}$ 估计未知回归函数 $g(x)$，因此要使得估计函数最接近原函数，也就是两者在各采样点误差的平方和达到最小（最小二乘方），即

$$\min_g \sum_{i=1}^{m} (e_i)^2 = \min_g \sum_{i=1}^{m} \| y_i - g(x_i) \|^2 \tag{8.9}$$

$x$ 为插值点，它的函数值是未知的，为了估计在任意点 $x$ 处的函数值 $g(x)$，将 $x$ 附近的采样点 $x_i$ 的值 $g(x_i)$ 在 $x$ 处展开为泰勒级数：

$$g(x_i) = g(x) + g'(x)(x_i - x) + \frac{1}{2!}g''(x)(x_i - x)^2 + \cdots = a_0 + a_1(x_i - x) + a_2(x_i - x)^2 + \cdots \tag{8.10}$$

其中，$a_0 = g(x)$，$a_1 = g'(x)$，…为待定系数。式(8.10)的最小二乘方问题变为

$$\min_g \sum_{i=1}^{m} \| y_i - g(x_i) \|^2 = \min_{\{a_i\}} \sum_{i=1}^{m} \| y_i - a_0 - a_1(x_i - x) - a_2(x_i - x)^2 - \cdots \|^2 \tag{8.11}$$

上式求和号中的每一项表示一个采样点的误差平方值。由于引入了泰勒级数的近似表示，只有当 $x$ 在 $x_i$ 附近时近似成立，如果 $x$ 远离 $x_i$，则误差迅速增加，因为 $N$ 阶泰勒公式的误差和 $(x_i - x)^N$ 成正比。因此，计算某一点 $x_i$ 的误差，必须将 $x$ 限制在 $x_i$ 附近，选用一个具有“窗口”作用的所谓核函数 $k(\cdot)$ 作为该项的一个因子就可以达到这一目的，形成带加权的最小二乘方优化模型：

$$\min_{\{a_i\}} \sum_{i=1}^{m} \| y_i - a_0 - a_1(x_i - x) - a_2(x_i - x)^2 - \cdots \|^2 \cdot \frac{1}{h}k\left(\frac{x_i - x}{h}\right) \tag{8.12}$$

其中，$k(\cdot)$ 为核函数（权函数），形式可以选择，大多为对称、紧支的，如高斯、指数函数等，以估计点为中心，用来控制各个采样点的权重。$h$ 为核函数的径向宽度参数，也称为平滑参数。显然，求估计函数 $g(x)$ 等价于求系数 $a_0$。上式对 $a_0$ 求偏导，并令其为零，可以得到 $a_0$ 的回归估计，估计的结果当然和泰勒级数展开的阶数有关，阶数越高，估计误差越小，但计算量越大，最常用的为 0 阶展开和 1 阶展开。

**2. 二维核回归**

将上述的一维情况推广至二维，图像的采样点为 $X_1, X_2, \cdots, X_m$，$X_i = (x_1, x_2)$ 为二维坐标矢量，对应的观察灰度值为 $y_1, y_2, \cdots, y_m$，插值图像函数为 $g(X)$，于是有

$$y_i = g(X_i) + e_i, \qquad i = 1, 2, \cdots, m \tag{8.13}$$

用灰度值函数 $g$ 在 $X$ 处的泰勒展开式来估计 $g(X_i)$ 得

$$\begin{aligned} g(X_i) &= g(X) + [\nabla g(X)]^{\mathrm{T}}(X_i - X) + \frac{1}{2}(X_i - X)^{\mathrm{T}}[\mathscr{H}g(X)](X_i - X) + \cdots \\ &= g(X) + [\nabla g(X)]^{\mathrm{T}}(X_i - X) + \frac{1}{2}\mathrm{vec}^{\mathrm{T}}[\mathscr{H}g(X)]\mathrm{vec}[(X_i - X)(X_i - X)^{\mathrm{T}}] + \cdots \end{aligned} \tag{8.14}$$

其中，$\nabla$ 为梯度算子，$\mathscr{H}$ 为 Hessian 矩阵微分算子，vec 为半量化算子，它按一定顺序将一个对称矩阵的“下三角”部分转换为一个向量，如 $\mathrm{vec}\begin{bmatrix} a & b \\ b & d \end{bmatrix} = [a \quad b \quad d]^{\mathrm{T}}$ 和 $\mathrm{vec}\begin{bmatrix} a & b & c \\ b & e & f \\ c & f & i \end{bmatrix} =$

$[a \quad b \quad c \quad e \quad f \quad i]^{\mathrm{T}}$。式(8.14)还可以进一步改写为

$$g(X_i)=a_0+a_1^{\mathrm{T}}(X_i-X)+a_2^{\mathrm{T}}\operatorname{vec}[(X_i-X)^{\mathrm{T}}(X_i-X)]+\cdots \tag{8.15}$$

其中,$a_0=g(X)$,$a_1=\nabla g(X)=\left[\dfrac{\partial g(X)}{\partial x_1} \quad \dfrac{\partial g(X)}{\partial x_2}\right]^{\mathrm{T}}$,$a_2=\dfrac{1}{2}\left[\dfrac{\partial^2 g(X)}{\partial x_1^2} \quad 2\dfrac{\partial^2 g(X)}{\partial x_1 \partial x_2} \quad \dfrac{\partial^2 g(X)}{\partial x_2^2}\right]^{\mathrm{T}}$。这样,核回归优化模型式就变为

$$\min_{\{a_n\}}\sum_{i=1}^{m}\| y_i-a_0-a_1^{\mathrm{T}}(X_i-X)-a_2^{\mathrm{T}}\operatorname{vec}[(X_i-X)(X_i-X)^{\mathrm{T}}]-\cdots\|^2 k_H(X_i-X) \tag{8.16}$$

其中,$k_H(X_i-X)=\dfrac{1}{\det(H_i)}k\left(\dfrac{X_i-X}{H_i}\right)$是二维核函数,$H_i$ 是一个 2×2 光滑矩阵。

**3. 自适应核回归**

由于二维高斯核函数具有可分离性和局部性,所以应用最为广泛,大多数的回归核函数都是选择高斯函数,或在高斯函数的基础上的变形。这样的核回归插值算法等价于一个局部线性滤波,回归核没有考虑图像的灰度值和图像的结构,在各点的形状是相似的,选取的光滑参数也只与采样密度有关。这种方法对于图像的平滑区域没有什么问题,但是对于边缘区域,窗口邻域中沿着边缘的法线方向的(边缘点两侧的点)灰度值相差很大,最终估计结果使得边缘像素点周围的跳变变得模糊,从而丧失了边缘信息。

为了克服边缘或跳变处的不足,可采用自适应核回归插值算法,在选取权重时把样本的灰度信息与图像结构一并考虑。目前自适应核回归主要有双边(bilateral)核回归和可控(steering)核回归两种方法,插值效果比较好的是可控核回归方法。可控核回归利用图像的局部协方差矩阵来估计图像的灰度信息与结构信息之间的关系,所定义的核函数 $k_{H_i}(X_i-X)$中 $H_i=h\mu_i C_i^{-1/2}$,称为控制矩阵,$\mu_i$ 为反映局部样值密度的缩放参数,$h$ 为全局平滑参数,$C_i$ 为灰度的局部协方差矩阵。如核函数为高斯函数,则其表达式为

$$k_H(X_i-X)=\frac{\sqrt{\operatorname{dec}(C_i)}}{2\pi h^2\mu_i^2}\exp\left[-\frac{(X_i-X)^{\mathrm{T}}C_i(X_i-X)}{2h^2\mu_i^2}\right] \tag{8.17}$$

其中,$C_i$ 为图像的局部协方差矩阵,可用样点的值来估计。如沿着边缘方向的点与边缘的相似性较大,权重也就较大,使得核函数沿着边缘的方向呈扁平状,图 8.5 给出了不同区域的核函数形状,图中圆圈或椭圆圈表示核函数的有效范围,小圆圈表示核函数的中心。

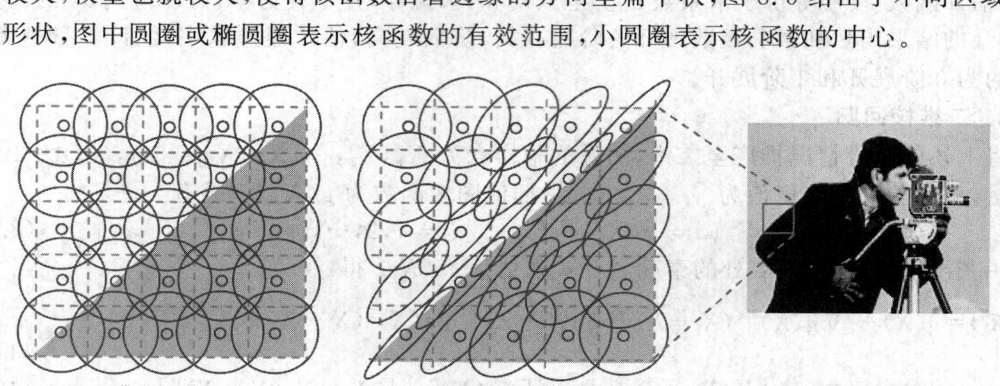

(a) 经典的核函数　　(b) 边缘自适应的核函数　　(c) 实际图像

图 8.5　自适应核分布一例

# 8.2　超分辨率图像重建

一般把目标的空间细节在图像中可分辨的最小尺寸称为图像的空间分辨率；把同一序列图像的最小时间间隔称为时间分辨率；把目标的灰度细节在图像中可分辨的最小等级称为灰度分辨率。本节主要涉及的是图像的空间分辨率，简称为图像分辨率(Image Resolution)，是度量成像系统对图像细节分辨能力的一项重要指标。

影响图像空间分辨率基本的因素是光衍射决定的分辨极限、成像系统的调制传递函数、系统噪声等三个方面。这基本上是和图像采集的元器件有关，是由硬件决定的。因此要提高图像的分辨率自然就是要改进硬件，例如提高感光器件的感光单元的密度等。当然，这不是一件轻而易举的事，受到物理尺寸、经济成本等诸多限制。如何通过软件的方法，如采用图像处理的方法来低成本地提高图像的分辨率，这就是图像的超分辨率(Super Resolution)重建。

## 8.2.1　超分辨率的基本概念

为了简单起见，可将成像系统看作一个线性空间不变系统，用一维函数简化表达，

$$g(x)=h(x)*f(x) \tag{8.18}$$

其中，$f(x)$表示目标物体，$g(x)$表示和目标对应的图像，$h(x)$为成像系统的点扩散函数，$*$表示卷积运算。对式(8.18)作傅里叶变换，有

$$G(u)=H(u)F(u) \tag{8.19}$$

这里的 $G(u)$、$F(u)$和 $H(u)$分别表示 $g(x)$、$f(x)$和 $h(x)$的傅里叶变换。式(8.19)等价于把成像系统看作为一个傅里叶滤波器，对物体频谱 $F(u)$用 $H(u)$进行滤波。如果在截止频率之外 $H(u)=0$，则对 $F(u)$进行了限制，因此要想重建出截止频率之外的高频信息，获得更高的分辨率，无论在理论上还是在实际中看起来都是不可能的。但事实上还是存在一些方法对 $F(u)$的高频信息进行估计。

**1. 理论依据**

下面介绍两种超分辨率重建的理论依据。

(1) 信息叠加理论

对于非相干成像，实际的图像应具备以下约束条件和性质：非负性和有界性。即图像在一定的空间区域 $X$ 内的最小光强应大于 0，以一维为例，$f(x)$在一段 $X$ 区间内有值，则可表示为具有图像和门函数 $\mathrm{rect}(x/X)$的乘积：

$$f(x)\cdot \mathrm{rect}\left(\frac{x}{X}\right) \tag{8.20}$$

$f(x)$的傅里叶谱 $F(u)$总可以分成两个部分，即截止频率以外部分 $F_a(u)$和以内部分 $F_b(u)$，对式(8.20)取傅里叶变换可得

$$F(u)=[F_a(u)+F_b(u)]*X\,\mathrm{sinc}(uX) \tag{8.21}$$

从式(8.21)可以看出，由于 sinc 函数是双边无限的，则截止频率以外的信息通过卷积叠加到截止频率以内的频率成分中。显然，如果能找到一种方法将这些信息分离获取出来，就可以实现图像的超分辨率重建。

(2) 解析延拓理论

如果一个实函数 $f(x)$是空域有界的，则其傅里叶谱函数 $F(u)$是一个解析函数。解析函

数有一个重要的性质:若其在某一有限区间上为已知,就会处处已知。这一点可用另外一种方式表达:对于在某给定区间上定义的曲线,不可能有一个以上的解析函数在此区间上与此曲线精确拟合。

对于一幅图像,由于其空域有界,因此其谱函数必然解析。若不考虑噪声干扰,可以确定从零到衍射极限这一区间上的谱函数。从式(8.21)可以看出,在截止频率以内的 $F_b(u)$ 可通过该式计算获得。根据解析延拓理论,给定解析函数在某个区间上的取值对函数的整体进行重建,截止频率以外的信息可采用截止频率以内的 $F_b(u)$ 进行重建,从而实现图像的超分辨率重建。

**2. 图像的降质模型**

在数字图像的采集和处理过程中,有许多复杂的因素会导致图像分辨率的下降。为了获得比较简单的图像降质模型,设定图像的数字化过程是理想的,即从场景到输出的数字图像是高分辨率图像(HR)。其后,由于以下 4 个环节使图像的分辨率遭到损失:几何变形、各类模糊、下采样和叠加噪声,降质过程可用图 8.6 来表示。这里仅给出一幅图像的降质过程,至于序列图像的降质模型,基本上是多个单幅降质模型的并列,就不再给出。另外,压缩对图像分辨率的影响模型中也没有涉及,因为我们可以将压缩影响作为“压缩噪声”纳入到噪声的影响中去,当然压缩噪声的特性有别于自然噪声。

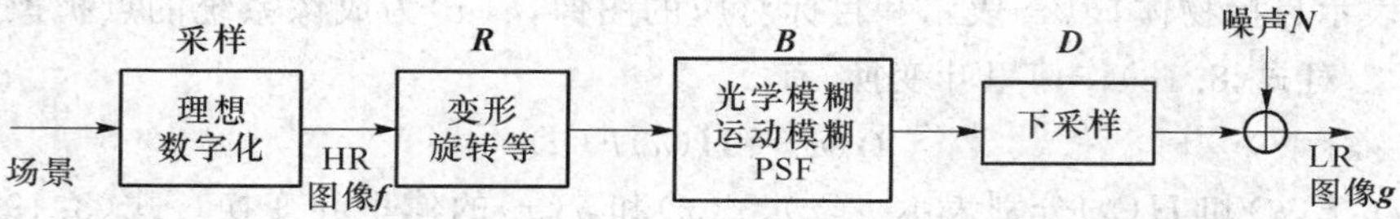


图 8.6　图像降质模型

如图 8.6 所示,一幅理想的输入高分辨率(High Resolution,HR)图像 $\boldsymbol{f}$ 经过 4 个降质模块,降质成为低分辨率(Low Resolution,LR)输出图像 $\boldsymbol{g}$。一般情况下 LR 图像的大小为 $M\times N$($M$ 行、$N$ 列),输入的 HR 图像的大小为 $kM\times kN$,$k$ 为一正整数。我们能够观察到的是降质的 LR 图像 $\boldsymbol{g}$,而输入的 HR 图像 $\boldsymbol{f}$ 实际上是看不到的(否则就无须 SR 重建)。

按照图中模型的顺序,大小为 $kM\times kN$ 的 HR 图像经过几何变形、模糊处理后尺寸不变,经过下采样以后,图像的尺寸变为 $M\times N$,引入了混叠失真,然后被噪声叠加,成为形状扭曲的、细节模糊的、带有混叠效应(如 Moire“水纹”)并叠加了噪声的低分辨率图像 $\boldsymbol{g}$。

如果将上面描述的几个步骤当作线性过程,则降质模型可用矩阵来表示:

$$\boldsymbol{g}=\boldsymbol{D}\cdot\boldsymbol{B}\cdot\boldsymbol{R}\cdot\boldsymbol{f}+\boldsymbol{N} \tag{8.22}$$

其中,$\boldsymbol{f}$ 是 HR 图像的堆叠型一维列矢量,有 $k\times M\times k\times N=k^2MN$ 个元素。$\boldsymbol{g}$ 是 LR 图像的堆叠型一维列矢量,有 $M\times N$ 个元素;$\boldsymbol{R}$ 是 $k^2MN\times k^2MN$ 的几何变换矩阵,表示作用于 $\boldsymbol{f}$ 的几何变形。$\boldsymbol{B}$ 是 $k^2MN\times k^2MN$ 的线性模糊降质矩阵。产生模糊的原因是多方面的,如由成像系统的光学部件所引入的光学模糊,由被拍摄的物体在曝光过程中运动造成的运动模糊,由成像过程中焦距的不正确造成散焦模糊等。$\boldsymbol{D}$ 是 $MN\times k^2MN$ 的降采样算子矩阵,理想图像 $\boldsymbol{f}$ 与观测图像 $\boldsymbol{g}$ 之间的抽样比为 $k$,它将 HR 网格坐标系统映射到 LR 网格系统。$\boldsymbol{N}$ 为 $MN\times 1$ 维列矢量,代表观察图像中包含的加性噪声,常设其为 0 均值高斯噪声,如光电传感器的工作噪声,采样过程中带来的采样噪声,拍摄过程中空气的扰动等。

为了便于标记,将形变矩阵 $\boldsymbol{R}$ 和模糊矩阵 $\boldsymbol{B}$ 结合起来,成为降质矩阵 $\boldsymbol{H}=\boldsymbol{BR}$,则降质过程

简化为

$$g = D \cdot H \cdot f + N \tag{8.23}$$

方程(8.23)是经典重建问题的模型，已知综合矩阵 $\boldsymbol{DH}$、噪声 $\boldsymbol{N}$ 和观察图像 $\boldsymbol{g}$，求解 HR 图像 $\boldsymbol{f}$。显然，这是一个欠定方程组，有无穷多解，在数学上属于反问题。因此，图像的超分辨率重建本质上是一个欠定方程求最优解的问题，是实际中经常遇到的一类难题，往往运算量庞大而解并不理想。

**3. 超分辨率基本方法**

从 20 世纪 80 年代初，Tsai 和 Huang 提出了基于序列或多帧图像的超分辨率概念开始，直到现在的图像超分辨率技术，从不同的角度可以有多种分类方法。根据所采用的重建方法的不同，大致将它分为三类，即基于插值的方法，基于重建的方法和基于学习的方法。这三类方法的重建效果是顺序增强的，所需的计算复杂度也是顺序加大的。

基于插值(interpolation)的超分辨率方法实质上是一类最早出现的简单地增加图像尺寸的方法，和这里介绍的超分辨率重建并不相同，但是它也能够增加图像的尺寸，也可以算作最简单的一类超分辨率图像重建方法，尽管这类方法并不保证给图像带来分辨率的提高。如各种线性内插、核回归(kernel regression)内插等都是常用的图像插值方法。

基于重建(reconstruction)的超分辨率方法的前提是已知图像降质模型，即必须清楚高分辨率图像是如何经过变形、下采样和加噪后生成低分辨率图像的。这类算法是传统的统计图像复原方法的“进化”，使用降质模型和图像的先验知识作为图像超分辨率重建的“约束”，从而尽可能多地获得已丢失的高频分量。这类技术主要包括凸集投影的方法、最大后验概率的方法、迭代反向投影的方法等。

基于学习(learning)的超分辨率方法和传统的方法不同，它受到机器学习研究成果的影响，是近期新兴的一类算法，正吸引着大批研究者和开发者。基于学习算法的基本思想是选择训练图像序列，“学习”已知低分辨率图像和高分辨率图像之间的统计关系，并把它运用到从未知低分辨率图像的超分辨率重建中。例如，基于邻域嵌入的重建、非局部滤波的重建、基于样例的重建、基于稀疏表示的重建等算法。

### 8.2.2　基于重建的超分辨率方法

基于重建的方法是得到最早、最广泛研究的一类 SR 方法。这类方法利用多帧或一帧 LR 图像作为数据一致性约束，并结合图像先验知识(如概率分布、能量有限、数据平滑性等)进行求解，主要包括凸集投影(Projection Onto Convex Sets，POCS)法、迭代反向投影(IBP)法、最大后验概率(MAP)法等，这里介绍前两种方法。

**1. 凸集投影超分辨率重建**

从集合论的观点出发，高分辨率图像的解必然存在于一系列的代表高分辨率图像性质的凸约束集(如非负性、能量有界性、观测数据一致性、局部光滑性等)的交集中。因此可以利用凸集投影求解凸泛函全局最优解的方法来搜寻这个凸交集中的最优解，即高分辨率图像。

(1) 凸集投影原理

如前所述，图像的 SR 重建是一个病态问题，符合方程的解有很多，需要通过正则化(regularization)来最大程度限制不符合要求的解，找到最佳或接近最佳解。假设将欲重建的高分辨率图像看成为一个矢量 $\boldsymbol{f}$，具有 $N$ 个性质，每一个性质都有一个对应的凸集 $\boldsymbol{C}_i$($i=1,2,\cdots,N$)，该集合中所有的元素(图像矢量)都具有特性 $i$。这样，符合要求的解(高分辨率图像)必然存在于这些集合的交集 $\boldsymbol{C}_0$ 中，即 $\boldsymbol{C}_0=\bigcap_{i=1}^{N}\boldsymbol{C}_i$，$\boldsymbol{C}_i$ 为非空凸集。求解 $\boldsymbol{f}$ 实质上就是求解 $\boldsymbol{C}_0$，因为 $\boldsymbol{C}_0$ 中每个点都满足上述所有性质。

设 $\boldsymbol{P}_i$ 代表任意矢量 $\boldsymbol{f}$ 投影到 $\boldsymbol{C}_i$ 上的投影算子，$\boldsymbol{f}$ 在 $\boldsymbol{C}_i$ 上的投影为 $\boldsymbol{P}_i[\boldsymbol{f}]$，可根据投影的定义求解下面的最小化问题获得

$$\boldsymbol{P}_i[\boldsymbol{f}]=\arg\min_{\boldsymbol{f}_i\in\boldsymbol{C}_i}\|\boldsymbol{f}-\boldsymbol{f}_i\|^2 \tag{8.24}$$

采用凸集投影方法迭代求解时，可从任意矢量开始，依次向各个凸集 $\boldsymbol{C}_i$ 上进行投影，经反复迭代计算，得到的收敛解必然是 $\boldsymbol{C}_0$ 中的点。基于以上原理，$\boldsymbol{C}_i$ 表示图像的先验特性，满足所有性质的 HR 图像的估计可由下式进行迭代运算得到

$$\boldsymbol{f}^{(n+1)}=\boldsymbol{P}_N\boldsymbol{P}_{N-1}\cdots\boldsymbol{P}_1[\boldsymbol{f}^{(n)}] \tag{8.25}$$

其中，$n=0,1,2,\cdots$，$\boldsymbol{f}^{(n)}$ 表示第 $n$ 次迭代，$\boldsymbol{f}^{(0)}=\boldsymbol{f}_0$ 为任意一个初始矢量。以平面上两个凸集为例，参照图 8.7，将 $\boldsymbol{f}_0$ 投影到凸集 $\boldsymbol{C}_1$ 后成为 $\boldsymbol{P}_1[\boldsymbol{f}_0]$，再将 $\boldsymbol{P}_1[\boldsymbol{f}_0]$ 投影到凸集 $\boldsymbol{C}_2$ 成为 $\boldsymbol{P}_2[\boldsymbol{P}_1[\boldsymbol{f}_0]]=\boldsymbol{f}^{(1)}$，这是第一步迭代。按照同样的过程，计算 $\boldsymbol{f}^{(2)},\cdots,\boldsymbol{f}^{(n)},\boldsymbol{f}^{(n+1)}$，直到 $\boldsymbol{f}^{(n)}\approx\boldsymbol{f}^{(n+1)}$，收敛到两个凸集的交集上的一点，$\boldsymbol{f}^{(n+1)}$ 即为 POCS 的一个可行解(HR 图像)。在实际的图像重建过程中，POCS 算法中给出了关于图像重建的一簇解，如果这一簇解的可行域是一个足够紧的凸域，则可行域中的任一解都是可以接受的图像重建结果。

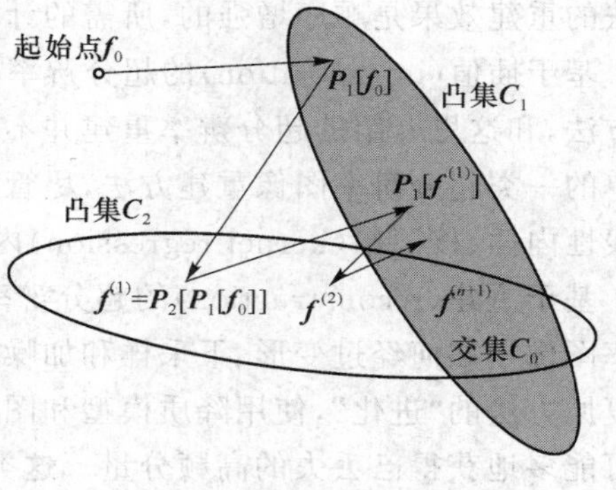


图 8.7　凸集投影定理图解

(2) POCS 的约束凸集

在具体应用凸集投影方法从一幅 LR 图像进行 HR 图像的超分辨率重建时，首先需要把关于解的若干限制条件解释为包含解的凸集 $\boldsymbol{C}_i$；然后确定每个凸集的投影算子 $\boldsymbol{P}_i$；最后对每个投影算子进行迭代投影。

对重建的高分辨率图像 $\boldsymbol{f}$ 的一个最主要的约束就是要保证重建 HR 图像降质后与观测数据的一致性，通常称为一致性约束集。根据 POCS 的算法原理，一致性约束可以给出图像重建的一个可行解凸域，对 LR 观察图像的每一个像素定义一个闭合凸集：

$$C_1(m,n)=\{\hat{f}(x,y):|r(m,n)|\leqslant\delta\} \tag{8.26}$$

这样的凸集共有 $M\times N$ 个，其中 $\hat{f}(x,y)$ 为重建 SR 图像的一个估计，$\delta$ 为可行域范围，表示线性降质模型的噪声的影响。假如加性噪声是高斯分布的，且其方差为 $\sigma_v$，那么 $\delta$ 应该等于 $c\sigma_v$，这里的 $c>0$，由一个合适的统计置信度来决定(比如取 $c=3$ 对应 99% 的置信度)。$r(m,n)$ 为此估计值模糊降质以后和观察值 $g(x,y)$ 之间的差值信号：

$$r(m,n)=g(m,n)-\sum_{x=0}^{M-1}\sum_{y=0}^{N-1}\hat{f}(x,y)h(m,n;x,y) \tag{8.27}$$

其中，$h(m,n;x,y)$ 为观察图像 $g(x,y)$ 在 $(m,n)$ 处所对应的系统模糊函数。

在实际问题中，往往还加入其他一系列的约束条件，如图像的像素灰度值的有界性(0～255)约束集：

$$C_2(x,y)=\{\hat{f}(x,y):0\leqslant\hat{f}(x,y)\leqslant 255\} \tag{8.28}$$

图像能量的有界性约束集：

$$C_3=\{\hat{f}(x,y):\sum_x\sum_y[\hat{f}(x,y)]^2\leqslant E\} \tag{8.29}$$

此外还有图像内容的平滑性、图像频谱高频段为零等。在这些约束条件下，可以进一步缩小解的可行域，求得更加接近原图像的最优解。

总之，凸集投影法的优点是算法简单，能够充分利用先验知识，关键是多个约束凸集的构造。但是缺点在于解不唯一；收敛过程依赖初值的选择，解不稳定；需要较多的迭代次数和可观的计算负担。

**2. 迭代反向投影超分辨率重建**

迭代反向投影(Iterative Back Projection，IBP)法超分辨率重建的基本思路是：先用低分辨率观测图像 $\boldsymbol{g}$ 经上采样得到一个 HR 图像的初始估计 $\boldsymbol{f}^{(0)}$；由于降质模型是知道的，用降质模型将 $\boldsymbol{f}^{(0)}$ 降质为低分辨率图像 $\boldsymbol{g}^{(0)}$，这就是“投影”，把 HR 图像(高维空间)投影到 LR 图像上(低维空间)。如果这次估计的 $\boldsymbol{f}^{(0)}$ 是准确的，即和原始高分辨率图像没有什么差别，那么，投影得到的 LR 图像 $\boldsymbol{g}^{(0)}$ 必然和给定的观测图像 $\boldsymbol{g}$ 差别极小；如果 $\boldsymbol{f}^{(0)}$ 估计不准，那么，$\boldsymbol{g}^{(0)}$ 和 $\boldsymbol{g}$ 之间就会有误差，形成误差图像数据 $\boldsymbol{e}^{(0)}=\boldsymbol{g}^{(0)}-\boldsymbol{g}$。然后将这一误差图像经上采样形成和 HR 图像一样尺寸的大误差图像 $\boldsymbol{E}^{(0)}$，将 $\boldsymbol{E}^{(0)}$ 反向投影到 HR 图像 $\boldsymbol{f}^{(0)}$ 上，即对 $\boldsymbol{f}^{(0)}$ 进行修改，更新当前估计，生成新的估计 $\boldsymbol{f}^{(1)}$。然后从 $\boldsymbol{f}^{(1)}$ 出发，依次不断重复上述过程，迭代产生 $\boldsymbol{f}^{(2)}$，$\boldsymbol{f}^{(3)}$，…，直到产生的误差足够小为止。迭代的具体过程如图 8.8 所示，每一次迭代包括两个步骤，即形成误差图像，用误差图像的数据修改前面得到的 HR 重建图像。以上过程可以表示如下：

$$f^{(n+1)}=f^{(n)}+\lambda_n[(g^{(n)}-g)\uparrow s*P] \tag{8.30}$$

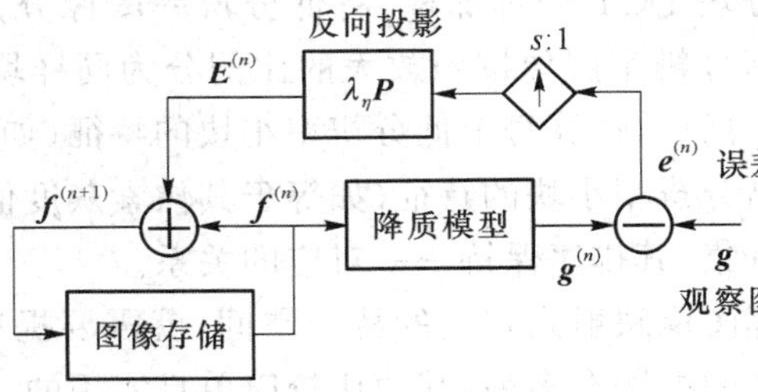


图 8.8　IBP 算法框架

此式左边表示对第 $n$ 次迭代的结果进行修正，修正量为 $(g^{(n)}-g)\uparrow s*P$，即上述的 HR 误差图像 $E^{(n)}$。$\uparrow s$ 操作表示图像的宽和高分别放大 $s$ 倍。$P$ 为对误差图像进行卷积处理的算子，又称反向投影核，目的是为了将低维误差 $e^{(n)}$ 合理地扩展为高维误差 $E^{(n)}$，决定了残差对更新的贡献，以更好地纠正前一次迭代的错误。$\lambda_n$ 为迭代反向投影因子，也称为迭代步长，它的大小直接影响上式的收敛和收敛速度。

迭代反向投影法通过观测方程使超分辨率重建与观测数据匹配，它具有计算量小、收敛速度快、算法简洁和自动降噪等优点。

### 8.2.3　基于学习的超分辨率方法

基于学习(learning based)的超分辨率方法的基本思想就是通过分析并学习训练集 LR 图

像和 HR 图像之间的关系,然后利用学习得到的关系来估计测试集 LR 图像的高分辨率细节信息,这样就能获得逼近测试样本的高分辨率图像。基于学习的方法能够获得更多的高频信息,因而比基于重建的 SR 重建方法具有更大的优势。目前基于学习的方法很多,下面介绍两种比较常见的超分辨率算法。

**1. 邻域嵌入超分辨率重建**

基于邻域嵌入(Neighbor Embedding,NE)的图像超分辨率重建是属于机器学习(Machine Learning)中的局部线性嵌入(Locally Linear Embedding,LLE)一类的学习算法。近年来,这种方法得到了比较深入的研究,同时也取得了好于一般的重建类 SR 算法的效果。

(1) 流形学习

NE 方法把流形(Manifold)学习中邻域嵌入的思想引用到图像超分辨率重建中来。流形学习是由高维采样数据构造低维流形结构,即找到和高维空间所对应的低维流形,并求出相应的嵌入映射,以实现数据维数的约简。流形学习分为线性流形学习算法和非线性流形学习算法,这里介绍邻域嵌入的线性流形学习算法。

假设 LR 图像块和 HR 图像块的局部流形(几何结构)是相似的,低维空间的某一矢量可由该矢量的若干近邻矢量的线性组合表示。这样的关系可以一成不变地映射到高维空间,由相应高维矢量的同样的线性组合就可以得到所求的高维矢量。这种方法降低了训练集的数目,甚至只需要一个很小的训练集。另外,还可以看出,基于流形学习的超分辨率重建算法和一般的流形学习的维数约简的方向相反,它将低分辨率图像特征(低维空间)映射到一个对应的高分辨率图像特征(高维空间),即由低分辨率图像特征找到对应的高维特征表示。NE 算法主要包含两个步骤,即训练集的建立和利用训练集进行 SR 重建。

(2) 建立训练集

为了建立训练集,首先收集若干幅具有代表性的高分辨率图像,通过降质模型处理,形成对应的低分辨率图像。如同分块 DCT 处理那样,将低分辨率图像分为若干大小相同的方形小块(patch),同时也将相应高分辨率图像按照放大的比例分为同样块数的小块,并保持两者对应小块之间内容上的一致。然后,计算每个低分辨率小块的特征(如小块中每个像素的一阶或二阶差分),同时计算每个高分辨率小块的特征(如等于其像素灰度值)。最后,将高、低分辨率小块的特征形成的两个训练集,其排序保持一一对应的关系。

低分辨率图像和高分辨率图像映射到相应的特征空间,就需要提取低分辨率图像和高分辨率图像特征。提取图像特征的办法有多种,其中比较简单且实用的一种方法如下:

不论是训练集的低分辨率小块还是待 SR 重建的低分辨率小块,必须采用同样的特征表示。例如,低分辨率图像的特征采用小块中每个像素的一阶和二阶差分的值。一个像素的一阶差分有两个值,一个是水平差分,另一个是垂直差分,二阶差分也是这样。因此每个像素有 4 个差分值作为它的特征,如一个 $3\times3$ 的小块就有 $3\times3\times4=36$ 个特征值。

训练集的高分辨率图像的特征可采用小块中的每个像素的灰度值减去小块灰度平均值后的差值,为的是减少重建过程中对像素的灰度值敏感。特征值和像素值本质一样,这样高分辨率训练集很容易建立。其中减去的均值在高分辨率重建时用相应低分辨率小块的均值即可。

(3) NE 重建

在高分辨率小块和低分辨率小块的特征训练集建立以后,就可以利用它们进行邻域嵌入 SR 重建。

首先,将欲重建的低分辨率图像划分小块,提取特征,形成特征小块。然后,对于每一个这样的特征小块(特征矢量),寻找其在低分辨率训练集中的 $K$ 个(例如 3 个、5 个)距离最近的特征矢量(最近邻小块);然后,用这 $K$ 小块的线性组合来表示它,并找出最佳的加权系数;最后,对 $K$ 个近邻相对应的高分辨率图像特征进行同样的加权求和,就可以重建出高分辨率图像,其算法的流程如图 8.9 所示。

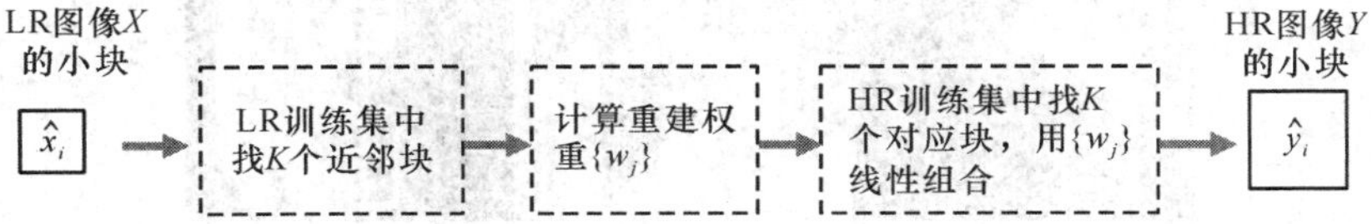


图 8.9　$K$ 近邻嵌入 SR 算法流程图

图中的输入为低分辨率图像 $X$,输出是高分辨率图像 $Y$,训练样本集是低分辨率图像块特征$\{x_j\}$ 以及对应的高分辨率图像块特征$\{y_j\}$。例如,将低分辨率图像 $X$ 划分为 3×3 的小块,对每一个小块生成其特征$\{\hat{x}_i\}$,在 LR 训练样本集中寻找与它距离最近的 $K$ 个训练小块 $x_j$,$j=1,2,\cdots,K$,用这 $K$ 个小块特征$\{x_j\}$的线性组合来表示生成小块特征$\{\hat{x}_i\}$的误差为

$$e_i = \| \hat{x}_i - \sum_{j=1}^{K} w_j \cdot x_j \|^2 \tag{8.31}$$

其中,$w_j(j=1,2,\cdots,K)$为线性组合权重值,利用最小化重建均方误差 $e_i$ 来获得,如下式所示:

$$\hat{\boldsymbol{w}} = \arg\min_{\boldsymbol{w}} \| \hat{x}_i - \sum_{j=1}^{K} w_j \cdot x_j \|^2 \tag{8.32}$$

其中,$\boldsymbol{w}=(w_1,w_2,\cdots,w_K)^{\mathrm{T}}$为加权系数。由$\{x_j\}$在 HR 训练集中找到对应的高分辨率特征块$\{y_j\}$,按 $\boldsymbol{w}$ 对其加权求和,重建高分辨率图像块特征 $\hat{y}_i$:

$$\hat{y}_i = \sum_{j=1}^{K} \hat{w}_j y_j \tag{8.33}$$

最后对所有高分辨率图像块进行拼接、加均值的操作,得到最终的高分辨率重建图像 $Y$。

**2. 非局部滤波超分辨率重建**

(1) 非局部相似性

在一幅自然图像中,除了大家熟悉的局部相似性外,往往还存在或多或少的非局部(non local)相似性,它反映了图像中或多或少具有重复的结构和模式。图像相似性的具体例子如图 8.10 所示,图中显示了一幅图像(局部)中 3 个像素 $P$、$Q$、$R$,及它们相对应的邻域(小方框)。距离较近的像素较相似,形成相似的邻域,可称之为局部相似性,如在 $P$ 点周围的若干像素。距离较远的像素一般不具有相似的邻域,如距 $P$ 点较远的像素 $R$,这是大家都熟悉的事实。但是空间上并不相靠近的像素也有可能具有相似的邻域(由于景物的重复结构、相同的纹理等原因)。例如,即使和 $P$ 点相距较远的 $Q$ 点也具有与 $P$ 点相似的邻域。这一类的相似性通常称为非局部相似性。图像的这种局部和非局部的相似性,可以被用作图像超分辨率重建的一个后处理过程,对重建图像进

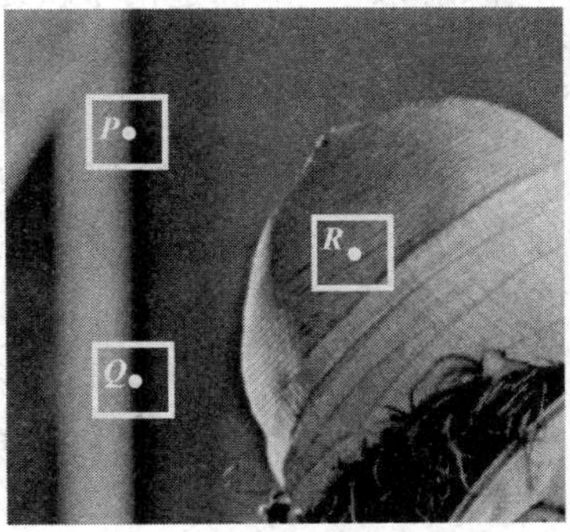


图 8.10　图像中非局部相似性

行约束和修正，以保持重建图像中边缘的正确性。例如，在图 8.11 中，同一幅图像中若干个小方形框中的结构是非局部相似的。可以充分利用图像的这种非局部相似的特性来提高超分辨率重建图像的质量。

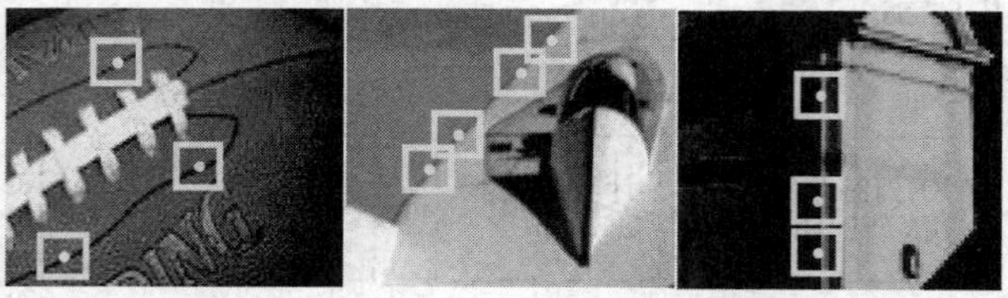

图 8.11　图像中重复结构示例

(2) 非局部滤波处理

采用非局部相似结构的 SR 图像重建方法的算法框架图如图 8.12 所示。图中非局部处理是加在 IBP 处理后面的一种后处理方法，这种方法将 IBP 重建后的初始 HR 图像看成是带有噪声的高分辨率图像，重建带来的误差相当于在真正的高分辨率图像上叠加了噪声。除去这个噪声就可以获得原始高分辨率图像，从而非局部滤波方法相当于图像的去噪滤波。可以看出这种方法并不限于加在 IBP 以后，其他的处理方法后面也可以使用。

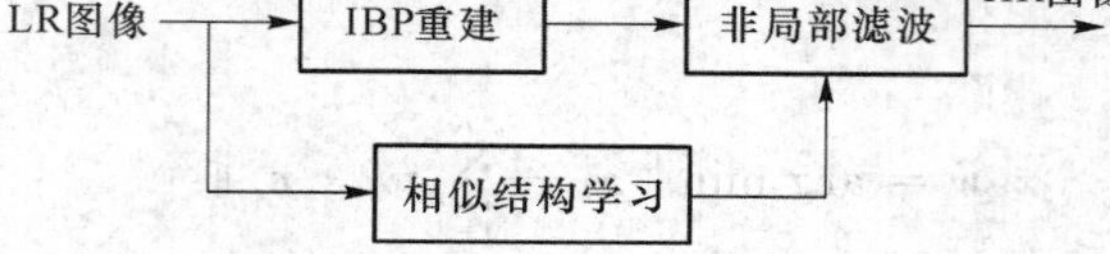


图 8.12　非局部滤波方法框图

非局部滤波方法的具体实现过程中，除了形成初始重建图像外，主要包含两个步骤：

① 寻找具有相似结构的像素，即相似结构像素的聚类。为了减少计算复杂度，只对重建图像中内插位置的高分辨率像素进行非局部的后处理滤波。设 $f_H(i_0,j_0)$是初始内插的高分辨率像素，在图像中的位置为$(i_0,j_0)$，$N_H(i_0,j_0)$是以像素$(i_0,j_0)$为中心的一个方形窗口。$f_L(i,j)$是低分辨率像素，$N_L(i,j)$是以$(i,j)$为中心的方形窗口，和 $N_H(i_0,j_0)$的大小一样，为 $n\times n$ 个像素，如 $7\times7$。这两个块之间的相似性通过它们的平均绝对差值 MAD 来衡量，即

$$\mathrm{MAD}_{(i,j)}=\frac{1}{n^2}\sum_{k=-3}^{3}\sum_{l=-3}^{3}\mid f_H(i_0+k,j_0+l)-f_L(i+k,j+l)\mid \tag{8.34}$$

计算出来的 MAD 值越小，这两块之间的相似性越强。寻找和某一内插高分辨率像素的相似结构像素可以在整幅图像中去寻找，但因为计算复杂度太高，实际中可以将搜索窗口的大小限制在一定范围内，例如，$21\times21$ 的窗口。在这个窗口中，逐个比较每个以低分辨率像素$(i,j)$为中心的方形窗口的 MAD 值，至多选择 $M$ 个相似结构像素。选出的相似像素将之归类到 $S_m(i_0,j_0)$，$m=1,2,\cdots,M$，包括内插的高分辨率像素 $f_H(i_0,j_0)$本身和寻找出的具有相似结构的低分辨率像素。

② 利用相似结构的像素间的关系对重建的高分辨率像素进行滤波修正。因为 IBP 的固定反投影没有考虑到图像边缘的各向异性的特点，重建的图像常常会出现边缘毛糙、锯齿等不良效应。利用低分辨率图像的相似结构关系来对重建的 IBP 输出图像进行非局部滤波的处理可以有效去除这类效应。利用第一步骤中得到具有相似结构的像素集 $S_m(i_0,j_0)$来修正 IBP 输出的高分辨率像素：

$$f'_{\mathrm{H}}(i_0,j_0)=\sum_{m=1}^{M}\omega_m S_m(i_0,j_0) \tag{8.35}$$

其中，$f'_{\mathrm{H}}(i_0,j_0)$是 IBP 内插出的高分辨率像素。$\omega_m$ 是对应于 $S_m(i_0,j_0)$的归一化加权系数，其定义如下：

$$\omega_m=\frac{1}{C}\mathrm{e}^{-\frac{\mathrm{MAD}_m}{t}} \tag{8.36}$$

其中，参数 $t$ 用来控制衰减的速度，$\mathrm{MAD}_m$ 是和 $S_m(i_0,j_0)$对应的平均绝对差，$C$ 为归一化常数，定义为

$$C=\sum_{m=1}^{M}\mathrm{e}^{-\frac{\mathrm{MAD}_m}{t}} \tag{8.37}$$

使得 $\omega_m$ 满足 $0\leqslant\omega_m\leqslant 1$，且$\sum_{m=1}^{M}\omega_m=1$。

## 8.3　图像水印技术

随着数字技术和互联网技术的发展，多媒体信息（图像、视频、音频等）传播的范围越来越广，传播的速度越来越快。如何有效保护数字产品的版权和数据安全也逐渐成为一项令人关注的问题。数字水印（Digital Watermarking）技术正是为此目的诞生的，它通过在原始数据中嵌入秘密信息——水印来证明多媒体作品的所有权。本节简要介绍图像水印的基本类型、系统组成、抗攻击能力和实现图像水印的一些基本方法。

### 8.3.1　图像水印的分类

数字水印是在 20 世纪 90 年代初期开始发展起来的一项新兴技术，发展至今日，种类繁多，可以按照不同的目的来对它们进行分类。

**1. 按感知特性分类**

从水印信息加入到图像后对人的视觉系统产生不同感知效果可大致分为两大类水印：

(1) 可感知水印。这是一类可以看见的水印，就像插入或覆盖在图像上的标识。它与可视的纸上水印（如纸质钞票中的水印）相似，给人一目了然的感觉。这一类水印一般选用较淡或半透明的图案，既可以证明图像作品的归属，又不妨碍对作品的观赏，主要应用于标识那些可在图像数据库中得到的，或在 Internet 上得到的图像，以防止这些图像被用于商业用途。显然，对这类水印十分重要的一点就是水印信息的不可去除性，要求水印信息具有顽强的“附着”能力，水印与图像“共存亡”。

(2) 不易感知水印。与前边的可感知水印相反，不易感知水印隐藏在图像当中，从表面上不易被察觉，人们的感觉冗余是这种水印存在的前提。这是一类应用更加广泛的水印，也是目前大家主要关注的一类水印，常用来鉴别产品的真伪及产权保护。

**2. 按应用场合分类**

按照不同的应用场合，常见的水印可分为以下几种：

(1) 版权保护和认证水印。在多媒体数字产品中加入代表版权信息的数字水印，可以在该作品被盗版或出现版权纠纷时，从中获取水印信息证实版权所有者，检举和起诉盗版者，从而保护所有者的权益。还可以用于检测数据的真实性和完整性，确定数字作品的内容是否被修改、伪造或特殊处理过。

(2) 盗版跟踪水印。版权所有者将不同用户的ID或序列号作为不同的水印(数字指纹)嵌入作品的合法复制中,一旦发现未经授权的复制,就可以根据此复制所恢复出的指纹来确定它的来源。它不仅可以发现侵权行为,而且可以识别盗版者的身份。

(3) 标志隐藏水印。在多媒体作品中嵌入标题、注释等内容,提供了一种进行多媒体产品检索手段。

(4) 复制保护水印。这类水印用于控制未授权的产品复制。例如,将水印信息加入DVD数据中,这样DVD播放机可通过检测DVD数据中的水印信息判断其合法性和可复制性,不允许重放或复制带"禁止复制"水印的数据。

**3. 按水印载体分类**

按可以嵌入水印的载体不同可分为如下几类:

(1) 图像载体。包括二值图像、灰度图像、彩色图像等,这里的图像数据既可以是原始图像数据,也可以是压缩图像数据。

(2) 视频载体。包括未压缩的视频数据以及经过压缩的MPEG-x、H.26x数据等,由于视频的数据量较大,因此允许嵌入的水印数据也可适当加大。

(3) 其他载体。包括文本、动画、3D图像、3D模型、矢量图形、软件代码、数值数据集等。

**4. 按稳定性分类**

按照图像水印的稳定特性可将它分为稳健型水印和脆弱型水印两大类:

(1) 稳健(robust)数字水印。稳健数字水印是指嵌入数字水印信息的载体在经过各种处理甚至恶意攻击后,都难以有效地去除水印。它可适应大多数数字水印的应用领域,主要用于所有权确认,需要千方百计地保持它的存在。

(2) 脆弱(fragile)/半脆弱(semi-fragile)数字水印。脆弱/半脆弱数字水印对于载体信号的变化敏感。嵌入数字水印信息的载体发生变化,将影响到数字水印的检测,从而提示数据已被修改。脆弱数字水印对稳健性要求较低,通常只要求部分稳健性(即半脆弱数字水印)。它可用于图像认证,主要是判断接收到的图像是否来自于发送者,并检测在存储、传输和使用过程中是否发生对于图像的修改以及哪些部分被修改,即确认接收到的图像信号的真实性和完整性。

**5. 按提取方式分类**

按水印提取方式的不同可分为以下几类:

(1) 非盲水印(Non-blind Watermarking)。在检测时需要原始的载体信号(有时还需要原始水印)参与,它的输出或者提取出的水印信息为是否存在水印提供判据。

(2) 半盲水印(Semi-blind Watermarking)。在检测时不需要原始的载体信号,但需要原始水印,它的输出也为是否存在水印提供判据。

(3) 盲水印(Blind Watermarking)。在检测时,既不需要原始的载体信号,也不需要原始水印,它从已嵌入水印的载体中提取水印信息。

在检测水印时使用原始载体信号,可以嵌入更多信息,有利于提高水印的稳健性。然而,从应用的角度看,不使用原始信号的水印检测算法更实用。

### 8.3.2 图像水印的嵌入和提取

一个数字水印系统一般包括围绕水印信息处理的两方面工作:数字水印的嵌入和水印的提取(检测)。

**1. 水印信息的嵌入**

水印信息的嵌入主要解决两个问题，一是水印信息的生成，二是嵌入算法的设计。图 8.13 给出了水印嵌入的主要过程。该系统的输入是水印信息 $W$、原始载体数据 $I$ 和一个可选的私钥/公钥 $K$。其中水印信息可以是任何形式的数据，如随机序列、伪随机序列、字符、栅格、二值图像、灰度图像、彩色图像等。水印生成算法 $G$ 应保证水印的唯一性、有效性和不可逆性等。

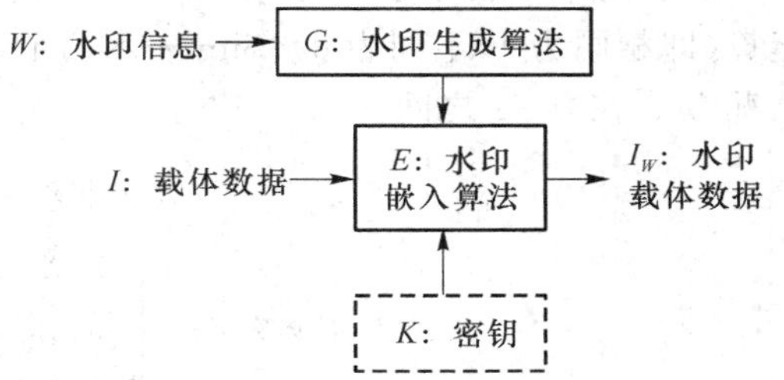

图 8.13　水印信息的嵌入

如果水印信息 $W$ 是现成的 ID 数码、简单的图形、符号等，这时水印生成算法部分就可以省略。如果是加密数据或加扰数据，可以由伪随机数发生器、混沌信号发生器生成，这时发生器 $G$ 就担当了水印生成算法任务。密钥 $K$ 可用来加强安全性，以避免未授权的恢复和修复水印。所有的实用系统必须使用一个密钥，有的甚至使用几个密钥的组合。

将水印信号 $W$ 加到原始数字图像载体 $I$ 中，可用式(8.38)定义水印嵌入准则：

$$I_W = E(I, W, K) \tag{8.38}$$

其中，函数 $E$ 表示嵌入过程和规则，$I_W$ 表示嵌入水印后的数据(即水印载体数据)，密钥 $K$ 是可选项，一般用于水印信号的再生。实际中使用较多的嵌入准则具体为

$$I_W(i) = I(i) + a \cdot W(i) \tag{8.39}$$

$$I_W(i) = I(i)(1 + a \cdot W(i)) \tag{8.40}$$

式(8.39)表示加法嵌入准则，式(8.40)表示乘法嵌入准则。这里的变量 $I$ 既可以指载体图像的空域幅值，也可以是某种变换的系数值，$i$ 表示像素或系数的位置，参数 $a$ 为嵌入水印的强度因子，它可能随采样数据的不同而不同。

**2. 水印信息的提取**

水印信息的提取是指从载有水印数据的载体图像中提取出水印信号，它是水印算法中的重要步骤之一。图 8.14 是水印提取和检测过程的示意图。可用式(8.41)来定义水印的提取过程。在提取或检测水印信号时，原始载体数据不是必要的。

$$W' = D(I, I'_W, W, K) \tag{8.41}$$

其中，$W'$ 表示估计水印，$D$ 为水印检测算法，$I_W'$ 表示在存储、使用或传输过程中遭受损伤或攻击后的水印载体数据，$K$ 是双方都掌握的密钥信息(非必要)。

当仅有原始水印数据 $W$ 时，水印信息的提取过程为

$$W' = D(I'_W, W, K) \tag{8.42}$$

如果既没有原始载体图像，也没有水印信息时，水印信息的提取过程为

$$W' = D(I'_W, K) \tag{8.43}$$

在某些水印系统中，水印要求被精确地提取出来，如在完整性确认应用中，必须能够精确地提取出嵌入的水印，并且通过水印的完整性来确认多媒体数据的完整性。对于主要用于版权保护的稳健水印，因为它很可能遭受到各种恶意的攻击，嵌入水印的数据历经这些操作后，提取出的水印可能已经面目全非。这时就需要一个水印检测过程，检测结果如充分可信，则可作为判断版权归属的有力证据。

最常见的水印检查方法就是在有原始水印信息的情况下，可以计算提取水印和原始水印信号的相似度来验证。例如，对于二值化的水印图像或二值化水印序列，一种归一化相似度检

验公式为

$$\mathrm{Sim}=\frac{\sum_{i=1}^{N\times M}W(i)\oplus W'(i)}{M\times N} \tag{8.44}$$

其中，$W'(i)$表示提取水印序列，$W(i)$表示原始水印序列，$M\times N$ 为水印的尺寸，$\oplus$表示“同或”运算(即相同为 1，不同为 0)，Sim 表示两个不同信号的归一化相似度，完全相同，Sim=1，通常情况 Sim 在 0～1 之间。

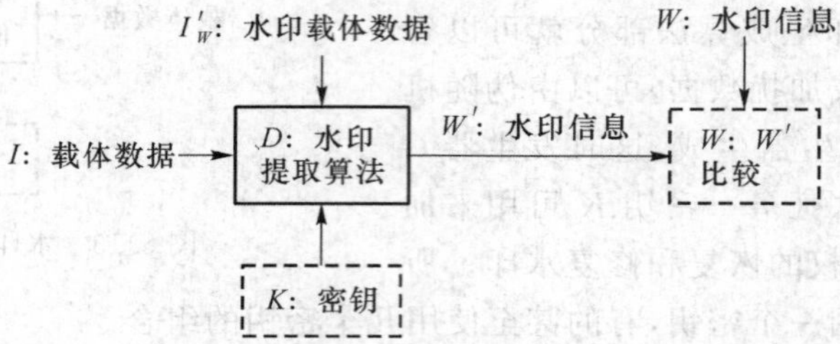


图 8.14　水印信息的提取

## 8.3.3　图像水印的基本算法

近年来，针对图像数据的水印算法繁多，但按照运算域来划分，水印嵌入算法基本上可以分成空间域算法和频率域(变换域)算法两大类。相比较，空域法实现简单，但鲁棒性和不可见性较差，应用受到一定的限制；而变换域算法生成的水印鲁棒性较强，不可觉察性好，得到了较为广泛的应用。

**1. 空间域水印算法**

较早的数字水印算法是在空间域上进行的，空域水印处理使用不同的方法直接修改图像的像素值，将数字水印信息直接加载在图像数据上。下面是两种较为典型的空域数字水印方法。

(1) 最低有效位(Least Significant Bit，LSB)方法

在数字图像中，每个像素的各个位对图像的贡献是不同的。把整个图像分解为 8 个位平面，从最低有效位(LSB)0 到最高有效位(Most Significant Bit，MSB)7，随着位平面从高位到低位(即从位平面 7 到位平面 0)，位平面图像的特征逐渐变得复杂，细节不断增加。到了比较低的位平面时，单纯从一幅位平面上已经逐渐不能看出图像的信息了。

由于低位所代表的能量很少，改变低位对图像的质量没有太大的影响，所以将水印信息嵌入到图像像素点中 LSB 上，可以保证嵌入的水印不可见。例如，为了嵌入一个水印号码，即一连串的比特，可将它们逐一插入(如做加法)到原始图像中所选择像素点的 LSB。

由于水印信号被安排在部分像素的最低位上，其作用类似于图像的加性噪声，因此它的不可见性较好。基于同样的原因，水印信息很容易为图像滤波、像素量化、几何变形等操作破坏，因此它的鲁棒性并不强。

(2) LSB 方法的改进

可以对上述基本的 LSB 方法加以改进，在承载图像中随机选取 $N$ 对像素点，通过增加像素对中一个点的亮度值，降低另一个点的亮度值的方法来隐藏信息。例如，可以取若干对像素点 $(I_a,I_b)$，然后将每一对的 $I_a$ 点的亮度值加 1，$I_b$ 点的亮度值减 1，或者相反来嵌入水印信息 $W$ 中的 1 位，从而保证整个图像的平均亮度保持不变。适当地调整参数，可使这种方法对 JPEG 压缩、FIR 滤波以及图像裁剪有一定的抵抗力。

还有其他一些针对 LSB 的改进方法，可以在一定程度上嵌入更多的水印信息，增加其水印的鲁棒性，但总体上改进不大。

**2. 变换域水印算法**

变换域水印算法先将图像从空域变换到频域，用水印信息对频域系数进行“调制”，使其很好地隐藏在图像的部分系数中，同时又不引起图像质量的明显下降。由于它较好地满足了数字水印技术透明性和鲁棒性的要求而成为当前最常用的水印算法。

(1) DCT 域水印算法

离散余弦变换(DCT)域数字水印算法中，包含多种水印的嵌入和提取方式。例如基于 DCT 变换的扩频水印技术、自适应的 DCT 水印技术、利用 HVS(人类视觉系统)掩蔽特性的 DCT 的水印技术等。

**【例 8.1】** 一种简单的不分块的全局 DCT 变换域水印嵌入的具体算法：

① 用密钥生成一个长度为 1 000 的服从正态 $N(0,1)$分布的伪随机序列(水印)；

② 对 512×512 图像进行全局二维 DCT 变换，选取最大的 1 000 个交流(AC)系数，通过一个合适的嵌入公式将水印嵌入，如

$$X'_i = X_i(1+\alpha \cdot W_i) \tag{8.45}$$

其中，$X_i$ 为第 $i$ 个最大的 DCT 交流系数，$X_i{}'$为嵌入水印后的系数，$W_i{}'$为第 $i$ 个水印分量，$\alpha$ 是个常量，表示水印嵌入的强度；

③ 对嵌入水印信息的 DCT 系数作反 DCT 变换，得到嵌有水印的图像。

水印的提取过程和嵌入过程完全相反，如没有干扰和攻击，可以完美地提取出水印信息。这种水印具有较强的鲁棒性，对常见攻击如 JPEG 压缩、缩放、剪切、重复加水印等多种攻击方式均能较好地抵挡。

上例只是说明基于 DCT 域的水印算法的原理。在实际中常采用的是基于分块 DCT 的方法。首先把图像分成 8×8 的不重叠像素块，再对每个块进行分块 DCT 变换，得到 8×8 的 DCT 系数块，然后按一定要求将水印信号嵌入到 DCT 块的某些系数中。

我们知道，变换域图像的大部分能量集中在低频部分，但人眼对低频分量的变化最为敏感，修改这部分频谱分量引起的失真容易被察觉，难以满足“不可感知性”的要求；人眼对高频区域的变化不敏感，但各种图像处理操作(如 JPEG 压缩)对图像的高频分量破坏很大，难以满足“鲁棒性”的要求。通常折中的做法是在一个选定的 8×8 分块 DCT 域的“中频”区域中嵌入水印信息。

所谓的中频系数如图 8.15 所示，图中给出了一个 8×8按“Z 字”型顺序扫描的 DCT 系数的排序号，忽略少量的低频系数，如前 6 个系数，大致认为紧跟其后的 16 个系数即为中频系数。水印信息就施加在各个 8×8 系数块的 16 个中频系数上。将嵌入水印信息的 DCT 数据经反 DCT 变换，形成载有水印信息的图像，并且要基本保证新形成的图像和原图像在视觉上没有可觉察的差别。

| | | | | | | | |
|---|---|---|---|---|---|---|---|
| 1 | 2 | 6 | 7 | 15 | 16 | | |
| 3 | 5 | 8 | 14 | 17 | | | |
| 4 | 9 | 13 | 18 | | | | |
| 10 | 12 | 19 | | | | | |
| 11 | 20 | | | | | | |
| 21 | | | | | | | |
| | | | | | | | |
| | | | | | | | 64 |

图 8.15　8×8 DCT 块添加水印区域

在水印信号提取时，先将载有水印信息的图像经 DCT 变换形成 DCT 系数。然后，根据密钥选取相应的 DCT 系数，并根据系数之间的关系获取水印比特信息。这种水印方式的特点是数据改变幅度较小，且透明性好，但是抵抗几何变换等攻击的能力较弱。

(2) DWT 域水印算法

基于离散小波变换(DWT)的水印算法与上述 DCT 域算法具有相似的原理和步骤,但也要考虑小波变换本身的特点对水印嵌入的影响。

例如,在 DWT 中考虑到人眼的视觉对图像的边缘和纹理部分能容忍较大噪声存在,而对图像的平坦部分的噪声较为敏感。由多分辨率分析的思想可知,图像平坦的部分集中了图像绝大部分能量,对应着小波变换的低频子带;高频子带部分则对应于图像的边缘和纹理,即细节部分。考虑到水印的鲁棒性,应将水印信息嵌入到图像 DWT 分解后的低频子带为好。但低频段的变化对人眼的视觉影响大,很难保证图像重构后水印的不可见性。考虑到水印的不可见性,应将水印数据嵌入到图像的高频部分,可利用高频系数的特点,很好地将水印信息隐藏,但这样的水印却经受不住有损压缩、低通滤波等一些简单的图像处理,水印信息很可能在量化、压缩等处理中被删除。因此,综合考虑水印的鲁棒性和不可见性,选择对二、三层中的中频、高频小波系数进行嵌入水印操作为好。

**3. 扩频方式水印系统**

如果将原始图像的变换域系数集视为宽带通信信道,水印信息被视为用户窄带信息,就可以将扩频通信的概念应用于数字水印。在图像中嵌入水印信息便相当于利用一个宽带信号(图像的变换域系数集)来传递一个窄带信号(水印信息)。水印信息经扩频处理(和一伪随机序列相乘)成为宽带信号分散到 DCT 系数上,由于每一频率分量上嵌入的水印能量很小(小于此频率分量上的视觉阈值),从而难以被人眼辨别。

**【例 8.2】**　采用扩频方式的图像水印嵌入技术如图 8.16 所示,这是一种 DCT 域水印加载方式。水印嵌入的主要处理步骤如下:

① 将要嵌入的水印的每一信息比特调制为长度 $m$ 的伪随机序列,该序列呈均值为 0、方差为 1 的正态分布。这样就将水印能量分散到一个很大的“频率”范围,而在每个“频率”上的值很小。如要在一幅 256×256 的图像上嵌入 80 位的版权声明,水印长度可以达到数百到数千位。

② 对整体灰度图像做离散余弦变换(DCT),得到图像的频率域形式,共 256×256=65 536 个 DCT 系数。兼顾不可见性和鲁棒性,选取中频区域放置水印,因此跳过前 $L$ 个较大值系数,对从 $L+1$ 至 $L+M$ 的系数进行修改,如 $L$ 可以取 25 000。

③ 系数修改采用公式:

$$D_W(L+i)=D(L+i)+k\cdot W(i) \tag{8.46}$$

其中,$D$ 为图像的 DCT 系数序列;$i=1,2,\cdots,M$;$k$ 为强度因子(例如,$k=0.2$),控制水印嵌入强度,$W(i)$为扩频后的水印信息比特。$D_W(i)$为嵌入水印后的 DCT 系数。

④ 对包含部分修改后 DCT 系数的所有频率域做逆变换(IDCT),得到空间域的含水印图像。

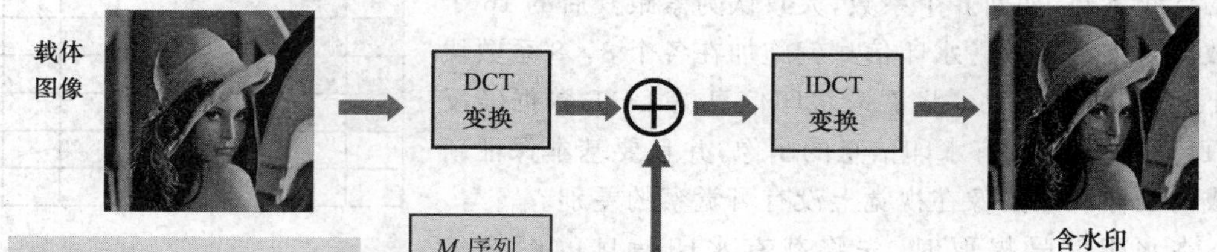

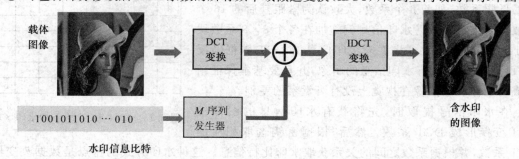

图 8.16　扩频方式的水印嵌入

从图 8.16 可以看出，原始图像和嵌入水印后的图像，看起来几乎没有差别。水印提取的方法和嵌入时相反，其主要步骤如下：

① 对含有水印的图像作离散余弦变换(DCT)，得到一整套 DCT 系数 $D'_W(i)$；

② 根据式(8.47)，利用含水印图像的 DCT 系数 $D'_W(i)$ 和原始图像的 DCT 系数 $D(i)$ 采用下面的公式来计算水印信息 $W'(i)$：

$$W'(i)=[D'_W(L+i)-D(L+i)]/k \tag{8.47}$$

③ 利用公式(8.44)计算提取水印 $D'_W(i)$ 和原始水印 $W(i)$ 的相似性。在实际应用中，如果相似性大于某阈值，就证明图像中嵌入了这个水印。

**【例 8.3】** 如图 8.17 所示，盗版者只对图像的一部分感兴趣，对含水印图像进行剪切。对抗这种攻击有效的方法之一是采用能够分布水印信息到整个图像的扩频水印方法。

图 8.17 中，(a)图是原图像，(d)图是原水印，(b)图是嵌入水印以后的图像，(e)图是由(b)提取的水印，(c)图是(b)被剪切了 1/4 的水印图像，(g)图是未采用扩频技术从(c)中所提取的水印，在图像遭剪切的地方水印信息也几乎丢失殆尽，(f)图是采用扩频技术从(c)中所提取的水印，很明显，已将剪切带来的损失分散到整个水印中去了，还能够大致检验出当初嵌入的水印信息。

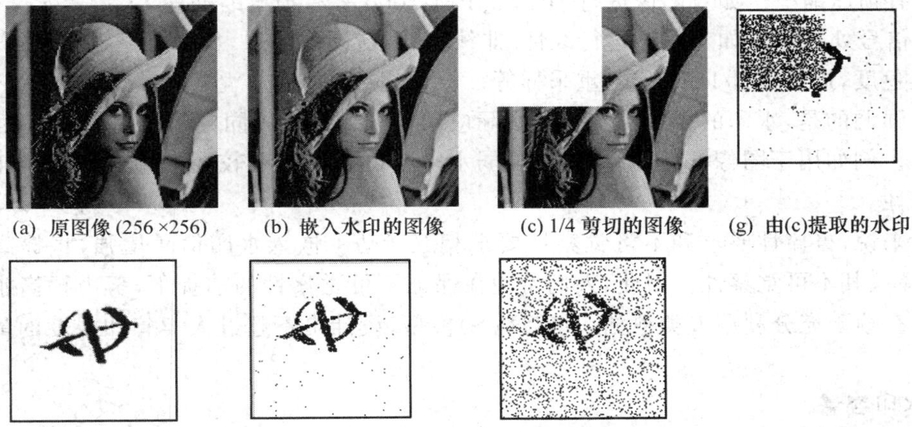

(a) 原图像 (256×256)　(b) 嵌入水印的图像　(c) 1/4 剪切的图像　(g) 由(c)提取的水印

(d) 原水印 (64×64)　(e) 由(b)提取的水印　(f) 由(c)提取的水印

图 8.17 水印的抗剪切性能

## 8.3.4 图像水印系统的性能

对图像水印系统主要是衡量它的透明性(不可觉察性)、鲁棒性、容量、安全性等总体性能指标。

但是这些要求之间却存在着矛盾：当容量一定时，鲁棒性要求提高水印信号的能量，而这将损害水印的不可觉察性；当水印的可见度一定时，重复嵌入冗余信息可以提高水印的抗攻击能力，然而这样势必以减少水印的容量为代价；当鲁棒性一定时，嵌入信息容量越大，越难于保证水印不可见性；安全性则和密钥复杂度有关，较高的安全性必然会减少水印信息的容量，增加水印检出的复杂度。

现有的水印系统也都是在给定图像视觉可见性要求的前提下，在水印的鲁棒性、安全性、信息容量与不可感知性之间需要进行合理的折中。在不同的数字水印系统之间进行公正的算法比较、性能评估,这对数字水印标准化以及水印走向实际应用都具有重要意义。

**1. 不可觉察性(invisibility)**

由于人类视觉感知系统存在一定的灵敏度阈值,要求一个好的数字图像水印算法产生的水印是不易觉察的,即加入水印后的载体图像与原始图像没有明显的差别。除了对一般观众的不可觉察以外,更重要的对那些故意对水印信息进行攻击的人,水印图像要具有不可觉察性,水印信息和普通图像在噪声统计分布上没有明显区别,使得攻击者无法用统计学方法确定水印的位置。

对水印的不可觉察性的评价和对图像质量评价类似,主观测试是最具有实质意义的,但这种评价方法难以做到统一定量的分析,且测试过程比较麻烦。所以在实际开发过程中,往往采用一些简单、客观、定量的方法进行客观评价。例如,比较水印图像和原图像的相似度,计算它们的 PSNR 等。

**2. 鲁棒性(robustness)**

要求数字水印具有鲁棒性,在遭受无意的修改或故意的攻击后,仍能提取出正确的数字水印。严重影响水印鲁棒性的处理或攻击主要包括以下几类:

(1) 几何变形——如对图像进行平移、缩放、剪裁、旋转等。

(2) 有损压缩——如对图像进行 JPEG/JPEG2000 等有损压缩处理。

(3) 信号处理——如对图像进行线性/非线性滤波,图像增强,加扰噪声,调整图像的对比度、亮度、色度,进行 AD/DA 变换、重采样等。

需要强调的是,水印的鲁棒性依赖于实际应用要求。对于不同应用目的,可以有不同的稳健性要求。例如用于图像认证的脆弱/半脆弱水印就可以仅具有较弱的稳健性甚至于不具有任何稳健性。

一般来说,鲁棒性要求和不可觉察性要求相互矛盾。嵌入水印信号增强,将提高其鲁棒性,但会降低其不可觉察性。因此,人们希望在保证不可觉察性的前提下,努力提高水印的鲁棒性。这有赖于充分利用人类视觉系统(HVS)模型,设计出不超过人类感知限度的最大能量水印。

**3. 水印容量**

要求在保证不可见性和一定的鲁棒性的前提下,水印算法能尽可能多地嵌入水印信息。这就是水印容量,即嵌入图像中水印信息的比特数,是水印系统的一个重要的参数。需要嵌入的水印信息越多,水印的不可见性就越差,水印的鲁棒性也越低。

在实际应用中,不同的应用场合对水印容量的要求也不同。例如,对于版权保护(所有者鉴别或证明)而言,水印检测器往往只需判断水印是否存在,因此数位或数十位的水印容量便可满足要求。对于交易跟踪而言,水印容量则依赖于内容的发行规模。

**4. 水印安全性(security)**

安全性是指在图像数据中隐藏的数字水印难以被发现、擦除、篡改或伪造,保证嵌入信息安全存在,即使非法用户知道了嵌入算法,而不知密钥,也不能觉察到嵌入水印的存在,更不能移走嵌入的水印,除非他知道了控制嵌入水印的算法及密钥。

不同的应用中,安全性要求也是不同的。在一些保密通信应用场合,在嵌入水印前就要对嵌入数据进行加密。尽管秘密信息(如密钥)的数量对水印的不可见性、鲁棒性没有直接的影响,但在系统的安全性方面充当了重要的角色。密钥空间,也就是秘密信息所有可能的取值范围要足够大,从而使穷举搜索攻击不可行。

**5. 检测的可靠性(trust worthy detection)**

水印的检测算法必须是足够可靠的,不能误报也不能漏报。一方面,要防止图像可能遭到各种各样的破坏,妨碍水印的检测;另一方面,也要防止由于所设计的水印系统自身算法的固有缺陷,在检测的正确率上受到限制。在检测水印的过程中,可以用未加水印的原始载体图像作为参考。但是在有些情况下不允许或者得不到原始图像而需要进行盲检测,即在水印的检测和解码过程不需要参考原始载体图像。

除了保证能够可靠地将数字水印从待检测图像中提取出来,还要考察提取的水印和原始的水印是否一致,即考察这二者相似到何种程度。一般可用两者的归一化相关系数(NC)、归一化相似度(Sim)来衡量。

**6. 水印载体图像质量**

图像中嵌入水印信息也等同于在图像中加入了噪声,它直接影响带有水印信息图像的质量,和水印信息的不可见性是密切相关的。水印信息越是隐藏得好,含"噪"图像的质量越是高。反过来也是成立的。既然载体图像相当于噪声图像,那么,对噪声图像质量的评价方法就可以很方便地用到这里,不外乎是主观评价和客观评价两种方法。

主观评价和上述的水印不可见性评价是一致的;客观评价就是我们常用的各种失真度量方法,如平均绝对误差(MAD)、归一化均方误差(NMSE)、峰值信噪比(PSNR),归一化相关系数(NC)等。

**7. 计算开销(computation cost)**

水印的计算开销(主要是检测时的计算开销)不能太大,必须在可接受的范围内,否则过于复杂的计算将使设计的水印系统很难用于实际。

## 8.4 基于模型的图像分割技术

图像分割是数字图像处理中的一项关键技术,分割的准确性直接影响到后续的图像分析、识别等任务的有效性,因此具有十分重要的意义。近年来,研究人员不断将相关领域出现的新理论和新方法应用到图像分割中,出现了多种图像分割的新方法和新改进。这里简单介绍两种基于模型的图像分割方法,一种是属于形态学方法的基于分水岭模型的图像分割,一种是基于弹性数据模型的主动轮廓模型图像分割。

### 8.4.1 分水岭分割算法

分水岭算法(Watershed Algorithm)参照了地形学的概念,借助了数学形态学和拓扑理论的一些基础知识,形成了一种基于区域的图形分割方法。这种方法20世纪70年代末最先由Beucher和Lantuejoul等人提出,在此后的图像分割中得到了广泛的应用。

**1. 两种模型**

常见的分水岭算法有两种,分别对应分水岭算法模型的两种解释,即浸水模型和降雨模型。它们都是将二维灰度图像想象为三维地理模型,将像素的灰度值想象为地形的高度。

(1) 浸水模型

如图8.18所示,在高低不平的地理模型中,有许多局部极小点,即高度局部最低点,在这些点打上垂直穿透模型底部的小孔。然后将模型水平地逐步向下浸入水中,水开始从底部由此小孔溢到小孔所处的"盆地",形成众多的"聚水盆"。为了防止相邻的局部最小点对应的"聚水盆"的水汇聚到一起,可以想象凡是在有水交汇的地方都建立起一个很薄的垂直的水坝,水坝逐渐增高。当地理模型被完全浸没在水面以下之后,所有的水坝就构成了分水岭,水坝的轨迹即是图像分割的边界。

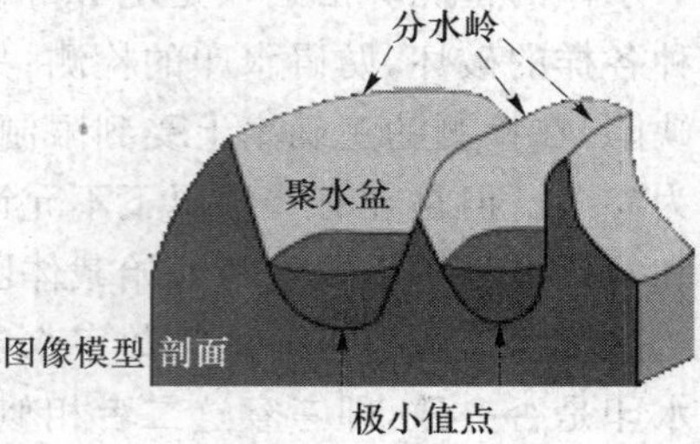


图 8.18 浸水模型示意图

(2) 降雨模型

代表图像灰度的地形表面犹如崇山峻岭的地理模型,想象它正在承接垂直降落的雨水。如果落在不同点上的雨水都流向同一个极小值点所在的聚水盆,则这些点属于同一个区域;如果雨水所落点恰好以相同的概率流向两个相邻的聚水盆,则这些点必定在分水岭的脊线上。这样降雨过程就会标识出分水岭的界线和许多的蓄水盆地。在实际中浸水模型的分水岭算法比降雨模型的分水岭算法更加通用。但降雨模型算法不需要像素的排序过程,速度更快。

还需说明的一点是,在上述的原理分析时是针对图像模型进行的,在实际应用中,往往是先将灰度图像转化为梯度图像,用梯度图像模型进行分水岭分割算法。这主要是因为梯度对图像灰度变化小的地方不敏感,而对图像边缘处敏感,易产生陡峭的"山峰",有利于分水岭分割。

**2. 具体步骤**

分水岭分割方法的计算是一个迭代标注的过程,包括两个步骤:一个是排序过程;一个是浸入过程。

(1) 排序:将梯度图中所有的像素点根据梯度值的高低进行排序,在排序后的数组中,梯度值越低的像素点越排在前面,得到一个排序后的像素矩阵,这样可以加速处理。

(2) 浸入:根据第一步得到的数组依次进行处理,从最小的像素值开始进行标记,对每个盆地标上一个不一样的标识,不断地进行,利用"先进先出"(FIFO)循环队列来淹没具有不同标识的盆地,这样通过一定的分水岭标记的分配原则,可以得到准确的分水岭脊线。

参见实例图 8.19,通过上述过程得到的分水岭脊线是单像素连通且封闭的边缘轮廓。可见,分水岭分割边界定位准确,分割结果连续,会给后面的图像分析处理过程带来方便,如需要得到分割部分的面积、对目标的跟踪等。

当然,分水岭算法的缺点也是不容忽视的:算法对噪声非常敏感,易造成分割轮廓的偏移;易产生过分割问题,即由于噪声、细纹理的影响,存在很多极小值点,将本来是一个区域分割成了多个小区域;对低对比度图像易丢失重要轮廓。

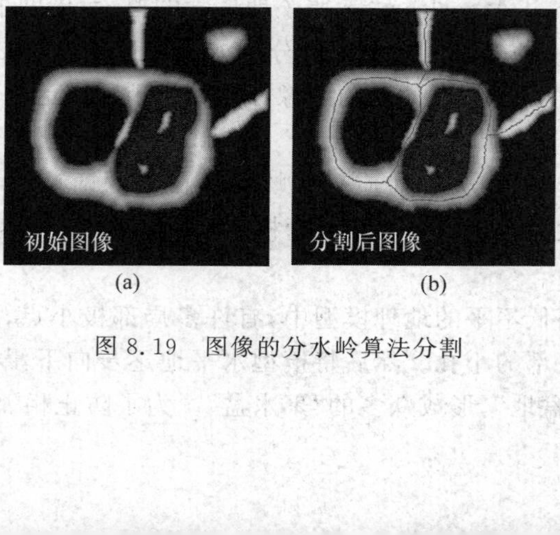


(a) (b)

图 8.19 图像的分水岭算法分割

**3. 过分割问题**

直接应用分水岭算法会产生过分割问题:过分割问题是分水岭算法的最大缺点,由于过分割图像中可能会分割出许多不该分割的部分。对分水岭算法的改进目前主要有两种方法:

(1) 在使用分水岭算法之前,使用标记等预处理方法,抑制由于噪声和细纹理而产生的伪边界。如利用形态学算子进行预处理,得到目标的特定标记,强制标记处为图像的极小值,以此来修改图像。最后利用修改后的图像应用分水岭算法进行分割,可有效克服分水岭算法的过分割现象。

(2) 在使用分水岭算法之后,利用灰度图的纹理等特征,或者利用聚类等方法,进行相似部分的合并。如将分水岭算法与区域合并的方法相结合来克服过分割。

还有其他的一些改进方法,如和图论相结合的方法,和多分辨率分析相结合的方法等。

## 8.4.2　基于主动轮廓模型的分割

基于主动轮廓模型(Active Contour Model)是目前研究较多、应用较广的一类图像分割方法。在基于模型的技术中,主动轮廓模型提供了一种高效的图像分析方法,通过使用从图像数据获得的约束信息和目标的位置、大小和形状等先验知识,可有效地对目标进行分割、匹配和跟踪分析。

从物理学角度来看,可将主动轮廓模型看成是一个在施加外力和内部引力条件下自然反应的弹性曲线。先设定具有一定形状的曲线作为分割目标的初始轮廓线,然后通过曲线自身的弹性形变和图像自身的局部特征,使某种能量函数的能量最小化来进行图像目标的提取。在这个过程中,为达到对目标图像的分割,曲线轮廓不断向目标靠拢,在真实边界停止演化,达到收敛。

基于形变轮廓的作用过程就是使轮廓曲线在外力和内力的作用下向物体边缘靠近的过程。外力推动轮廓运动,而内力保持轮廓的光滑性。主动轮廓模型在逐渐向目标形变移动的方式很像蛇的游动,因此也被称为"蛇(snake)模型"。下面主要介绍形变 snake 模型的工作原理。

**1. 能量方程**

snake 模型要描述弹性物体在合力作用下其形状自然反应的过程。定义在图像平面的曲线 $v(s)=[x(s),y(s)]$,$s\in[0,1]$。其中参数 $s$ 代表参数域到图像平面坐标 $(x,y)\in R^2$ 的映射,其形状由满足能量函数的极小化条件所决定:

$$E_{\text{snake}}=\int_0^1[E_{\text{int}}(v(s))+E_{\text{ext}}(v(s))]\mathrm{d}s \tag{8.48}$$

其中,积分号中第一项为模型的内部能量,即

$$E_{\text{int}}(v(s))=\frac{1}{2}\alpha(s)\left|\frac{\partial}{\partial s}v(s)\right|^2+\frac{1}{2}\beta(s)\left|\frac{\partial^2}{\partial s^2}v(s)\right|^2 \tag{8.49}$$

$E_{\text{int}}$代表对模型形状的约束,使得模型保持一定的光滑连续性。内部能量中的第一项的一阶导数可理解为弹性能量,当轮廓曲线不封闭时,具有较大值,在没有其他因素作用时,弹性能量项将迫使不封闭的曲线变成直线,而封闭的曲线变成圆环。第二项的二阶导数可理解为刚性能量,当轮廓曲线的曲率变化较大时具有较大值,刚性能量可用在闭合的变形轮廓上以强制轮廓扩展或收缩,一个在均匀图像目标中初始化的轮廓将会在刚性能量作用下膨胀,直到它逼近目标边缘。参数 $\alpha$ 和 $\beta$ 分别为弹性系数和刚性系数,控制着模型轮廓曲线的拉伸与弯曲。

$E_{ext}$代表外部能量，通常由图像的灰度、边缘等特征给出，使得 snake 朝着对象边界或其他感兴趣的特征移动，$E_{ext}$的极小值与图像特征相对应。对于给定图像 $f(x,y)$，外部能量项通常由图像梯度定义：

$$E_{ext}=-\left|\nabla f(x,y)\right|^2 \tag{8.50}$$

或者由高斯平滑后的图像梯度定义：

$$E_{ext}=-\left|\nabla\left[G_\sigma(x,y)*f(x,y)\right]\right|^2 \tag{8.51}$$

其中，$G_\sigma(x,y)$是均值为 0、方差为 $\sigma$ 的高斯函数，$\nabla$ 为梯度算子。

**2. 能量极小化过程**

将式(8.49)代入式(8.48)，得到 $E_{snake}$ 的泛函：

$$E_{snake}=\int_0^1\left[\alpha(s)\left|v_s\right|^2+\beta(s)\left|v_{ss}\right|^2+E_{ext}(v)\right]ds \tag{8.52}$$

其中，$v(s)$对 $s$ 的一阶导数为 $v_s=v'(s)$，二阶导数为 $v_{ss}=v''(s)$。

式(8.52)的被积函数就可以用泛函 $E(s,v,v',v'')$表示。分割图像求取真实目标轮廓线最终转化为求解能量函数即泛函 $E(\cdot)$的极小化。根据变分法求极值的原理，式(8.52)取得极小值的必要条件是满足欧拉-拉格朗日(Euler-Lagrange)方程，即

$$E_v-\frac{\partial}{\partial s}E_{v_s}+\frac{\partial^2}{\partial s^2}E_{v_{ss}}=0 \tag{8.53}$$

其中，$E_v$ 表示泛函 $E$ 对 $v$ 求导，$E_{v_s}$ 表示泛函 $E$ 对 $v_s$ 求导，$E_{v_{ss}}$ 表示泛函 $E$ 对 $v_{ss}$ 求导。将式(8.53)具体展开后得

$$\frac{\partial}{\partial s}(\alpha(s)v_s)-\frac{\partial^2}{\partial s^2}(\beta(s)v_{ss})-\nabla E_{ext}(v)=0 \tag{8.54}$$

上式可以看成是力平衡方程，也就是

$$F_{int}+F_{ext}=0 \tag{8.55}$$

这里的内力 $F_{int}=\frac{\partial}{\partial}(\alpha(s)v_s)-\frac{\partial^2}{\partial s^2}(\beta(s)v_{ss})$，外力 $F_{ext}=-\nabla E_{ext}(v)$。内力阻止曲线被拉伸和弯曲，而外力推动 snake 朝着期望的特征移动。解开欧拉-拉格朗日方程，得到轮廓线参数方程 $v(s)$即是图形目标的轮廓。

图 8.20 给出了主动轮廓模型图像分割的一个实例。开始人工对图中感兴趣目标圈定一个大致的轮廓线，如图(a)所示；按照主动轮廓模型的运行机理，轮廓线就会在内力和外力的作用下向内外能量最小的状态演进，轮廓线逐步向目标边缘逼近，其中的一个瞬间如图(b)所示；直至轮廓线贴近目标边缘，内外能量和达到最小，此时图像目标的分割就此完成，如图(c)所示。

(a) 初始轮廓线　　(b) 向目标边缘逼近　　(c) 轮廓逼近完成

图 8.20　主动轮廓模型图像分割一例

snake 模型相比传统分割方法具有多项优点：一是可以直接给出目标轮廓的数学表达，这在一般的算法中难以实现。二是融入了目标轮廓的光滑性约束和形状的先验信息，使算法具有对噪声和边缘间断点的鲁棒性。三是经过适当初始化后，它能够自主地收敛于能量极小值状态。

同时，主动轮廓模型也主要存在一些问题，如对于初始轮廓的设置要求较高，通常需要设置在目标真实边界附近；难以确定光滑性约束所需的参数 $\alpha$ 和 $\beta$ 等。

以上介绍的是最基本的参数 snake 模型，它采取轮廓曲线的参数化形式来表达轮廓曲线的运动。为了克服这种方法的不足之处，近来发展起来的几何主动轮廓模型（Geometric Active Contour Model，GACM）、测地主动轮廓模型（Geodesic Active Contour，GAC）、Mumford-Shah 模型都在不同的方面克服了参数主动轮廓模型的缺陷，改善了分割的效果。

# 第9章 图像压缩

为了减少数字图像数据的存储空间或节省信道传输的带宽，往往需要对图像数据进行压缩处理。因此，图像压缩就成为图像处理中的关键技术之一。对图像压缩技术有三方面的要求：一方面，要求压缩率要尽可能高，几倍、几十倍，甚至几百倍，这样才能达到有效存储或传输的目的；另一方面，要求压缩后的图像与压缩前图像的一致性程度要尽可能高；最后，要求压缩算法简单、实现容易，即图像压缩的计算复杂度尽可能低。实际上，上述的三方面的要求是彼此矛盾、相互制约的，不可能同时达到最佳状态，在实际应用中往往只能够找到折中的解决方案。

本章主要关注的是基于图像统计特性的压缩原理和方法，首先介绍图像压缩赖以可行的图像统计特性和信息熵理论，压缩编码的原理和有限失真编码定理，接着介绍空间域预测编码和频率域变换编码这两类基本压缩方法，以及进一步增加压缩率的量化技术。

## 9.1 图像的统计特性

在很多情况下，可以将图像信号看作是随机信号（或随机场）。图像的统计特性是指图像信号（亮度、色度等）本身，或对它们进行某种处理以后的输出值的随机统计特性。尽管图像种类繁多，内容千变万化，数据量大得惊人，然而，通过大量的统计实验发现，图像数据本身存在一些内在的联系和规律。例如，图像的同一行相邻像素之间，相邻行像素之间，以及活动图像相邻帧的对应像素之间往往存在很强的相关性，即通常人们所说的存在大量的“冗余”信息。建立在信息论基础上的图像编码方法就是利用图像信号这种固有的统计特性，通过去除这些冗余信息来对图像信息进行压缩处理的。

图像的统计特性是图像压缩处理的基础，它所包含的内容很多，一般可以从变换域和空间域、时间域几方面来研究。例如，变换域中的谱特性（傅里叶变换、沃尔什变换、DCT 等）、空间域中的亮度信号的相关函数、概率分布等。

### 9.1.1 图像的信息熵

由于图像信息的压缩处理必须在保持信源的信息量不变，或者损失不大的前提下才有意义，这就必然涉及信息的度量问题。为此可将信息论的有关方法运用到图像信息的度量中去。

**1. 无记忆信源熵**

设信息源 $X$ 可发出的消息符号集合为$\{a_1, a_2, \cdots, a_i, \cdots, a_m\}$，各个符号出现的概率对应为$\{P(a_1), P(a_2), \cdots, P(a_i), \cdots, P(a_m)\}$，且 $\sum_{i=1}^{m} P(a_i) = 1$。信源 $X$ 发出某一符号 $a_i$ 的信息量可以用该符号出现的不确定性来定义。不确定性越大，即出现的概率越小，越不能够预测它的出现，它一旦出现带给我们的信息量也越大；不确定性越小，情况则相反。可见符号 $a_i$ 出现的不确定性实际上和该符号出现的概率 $P(a_i)$ 大小相反，在此基础上定义符号 $a_i$ 出现的自信息

量为

$$I(a_i) = -\log_2 P(a_i) \qquad (单位:比特/符号) \tag{9.1}$$

如果信源 $X$ 各符号 $a_i$ 的出现是相互独立的，称这类信源为无记忆信源。那么 $X$ 发出一符号序列的概率等于各符号的概率之积，因而该序列出现的信息量等于相继出现的各符号的自信息量之和。对信息源 $X$ 的各符号的自信息量取统计平均，可得信源的平均信息量为

$$H(X) = -\sum_{i=1}^{m} P(a_i)\log_2 P(a_i) \tag{9.2}$$

也称 $H(X)$ 为信息源 $X$ 的熵(entropy)，或 $X$ 的一阶熵，单位为比特/符号，它可以理解为信息源 $X$ 发出任意一个符号的平均信息量。

对于实际用作观察的图像而言，要考虑的不是大量的图像(把某一幅具体的图像作为一个"符号")构成的集合，因为这样的集合其元素量巨大，例如，一幅 256×256 的 8 bit 的灰度图像，共有 $(2^8)^{256\times256}$ 种可能性。如果仍以图像作为基本符号单位，就难于处理而不再具有实际意义。比较直观、简便的方法是把图像分割为小尺寸图像，甚至将每个像素值作为一个信源符号，这时，公式中的 $P(a_i)$ 为各像素值出现的概率，$H(X)$ 的单位为比特/像素。

**2. 有记忆信源熵**

无论是经验还是通过实验测试都足以表明，具有实际意义的图像，其相邻的像素之间总有一定的联系，或者说，图像信息源是一种"有记忆"的信源。对有记忆信源熵的计算要比无记忆信源熵的计算复杂，因为要考虑信源符号之间的相互联系。这里只就其中的一种特殊的形式，即 Markov 过程，介绍它们的联合熵和条件熵的计算。

(1) 联合熵

为了简单起见，在一个有记忆的信源中仅考虑相继的 $N$ 个符号之间存在关联的情况，或者说 $N-1$ 阶 Markov 过程，某一符号的出现只和它前面 $N-1$ 个符号有关，而和它更前面第 $N$ 个、第 $(N+1)$ 个、第 $(N+2)$ 个、…符号无关。则可以把这些有关联的 $N$ 个符号序列当作一个新符号 $B_i^{(N)}$，新符号是一个 $N$ 维随机矢量，$B$ 的上标 $(N)$ 是一个记号，不是幂次。设一个原符号(如 $a_i$)有 $L$ 个取值(如 $L=256$)，则一个新符号有 $L^N = n$ 种不同的取值，新符号集 $\{B_i^{(N)}\}$ 共有 $n$ 个新符号，即 $i=1,2,\cdots,n$。可将它看作新符号的无记忆信源。信息源发出一个新的符号 $B_i^{(N)}$ 的概率用 $P(B_i^{(N)})$ 表示，显然它不是原符号序列中各符号的概率乘积。对于这种信息源，每个新符号的平均信息量为

$$H(B^{(N)}) = -\sum_{i=1}^{n} P(B_i^{(N)}) \cdot \log_2 P(B_i^{(N)}) \tag{9.3}$$

其中，$n$ 是新符号的总数。$H(B^{(N)})$ 的单位为比特/新符号。习惯上用 $N$ 除以上面的熵值，作为每个原符号的平均熵值，即

$$H_N(X) = \frac{1}{N} H(B^{(N)}) \tag{9.4}$$

在式(9.4)中，如果考虑以像素为符号，则 $H_N$ 的单位为比特/符号或比特/像素。对于同一有记忆信源，$H(X) \geqslant H_N(X)$，说明用联合熵计算，充分利用了符号之间的相关性，得到的信源熵小于将信源符号当作独立符号时的信源熵。

(2) 条件熵

对于 $N-1$ 阶 Markov 过程，考虑单个符号出现的平均信息量，即条件熵。对于这种情况，信源发出一个符号 $a_j$，和它前面 $(N-1)$ 个符号之间存在一个转移概率

$$P(a_j \mid B_i^{(N-1)}) = P(a_j \mid a_1, a_2, \cdots, a_{N-1}) \tag{9.5}$$

在特定的 $B_i^{(N-1)}$ 的条件下,$a_j$ 出现的平均信息量根据信息熵的定义为

$$H(X \mid B_i^{(N-1)}) = \sum_{j=1}^{m} P(a_j \mid B_i^{(N-1)}) \log P(a_j \mid B_i^{(N-1)}) \tag{9.6}$$

其中,$m$ 为信源符号的个数。根据定义,上式对各种 $B_i^{(N-1)}$ 出现的平均信息量为

$$\begin{aligned} H(X \mid B^{(N-1)}) &= -\sum_{i=1}^{n} P(B_i^{(N-1)}) H(X \mid B_i^{(N-1)}) \\ &= -\sum_{i=1}^{n} P(B_i^{(N-1)}) \Big[ \sum_{j=1}^{m} P(a_j \mid B_i^{(N-1)}) \log P(a_j \mid B_i^{(N-1)}) \Big] \\ &= -\sum_{i=1}^{n} \sum_{j=1}^{m} P(a_j, B_i^{(N-1)}) \log P(a_j \mid B_i^{(N-1)}) = H_N(X \mid B^{(N-1)}) \end{aligned} \tag{9.7}$$

称式(9.7)为 $N$ 阶条件熵,其中 $B_i^{(N-1)}$ 表示当前符号 $a_j$ 的前面($N-1$)个符号的序列。式(9.4)在计算一个符号的熵值时,是把 $N$ 个符号的符号序列作为一个新符号,由其出现的概率计算出总的新符号熵,然后用 $N$ 来除而得到每个符号的平均信息量即熵值。而式(9.7)则是从转移概率计算得到的条件熵。在信息论中已证明,对平稳的符号序列,当 $N$ 很大时,式(9.7)的条件熵与上面式(9.4)计算的结果是一致的。同时还可证明,对 $N$ 阶 Markov 过程:

$$H_1 > H_2 > \cdots > H_N \geqslant H_{N+1} = H_{N+2} = \cdots = H_\infty$$

高阶熵随着阶数增加而逐渐减小的现象表明,如果在符号序列中前面的符号知道得越多,那么下一个符号的平均信息量就越少。

### 9.1.2 图像的自相关函数

从信息论的角度出发,可以通过对图像信息的一阶熵、高阶熵的分析,来确定图像信源的统计特性。但是图像熵值的计算十分困难,它要预先知道图像的概率分布等统计参数,因而在实践中用得较多的还是图像的数字特征,如相关函数,因为它可以直接反映任意图像像素之间的关联程度,也就是在统计平均的意义上来计算它们之间的相似程度。

**1. 像素值的自相关函数**

将数字图像 $f(i,j)$ 的每个像素值看作是一个随机变量,则图像就是这些随机变量的集合,实际上形成一个二维随机场,并假设为平稳随机场。现在考察图像内任意两点之间的相关性,设$(i+i_0, j+j_0)$和$(i,j)$为 $N\times N$ 数字图像 $f(i,j)$中垂直相距为 $i_0$、水平相距为 $j_0$ 的任意两点,一般情况下,图像的灰度值为正实数,其归一化自相关函数可由下式表示:

$$R_f(i_0, j_0) = \frac{1}{\sigma_f^2} E\{[f(i+i_0, j+j_0) - m_f][f(i,j) - m_f]\} \tag{9.8}$$

其中,$E[\cdot]$表示数学期望,$m_f$ 为图像灰度的平均值,$\sigma_f^2$ 为图像灰度的方差,可近似为

$$m_f = E[f(i,j)] \approx \frac{1}{N^2} \sum_{i=0}^{N-1} \sum_{j=0}^{N-1} f(i,j) \tag{9.9}$$

$$\sigma_f^2 = E[f(i,j) - m_f]^2 \approx \frac{1}{N^2} \sum_{i=0}^{N-1} \sum_{j=0}^{N-1} [f(i,j) - m_f]^2 \tag{9.10}$$

因此式(9.8)式可以用下式近似计算,即

$$R_f(i_0, j_0) \approx \frac{\sum_{i=0}^{N-1} \sum_{j=0}^{N-1} \{[f(i+i_0, j+j_0) - m_f][f(i,j) - m_f]\}}{\sum_{i=0}^{N-1} \sum_{j=0}^{N-1} [f(i,j) - m_f]^2} \tag{9.11}$$

特别，当两个像素在同一行时，即 $i_0=0$，两像素水平距离为 $j_0$，其归一化自相关函数退化为行内关于 $j_0$ 的一维自相关函数，可称为行内自相关函数，即

$$R_f(0,j_0) \approx \frac{\frac{1}{N^2}\left\{\sum_{i=0}^{N-1}\sum_{j=0}^{N-1}[f(i,j)f(i,j+j_0)]-m_f^2\right\}}{\sigma_f^2} \tag{9.12}$$

可用类似的方法得到两个像素在同一列时垂直方向的归一化自相关函数。

图 9.1 是由多幅实际图像计算平均所得行内自相关函数 $R_f(0,j_0)$ 的示意图，在像素水平间隔 $j_0$ 为 1～20 个像素时，自相关函数平均值的曲线基本上呈指数规律衰减，可用如下的数学模型来近似，它表明了像素之间的相关性随着两者之间的距离增加而迅速减小。

$$R_f(0,j_0)=e^{-\alpha|j_0|}=\rho^{|j_0|} \tag{9.13}$$

式(9.13)中的参数 $\rho=e^{-\alpha}$ 可通过对实际图像的统计获得。对于一般图像，$\rho$ 的值都在 0.9～0.98 之间，说明图像像素之间存在着很强的相关性。

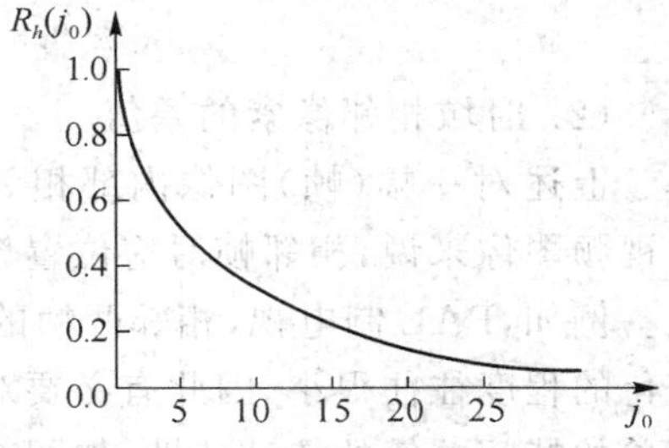


图 9.1 行内自相关函数示意图

以上对水平行方向一维自相关函数分析同样也适合垂直方向的情况。依此类推，对于图像中的任意两点 $(i,j)$ 和 $(i+i_0,\ j+j_0)$ 之间的二维自相关函数的数学模型近似为

$$\rho(i_0,j_0)=\rho^{-|r|} \tag{9.14}$$

其中，$r$ 为相关距离可定义为 $r=\sqrt{i_0^2+j_0^2}$。可见，二维自相关函数呈由中心向四周按指数规律衰减的性质。

**【例 9.1】** 图 9.2 是由实际图像测出的结果，它反映了在打圈点和周围像素之间的归一化相关系数，基本反映了上述规律。图(a)是图像中相邻像素值变化比较小区域的相关系数，图(b)是变化比较大的区域。显然图(a)比图(b)的相关性要强。

| | | | |
|---|---|---|---|
| 0.631 | 0.642 | 0.641 | 0.628 |
| 0.700 | 0.716 | 0.721 | 0.710 |
| 0.711 | 0.811 | 0.842 | 0.845 |
| 0.845 | 0.905 | 0.966 | ① |

(a)

| | | | |
|---|---|---|---|
| 0.288 | 0.325 | 0.375 | 0.419 |
| 0.435 | 0.493 | 0.568 | 0.630 |
| 0.558 | 0.635 | 0.742 | 0.835 |
| 0.629 | 0.715 | 0.855 | ① |

(b)

图 9.2 二维相关系数实测结果

**2. 像素差值的自相关函数**

(1) 空域相邻像素的差值

可以推想，由于一幅图像内相邻像素值之间的相关性较强，相邻像素值之差的统计分布应该有相当一部分集中在零附近。图 9.3 是对多幅实际图像的水平方向相邻像素差值信号进行统计得到的概率密度分布的示意图。大量的图像数据统计表明，对于灰度为 0～255 的常见图像，差值信号绝对值的 80%～90%落在总数为 256 个量化层中的前 0～20 量化层范围内。这一统计得出的结论在预测法图像压缩中是非常重要的依据。

图像差值的概率密度常用拉普拉斯分布来近似：

$$p(d)=\frac{1}{\sqrt{2}\sigma_d}\exp\left(-\frac{\sqrt{2}}{\sigma_d}|d|\right) \tag{9.15}$$

其中，$d$ 为相邻像素值之差，$\sigma_d$ 为其均方差(标准差)值。

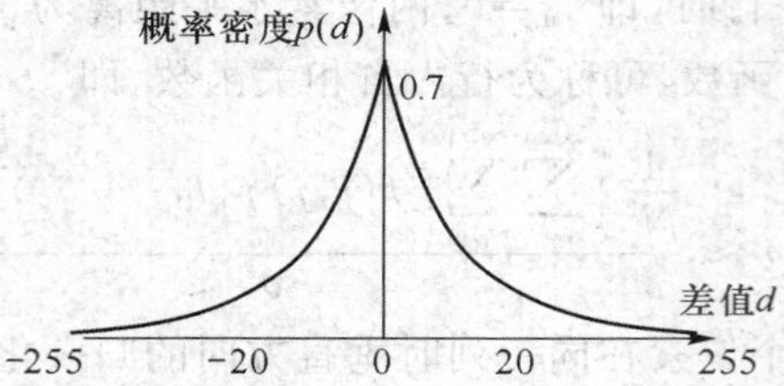


图 9.3　图像差值信号的统计分布示意图

(2) 时域相邻像素的差值

上述对一幅(帧)图像内部相邻像素或其差值进行的统计分析,通常称为帧内统计特性。对视频图像来说,相邻帧对应位置像素之间的时间间隔很小,很有可能表示的是场景中的同一点。例如,PAL 制电视,相邻两帧的时间间隔仅为 40 ms,在这段时间内发生变化的可能性和变化的程度往往很小,因此有必要对时域相邻帧像素的统计特性进行研究。通常只讨论最为简单的帧间差值的统计特性,如图 9.4 所示,第 $k$ 帧的帧间差定义为

$$d_k(i,j)=f_k(i,j)-f_{k-1}(i,j) \tag{9.16}$$

其中,$f_k(i,j)$表示第 $k$ 帧的一个像素,$f_{k-1}(i,j)$表示第 $k-1$ 帧和 $f_k(i,j)$处于同一几何位置的像素点。一般也认为,时域的差值信号的分布特性也和空域差值信号的分布特性类似,也服从拉普拉斯分布,仅具体的均值和方差有所差别。

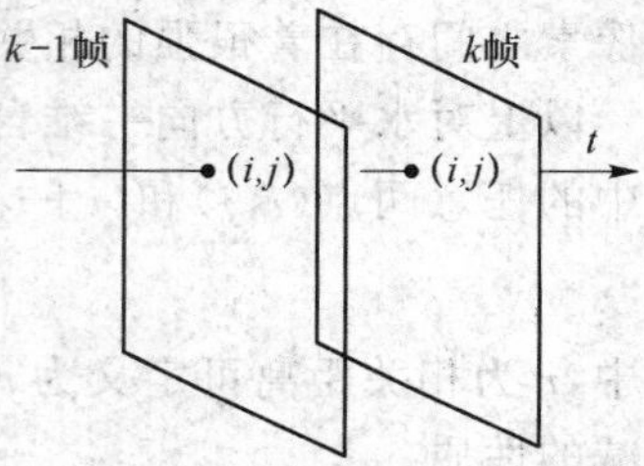


图 9.4　帧间差位置示意

在电视图像中,除了景物有剧烈的活动,或是整幅场景更换以外,相邻帧之间存在着较强的相关性。对于一些特殊的应用场合,例如会议电视或可视电话,图像中的内容较简单,且主要只有一些人的头肩部及五官的小幅度运动,因而其相关性比一般的广播电视图像更强。

# 9.2　压缩编码原理

如前所述,要求图像压缩编码技术的压缩率要尽可能高,解压后的图像质量要尽可能好,压缩算法要尽可能简单。按照对重建图像质量的要求,考察压缩前后图像信息量是否有损失,可以把压缩方法分为两类:一类是所谓信息保持型编码,或称为无失真编码、熵编码;另一类则是非信息保持型编码,即允许一定量失真的编码,常称为有失真编码或有限失真编码。

如果采用信息保持型编码,虽然用来表示图像的比特数比原来有所减少,但它们所代表的信息量却和未编码前相同,因而可以保证由压缩图像所恢复出来的重建图像将和原图像完全一致;如果采用非信息保持型编码,则会由于在编码过程中丢失一些信息量而在重建图像时出现一定程度失真,也就是说重建图像和原图像并不完全一致。一般说来,非信息保持型编码的压缩率较高,经常用于存储和通信,尤其是用于数据量庞大的数字视频、高清视频、立体视频的编码。

## 9.2.1　无失真编码

在无失真编码方法中,统计编码(也称熵编码)是目前应用最为广泛的一类图像压缩方法。统计编码是一种建立在图像的统计特征基础之上的压缩编码方法,根据香农(Shannon)信息论的观点,信源冗余度来自于信源本身的相关性和信源内事件概率分布的不均匀

性。只要找到去除相关性和改变概率分布不均匀的方法，也就找到了信源统计编码方法。为了便于本节后面部分的理解，首先介绍有关无失真编码的定义，然后再介绍几种常用的熵编码方法。

**1. 基本概念**

编码就是将信源集中的不同符号采用不同的数码来表示，最常见的是二进制编码，用“0”和“1”的不同组合来表示不同的符号，本节仅限于讨论二进制编码。

如果为信源集中的每个符号固定对应一个码字，称这种分配码字的方法为非奇异编码，否则为奇异编码。本节仅限于讨论非奇异编码。

如果每个符号都是用同样个数的二进制数表示，则称为等长编码，否则为变长编码。等长编码时编码和解码实现都比较简单，但编码效率不高。相反，变长编码可以为概率大的符号分配短码表示，概率小的符号分配长码表示，平均而言，总的编码效率要高于等长编码，但实现的复杂程度显然要高于等长编码。本节仅限于讨论非等长编码。

下面介绍二进制、非奇异、非等长编码中的两个重要的概念。

(1) 唯一可译编码

在不等长编码的情况下，为了减少表示图像的平均码字长度，往往对码字之间不加同步码，而且又要求所编码字序列能被唯一地译出来。满足这个条件的编码称其为唯一可译编码，也常称为单义可译码。

换句话说，对于任意有限长度的单义码的码字序列，只能唯一地被分割成一个个码字，而不发生歧义。单义码存在的充要条件是这个码字集合中的码字长度满足克劳夫特(Kraft)不等式，即

$$\sum_{i=1}^{n} D^{-t_i} \leqslant 1 \tag{9.17}$$

其中，$D$ 为代码中码元种类的进制数，对二进制情况，$D=2$。$n$ 为符号的个数或码字的种类数，$t_i$ 为代码中第 $i$ 个码字长度(即码元个数)。也就是说，如果代码中各个符号的码长结构符合克劳夫特不等式，一定能够找到一组相同码长结构的单义代码。如代码 $C=\{00,10,001,101\}$，因为是二进制码，则 $D=2$，共有 4 个码字 $C_1=00$、$C_2=10$、$C_3=001$ 和 $C_4=101$，$n=4$。其相应的长度为 $t_1=2$、$t_2=2$、$t_3=3$、$t_4=3$，代入式(9.17)可得

$$\sum_{i=1}^{4} 2^{-t_i} = \frac{1}{2^2}+\frac{1}{2^2}+\frac{1}{2^3}+\frac{1}{2^3}=\frac{6}{8}<1$$

因此 $C$ 有可能是单义代码，事实上它确实是单义码。再看代码{0,10,010,111}满足克劳夫特条件，但不是单义码，如收到“010”后有两种译码方法，一种是“0”和“10”两个码字，另一种是“010”一个码字。

**【例 9.2】** 如果用码字集合{0,01,10,110}来编码，很容易证明这一代码不满足克劳夫特不等式，不是单义码。事实上，当接收到的序列为 001001000011001…时，则可能做出的译码至少有以下两种：

0,0,10,0,10,0,0,0,110,01,…

或

0,01,0,01,0,0,0,01,10,01,…

(2) 非续长代码

若代码中任何一个码字都不是另一个码字的续长，也就是不能在某一个码字后面添加一些码元而构成另一个码字，称其为非续长代码。反之，称其为续长代码。如二进制代码{0,10,

11}即为非续长代码,而{0,01,11}则为续长代码。因为后者码字集合中的"01"可由同一集合中的码字"0"后加上一个码元"1"构成。

在非续长码的码字集合中,任何一个码字均不是其他码字的字头(前缀),因此,只要传输没有错误,在接收过程中,就可以从接收到的第一个比特开始顺序考察,一旦发现一个符号序列符合某一码字,就立即做出译码,并从下一个比特开始继续考察,直至全部译码完成。因此,非续长码又称为即时码。显然,非续长码既保证了译出码的唯一性,又保证了译码的即时性。

**【例 9.3】** 如果用码字集合{0,10,110,111}来编码,这种码就是非续长码,因为码字集中的任何一个码字均不是其他码的字头。当收到的符号序列为 000110001000010…时,就只能做出唯一的划分(译码):

0,0,0,110,0,0,10,0,0,0,10,…

其实,从上面的实例可以看出,非续长代码一定是单义码,但单义代码不一定是非续长代码。这里证明从略,只要看一个实际的代码就可以验证上述的结论。例如,代码{1,10,100,1000},它显然符合克劳夫特不等式,是单义码,然而它却不是非续长码,不能够即时译码。当收到码字"10"时,不能够即时划断译码,还需要看后面收到的码字是 0 还是 1,如果是 1 就可以划断,如果是 0,则还要看更后面收到的码字是什么,……在实际应用中,单义可译码往往是采用非续长代码。

**2. 哈夫曼编码**

哈夫曼(Huffman)编码是目前最常用的一种无失真不等长编码(熵编码)方法。衡量编码效率的最重要的指标是它的码字长度,码字长度越短越好,但由于不等长码的码字长度不等,需计算所有码字的平均码长来衡量。

设被编码的信源有 $m$ 种符号,如 $m$ 种灰度等级,即信源的符号集合为$\{a_i \mid i=1,2,\cdots,m\}$,且它们出现的概率对应为$\{P(a_i) \mid i=1,2,\cdots,m\}$,那么,不考虑信源符号的相关性,对每个符号单独编码时,则平均码长 $L$ 为

$$L=\sum_{i=1}^{m} P(a_i)\cdot l_i \tag{9.18}$$

其中,$l_i$ 表示符号 $a_i$ 的码字长度。可以证明,若编码时对概率大的符号用短码,对概率小的符号用长码,则 $L$ 会比等长编码时所需的码字少。或者说在哈夫曼编码中,如果码字的长度严格按照所对应符号出现概率大小逆序排列,则平均码字长度一定小于其他任何顺序的排列方法。

不等长编、译码过程都比较复杂。首先,编码前要知道各符号的概率 $P(a_i)$,为具有实用性,还要求码字具有唯一可译性,并能实时进行译码。如哈夫曼编码,其基本步骤如下:

① 将信源符号出现的概率按由大到小顺序排列。

② 将两处最小的概率进行组合相加,形成一个新概率。并按第①步方法重排,如此重复进行直到只有两个概率为止。

③ 分配码字,码字分配从最后一步开始反向进行,对最后两个概率一个赋予"0",一个赋予"1"。如此反向进行到开始的概率排列,在此过程中,若概率不变采用原码字。

**【例 9.4】** 哈夫曼编码实例:设输入图像的灰度级$\{y_1,y_2,y_3,y_4,y_5,y_6\}$出现的概率分别为 0.32,0.22,0.18,0.16,0.08,0.04,它们的哈夫曼编码过程和编码结果如图 9.5 所示。

根据式(9.2)可求得图像信源熵为

$$H=-\sum_{i=1}^{m} P_i\log_2 P_i=-0.32\log_2 0.32-0.22\log_2 0.22-0.18\log_2 0.18-$$
$$0.16\log_2 0.16-0.08\log_2 0.08-0.04\log_2 0.04=2.352\text{ bit}$$

根据哈夫曼编码的结果，可以求出它的平均码字长度：

$$L=\sum_{i=1}^{m}P_i l_i=0.32\times2+0.22\times2+0.18\times2+0.16\times3+0.08\times4+0.04\times4=2.40\ \text{bit}$$

6 个符号集的信源熵为 2.352 bit，哈夫曼编码的平均码字长度为 2.40 bit，编码效率为 $\eta=\frac{H}{L}=\frac{2.352}{2.400}=98\%$，可见，哈夫曼编码的结果已经很接近信源熵了。

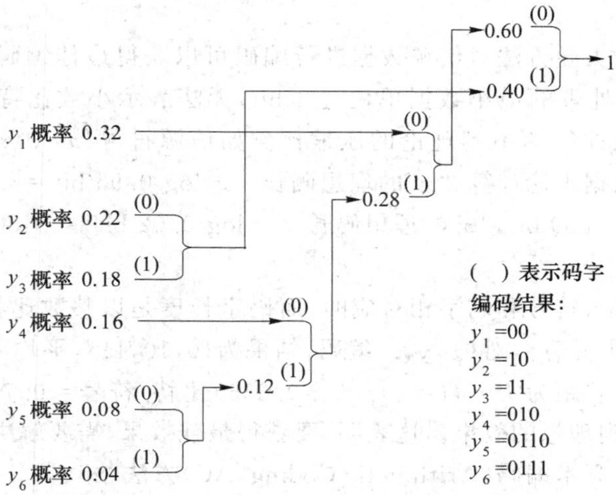


图 9.5　哈夫曼编码过程示意图

### 3. 准变长编码

哈夫曼编码虽然效果较好，但在实践中，往往会遇到一些具体问题，如预先要知道较准确的编码符号的概率分布，有时码字集合过于庞大等，在不少应用场合难以解决。因此在实际编码中经常采用一种性能稍差，但实现较方便的方法，即所谓准变长编码。在最简单的准变长编码方法中只有两种长度的码字，对概率大的符号用短码，反之用长码。同时，在短码字集中留出一个作为长码字的字头（下例中为 111），保证整个码字集的非续长性。

**【例 9.5】**　表 9.1 是一个 3/6 比特双字长编码的例子。

**表 9.1　3/6 比特双字长码**

| 大概率符号（总和为 0.9） | 编码（3 bit） | 小概率符号（总和为 0.1） | 编码（6bit） |
|---|---|---|---|
| 0 | 000 | 7 | 111111 |
| 1 | 001 | 8 | 111000 |
| 2 | 010 | 9 | 111001 |
| 3 | 011 | 10 | 111010 |
| 4 | 100 | 11 | 111011 |
| 5 | 101 | 12 | 111100 |
| 6 | 110 | 13 | 111101 |
| | | 14 | 111110 |

从表 9.1 中可以看出，共有 15 种符号，若用等长编码，则平均码长为 4 比特/符号，而准变长编码的平均字长实际上是 3.3 bit，编码效率要好于等长编码，当然比标准的哈夫曼编码要差。由此可知，这种编码方法对于符号集中各符号出现概率可以明显分为高、低两类时，可得

到较好的结果。

这种方法在现行的图像系统中应用很广泛,例如,在国际图像编码标准 H.26x、MPEG-x 所建议的变长编码的码表中,就是将常见的(较大概率)码型按哈夫曼编码的方式处理,而对于其他极少出现的码型,则给它分配一个前缀,后面就是此码字本身。这种方法又称为"逸出编码"(escape),它虽然和上面介绍的准哈夫曼编码略有不同,但实质上仍然是一种准哈夫曼编码。

**4. 算术编码**

从理论上讲,采用哈夫曼方法对信源数据进行编码可以获得最佳编码效果,但是实际上,由于在计算机中存储和处理的最小数据单位是 1 bit,无法表示小数比特。因此在某种情况下,实际的压缩编码效果往往达不到理论的压缩比。如信源符号$\{x,y,z\}$,其对应的概率为$\{0.95,0.03,0.02\}$,则根据理论计算,"$x$"的理想码长$=-\log_2 0.95$ bit$=0.074$ bit,"$y$"的理想码长$=-\log_2 0.03$ bit$=5.059$ bit,"$z$"的理想码长$=-\log_2 0.02$ bit$=5.480$ bit,相应的信源熵$H=0.335$ 比特/符号。

然而在哈夫曼编码中,符号和码字相对应的,而码字长度是以整数比特为单位的,不可能出现非整数位。采用哈夫曼方法对$\{x,y,z\}$编码,结果为$\{0,10,11\}$,平均码长 $L=1.05$ 比特/符号,和理想的信源熵的差距为 $L-H=(1.05-0.335)$比特/符号$=0.715$ 比特/符号,实际的编码效果往往不能达到理想的效果。这表明,要获得最佳效果,需要解决只能以整数位进行编码的问题,由此引出了算术编码(Arithmetic Coding,AC)方法。

算术编码也是一种信息保持型编码,它不像哈夫曼编码,无须为一个符号设定一个码字。算术编码有固定方式的编码,也有自适应方式的编码。采用自适应算术编码的方式,无须先定义概率模型,对无法进行概率统计的信源比较合适,在这点上优于哈夫曼编码。同时,在信源符号概率比较接近时,算术编码比哈夫曼编码效率要高,在图像压缩中常用它来取代哈夫曼编码。但是算术编码的算法或硬件实现要比哈夫曼编码复杂。

(1) 编码过程

算术编码的方法是将被编码的信源消息表示成实数轴上 0~1 之间的一个间隔(也称为子区间),消息越长,编码表示它的间隔就越小,表示这一间隔所需的二进制位数就越多,码字越长。反之,编码所需的二进制位数就少,码字就短。信源中连续符号根据某一模式生成概率的大小来缩小间隔:大概率符号的出现,在 0~1 区间上缩小的范围短,只增加较少的比特;小概率符号的出现,在 0~1 区间上缩小的范围长,需增加较多的比特。下面从一个算术编码的实例来说明算术编码的原理。

设图像信源包括 $a$、$b$、$c$、$d$ 这 4 个符号,如果它们出现的概率分别是 1/2、1/4、1/8 和 1/8,则信源符号集的所有符号的概率之和组成了一个完整的概率空间,我们可用单位长度的矩形来表示它,如图 9.6(a)所示。在此长度为 1 的单位矩形中,各个符号依次排列,所占宽度和它的概率大小成正比。各个符号的左边的分界线称之为"码点",每个码点有其相应的码点值。每个码点值是它前面所出现符号的概率累积之和。第一个码点的值为 0,因为在它之前没有码字;由于 $d$ 出现的概率是 1/8,故第二码点值为 0.001(二进制小数,以下同);由于 $b$ 出现的概率为 1/4,再加上 $d$ 出现的概率为 1/8,所以第三个码点值为两者之和,故为 0.011,依此类推。这样形成了最初的符号空间分割。

算术编码的过程实质上是对此单位区间的"子分"(subdivision)的过程,如图 9.6(b)所示。我们可以设想有一个编码"指针",随着所编码的进行,指针就不停地在单位区间内进行划分。例如，我们欲对"$a\ a\ b\ c$ …"进行算术编码，其过程如下：

① 编码前，指针指向码点"0"，指针活动宽度为"1"，即从 0 到 1。

② 编码"$a$"，指针指向新码点：0＋1×0.011＝0.011（前面的码点＋前面的宽度×"$a$"的码点）；指针有效活动宽度为：1×0.1＝0.1（前面的单位长度×"$a$"的概率）。

③ 编码"$a$"，指针指向新码点：0.011＋0.1×0.011＝0.100 1（前面的码点＋前面的宽度×"$a$"的码点）；指针有效活动宽度为：0.1×0.1＝0.01（前面的单位长度×"$a$"的概率）。

④ 编码"$b$"，指针指向新码点：0.100 1＋0.01×0.001＝0.100 11（前面的码点＋前面的宽度×"$b$"的码点）；指针有效活动宽度为：0.01×0.01＝0.000 1（前面的单位长度×"$b$"的概率）。

⑤ 编码"$c$"，指针指向新码点：0.100 11＋0.000 1×0.111＝0.101 001 1（前面的码点＋前面的宽度×"$c$"的码点）；指针有效活动宽度为：0.000 1×0.001＝0.000 000 1（前面的单位长度×"$c$"的概率）。

最后所得到的码点的值"1010011"（忽视小数点）就是对"$a\ a\ b\ c$"进行算术编码的结果。如果所给的码字数目更多，还可以依此类推地继续做下去。随着所编的码字的增加，指针的活动范围越来越小，越来越精确，所编出的二进制码字位数越来越多。在上述的运算中，尽管含有乘法运算，但它可以用右移来实现，因此在算法中只有加法和移位运算。这正是将这种算法叫作算术编码的原因。

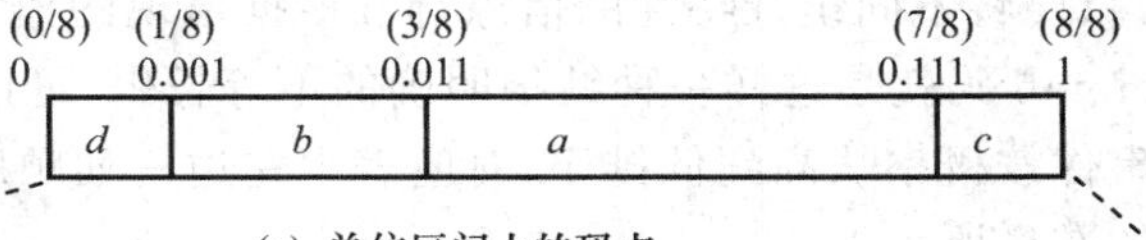


(a) 单位区间上的码点

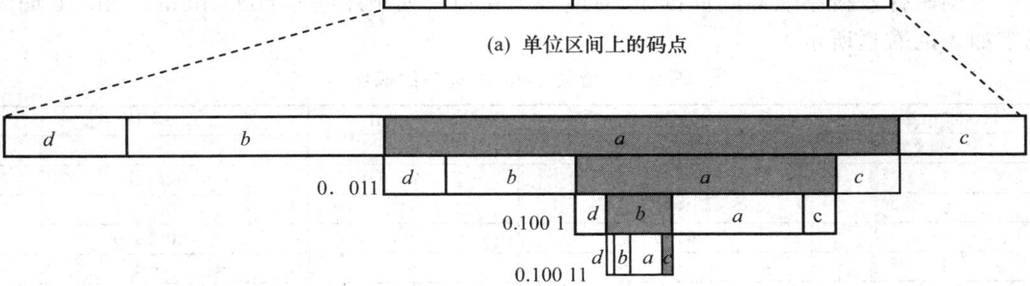


(b) 符号序列"aabc…"算术码的子分过程

图 9.6　算术编码的子分过程

(2) 解码过程

算术解码过程和编码过程相反，它是将算术编码的码字序列的值通过逐次比较而逐步在单位概率空间逐渐"定位"的过程。下面以"0.101 001 1"的解码过程为例来说明。

① 在 0～1 空间里定位，由于 0.011＜0.101 001 1＜0.111，解得第一个码字为"$a$"。

② 由码字序列值(0.101 001 1)减去前码点值(0.011)得：0.101 001 1－0.011＝0.010 001 1，这是因为在编码过程中第二次子分区间的新码点的值是和 0.011 相加的，所以在解码时要减去它。再将得到的 0.010 001 1 乘 2：0.010 001 1×2＝0.100 011。这是因为在编码过程中，我们曾将子分区间宽度乘以"$a$"的概率(0.1＝1/2)。而 0.011＜0.100 011＜0.111，所以解得第二个码字为"$a$"。

③ 由码字序列值(0.100 011)减去前码点值(0.011)得：0.100 011－0.011＝0.001 011。这是因为在编码过程中第三次子分区间的新码点的值是和 0.011 相加的，所以在解码时要减去它。

再将得到的 0.001 011 乘 2:0.001 011×2=0.010 11。这是因为在编码过程中,我们曾将子分区间宽度乘以“*a*”的概率(0.1=1/2)。而 0.001<0.010 11<0.011,所以解得第三个码字为“*b*”。

④ 由码字序列值(0.010 11)减去前码点值(0.001)得:0.010 11−0.001=0.001 11。这是因为在编码过程中第四次子分区间的新码点得值是和 0.001 相加的,所以在解码时要减去它。再将得到的 0.001 11 乘 4:0.001 11×4=0.111。这是因为在编码过程中,我们曾将子分区间宽度乘以“*b*”的概率(0.01=1/4)。而 0.111 恰好是“*c*”的码点,所以解得第四个码字为“*c*”。

从上述的实例中我们可以看到算术编码的大致过程。对“*a a b c*”算术编码的结果为“1010011”,共 7 bit。如果采用哈夫曼编码,“*a*”为“0”,“*b*”为“10”,“*c*”为“110”,“*d*”为“111”,则“*a a b c*”编码的结果为“0010110”,共 7 bit。这里两者编码长度相同,是因为算术编码的序列较短,如果序列较长,则可显示更高的效率,算术编码的效率一般说来要比哈夫曼编码高。

在 H.263、H.264/AVC、H.265/HEVC 等国际视频编码标准和 AVS 国家标准中,都将算术编码或内容自适应二进制算术编码(Context-based Adaptive Binary AC,CABAC)作为选项来代替哈夫曼编码,以期提高变长编码的效率。

**5. Golomb 编码**

针对哈夫曼编码的编译码比较复杂的缺点,可采用一种结构明确的不等长码,使编译码实现容易一些,只要将不同统计特性的信源符号根据出现的概率大小顺序映射到这种不等长码上。指数 Golomb 码就是这样一种结构明确的不等长码,可以写成表 9.2 所示的形式,将欲编码的一系列事件按概率从高到低排序,对应表中左边一列顺序编号 code_num,Colomb 编码后的码字如表的右栏所示。

**表 9.2　指数 Colomb 编码的码字**

| code_num | 码字 | code_num | 码字 |
|---|---|---|---|
| 0 | 1 | 6 | 00111 |
| 1 | 010 | 7 | 0001000 |
| 2 | 011 | 8 | 0001001 |
| 3 | 00100 | 9 | 0001010 |
| 4 | 00101 | … | … |
| 5 | 00110 | | |

每个码字由 3 个部分组成,即 Codeword=[$M$ 个 0][1][INFO]。

例如,表 9.2 中 code_num 等于“9”的码字为“0001010”,中间为“1”,左边是 3 个 0,即 $M$=3,右边 3 位“010”就是 INFO 的内容。INFO 是一个携带信息的 $M$ 位数据,每个 Golomb 码字的长度为($2M+1$)位,每个码字都可由 code_num 产生,具体的编码和解码过程如下。

编码:对每个待编的 code_num,根据下面的公式计算 INFO 和 $M$:

$M$=floor($\log_2$(code_num+1)),floor( )表示舍去小数的运算,

INFO=code_num+1−$2M$,

code_num=[$M$ 个 0]+[1]+[INFO]。

解码:读出以“1”结尾的前 $M$ 个“0”,

根据得到的 $M$,读出紧接着“1”后面的 $M$ 比特的 INFO 数据,

根据 code_num=$2M$+INFO−1 可以还原出 code_num。

注意,对于码字 0,INFO 和 $M$ 都等于 0。

**【例 9.6】**　观察一个 Golomb 编码的实例。信源符号集为 11 个正负整数数值,0,±1,

±2,±3,±4,±5。它们出现的概率为对称并且单调下降,分别为 0.38,0.32,0.16,0.08,0.04,0.02。然后,按照表 9.2 把信源符号映射到 Golomb 方法的"编号"code_num。按照上述规则编出的码字如表 9.3 第 3 行所示。

**表 9.3　符号和 code_num 的对应**

| code_num | 0 | 1 | 2 | 3 | 4 | 5 | 6 | 7 | 8 | 9 | 10 |
|---|---|---|---|---|---|---|---|---|---|---|---|
| 符号值 | 0 | 1 | −1 | 2 | −2 | 3 | −3 | 4 | −4 | 5 | −5 |
| 码字长 | 1 | 3 | 3 | 5 | 5 | 5 | 5 | 7 | 7 | 7 | 7 |

可以计算出这组码字的平均码长为 $L = \sum_{i=1}^{m} P_i l_i = 2.96\ \text{bit}$,信源熵 $H = -\sum_{i=1}^{m} P_i \log_2 P_i = 2.69\ \text{bit}$。如果按哈夫曼编码方法,可得出的平均码长为 2.84 bit。比较而言,哈夫曼编码的平均码长比 Golomb 编码的平均码长更接近于信源熵。但是,Golomb 码字结构明确,能够用计算方式算出 code_num。Golomb 码表比哈夫曼码表简单,且"查找"比较容易。

## 9.2.2　有限失真编码

对数字图像的压缩处理,主要是对图像数据(码字)重新进行适当编排和表示,因此也常常称作图像的压缩编码,或图像编码。如果允许编码给重建图像带来一定的失真,最大的收益就是图像的压缩比可以得到提高。正如我们前面在介绍对图像压缩处理的要求时曾提及过的"压缩比"和"失真量"是一对矛盾,是相互制约的。那么,这两者之间到底是怎样一种关系?这一问题可以从正反两个方面来分析:一方面,在给定失真的条件下,图像能够压缩到什么程度,或码率能够降低到什么程度?另一方面,将此问题反过来,在给定码率的条件下,如何将压缩给图像带来的失真降至最低?本节下面介绍的失真率(Rate Distortion)定理和失真率定理将给出上述两个问题的简要回答。

**1. 编码模型**

为了便于理解,可将图像信源的编码和解码过程类比为通信的发送和接收过程,所形成的简化模型如图 9.7 所示。发送端 $X$ 为离散独立信源符号集,由 $\{a_i\}$ 表示,接收端 $Y$ 为输出符号集,由 $\{b_j\}$ 表示。从通信系统的信息的传播过程来看,信息的接收者对信源 $X$ 发出的信息内容是从输出集 $Y$ 来了解的。如果是理想信道,没有噪声干扰,发送符号 $a_i$ 和接收符号 $b_j$ 是一一对应的,没有差错;如果是有噪声信道,发送符号 $a_i$ 时,接收符号却不一定是 $b_j$,会出现差错。

如果把通信模型套用到编码-解码过程中,信息经编码后发送,经解码后接收,相当于把编解码环节理解为通信信道。从图 9.7 可以看出,和通信系统类似,接收者收到的不是信源的符号集(码字)$X$ 本身,而是经解码输出符号集 $Y$,由它提供了有关 $X$ 的信息。现在考虑编解码这一等效信道对信息传送的影响:如果编码过程中采取合并、量化等措施,接收的信息和发送的信息不完全相同,相当于引入一种等效(信道)噪声;如果不进行量化或采用信息保持型编码,则编解码过程相当于理想信道,没有噪声,也没有信息损失。

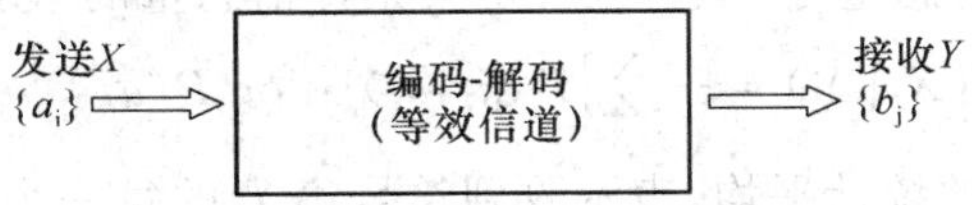


图 9.7　信源编解码模型

如果在信息发、收过程中,没有任何信息丢失,发送集与接收集的符号是一一对应的,这时编

码所采用的最佳方法就是所谓的熵编码(Entropy Coding),码率的下界由信源的一阶熵确定:

$$H(X) = -\sum_{i} P(a_i)\log_2 P(a_i) \tag{9.19}$$

在实际应用中发现,尽管信息提供的图像内容很丰富,但对接收者来说不需要或并不能完全感觉到。比如,由于人眼的识别能力、显示装置的分辨能力有限,或者某些其他原因等,在编码时可以采用量化等编码方法去掉或合并一些信息符号。这样做的好处是,由于减少了信息符号集的大小,可以节省相应的编码码字。那么,最多能够去掉多少信息符号呢?或者从传输的角度看,对于有一定误差(失真)的编码,最低的码率应该是多少呢?

下面从条件信息量和互信息量的概念出发简要解答这一问题。

**2. 互信息量**

设信源发出符号 $a_i$,出现的先验概率为 $P(a_i)$,编码输出为 $b_j$,出现概率为 $Q(b_j)$。用 $P(a_i,b_j)$表示信源发出 $a_i$,同时解码输出为 $b_j$ 的联合概率;用 $P(a_i|b_j)$表示已知编码输出为 $b_j$,估计信源发出 $a_i$ 的条件概率,用 $Q(b_j|a_i)$表示信源发出 $a_i$ 而解码输出为 $b_j$ 的转移概率。

定义条件信息量为

$$I(a_i|b_j) = -\log_2 P(a_i|b_j) \tag{9.20}$$

表示收到 $b_j$ 后,信源发送 $a_i$ 的不确定性所形成的信息量。

$$I(b_j|a_i) = -\log_2 Q(b_j|a_i) \tag{9.21}$$

表示信源发送 $a_i$ 后,收到 $b_j$ 的不确定性所形成的信息量。

在图 9.7 模型中,首先考察在接收端收到符号 $b_j$ 后,编码系统所传送的关于信源发送符号 $a_i$ 的信息量。在接收端未接收到 $b_j$ 以前,判断发送端发送符号 $a_i$ 的概率为 $P(a_i)$,所代表的信息量为 $I(a_i)$;而收到符号 $b_j$ 后,这时判断发送符号 $a_i$ 的概率为 $P(a_i|b_j)$,所代表的信息量为 $I(a_i|b_j)$。可见,接收到符号 $b_j$ 后,预计发送符号 $a_i$ 的概率从 $P(a_i)$变为 $P(a_i|b_j)$,不确定性(信息量)减少,不确定性减少量所引起的信息量为

$$I(a_i;b_j) = I(a_i) - I(a_i|b_j) = \log_2\frac{P(a_i|b_j)}{P(a_i)} = \log_2\frac{Q(b_j|a_i)}{Q(b_j)} \tag{9.22}$$

这种不确定性的减少(概率增大)是由于接收到 $b_j$ 所传递的信息量实现的。$I(a_i;b_j)$是传送的关于 $a_i$ 的信息量,称为传送信息量,也称为互信息量。

从上述定义式可以看出,$I(a_i)$是 $a_i$ 所含的信息量,$I(a_i|b_j)$表示知道 $b_j$ 后,$a_i$ 还保留的信息量,或者说是 $b_j$ 尚未消除的 $a_i$ 的不确定性,即 $I(a_i;b_j)$表示编码后 $b_j$ 实际为 $a_i$ 提供的信息量。

对于信息保持型编码,由于编码前的符号$\{a_i\}$与编码后的符号$\{b_j\}$之间存在一一对应的关系,因此,$P(a_i|b_j)=1$,$Q(b_j|a_i)=1$,因此 $I(a_i|b_j)=0$,$I(b_j|a_i)=0$,$I(a_i;b_j)=I(a_i)$,它表明 $b_j$ 为接收者提供了与 $a_i$ 相同的信息量。当编码中引入组合或量化后,两个符号集失去了一一对应的关系。这时 $P(a_i|b_j)\neq 1$,$I(a_i|b_j)\neq 0$,且 $I(a_i|b_j)<I(a_i)$。因此可以说,互信息量 $I(a_i;b_j)$是扣除了信道中量化或组合的等效噪声损失的信息量。

符号集中符号的平均信息量称为熵,也可定义条件信息量的平均为条件熵,即

$$H(X \mid Y) = -\sum_{i,j} P(a_i,b_j)\cdot\log P(a_i \mid b_j) \tag{9.23}$$

式(9.23)为 $I(a_i|b_j)$ 的统计平均,表示收到符号集 $Y$ 的每一个符号后,符号集 $X$ 还保留的平均信息量,或平均不确定性。类似的还可以定义条件熵 $H(Y|X)$为

$$H(Y \mid X) = -\sum_{i,j} P(a_i,b_j)\cdot\log Q(b_j \mid a_i) \tag{9.24}$$

在此基础上引入平均互信息量，它定义为

$$\begin{aligned} I(X;Y) &= \sum_{i,j} P(a_i,b_j) I(a_i;b_j) = \sum_{i,j} P(a_i,b_j) \log \frac{P(a_i \mid b_j)}{P(a_i)} \\ &= \sum_i P(a_i) \log P(a_i) + \sum_{i,j} P(a_i,b_j) \log P(a_i \mid b_j) \\ &= H(X) - H(X \mid Y) \end{aligned} \tag{9.25}$$

它表示平均每个编码符号为信源 $X$ 提供的信息量，如在通信系统中则表示信道中传输的信息量。式中 $H(X)$ 为信源的一阶熵，$H(X|Y)$ 代表编码引入的对信源的不确定性，它是编码造成的信息丢失。

**3. 独立信源的失真率定理**

(1) 失真的表示

如前所述，在编解码系统中，如果是无失真编码，则信源符号集 $\{a_i\}$ 和输出符号集 $\{b_j\}$ 具有一一对应的关系，编解码结果没有信息损失。如果是有失真编码，信源符号集 $\{a_i\}$ 和输出符号集 $\{b_j\}$ 不再有一一对应关系，例如输出符号集的符号个数小于信源符号集的符号个数，这时编解码后信息发生损失，也就是产生的失真。

这里用 $d(a_i,b_j)$ 表示信源发出 $a_i$，而被编码成 $b_j$ 时引入的失真量。对于数值型的符号，失真度量有多种，常用的为下面几种：

① 均方误差：

$$d(a_i,b_j)=(a_i-b_j)^2 \tag{9.26}$$

② 绝对误差：

$$d(a_i,b_j)=|a_i-b_j| \tag{9.27}$$

③ 超视觉均方差：

$$d(a_i,b_j)=\begin{cases}(a_i-b_j)^2, & |a_i-b_j| \geqslant T \\ 0, & |a_i-b_j| < T\end{cases} \tag{9.28}$$

这里利用了人的视觉阈值 $T$，图像信号的误差在小于 $T$ 的范围以内，人的视觉难以觉察。

由于编码符号和解码符号都是随机变量，由它们表示的失真 $d(a_i,b_j)$ 也是随机变量，因此需要计算失真的统计平均，即 $d(a_i,b_j)$ 的数学期望 $\overline{D}$ 来作为总体失真的衡量，即

$$\overline{D}(Q) = E[d(i,j)] = \sum_{i,j} P(a_i,b_j) \cdot d(a_i,b_j) = \sum_{i,j} Q(b_j \mid a_i) P(a_i) \cdot d(a_i,b_j) \tag{9.29}$$

式(9.29)中的 $\overline{D}(Q)$ 又称为平均失真，是表征编解码系统性能好坏的一个重要指标。由于 $P(a_i)$ 是由信源特性所决定，因此 $\overline{D}(Q)$ 是 $Q$ 的函数，其大小则完全由条件概率 $Q(b_j|a_i)$ 来确定，或者说有失真编码的性能由 $Q(b_j|a_i)$ 决定。而 $Q(b_j|a_i)$ 是由某种编码方法(或编解码符号之间的对应关系)所确定的，有一种编码方法就有一套 $Q(b_j|a_i)$，即

$$\{Q(b_j \mid a_i);\quad i=1,2,\cdots,I,\quad j=1,2,\cdots,J;\quad \sum_j Q(b_j \mid a_i)=1\} \tag{9.30}$$

在给定一个允许失真 $D$，在平均编码失真 $\overline{D} \leqslant D$ 的条件下有多种编码方法，对应多套 $\{Q(b_j|a_i)\}$，所有满足此条件的 $Q(b_j|a_i)$ 形成一个集合，记作 $Q_D$，即

$$Q_D=\{Q(b_j|a_i);\quad \overline{D}(Q) \leqslant D\} \tag{9.31}$$

在给定 $P(a_i)$ 的情况下，其中任意一套 $\{Q(b_j|a_i)\}$ 所对应的平均失真 $\overline{D}(Q)$ 皆不会超过 $D$。目标就是要寻找在此约束条件下的某一套 $\{Q(b_j|a_i)\}$，它所形成的平均互信息量最小。

(2) 失真率定理

平均互信息量 $I(X;Y)$ 实际上是编解码系统的编码输出的信息量，对于一个好的编码器，

自然要求它在满足一定的失真条件下其平均互信息量越小越好。因为编码器的平均互信息量越小,就意味着编出的码字越少。如果传输这些码字,所需的信道带宽就越窄;如果存储这些码字,所需的存储空间就越小。现在问题变成一个优化问题:在允许失真量的限制下,在 $Q_D$ 集合中,求使平均互信息量最小的一套 $Q(b_j|a_i)$,即编码方案。这就是失真率函数定理,用公式表示为

$$R(D)=\min_{Q\in Q_D} I(X;Y)=\min_{Q\in Q_D}\sum_{i,j}P(a_i)Q(b_j\mid a_i)\log\frac{Q(b_j\mid a_i)}{Q(b_j)} \tag{9.32}$$

这一定理表达了最小平均互信息 $I_{\min}$ 和允许的平均失真 $D$ 之间的函数关系 $R(D)$。从式(9.32)中可见,平均互信息量是由信源符号的概率 $P(a_i)$,编码输出符号的概率 $Q(b_j)$,以及已知符号出现的条件概率 $Q(b_j|a_i)$所确定。在信源一定的情况下,$P(a_i)$是确定的。输出符号的概率 $Q(b_j)$由 $Q(b_j|a_i)$和 $P(a_i)$所确定。因此,编码方法的选择实际上是改变条件概率 $Q(b_j|a_i)$,它同时也决定了引入的失真的大小。

式(9.32)表示从信源必须送给接收者的最小的平均信息量,接收者才能以小于或等于 $D$ 的失真来恢复原信息。换句话说,失真率函数 $R(D)$是在允许失真 $D$ 时,信源编码给出的平均互信息量 $R$ 的下界,也就是在给定失真下信源编码能达到的极限压缩码率,$R$ 和 $D$ 之间的关系如图 9.8 所示。可以证明,失真率函数具有以下性质:

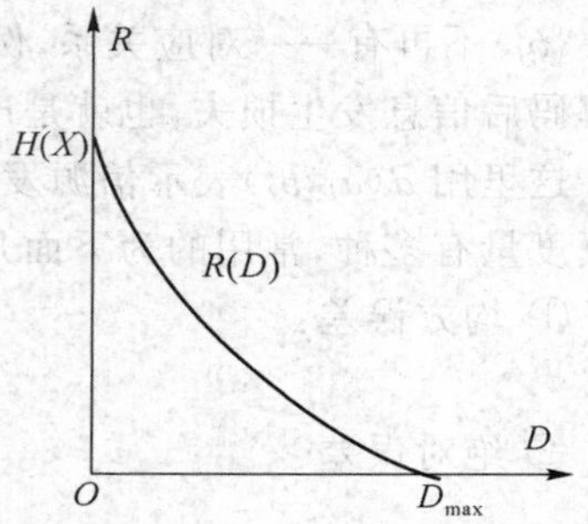


图 9.8　离散信源的 $R(D)$的曲线

① 由于平均失真最小时为 0,所以 $D<0$ 时,$R(D)$无定义。

② 存在一个 $D_{\max}$,使 $D>D_{\max}$时,$R(D)=0$。

③ 在 $0<D<D_{\max}$ 范围内,$R(D)$是正的连续下凸函数。

④ 对独立信源,$R(0)=H(X)$,即熵编码的结论。

**4. 失真率函数**

失真率函数对信源编码是具有指导意义的。然而遗憾的是,对实际信源来说,计算其 $R(D)$是极其困难的。一方面,信源符号的概率分布很难确知,另一方面,即便知道了概率分布,求解 $R(D)$也不容易,它是一个条件极小值的求解问题,其解一般只能以参数形式给出。

实际解决以上问题的方法通常是采用相反的思路,即给定信息率 $R$,通过改变编码方法寻找尽可能小的平均失真 $D(R)$,它就是失真率函数。$D(R)$和 $R(D)$是同一个问题的两种不同角度上的描述。在一些场合,也可用 $D(R)$进行编码性能的比较,或者作为编码方法的选择标准。

举一个例子就可以说明 $D(R)$的应用情况。在最佳量化器的设计中,其中量化的分层数 $N$ 已给定,这相当于信息率已定,根据一定的误差准则,如均方误差极小,可以设计出相应的最佳量化器,它保证在同样的信息率的情况下,具有最小的失真。

**5. 对有记忆信源的处理**

由于图像信源实际上是有记忆信源,如前所述,对于有记忆信源,把信源发出的 $N$ 个符号序列成组计算的熵值 $H_N(X)$低于把信源作为无记忆时按符号计算的熵值 $H(X)$。因此,对有记忆信源按单个符号来编码效率是不高的。为此可以按符号序列成组进行编码,或者进行某种变换,对变换域中形成弱相关性新符号进行编码,达到逼近信源熵值的目标。

在失真率理论中也有相似的关系,有记忆信源的失真率函数低于把信源作为无记忆信源

时计算所得的失真率函数。同样，对有记忆信源也可经正交变换去相关的处理后，再按独立信源来对待，或者根据相关性先对像素值进行预测，然后再对预测误差编码。这就是图像编码中的两类基本方法：变换编码和预测编码。

进一步的研究表明，对于有记忆信源，当按符号序列成组编码，且序列长度（维数）很大时，就能趋于失真率函数的码率界限。由此导出了一类高效的编码方法——矢量量化（Vector Quantization）编码。

### 9.2.3　编码性能参数

如前所述，按照压缩前后图像信息量是否有损失，可以把压缩方法分为无失真编码和有失真编码两类。对于种种图像压缩编码方法，可以用压缩比、平均码长、编码效率和冗余度等参数来衡量它们的压缩编码性能。

**1. 压缩比**

压缩比 $c$ 的定义为

$$c=b_0/b_1 \tag{9.33}$$

其中，$b_0$ 表示压缩前图像每像素的平均比特数，$b_1$ 表示压缩后每像素所需的平均比特数，一般的情况下压缩比 $c$ 总是大于等于 1 的，$c$ 愈大则压缩程度愈高。

**2. 平均码字长度**

设 $l_i$ 为数字图像压缩编码后形成的符号集的 $m$ 个符号中第 $i$ 个码字的长度（二进制码的位数），它出现的概率为 $P_i$，则该编码图像的平均码字长度 $L$ 为

$$L=\sum_{i=1}^{m} P_i \cdot l_i \quad (\text{单位：bit}) \tag{9.34}$$

根据信息论中的信源编码理论，可以证明在 $L \geqslant H(X)$ 的条件下，总可以设计出某种无失真的编码方法使其平均码长为 $L$。如果编码结果的平均码字长度 $L$ 远大于信源的信息熵 $H(X)$，其编码效率很低，占用比特数太多。

最好的编码结果应使 $L$ 等于或很接近于 $H(X)$。这样的编码方法，称为最佳编码，它既不丢失信息，不引起图像失真，又占用最少的比特数，哈夫曼编码、算术编码等就属于这类情况。若要求编码结果 $L<H(X)$，则必然会丢失有用信息而引起图像失真，这就是允许有某种程度失真条件下的所谓有失真编码。

**3. 编码效率**

在一般情况下，编码效率 $\eta$ 往往可用下列简单公式表示为

$$\eta=H(X)/L \tag{9.35}$$

其中，$H(X)$ 是原始图像的熵，$L$ 是实际编码的平均码字长度。在无失真编码情况下，$\eta$ 总是小于 1，愈接近于 1 意味着编码效率愈高。

**4. 冗余度**

如果编码效率 $\eta \neq 100\%$，这说明经压缩后的数据还存在一定的冗余信息，冗余的程度 $r$ 可由下式表示为

$$r=1-\eta \tag{9.36}$$

$r$ 越小，说明可进一步压缩的余地越小。显然，$r$ 是 $\eta$ 的另一种表示，本质上是同一类型的量。

总之，图像压缩编码利用图像固有的统计特性（信源特性），以及视觉生理、心理学特性（信宿特性），或者记录设备和显示设备（如显示器）等的特性，从原始图像中通过提取有效的信息，

尽量去除无用的或用处不大的冗余信息,以便高效率地进行图像的数字传输或存储,而在复原时仍能获得与原始图像相同或相差不多的复原图像。一般来说,一个编码系统要研究的问题就是在保证一定的重建图像质量的条件下,提高压缩比 $c$。

# 9.3 预测编码和变换编码

## 9.3.1 预测编码原理

预测编码是利用图像信号的空间相关性,用已编码的像素对当前的像素进行预测,然后对预测值与真实值的差——预测误差进行编码处理。目前用得较多的是线性预测方法,即差值脉冲编码调制(Differential Pulse Code Modulation,DPCM)。DPCM 是图像编码技术中研究和使用最早的一种方法,它的一个重要的特点是算法简单,易于实现。

图 9.9 是 DPCM 方法的示意图,左边的编码单元主要包括线性预测器和量化器两部分。

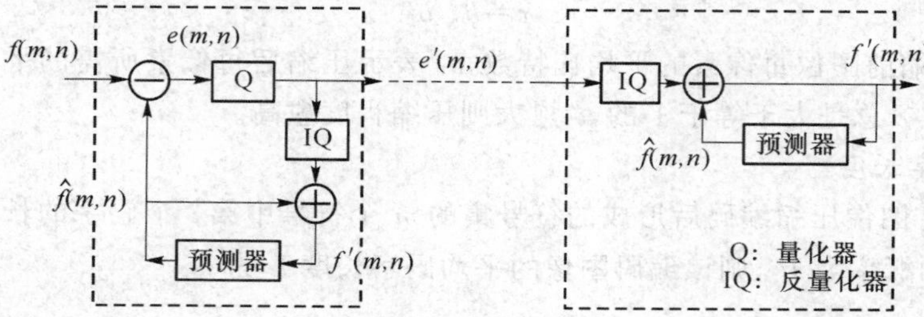


图 9.9 DPCM 原理框图

图中编码器的输出不是图像的像素值 $f(m,n)$,而是该像素值与预测值 $\hat{f}(m,n)$ 之间的差值(预测误差 $e(m,n)$)的量化值 $e'(m,n)$。利用图像信号之间存在的空间相关特性,预测器得到的预测值 $\hat{f}(m,n)$和像素值 $f(m,n)$很接近,使得预测误差的分布大部分集中在"0"附近,经非均匀量化,可采用较少的量化分层来表示,图像数据得到了压缩。而量化噪声又不易被人眼所觉察,图像的主观质量没有明显下降。

图 9.9 的右边是 DPCM 解码器,其原理和编码器刚好相反,将反量化后的预测误差和预测器输出的预测值相加就得到解码输出的像素值。图中编码器和解码器中的预测器需保持一致。图 9.9 的预测编码中如不设置量化器(即量化单元改为直通),不难推证,这是无失真的编码系统,输出 $f'(m,n)=f(m,n)$。

DPCM 编码性能的优劣,很大程度上取决于预测器的设计,而预测器的设计主要是确定预测器的阶数 $N$,以及各个预测系数。预测器在图 9.9 的左下方,它的输出 $\hat{f}(m,n)=[f'(m,n)]$,[·]表示线性组合运算,说明预测器的输出是输入数据的线性组合。所谓阶数 $N$ 是指预测器的输出是由 $N$ 个输入数据的线性组合而成。图 9.10 是一个 4 阶预测器的示意图,图(a)表示预测器所用的输入像素和被预测像素之间的位置关系,图(b)表示预测器的运算结构。

对于预测阶数,由图像的统计特性可知,一帧图像内像素之间的相关系数在较小的范围内可用指数型衰减曲线近似。当像素距离增大时,其相关性急剧减弱,因此,预测器的阶数不宜取得过大。实验表明,对于一般图像,取 $N=4$ 就可以了。在预测阶数确定以后,就可设计一个性能最佳的线性预测器(预测系数)。

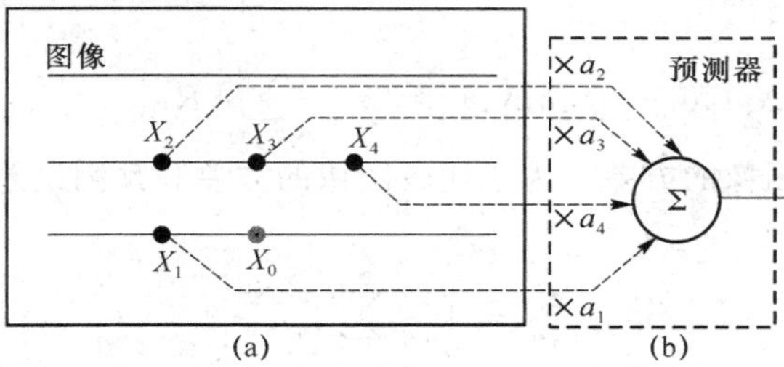


图 9.10　预测像素和预测器

## 9.3.2　最佳线性预测

为不失一般性,将图 9.10 的预测器推广到 $N$ 阶。假定当前待编码的像素为 $X_0$,其前面 $N$ 个已编像素分别为 $X_1, X_2, \cdots, X_N$,若用它们对 $X_0$ 进行预测,并用 $\hat{X}_0$ 表示预测值,$\{a_i | i=1,2,\cdots,N\}$ 表示线性预测的系数,可写成

$$\hat{X}_0 = a_1X_1 + a_2X_2 + \cdots + a_NX_N = \sum_{i=1}^{N} a_iX_i \tag{9.37}$$

则预测误差为

$$e = X_0 - \hat{X}_0 = X_0 - \sum_{i=1}^{N} a_iX_i \tag{9.38}$$

希望预测误差要尽可能小,预测误差愈小则预测愈准。因为预测误差有正有负,从而采用预测误差的均方值来衡量,又因为 $e$ 的均值为 0,其均方值也就是方差,即

$$\sigma_e^2 = E[(X_0 - \hat{X}_0)^2] \tag{9.39}$$

将式(9.39)中均方值 $\sigma_e^2$ 看作$\{a_i\}$的函数,最佳预测就是求解一预测系数集$\{a_i\}$,使它所产生的预测误差的均方值达到最小。这等价于求均方值 $\sigma_e^2$ 的极小值,即用$\{a_i\}$对 $\sigma_e^2$ 求偏导并令其为 0,即

$$\frac{\partial\sigma_e^2}{\partial a_j} = E\left[-2(X_0 - \hat{X}_0)\frac{\partial\hat{X}_0}{\partial a_j}\right] = -2E[(X_0 - \hat{X}_0)X_j] = 0, \quad j=1,2,\cdots,N \tag{9.40}$$

整理后可得

$$E[(X_0 - \hat{X}_0)X_j] = 0, \quad j=1,2,\cdots,N \tag{9.41}$$

即

$$R_{0j} = \sum_{i=1}^{N} a_iE(X_iX_j) = \sum_{i=1}^{N} a_iR_{ij}, \quad j=1,2,\cdots,N \tag{9.42}$$

其中,$R_{ij}$ 表示 $X_i$、$X_j$ 之间的相关函数。这是一个 $N$ 阶线性方程组,可由此解出 $N$ 个预测系数$\{a_i | i=1,2,\cdots,N\}$。由于它们使预测误差的均方值极小,因此称之为最佳预测系数。在实际应用中,根据图像的统计特性取固定预测系数时,为了对于恒定的输入时能得到恒定的输出,预测系数应满足下列等式约束

$$\sum_{i=1}^{N} a_i = 1 \tag{9.43}$$

此时利用式(9.41)最佳预测条件,预测误差的方差可化简为

$$\sigma_e^2 = E[(X_0 - \hat{X}_0)^2] = E[X_0(X_0 - \hat{X}_0) - \sum_{i=1}^{N} a_i X_i (X_0 - \hat{X}_0)]$$
$$= E[X_0(X_0 - \sum_{i=1}^{N} a_i X_i)] = \sigma^2 - \sum_{i=1}^{N} a_i R_{i0} \tag{9.44}$$

其中,$\sigma^2 = E(X_0 X_0)$是原图像的方差。为了比较图像的方差和预测误差的方差,在式(9.44)两边除以 $\sigma^2$ 后可得

$$\frac{\sigma_e^2}{\sigma^2} = 1 - \sum_{i=1}^{N} a_i \rho_{i0} \tag{9.45}$$

其中,$\rho_{i0} = R_{i0}/\sigma^2$ 是归一化相关系数,由于图像像素的高相关性,它总是趋近于 1 的,再加上式(9.43)的约束,式(9.45)右边的差值就会很小。由此可见,$\sigma_e{}^2 < \sigma^2$,表明预测误差的方差比原始图像信号的方差要小,甚至可能小很多,这就说明预测数据大量地集中在 0 值左右。

## 9.3.3　变换编码原理

除了可以在空间域对图像直接进行压缩编码(如预测编码)外,还可以将图像通过某种变换,变换到频率域(或变换域),在频率域进行压缩处理,这就是变换编码。图像变换编码的基本概念是:将空间域里描述的图像,经过某种变换(常用的是二维正交变换,如傅里叶变换、离散余弦变换、沃尔什变换等)在变换域中进行描述,达到改变能量分布的目的,将图像能量在空间域的分散分布变为在变换域的能量的相对集中分布,这样有利于进一步采用其他的处理方式,如"之"(zig-zag)字形扫描、自适应量化、变长编码等,从而获得对图像信息量的有效压缩。

**1. 正交变换的物理解释**

先从一个最简单的实例来看,一个域的数据变换到另一个域中以后其分布是如何改变的。假设把一个 $n \times n$ 像素的子图像看成为 $n^2$ 维坐标系中的一个坐标点,也就是说,在这个坐标系中每一个坐标点对应于 $n^2$ 个像素(一个子图像)。这个坐标点各维的数值是其对应的 $n^2$ 个像素的灰度组合。以 $1 \times 2$ 像素构成的子图像(即相邻两个像素组成的子图像)为例,设每个像素取 8 个灰度级(3 bit 量化)。以图 9.11(a)中的 $x_1$ 轴表示第一个像素可能取的 8 个量化层,$x_2$ 轴表示第二个像素可能取的 8 个量化层。由 $x_1$、$x_2$ 组成的二维坐标系中每一个坐标点对应于一个 $1 \times 2$ 子图像,该点数值由两个像素的灰度所组成。因此总共有 $8 \times 8 = 64$ 种可能的灰度组合,由 9.13(a)中的 64 个坐标点表示。

对一般图像而言,因相邻像素之间存在很强的相关性,绝大多数的子图像中相邻两像素其灰度级相等或很接近,也就是说在 $x_1 = x_2$ 直线附近出现的概率大。或者说,绝大多数子图像分布在图 9.11(a)中的阴影区。

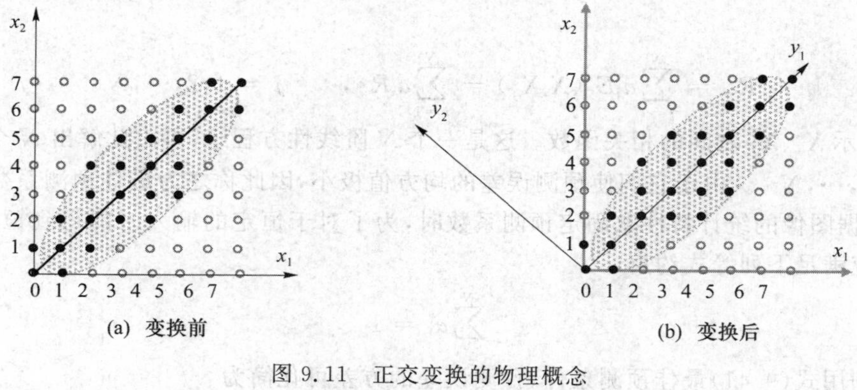


图 9.11　正交变换的物理概念

现在将坐标系逆时针旋转 45°，如图 9.11(b)所示。在新的坐标系 $y_1$、$y_2$ 中，概率大的像素区位于 $y_1$ 轴附近。由此表明变量 $y_1$、$y_2$ 之间的联系比变量 $x_1$、$x_2$ 之间的联系，在统计上更加独立，而且方差也重新分布。在原来坐标系中子图像的两个像素具有较大的相关性，能量的分布比较分散，两者具有大致相同的方差 $\sigma_{x_1}^2 \approx \sigma_{x_2}^2$；而在变换后的坐标系中，子图像的两个像素之间的相关性大大减弱，能量的分布向 $y_1$ 轴集中，且 $y_1$ 的方差也远大于 $y_2$，即 $\sigma_{y_1}^2 \gg \sigma_{y_2}^2$。从这个简单的例子可以看出，这种变换后坐标轴上方差的不均匀分布正是正交变换编码能够为图像数据压缩提供方便的理论根据。若按照人的视觉特性，只保留方差较大的那些变换分量，就可以获得更大的数据压缩比，这就是所谓视觉心理编码的方法之一。

将上述简单的实例推广到一般的 $n \times n$ 的图像的变换，图像在 $n^2$ 维变换域中，相关性大大下降。因此用变换后的系数进行编码，将比直接使用原图像数据编码获得更大的压缩。

综上所述，图像正交变换实现数据压缩的物理本质在于：经过多维坐标系中适当的坐标旋转或变换，能够把接近均匀散布在各个坐标轴上的原始图像数据，变换到新的坐标系中，集中在少数坐标上，因此可用较少的编码比特来表示一幅子图像，实现高效率的图像压缩编码。

**2. 一个实例**

**【例 9.7】** 如一幅 8×8 的子图像，在空间域上灰度值如图 9.12(a)所示，如果对其进行二维 DCT 变换，采用(3.51)式，其 8×8 的变换系数如图 9.12(b)所示。从图(a)可以看出，相邻像素之间的相关性非常强。从图(b)可以看出，经过变换之后，直流系数位于左上角，较大值的系数位于左上角附近，而较小的变换系数位于偏右下方处，用于传送的数据量比空间域要传送的数据量大大减少了。

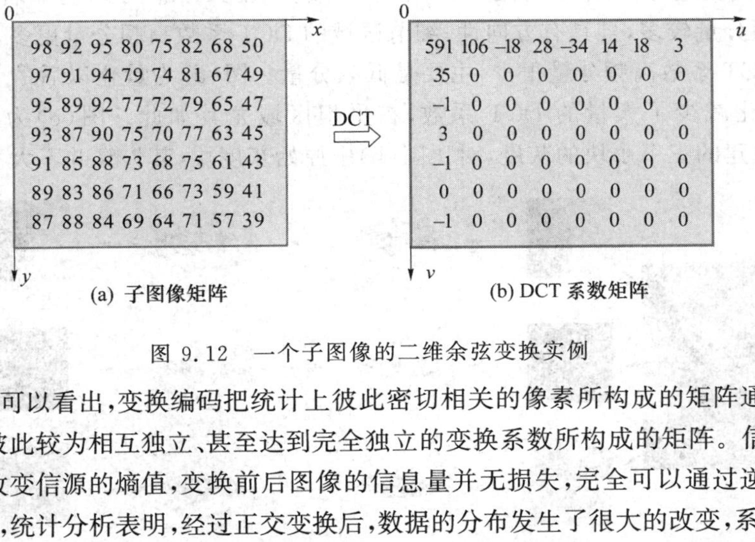


(a) 子图像矩阵　　(b) DCT 系数矩阵

图 9.12　一个子图像的二维余弦变换实例

从以上分析可以看出，变换编码把统计上彼此密切相关的像素所构成的矩阵通过线性正交变换，变成统计上彼此较为相互独立、甚至达到完全独立的变换系数所构成的矩阵。信息论的研究表明，正交变换不改变信源的熵值，变换前后图像的信息量并无损失，完全可以通过逆变换得到原来的图像值。但是，统计分析表明，经过正交变换后，数据的分布发生了很大的改变，系数(变化后产生的数据)向新坐标系中的少数坐标点集中，如集中于少数的直流或低频分量的坐标点。

因此尽管正交变换本身并不压缩数据量，但它为在新坐标系中的数据压缩创造了条件。比如，由于去除了大部分相关性，系数分布相对集中，便于用变字长编码等方法来达到压缩数据的目的。有时为了得到更大的压缩量，实际上一般并不直接对变换系数进行变长编码，而是依据人的视觉特性，先对变换系数进行量化，允许引入一定量的误差，只要它们在重建图像中造成的图像失真不明显，或者能达到所要求的观赏质量就行。量化可以产生许多不用编码的 0 系数，然后再对量化后的系数施行变长编码。

### 9.3.4 分块 DCT 编码

如果将一幅图像作为一个二维矩阵,则其正交变换的计算量太大,难以实现。所以在实用中,往往采用分块变换的处理方法,即将一幅图像分割成一个个小图像块后分别予以处理。现在最常用的方法是基于图像小块进行的二维 DCT 变换,又称为分块离散余弦变换(Block based DCT,BDCT)。

**1. BDCT**

因为压缩的依据是小块内像素间的相关性,所以变换块大小的选择也十分重要。显然,若块尺寸选得太小,不利于压缩比的提高。而块愈大,计入的相关像素愈多,压缩比也愈高。但若块过大,则不但计算复杂,而且距离较远的像素间相关性减少,压缩比提高很有限。所以一般典型变换块大小为 4×4、8×8 或 16×16,对于高清图像或视频,也有采用 32×32 或 64×64 的尺寸,正交变换以这些小图像块为单位进行。

在 BDCT 压缩处理中,根据每一小块图像的 DCT 系数相对集中分布在低频区域、越是高频区域系数值越小的特点,根据人眼的视觉特性,通过设置不同的视觉阈值或量化电平,将许多能量较小的高频分量量化为 0,可以增加变换系数中"0"的个数,同时保留少数能量较大的系数分量,从而获得对 DCT 系数的压缩。由于 DCT 系数和图像之间是唯一对应关系,通过逆变换就可以重建原图像。

**【例 9.8】** 图 9.13 的左边(a)是某一幅 Lena 图像,取图中 3 个 8×8 像素块(小的白色框)放大显示为三个灰度矩阵,如图(b)所示,其二维 DCT 系数矩阵,如图(c)所示。3 个小块,从上到下分别代表边缘区域、细节区域和平坦区域。从图(c)中可以明显看出,边缘区域的 DCT 系数高频分量较多,且具有方向性;细节区域的 DCT 系数高频分量更多,分布比较随机;平坦区域的 DCT 系数高频分量很少,主要是低频分量。图(d)为量化以后的 DCT 系数,和图(c)相比较,量化减少了大量的 DCT 系数,在平坦区域尤其如此。图(e)为根据图(d)经反 DCT 运算后重建的三个小块的灰度,对比图(b)中原始灰度块,其失真并不大。

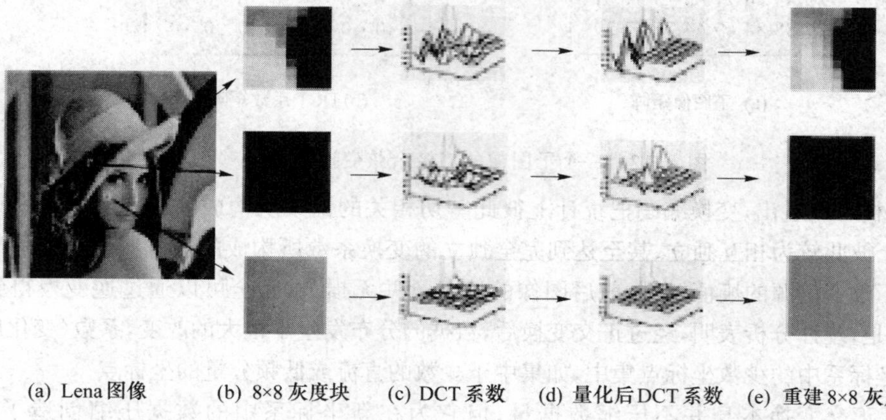


图 9.13 分块 DCT 压缩方法示意图

**2. 和其他变换的比较**

在理论上,K-L 变换是最优的正交变换,它能完全消除图像块内像素间的线性相关性,经 K-L 变换后各变换系数在统计上不相关,其协方差矩阵为对角阵,从而大大减少了原数据的冗余度。如果丢弃特征值较小的一些变换系数,那么所造成的均方误差是所有正交变换中最小的。由于 K-L 变换是取原图各图像块协方差矩阵的特征向量作为变换的基向量，因此 K-L 变换的基对不同图像是不同的，与编码对象的统计特性有关，这种不确定性使得 K-L 变换使用起来非常不方便，所以尽管 K-L 变换具有上述优点，一般只将它作为理论上的比较标准。

傅里叶变换是应用最早的变换之一，也有快速算法，但它的不足之处在于：DFT 是一种复数域算法，算法复杂度相对较高；DFT 变换系数在图像块边界处的不连续而造成恢复的图像块在其边界也不连续，于是由各恢复图像块构成的整幅图像将产生隐约可见的图像块状结构，又称“方块效应”，影响重建图像质量。

沃尔什变换与 DCT 变换相比，其算法简单（只有二进制的加法和减法）因而运算速度快，适用于高速实时系统，而且也容易硬件实现，但其压缩性能比 DCT 变换要差一些。

相比较而言，DCT 的变换的长处在于：①DCT 的变换矩阵与图像内容无关，变换性能接近于 K-L 变换；②由于 DCT 是构造对称的数据序列，避免了重建图像块边界处灰度值的跳变（Gibbs 效应）现象；③和 DFT 一样，DCT 并也有快速算法。上述这些优点，使得 DCT 成为在实际中使用最多的一种变换编码方法，是变换法的主流，现有 JPEG、MPEG-x、H. 26x 等国际图像、视频编码标准都选用分块 DCT 作为基本的变换方法。

## 9.4　量　　化

在数字图像处理中，实现量化的方法大致可以分为两类，一类是标量量化，另一类是矢量量化。所谓标量量化是将图像中每个样点的取值范围划分成若干区间，并仅用一个数值代表每个区间中所有的可能的取值，每个样点的取值是一个标量，并且独立于其他的样点的取值。所谓矢量量化（Vector Quantization，VQ）是将图像的每 $n$ 个像素看成一个 $n$ 维矢量，将每个 $n$ 维取值空间划分为若干个子空间，每个子空间用一个代表矢量来表示该子空间所有的矢量取值。

### 9.4.1　标量量化

从前面的变换编码和预测编码的分析可以看出，如果没有量化，那么就不可能得到数据的压缩，或者压缩比较小。同时，预测和变换本身并未给图像数据带来失真，失真是由量化所造成的。可见量化过程是数据压缩的有效方法之一，也是图像压缩编码产生失真的根源之一。因此量化器的设计总是朝着最好的方向努力，既要获得尽可能高的压缩比，又要尽量减少量化失真，保持尽可能好的图像质量，以此来寻找最佳标量量化器的设计方法。

**1. 最小均方误差量化器**

量化最简单的方式就是均匀（线性）量化。然而，在有些情况下，均匀量化并不能取得最好的效果，即不能获得最小量化误差。例如，对于预测误差这样非均匀分布的信号而言，其分布大部分集中在“0”附近，这时应该采用非均匀量化，对概率密度大的区域细量化，对概率密度小的区域粗量化。显然，它与均匀量化相比，在相同的量化分层条件下，其量化误差的均方值要小得多；或者，在同样的均方误差条件下，它只需要比均匀量化器更少的量化分层。下面介绍一种针对预测误差数据的最小均方误差标量量化器的设计方法。

如图 9.14 所示，设预测误差的值域为 $[e_L, e_H]$，量化器的判决电平为 $\{d_i \mid i=0,\cdots,K\}$，输出的量化电平为 $\{e_i \mid i=0,1,\cdots,K-1\}$，当量化器连续值输入为 $e$ 时，量化过程 $Q[\cdot]$ 可以用下列关系式表示：

$$Q[e]=e_i,\qquad \text{如果 } d_i \leqslant e \leqslant d_{i+1},\ i=0,1,2,\cdots,K-1 \tag{9.46}$$

此时,量化误差为 $q_i=e-e_i$,则量化器输出的量化误差的均方值 $\varepsilon$ 为

$$\varepsilon = E[e-Q(e)]^2 = \sum_{i=0}^{K-1}\int_{d_i}^{d_{i+1}}(e-e_i)^2 \cdot p(e)\cdot \mathrm{d}e \tag{9.47}$$

其中,$p(e)$是误差信号 $e$ 的概率密度函数。

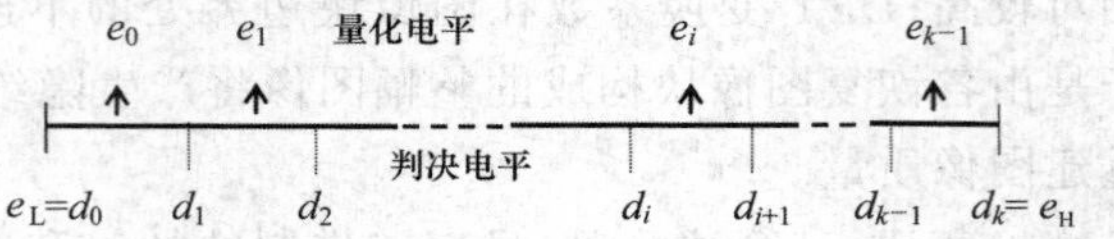


图 9.14 量化器示意图

在一般的应用场合,量化分层数 $K$ 较大,每一层的间隔很小,因此可以把 $p(e)$在各量化分层中视为常数,通过直接对 $d_i$ 和 $e_i$ 求偏导,并使它们等于零来得到 $\varepsilon$ 的极小值:

$$\frac{\partial\varepsilon}{\partial d_i}=0,\qquad i=1,2,\cdots,K-1 \tag{9.48}$$

$$\frac{\partial\varepsilon}{\partial e_i}=0,\qquad i=0,1,2,\cdots,K-1 \tag{9.49}$$

经推导可得

$$d_i=\frac{e_{i-1}+e_i}{2} \tag{9.50}$$

$$e_i=\frac{\int_{d_i}^{d_{i+1}} e\cdot p(e)\cdot \mathrm{d}e}{\int_{d_i}^{d_{i+1}} p(e)\cdot \mathrm{d}e} \tag{9.51}$$

式(9.50)和式(9.51)说明,最佳量化器的判决电平应在相邻两个量化电平的中点,而量化电平则为判决区间的形心(重心)上。这种量化方法由 Max 提出,所以又称为 Max 量化方法。

**2. 量化信噪比**

对量化器性能的衡量,除了量化误差的均方值 $\varepsilon$ 以外,还可以从量化误差相当于引入噪声出发,来分析一下由量化引起的降质图像的信噪比,即量化信噪比。当采用最佳预测时,预测误差信号的概率分布 $p(e)$可以用前述的拉普拉斯分布近似,即

$$p(e)=\frac{1}{\sqrt{2}\sigma_e}\exp\left(-\frac{\sqrt{2}\,|e|}{\sigma_e}\right) \tag{9.52}$$

当误差信号的动态范围$[e_L,e_H]$比预测误差信号的均方根 $\sigma_e$ 大得多时,可以得到量化误差的均方值 $\sigma_q$ 的近似表示,即

$$\sigma_q^2\approx\left(\frac{9}{2K^2}\right)\sigma_e^2 \tag{9.53}$$

其中,$K$ 是量化分层总数,常取量化分层总数 $K=2^n$。于是,最佳预测的量化信噪比为

$$\left(\frac{S}{N}\right)_q=10\lg\left(\frac{\sigma^2}{\sigma_q^2}\right)=10\lg\left(\frac{2K^2}{9}\right)+10\lg\left(\frac{\sigma^2}{\sigma_e^2}\right)\approx-6.5+6n+10\lg\left(\frac{\sigma^2}{\sigma_e^2}\right) \tag{9.54}$$

其中,$\sigma$ 为图像信号的均方根,$\left(\frac{S}{N}\right)_q$ 的单位为 dB。从该式中可以看出,数字图像信号的量化精度,体现在 $n$ 上,直接决定了量化信噪比的大小,每增加 1 比特精度,信噪比就大约增加 6 dB。

### 9.4.2 矢量量化

在标量量化里,每个样值的量化只和它本身的大小及分层的粗细有关,而和其他的样值无

关。实际上图像的样值之间是存在着或强或弱的相关性的,将若干个相邻像素当作一个整体来对待就可以更加充分地利用这些相关性,达到更好的量化效果。这就是矢量量化的基本思路。如果将一个像素当作一组,则此时的矢量量化,就是标量量化。所以在这个意义上也可以说,标量量化是矢量量化的特殊情况。

**1. 基本原理**

矢量量化把图像的样值每 $n$ 个作为一组,这 $n$ 个样值可以构成一个 $n$ 维空间。任何一组的 $n$ 个样值都可以看成 $n$ 维空间的一个点,或者说是 $n$ 维空间的矢量。矢量量化要做的工作就是将此 $n$ 维连续空间划分为有限个子区间(这一过程相当于标量量化中的"分层"),在每个子区间找一个代表矢量(这相当于标量量化中的"量化值"),凡是落在本子区间的所有的矢量都用该代表矢量来表示,这就是矢量量化的基本方法。矢量量化本身就是一种数据压缩方式,因此矢量量化、反量化也常常被称之为矢量量化编码、解码。

矢量量化的过程如图 9.15 所示,可以分为量化和反量化两部分。在标量量化中,可以根据均方误差最小原则分别求出决定分层范围的判决电平和量化电平。与此类似,在矢量量化中,也可以根据某种失真最小原则,分别决定如何对 $n$ 维矢量空间进行划分,以得到合适的 $C$ 个分块,以及如何从每个分块选出它们各自合适的代表 $X'_i$,这种对应关系称为码书(Code Book)。

量化过程:将一幅 $M \times N$ 的图像依次分为若干组,每组 $n$ 个像素构成一个 $n$ 维矢量 $X$。将得到的每个矢量 $X$ 和码书中预先按一定顺序存储的(代表)码矢量集合 $\{X'_i \mid i=1,2,\cdots,C\}$ 相比较,得到最为接近的码矢量 $X_j{}'$,其序号 $j$ 就是编码结果,可用于存储或传送。

反量化过程:解码器按照收到的序号 $j$ 在接收端的码书(与编码端相同)中找到对应的码矢量 $X_j{}'$,并用该矢量代替原始的编码矢量 $X$。

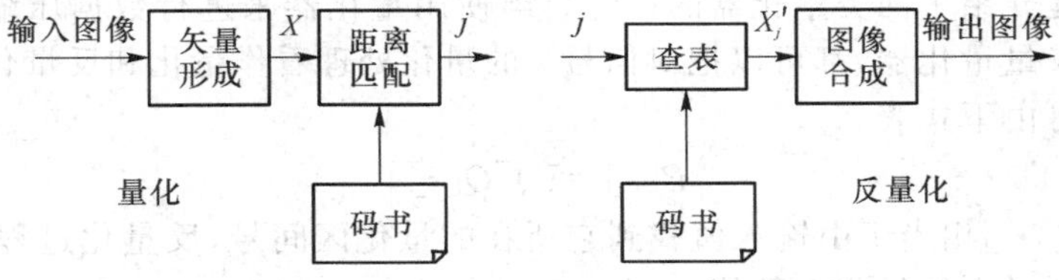


图 9.15 矢量量化、反量化过程示意图

从上述编解码过程可知,矢量 $X$ 经编解码后成为 $X'$,产生了量化失真,量化失真的大小可以用两者的接近程度来衡量。当然,所谓 $X$ 和 $X'$ 的"接近"程度可以有多种衡量方法,最常用的误差测度是均方误差,相当于计算两者之间的欧几里得(Euclid)距离,即

$$d(X,X') = \frac{1}{n}\sum_{i=1}^{n}(x_i - x'_i)^2 \tag{9.55}$$

该误差虽不能总和视觉感受相一致,但由于它计算简单而得到广泛应用。

**2. 码书的设计**

由上可知,矢量量化中的一个关键问题就是码书的设计。码书的设计越适合待编码的数据的类型,矢量量化器的性能就越好。因为实际中不可能为每一幅待编码的图像单独设计一个码书,所以通常是以一些代表性的图像构成的训练集为基础,为一类图像设计出一个码书。

**【例 9.9】** 以二维矢量量化为例来说明码书的生成方法。此时的输入矢量为 $X=\{x_1,x_2\}$,是一个二维矢量。图 9.16 所示为该二维矢量空间示意图,通过适当的方法将此二维平面空间划分为多个小区域,每个小区域找出一个代表矢量 $X'_i$,也就是图中黑点表示的码矢量。所有的这些代表码

矢量的集合$\{X_i'|i=1,2,\cdots,C\}$就是码书。因此,设计码书就是在给定训练矢量集的基础上对矢量空间进行划分,并确定所有的码矢量,以使量化误差为最小。

码书设计常用的是LGB(Linde-Guzo-Bray)算法。它实际上是标量量化Max算法的多维推广,即把标量量化中的最佳量化区域划分和最佳量化值选取推广到$n$维矢量量化中。在给定码书条件下,寻找矢量空间的最佳划分,使其平均失真最小;在给定划分条件下,寻找最佳码书。因为矢量量化有效地利用了矢量中各个分量之间的相关性,其编码性能总是优于标量量化,按照Shannon的失真率理论,其编码性能可以任意接近失真率函数的下界。

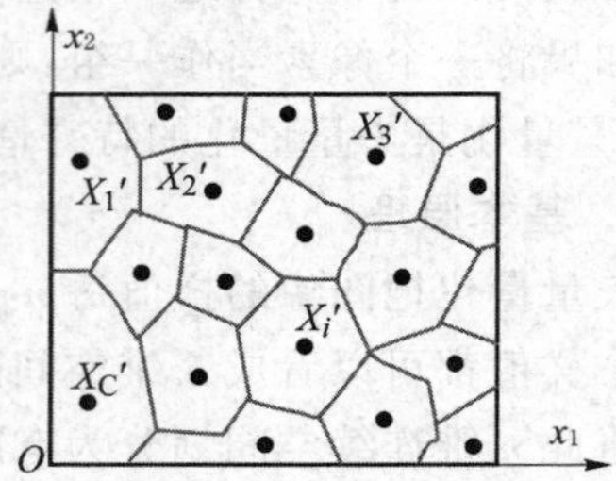

图9.16　二维矢量空间的划分

**3. 量化性能**

矢量量化的性能可以用输出比特率来衡量。设码书共有$C$个输出码字,矢量量化器输出为$1,2,\cdots,C$序号,只需$\log_2 C$个比特。输入矢量为$n$个($n$维),那么,每个抽样的输入所需的比特数为

$$B=\frac{1}{n}\log_2 C \tag{9.56}$$

在满足一定失真条件下选定了量化级$C$后,由上式可以看出,矢量量化可以减少所需的比特数。

## 9.4.3　量化压缩机理

以上较详细地介绍了两类量化器的设计。当使用量化器来进行数据压缩时,不管是使用标量量化器还是矢量量化器,都可以把对信号$s$的量化处理看作量化和反量化两个处理过程,借助于算子[·]可由下式表示。

$$P[s]=\mathrm{IQ}[Q[s]] \tag{9.57}$$

其中,量化过程$Q$[·]相当于由输入值找到它所在的量化区间号,反量化过程IQ[·]相当于由量化区间号得到对应的量化电平值。

量化实现数据压缩的根本原因在于量化后是以区间标号来取代原来的量值,而量化区间总数远远少于原量值的总数,相当于一个“多对一”的映射,由此就能用较少比特的量化值来表示信号的原始值。很明显,经过反量化并不能保证得到原来的值,因此量化过程是一个“一对多”的不可逆过程,用量化的方法来进行压缩编码是一种非信息保持型压缩。在信号的实际量化压缩中,通常这两个过程均可用查表方法实现,量化过程在编码端完成,而反量化过程则在解码端完成。

既然量化后所传输的是量化区间的标号,那么就有一个如何对这些标号进行编码表示的问题。在大部分应用场合,为了简化硬件或软件实现的复杂性,对量化区间标号(量化值)的编码仅采用简单的等长编码方法。例如,当量化分层总数为$K$时,经过量化压缩后的二进制数码率为$\log_2 K$比特/量值。如果需要获更高效的表示方法,可采用可变字长编码来进一步改善编码效率,例如采用哈夫曼编码或算术编码等方法。

## 9.4.4　结合量化的整数变换*

变换编码(如二维DCT)能够使图像能量集中在变换域的一小部分系数上,然后通过量化操作可以去除图像的大量空间冗余,达到图像数据压缩的目的,因而应用十分广泛。但是它在实际实现时,还存在计算复杂度高和正逆变换不匹配的缺陷,最近发展起来的整数变换就是针

对这一缺陷而提出的一种有效的变换方法。

由第 3 章可知，二维图像$\{f(x,y)|x=0,\cdots,M-1;y=0,\cdots,N-1\}$的二维 DCT 正变换为

$$F(u,v)=\frac{2}{N}C(u)C(v)\sum_{x=0}^{N-1}\sum_{y=0}^{N-1}f(x,y)\cos\frac{(2x+1)u\pi}{2N}\cos\frac{(2y+1)v\pi}{2N} \tag{9.58}$$

二维 DCT 的逆变换为

$$f(x,y)=\frac{2}{N}\sum_{u=0}^{N-1}\sum_{v=0}^{N-1}C(u)C(v)F(u,v)\cos\frac{(2x+1)u\pi}{2N}\cos\frac{(2y+1)v\pi}{2N} \tag{9.59}$$

其中，$x=0,1,\cdots,M-1;y=0,1,\cdots,N-1;u=0,1,\cdots,M-1;v=0,1,\cdots,N-1$。

二维正交变换可以表示为矩阵形式：

$$\boldsymbol{Y}=\boldsymbol{A}\cdot\boldsymbol{X}\cdot\boldsymbol{A}^{\mathrm{T}} \tag{9.60}$$

其中，$\boldsymbol{X}$ 为图像数据方阵，$\boldsymbol{Y}$ 为其 DCT 变换后的系数方阵，$\boldsymbol{A}$ 为 DCT 变换方阵：

$$\boldsymbol{A}=\{A_{i,j}=C_i\cos\frac{(2j+1)i\pi}{2N}\} \tag{9.61}$$

以 4×4 的 DCT 矩阵为例：

$$\boldsymbol{A}=\begin{bmatrix} a & a & a & a\\ b & c & -c & -b\\ a & -a & -a & a\\ c & -b & b & -c\end{bmatrix} \tag{9.62}$$

其中，$a=\frac{1}{2},b=\sqrt{\frac{1}{2}}\cos\left(\frac{\pi}{8}\right),c=\sqrt{\frac{1}{2}}\cos\left(\frac{3\pi}{8}\right)$。

在实际 DCT 变换中，会产生两个问题：第一，由于 $a$、$b$、$c$ 为实数，需要进行浮点数操作，从而造成运算的复杂性；第二，由于变换核都是无理数，而有限精度的浮点数不可能精确地表示无理数，再加上浮点数的运算可能会引入舍入误差，这就使得逆变换的输出结果和正变换的输入不一致。

为了克服这些问题，人们设计了一种近似 DCT，即采用整数进行变换的方法——整数变换。以二维 4×4 的变换为例，采用基于 4×4 块的整数操作而不是实数运算，使得变换操作仅用 16 位整数加减和移位操作就可以完成，这样既降低了设计复杂度，又避免了正逆变换的不匹配，能够得到与 4×4DCT 变换类似的变换效果，而由此带来的变换性能的减少微乎其微。

我们可以从标准的 DCT 公式推导出整数 DCT 正变换的公式，仍然以 4×4 的图像 $\boldsymbol{X}$ 为例，它的二维 DCT 变换结果 $\boldsymbol{Y}$ 为 4×4 的 DCT 系数矩阵：

$$\boldsymbol{Y}=(\boldsymbol{CXC}^{\mathrm{T}})\otimes\boldsymbol{E}=\left(\begin{bmatrix}1 & 1 & 1 & 1\\ 1 & d & -d & -1\\ 1 & -1 & -1 & 1\\ d & -1 & 1 & -d\end{bmatrix}\boldsymbol{X}\begin{bmatrix}1 & 1 & 1 & d\\ 1 & d & -1 & -1\\ 1 & -d & -1 & 1\\ 1 & -1 & 1 & -d\end{bmatrix}\right)\otimes\begin{bmatrix}a^2 & ab & a^2 & ab\\ ab & b^2 & ab & b^2\\ a^2 & ab & a^2 & ab\\ ab & b^2 & ab & b^2\end{bmatrix} \tag{9.63}$$

式(9.63)中，$d=\frac{c}{b}\approx 0.414$，符号“$\otimes$”表示一种特殊的乘法，即用矩阵（$\boldsymbol{CXC}^{\mathrm{T}}$）中的每个元素乘以矩阵 $\boldsymbol{E}$ 中对应位置的元素。为了简化运算，取 $d=1/2$。同时，为了保持变换的正交性，对 $b$ 的值进行修正，取 $b=\sqrt{2/5}$。对矩阵 $\boldsymbol{C}$ 中第 2 行和第 4 行，以及矩阵 $\boldsymbol{C}^{\mathrm{T}}$ 中第 2 列和第 4 列元素乘以 2，相应地 $\boldsymbol{C}$ 矩阵改造成 $\boldsymbol{C}_{\mathrm{f}}$ 矩阵，$\boldsymbol{E}$ 矩阵改造成 $\boldsymbol{E}_{\mathrm{f}}$ 矩阵，形成式(9.64)。

$$\begin{aligned}\boldsymbol{Y}&=(\boldsymbol{C}_{\mathrm{f}}\boldsymbol{X}\boldsymbol{C}_{\mathrm{f}}^{\mathrm{T}})\otimes\boldsymbol{E}_{\mathrm{f}}\\ &=\left(\begin{bmatrix}1 & 1 & 1 & 1\\ 2 & 1 & -1 & -2\\ 1 & -1 & -1 & 1\\ 1 & -2 & 2 & -1\end{bmatrix}\boldsymbol{X}\begin{bmatrix}1 & 2 & 1 & 1\\ 1 & 1 & -1 & -2\\ 1 & -1 & -1 & 2\\ 1 & -2 & 1 & -1\end{bmatrix}\right)\otimes\begin{bmatrix}a^2 & ab/2 & a^2 & ab/2\\ ab/2 & b^2/4 & ab/2 & b^2/4\\ a^2 & ab/2 & a^2 & ab/2\\ ab/2 & b^2/4 & ab/2 & b^2/4\end{bmatrix}\end{aligned} \tag{9.64}$$

需要注意的是,此处的变换已经不是真正的 DCT,仍然称其为 DCT 变换只是因为它是由 DCT 推导而来,其性能和 DCT 相仿。这种近似 DCT 变换中只有整数运算(除了 $\boldsymbol{E}_f$ 矩阵),故上式中($\boldsymbol{C}_f\boldsymbol{X}\boldsymbol{C}_f^T$)称之为整数变换。这样做的结果是把用整数变换替代 DCT 变换所产生的误差纳入到 $\boldsymbol{E}_f$ 矩阵中去了。由于 $\boldsymbol{E}_f$ 矩阵的每个元素都要和整数变换的相应的系数作乘法运算,而在实际应用中,DCT 运算的后续处理往往是量化处理,量化处理必须要对每个 DCT 系数作除法(乘法),这样就可以将 $\boldsymbol{E}_f$ 矩阵的乘法运算合并到量化中去完成,而只增加很少的运算量。

相应的反整数 DCT 变换公式如下:

$$\boldsymbol{X}=\boldsymbol{C}_i^T(\boldsymbol{Y}\otimes\boldsymbol{E}_i)\boldsymbol{C}_i$$

$$=\begin{bmatrix}1&1&1&1/2\\1&1/2&-1&-1\\1&-1/2&-1&1\\1&-1&1&-1/2\end{bmatrix}\left(\boldsymbol{Y}\otimes\begin{bmatrix}a^2&ab&a^2&ab\\ab&b^2&ab&b^2\\a^2&ab&a^2&ab\\ab&b^2&ab&b^2\end{bmatrix}\right)\begin{bmatrix}1&1&1&1\\1&1/2&-1/2&-1\\1&-1&-1&1\\1/2&-1&1&-1/2\end{bmatrix} \tag{9.65}$$

其中与 $\boldsymbol{Y}$ 点乘的操作与反量化合并,乘以系数 1/2 的操作由右移来实现。和其他二维正交变换类似,整数变换也可以分作两步完成:先对需要做变换的矩阵的每一列做一维变换,再对其结果的每一行做一维变换,这个次序也可以反过来,先行后列。这样二维变换就可以用一维变换来实现。

## 习题与思考

9.1　试述在分块的二维 DCT 图像压缩中,小方块尺寸的选择既不能太大也不能太小的原因。

9.2　已知符号 $a$、$b$、$c$、$d$、$e$ 的概率依次为 0.2、0.3、0.1、0.2、0.1、0.1,对符号 0.233 55 进行算术解码。

9.3　在一般情况下,为什么说图像的矢量量化比标量量化的效率高?

9.4　经理论计算,图像编码器的失真率函数 $R$-$D$ 曲线如题图 9.1 所示,但经测试,实际编码器 A 和编码器 B 的性能分别处于图中的两个"×"点处,试问:哪个编码器性能好?为什么?

9.5　简述 DCT 变换和整数变换的差异以及整数变换的优越性。

9.6　设计一个采用线性预测方法压缩医学图像的系统,假设图像像素的精度为12 bit($-2^{11}\sim2^{11}$),所有的灰度值具有相同的概率,其均值为零,并列相邻像素的相关系数测得为 $r=0.98$。如果采用单点前值像素预测法:

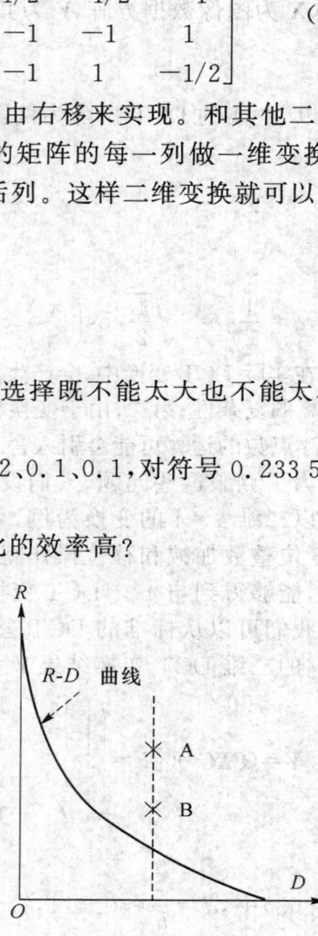


题图 9.1

(1) 画出这个预测编码系统的框图;

(2) 决定最佳预测系数;

(3) 估计可以取得的压缩率。

9.7　举出重要的 4 条理由说明为什么几乎在所有的图像压缩国际标准中都采用 2D-DCT?

9.8　符号集$\{X_i\}$的概率分布如下:

| $i$ | 1 | 2 | 3 |
|---|---|---|---|
| $P(X_i)$ | 0.8 | 0.15 | 0.05 |

(1) 求对$\{X_i\}$进行哈夫曼编码的结果，计算平均码长；

(2) 对两个符号为一组成组进行编码，计算平均每个符号的码长；

(3) 上述(1)和(2)的结果说明了不等长编码的什么定理？

9.9　设一离散时间、连续值的无记忆信源为拉普拉斯分布，其概率密度函数为

$$p(u)=\frac{1}{2}\cdot e^{-|u|},\qquad -\infty<u<+\infty$$

(1) 若对该信号作 3 个量化等级的 Max 量化，试计算量化电平和判决电平$(x_k,d_k)$；

(2) 计算概率$P(x_k)$以及该量化器输出的熵值$H_{max}$；

(3) 计算量化均方误差$\sigma_e^2$。

9.10　对二维 0 均值随机图像中的像素$X_0$作二阶线性预测，如题图 9.2 所示，预测公式为$\hat{X}_0=a_1X_1+a_2X_2$，自相关系数定义为$R_{ij}=E[X_iX_j]=\dfrac{2}{|i-j|+2}$，$i,j=0,1,2$，求

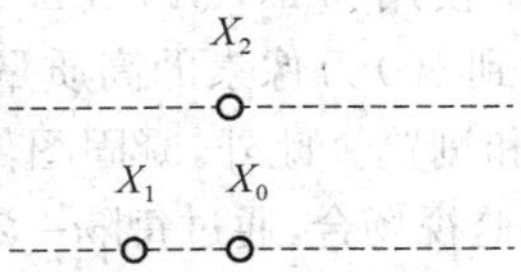


题图 9.2

(1) 最佳预测系数$a_1,a_2$；

(2) 计算预测误差的最小均方值$\sigma_{e\min}^2$；

(3) 若对预测误差$e=(X_0-\hat{X}_0)$进行 9 个等级的 Max 量化，则$e=0$是量化器的量化电平还是判决电平？

9.11　已知一个无记忆信源发出的抽样值$x_k$及其概率如表，该样值通过一个平方器后向外发出，如题图 9.3 所示。已知平方器的曲线为$A$或$B$，试对这两种曲线确定其输出样值$y_k$，概率$P(y_k)$及熵值和$H(Y)$。

| $x_k$ | $x_1=0$ | $x_2=1$ | $x_3=2$ | $x_4=3$ | $x_5=4$ |
|---|---|---|---|---|---|
| $P(x_k)$ | 0.5 | 0.25 | 0.1 | 0.1 | 0.05 |

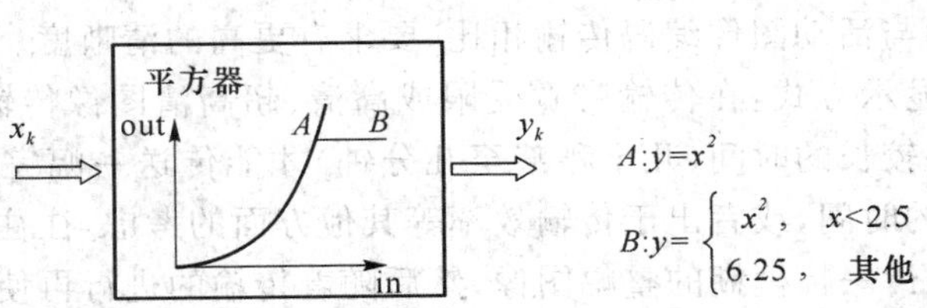


题图 9.3

9.12　设一个零均值，平稳随机变量的自相关函数为$R_{XX}(n)=\{8/3,2/3,2/3,1/3\}$，

(1) 试计算一个 3 阶最佳预测器的系数；

(2) 计算预测误差的最小均方值$\sigma_e^2$；

(3) 计算该线性预测器的最大预测增益：$G_{LP}=10\lg(\sigma^2/\sigma_e^2)$，$G_{LP}$的单位为 dB。

# 第 10 章　静止图像编码

静止图像是指用摄像设备获得的单独的一幅图像。因为无论被摄对象是处于静止或者变化的状态，摄像设备所获得的每一幅图像都是景物在某一固定时刻的影像，因此也把前一种情况对应的图像称为“静态图像”，而把后者称为活动景物的“凝固图像”。从编码的角度来看，静止图像编码就是对单独一幅图像所进行的编码。

由于通过压缩编码可以有效地减少图像的数据量，降低存储和传输代价，静止图像编码获得了广泛应用。目前在数码相机中已经普遍使用 JPEG、JPEG 2000 等压缩技术，使得在一块 512MB 的存储卡上，可以存储 300 多张分辨率达到 500 万像素的高质量照片。在互联网上，每时每刻都有大量经过编码的图像和图片资料被传输和浏览。此外，凝固图像传输在现场的实况监视中也得到广泛应用。例如，在对港口、仓库、森林等监视场合，通过每隔一定时间更换一幅图像的方法，可在不连续的时间上看到现场的情况。因此，凝固图像传输可以看作一种准实时的图像传输。

本章将首先简单说明静止图像的编码要求和传输过程。接着介绍几种自然(灰度)图像的编码方法，包括方块编码、比特面编码、多分辨率编码等。然后介绍文本、图形、传真等二值图像的编码方法和 JBIG 标准。最后介绍目前广泛使用的静止图像压缩编码国际标准——JPEG 和 JPEG 2000 的基本编码方法。

## 10.1　静止图像的编码传输

**1. 静止图像编码的基本要求**

基于实际应用的考虑，对静止图像编码主要有以下几点基本要求。

(1) 清晰度：由于静止图像需要被长时间地观看，图像中的细节易于被人眼观察，不能利用视觉暂留特性，因而与活动图像编码传输相比，要求有更高的清晰度。

(2) 逐渐浮现的显示方式：在传输带宽受限或高清、超高清图像传输的场合，如果采用逐行顺序传输方式，需要较长的时间(几十秒甚至几分钟)才能传送一幅完整的图像。为了使观察者不至于等待过长的时间，或者出于传输效率等其他方面的考虑，往往要求编码能提供逐渐浮现的显示方式，即先传一幅模糊的整幅图像，然后随着传输的进行再使之逐渐变清晰。

(3) 抗干扰：由于一幅画面的传输间隔较长，干扰噪声带来的瑕疵在收端显示屏上驻留的时间较长，人眼观看极为不适，因此要求编码系统具有较强的抗干扰能力。

此外，在具体应用中还要考虑硬件、软件实现的复杂性和成本等综合因素。

**2. 静止图像编码传输系统**

静止图像编码传输系统的一种典型结构如图 10.1 所示。在发送端，摄像机/照相机输出的图像信号经过 A/D 数字化后，送至帧存储器(帧存)存放，获得一幅原始数字图像，这一过程即通常所说的图像数据采集。当然也可以利用数字相机直接得到数字图像直接送至帧存。编码器对帧存中存放的数字图像进行压缩编码，所形成的码流经调制送到信道中传输。在接收端，其过程与发送端相反，信号经解调、解码后送至帧存。从帧存读出的数据经 D/A 变换后送往显示器显示，或被复制下来。

在此类系统中，帧存是连接图像采集与编码传输，以及接收解码与显示的桥梁，它既调整了采集与传输的速率，同时又为编码处理提供了数据存储空间。传输信道有多种形式，比如公共电话网、移动通信网、局域网和 Internet 等。为了适应信道的传输，就必须采用相应的接口方式和调制解调方式，使用相应的传输协议。

静止图像的编码方法多种多样，除了前面相关章节介绍的最基本的预测编码和变换编码以外，还有许多其他方法。

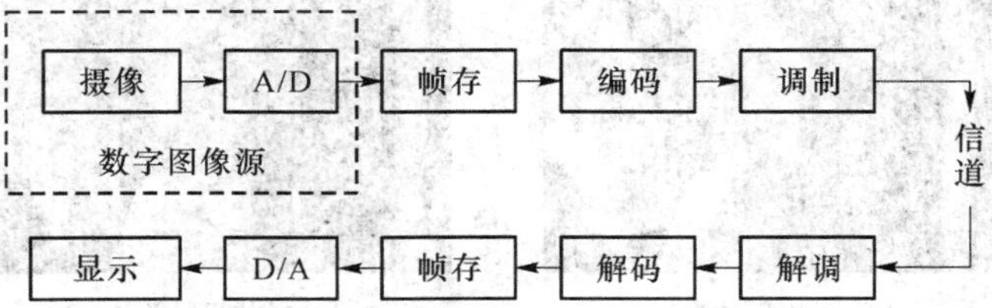


图 10.1 静止图像编码传输系统结构

## 10.2 方块编码

方块截断编码(Block Truncation Coding，BTC)简称为方块编码，它把一幅图像分为大小为 N×N 的互不重叠的子图像块(简称子块)，然后分别对每个子块进行编码。考虑到子块内各相邻像素的亮度之间具有高度相关特性，每个子块只用两个适当的亮度来分别近似代表该子块的高亮度和低亮度特征，然后指明子块内的各像素各属于哪个亮度。

### 10.2.1 基本方法

如上所述，方块编码把对图像编码的问题归结为对子块的编码问题，通过分别对子块的编码，实现对整个图像的编码，因此，在以下的阐述中只考虑对子块的处理过程。

设一个子块的大小为 $m=N\times N$ 个像素，子块中第 $i$ 个像素为 $P_i(i=1,\cdots,m)$，其亮度值为 $X_i$；子块的两个代表性亮度为 $a_0$、$a_1$，称之为亮度级分量；用一个二元码 $\phi_i$ 指明像素 $P_i$ 编码后属于 $a_0$ 或 $a_1$，$\phi_i$ 称为分辨率分量。设子块的亮度阈值为 $X_\text{T}$，像素 $P_i$ 编码后的亮度值为 $Y_i$，则基本编码方法可表示为

$$Y_i=\overline{\phi_i}\cdot a_0+\phi_i\cdot a_1 \tag{10.1}$$

$$\phi_i=\begin{cases}1, & X_i\geqslant X_\text{T}\\0, & X_i<X_\text{T}\end{cases} \tag{10.2}$$

由式(10.1)和式(10.2)式可知，编码后子块的像素亮度 $\{Y_1,Y_2,\cdots,Y_m\}$ 可以用 $\{a_0,a_1\}$ 和 $\{\phi_1,\phi_2,\cdots,\phi_m\}$ 的组合表示。其中，$\{a_0,a_1\}$ 一般具有与子块亮度值相同的范围，即使用同样字长的二进制数，而 $\{\phi_1,\phi_2,\cdots,\phi_m\}$ 为一个 $m$ 比特的比特面。因此，如果将它们作为传输内容，接收端不仅能恢复出编码图像，而且可以降低传输数码率。

设原子块像素亮度和 $a_0$、$a_1$ 均为 $P$(单位：比特)，则编码后每个像素的平均比特数为

$$B=\frac{m+2P}{m}=1+\frac{2P}{m} \tag{10.3}$$

由于 $a_0$、$a_1$ 是用来代表亮度层次的，一般需要 8 bit，$P=8$，如取 $m=4\times4$，则经方块编码后可压缩到每像素 2 bit，相当于压缩比为 4 倍。

由式(10.3)可见，$m$ 越大，$B$ 越小，即压缩比越高。但此时图像质量也下降，因为方块尺寸

越大,子块内像素的相关性也越小,只用两个灰度作近似,逼真度当然就越差。通常,$m=4\times4$ 是比较折中的方式。图 10.2 是对一幅大小为 512×512 图像 Lena 取不同子块尺寸的编码效果示例,从中可见,当子块尺寸增至 64×64 时,子块结构清晰可见,且子块内只有两个灰度等级,重建图像质量下降明显。

(a) 子块尺寸为 8×8　(b) 子块尺寸为 16×16

(c) 子块尺寸为 32×32　(d) 子块尺寸为 64×64

图 10.2　不同子块尺寸的方块编码效果示例

### 10.2.2　参数选择

在方块编码中,当子块大小确定后,子块像素数 $m$ 也一定,根据式(10.1)和式(10.2),编码参数 $a_0$、$a_1$ 及 $X_T$ 的选择决定了重建子块的结果,从而也就决定了重建图像的质量。下面介绍两种较为典型的参数选择方式。

**1. 方案 1——保持子块一阶矩、二阶矩的参数选择法**

从统计意义上说,一阶矩和二阶矩分别对应子块的平均亮度和平均能量,是两个反映子块特征的重要统计量,保持编码前后子块的一阶矩和二阶矩不变即保持了编码图像和原图的平均亮度和平均能量不变,是一项合理的约束。

具体编码时,取阈值为子块的平均值 $X_T=\overline{X}$,并记 $q=\sum\limits_{X_i\geqslant X_T}\phi_i$,它是亮度值不小于阈值的像素个数,这些 $q$ 个像素将用 $a_1$ 表示,剩下的 $m-q$ 个像素,其亮度值小于 $X_T$,将用 $a_0$ 表示。这样,保持编码前后子块的一阶矩和二阶矩不变的编码策略为

$$\begin{cases} m\,\overline{X}=(m-q)a_0+qa_1 \\ m\,\overline{X^2}=(m-q)a_0^2+qa_1^2 \end{cases} \tag{10.4}$$

解此方程组可得

$$\begin{cases} a_0=\overline{X}-\sigma\,\sqrt{q/(m-q)} \\ a_1=\overline{X}+\sigma\,\sqrt{(m-q)/q} \end{cases} \tag{10.5}$$

其中，$\overline{X}=\frac{1}{m}\sum_{i=1}^{m}x_i$ 为子块的均值，$\sigma^2=\overline{X^2}-(\overline{X})^2$ 为子块的方差。

**2. 方案 2——均方误差最小的参数选择法**

仍取 $X_T=\overline{X}$，但编码策略是使解码重建子块与原子块的均方误差最小，即

$$\min \varepsilon^2 = \frac{1}{m}\sum_{i=1}^{m}(X_i-Y_i)^2 \tag{10.6}$$

同样，记 $q=\sum_{X_i\geqslant X_T}\phi_i$，则有

$$\varepsilon^2=\sum_{X_i<X_T}(X_i-a_0)^2+\sum_{X_i\geqslant X_T}(X_i-a_1)^2 \tag{10.7}$$

令 $\frac{\partial\varepsilon^2}{\partial a_0}=0,\frac{\partial\varepsilon^2}{\partial a_1}=0$，可以得出

$$\begin{cases} a_0=\dfrac{1}{m-q}\sum\limits_{X_i<X_T}X_i \\ a_1=\dfrac{1}{q}\sum\limits_{X_i\geqslant X_T}X_i \end{cases} \tag{10.8}$$

以上介绍的是两种比较简单的方法。由于算法中已指定了 $X_T=\overline{X}$，所以便于实现。在一些场合还可以再增加一个方程，作为 $X_T$ 或 $q$ 的限制条件，这样可以增加对原图像的一些保持信息，但同时也增加了算法的复杂性。

需要指出的是，方块编码是非信息保持型编码，其效果相当于对每个子块使用了只有两个电平的量化器，而且在应用中的取整运算也会引入一些附加误差。

**【例 10.1】** 已知 1 个 4×4 子块为

$$\begin{bmatrix} 15 & 5 & 5 & 4 \\ 15 & 5 & 5 & 3 \\ 15 & 15 & 15 & 2 \\ 15 & 15 & 15 & 4 \end{bmatrix}$$

试求出这个子块用方块编码方案 1 的编码输出结果、压缩比以及解码重建结果。(设编码前每个像素及亮度级分量均为 8 bit)

**解**　(1) 根据所给子块的像素值易求得

$$\overline{X}=9.6,\qquad \sigma=5.5,\qquad q=8$$

由式(10.5)可求得 $a_0=4$，$a_1=15$（四舍五入取整），亮度级分量为{4,15}；将 4×4 子块的像素值逐个和 $\overline{X}=9.6$ 比较，得到分辨率比特面为

$$\begin{bmatrix} 1 & 0 & 0 & 0 \\ 1 & 0 & 0 & 0 \\ 1 & 1 & 1 & 0 \\ 1 & 1 & 1 & 0 \end{bmatrix}$$

(2) 由式(10.5)，编码后平均每像素为 $B=(16+2\times8)/16=2$ bit，压缩比为 $C_r=8/2=4$。

(3) 解码重建结果为

$$\begin{bmatrix} 15 & 4 & 4 & 4 \\ 15 & 4 & 4 & 4 \\ 15 & 15 & 15 & 4 \\ 15 & 15 & 15 & 4 \end{bmatrix}$$

**【例 10.2】** 试求出对 512×512 的 Lena 图像按方案 2 编码的重建图像和压缩比(设编码前每个像素及亮度级分量均为 8 bit,子块大小为 8×8)

**解** (1) 重建图像如图 10.2(a)所示。

(2) 由于图像被均匀地划分为 8×8 子块进行编码,所以子块的压缩比即为图像的压缩比。由式(10.5),编码后平均每像素为 $B=(64+2\times8)/64=1.25$ bit,压缩比为 $C_r=8/1.25=6.4$。

## 10.2.3 改进方法

由式(10.3)可知,经过上述方法处理,子块的数据得到压缩;而且对于一幅图像,如果子块的大小相同并使用同样的处理方法,那么图像的压缩比与子块的压缩比相同。为了在此基础上进一步压缩数据,应该从整个图像的角度进行考虑。假设编码的子块尺寸固定,在此情况下,可以采用成组编码的方法,即选择合适的亮度级分量来进一步降低编码输出的码率。

**1. 方案 1**

根据式(10.5),如果用$\overline{X}$和 $\sigma$ 取代 $a_0$、$a_1$ 进行传输,收端则同样可以恢复编码图像。研究发现,人的视觉有这样的特性,当图像亮度的方差大时,即亮度变化大时,对图像的平均值差异不太敏感;而当图像亮度方差小时,则能分辨的平均值差异要更敏感些。根据这一特性,对编码参数$\overline{X}$和 $\sigma$ 作这样的组合,方差大时,传输平均值所用的比特少,即对平均值进行了粗量化,反之,则用较多的比特数。

表 10.1 是实现这种组合的一个例子。设原图像亮度有 32 个层次,0～31,均值$\overline{X}$也是在此范围,可用 5 bit 码表示;方差 $\sigma$ 值的范围为 0～15,可用 4 bit 码表示。若分别对$\overline{X}$和 $\sigma$ 传输,共需 5+4=9 bit。而采用成组方法,如表 10.1 所示,共划分为 16 个小组,每行的左边 2 列为一小组,右边 1 列为该小组所具有的不同均值和方差的组合数。例如,在第 6 行中,$\sigma=5$,均值$\overline{X}$被归并为 8 种不同的可能,因此方差和均值的组合数为 8。其他情况以此类推,总的组合数共有 128 种,仅需 7 bit 就可以完全表示了,因此码率得以降低,而引入的误差对人眼的观察是不敏感的。

**表 10.1 方差与均值成组编码及所需码字数**

| $\sigma$ | $\overline{X}$量化后的均值 | 组合数目 |
|---|---|---|
| 0 | 0,1,2,…, 31 | 32 |
| 1 | 1,2,…,22, 24, 26, 28, 30 | 26 |
| 2 | 1, 3, 5, 7, 9, 11, 13, 15, 17, 19, 21, 23, 25, 27, 29, 31 | 16 |
| 3 | 2, 5, 8, 11, 14, 17, 20, 23, 26, 29 | 10 |
| 4 | 2, 5, 8, 11, 14, 17, 20, 23, 26, 29 | 10 |
| 5 | 2, 6, 10, 14, 18, 22, 26, 30 | 8 |
| 7 | 2, 6, 10, 14, 18, 22, 26, 30 | 8 |
| 9 | 3, 8, 13, 18, 23, 28 | 6 |
| 11 | 4, 10, 16, 22, 28 | 5 |
| 13 | 6, 12, 19, 26 | 4 |
| 15 | 10, 16, 22 | 3 |
| | 总　计 | 128 |

**2. 方案 2**

对于方案 2,由于 $a_0$、$a_1$ 分别是小于和大于等于阈值 $X_T$ 的像素的平均值,因此可将它们分别记作 $X_L$ 和 $X_H$。采用新的$\{X_L,\overline{X}\}$或$\{X_H,\overline{X}\}$组合作为子块传输的 2 个亮度级分量。则根据下式同样可以恢复编码子块:

$$m\overline{X}=(m-q)X_{\mathrm{L}}+qX_{\mathrm{H}} \tag{10.9}$$

例如，传输组合$\{X_{\mathrm{L}},\overline{X}\}$，接收端收到后根据式(10.9)就可算出$X_{\mathrm{H}}$，从而可以重建原图像。对大量图像实验表明，子块的$\{X_{\mathrm{L}},\overline{X}\}$和$\{X_{\mathrm{H}},\overline{X}\}$的统计分布主要集中在45°斜线附近。如图10.3所示为对标准测试图像Lena以4×4大小的子块的实验结果，图中用颜色的深浅表示$\{X_{\mathrm{L}},\overline{X}\}$和$\{X_{\mathrm{H}},\overline{X}\}$组合出现的频率，颜色越深对应的组合出现的频率越高，而白色区域则对应于根本没有出现的组合。显然，对于$\{X_{\mathrm{L}},\overline{X}\}$和$\{X_{\mathrm{H}},\overline{X}\}$，很多组合是很少出现甚至不出现，编码时可以省去许多码字。而如果分别对各亮度级分量进行编码，就要把所有的组合都考虑在内。因此，成组编码比分别编码减少了码字总数，即降低了码率。

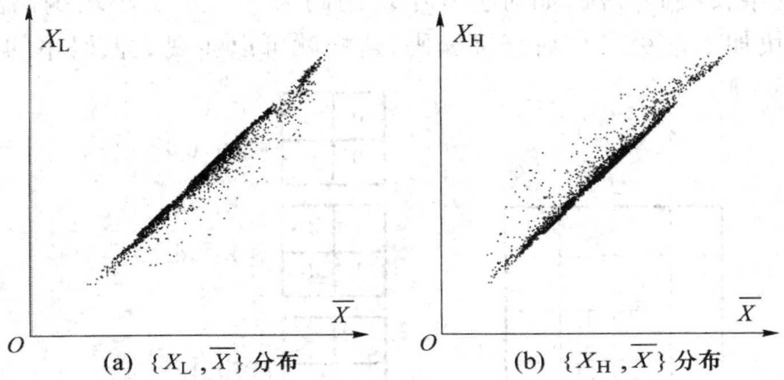


图 10.3　Lena 图像的 4×4 子块不同参数的分布

## 10.3　比特面编码

比特面编码(Bit Plane Coding)是一种非常简单的编码方法，它把灰度图像的编码转换为对其各比特面的二值编码。假如灰度图像为8比特/像素，将每个像素的第$j$个比特抽取出来，就得到一个称为比特面的二值图像，于是该图像完全可以用一组共8个比特面来表示，对灰度图像的编码转为对各比特面的编码。通常将每个比特面分为不重叠的$m\times n$个元素的子块，然后再分别对二值子块进行编码。

### 10.3.1　次最佳编码

统计分析表明，比特面中有两种结构的子块经常出现：$m\times n$个全"0"和全"1"，并且前者出现的概率多于后者，于是可得出如下的次最佳方块编码方案：

全"0"子块用码字"0"表示；全"1"子块用码字"11"表示；其他类型子块用码字为"10"+"×××…×"表示，"×××…×"为将子块的比特内容依次直接输出，故又称为直接编码。

这种编码方案的子块平均码长$L$为

$$\begin{aligned}L&=P(0;n,m)+2\cdot P(1;n,m)+(2+nm)[1-P(0;n,m)-P(1;n,m)]\\&=nm[1-P(0;n,m)-P(1;n,m)]+2-P(0;n,m)\end{aligned} \tag{10.10}$$

其中，$P(0;n,m)$和$P(1;n,m)$分别为$m\times n$个全"0"和全"1"子块出现的概率。

子块的压缩比，即该比特面的压缩比$C_{\mathrm{r}}=nm/L$，将$L$带入可得

$$C_{\mathrm{r}}=\frac{1}{1-P(0;n,m)-P(1;n,m)+[2-P(0;n,m)]/nm} \tag{10.11}$$

可见，$C_{\mathrm{r}}$是$P(0;n,m)$和$P(1;n,m)$的递增函数，要提高压缩比就要提高全"0"和全"1"子块出现的概率。

在压缩比 $C_r$ 的表达式(10.11)中,它与 $n$、$m$ 的关系是复杂的。当 $n$、$m$ 增加时,$1/nm$ 减少,但很可能导致 $P(0;n,m)$ 和 $P(1;n,m)$ 减少。因而 $n$、$m$ 不能盲目增大,对大部分图像的实验表明,一般取 $n=m=4$ 较为合适。

## 10.3.2　子块再划分编码

在比特面编码中还可以通过对比特面中子块再划分的方法来降低传输数码率。以比特面 4×4 子块尺寸为例,可将每个子块分为 4 个 2×2 的小块,如图 10.4(a)所示。实验发现,在一幅图像中,划分后的 2×2 小块为全 0 或全 1 的概率更高,而其他情况较少出现。于是采用图 10.4(b)所示的准变字长编码方法,如对全 0 小块编码为“0”,全 1 小块编码为“10”,其他既非全 0 又非全 1 的小块加上前缀“11”后直接编码,这样就可以实现更低码率的比特面编码。

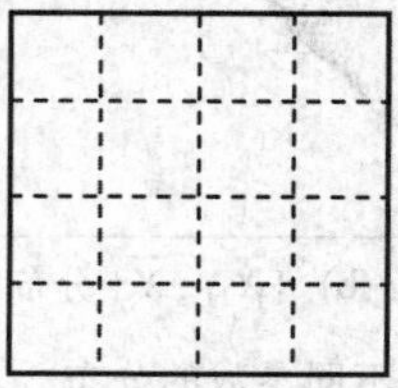

(a) 4×4 子块

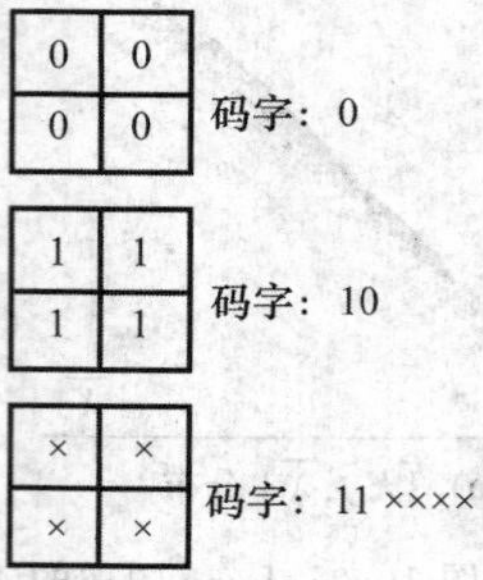


(b) 2×2 小块

图 10.4　比特面的再划分编码

## 10.3.3　其他改进方法

**1. 格雷码表示**

通常,数字化后像素的电平值都是 PCM 自然二进制码,这种码的特点是最高位的比特面图形简单,并适用于上述方块编码,但较低位的比特面图形相当复杂,尤其是最低位的比特平面中噪声为主要成分,因而不适宜用方块编码。如图 10.5 取自测试图像 Lena 局部,原图像为 8 比特/像素,最高位对应于比特面 7。由此可见,直接对各比特面编码时,由几个高位比特面所获得的压缩效益将被其他几个低位比特面所抵消。造成这一结果的原因在于,对于 PCM 编码的图像,若相邻像素的亮度值变化一个等级,其码字也可能相差好几个比特。改进的方法是用格雷码来表示像素的亮度。由于格雷码的特点是码距为 1,可使比特面上取值相同的面积增大,即 $P(0;n,m)$ 和 $P(1;n,m)$ 增大,从而提高了压缩比。

(a) 比特面7

(b) 比特面6

(c) 比特面5

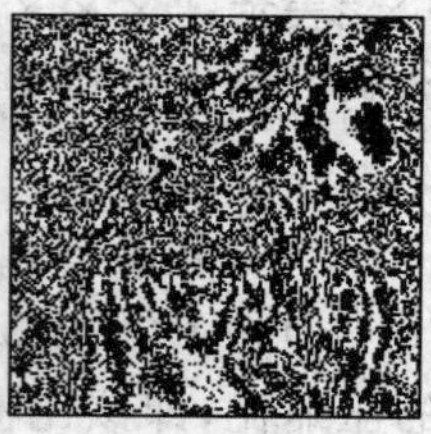

(d) 比特面3

图 10.5　灰度图像不同比特面显示(每个比特面中白色值为 1,黑色值为 0)

**2. 视觉心理编码**

采用视觉心理编码是指，允许恢复图像有一定的失真，只要视觉感觉不出，或可以容忍。具体做法是把子块内不超过 $K$ 个“1”的子块视为全“0”子块，而把不超过 $K$ 个“0”的子块视为全“1”子块，这样也等效于取值相同的面积增大，即 $P(0;n,m)$ 和 $P(1;n,m)$ 增大，因而也提高了压缩比。

据实验表明，若子块大小为 $n=m=4$，当 $K=6$ 时引起的失真人眼尚可接受。

**3. 变换域比特面编码**

比特面编码除了以上介绍的直接对图像进行处理外，还可以对图像变换后的变换系数矩阵进行。一些图像和视频编码的国标中，都采用了对 DCT 变换后的系数矩阵进行比特面编码，如 JPEG、MPEG-4 标准等。这样做的一个优点是可以利用变换系数的分布特性来改善比特面编码效率，并且可以实现所谓的逐渐显示的编码。

## 10.4 多分辨率编码

在一般情况下，对一幅图像的编码以逐行顺序扫描的方式进行处理，而且编码得到的码流只能提供一种图像显示质量。随着图像编码应用的扩大，许多场合要求单一码流同时提供多种图像显示质量，即要求编码具有多种表示能力，以适应不同的传输和显示要求。例如，在窄带信道传送较大尺寸的图像时，如果仍然采用普通的顺序扫描方式，在接收端看到一幅完整的图像之前需要等待较长时间，而且还可能最终发现传送的并非感兴趣的图像，白白浪费了宝贵的信道资源和传输时间。与此相反，如果编码的码流能够先为解码端提供一个图像的大致内容，然后随着时间的增加，后续的传输码流逐步改善重建图像的质量，那么收看者就会觉得比较适宜；当收看者发现显示的内容并非所感兴趣的内容时，还可以立即反馈，终止编解码过程，由此节约了传输信道。

根据显示效果的不同，编码提供的表示能力主要分为两大类型：一类是在保持图像尺寸不变的情况下，提供分辨率由低到高的编码，即所谓逐渐显示或渐进显示(progressive)的编码；另一类是重建的图像由小到大、逐步增加细节的编码，即所谓分等级(hierarchical)、多分辨率(multi-resolution)编码。在一些场合，这两者之间也没有严格的区分，因为对于后者，可以在解码重建时通过内插的方法得到同样尺寸的显示图像，也实现所谓渐进显示的功能。因此又将它们统称为逐渐浮现的编码。此外，还可以把两种方法组合起来，实现更多的质量控制等级。

无论是渐进显示还是分等级编码，其本质都是通过对图像进行若干次处理(称为扫描)，得到一个提供基本显示质量的基本码流和几个提供质量改善的增量码流。基本码流数据量较小，放在前面最先传输，可以快速提供图像的概貌；增量码流根据数据量从小到大依次排列和传输，实现对当前图像质量的逐渐改进。

迄今为止，人们已经研究出不少具有多种表示能力的编码方法。本节将介绍 2 种简单而有一定代表性的方法及其基本原理，即无失真的四叉树编码和一般金字塔编码。

### 10.4.1 四叉树编码

**1. 四叉树数据结构**

根据第 6.3 小节介绍，四叉树是一种图像划分的数据结构，由根、中间节点和叶节点组成，表示数据之间的隶属关系。图 10.6 是图像与其对应的四叉树数据结构的一个例子，图像尺寸

为 $N\times N$ ($N=4$)。树根为第 0 层,代表整幅图像,第 1 层代表把图像分为 4 个 $2\times2$ 的子图像,第 2 层(即树的叶节点)对应于每个子块的 4 个像素。在这样的树中,每一层上的所有节点对应于图像的某一层次的描述,根节点最粗,而所有叶节点就是原图像的像素,是这种结构中的最细极限。

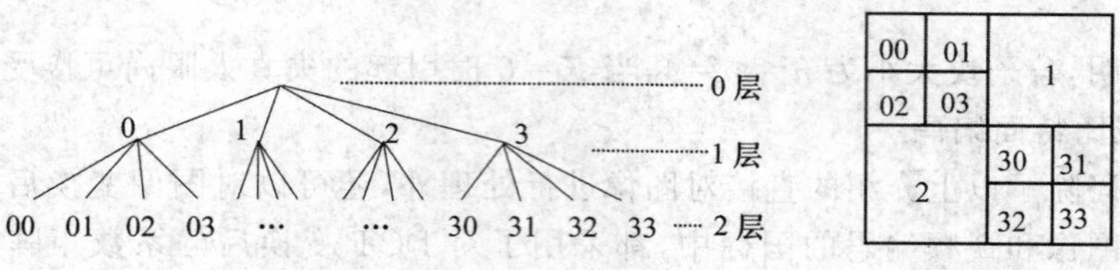


(a) 四叉树　　　　(b) 图像方阵

图 10.6　四叉树及其对应的图像方阵

一般地,对于一幅 $2^n\times2^n$ 的图像,如果直接记录整个四叉树,则要记录节点总数为

$$L=\sum_{k=0}^{n}4^k=\frac{4^{n+1}-1}{3}>4^n \tag{10.12}$$

式(10.12)说明节点总数大于图像的尺寸。为了减少存储数据总量,可采用一种隐含的方式记录一棵四叉树的所有数据,数据量保持和原图像相同。如图 10.6(b)所示,考虑图像中的第一个 $2\times2$ 子块,$f_0,f_1,f_2,f_3$ 为其 4 个亮度值,由它们可组建如下的 4 个新值:

$$g_0=\frac{1}{4}\sum_{i=0}^{3}f_i \quad \text{(平均值)} \tag{10.13}$$

$$g_j=f_j-g_0,\qquad j=1,2,3 \quad \text{(差值)} \tag{10.14}$$

显然,上面的新值和原像素值之间存在下述关系:

$$f_j=g_j+g_0,\qquad j=1,2,3 \tag{10.15}$$

$$f_0=g_0-\sum_{j=0}^{3}g_j \tag{10.16}$$

如果不考虑计算误差,这 4 个新值和原像素值替代是可逆的。现在把这种替代过程遍历图像所有 $2\times2$ 子块,如图 10.7(b)所示,并把它们构成的两个数组分别记为均值数组 $\boldsymbol{I}_{n-1}$ 和差值数组 $\boldsymbol{D}_{n-1}$,则其元素个数分别是$(2^n\times2^n)/4$ 和 $3(2^n\times2^n)/4$,元素总数保持不变。

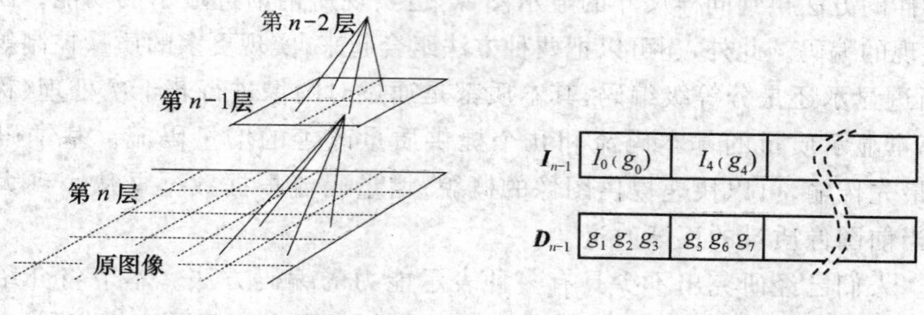


(a) 层次映射关系　　　　(b) 平均值与差值数组

图 10.7　四叉树的层次对应和数据安排

根据图 10.7(a)的映射关系,$\boldsymbol{I}_{n-1}$ 构成了一个$(2^n/2\times2^n/2)$的均值图像,因此可以用同样的方法构造其上一层的均值数组 $\boldsymbol{I}_{n-2}$ 和差值数组 $\boldsymbol{D}_{n-2}$。这一过程一直进行下去,最后由 4 个均值 $\boldsymbol{I}_1$ 推出其上一层的 $\boldsymbol{I}_0$ 和 $\boldsymbol{D}_0$。$\boldsymbol{I}_0$ 为整幅图像的均值,$\boldsymbol{D}_0$ 含 3 个差值。

由于每一层向上一层的推导中保持元素总数不变，因此最终数组 $\boldsymbol{I}_0,\boldsymbol{D}_0,\boldsymbol{D}_1,\cdots,\boldsymbol{D}_{n-1}$ 的元素总数与图像的像素个数相同，为 $2^n\times 2^n$，并且从上述分析过程可知，由此可以完全恢复原图像。

**2. 图像的逐渐显示**

以上建立新数组的过程实际也是对图像数据再组织过程。现在考察发送端依次传送 $\boldsymbol{I}_0$，$\boldsymbol{D}_0,\boldsymbol{D}_1,\cdots,\boldsymbol{D}_{n-1}$，如何得到逐渐浮现的图像显示。当接收到 $\boldsymbol{I}_0$ 时，它是一个代表原图像整体的平均亮度值，接收端可以在 $N\times N$（$N=2^n$）大小的整幅画面上显示 $\boldsymbol{I}_0$；接下来，当收到 $D_0$ 后，根据式(10.15)和式(10.16)，可以得到 $\boldsymbol{I}_1$，它包括 4 个值，每个值代表 1/4 大小图像区域的平均亮度值，这样显示的精度增加了一倍。同理可知，随着 $\boldsymbol{D}_1,\boldsymbol{D}_2,\cdots$ 的接收，显示的画面将越来越清晰，直至原图像，从而实现了逐渐浮现的显示目的。

假如在传送过程中，接收端收到某一 $\boldsymbol{D}_i$ 时清晰度已足够，则可通知不再发送后续的差值 $\boldsymbol{D}_{i+1},\cdots,\boldsymbol{D}_{n-1}$，这就减少了传输数据。或者，当传到某一 $\boldsymbol{D}_i$ 时，线路出现拥塞或故障，这时前面传来的数据还可以显示一定清晰度的图像，而不像在非四叉树表示情况下前面的数据完全不可用。

## 10.4.2　金字塔编码

在上面介绍的图像四叉树表示中，$\boldsymbol{I}_k(k=0,\cdots,n)$ 实际上构成了对原图像多层次的多分辨率表示，其相邻层次之间图像尺寸在水平和垂直方向都相差 2 倍，如果用图 10.8 表示，各层数据间看起来像一个塔形，具有这样数据层次的编码就称为金字塔编码。

用四叉树表示实现的多分辨率编码是金字塔编码的一个特例。一般情况下，金字塔编码的最高层是具有一定分辨率的显示图像，即不像四叉树那样一直分层到“树顶”。实现金字塔编码的方法有许多种，通常情况下，通过不断进行水平和垂直方向的 1∶2 的亚采样实现塔形数据层次。为了同时达到数据压缩的目的，先对最低分辨率图像进行压缩，然后将其解码图像按 2∶1 插值后与下一层图像的差值图像进行编码，依此类推，对所有更低层进行同样的处理。这一过程得到的结果与上述四叉树编码非常类似，其中，最低分辨率的图像相当于某个层次下的 $\boldsymbol{I}_i$，而差值图像的编码相当于之后的 $\boldsymbol{D}_i,\boldsymbol{D}_{i+1},\cdots$，因此可以采用同样的方式实现多分辨率的显示或渐进图像显示。

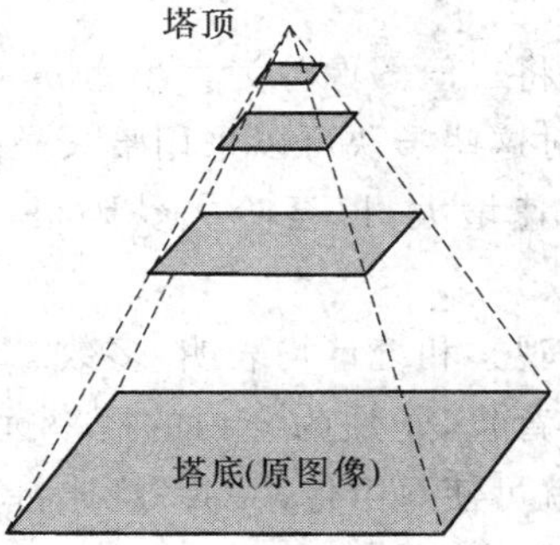

图 10.8　图像金字塔编码示意图

需要注意的是，为了避免混迭噪声，在进行亚采样前需要进行低通滤波。有关金字塔编码，在介绍 JPEG 编码标准中将给出一个更加具体的方法。

# 10.5　二值图像编码

二值图像是一类特殊的图像，它只有两个灰度等级，一般取为“黑”、“白”两个亮度值。自然场景的二值图像是很少遇见的，它们大部分都是人为产生的，如文件图像、气象图、工程地图、线路图等；另外，将灰度图像经过特殊处理，如比特平面分解、抖动处理后，也变为二值图像。由于二值图像所具有的特点，使得它在采集、编码上都有与灰度图像不同的要求和鲜明的特点。

由于二值图像只有两个亮度值,所以采集时每像素用一个比特表示,用“1”代表“黑”,“0”代表“白”(或者相反),通常称为直接编码。显然,直接编码时,代表一幅图像的码元数等于该二值图像的像素数。

二值图像的质量一般用分辨率来表示,它是单位面积所包含的像素数。分辨率越高,图像细节越清晰,图像质量就越高,但同时表示一幅图像的比特数就越多。究竟需要多高的分辨率,视图像的质量要求和种类有所不同。

文本图像是二值图像中的一大类,对这一类图像的主观测试表明,对一般要求 4 号汉字印刷的中文文件大约需要 5 点/mm,英文打字文件 4～6 点/mm,新闻报纸的文字部分需 16 点/mm,图像部分需 27～40 点/mm(利用黑点的疏密表示图像的灰度),气象图需 5～10 点/mm,指纹图片需 10～20 点/mm,地图约 10 点/mm。直接编码时,一幅图像的数码总数就决定于图像的幅面大小和分辨率的高低。

二值图像另一个应用场合是传真通信,二值图像往往指的是传真中的二值文件图像。ITU-T 选出了 8 种标准文件样张作为研究二值图像编码的测试样张,并建议使用两种分辨率:一种是 1 728 像素/行(8 采样/mm),3.85 行/mm;另一种是 1 728 像素/行(8 采样/mm),7.7 行/mm。

对于二值图像,为了节省传输时间或存储空间,就必须采用相应的压缩编码方法。在大多数场合都采用无失真的熵编码方法,以保证可以完全恢复原始图像数据。

## 10.5.1 跳过白色块编码

将二值图像分为大小为 $m\times n$ 的子块,则一共有 $2^{mn}$ 种不同的子块图案。为了获得最佳压缩,对这些子块可以采用哈夫曼编码来为每个子块分配码字,但当子块尺寸大于 3×3 时,符号集迅速增大,以至哈夫曼码很难应用,于是在很多场合就使用了降低复杂度的准最佳编码方法。

观察和统计均表明,多数二值图像的黑像素只占图像总面积的很小一部分,大部分是白像素的背景,子块为全白的概率远大于其他情况,因此,若能跳过白色区域,只传输黑色像素信息,就可使每个像素的平均比特数下降。这就是跳过白色块(White Block Skipping,WBS)编码的基本思想。

WBS 的具体方法是,对全为白的子块用 1 比特码字“0”表示,这是因为它出现的概率大,因而分配最短的码字;对至少有一个黑色像素块用 $N+1$ 比特的码字表示,其中的第 1 个比特为前缀码“1”,其余 $N$ 个比特采用直接编码(白为 0,黑为 1)。可见,WBS 是一种双字长编码,当然也是非续长码。

如果 $N=1\times n$,为一维 WBS。在二维时常用方形子块,$N=n\times n$ 。这种编码的码字平均长度,即比特率 $b_N$ 为

$$b_N=\frac{P_N+(1-P_N)(N+1)}{N}=1+\frac{1}{N}-P_N \tag{10.17}$$

其中,$b_N$ 的单位为比特/像素,$P_N$ 为 $N$ 个像素为全白的子块的概率,可由实验确定。

可以想象,如果能根据图像的局部结构或统计特性改变子块的大小,进行自适应编码,则编码效果会得到进一步改善。自适应编码方法有多种,下面给出两个具体的例子。

**【例 10.3】** 考虑一种一维自适应 WBS。设一行像素为 1 024 个,编码时采用分级处理,

$N$=1 024,64,16,4,所设计的码字如图 10.9 所示。

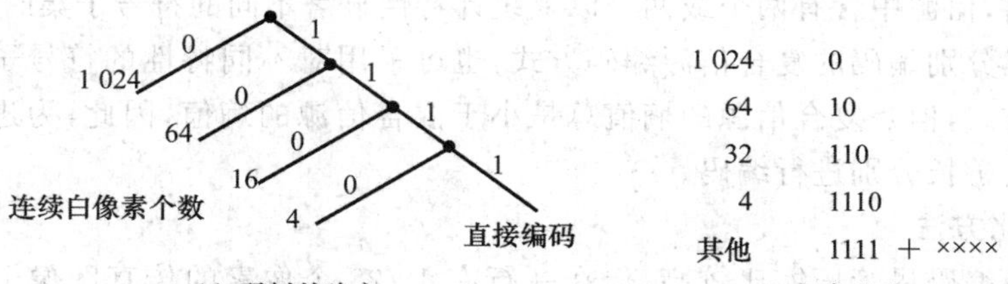


(a) 码树的建立　　　　(b) 码字分配

图 10.9　一维自适应 WBS 编码

**【例 10.4】**　考虑一种二维自适应 WBS。图像分为 $n \times n$ 的子块,每一个子块按四叉树结构分为 4 个次子块,并依次分割下去,直至 2×2 子块。码字的构造与一维时的类似,如图 10.10 所示。在编码过程中,从大子块到小子块逐步检查,例如,从 16×16、8×8、…,直至 2×2。如某一块全白,则直接由图中得到码字,反之,依次考察其下面 4 个子块,如果一个最小的 2×2 子块不是全白,则对它进行直接编码,并加前缀“1111”。

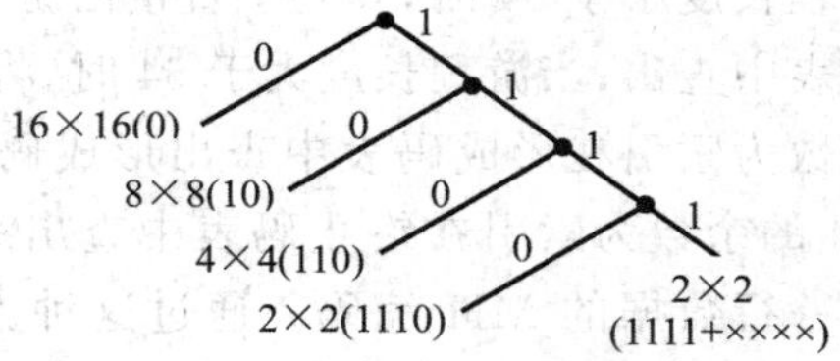


图 10.10　二维自适应 WBS 的码字分配

WBS 的方法虽然简单,但一般来说压缩比还不高,这是因为它对含有黑色部分不仅没有压缩,每块反而比直接编码多出 1 个比特,只有在某块全白时才给以最短的码字,而对基本上是白的子块,即使是只有一个黑色像素的子块也无法压缩。

## 10.5.2　游程长度编码

### 1. 主要性能

在传真的二值图像中,尤其是文本图像,每一扫描行总是由若干段连着的黑像素和连着的白像素组成,它们分别称为“黑游程”和“白游程”,且是交替出现的。如果对于不同的游程长度根据其概率分布分配相应的码字,可以得到较好的压缩,这种方法称为游程长度编码(Run Length Coding,RLC)。在进行游程长度编码时可以将黑游程与白游程合在一起统一编码,也可以将它们分开来单独编码。

游程长度编码的信息符号集由长度为 1,2,…,$k$ 等各种游程长度组成,$k$ 是一条扫描线上的像素总数。如果不区分黑、白游长进行统一游长编码,并设 $P_i$ 为长度为 $i$ 的游长的概率,则游长(将游长看作是信源符号)的熵 $H$ 和平均游长 $L$ 分别为

$$H = -\sum_i P_i \cdot \log_2 P_i \tag{10.18}$$

$$L = \sum_i i \cdot P_i \tag{10.19}$$

于是游程长度编码时平均每个像素的熵值为

$$h = H / L \tag{10.20}$$

当根据各游长的概率,采用哈夫曼编码时,则每个游程的平均码长 $\overline{N}$ 满足下列不等式:

$$H \leqslant \overline{N} < H + 1 \tag{10.21}$$

将该不等式两边同除以平均游长 $L$,可得每个像素的平均码长 $n$ 的估值范围为

$$h \leqslant n < h + 1/L \tag{10.22}$$

因此，每个像素的熵 $h$ 即为游长编码(RLC)可达到的最小比特率的估值。

信息论指出，信源中含有两个或两个以上统计特性显著不同的符号子集时，可采用对不同特性的符号子集分别编码的复合信源编码方式，也可采用对不同特性的符号子集统一编码的混合信源编码方式，但是复合信源的熵值总是小于混合信源的熵值，因此，为进一步提高压缩比，还可将黑、白游长分别进行编码。

**2. 几种简化方法**

利用哈夫曼编码尽管压缩比较高，但在一行有 1 728 个像素的传真图像上使用时不易实现。为此，在 ITU-T 三类文件传真机(G3)的一维编码标准中使用了一种一维修正哈夫曼编码 MH，这种编码把游程长度的码字分成形成码和终止码两部分，并且对黑白游长分别推荐了相应的形成码表和终止码表。成形码负责对1～63 游长程度进行编码，终止码表负责对 64 的倍数进行编码。这样，当游程长度小于 64 时，其码字直接由游程长度为索引在终止码表中查出；当游程长度大于 64 时，将游程长度对 64 的整倍数为索引在形成码表中查出形成码，而将游程长度除以 64 的余数为索引在终止码表中查出终止码。两者结合就是一行数据的 MH 编码。通过这种方法大大减少了码表的尺寸，因而便于实现。

此外，还可以采用一些更加简单的准最佳方法，其原则是根据游长的概率，给概率大的以短码，反之用长码。同时，码字的构造要简单，既保证一定的编码效率，又易于实现。例如，当游长的分布是短游长出现的概率大，长游长的概率小时，可以采用所谓线性码，这种码的码长近似与游长成正比，常称为 $A_i$ 码。这里，$i$ 代表码字固定的长度递增单位(比特)。图 10.11 给出了 $A_3$ 码的结构，码字的长度以 3 bit 递增。

| 游程长度 | 码字 |
|---|---|
| 1 | 001 |
| 2 | 010 |
| 3 | 011 |
| 4 | 100 |
| 5 | 101 |
| 6 | 110 |
| 7 | 111 |
| 8 | 000 001 |
| ⋮ | ⋮ ⋮ |
| 14 | 000 111 |
| 15 | 000 000 001 |

图 10.11　$A_3$ 码的结构

## 10.5.3　JBIG 标准

JBIG 是 ISO/IEC 和 ITU-T 的联合二值图像专家组(Joint Bi-level Image expert Group)于 1993 年制订的“渐进二值图像压缩”(Progressive Bi-Level Image Compression)的国际标准，编号为 ISO/IEC 11544，也是 ITU-T 的 T.82 建议。JBIG 具有高压缩性能、逐渐显示编码模式等特点，又可以适应灰度和彩色图像的无失真编码。1999 年又推出了改进的 JBIG2 国际标准。

JBIG 二值图像压缩编码标准具有以下 3 方面特征。

(1) 高压缩性能

JBIG 采用自适应算术编码作为主要压缩手段，比 ITU-T 传真二值图像编码标准 G3/G4 中最有效的改进的二维编码(Modified Modified Read，MMR)压缩算法高 1.1～1.5 倍，对印刷文字的计算机生成图像，压缩比可高 5 倍，对半色调或抖动技术生成的具有灰度效果的图像，压缩比可高 2～30 倍。

(2) 逐渐显示的编码模式

采用分级编码方式，这是 G3/G4 所不具备的。

(3) 适应灰度和彩色图像的无失真编码

将这些图像分解成比特面，然后对每个比特面分别进行编码。实验表明，若灰度图像的比特深度小于 6，JBIG 的压缩效果要优于 JPEG 的无失真压缩模式，当比特深度为 6～8 bit/pel 时，两者的压缩效果相当。

**1. 编码模式**

JBIG 标准定义了三种编码模式。

(1) 渐进的编码模式(Progressive Coding)

在该模式下，编码端从高分辨率图像开始，逐步进行分辨率降低和差分层压缩编码，一直进行到最低分辨率层，每次分辨率成 2 倍降低；解码端先解码显示最低分辨率图像，然后解码相应的用以提高分辨率的差分层附加信息，随着每层解码过程的进行，分辨率成 2 倍的增加，图像越来越清晰，直到最高分辨率图像而结束。

(2) 兼容的渐进顺序编码模式(Compatible Progressive Sequential Coding)

这是 JBIG 标准的一个很有用的特点，它可以使同一码流既可用于需要快速检索、浏览、多分辨率显示等场合，也可用于硬拷贝的单一分辨率的解码重建图像。方法是把每一分辨率层的图像分成许多水平条带(strip)，通过不同的条带数据排列顺序实现普通的渐进方式解码和兼容的渐进顺序方式解码。

(3) 单层编码模式(Single-layer Coding)

当不需要渐进编码时，将差分层数目 $D$ 设为 0 就实现了单层编码。

**2. 编解码基本原理框图**

图 10.12(a)是 JBIG 编码功能模块图，它是由 $D$ 个差分层编码器和一个底层编码器组成的。其中，$I_D$ 表示第 $D$ 层图像数据，$C_{S,D}$表示第 $D$ 层第 $S$ 条带的编码数据。图 10.12(b)是 JBIG 解码功能模块图。

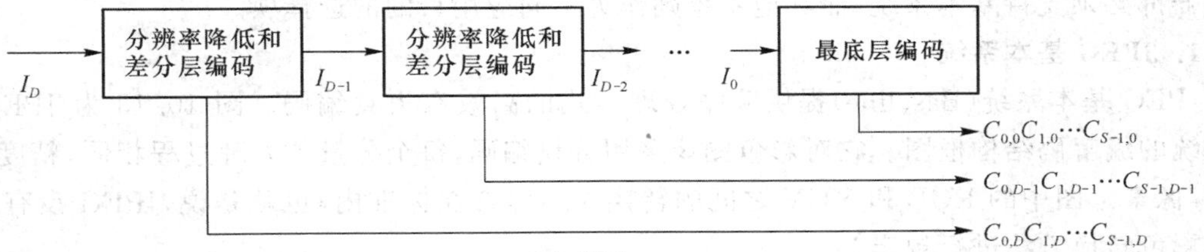


(a) 编码

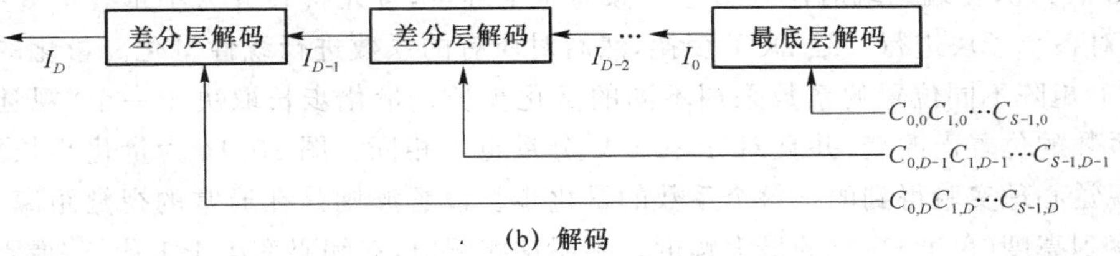


(b) 解码

图 10.12　JBIG 编解码功能模块图

图 10.12(a)描述了 JBIG 渐进编码的方法：假设图像分为 $D$ 个分辨率层，首先从最高分辨率图像得到下一层较低分辨率图像，两个图像一起实施差分层编码，然后再将该低分辨率图像作为下一层高分辨率图像，重复上面的过程，直到第 $D$ 个差分层编码，最后将最低层图像进行顺序编码。对于差分层编码和最低层顺序编码都是使用预测和自适应算术编码。

以上所述的是渐进编码模式的基本原理，如果需要进行顺序编码，只要将 $D$ 设为 0，编码器就仅进行底层编码模块的顺序编码。可见，顺序编码只是一种特殊的编码模式。此外，以上编码过程中如果还考虑了条带分割,则实际上成为一种兼容的渐进顺序编码。由此可见上述编码框图可以包括所有3种编码模式。

**3. JBIG2**

JBIG2是一种压缩效率、灵活性都比JBIG更好的二值图像压缩标准,对于文本、半调(halftone)和二值图像具有特殊的压缩方法,包括有损和无损压缩两种方式,具有灵活编码格式,容易嵌入到其他图像格式中。

JBIG2编码器可把输入的二值图像分为三类区域,文字区域、半调图像区域和一般数据,对不同的区域采用不同的编码方法,在多媒体、网页中这一点非常有用;JBIG2允许用两种渐进方式编码,即质量由低到高的渐进和连续的渐进编码。

# 10.6 JPEG与JPEG 2000标准

## 10.6.1 JPEG标准

JPEG是ISO/IEC和ITU-T的联合图片专家小组(Joint Photographic Experts Group)的缩称,该小组从1988年开始制订彩色静止图像压缩的国际标准,1991年3月正式通过,成为ISO/IEC 10918号标准,简称为JPEG,全称为"连续色调静止图像的数字压缩编码"国际标准。

JPEG标准以自适应离散余弦变换编码(ADCT)为基础,根据不同的应用场合对图像的压缩要求提出了几种不同的编、解码方法,主要可分为基本系统(Baseline System)、扩展系统(Extended System)和信息保持型系统(Lossless System)3部分。所有符合JPEG建议的编解码器都必须支持基本系统,而其他系统则作为不同应用目的的选择项。

**1. JPEG基本系统**

JPEG基本系统(Baseline)提供顺序处理方式的高效有失真编码。图10.13为JPEG基本系统的编解码结构框图。它对彩色图像采用分量编码,每个分量的处理过程相同,精度为8比特/像素。图中的RGB和YUV之间的转换并不包含在标准内,也就是说,JPEG没有对具体的彩色转换方法进行规定。

参照图10.13,在编码端对输入彩色图像的每个分量,首先将其分为不重叠的8×8像素子块,接着对各个子块进行二维DCT变换,然后对所有的系数进行线性量化。量化的过程中对处于DCT矩阵不同位置的系数采用不同的量化步长。量化步长取决于一个"视觉阈值矩阵",它随系数的位置而改变,并且对Y和UV分量也不相同。图10.14为量化步长矩阵,它们是根据视觉心理实验得到的。每个系数的量化步长设置原则是在通常的视觉距离下,人眼尚未能觉察到亮度(色度)变化的最大幅度。利用这些阈值,在编码率小于1比特/像素的条件下依然获得非常好的图像质量。根据需要,还可以把量化步长乘以一个公共因子来调整比特率,实现自适应编码,这就是把JPEG主要处理方法称为自适应余弦变换(Adaptive DCT,ADCT)的原因。另一方面,由于DCT以子块为单位,在很多场合也称为基于块的离散余弦变换(Block based DCT,BDCT)。

其次,对DCT系数的量化值进行熵编码,进一步压缩码率。这里可以采用算术编码或哈夫曼变长编码(VLC),但目前大部分应用都使用VLC。对于当前子块的直流(DC)系数与上一块的DC系数之差值进行VLC编码压缩,如图10.15(a)所示;这是由于DC分量是子块的平均值,相邻子块间的相关性很强,同时,视觉上要求各子块的平均灰度无明显的跳跃,因此对

DC 的差值作无失真的熵编码是合适的。对于交流（AC）系数，由于量化后的系数为稀疏的，仅少数 AC 系数不为零，因而采用 Z 字形方式（Zig-zag）进行一维扫描，如图 10.15（b）所示，将非零系数前面的“0”的游程长度（个数）与该系数值一起作为统计事件进行 VLC 编码。在基本系统中共推荐了两组哈夫曼码表，一组用于亮度信号 $Y$，另一组用于色度信号 $U$、$V$，每一组表又包括两张表，一张用于 DC 分量，另一张用于 AC 分量。

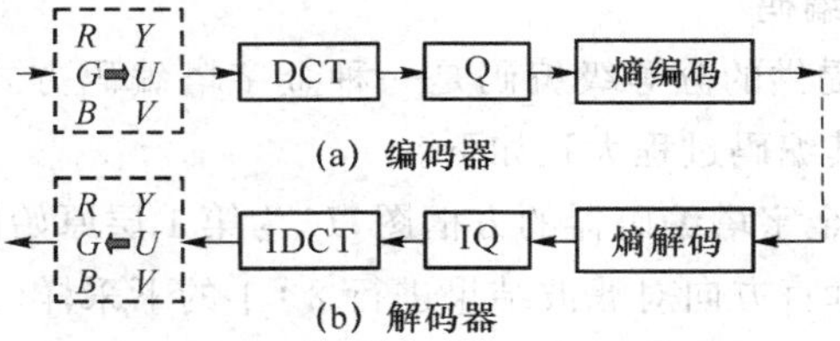


图 10.13　JPEG 基本系统的编解码结构

| | | | | | | | |
|---|---|---|---|---|---|---|---|
| 16 | 11 | 10 | 16 | 24 | 40 | 51 | 61 |
| 12 | 12 | 14 | 19 | 26 | 58 | 60 | 55 |
| 14 | 13 | 16 | 24 | 40 | 57 | 69 | 56 |
| 14 | 17 | 22 | 29 | 51 | 87 | 80 | 62 |
| 18 | 22 | 37 | 56 | 68 | 109 | 103 | 77 |
| 24 | 35 | 55 | 64 | 81 | 104 | 113 | 92 |
| 49 | 64 | 78 | 87 | 103 | 121 | 120 | 101 |
| 72 | 92 | 95 | 98 | 112 | 100 | 103 | 99 |

(a) $Y$ 分量的量化步长矩阵

| | | | | | | | |
|---|---|---|---|---|---|---|---|
| 17 | 18 | 24 | 47 | 66 | 99 | 99 | 99 |
| 18 | 21 | 26 | 66 | 99 | 99 | 99 | 99 |
| 24 | 26 | 56 | 24 | 99 | 99 | 99 | 99 |
| 47 | 66 | 99 | 99 | 99 | 99 | 99 | 99 |
| 99 | 99 | 99 | 99 | 99 | 99 | 99 | 99 |
| 99 | 99 | 99 | 99 | 99 | 99 | 99 | 99 |
| 99 | 99 | 99 | 99 | 99 | 99 | 99 | 99 |
| 99 | 99 | 99 | 99 | 99 | 99 | 99 | 99 |

(b) $UV$ 分量的量化步长矩阵

图 10.14　JPEG 量化步长矩阵

JPEG 建议是一种指导性的编码，编码时可以采用标准推荐的量化表和码表，也可以根据具体应用场合自行决定，或者在编码过程中根据需要进行调整。

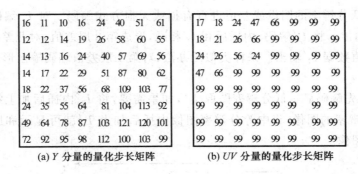

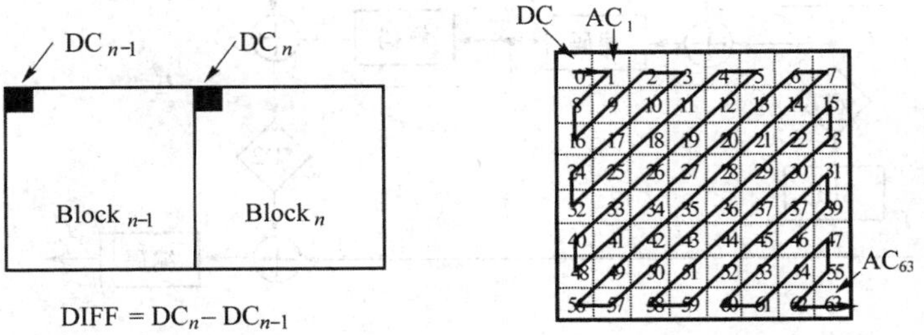


(a) DC系数差分编码　　　(b) AC系数的 zig-zag 扫描

图 10.15　量化后的 DCT 系数处理

**2. JPEG 中的逐渐浮现编码**

JPEG 中有两种基本的实现渐进显示的编码方法，即频率选择法和连续近似法，它们均以子块为单位对量化后的 DCT 系数进行处理，而且对于同一个分量，所有子块的处理过程相同。这两种方法既可以分别使用，也可以灵活地组合使用。

（1）频率选择法：也称频谱选择法，将原先对 DCT 系数一次性进行的 VLC 编码分为若干次进行，称为若干次扫描；每次包含若干 DCT 系数，称为子带。根据 DCT 系数的重要性先处理低频子带再依次处理高频子带,从而实现图像从低频概貌到高频细节的渐进。

(2) 连续近似法:也是通过若干次扫描对 DCT 系数进行 VLC 编码,但每次扫描中不对当前的频带量化系数的全值进行编码,而是只对其若干有效比特位进行编码。对于一个系数而言,开始时先将最高几个有效比特的值进行编码,在后续的扫描中再依次将剩下的比特的值进行编码。这种方式可以看作特殊的比特面编码。

**3. JPEG 中的金字塔编码**

JPEG 中扩展系统中提供的分等级编码是一种金字塔编码方式,它的原理和前面介绍的图像的四叉树表示类似,其编码过程大致如下。

图 10.16 是一个 3 层金字塔编码器的方框图,$I_1$ 为第 1 层原始图像,首先对原始图像数据进行低通滤波,在水平和垂直方向对滤波结果进行 2∶1 的下采样(down sampling),降低原始图像的分辨率,形成第 2 层待编码的图像 $I_2$。用同样的方法在 $I_2$ 基础上形成第 3 层待编码的图像 $I_3$。

然后对已降低分辨率的图像或差值进行有损或无损方式编码。对 $I_3$ 编码形成第 3 层编码图像数据 $I_3'$ 输出。将 $I_3'$解码、内插后和 $I_2$ 相减,形成第 2 层差值,对此差值进行编码后形成第 2 层编码差值数据 $I_2'$输出。采样类似的办法,对第 1 层差值编码输出形成第 1 层编码差值数据 $I_1'$输出。

在解码端,首先解码显示低分辨率图像 $I_3'$,如果需要,将 $I_3'$内插后加上第二层差值数据 $I_2'$可显示中等分辨率的图像,将中等分辨率图像内插后加上 $I_1'$就可显示和原始图像分辨率相同的高分辨率图像。

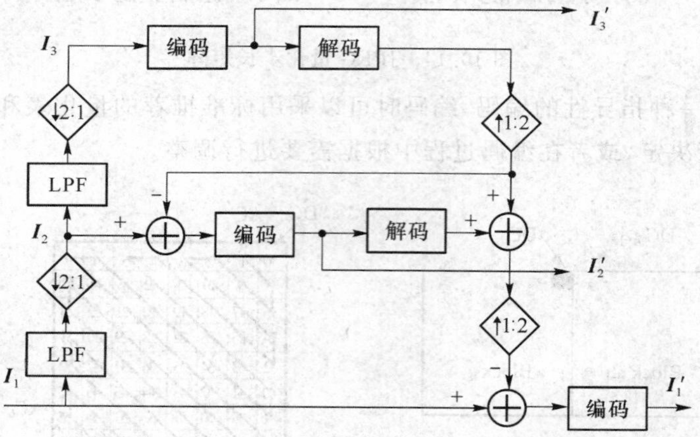


图 10.16　3 层金字塔编码框图

## 10.6.2　JPEG 2000 标准

在 JPEG 2000 之前,JPEG 标准(主要是它的基本系统)已经被广泛应用,并且取得了很大的成功。然而,它的一些缺点也随着它在医学图像、数字图书馆、多媒体、Internet 和移动网络的推广而日益明显,如低比特率编码时会出现很明显的方块效应,遇到比特差错时图像质量受到严重的损坏等。虽然 JPEG 的扩展系统可以弥补这些缺陷,但也仅仅是在非常有限的范围,而且有时还受到专利等知识产权的限制。为了能够用单一的压缩码流提供多种性能、满足更为广泛的应用,JPEG 工作组于 1996 年开始制订一种新的静止图像压缩编码标准,于 2000 年年底公布，称它为 JPEG 2000，标准号为 ISO/IEC 15444。JPEG 2000 的图像压缩比在 JPEG 基础上提高了 10%～30%，而且压缩后的图像显得更加清晰。

JPEG 2000 目前主要由 12 个部分组成，其中，第一部分为编码的核心部分，具有最小的复杂性，可以满足 80%以上的应用需要，其地位相当于 JPEG 标准的基本系统，是公开并可免费使用的。其余的部分主要是增加功能和便于特殊需要，如第二部分为核心编码的扩展，第三部分为运动 JPEG 2000(Motion JPEG 2000，MJP2)，第四部分为一致性测试，第五部分为参考软件，等等。本节所介绍的内容基本上仅涉及标准的第一部分。

需要强调的是，JPEG 2000 不仅提供了比 JPEG 基本系统更高的压缩效率，而且提供了一种对图像的新的描述方法，可以用单一码流提供适应多种应用的性能。特别是第一部分，它与 JPEG 的基本系统相比具有以下的优点：

(1) 采用全帧离散小波变换(Discrete Wavelet Transform，DWT)编码，取代 JPEG 的 DCT 变换，变换具有更高的压缩比和抗误码性能。

(2) 同时支持有失真和无失真压缩，支持对彩色图像、二值图像的高效压缩。

(3) DWT 自身具有多分辨率图像表示性能，支持多分辨率表示和 SNR 可分级编码，可对图像进行按精度或者按分辨率的渐进显示。

(4) 采用嵌入式码流结构，支持对感兴趣区域(Region Of Interest，ROI)编码，可对不同的图像区域给予不同的精度。

(5) 码流语法灵活，对图像的某个区域进行随机访问时，不用对整个码流进行解码。

图 10.17 是 JPEG 2000 的基本模块组成，其中包括预处理、DWT、量化、熵编码以及码流组织等 5 个模块，下面将对此分别进行简要介绍。

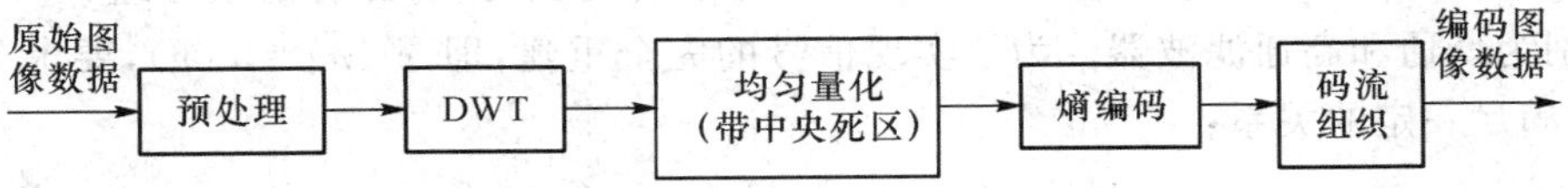


图 10.17　JPEG 2000 基本编码模块组成

**1. 预处理**

通常的彩色图像包含 3 个分量(RGB 或 Y、$C_b$、$C_r$)，但为了适应多谱图像的压缩，JPEG 2000的输入图像可以包含多个分量，允许最多有 16 384($2^{14}$)个分量。每个分量的采样值可以是无符号数或有符号数，比特深度为 1～38 bit/pel。每个分量的分辨率、采样值符号以及比特深度可以不同。

在预处理中，首先是把图像分成大小相同、互不重叠的矩形叠块(tile)。叠块的尺寸是任意的，它们可以大到整幅图像、小到单个像素。每个叠块使用自己的参数单独进行编码。

第二步是对每个分量进行采样值的位移，使值的范围关于 0 电平对称。设比特深度为 $B$，当采样值为无符号数时，则每个采样值减去 $2^B-1$，当采样值是有符号数时则无须处理。

第三步是进行采样点分量间的变换，以便除去彩色分量之间的相关性，要求是分量的尺寸、比特深度相同。JPEG 2000 的第一部分中有两种变换可供选择，它们假设图像的前面 3 个分量为 RGB，并且只对这 3 个分量进行变换。

一种是不可逆的实数彩色变换(ICT)，RGB 到 $YC_bC_r$ 的变换为

$$\begin{bmatrix} Y \\ C_b \\ C_r \end{bmatrix} = \begin{bmatrix} 0.299 & 0.587 & 0.114 \\ -0.169 & -0.331 & 0.500 \\ 0.500 & -0.419 & -0.081 \end{bmatrix} \cdot \begin{bmatrix} R \\ G \\ B \end{bmatrix} \tag{10.23}$$

$YC_bC_r$ 到 $RGB$ 的变换为

$$\begin{bmatrix} R \\ G \\ B \end{bmatrix} = \begin{bmatrix} 1.0 & 0 & 1.402 \\ 1.0 & -0.344 & 0.714 \\ 1.0 & 1.772 & 0 \end{bmatrix} \cdot \begin{bmatrix} Y \\ C_b \\ C_r \end{bmatrix} \tag{10.24}$$

另一种是可逆彩色变换(RCT),它是对 ICT 的整数近似,既可用于有失真编码也可用于无失真编码。$RGB$ 到 $YUV$ 的变换为

$$Y = \left\lfloor \frac{R+2G+B}{4} \right\rfloor, \qquad C_r = B-G, \qquad C_b = R-G \tag{10.25}$$

其中,$\lfloor x \rfloor$表示取小于等于 $x$ 的最大整数。$YUV$ 到 $RGB$ 的变换为

$$G = Y - \left\lfloor \frac{C_r + C_b}{4} \right\rfloor, \qquad R = C_b + G, \qquad B = C_r + G \tag{10.26}$$

**2. 离散小波变换 DWT**

在 JPEG 基本系统中使用的基于子块的 DCT 被全帧 DWT 取代。如果图像被分为小的叠块(tile),则是对各叠块进行 DWT。

图 10.18 为一维双子带 DWT 分析综合滤波器组框图。分析滤波器组($h_0$,$h_1$)中的 $h_0$ 是一个低通滤波器,它的输出保留了信号的低频成分而去除或降低了高频成分;$h_1$ 是一个高通滤波器,它的输出保留了信号中边缘、纹理、细节等高频成分而去除或降低了低频成分。在 JPEG 2000 的第一部分,分析滤波器的阶数为奇数。与之相对应,综合滤波器组($g_0$,$g_1$)的 $g_0$ 和 $g_1$ 分别为低通和高通滤波器。为了实现信号的完全重建,即 $x'(n)=x(n)$,要求分析综合滤波器组满足一定的关系:

$$H_0(z)G_0(z) + H_1(z)G_1(z) = 2 \tag{10.27}$$

$$H_0(-z)G_0(z) + H_1(-z)G_1(z) = 0 \tag{10.28}$$

其中,$H_0(z)$、$G_0(z)$、$H_1(z)$、$G_1(z)$分别是 $h_0$、$g_0$、$h_1$、$g_1$ 的 $Z$ 变换。

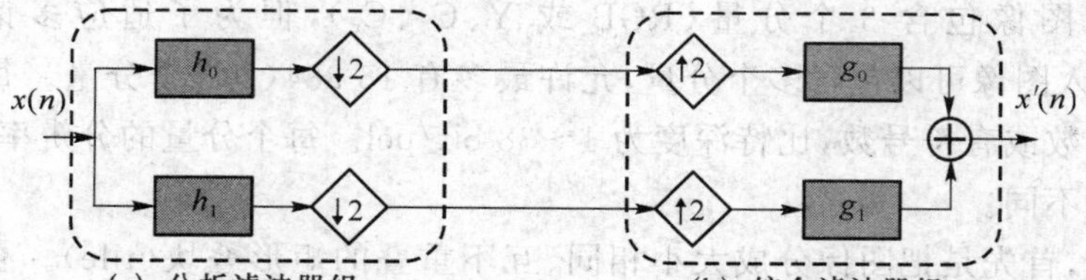


图 10.18 一维双子带小波分析和综合滤波器组

当一维信号被分解为两个子带后,低子带信号仍然有很高的相关性,可以对它再进行双子带分解,降低其相关性;与之相反,高子带信号的相关性较弱,因此不再进行分解。在 JPEG 2000的第一部分只支持所谓二元分解(dyadic),即每次只对低子带作进一步分解。

对图像进行二维 DWT 是用一维 DWT 以可分离的方式进行的,每一次分解中先用一维分析滤波器组($h_0$,$h$)对图像进行水平(行)方向的滤波,然后对得到的每个输出再用同样的滤波器组进行垂直(列)方向的滤波,所得到的子图像被称为一次分解的 4 个子带。由于滤波是线性的,由此采用先行后列与先列后行的次序所得到的结果是相同的。在二维二元小波分解

中，对每次分解得到的最低子带LL可以继续分解，直到分解不再能得到显著的编码增益。在图像的2次小波分解中，常用0LL表示原始图像，经1次分解后得到低频分量为1LL，对角高频分量为1HH，水平高频分量为1HL，垂直高频分量为1LH；对1LL进行2次分解，分别得到2LL、2HH、2HL和2LH；还可以对2LL继续进行3次分解等。

对于分析和综合滤波器组 $h_0$、$h_1$ 和 $g_0$、$g_1$，在JPEG 2000第一部分中仅使用两种滤波器组，第一种是Daubechies 9/7浮点滤波器组，它在有失真的压缩中性能优越；第二种是整数提升(Lifting)5/3滤波器组，亦称为整数可逆5/3滤波器组，它具有较低的实现复杂度，并可满足无失真压缩的要求。具体的滤波器参数这里就不再仔细介绍了。

**3. 量化**

JPEG 2000第一部分采用中央有“死区”的均匀标量量化器，所谓“死区”就是在0附近的输入区间其量化步长宽度是为其他输入区间的两倍。量化器对不同的子带采用不同的量化步长，但是在一个子带中只有一个量化步长。量化以后，每一个小波系数用符号和幅值两部分来表示。后续的熵编码对量化后的小波系数进行。对于无损压缩，量化步长必须是1，实际上就是不作量化运算。

量化时，对于某一子带b，首先由用户选择一个基本量化步长 $\Delta_b$，它可以根据子带的视觉特性或者码率控制的要求决定。量化将子带b的小波系数 $y_b(u,v)$ 量化为量化系数 $q_b(u,v)$，即

$$q_b(u,v)=\operatorname{sign}[y_b(u,v)]\cdot\left\lfloor\frac{|y_b(u,v)|}{\Delta_b}\right\rfloor \tag{10.29}$$

量化步长 $\Delta_b$ 被表示为2B，其中11 bit为尾数 $\mu_b$，5 bit为指数 $\varepsilon_b$，即

$$\Delta_b=2^{R_b-\varepsilon_b}\left(1+\frac{\mu_b}{2^{11}}\right) \tag{10.30}$$

其中，$R_b$ 为子带b的标称动态范围的比特数。由此保证最大可能的量化步长被限制在输入样值动态范围的两倍左右。

**4. 熵编码**

图像经过变换、量化后，在一定程度上减少了空域和频域上的冗余度，但量化后的系数(符号)在统计意义上还存在一定的相关性，为此采用熵编码来消除数据间的统计相关。将量化后的子带系数划分成小的矩形码块(Code Block)，它的大小由编码器设定，必须是2的整数幂，它的总数不大于4 096。熵编码采用两层编码策略，对每个码块单独进行。

在第一层，与传统的依次对每个系数进行熵编码不同，JPEG 2000把码块中的量化系数组织成若干个比特面，从最高位比特面开始，依次对每个比特面上的小波系数位进行基于上下文的算术编码。在进行算术编码后，对每一个码块，得到了一个独立的嵌入式码块压缩码流。这就是JPEG 2000的优化截断的嵌入块编码(Embedded Block Coding with Optimized Truncation，EBCOT)方法，是一种对小波变换产生的子带系数进行量化和编码的方法，具有如下特点：生成的压缩码流可根据需要，被截断成不同长度的码流子集，将所有码块的截断位流组织起来，可重构出一定质量的图像。

在第二层，根据失真率优化原则，对所有码块的压缩码流适当截取，分层组织，形成整个图像的具有质量可分级的压缩码流。在分层组织压缩码流时，须对每个码块在每一层上的贡献信息进行编码，即对码块位流在该层的截断点信息的编码。由于图像采用小波变换，整个图像压缩位流具有分辨率可分级性，从而，压缩码流可同时具有质量上和分辨率上的可分级性。由于对码块进行独立编码，因此，可根据需要，随机获取并解码相应的码块压缩位流，重构出所需

的图像局部区域。

**5. 码流组织**

为了适合图像的网络传输,更好地应用JPEG 2000压缩码流的功能,JPEG 2000规定了存放压缩码流和解码所需参数的格式,把压缩的各比特面数据组织成数据包,形成最终的输出码流。

## 习题与思考

10.1 在黑白图像传真中,常采用游程长度编码,试简述“黑长”和“白长”混合编码和分别编码的压缩效果,并说明其理由。

10.2 已知某静止4×4子图像经方块编码(BTC)后,分辨力矩阵 $\boldsymbol{\Phi}=\begin{bmatrix}1&1&0&0\\1&1&0&1\\0&1&1&0\\0&0&1&0\end{bmatrix}$,且 $X_T=\bar{X}=7.5$,$\sigma=1.5$,$X_T$ 为阈值,$\bar{X}$ 为平均值,$\sigma$ 为方差。

(1) 按二阶矩不变原则 $\begin{cases}a_0=\bar{X}-\sigma\sqrt{q/(m-q)}\\a_1=\bar{X}+\sigma\sqrt{(m-q)/q}\end{cases}$,求出恢复的子图像矩阵(计算时四舍五入取整)。

(2) 若原图像、恢复图像每像素皆为4 bit,$\bar{X}$、$\sigma$ 也为4 bit,求编码压缩比 $\eta$。

10.3 简述比特面编码基本概念,并解释在用比特面编码实现逐渐浮现编码传输时,为什么要按从高比特面到低比特面的次序传输。

10.4 设原始图像中一个4×4子块为 $\begin{bmatrix}121&114&56&47\\37&200&247&255\\16&0&12&169\\43&5&7&251\end{bmatrix}$,现采用下述均方误差最小的方块编码方法,定义:

$$\bar{X}=\frac{1}{m}\sum_{i=1}^{m}x(i),\qquad X_L=\frac{1}{m-q}\sum_{x(i)<\bar{X}}x(i),\qquad X_H=\frac{1}{q}\sum_{x(i)\geqslant\bar{X}}x(i)$$

其中,$m$ 为方块中像素的个数,$q$ 为方块中亮度值大于或等于 $\bar{X}$ 的像素个数,$x(i)$ 为方块中的像素亮度。试求:

(1) 编码输出的结果(即要传送的内容,计算时四舍五入取整)。

(2) 接收端恢复出的图像矩阵。

(3) 在上述编码的基础上对该图像还可采用何种方法进一步压缩码率。

10.5 在静止图像JPEG编码中,当压缩比很大时,需要采用大的量化步长,从而使大部分子块的交流系数变为0,此时解码重建图像会出现什么现象?

10.6 如题图10.1(a)所示的是一幅由自然灰度图像、图形、文字像等组成的复合图像。某同学尝试使用四叉树分割的方法得到不同图像类型区域,然后对不同类型区域分别进行编码,从而实现对整幅复合图像的编码。整幅图像大小为256×256,每像素为8 bit。图像经过四叉树分割后如题图10.1(b)所示,可以得到4种类型的块:16×16全白块,8×8全白块,8×

8 二值块和 4×4 灰度块，编码方案为 16×16 全白块码字为“00”，8×8 全白块码字为“01”，8×8 二值块码字为“10”（码头）+“××××…”（该子块直接编码），4×4 灰度块采用普通的方块编码（BTC），码字为“11”（码头）+“$a_0$，$a_1$，比特面”（$a_0$，$a_1$ 均为 8 bit 精度）。已知题图 10.1(a) 经过四叉树分解后有 140 个 16×16 的单值块，83 个 8×8 的单值块，125 个 8×8 的二值块，以及 1 024 个 4×4 的多值块。试求：

(1) 该图像编码后的总比特数。

(2) 该图像编码的压缩比。

(3) 在此编码方案的基础上提出一种可能的改进编码性能的方法。

(4) 假如图中自然图像的面积逐步增大，则压缩比会有怎样的变化趋势？

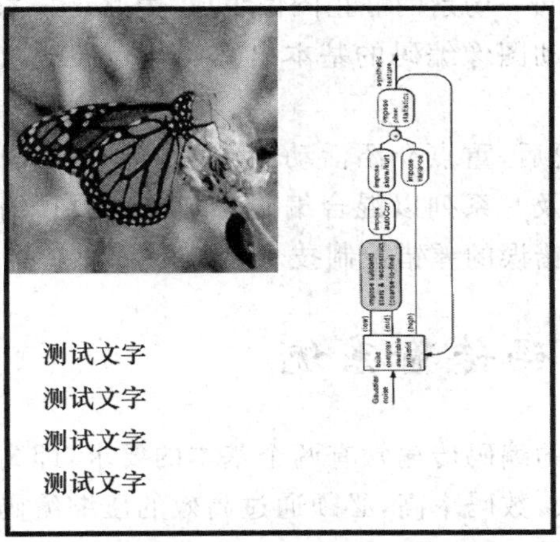


(a) 复合图像(256×256)

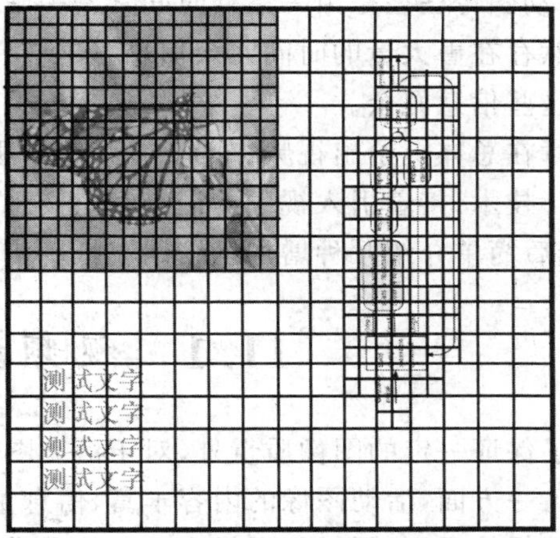


(b) 四叉树分割的结果

题图　10.1

# 第 11 章　活动图像编码

活动图像通常指电视图像、视频图像或序列图像，如果是经过数字化以后的活动图像也称为数字视频图像、数字序列图像等。由此可知，一方面由于活动图像实际上是由一系列的静止图像组成，所以必然保留着普通图像的基本特点，每幅图像中存在大量的空间冗余信息；另一方面，活动图像往往是由一系列时间紧密关联的同一场景的静止图像组成，因此这一系列图像之间必然存在着大量的时间冗余信息。这样，活动图像编码的基本出发点就是设法减少乃至于消除这些信息冗余。

本章在总体上给出视频编码传输系统的概况后，重点介绍活动图像编码中的帧间预测和运动估计技术；接着引入视频的混合编码概念以及一系列以混合编码为基础的视频编码国际标准；最后简单介绍几种增加压缩码流抵御传输错误的差错控制技术。

## 11.1　视频编码传输系统

除了保证一定的图像质量外，对于活动图像的编码传输常有两个基本的要求，即高效性和实时性。一方面，活动图像的内容丰富，信息量大，数码率高，必须通过高效的压缩编码将码率降到足够低的程度，同时还要保证一定的图像质量，才能满足实用的要求；另一方面，在活动图像传输系统中，图像内容在连续不断地发生变化，图像传输系统必须能实时地对它进行编码传输，接收端才能即时解码恢复同样连续的活动图像。例如，对于 ITU-R BT. 601 标准数字视频信号，其有效像素的码率高达 160 Mbit/s，只有采用压缩 100 倍以上的高速处理方法，才能够达到以 1 Mbit/s 码率进行实时传输目的。

### 11.1.1　系统结构

活动图像编码传输系统的基本框图如图 11.1 所示。比较它与第 10 章的静止图像传输系统的框图就可以发现，活动图像编码传输系统中有一个传输缓冲存储器（简称缓存）。这是因为在活动图像编码中，随着图像内容的变化，编码输出往往是间歇的不均匀码流，其特性与信道的传输特性不相适应，通过缓存可以对两者的差异进行“缓冲”，在一定范围内维持编码与传输的速率相适应。因此，缓存在活动图像编码传输系统中是很重要的。

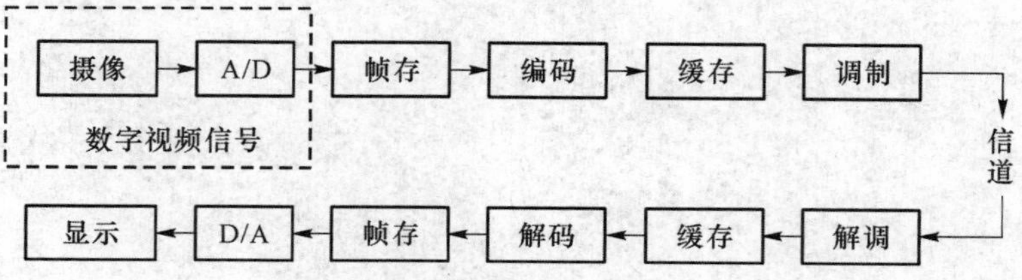


图 11.1　活动图像编码传输系统框图

例如，为了能在固定速率的信道上传输，利用缓存来平滑不均匀的数据流：一方面，利用它的容量吸纳一部分码字，保证数据能不间断地匀速输出；另一方面，用它对编码器进行反馈控制，使缓存平均输入速率与输出速率相等。

### 11.1.2　分辨率和编码方式

**1. 编码视频的分辨率**

在数字图像通信中常常要根据不同应用场合对图像质量要求来选择相应的压缩编码方法。例如，对于一般的数字电视系统，它要适应新闻播音、体育比赛、文艺演出、自然风光等各种节目内容，图像的质量要求很高；对于常见的网络视频、会议电视、现场播放来说，通常画面场景简单，运动量不大，背景变化较小，对图像质量的要求可以适当降低；而对于手机视频、可视电话、视频聊天等，其典型的图像是单人的头肩像，运动量更小，背景几乎不变，它的图像内容更加简单，对它的质量要求就可以进一步降低。

目前根据视频图像的分辨率和应用的场合，可以把视频编码分为下面几个层次：

① 高清(High Definition，HD)视频编码：图像分辨率为 1 080×768 以上，如 1 920×1 080，采用 H.264/AVC 压缩标准，约 2～8 Mbit/s 的码率就可以达到高清图像质量要求。现在已经出现超高清分辨率视频，如 2 560×1 600、3 840×2 160、4 096×2 160 等。

② 标清(Standard Definition，SD)视频编码：图像分辨率为 720×576，采用 H.264/AVC 压缩标准，约 1 Mbit/s 的码率就可以达到普通广播电视图像质量要求。

③ 公共中间格式(Common Intermediate Format，CIF)视频编码：图像分辨率为 352×288，更小分辨率还有 176×144 的 QCIF(Quarter CIF)格式等，它们属低分辨率图像。

**2. 视频编码方式**

(1) 分量编码方式

对于模拟彩色视频信号进行压缩编码，总体上说有两种不同的编解码体制，一种是复合编码，它直接对复合视频信号进行采样和编码传输；另一种是分量编码，它首先把复合视频中的亮度($Y$)和 2 个色差信号($U$、$V$)分离出来，然后分别对这 3 个分量进行数字化和编码传输。目前分量编码方式已经成为数字视频编码的主流方式，在一系列图像压缩国际标准中，均采用分量编码方案。分量方式在采集和数字化过程中忽略了模拟视频中的同步和行场消隐信号，只取有用的图像信号，并根据模拟视频的频谱特性和人的视觉特性，对亮度信号 $Y$ 使用较高的采样频率，对色差信号 $U$、$V$ 则使用较低的采样频率。在分量方式中，视频编码就是分别对 $Y$、$U$、$V$ 三个分量序列进行压缩处理，使总码率降低。

(2) 帧内和帧间编码

根据活动图像既存在空间冗余、又存在时间冗余的特点，压缩编码主要从这两方面着手，既要考虑利用每幅图像内部的空间相关性进行所谓的帧内(intra)压缩编码，又要考虑利用相邻帧之间的时间相关性进行所谓帧间(inter)压缩编码，这样得到的最终码率才可能达到最低。

帧内编码即对单幅图像进行编码，参与编码的图像数据仅限于本帧图像内，原则上所有的静止图像编码的方法都可以用于帧内编码。但在实际应用中，经常采用的是如第 9 章中介绍的空间域进行的预测编码方法，或者在变换后的频率域(变换域)进行的压缩编码方法。

帧间编码即利用多帧图像进行编码，参与编码的图像数据不限于本帧图像内，一般包括正在编码帧的前后相邻的若干帧。帧间编码主要是利用同一位置的帧间相邻像素之间具有很强相关性的特点，采用帧间预测的方法消除它的时间冗余。在帧间编码中，一个很重要的问题就是要处理好运动物体，因为运动物体是破坏帧间简单相关性的根源，所以必须对运动物体的运动状况进行估计,由估计的结果对帧间预测进行补偿,以提高预测的准确性,从而进一步增加压缩比。

# 11.2 帧间预测编码

根据图像的统计特性,对于活动图像,由于相邻帧的时间间隔很短(1/25～1/30 s),因而在景物的运动不是很剧烈的场合,相邻帧中相同或相似的部分较多,即它们之间的相关性很强。如果编码时能充分利用序列图像在时间轴方向的相关性进行预测,就可望获得更高的压缩比,这就是帧间预测编码出发点。

## 11.2.1 帧间预测的依据

现在,帧间预测已成为数字视频编码中采用的一项标志性的高效压缩技术。之所以对活动图像序列进行帧间预测有效,因为它具有信源和信宿(信源的接受者)两方面的依据。

**1. 信源特性**

从信源的角度看,自然景物大多都处于相对不变或缓变状态,这是帧间相关性存在的前提。当然,这也和摄像机摄取景物的方式有关,如果摄像机本身在移动或镜头拉伸,那么图像帧间的相关性就不像摄像机不动时那样明显和简单。目前视频编码中考虑的主要是针对摄像机不动的简单情况。

帧间预测中,主要是考虑如何处置物体运动的情况,静止的部分相对好办。图 11.2 所示的相邻帧帧间物体运动的示意图。图像的内容是在一个细节不十分复杂的背景前,有一个运动物体——足球。假定运动物体的位置在第 $k$ 帧与第 $k-1$ 帧相比有一定的位移,可以将第 $k$ 帧图像分为 3 类各具特点的区域。

① 背景区:指摄像机不动而摄取的运动物体后面的背景,它一般它是静止的,若外界条件不变,则这两帧背景区的绝大部分数据相同,这意味着两帧背景区之间的帧间相关性很强。

② 运动物体区:若将物体运动近似看作简单的刚体平移,则第 $k$ 帧与第 $k-1$ 帧的运动区的数据也基本相同。假如能采用某种"运动估计"方法(位移估计)估计出运动物体的"运动矢量"(位移量),在此位移量的指导下,在第 $k$ 帧中运动物体每个像素都可找到第 $k-1$ 帧中对应的像素,这就是"运动补偿",那么两帧的运动区之间的相关性也是很强的。

③ 暴露区:这是指运动后所暴露出的原来曾被运动物体遮盖住的区域。这一区域一般情况下在前一帧中找不到对应的像素,其相关性不大。但是,如果有存储器早先将这些暴露区的数据暂时存储,则经遮盖再暴露出来的数据与原先存储的数据相同,则暴露区也可能存在着较强的帧间相关性。

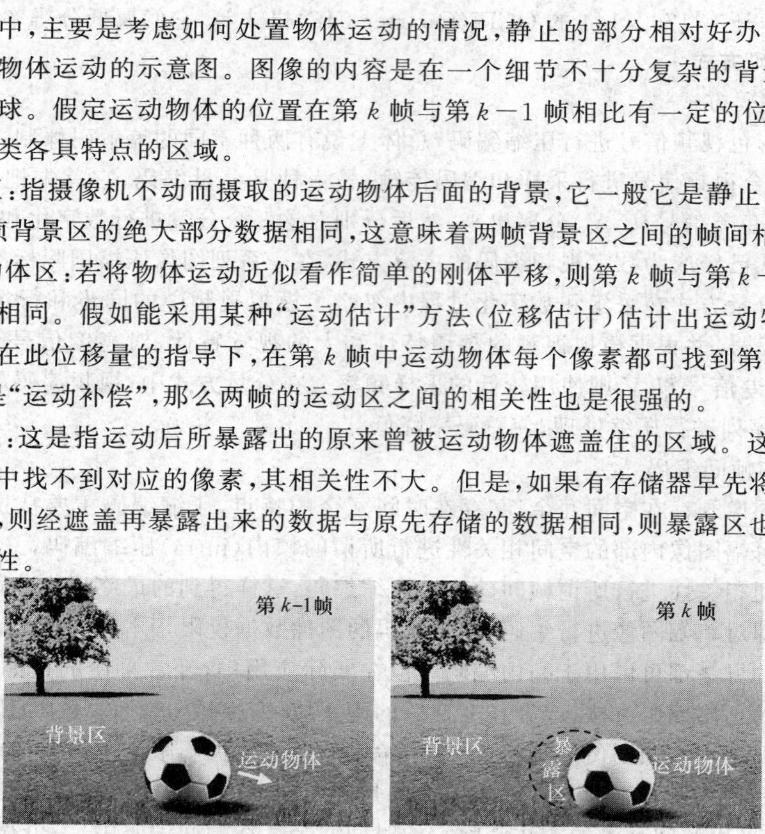


图 11.2 图像的不同区域

其实在第 $k$ 帧还存在一类所谓的"覆盖区"，即被运动物体覆盖的部分，由于这部分无须在第 $k$ 帧编码，因而一般也不予考虑。以上 3 类区域的帧间相关性虽然是最理想的情况，但却是帧间压缩编码的重要信源依据。当然，若是整个画面从一类景物切换为另一类景物时，帧间相关性就可能很少可以利用了。

**2. 信宿特性**

从信宿的角度看，研究表明，人类视觉对图像中的静止部分的细节有较高的敏感度，所以在传输静止图像或序列图像的静止部分时，要保证给这部分图像以较高的空间(spatial)分辨率；与此同时，却可以减少每秒传输帧数，即适当降低时间(temporal)分辨率，在接收端依靠帧存储器把未传输的帧补充出来。

另一方面，人类视觉对于序列图像中的运动物体的分辨率将随着物体运动速率的增大而显著降低，而且摄像机中的感光器件、显示器件中的发光单元的积分效应也会造成它们对运动部分的空间分辨率灵敏度下降。这样，在传输活动剧烈的运动物体或图像序列时，可以适当降低这部分图像的空间分辨率，且物体的运动速度愈高，就可用愈低的分辨率进行传输，但要保证足够的帧率，也就是时间分辨率，否则就会缺少运动的连续感。

可见，如果根据图像的内容在空间分辨率(清晰度)和时间分辨率(帧率)之间进行调整，可在一定的码率下使重建图像在视觉上保持最佳的主观效果，这种方法就叫作基于人的视觉特性的空间分辨率和时间分辨率的交换。

## 11.2.2　简单的帧间预测

在视频编码中，对于序列图像中大量存在的静止或缓变区域，或者在编码器复杂度受到限制的情况下，可以采用一些简单的帧间预测方法。

**1. 帧重复**

对于图像中的景物变化缓慢的场合，可以少传一些帧，如由 30 帧/秒减少到 15 帧/秒、10 帧/秒等，常把这种方式称为抽帧或跳帧。在接收端可以采用对前帧重复读出的方式补满 30 帧/秒(NTSC 制)，或者 25 帧/秒(PAL 制)。这种方法实际上没有进行帧间预测，或者说将所有的帧间误差都设为 0，实现起来非常容易。这类简单的跳帧方法通常用在信道速率、编码复杂度受限的情况下采用，例如在无线传感器网络的野外可视节点。

**2. 条件修补法**

条件修补法(Conditional Frame Replenishment)是一种简单的帧间预测，设编码端已经将第 $k-1$ 帧图像的重建值存于参考帧存中。用帧间预测法编码第 $k$ 帧图像时，位于 $(x,y)$ 处的像素值 $I_k(x,y)$ 的预测值 $\hat{I}_k(x,y)$ 为第 $k-1$ 帧图像的同一位置像素的重建值 $I'_{k-1}(x,y)$，如不考虑量化，需传输到解码端的帧间预测误差 $\mathrm{FD}_k(x,y)$ 为

$$\mathrm{FD}_k(x,y) = I_k(x,y) - I'_{k-1}(x,y) \tag{11.1}$$

现在定义一个较小的阈值 $T$，并采用以下编码步骤：

① 如果 $|\mathrm{FD}_k(x,y)| \leqslant T$，则认为 $I_k(x,y)$ 位于图像的相对静止部分，近似认为 $\mathrm{FD}_k(x,y) \approx 0$，不用传输。为克服误差累积引起的"突变"，对这种区域的像素采用定期刷新的方法，即每隔一定帧传送一次原始像素值。

② 如果 $|\mathrm{FD}_k(x,y)| > T$，则认为 $I_k(x,y)$ 处于图像的运动区域或暴露区域，直接传送其 8 bit 的 PCM 像素值以及其地址 $(x,y)$ 信息，以便收端能更新相应位置的像素值。

**3. 基于图像块的预测**

如果在条件修补法中，将图像分为若干不重叠的子图像小块，又常称之为宏块(Macro Block，MB)。编码按固定顺序以子块为单位进行帧间预测，即帧间差是以子块进行计算，根据整个子块的帧差的大小判定是否要将小块的像素值传输到接收方，其优点是不用单独对每个像素进行传输，可以节省标志地址的码率。

### 11.2.3 编码模式的选择

帧内编码和帧间编码是视频编码中常见的两种编码模式，在应用中需要根据图像的统计特性选择合适的编码模式。分析表明，对于变化缓慢的序列图像，其帧间相关性强，宜采用帧间预测；当景物的运动增大时，帧间相关性减弱，而由于摄像机感光器件的“积分效应”，图像的高频成分减弱，帧内相关性反而有所增加，因此就应采用帧内编码(帧内预测或变换编码)。总之，为了能适应不同类型的图像，就应该使编码器自适应地选择帧内/帧间编码状态。

为了有效地进行帧内、帧间自适应编码，可以通过比较帧内、帧间的“活动性”来进行判断。将图像内像素值的波动程度(方差)视作帧内“活动性”，将帧差的变化程度(方差)视作帧间“活动性”，以此作为依据决定当前编码器选择何种工作模式，下面就是这种方法用于宏块模式判别的一例。

**【例 11.1】** 考虑一种简单的帧间编码的方案，把图像分为 16×16 像素块，对于每个块采用以下步骤决定其编码模式。

设 $f_k(x,y)$为当前块，$f_{k-1}(x,y)$为前一帧图像中的对应块，分别计算以下两个参数：

① 图像块的方差为 $V_{\mathrm{B}}=\frac{1}{256}\sum_{x=1}^{16}\sum_{y=1}^{16}\left[f_k(x,y)-\frac{1}{256}\sum_{x=1}^{16}\sum_{y=1}^{16}f_k(x,y)\right]^2$；

② 帧差的方差为 $V_{\mathrm{DF}}=\frac{1}{256}\sum_{x=1}^{16}\sum_{y=1}^{16}\left[f_k(x,y)-f_{k-1}(x,y)\right]^2$，注意帧差的均值为 0。

具体的判决准则可为：如果 $V_{\mathrm{DF}}<V_{\mathrm{B}}$，说明此时帧差波动很小，编码器宜工作于帧间模式。否则宜工作于帧内模式。如果结合运动补偿技术，只需将 $f_{k-1}(x,y)$改为运动补偿后的图像块即可。

## 11.3 运动估计与运动补偿

### 11.3.1 运动补偿的帧间预测

简单的帧间预测可以对静止区域进行很好的预测，但对于图像序列中的运动物体部分则不能取得好的效果。根据前面对视频中运动物体的分析，如果能估计出物体在相邻帧内的相对位移，那么用前一帧中物体的对应区域对当前帧物体进行预测，就能实现较准确的预测，减少预测误差，提高运动物体区域的编码效率。这种考虑了物体在对应区域的位移的预测方式就称为运动补偿预测编码。可见，前面介绍的简单帧间预测方法实际上未考虑运动补偿，或将运动矢量认作 0 时的一种简单化处理。

从理论上说，基于运动补偿的帧间预测编码应包括以下 4 个步骤：

① 运动物体的划分。在图像中划分出运动物体(运动区域)，剩下的为背景(静止区域和暴露区域)。

② 运动估计。对每一个运动物体进行位移估计。

③ 运动补偿。由位移的估值建立同一运动物体在不同帧的空间位置对应关系。

④ 帧间预测编码。对补偿后的运动物体部分的帧差信号和相应的运动矢量等进行编码传输。

### 11.3.2 基于块的运动补偿预测

由于实际的序列图像内容千差万别,运动补偿的第一步的“运动物体划分”,即把运动物体从图像中以整体形式划分出来是极其困难的。因此,在实际中只能退而求其次,这就是目前在活动图像编码中广泛应用的块匹配(Block Matching,BM)运动补偿预测。它是一种变通方法,图 11.3 是基于块的运动补偿预测示意图。这种方法避开了运动物体分割,把一幅图像分为互不重叠的 $N\times N$ 个像素的子块,然后以子块为基本单元,估计它们在前后帧之间因运动而形成的所谓的位移矢量(运动矢量)$\boldsymbol{v}=(v_x,v_y)$,并将它编码传送到接收端。显然,如果子块处于运动物体部分,则所估计的运动矢量不为 0,而且处于同一运动物体的子块它们的运动矢量也相同。

利用该运动矢量可以进行运动补偿的帧间预测,用前一帧图像 $I_{k-1}$ 在$(x-v_x,y-v_y)$处的亮度值对当前子块内$(x,y)$处的亮度值进行估计,即

$$\hat{I}_k(x,y)=I_{k-1}(x-v_x,y-v_y) \tag{11.2}$$

其中,为了简单起见,预测值没有用重建的第 $k-1$ 帧的值。于是,帧间预测误差为

$$e(x,y)=I_k(x,y)-\hat{I}_k(x,y)=I_k(x,y)-I_{k-1}(x-v_x,y-v_y) \tag{11.3}$$

式(11.3)与式(11.1)相比多一个位移运动矢量,因此称 $e(x,y)$为位移帧差(Displacement Frame Difference,DFD)。对预测误差进行量化、熵编码、传输,在接收端经过解码后,结合上一帧的恢复图像就可以获得当前帧各子块的解码图像。

需要注意的是,在基于块的运动估计和运动补偿中有 3 个基本的假设:①运动物体为刚体;②运动为平动;③物体像素的亮度不因运动而改变。因此子块的运动矢量就是子块内所有像素的运动矢量。对于其他类型的运动,如缩放、旋转,以及背景区的暴露或遮盖等,这种运动补偿预测就不再适用。

基于块的运动补偿帧间预测的原理可用图 11.3 简单说明。在当前帧 $F_k$ 中的某一子块,如果它处于背景区,在两帧之间没有运动,或者说它的运动矢量为 0,那么它和前一帧中相同位置处子块的像素值是几乎一样的,这一子块帧间预测只要将两帧中它们的对应像素相减即可,帧间差大多接近于 0,预测效果良好。如果某一子块处于运动物体区,如图当前帧 $F_k$ 中足球上的那个阴影子块,它是由前一帧 $F_{k-1}$ 中的阴影子块运动而至,这一子块在两帧之间因运动而产生了位移。如若能够将此位移矢量计算出来,帧间预测将不再是对应像素相减,而是将前帧 $F_{k-1}$ 中和对应子块相对偏移一个运动矢量的子块位置找出,这就是所谓的运动补偿,用这个“补偿”(偏移)过的子块和当前帧的阴影子块的对应像素相减,可以想见,其帧

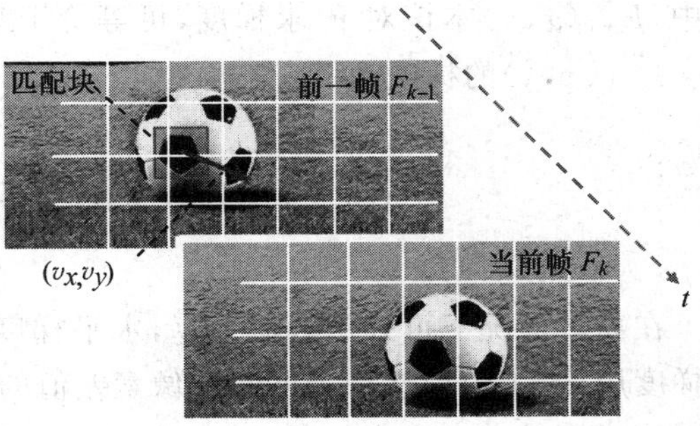


图 11.3 基于块的运动补偿预测

间差也必然很小,预测效果也同样会很好。如没有进行运动补偿,那么这一子块的帧间预测会因为失去对应关系而预测误差较大。

由上分析可知,在帧间预测中,造成预测不准的主要原因是物体的运动,弥补这一缺陷的重要手段之一是进行运动补偿,但运动补偿的前提是准确地估计出运动物体的运动矢量。运动矢量的估计方法较多,主要有逐像素进行的像素递归估计算法和按子块进行的块匹配估计算法。目前在实际应用中使用最多的是块匹配算法,即BM算法。

## 11.3.3 像素递归运动估计

像素递归(迭代)是一种逐像素的位移矢量估计方法,它利用由平移运动引起的在时间和空间图像信号变化进行位移矢量的估计。设从第 $k-1$ 帧图像 $I_{k-1}(x,y)$ 到第 $k$ 帧图像 $I_k(x,y)$ 时,像素 $(x,y)$ 运动位移为 $\boldsymbol{v}=(v_x,v_y)$,$v_x$、$v_y$ 分别为水平和垂直方向的位移分量。假定物体在运动的过程中亮度不变,则有像素 $(x,y)$ 的位移帧差

$$\mathrm{DF}(x,y,\hat{\boldsymbol{v}}) = I_k(x,y) - I_{k-1}(x-v_x,y-v_y) = 0 \tag{11.4}$$

这是理想情况,即位移估计准确时的结果。但是现在的目标就是要估计位移,可先假设一个位移的初步估计值 $\hat{\boldsymbol{v}}_i=(\hat{v}_{xi},\hat{v}_{yi})$,此时的位移帧差为

$$\mathrm{DF}(x,y,\hat{\boldsymbol{v}}_i) = I_k(x,y) - I_{k-1}(x-\hat{v}_{x_i},y-\hat{v}_{y_i}) \tag{11.5}$$

如果运动估计的愈准确,则位移帧差愈小,因此可以将位移帧差的平方 $\mathrm{DF}^2(x,y,\hat{\boldsymbol{v}}_i)$ 作为目标函数,逐步地改变所估计的位移矢量 $\hat{\boldsymbol{v}}_i$,使目标函数逐步趋于0,迭代停止后得到的位移矢量就是该像素的运动矢量。这实际上变为一个最小化迭代求解的问题,如果采用最大梯度下降法来修改第 $i$ 次位移矢量 $\hat{\boldsymbol{v}}_i$,则第 $i+1$ 次的位移估计为

$$\hat{\boldsymbol{v}}_{i+1}=\hat{\boldsymbol{v}}_i-\frac{1}{2}\cdot\varepsilon\cdot\nabla_{\hat{\boldsymbol{v}}_i}[\mathrm{DF}(x,y,\hat{\boldsymbol{v}}_i)]^2 \tag{11.6}$$

其中,$\varepsilon$ 为一个小的正常数,控制每次迭代修正的幅度。常数 $\varepsilon$ 在每步迭代中可以取固定的值,大的 $\varepsilon$ 使得收敛速度快,但估计精度差;小的 $\varepsilon$ 使得收敛速度慢,但可以得到准确的估计值。按照式(11.6)反复迭代直到目标函数值小至一定的程度,即小于预定的门限值 $T$ 为止,即 $[\mathrm{DF}(x,y,\hat{\boldsymbol{v}}_i)]^2<T$。满足此式的 $\hat{\boldsymbol{v}}_i$ 值就是像素 $(x,y)$ 的运动矢量。

式(11.6)中 $\nabla$ 为对 $\hat{\boldsymbol{v}}_i$ 求梯度的算子,将它展开后为

$$\hat{\boldsymbol{v}}_{i+1}=\hat{\boldsymbol{v}}_i-\varepsilon\cdot\mathrm{DF}(x,y,\hat{\boldsymbol{v}}_i)\cdot\nabla I_{k-1}(x-\hat{v}_{x_i},y-\hat{v}_{y_i}) \tag{11.7}$$

其中,$I_{k-1}(x,y)$ 本该对 $\hat{\boldsymbol{v}}_i$ 求梯度,可等价于水平 $x$ 方向和垂直 $y$ 方向求梯度,但需改变正负号。$I_{k-1}(x,y)$ 的梯度为

$$\nabla I_{k-1}(x-\hat{v}_{x_i},y-\hat{v}_{y_i})=\begin{bmatrix}\dfrac{\partial}{\partial x}\\[2ex]\dfrac{\partial}{\partial y}\end{bmatrix}I_{k-1}(x-\hat{v}_{x_i},y-\hat{v}_{y_i}) \tag{11.8}$$

在离散情况下可采用近似计算,水平梯度用 $k-1$ 帧中该点左右两个像素差值的1/2,垂直梯度用 $k-1$ 帧中该点上下两个像素差值的1/2,即

$$\frac{\partial I_{k-1}}{\partial x}\approx\frac{I_{k-1}(x-\hat{v}_{xi}+1,y-\hat{v}_{yi})-I_{k-1}(x-\hat{v}_{xi}-1,y-\hat{v}_{yi})}{2}$$

$$\frac{\partial I_{k-1}}{\partial y}\approx\frac{I_{k-1}(x-\hat{v}_{xi},y-\hat{v}_{yi}+1)-I_{k-1}(x-\hat{v}_{xi},y-\hat{v}_{yi}-1)}{2}$$

在进行递归估计时，首先对估计像素的位移矢量设置一个估计的初值，然后通过迭代计算进行改善。初值可以选择相邻像素的位移矢量，也可以选择一个很小的初始值。为了改善递归估计的收敛速度和准确性，已经提出了多种改进的梯度法。进一步还可以把块匹配与递归法结合起来，先用块匹配得到一个初值，再用递归法得到最终的精确的估计值。

## 11.3.4　块匹配运动估计

**1. 全搜索算法**

(1) 基本原理

如图 11.4 所示，当前帧中的一个子块 A 从前一帧位置运动到当前帧位置，块匹配算法就是要估计这两个位置之间的位移，即子块 A 的运动矢量(Motion Vector，MV)。为此，在前一帧图像中以当前帧 A 子块为中心的一个范围内(搜索区 B)，寻找一个与当前子块最“匹配”(相关性最大)的子块，这两个子块中心的位移即为估计块的运动矢量。由于这种搜索需要遍历整个搜索区，在每个可能的位置上都要进行匹配运算，然后经过比较找出最匹配的子块位置，因此称之为全搜索(Full Search，FS)算法，也可称为穷尽法或遍历法。

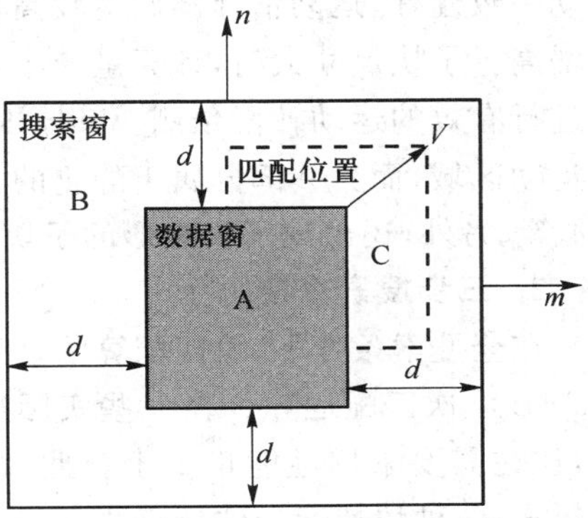

图 11.4　块匹配法运动估计示意

在图 11.4 中，A 为当前帧中的一个待处理的 $N\times N$ 像素的子块，前一帧以 A 为中心的搜索区 B 的大小为 $(N+2d)\times(N+2d)$，搜索时 A 的水平和垂直方向的最大位移均为 $d$，在 B 区内寻找一个与 A 相关性最大(最相似)的同样大小的子块 C，它与 A 的坐标偏移量即为估计的子块 A 的运动矢量。

(2) 搜索过程

全搜索过程是这样的，将当前帧子块 A 放在前帧搜索窗的左上角，计算 A 的每个像素和覆盖的搜索窗对应位置像素的“差值”，从而得到 $N\times N$ 个“差值和”(或平均值)。然后 A 子块水平向右移一个像素，重新计算这一次的“差值和”，……如此从左到右、从上到下重复，共需做 $(2d+1)\times(2d+1)$ 次计算，得到 $(2d+1)\times(2d+1)$ 个“差值和”。然后比较它们的大小，找出最小的“差值和”，它所对应的前帧中的那个子块就是“匹配”子块，A 子块和这个子块之间的偏移矢量就是运动矢量。搜索中的“差值和”的大小反映了 A 子块和搜索块之间的差异，“差值和”越小越是相似。

既然差值表示两者的相似性，那么如何计算差值就成了一个关键的问题。显然要求差值不能是负值，不然会抵消；还要求差值要和相似度成反比，差值越小，相关性越强；再有就是要求计算越简单越好。这样，从数学的角度看，上述求子块匹配的过程就是一个搜索最小“误差和”的过程。

(3) MSE 和 SAD 差值计算

设 $i$、$j$ 为被搜索子块相对于 A 的位移，$I_k(m,n)$ 为当前帧子块 $A$ 的像素坐标，$I_{k-1}(m+i, n+j)$ 为前一帧中和 A 的偏移为 $(i,j)$ 的搜索块的坐标，则均方误差(MSE)定义为

$$\mathrm{MSE}(i,j)=\frac{1}{N^2}\sum_{m,n=1}^{N}[I_k(m,n)-I_{k-1}(m+i,n+j)]^2 \tag{11.9}$$

类似地，绝对误差和(Sum of Absolute Differences，SAD)定义为

$$\mathrm{SAD}(i,j)=\sum_{m,n=1}^{N}\left|I_k(m,n)-I_{k-1}(m+i,n+j)\right| \tag{11.10}$$

在搜索区 B 内进行全搜索匹配时，$i$、$j$ 的变化范围为 $\pm d$，总共需要 $(2d+1)^2$ 次误差计算，也称 $(2d+1)^2$ 步搜索。这两种方法中，因 SAD 准则计算简单，效果和 MSE 相当，所以其应用十分广泛。

(4) 实际应用考虑

在实际的运动估计中，搜索完成后还需要判断所搜索的匹配块是否合理。以 SAD 为例，设在某一个位置偏移 $(i,j)$ 下有最小的误差 $\min \mathrm{SAD}(i,j)$，将其与一个阈值 $T$ 进行比较：如果 $\min \mathrm{SAD}(i,j)\leqslant T$，说明运动量不会很大，在搜索范围内找到了最佳匹配，运动矢量水平分量为 $v_x=i$，垂直分量为 $v_y=j$；如果 $\min \mathrm{SAD}(i,j)>T$，说明运动剧烈，在搜索范围内无匹配块，可以对该子块直接进行帧内编码。

采用块匹配技术进行运动估值时要求选择合适的子块尺寸 $N$。子块尺寸小时，块内像素运动一致性好，运动估计准确度较高，但编码计算量也增大，需对较多的运动矢量编码，码率也会增高。子块尺寸大时，计算量减小，传输运动矢量的码字变少，但运动估计准确度不高，不利于进行有效的运动补偿预测。其原因主要是块内像素的运动一致性变差，例如，块内一部分属于运动区域，而另一部分属于静止的背景区域等。在目前的视频编码中，常见的 $N$ 取值有 16、8、4 等，另外，还出现了长方形的子块，如 4×8、8×4 等。

**2. 三步搜索算法**

在全搜索条件下，块匹配算法达到了全局最优，但缺点是运算量大，对每个子块总共需要 $(2d+1)^2$ 次匹配运算。在一些实际应用场合，例如，实时编码传输，由于编码系统的能力限制，往往需要采用性能略低于全搜索，但运算量大为减少的算法，即所谓快速运动估计算法。近年来，各种快速运动估计算法层出不穷，其中要数三步搜索算法(Three Step Search，TSS)较为经典，应用也较为广泛。

运动块匹配搜索中，约定运动物体为刚体，运动方式为平动，块的位移可以理解为中心点的位移，或者其中任何一点的位移。在三步法中，搜索范围为±7，即在上一帧以当前子块中心为原点，将当前子块在其上下左右距离为 7 的范围内按一定规则移动，每移动到一个位置，取出同样大小的子块与当前子块进行匹配计算。具体分为以下三步：

第 1 步，以当前子块为中心，以 4 为步幅，将图 11.5 中的 9 个位置(小方块)为中心的子块与当前子块进行匹配，求出最佳匹配的子块中心位置，如 B 点。

第 2 步，以第 1 步中求出的最佳子块 B 为中心，以 2 为步幅，将图 11.5 中的 9 个位置(小菱形)为中心的子块与当前子块进行匹配，求出最佳匹配的子块中心位置，如右上角 C 点。

第 3 步，以第 2 步中求出的最佳子块 C 为中心，以 1 为步幅，将图 11.5 中的 9 个位置(小圆形)为中心的子块与当前子块进行匹配，求出最佳匹配的子块中心位置，如左上角 D 点，它与当前子块中心 A 点的位置偏移量即为估计的位移量，即图中 AD 箭头所示。

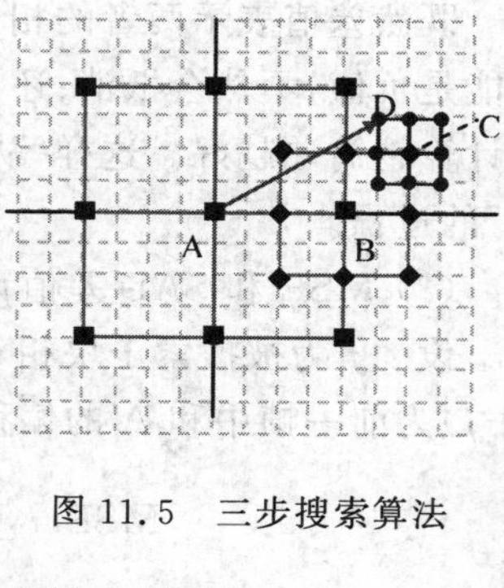


图 11.5　三步搜索算法

可以看到，在 $d=7$ 时，全匹配需要 $(2\times7+1)^2=225$ 次匹配，而三步法仅需要 $3\times9-2=25$ 次匹配，它比全搜索算法的匹配次数少得多。

**3. 分层运动估计算法**

在分块运动估计中，尤其是各种快速算法中，由于没有进行全搜索，所以 SAD 有可能落入了局部最小点，从而使处于同一运动物体的相邻块的运动矢量出现偏差，显得杂乱。为了克服这一缺陷，同时也为了降低运动估计的计算量，可采用分层的运动估计方法。

以一个 3 层运动估计为例来具体说明分层运动矢量估计的过程。采用类似金字塔编码中的分层方法，原始图像第 $k$ 帧为底层，在每层处理时必须先进行低通滤波，然后在水平和垂直方向进行 2∶1 的下抽样，依次形成中间层和最高层。在低层的一个 16×16 的宏块，经处理后对应中间层为 8×8 中块，高层为 4×4 小块。待搜索的第 $k-1$ 帧也作同样方式处理，运动估计在当前第 $k$ 帧和待搜索的第 $k-1$ 帧的相同层次上进行。

运动估计从最高层开始，找到某一 4×4 小块的运动矢量。然后将它的水平和垂直分量各自扩展一倍映射为中层的运动矢量。在中层，上层的 4×4 小块对应一个 8×8 中块，以这个运动矢量所指位置为起点，8×8 中块的 4 个 4×4 块分别在四周的一个小范围（如周围 4 个像素）内进行新的搜索，使刚才从上层映射来的运动矢量得到更新，形成 4 个更加准确的运动矢量。接下来，将新的中层运动矢量放大一倍后映射到低层，以同样的方式获得修正，得到最终的 16 个 4×4 块的 16 个运动矢量。在每一层的搜索中，都是采用 4×4 的块匹配方法，但每一层的 4×4 的含义不同，顶层的 4×4 对应中层的 8×8、底层的 16×16 像素。这样的运动估计经历了由粗到细的搜索过程，在高层的粗搜索中，主要保持相邻块运动矢量的一致性；在低层的细搜索中，主要发现相邻运动矢量的真实差异性。

图 11.6 是上述 3 层分层搜索算法示意图。图中从上俯视第 $k$ 帧的金字塔和第 $k-1$ 帧的金字塔，只绘制了 16×16 像素的一块的运动估计情况。第 $k-1$ 帧高中低 3 块的中心是重叠的，到第 $k$ 帧后高层的运动估计为 $v_1$，表示 16×16 块的整体运动矢量；到中层，4 个 8×8 块中的某一个运动估计的修正量为 $v_2$，其余 3 个没有绘出；到低层，4 个 4×4 块中的某一个的运动估计的修正量为 $v_3$，其余 3 个没有绘出。那么，底层这个 4×4 像素块准确的运动矢量应为这 3 个矢量的和 $v$，其余 15 个 4×4 块的运动矢量修正的方法与这个块类似。

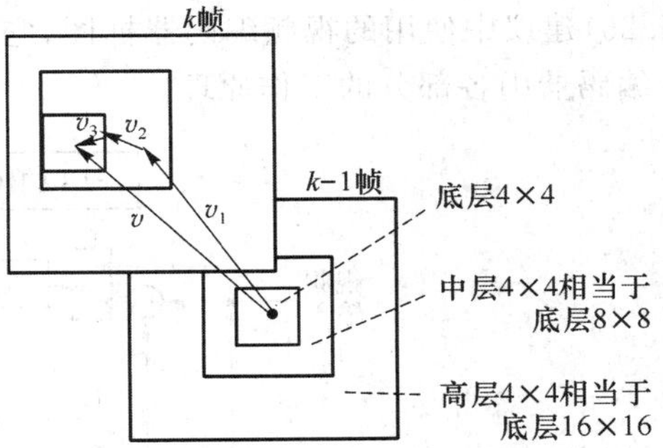


图 11.6　3 层运动估计示意图

# 11.4　混合编码

## 11.4.1　混合编码结构

变换编码和预测编码是两类不同的压缩编码方法，如果将这两种方法组合在一起，就构成一类新的所谓混合编码(hybrid coding)，通常使用 DCT 等变换进行空间冗余度的压缩，用帧间预测或运动补偿预测进行时间冗余度的压缩，以获得对活动图像更高的压缩效率。

混合编码器有两类不同的压缩结构，如图 11.7 所示，图(a)表示空-时压缩，图(b)表示时-空压缩。图中，T、IT 表示正、逆变换，Q、IQ 表示正、反量化。由于空-时压缩把变换部分(T)放在预测环内，因此预测环本身工作在图像域内，便于使用性能优良、带有运动补偿的帧间预测,因而被广泛地研究和使用。而时-空压缩把变换部分(T)放在预测环外,需要在变换域(频率域)进行预测,处理上不方便。空-时压缩方案经过若干年的研究总结后,发展为带有运动补偿的帧间预测与 DCT 结合的方案。这一方案具有压缩性能高、编码技术成熟,以及编码延迟较短的等特点,成为活动图像压缩的主流方案。在视频压缩编码国际标准和建议中,如 H.261、H.263、MPEG-1、MPEG-2、MPEG-4、H.264/AVC,以及最新的国际标准 HEVC 中都采用了这一混合编码方案。

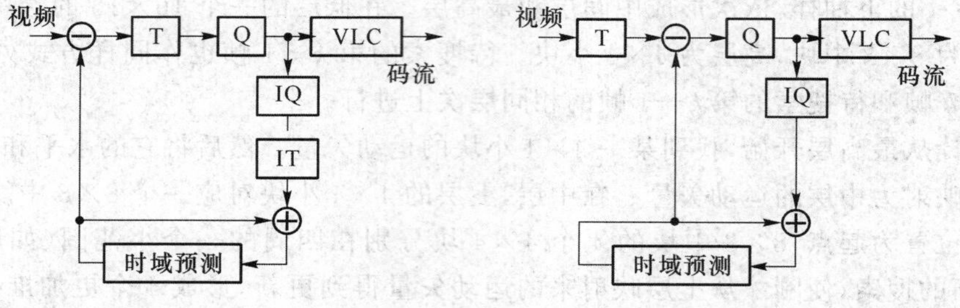


(a) 空-时压缩　　(b) 时-空压缩

图 11.7　两种压缩结构

## 11.4.2　H.261 混合编码方案

H.261 是最早采用混合编码方法进行活动图像压缩的国际标准(建议)。图 11.8 是 H.261建议中使用的视频编码器框图,它可以看成图 11.7(a)框图的具体化。下面简要介绍该编码器中各部分的工作原理。

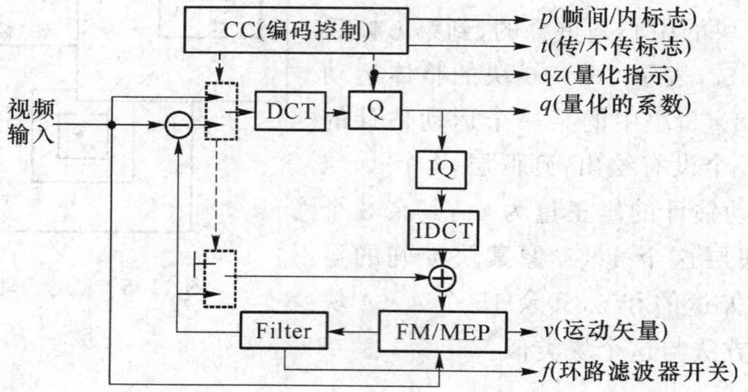


图 11.8　H.261 混合编码器

### 1. 帧内/帧间编码模式

H.261 编码器可根据实际需要工作在不同的模式。图 11.8 中,两个双向模式选择开关由编码控制器(CC)控制。当它们同时接到上边时,编码器工作在帧内(Intra)编码模式,输入信号直接进行 DCT 变换,经过量化处理后形成量化后的变换系数输出。当双向开关同时接到下方时,编码器工作在帧间(Inter)编码模式,利用存储在帧存(FM)中的上一帧重建图像进行帧间预测,将输入信号与预测信号的相减后,对预测误差进行 DCT 变换,经过量化处理后形成量化后的变换系数输出。根据应用的需要,帧间编码可以是简单的帧间预测,也可以是使用运动估计和补偿处理(MEP)的帧间预测。

在实际编码中,为了使解码器能正确地解码,除了需发送量化的 DCT 系数 $q$ 外,编码器的工作状态和参数等辅助信息也必须进行编码传输，通知解码端。这些辅助信息主要有：帧内/帧间模式指示信息 $p$，当前宏块要不要传送的标志 $t$，量化指示（相当于量化步长）信息 qz，运动矢量信息 $v$，环路滤波器是否打开指示 $f$ 等。

**2. 二维 DCT 变换**

图 11.8 中，二维 DCT、IDCT 分别为 8×8 子块的正反离散余弦变换，变换式为

$$F(u,v)=\frac{C(u)C(v)}{4}\sum_{x,y=0}^{7}f(x,y)\cos\left[\frac{(2x+1)u\pi}{16}\right]\cdot\cos\left[\frac{(2y+1)v\pi}{16}\right] \tag{11.11}$$

$$f(x,y)=\frac{1}{4}\sum_{u,v=0}^{7}C(u)C(v)F(u,v)\cos\left[\frac{(2x+1)u\pi}{16}\right]\cdot\cos\left[\frac{(2y+1)v\pi}{16}\right] \tag{11.12}$$

其中，$u, v, x, y=0, 1, 2, \cdots, 7$；$C(u)=\begin{cases}\frac{1}{\sqrt{2}}, & u=0\\ 1, & \text{其他}\end{cases}$；$C(v)=\begin{cases}\frac{1}{\sqrt{2}}, & v=0\\ 1, & \text{其他}\end{cases}$。

如同 JPEG 一样，子块 DCT 系数中 F(0,0)为直流(DC)分量，其余为交流(AC)分量。

**3. 量化、Zig-zag 扫描和变长编码**

对于每个子块，先进行 DCT 变换，再对变换系数进行量化。对于帧内编码模式的子块，其 DC 分量使用一个单独的均匀量化器，量化步长为 8，而且无中央“死区”，如图 11.9(a)所示；其余所有的 AC 分量使用同一个均匀量化器，但中央有“死区”，即在量化器输入/输出关系曲线上，在 0 输入的左右 2Δ 区域输出都为 0，如图 11.9(b)所示。对于帧间编码模式的子块，则所有系数使用同一个有“死区”的量化器。

与静止图像压缩 JPEG 标准一样，每个子块 DCT 系数量化后，按“Z”字形(Zig-zag)扫描，将 2 维数组以 1 维方式顺序读出，然后将(零游程长度，非零系数)组成的符号组进行变字长编码(VLC)。

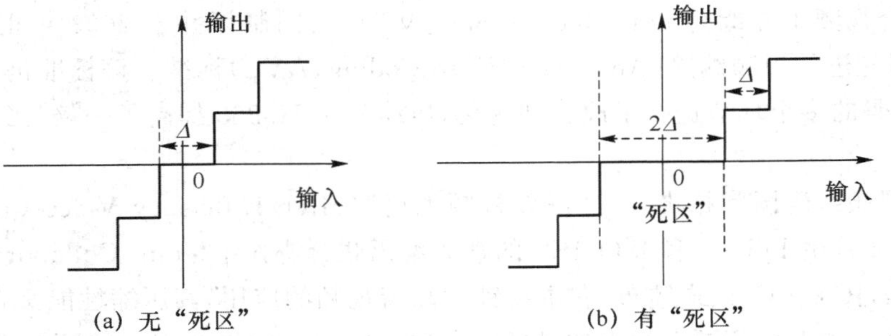


图 11.9 两类均匀量化器

**4. 编码控制和环路滤波**

在混合编码中，编码器的工作状态由编码控制器决定，即图 11.8 中的 CC，因此编码控制方法影响了编码器性能的优劣。控制的内容包括编码器的工作模式的选择、各种编码参数的选择，如帧内/帧间编码、量化步长等。此外，在低码率工作或网络拥塞时还可能需要跳帧等控制。总之，编码控制是根据传输信道的条件，如传输码率等，结合图像内容的变化采用合适的工作模式和参数，使发送端和接收端正常地工作，并使压缩图像质量尽可能最佳。

图 11.8 中的 Filter 是环路滤波(Loop Filtering)，它位于编码器预测环路中的反量化/逆变换单元之后、重建的运动补偿预测参考帧之前。因而，环路滤波是预测环路的一部分，属于环内处理，而不是环外的后处理。环路滤波的目标就是消除编码过程中预测、变换和量化等环节引入的失真。由于滤波是在预测环路内进行的，减少了失真，存储后为运动补偿预测提供了较高质量的参考帧。

## 11.5　视频编码的国际标准

自 20 世纪 80 年代末以来,国际电信联盟(International Telecommunications Union for Telegraphs and Telephones Sector,ITU-T)和国际标准化组织/国际电工委员会(International Standardization Organization/International Electrotechnical Commission,ISO/IEC)先后颁发了一系列有关视频编码的国际标准(建议),对图像与多媒体通信的研究、应用和产业化起了巨大的推动作用。

在诸多视频编码的国际标准中,1990 年 ITU 最先颁布的 H. 261 建议具有非常特别的意义。首先,它采用的 DCT 加运动补偿帧间预测的混合编码模式,被此后的各视频编码国际标准普遍使用;其次,它的规范图像格式、编码器模块结构、输出码流的层次结构、开放的编码控制等技术和策略,对后来制订的视频编码标准产生了深远的影响。同时,H. 261 建议的颁布为不同生产厂商的设备互通打下了基础,促进了视频通信的产业化发展。

ISO/IEC 的联合技术委员会自 20 世纪 90 年代以来也先后颁布了一系列视频编码的国际标准。其中,1992 年颁布的 MPEG-1 标准用于数字存储回放系统的音视频编码,其典型的应用场合为家用数字视频设备,如 VCD 光盘播放机。1994 年颁布的 MPEG-2 标准用于通用的音视频编码,其主要应用的范围是数字电视广播,包括标准清晰度和高清晰度电视等,以及 DVD 系统。2000 年颁布的 MPEG-4 标准,除了对普通的音视频进行高效的编码之外,还引入了音、视频对象的概念,可以处理各种不同性质的音视频对象,包括自然的、综合的,静止的、活动的,以及二维、三维等各种情况,适合各种多媒体应用。

为了适应新的网络视频应用的需要,以及获得更高压缩效率,ITU 和 ISO 的视频编码专家组成了联合视频工作组(Joint Video Team,JVT),共同制订并于 2003 年正式颁布了 H. 264/AVC,即先进的视频编码(Advanced Video Coding,AVC)标准。该标准仍然采用混合编码方案,对编码的多个环节进行了改进和优化,压缩率比 H. 263 提高了一倍,当然编码复杂度也大大增加。

最新的视频编码国际标准——“高效视频编码”(High Efficiency Video Coding,HEVC)已于 2013 年 4 月由 ITU-T 和 ISO/IEC 的视频编码联合协作组(Joint Collaborative Team on Video Coding,JCT-VC)正式颁布,它主要针对高清视频的应用,其压缩性能又在 H. 264 的基础上提高一倍。本节将简要介绍上述已经颁布的一些主要的视频编码国际标准,包括它们的主要技术参数、系统组成、技术特点,以及数据的层次结构。

### 11.5.1　H. 261/H. 263 建议

**1. H. 261 建议**

ITU-T 于 1990 年通过 H. 261 建议——“$p\times 64$ kbit/s 视听业务的视频编解码器”,其中 $p$ 代表数字话路数,范围是 1～30 路,64 kbit/s 是 1 个话路的速率。该标准的应用目标是会议电视和可视电话,通常 $p=1,2$ 时适用于可视电话,$p$ 在 6 以上时可以适用于会议电视业务。H. 261 视频编解码器框图可参考图 11.8,其主要的内容如下。

(1) 图像格式

H. 261 对非隔行视频进行编码,帧频为 30 000/1 001(约 29.97),每幅图像包括亮度分量 $Y$ 和两个色差分量 $C_b$、$C_r$,采样为 4∶2∶0 模式。支持两种图像格式,一种为 CIF,亮度信号每帧 288 行，每行 352 像素，两个色差信号每帧 144 行，每行 176 像素；另一种格式为 QCIF，其亮度和色差信号的水平和垂直方向的像素均为 CIF 格式的一半。

输入图像被划分为 8 像素×8 像素的子块(Block，B)，4 个亮度子块和 2 个空间上对应的色差子块组成一个宏块(Macro Block，MB)，编码以 MB 为单位进行。对于编码模式的选择、宏块传与不传以及编码控制策略，H.261 建议不作规定。

(2) 帧间预测与运动补偿

预测在帧间进行，可以通过运动估计(ME)和运动补偿(MC)增加预测精度，编码器对帧间预测误差进行 DCT、量化和 VLC。运动补偿对于编码器是可选项。解码器对每个宏块接收一个运动矢量，运动矢量在水平和垂直方向的值均为不超过±15 的像素。该运动矢量用于宏块中所有 4 个 $Y$ 子块，将其除 2、截尾取整后再用于两个色差子块。

(3) DCT 与量化

对于子块 DCT 系数需要进行均匀量化。用于帧内模式的直流分量有一个专门的量化器，它的量化步长为 8，并且无“死区”。另外还有 31 个中心有“死区”的线性量化器，量化步长范围是 2～62，用于所有非帧内直流分量的量化。除了帧内 DCT 的直流系数外，一个宏块内的所有系数使用同一个量化器，量化器的选择由编码控制部分决定。

(4) VLC 编码

为了提高编码效率，H.261 对宏块地址、宏块类型、运动矢量的预测差值、子块编码模板等均使用 VLC 编码，并且规定了相应的码表。对 DCT 变换系数采用与 JPEG 标准中类似的方法，先进行 Zig-zag 扫描，然后对由零游程长度(run)和非零量化系数(level)形成的“符号”进行 VLC 编码。由于编码符号包括了两个成分，因此也被称为 2-D 的 VLC。

(5) 图像结构与码流分层

H.261 把视频数据分为 4 层：图像层(P)、宏块组层(GOB)、宏块层(MB)和子块层(B)，图 11.10 为 CIF 格式的图像层次的几何结构，图 11.11 为相应的多路复用码流的语法层次和数据结构。

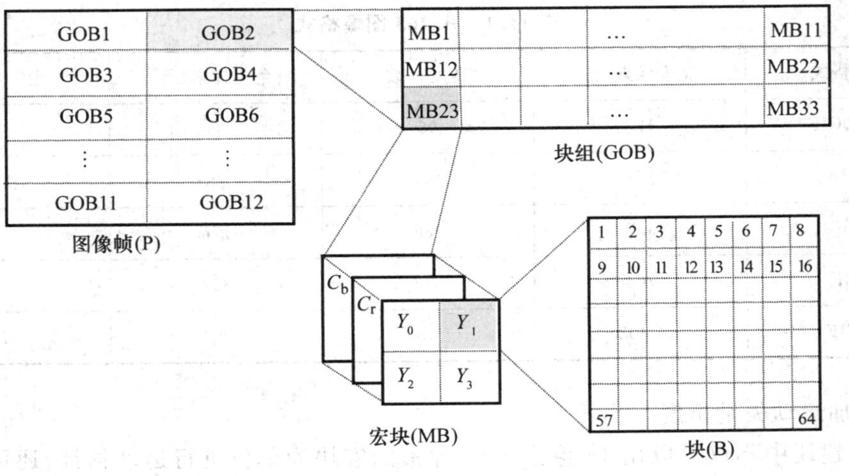


图 11.10　CIF 格式图像的层次结构

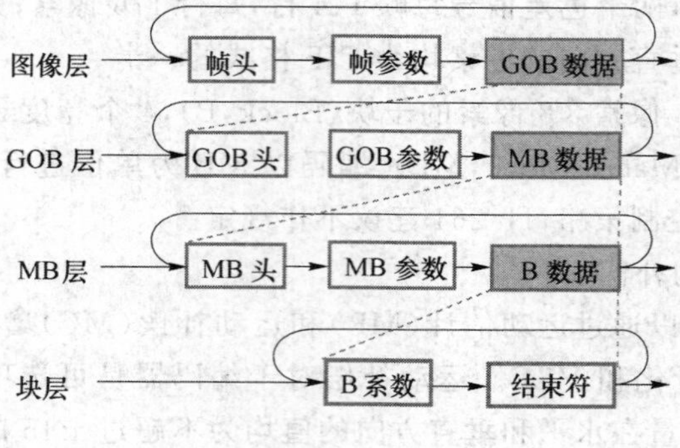


图 11.11 码流的语法结构

(6) 信道编码

H.261 规定传输比特流中包括一个 BCH(511,493)前向纠错码,其中信息比特为 493 位,校验比特为 18 位,接收端使用它进行纠错。

(7) 编码控制

建议没有规定缓存和编码控制的具体实现,这部分内容是开放的。但是,建议要求输出的码率满足一个假设的参考解码器的要求,以便编码时缓存既不会上溢出也不会下溢,从而保证解码工作正确,得到连续的输出图像。

**2. H.263 建议**

ITU 于 1996 年公布了用于低码率的视频编码建议 H.263,一般认为,它是将 MPEG 某些特性吸收到 H.261 中,并且针对低码率应用进行了优化。该建议仍采用 H.261 建议的混合编码框架,但在以下几方面作了改进。

(1) 多种图像格式

不仅有 H.261 中的 CIF 和 QCIF 格式,还有 sub-QCIF、4CIF 和 16CIF 等格式,如表 11.1 所示。另外,在图像的层次结构中,GOB 的结构与 H.261 也略有不同。

**表 11.1 H.263 图像格式**

| 图像格式 | 亮度像素/行 | 亮度行数 | 色差像素/行 | 色差行数 |
|---|---|---|---|---|
| sub-QCIF | 128 | 96 | 64 | 48 |
| QCIF | 176 | 144 | 88 | 72 |
| CIF | 352 | 288 | 176 | 144 |
| 4CIF | 704 | 576 | 352 | 288 |
| 16CIF | 1 408 | 1 152 | 704 | 576 |

(2) 增加运动矢量精度

H.263 建议中不仅可以用 16 像素×16 像素的宏块为单位进行运动估计,还可以根据需要对8 像素×8 像素的子块单独进行运动估计,即每个宏块可使用 4 个运动矢量;H.263 的运动矢量采用半像素精度,范围为(−16.0, +15.5)。为此,可用双线性内插来得到运动估计用的半精度像素的预测值,如图 11.12(a)所示;在 H.263 中对运动矢量则采用更为复杂的二维预测与 VLC 相结合的编码。预测方法如图 11.12(b)所示,MV 为当前宏块运动矢量预测值,它等于相邻宏块运动矢量 MV1、MV2、MV3 的中值。

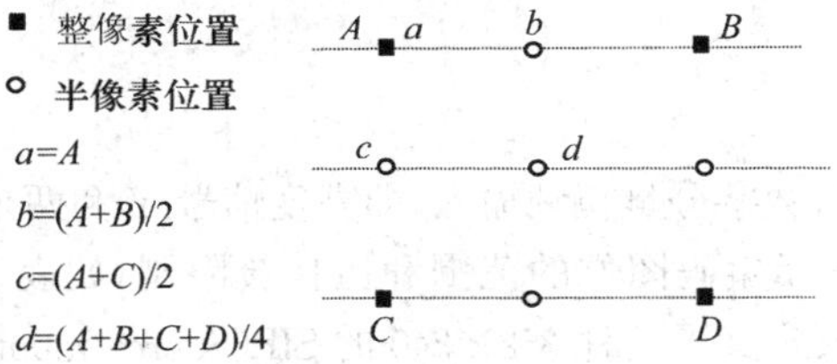


(a) 半精度像素

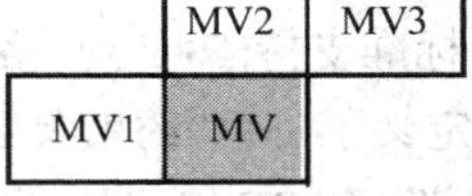


(b) 运动矢量编码

图 11.12　H.263 的运动估计和编码

(3) 3-D VLC 编码

H.263 中对 DCT 系数在 Zig-zag 扫描后采用(last,run,level)组成的符号组进行 3-D 变字长编码。其中,“last”指示当前系数是否为最后一个非零系数。这种方法可以进一步提高子块编码效率,而且省去了“EOB”(块结束)符号。

(4) 高级选项

H.263 建议经历了多次修改和补充,并且通过附录的形式增加了 20 多个高级功能附加项,下面简要介绍其中最基本的 4 个高级选项。

① 无限制的运动矢量模式:在一般情况下,运动矢量的范围被限制在参考帧内,而无限制的运动矢量模式取消了该限制。当出现某一运动矢量所指向的参考像素超出编码图像区域时,使用边缘的图像值代替“这个并不存在的像素”。这种方法对改进边缘有运动物体的图像编码效果特别有效。

② 基于语法的算术编码:所有的变长编解码过程都用算术编解码过程取代。在同样的信号噪声和重建图像质量的前提下,使用这一模式可降低 5%左右的码率。

③ 高级预测模式:这种模式包括两种措施,可以减少方块效应,改进图像质量。一是对 P 帧的亮度分量采用所谓交叠块运动补偿(OBMC)方法,即某一 8×8 子块的运动补偿由本块和周围块的运动矢量共同决定;二是对某些宏块使用 4 个运动矢量,每个子块都有一个运动矢量,取代原来一个宏块一个运动矢量的方式。

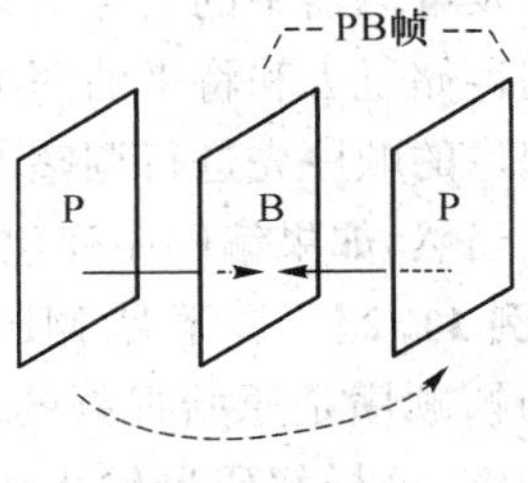


图 11.13　H.263 中的 PB 帧模式

④ PB 帧模式:PB 帧模式是提高视频图像压缩比的重要方法之一。如图 11.13 所示,和 MPEG 标准 P 帧、B 帧不同,H.263 中一个 PB 帧单元是由 P、B 两帧组成的一个编码单元。其中 P 帧是以上一幅解码后得出的 P 帧作为前向预测;而 B 帧是双向预测,以上一幅解码后的 P 帧作为前向预测,又以当前正在解码的 P 帧作为后向预测,预测值为前向预测和后向预测的平均值。

## 11.5.2　MPEG-1/MPEG-2 标准

MPEG-1 和 MPEG-2 都是 ISO 的活动图像专家组(Moving Picture Expert Group, MPEG)工作组制订的视音频编码标准。MPEG-1:信息技术——具有 1.5 Mbit/s 数据传输率的数字存储媒体活动图像及其伴音的编码,标准号为 ISO/IEC 11172,1992 年颁布,主要包括系统、视频、音频等 5 部分。MPEG-2:通用活动图像及其伴音的编码,标准号是 ISO/IEC

13818,1994 年颁布,主要包括系统、视频、音频等十余个部分。其中的“视频”部分也被 ITU-T 接受,成为 H.262 标准。

**1. MPEG-1 标准**

(1) 约束参数

MPEG-1 标准支持 4∶2∶0 格式的逐行数字分量视频输入,即亮度信号 Y 和两个色差信号 $C_b$、$C_r$。MPEG-1 定义了一个“约束参数集”来表示编码图像的范围和比特流限制,如表 11.2 所示。对于典型的应用,除了 CIF 格式外,MPEG-1 又定义了一种 352×240 的 SIF(Source Input Format)格式。

**表 11.2 MPEG-1 约束参数表**

| | | | |
|---|---|---|---|
| 图像宽度 | ≤768 像素 | 图像帧频 | ≤30 Hz |
| 图像高度 | ≤576 线 | 运动矢量范围 | −64～+63.5 像素 |
| 图像范围 | ≤396 个宏块 | 输入缓冲大小 | ≤327 680 bit |
| 像素速率 | ≤396×25 宏块/s | 比特率 | ≤1 865 000 bit/s |

(2) 4 种帧类型

MPEG-1 定义了 4 种编码帧类型,其选择由编码器根据应用的要求决定。

① 帧内编码帧 I,编码时无须参考其他帧,它给编码序列的解码的起始提供操作点,满足随机操作的要求,但仅能获得中等的编码压缩比。对 I 帧的编码方法基本上和 JPEG 类似。

② 预测编码帧 P,利用过去的 I 帧或 P 帧进行运动补偿预测,可得到更有效的编码。

③ 双向预测编码帧 B,能提供最大限度的压缩,它需要过去和将来的参考帧(I 帧或 P 帧)进行运动补偿,但它本身不能用作预测参考帧。

④ 直流分量帧 D,仅编码 DCT 的直流分量,在 D 帧组成的序列中不含其他类型的帧,其目的是提供一种简单的快进模式。

(3) 编解码

如同 H.261、H.263 建议一样,MPEG-1 也没有规定编码过程,而仅规定了比特流的语法和语义以及解码器中的信号处理。MPEG-1 的主要编解码过程与 H.261 类似,只是在有 B 帧时,要分别存储过去和将来的两个参考帧,以便进行双向运动补偿预测。另外在用到 B 帧时,编码时须对图像的顺序先进行调整,因为 B 帧在预测时要用到它的过去和将来的 I 帧和 P 帧作为参考图像。当然,如果编码序列包括 B 帧,则解码后还应按显示顺序重新排序后才能进行显示。

**【例 11.2】** 以下是 MPEG-1 编解码器处理视频序列的顺序的一个例子,编码输入和解码输出的帧顺序是原始视频的自然顺序。但是在处理过程中,由于存在 B 帧,因此编码的顺序必须调整,这样解码器输入码流的顺序就是经过调整的顺序了。同样,解码以后的视频必须再次调整为自然顺序才能正常显示。

| | | | | | | | | | | | | | | |
|---|---|---|---|---|---|---|---|---|---|---|---|---|---|---|
| 编码器输入帧号: | 1 | 2 | 3 | 4 | 5 | 6 | 7 | 8 | 9 | 10 | 11 | 12 | 13 | … |
| 编码器输入帧类型: | I | B | B | P | B | B | P | B | B | P | B | B | I | … |
| 编码器输出帧号: | 1 | 4 | 2 | 3 | 7 | 5 | 6 | 10 | 8 | 9 | 13 | 11 | 12 | … |
| 编码器输出帧类型: | I | P | B | B | P | B | B | P | B | B | I | B | B | … |
| 解码器输出帧号: | 1 | 2 | 3 | 4 | 5 | 6 | 7 | 8 | 9 | 10 | 11 | 12 | 13 | … |

(4) 码流的层次

MPEG-1 规定了编码视频比特流的语法,如表 11.3 所示。该语法分为 6 层,除 H.261 中有的低 4 层外,增加了两个高层:序列层和图像组层。

图像组(Group Of Picture,GOP)是视频随机存取单元,其长度随意,可以包含一个或多个I帧。编码器必须根据需要选择图像组的长度,I、P、B帧出现的频率和位置。在要求能随机操作、快速播放、回放等应用场合,可以使用较短的GOP。

**表 11.3　编码视频比特流语法**

| 语义层 | 功能 | 语义层 | 功能 |
|---|---|---|---|
| 序列层 | 随机存取单元:上下文 | 宏块条层 | 重同步单元 |
| 图像组层 | 随机存取单元:视频 | 宏块层 | 运动补偿单元 |
| 图像层 | 初始编码单元 | 块层 | DCT 单元 |

**2. MPEG-2 标准**

MPEG-2 的视频部分也包括了 MPEG-1 的工作范围,从而使 MPEG-1 成为 MPEG-2 的一个子集,即 MPEG-2 的解码器可以对 MPEG-1 码流进行解码。MPEG-2 的视频编码方案与 MPEG-1 大体类似,增加以下几个新的编码功能。

(1) 档次和等级

MPEG-2 为了区别不同应用,在编码参数上使用了所谓"档次"(Profile)和"等级"(Level)的概念,表 11.4 列出了 MPEG-2 的 4 种档次和 5 种等级的 20 种组合中常用的 11 种。

**表 11.4　MPEG-2 的档次和等级**

| 档次 / 等级 | High<br>1 920×1 080×30 或<br>1 920×1 152×25 | High<br>1 440×1 080×30 或<br>1 440×1 152×25 | Main<br>720×480×30 或<br>720×576×25 | Low<br>352×288×30 |
|---|---|---|---|---|
| Simple | | | SP@ML | |
| Main | MP@HL | MP@H1440 | MP@ML | MP@LL |
| SNR Scalable | | | SNP@ML | SNR@LL |
| Spatial Scalable | | SSP@H1440 | | |
| High | HP@HL | HP@H1440 | HP@ML | |

(2) 基于场或基于帧的 DCT

MPEG-2 在把宏块数据分割为块的时候有所谓按帧分割和按场分割之分,相应地就可以在帧或场的模式下进行 DCT 编码,得到更好的压缩效果。当序列是逐行时,或者图像是帧方式时,采用的分割方式与 MPEG-1 相同;但对隔行扫描的帧图像,既可以采用上述按帧的分割方式,也可以采用所谓按场的隔行分割方式。选择的标准是帧的行间相关系数和场的行间相关系数的大小。一般而言,对于静止或缓变图像区域宜采用按帧的 DCT 编码;反之,对于大的运动区域,则宜采用按场的 DCT 编码。

(3) 4 种图像预测和运动补偿方式

MPEG-2 规定了 4 种图像的运动预测和补偿方式,即基于帧的预测模式、基于场的预测模式、16×8 的运动补偿以及双基(Dual Prime)预测模式。在具体使用时,必须考虑编码是针对帧格式图像还是场格式图像。

(4) 编码的可分级性

MPEG-2 引入了 3 种编码的可分级性,即空间可分级性(Spatial Scalability)、时间可分级性(Temporal Scalability)以及信噪比(SNR Scalability)可分级性。可分级编码的特点是将整个码流分为基本码流和增强码流两部分,其中,基本码流仅提供一般质量的重建图像,但如果解码器"叠加"上增强层码流的质量增量部分,解码视频质量就可以得到很大的提高。可分级编码的优点是同时提供不同的编码服务水平,例如可以在一个公共的信道实现 HDTV 和 SDTV 的同播,但代价是要增加一定的额外码字。

## 11.5.3 MPEG-4 标准

MPEG-4 是一个适应各种多媒体应用的"音频视觉对象编码"标准,国际标准号是 ISO/IEC 14496,2000 年颁布,主要包括系统、视觉信息、音频等 7 个部分。MPEG-4 一直在不断扩充,目前已有 27 个部分,这里主要关注的是它的第 2 部分,视频编码部分。

MPEG-4 规定了各种音频视觉对象的编码,除了包括自然的音频视频对象以外,还包括图像、文字、2D 和 3D 图形以及合成话音和音乐等。MPEG-4 通过描述场景结构信息,即各种对象的空间位置和时间关系等,来建立一个多媒体场景,并将它与编码的对象一起传输。由于对各个对象进行独立的编码,可以达到很高的压缩效率,同时也为在接收端根据需要对内容进行操作提供了可能,适应多媒体应用中的人机交互的要求。

**1. 视频信息的表示**

MPEG-4 采用的是基于对象(Object Based)的编码方式,不同的对象可以使用不同的编码工具。在 MPEG-4 中任何一个场景被理解为由若干视频对象(Video Object,VO)组成,它们可以是一个矩形的视频帧或其中的一部分。在某个时刻的 VO 被称为 VOP(Video Object Plane),各 VOP 的空间和时间上的关系用场景文本来描述。图 11.14(a)是一个简单场景的例子,它包括三个对象:$VOP_0$(背景)、$VOP_1$(树)、$VOP_2$(人),图 11.14(b)是 3 个对象在场景中组成的逻辑关系。根据需要,一个 VO 还可作进一步分解,例如,图中 $VOP_1$ 可以分成树冠和树干等。

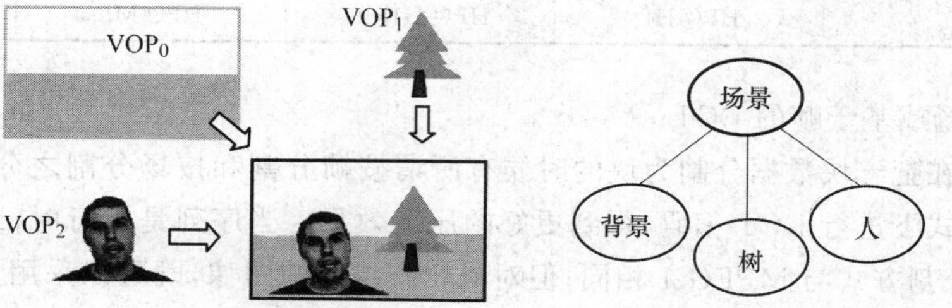


(a) 简单场景　　(b) 对象的逻辑关系

图 11.14　简单的对象结构

**2. 视频对象的编码**

MPEG-4 为每个 VOP 定义一个所谓 α 平面或 α 通道,用它表示每个对象在场景中占据的位置,以及相互间的混合效果。MPEG-4 的视频对象编码模块的作用就是对亮度、色度以及 α 信息进行高效编码。由于这里所需处理的是具有实际意义的单元,即具有任意形状的视频对象,因此要进行对象形状参数的处理。它是过去的国际标准没有的、新引入的参数。图 11.15

是 MPEG-4 视频对象的编码框图。在 MPEG-4 的验证模型 VM 中,形状 α 平面信息一般用基于上下文的算术编码(CAE)或 DCT 算法,对于活动视频仍采用 H.263 混合编码,对静止图像用小波变换。根据应用场合,也可采用其他国际标准进行参数编码,例如用 JPEG 来压缩静止图像。MPEG-4 视觉信息的编码部分包括了许多内容,以适应各种多媒体应用的要求。例如自然与合成图像的混合编码、网格图形对象编码、3D 人体编码等。

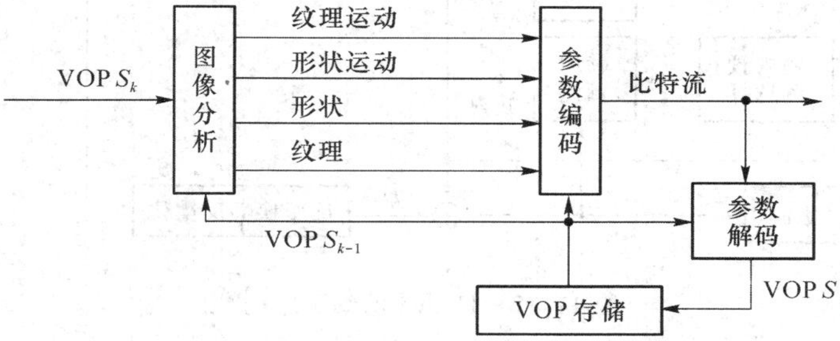


图 11.15　MPEG-4 中视频对象的编码

## 11.5.4　H.264/AVC 标准

H.264 是 ITU-T 和 ISO/IEC 的联合视频组(JVT)开发的又一代的数字视频编码标准,它的主要目标提高视频编码效率和对网络的友好性,从而满足多种视频应用的要求。H.264 的编码效率大约是 H.263(或 MPEG-2)的 2 倍,其代价是计算复杂度的大大增加,据估计,编码的计算复杂度大约相当于 H.263 的 3 倍,解码复杂度大约相当于 H.263 的 2 倍。

H.264 主要有 3 个档次(Profile)分别适用于不同的业务需求:基本档次(Baseline Profile)主要面向电视会议、可视电话等实时视频通信应用;主要档次(Main Profile)主要面向数字电视广播应用;扩展档次(Extended Profile)主要面向网络视频、移动视频传输及其他应用场合。

**1. 编码结构**

如图 11.16 所示,H.264 编码算法总体上分为两层:视频编码层(Video Coding Layer,VCL)完成对视频数据的有效压缩;网络提取层(Network Abstraction Layer,NAL)完成在不同网络上对视频数据的打包传输。在 VCL 和 NAL 之间定义了一个基于分组方式的接口,打包和相应的信令属于 NAL 的一部分。这样提高编码效率和网络传输性能的任务分别由 VCL 和 NAL 来完成。

H.264 的编码器结构与以往标准很相似,属于混合编码结构,如图 11.17 所示。编码效率的提高主要得益于:在预测技术方面的改进,如帧内预测、多模式运动估计、1/4 精度运动补偿预测、多参考帧预测、环路滤波等;在变换和熵编码技术方面的改进,如 4×4 子块的整数变换量化、自适应二进制算术编码(CABAC)和自适应变字长编码(CAVLC)等。其中,整数变换、Golomb 编码等已经在第 9 章中有过介绍,以下将简要说明几项改进预测的技术。

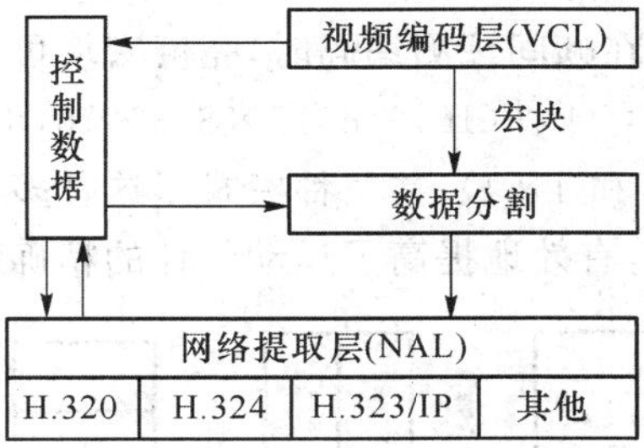


图 11.16　H.264/AVC 的编码分层

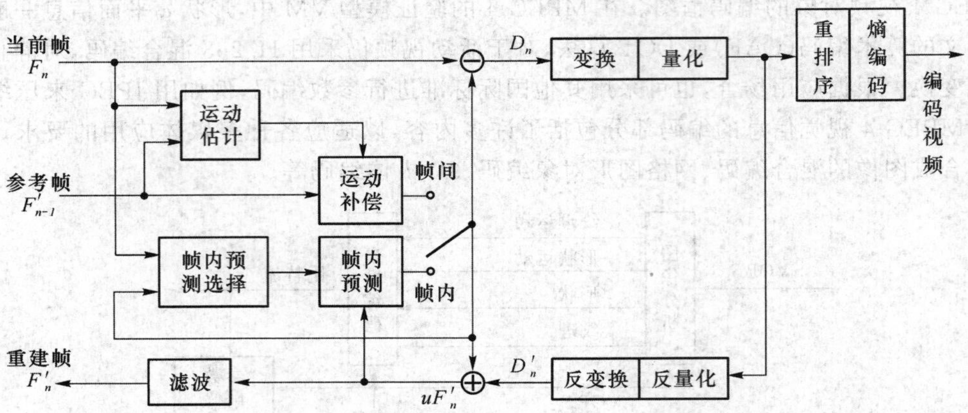


图 11.17　H.264 的编码结构

**2. 多模式帧内预测**

在以往的标准中,对 I 帧图像进行独立编码,不参考其他帧的图像,直接将宏块进行 DCT 变换、量化和熵编码就行了。为提高编码效率,H.264 引入了空间域帧内预测技术,即充分利用相邻块之间的相关性进行压缩。预测基于 4×4 的小块进行,但对大面积缓慢变化的图像也可基于 16×16 的宏块。预测的方式可以根据需要选择多个预测方向(模式),以求预测值更贴近预测对象。

如图 11.18(a)所示,以 4×4 子块模式为例,共有 9 种预测模式选择,其中模式 0、1、3～8 为不同的预测方向,模式 2 为直流方式即取参考像素的平均值。图(b)中,$a\sim p$ 为待预测块(4×4)的 16 个像素,$A\sim M$ 为已编码并重建的相邻像块的像素值,用作预测的参考像素。$a\sim p$中某个像素的预测值就通过对 $A\sim M$ 中某一方向上的参考像素进行加权平均求得的。例如,在模式 3 中,$b$ 的预测值为$(B+2C+D+2)/4$。

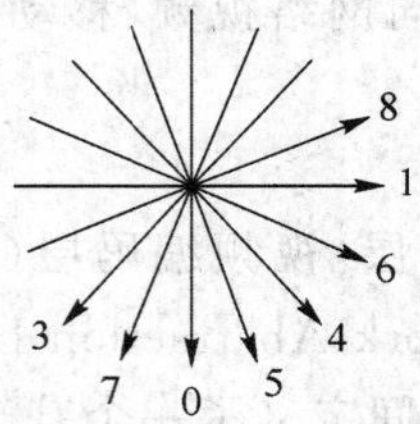


(a) 亮度信号9种不同的预测模式

| $M$ | $A$ | $B$ | $C$ | $D$ | $E$ | $F$ | $G$ | $H$ |
|---|---|---|---|---|---|---|---|---|
| $I$ | $a$ | $b$ | $c$ | $d$ | | | | |
| $J$ | $e$ | $f$ | $g$ | $h$ | | | | |
| $K$ | $i$ | $j$ | $k$ | $l$ | | | | |
| $L$ | $m$ | $n$ | $o$ | $p$ | | | | |

(b) 子块与相邻像素的关系

图 11.18　帧内预测模式

**3. 多模式运动估计**

在帧间预测编码时,亮度宏块可划分成形状不同的运动估计区域。如图 11.19 所示,划分类型有 4 种(16×16,16×8,8×16,8×8);当选用 8×8 模式时,可以进一步划分成 3 种(8×4,4×8 和 4×4);共 7 种模式。这种多模式的灵活和细致的划分,更切合图像中实际运动物体的形状,有效地提高了运动估计的精确程度。

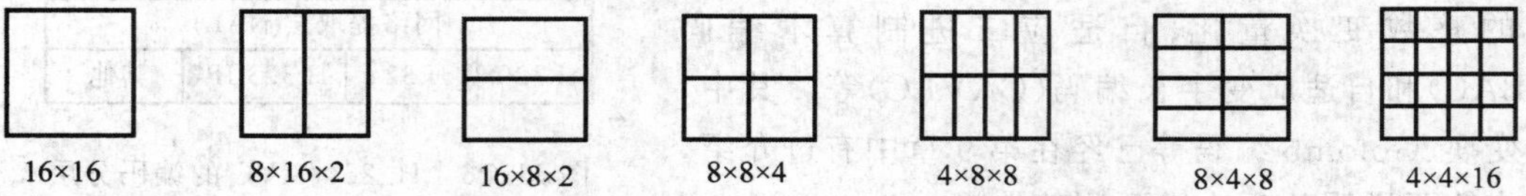


图 11.19　多模式宏块划分

**4. 高精度运动估计**

H.264 利用整像素点的亮度值进行 1/2 和 1/4 内插,使运动估计精度达到 1/4 像素。内插过程先是通过 6 抽头的滤波器来获得 1/2 像素精度,然后用线性滤波器来获得 1/4 像素的精度。由于 4∶2∶0 采样的关系,色度的运动精度实际达到 1/8 像素,也是通过线性滤波器插值得到的。H.264 标准中 1/2、1/4 精度的像素的位置如图 11.20 所示,其大写字母的中灰色点表示原整数像素,小写字母的白色点表示 1/2、1/4 插值。

(1) 1/2 精度的像素插值

1/2 精度的插值过程是采用 6 抽头的滤波器[1,−5,20,20,−5,1]实现的,由于具体位置不同,计算稍有区别。像素点 $b$、$h$、$j$ 的计算如下:

$$b_1 = E - 5F + 20G + 20H - 5I + J,\quad b = \mathrm{Clip1}\,[(b_1 + 16)/32] \tag{11.13}$$

$$h_1 = A - 5C + 20G + 20M - 5R + T,\quad h = \mathrm{Clip1}\,[(h_1 + 16)/32] \tag{11.14}$$

$$j_1 = \mathrm{cc} - 5\,\mathrm{dd} + 20\,h_1 + 20\,m_1 - 5\mathrm{ee} + \mathrm{ff},\quad j = \mathrm{Clip1}[(j_1 + 512)/1\,024] \tag{11.15}$$

其中,cc、dd、$m_1$、ee、ff 的计算公式和 $h_1$ 类似,Clip 1 是限幅运算,将像素值限制在 0~255 之间。

(2) 1/4 精度的插值过程

1/4 精度的插值过程采用的是线性内插来实现的。由于具体位置不同,计算略有不同。其中,$a$、$c$、$d$、$n$、$f$、$i$、$k$、$q$ 具有相似的计算公式,以 $a$ 为例,有

$$a = (G + b + 1)/2 \tag{11.16}$$

$e$、$g$、$p$、$r$ 具有相似的计算公式,以 $e$ 为例,有

$$e = (b + h + 1)/2 \tag{11.17}$$

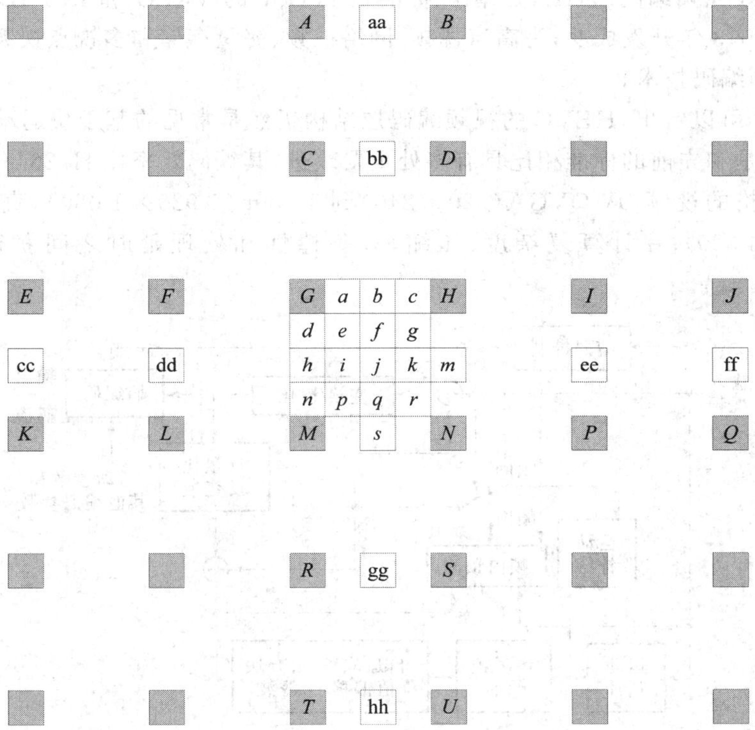


图 11.20　H.264 的 1/4 和 1/2 精度插值像素位置示意图

**5. 多参考帧预测**

H. 264 还可以采用多参考帧图像来进行运动预测，最多前向和后向各 16 帧。和 H. 263 比较，由于 H. 264 使用多参考帧预测，对周期性运动、平移封闭运动和不断在两个场景间切换的视频具有非常好的运动预测效果。如图 11. 21 所示，在刚刚编码好的若干参考帧中，H. 264 编码器为每个目标宏块选择能给出更准的预测帧，而不仅仅是前帧，并为每一宏块指示是哪一帧是被用于预测的。此外，使用了多参考图像后，H. 264 不仅能够提高编码效率，同时也能实现更好的码流误码恢复，但需要增加额外的时延和存储容量。

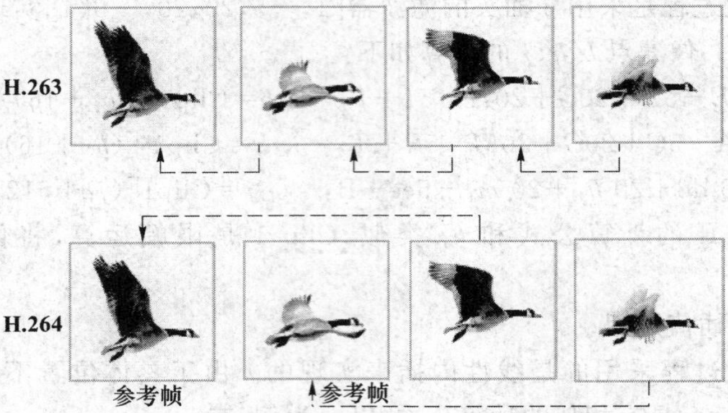


图 11. 21　H. 264 多参考帧预测示意图

## 11. 5. 5　HEVC 标准

最新的“高效视频编码”(HEVC)国际标准在 ITU-T 的 VCEG 和 ISO/IEC 的 MPEG 通力合作下已于 2013 年开发成功，为高清视频、网络视频、海量存储和多视点视频的应用提供了多项先进的视频编码技术。

从图 11. 22 可以看出，HEVC 的视频编码层结构仍然是常见的基于块运动补偿的混合视频编码模式，但是和先前的标准相比具有多处重要改进，其编码效率比 H. 264/AVC 提高了一倍；支持各类规格的视频，从 QVGA(320×240)到 1 080p(1 920×1 080)，直至超高清视频 4 320p(7 980×4 320)；在计算复杂度、压缩率、鲁棒性和处理延时之间获得了妥善的折中处理。

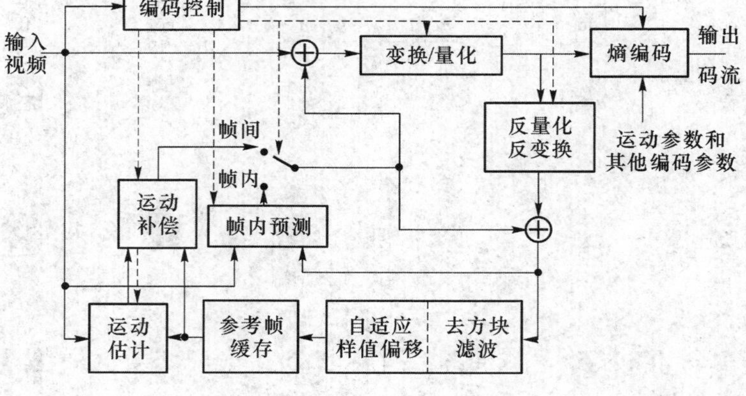


图 11. 22　HEVC 编码框图

**1. 编码结构和图像分块**

(1) 3 种编码结构

为了应对不同应用场合，HEVC 设立了 GOP 的三种编码结构，即帧内编码、低延时编码和随机访问编码。在帧内编码结构中，每一帧图像都是按帧内方式进行空间域预测编码，不使用时间参考帧。在低时延编码结构中，只有第一帧图像按照帧内方式进行编码，随后的各帧都作为一般的 P 帧和 B 帧进行编码，主要为交互式实时通信设计。随机访问(Random Access)编码结构主要由 B 帧构成，周期性地插入随机访问帧，成为编码视频流中的随机访问点，支持信道转换、搜索以及动态流媒体服务等应用。

(2) 条和片的划分

类似于 H.264/AVC，HEVC 也允许将图像帧划分为若干条(Slice)，成为独立的编码区域。图 11.23(a)显示了一帧图像中 3 个条的划分情况，条的划分以编码树单元(CTU)为界。

在 HEVC 中新引入了片(Tile)的划分，用水平和垂直的若干条边界将图像帧划分为多个矩形区域，每个区域就是一个片，每一个片包含整数个 CTU，片之间也可以互相独立，以此实现并行处理。图 11.23(b)显示了一例图像中 12 个片的划分情况。片划分时并不要求水平或垂直边界均匀分布，可根据并行计算和差错控制的要求灵活掌握。

在编码时，图像中的片是按扫描顺序进行处理，每个片中的 CTU 也是按扫描顺序进行。在 HEVC 中，允许条和片在同一图像帧中同时使用，既可以一个条中包含若干片，又可以一个片中包含若干条。

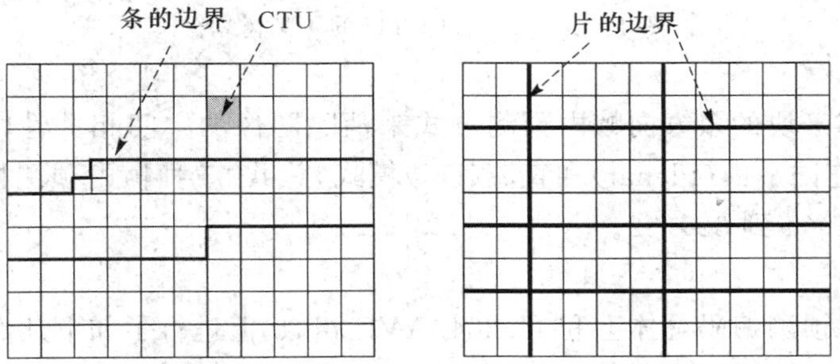


(a) 条划分　　(b) 片划分

图 11.23　条和片划分示例

**2. 四叉树单元划分**

类似于 H.264/AVC 中的宏块(MB)，HEVC 将编码帧分为若干编码树块(Coding Tree Blocks，CTB)，是进行预测、变换、量化和熵编码等处理的基本单元，其尺寸可以是 16×16、32×32 或 64×64。同一位置的亮度 CTB 和两块色度 CTB，再加上相应的语法元素(Syntax Elements)形成一编码树单元(Coding Tree Units，CTU)。对 HEVC 支持的 4∶2∶0 彩色格式，色度块 CTB 的像素数为同等亮度块的 1/4，即水平和垂直方向都是亮度块的一半。

(1) 编码单元

CTU 可以按照四叉树(quad-tree)结构分解为若干方形编码单元(Coding Units，CU)，同一层次的 CU 必须是同一尺寸的 4 个方块，最多可有 4 层分解，即 64×64，32×32，16×16 和 8×8。如果不分解，则这个 CTU 仅包含一个 CU。每个 CU 包含一块亮度编码块(Coding Blocks，CB)、两个色度 CB 以及相应的语法元素，可见 CU 的“树根”在 CTU。CU 是决定进行帧内预测还是帧间预测的单元，也就是说，整个 CU 只能是一种预测模式，不是帧内就是帧间。

(2) 预测单元和变换单元

CU 还可以按照四叉树层次分解(或不分解)为更小的预测单元(Prediction Units,PU)和变换单元(Transform Units,TU)。自然,每个 PU 包含亮度、色度预测块(Prediction Blocks,PB)和相应的语法元素,PB 的尺寸可从 4×4 直至 64×64。每个 TU 包含亮度、色度变换块(Transform Blocks,TB)和相应的语法元素,TB 的尺寸从 4×4 到 32×32。显然,TB 和 PB 在几何位置上有可能是重合的。

图 11.24(a)和(b)分别是某一 CTB 的 CB 划分及其对应的四叉树结构的示例,其中实线表示 CB 的界线,虚线表示 TB 的界线。CB 的大小和图像的特性是自适应的,在图像比较平缓区域,选择比较大的 CB,而在图像边缘或纹理复杂的区域,选择比较小的 CB,有利于提高编码效率。

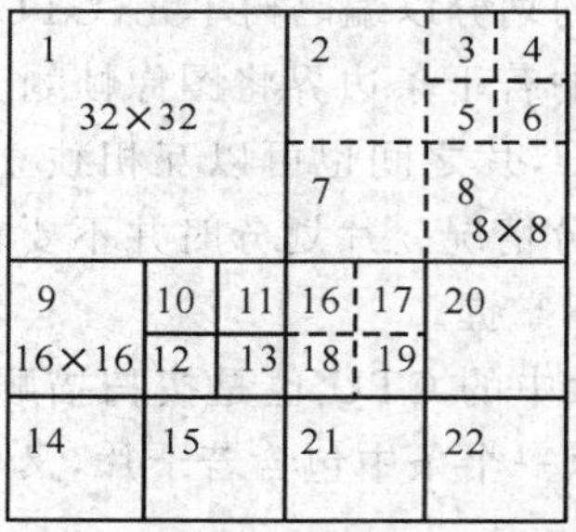


(a) 一个CTU的划分

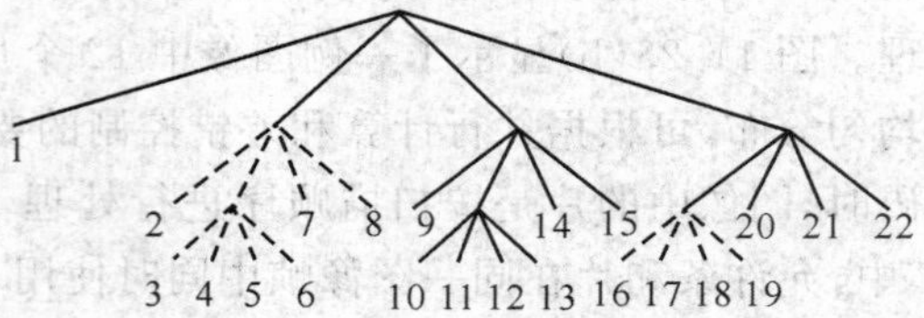


(b) 对应的4叉树结构

图 11.24 64×64 CTU 的 4 叉树划分

**3. 帧内预测**

HEVC 采用基于块的多方向帧内预测方式来消除图像的空间相关性,定义了 33 种不同的帧内预测方向,连同平面(Planar)和直流(DC)模式,总共 35 种帧内预测模式。帧内预测单元(PU)的尺寸从 4×4 到 32×32。

**4. 帧间预测**

HEVC 的帧间预测编码总体上和 H.264/AVC 相似,但进行了如下几点改进。

(1) 可变 PU 尺寸的运动补偿

HEVC 允许非对称地划分 64×64 到 16×16 的 CU 为更小的 PU,使得运动补偿更精确地符合图像中运动目标的形状。PU 可以是方形的,也可以是矩形的。如图 11.25 所示,左上角的一个 $2N\times 2N$ 的 CU 可以划分为右下边的 7 种情况。每个采用帧间预测方式编码的 PU 都有一套运动参数(Motion Parameters),包括运动矢量、参考帧索引和参考表标志。

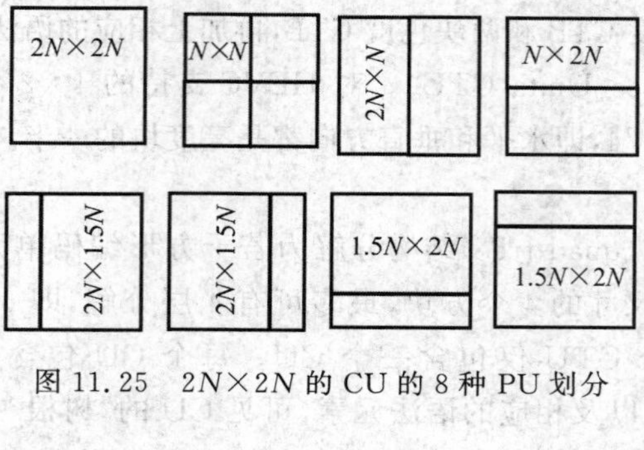


图 11.25 $2N\times 2N$ 的 CU 的 8 种 PU 划分

(2) 运动估计的精度

HEVC 亮度分量的运动估计精度为 1/4 像素。为了获得非整数样点的数值，不同的非整数位置亮度的插值滤波器的系数是不同的，分别采用一维 8 抽头和 7 抽头的内插滤波器产生 1/2 和 1/4 像素的亮度值。对于 4∶2∶0 数字视频，色度整数样点的距离比亮度大一倍，要达到和亮度同样的插值密度，其插值精度需为 1/8 色度像素。色度分量的预测值由一维 4 抽头内插滤波器用类似亮度的方法得到。

(3) 运动参数的编码模式

HEVC 对运动参数的编码有三种模式，简称为 Inter 模式、Skip 模式和 Merge 模式。前两种模式和 H. 264/AVC 类似，Merge 模式是 HEVC 新引入的一种"运动合并"(Motion merge)技术。在以往标准的帧间预测中，每个帧间预测块都要传输一套运动参数。为了进一步提高编码效率，HEVC 对邻近的 PU 块进行合并(Merge)处理，形成 Merge 帧间预测编码模式，即将毗邻的运动参数相同或相近的几个 PU 块合并起来形成一个"小区"(Region)，只要为每个小区传输一次运动参数，不必为每个 PU 块分别传输运动参数。

**5. 正弦变换和熵编码**

HEVC 除了支持预测残差的整数 DCT 变换外，还支持 4×4 的离散正弦变换(Discrete Sine Transform，DST)用于对帧内预测残差的编码。在帧内预测块中，那些接近参考像素的边缘像素的预测误差较小，而远离边界的像素其预测残差则比较大。DST 对编码这一类的残差效果比较好。这是因为不同 DST 基函数在起始处很小，往后逐步增大，和块内预测残差变化的趋势比较吻合，而 DCT 基函数在起始处大，往后逐步衰减。

HEVC 采用了和 H. 264/AVC 非常类似的基于上下文自适应二进算术编码(Context-Adaptive Binary Arithmetic Coding，CABAC)算法进行高效、无损的熵编码。

由于 HEVC 的条和片是独立预测的，打破了穿越边界的预测相关性，每个条或片的用于熵编码的统计必须从头开始。为了避免这个问题，HEVC 提出了一种波前并行处理(Wavefront Parallel Processing，WPP)的熵编码技术，在熵编码时不需要打破预测的连贯性，可尽可能多地利用上下文信息。

**6. 环路滤波**

方块效应是由于采用图像分块压缩方法所形成的一种图像失真，尤其在块的边界处更为惹眼。HEVC 采用和 H. 264/AVC 类似环内去方块滤波，包括 2 个按顺序进行的环路滤波(Loop Filtering)：去方块滤波(DeBlocking Filter，DBF)和样值自适应偏移(Sample Adaptive Offset，SAO)滤波。

**7. 档次、等级和水平**

为了提供应用的灵活性，HEVC 设置了编码的不同的档次(Profile)、等级(Tier)和水平(Level)。档次规定了一套用于产生不同用途码流的编码工具或算法，共有 3 个主档次，即常规 8 bit 像素精度的 Main，支持 10 bit 精度的 Main 10 和支持静止图像的 Main Still Picture。Main 档次的主要技术指标包括：①像素的比特深度限制为 8 bit；②色度亚采样限制为 4∶2∶0 格式；③解码图像的缓存容量限制为 6 幅图像，即该档次的最大图像缓存容量；④允许选择波前(Wavefront)和片(Tiles)划分方式，但不是必需的。

HEVC 标准的完成是一个渐近的过程，现已完成了向 3D、SVC 和 MVC 的扩展，将覆盖相当广泛的数字视频应用范围，如家庭影院、数字电影、视频监控、广播电视、实时通信、网络视频、视频会议、移动流媒体、高清存储、VOD、远程呈现(Telepresence)、医疗图像、遥感图像、3D视频、多视点视频、可分级视频等。

# 11.6 压缩视频的差错控制技术

视频压缩技术的使用提高了传输视频信息的效率,但压缩视频对传输差错的敏感程度也随之增加。由于传输过程中存在各种各样的干扰因素,必然会引起传输差错,如误码、丢包、拥塞等,从而对压缩图像或视频的重建和显示带来影响。

传输中产生的差错对重建图像的质量所产生的影响与很多因素有关,包括差错出现的位置、持续时间以及编解码方案等。当孤立误码发生在图像数据部分时,它可能只在图像的局部引起降质;而当它发生在码流的头信息位置时,或持续时间较长,它的危害更大,甚至有可能引起一帧或数帧图像的丢失。不同的编解码方案所受到误码的影响也是不同的,如混合编码系统,由于使用了变换、帧间预测和变长编码(VLC),误码的影响就更大,如果不采用保护措施,有可能会使解码器超出码字范围而无法继续工作。

为了能在目前日益普及的无线网络、互联网等误码易发环境进行可靠的数字视频传送,就必须在编码传输中采取有效的差错控制措施,包括纠错编码、差错掩盖以及抗误码编码等技术,消除或减轻传输差错的影响。

## 11.6.1 信道的传输特性

当数字信号在实际的数字系统传输时,信道中的干扰噪声会引起传输误码,使收到的码字与发送的码字不一致。对于不同类型的物理信道,如有线或无线信道,固定或移动信道等,所受的干扰不同,产生的误码特性也各不相同,可用单位时间出现的误码比特数(误码率)来衡量。误码的类型主要有随机误码和连续突发误码等。误码率和误码类型是信道的重要传输特性,是影响图像传输质量的重要因素。

对于目前的 IP 网络传输,反映到用户终端的主要传输差错表现为数据包的丢失,它是由于处理器能力、路由转发或信道拥挤等原因所造成的。丢包率是这类网络的一个重要的传输性能指标,其高低直接影响到通信的质量。此外,在丢包的类型上,突发的连续丢包比单个随机丢包的对系统的性能影响更大。

## 11.6.2 信道编码技术

降低传输差错影响的一项重要的措施就是采用信道编码技术,基本思想是通过对信息序列作某种变换,使原来相互独立、相关性小的信息码元产生某种相关性,利用这种相关性检查和纠正传输造成的差错。

**1. 差错控制方式**

目前在数据传输中,结合信道编码主要有三种差错控制方式,即自动请求重发(ARQ)、前向纠错(FEC)和混合纠错(HEC)方式,如图 11.26 所示。

(1) 自动请求重发(Automatic Repeat-re-Quest,ARQ)

采用这种方法时,发端发出能够发现错误的码,收端根据编码规则对收到的数码进行判决,若有错,则通过反馈信道发送重发指令,通知发端将有错部分重发,直到正确接收为止。这种方法的优点是纠错编解码设备简单,但需要具备反向信道,且实时性较差。

(a) ARQ方式

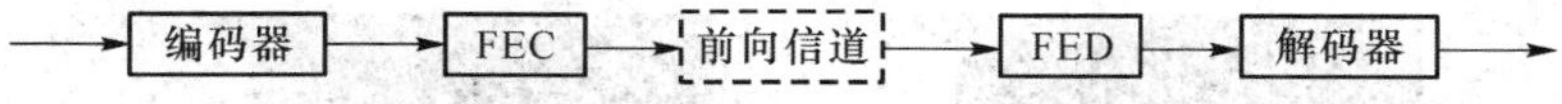

(b) FEC方式

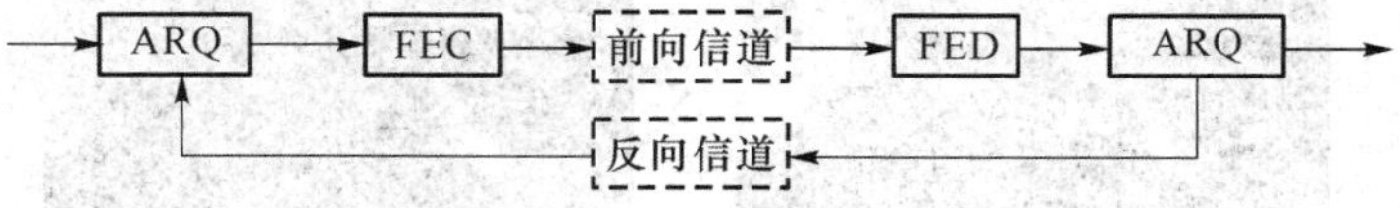

(c) HEC方式

图 11.26　差错控制的 3 种基本方式

(2) 前向纠错(Forward Error Correction,FEC)

发端发送能纠错的码,收端在收到的信码中可以发现甚至校正错误。此方式的优点是无须反馈信道,译码实时性好,所用的编码方式有分组码、卷积码,以及格栅编码等。

(3) 混合纠错(Hybrid Error Correction,HEC)

它是以上两种方法的结合。接收端对所接收的码流中少量的误码可通过前向纠错方式进行自动纠正;而对超过前向纠正能力的误码,若能检测出来,则接收端通过反向信道请求发端重发,以此对错码加以纠正。

**2. 级联编码技术**

在卫星、数字电视地面广播等场合,由于传送条件复杂,要求 FEC 有很高的性能,同时又要求解码不过于复杂,这时就宜于使用级联编码(Concatenated Coding),它通常由内编码和外编码组成,如图 11.27 所示。为了抵抗较强的突发干扰,在内、外编码之间还可加入码交织处理。目前在一些数字电视地面传输国际标准中,均采用了级联编码技术,其中,内码采用卷积码或格栅编码,外码采用 Reed-Solomon 码。

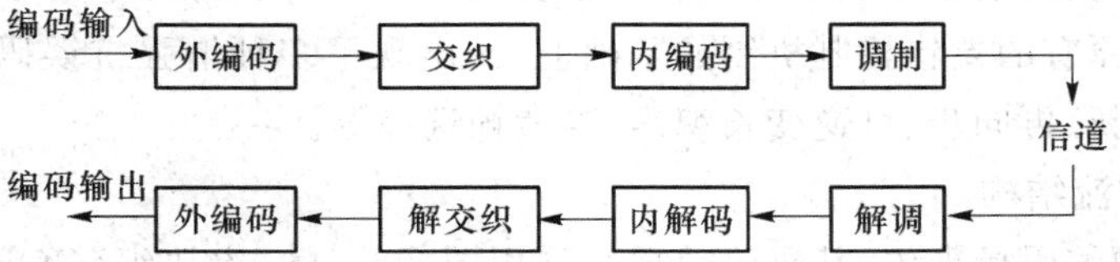


图 11.27　级联编码系统框图

交织编码(Interleaved Coding)技术是抵御突发差错的一种强有力的方法,常用于级联编码系统中。发送端将每 $m\times n$ 个数据分为一组,组中按每行 $n$ 比特、共 $m$ 行方式写入寄存器,然后以列的方式读出用于传输,实现了数据交织;接收端把数据按列的方式写入寄存器后再以行方式读出,得到与输入码流次序一致的输出,由此实现了数据的解交织。当在传输过程中出现突发差错时,原来连续的若干差错比特在去交织寄存器中被分散到各行比特流中,从而易于被外层的 FEC 纠正。

## 11.6.3　差错掩盖技术

差错掩盖(Error Concealment,EC)是一种非常有效的基于解码端的弥补传输差错的方法,其主要目的是减轻那些无法纠正或恢复数据所引起的恶劣的视觉效果。为了实现差错掩盖,首先需要对差错部分精确定位,然后再设法用与已损图像最为相似的图像数据来替代它,以改进受损图像的主观质量。因此,差错掩盖不能消除传输差错,而只能对差错部分进行一定程度的近似替代。对标准测试序列的某出错帧进行差错掩盖的结果如图11.28所示,可见经过掩盖处理后的图像的主观质量有了明显改善。

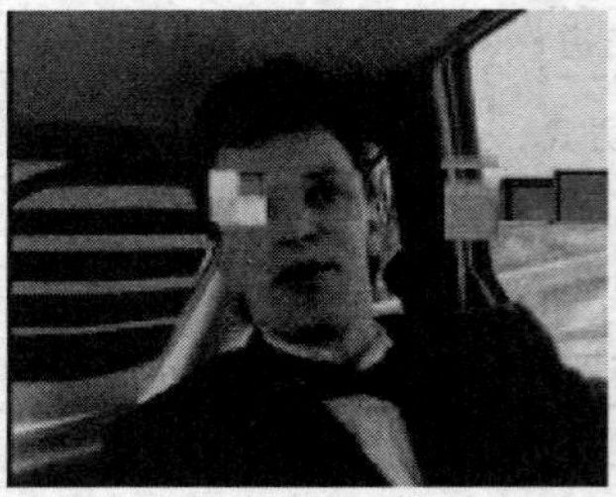

(a) 掩盖前

(b) 掩盖后

图 11.28 差错掩盖前后对比

简单的差错掩盖可以利用图像内部在空间上的相关性,用同一帧内误码块周围的图像数据作内插来重构误码部分的图像。因此,这种方法当图像序列处于较大运动场合,但误码块周围纹理变化较平缓时比较适用。也可以利用相邻图像在时间上的相关性,用前一帧内误码块对应位置的图像数据来近似误码部分的图像,主要适用于图像中运动较缓慢的场合。

除了简单的基于接收端的掩盖,目前还出现了一些和编码端联合的差错掩盖方法,例如在编码时有意隐藏并确保一些重要信息,如运动矢量、编码模式等,一旦发生误码,在解码端就可以利用这些信息来改善掩盖的效果。

### 11.6.4 抗误码编码技术

**1. 抗误码措施**

在目前的图像信源编码系统中,帧间编码和VLC广为使用,编码效率得到显著提高,但传输差错对编码系统影响也大大增加。为了在移动网和IP网等突发误码环境下提供视频的可靠编码传输,在原有的差错控制机制的基础上,又出现了多种增强抗误码性能的措施,如层次化码流、数据刷新、再同步、可逆变长编码、参考帧选择等。

(1) 层次化码流结构

在所有的视频编码标准中,其码流数据均采用图像组、帧、宏块组(GOB)、宏块条(Slice)、宏块(MB)和子块(Block)之类的层次结构,其作用除了提供一定的编码参数选择外,还提供了出现差错后的再同步机制,使误差扩散被限制在帧、宏块组或宏块条等一定范围内。

(2) 数据刷新

视频编码器采用强制定期刷新机制,即定期对宏块使用帧内编码模式,对此前的误码影响作一了断。由此消除帧间编码时误码图像在相继帧中连续出现,并且能减少运算的累积误差对图像质量的影响。

(3) 再同步标志

再同步(Resynchronization)技术实际上是一种数据打包技术,它通过在码流中插入再同步标识来实现。与图像组头、帧头、宏块头以及宏块条头等不同,再同步标识周期地插入比特流中,即视频数据包不是以包内的宏块数为基准,而是以包内的比特数为基准,由此可以改善运动区的抗误码性能。

(4) 可逆变长编码

在一般误码情况下,同步被重新建立后,误码处前后两个同步点之间的数据全被舍弃,其中实际包括许多未遭破坏的数据,为此,可以使用所谓可逆变长编码(Reverse VLC,RVLC),这样就可以从新的同步点开始反向解码,直到差错发生点附近,使误码的影响降到最小。

(5) 参考帧选择

采用一个从解码端到编码端的反向信道通知编码器有关传输差错的情况,编码器根据这一信息自适应地选择运动估计的参考帧,消除差错在时间上的传播。这种方法不使用帧内刷新,编码效率高,并且能适应在无线信道 $10e^{-3}$ 的平均误码率、1 ms 的突发误码长度,以及在 Internet 上丢包率高达 5%的严重的差错环境。

**2. 信源信道联合编码**

抗误码编码从本质上来说,就是通过人为地在编码中引入一定的编码冗余度,增加编码抵抗传输中误码的能力。抗误码编码包括可分级编码、多描述编码、可靠性熵编码、信源信道联合编码等多种方式,它们在引入和使用编码冗余度上采用了不同的方法。这里仅简略说明信源信道联合编码的基本思路。

对于一个编码传输系统而言,解码端存在两种类型的失真,即编码中由于量化等引起的信源编码误差和传输中误码引入的信道传输误差,一个最佳的系统应该是使两种失真的联合效果降低到最小。然而,传统的编码处理中,对信源编码和信道编码通常是分别进行最优设计的,编码器只考虑在给定传输码率的条件下,尽量减少量化等误差;而信道编码则在给定的误码率的条件下尽量减少编码冗余。这样做的依据来自于 Shannon 的信源信道分离原理,即通过分别设计最佳的信源和信道编码器,可以达到系统的整体性能最佳。然而,Shannon 的这一原理是建立在一些假设基础上的,如高斯无记忆信源、平稳随机过程、信道的延时、编解码器的处理能力是趋于理想情况等。这些假设条件在实际传输系统中并不能满足,因此在实际系统设计中必须将信源和信道编码进行联合考虑,根据信道的误差条件引入一定的编码冗余,才能达到最佳的编码传输性能。至于如何联合设计信源、信道编码,有兴趣的读者可以参考有关资料,这里不再赘述。

## 习题与思考

11.1　比较 JPEG 标准与 H.261 标准在处理 DCT 系数时的主要异同点。

11.2　设一个视频编码器的输入为 CIF 格式数字视频,如果信道传输速率为 2.048 Mbit/s,则信源编码器的压缩比为多少?压缩码流若在 384 kbit/s 信道上传输,并且相应地将输入数字视频的帧频降低为 10 帧/秒,则此时信源编码器的压缩比为多少?

11.3　在网络上进行视频传输时,针对传输差错,可以采用纠错编码和差错掩盖技术,简要说明这两种技术及其主要区别。

11.4　在低码率视频传输中,编码控制的目标是对于运动量较大的景物,使用较大的量化步长,获得较高的传输帧频;但对于小运动、缓变的景象,则使用较小的量化提高图像的质量,降低编码帧频。简述使用这种控制策略的原因。

11.5　用全搜索法对题图 11.1 中的 $N \times N$ 图像子块 S 进行全搜索块匹配运动估计,子

块大小 $N\times N=16\times16$,$d=7$,误差准则为 SAD,计算:

(1) 对该子块进行全搜索的总匹配次数;

(2) 对该子块求 SAD 的总运算次数;

(3) 对于 CIF 格式的图像,帧频 25 帧/秒,求实时对该图像进行运动估计所需的运算速度,即运算次数/秒。

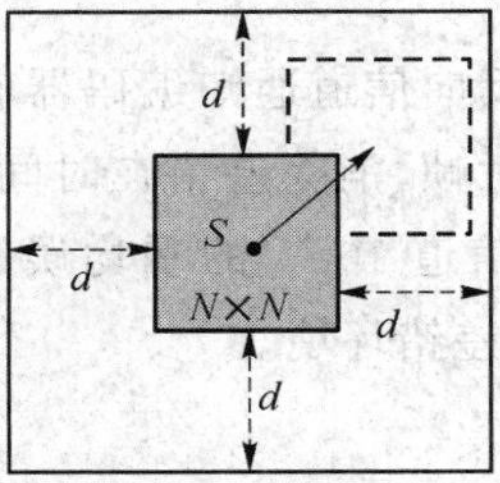


题图 11.1

11.6　某同学在进行运动估计算法的实验中得到了使用 3 种不同运动估计算法的编码实验结果,如题表 11.1 所示,其中的 3 种算法分别是全搜索算法、三步搜索算法和自适应跟踪三步搜索算法。使用了两个测试视频序列,其中"Claire"序列具有较小的运动量,"Foreman"序列具有中等运动。试根据表中提供的数据:

(1) 对全搜索算法和三步法进行算法性能比较分析;

(2) 对三步搜索法和自适应跟踪三步搜索法进行算法性能比较分析。

**题表 11.1　运动估计算法比较实验结果**

| 视频序列 | 算法 | 解码视频 PSNR/dB | 每序列编码时间/s | 编码码率/($kbit\cdot s^{-1}$) |
|---|---|---|---|---|
| Claire | 全搜索算法 | 39.45 | 9.466 | 46.83 |
| | 三步搜索法 | 39.36 | 2.046 | 47.60 |
| | 自适应跟踪三步搜索法 | 39.24 | 2.062 | 47.55 |
| Foreman | 全搜索算法 | 35.38 | 9.596 | 138.59 |
| | 三步搜索法 | 35.11 | 2.265 | 215.81 |
| | 自适应跟踪三步搜索法 | 35.27 | 2.233 | 153.91 |

11.7　菱形搜索算法是一种性能优越的快速运动估计算法,它的搜索步骤如下:

(1) 计算题图 11.2(a)中标号为 0 的点(当前点),其坐标为(0,0)的 SAD,然后以该点为中心点,搜索其周围大菱形 8 个点,即题图 11.2(a)中标号为 1 和 2 点;

(2) 如果中心点的 SAD 最小,则继续搜索它周围小菱形的 4 个点,即题图 11.2(a)中的标号为 3 的点。这样搜索出的最小 SAD 点就认为是最匹配的点,搜索结束;

(3) 如果是菱形边上中点的 SAD 最小,比如(1,−1),则以该最小点为中心点,扩展一个大菱形 A,如题图(b)所示;或者是菱形顶点的 SAD 最小,如(2,0),则以该最小点为中心点,扩展一个大菱形 B,如题图 11.2(c)所示。再执行(1)。必须注意的是,搜索过的点就不必再计算。

假设对于某宏块搜索时共进行了 $M$ 次菱形 A 扩展和 $N$ 次菱形 B 扩展,试给出该宏块总共需要的匹配次数。

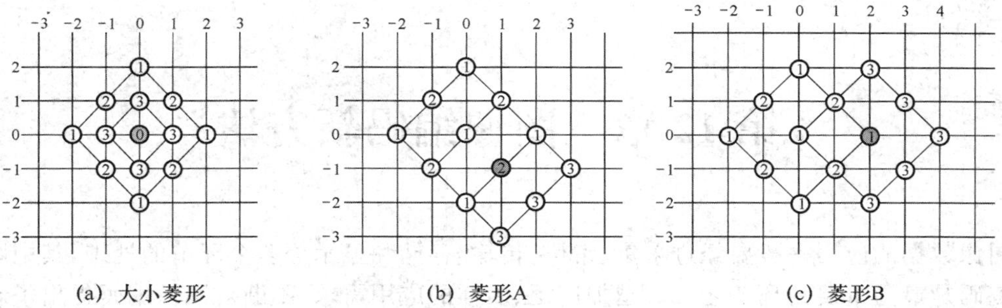
(a) 大小菱形
(b) 菱形A
(c) 菱形B

题图 11.2　菱形搜索算法示意图

11.8　H.261 和 H.263 对子块 DCT 系数使用相同的量化方法，即用 1 个步长为 8 的均匀量化器用于帧内模式的 DC 系数，而用其他 31 个中央有“死区”的量化器用于所有其他系数。在对量化系数 LEVEL 进行反量化处理时，其规则如下：

(1) 当 LEVEL=0 时，重建值 REC=0；

(2) 对于帧内 DC 系数，REC=8×LEVEL；

(3) 对于所有除帧内 DC 以外的非零系数，设 QUANT 为量化步长的 1/2，则

$$\begin{cases} |\text{REC}| = \text{QUANT} \cdot (2 \cdot |\text{LEVEL}| + 1), & \text{QUANT}=\text{奇数} \\ |\text{REC}| = \text{QUANT} \cdot (2 \cdot |\text{LEVEL}| + 1) - 1, & \text{QUANT}=\text{偶数} \end{cases}$$

注意：以上重建公式保证不会出现偶数重建值。当得到|REC|后，最后将得到 REC 的值：

$$\text{REC} = \text{sign}(\text{LEVEL}) \cdot |\text{REC}|$$

假设对于一个帧内编码的子块，量化参数 QUANT=5，经过 VLD 和 Zig-zag 反扫描后得到量化子块为

$$\begin{bmatrix} 25 & 3 & -5 & 0 & 0 & 0 & 0 & 0 \\ 1 & 20 & 0 & 0 & 0 & 0 & 0 & 0 \\ 0 & 0 & 0 & 0 & 0 & 0 & 0 & 0 \\ \vdots & \vdots & \vdots & \vdots & \vdots & \vdots & \vdots & \vdots \\ 0 & 0 & 0 & 0 & 0 & 0 & 0 & 0 \end{bmatrix}$$

试求该子块的重建值。

# 第 12 章　图像编码新方法

图像数据的应用一般要经过采集、编码、传输、存储和显示等多个环节的处理，其中图像的压缩编码是最为重要的环节之一。越加广泛、多样的应用需求，不断对图像编码提出了新的挑战，促使新的图像编码技术不断涌现。本章仅简要介绍其中部分比较成熟的编码新方法：小波变换、可分级编码、多描述编码、分布式编码及压缩感知。

## 12.1　小波变换与图像编码

小波变换（Wavelet Transform，WT）是 20 世纪 80 年代以来发展起来的一种局部化时频域分析方法，具有傅里叶变换、Gabor 变换等所不具备的优良特性，如多尺度分解性、时频分析、方向选择、对象自适应等。这些以多尺度分解为核心的良好的分析特性，和人的视觉特性由粗到细的认识过程十分相似，使得小波变换成为图像处理领域中一种十分有用的工具。和傅里叶变换类似，小波变换也有三种类型，即连续小波变换（CWT）、小波级数展开和离散小波变换（DWT）。

### 12.1.1　连续小波变换

小波变换采用有限宽度的基函数进行变换，替代傅里叶变换的无限宽的周期基函数。小波基函数不仅有频率的变化，而且也有位置的变化，可以适应各种形状的瞬时信号。或者说，它在时域和频域同时具备良好的局部化特性，从而可以适应信号（图像）的任意细节，获得高效的表示。如图 12.1 所示，与傅里叶基函数不同，小波基函数同时具有幅度局部化、频率伸缩和时间位移的特点，这正是小波变换优于传统傅里叶变换的关键之处。

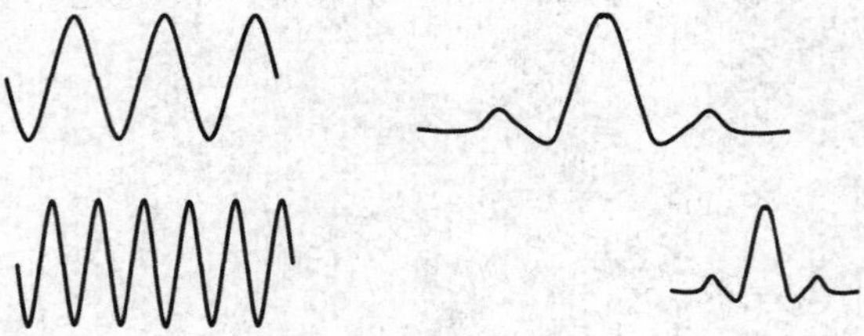

(a) 正弦基函数　　(b) 小波基函数

图 12.1　傅里叶变换和小波基函数的对比

**1. 小波基函数**

若 $\psi(x)$ 是实函数，其傅里叶频谱为 $\Psi(s)$，且满足 $C_\psi = \int_{-\infty}^{+\infty} \frac{|\Psi(s)|^2}{|s|} \mathrm{d}s < \infty$，则 $\psi(x)$ 就可作为小波基函数。由于积分式分母中含有频率 $s$，因此当 $s$ 趋于 0 时，必定要求 $|\Psi(s)|$ 比 $|s|$ 更

快地收敛于 0，则有 $\Psi(0)=0$，即 $\Psi(0)=\int_{-\infty}^{+\infty}\psi(x)\mathrm{d}x=0$。

这个条件勾画出小波基函数的两个最为重要的特点：$\Psi(s)$且必须迅速收敛到零，能量有限；$\Psi(0)=0$，$\psi(x)$无直流分量，且 $\psi(x)$的幅度必须在正负间振荡，对应的频谱 $\Psi(s)$为带通型。可见只要满足上述条件，小波基函数可以任意选择。$\psi(x)$经过伸缩和平移可以产生一组小波基函数：

$$\psi_{a,b}(x)=\frac{1}{\sqrt{a}}\psi\left(\frac{x-b}{a}\right) \tag{12.1}$$

其中，$a$ 为伸缩(Scaling)因子，或尺度因子，显然，当 $a>1$ 时，$\psi(x)$波形拉宽，当 $0<a<1$ 时，$\psi(x)$波形缩窄。$b$ 为平移因子，或时间因子，标度 $\psi(x)$波形在水平方向平移的位置。可见平移因子 $b$ 的存在，使得在小波变换以后在变换域中也保留了时间标注。由不同的 $a$、$b$ 值所形成的函数族就是一组小波基函数族$\{\psi_{a,b}(x)\}$。

**2. 连续小波变换**

在确定了小波基函数以后，就可以方便地定义连续小波变换(CWT)。

(1) 一维 CWT

一维连续实函数 $f(x)$的小波变换为

$$W_f(a,b)=\langle f,\psi_{a,b}\rangle=\int_{-\infty}^{+\infty}f(x)\psi_{a,b}(x)\mathrm{d}x \tag{12.2}$$

其中，$\psi_{a,b}(x)$也可以写成 $\psi(x,a,b)$，$x$ 表示时域(空域)变量，$a$、$b$ 表示“时频域”变量。$a$ 表示伸缩，$1/a$ 相当于频率的概念，$b$ 表示平移，相当于时间的概念。一维函数 $f(x)$经小波变换以后，变为二维小波系数函数 $W_f(a,b)$，是 $a$、$b$ 的函数。这是超完备的(over-complete)时频变换，变换后多了一维表示“时间”的变量 $b$。

相应的连续小波逆变换(ICWT)为

$$f(x)=\frac{1}{C_\psi}\int_0^{+\infty}\int_{-\infty}^{+\infty}W_f(a,b)\psi_{a,b}(x)\mathrm{d}b\frac{\mathrm{d}a}{a^2} \tag{12.3}$$

其中，$\frac{\mathrm{d}a}{a^2}=\mathrm{d}\left(\frac{1}{a}\right)$相当于频率的增量。可见，在小波变换中，正逆变换核相同，都是 $\psi_{a,b}(x)$。

(2) 二维 CWT

将一维 CWT 推广到二维，二维连续实函数 $f(x,y)$的连续小波变换为

$$W_f(a,b_x,b_y)=\int_{-\infty}^{+\infty}\int_{-\infty}^{+\infty}f(x,y)\psi_{a,b_x,b_y}(x,y)\mathrm{d}x\mathrm{d}y \tag{12.4}$$

相应的连续二维小波逆变换(ICWT)为

$$f(x,y)=\frac{1}{C_\psi}\int_0^{+\infty}\int_{-\infty}^{+\infty}\int_{-\infty}^{+\infty}W_f(a,b_x,b_y)\psi_{a,b_x,b_y}(x,y)\mathrm{d}b_x\mathrm{d}b_y\frac{\mathrm{d}a}{a^3} \tag{12.5}$$

其中，$\psi_{a,b_x,b_y}(x,y)=\frac{1}{|a|}\psi\left(\frac{x-b_x}{a},\frac{y-b_y}{a}\right)$是二维基本小波，$b_x$、$b_y$ 分别表示在 $x$ 方向和 $y$ 方向的位移。

**3. 小波变换的同源技术**

在小波分析提出以前，就存在多种时频信号分析的方法，如金字塔分解、带通滤波器组和

子带滤波,其基本思想和小波变换大致相同,也可以说是这些技术在小波变换的产生和发展中起了重要的推动作用。

(1) 从金字塔分解到小波变换

以拉普拉斯金字塔图像分析为例,如图 12.2 所示,这种方法将 $M\times M$ 原图像($V_0$ 层)首先分解为$(M/2\times M/2)$的 $V_1$ 层图像,再由 $V_1$ 层图像分解为$(M/4\times M/4)$的 $V_2$ 层图像,……依此类推,可以一直分解到最后一层(一个像素的图像)。这样的多层图像堆叠起来形成一个下大上小的"金字塔"形状,因此称为金字塔分解。金字塔分解实际上就是图像的多分辨率分析,每一层图像都表示某一个分辨率。越小(高层)的图像分辨率越粗,细节成分越少,表征图像的大特征,或者全局性的特征;相反,越大的图像(低层)分辨率越细,细节成分越多,表征图像的小特征,或者局部性的特征。

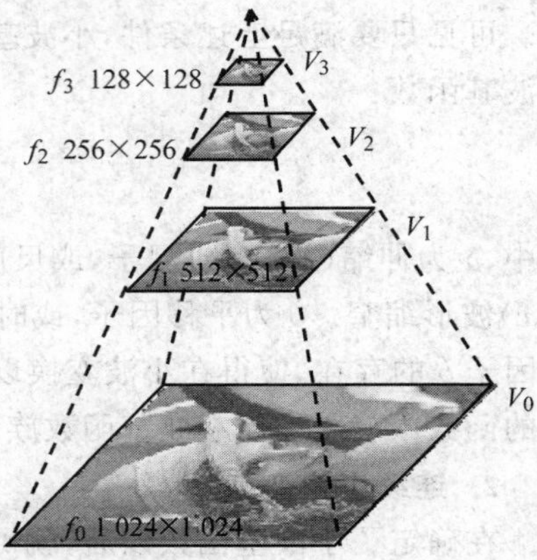

图 12.2 金字塔分解示例

金字塔方式从下到上的分解过程实际上是一种 2∶1的下采样过程。但在每一步的中,不是简单地丢弃行和列,因为这样会引起下采样图像的混叠效应。而是在下采样之前,采用半带二维高斯低通滤波器(G-LPF)对图像进行滤波,有效限制了滤波后图像的带宽,然后再进行下采样,这一过程如图 12.3 所示。

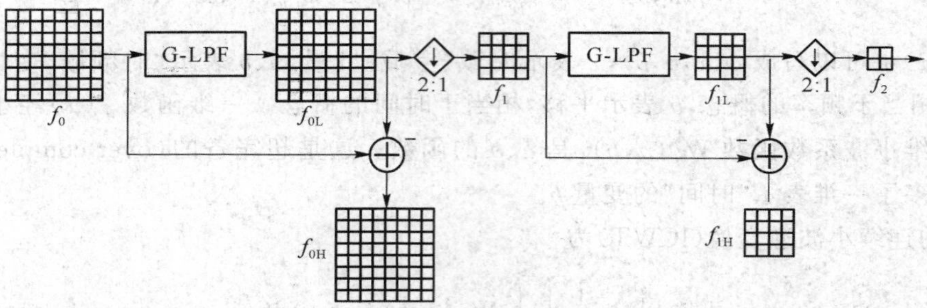

图 12.3 拉普拉斯金字塔图像分解过程

根据金字塔分解后的信息还可以进行综合,得到原图像,综合的方法和上述分解方法相反,需要进行一系列的增频采样和滤波。以二级综合为例,图 12.3 中低频信息 $f_2$ 内插滤波后和高频信息 $f_{1H}$相加得到 $f_1$,再由 $f_1$ 内插滤波和 $f_{0H}$合并形成原图像 $f_0$。这种分解和综合的方法,实际上和小波变换的多尺度分解和综合方法的思路是一致的,由此也导致了一种金字塔分解的小波变换快速算法。

(2) 从滤波器组到小波变换

对于小波基函数 $\psi_{a,b}(x)=\frac{1}{\sqrt{a}}\psi\left(\frac{x-b}{a}\right)=\psi_a(x-b)$,我们可以定义它的共轭翻转函数为

$$\tilde{\psi}_a(x-b)=\psi_a^*(b-x) \tag{12.6}$$

则 $f(x)$的 CWT 可改写为

$$W_f(a,b)=\int_{-\infty}^{+\infty}f(x)\psi_a(x-b)\mathrm{d}x=\int_{-\infty}^{+\infty}f(x)\tilde{\psi}_a(b-x)\mathrm{d}x=[f(x)*\tilde{\psi}_a(x)](b) \tag{12.7}$$

将 $a$ 作为参数,上式中 $W_f(a,b)$可看成信号 $f(x)$和 $\tilde{\psi}_a(x)$的卷积,是 $b$ 的函数。这样求

$f(x)$的小波变换可以用卷积的方法产生，参与卷积的函数就是小波基函数的共轭翻转函数，使“小波变换”变成了“带通滤波”。对于每个不同的 $a$，定义了不同的 $\tilde{\psi}_a(x,b)$，即一组带通滤波器。如图 12.4 所示，图中给出了 $a=1,2,\cdots,n$ 时滤波器组合在一起形成了小波变换的情况。

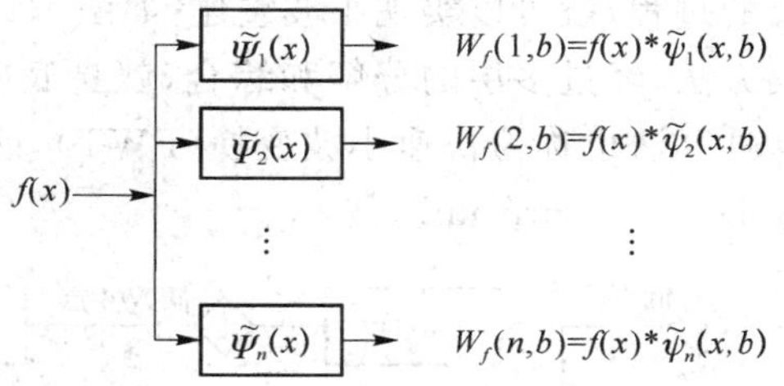


图 12.4　一维带通滤波器组

(3) 从子带滤波到小波变换

子带滤波最初用于语音处理，后来发展应用到图像处理领域。最简单的子带滤波方法是将信号用低通和高通滤波器分解为一路高频部分和一路低频部分。然后，对不同的频率分量根据实际需要进行不同的处理。处理完毕以后，再通过两个合成滤波器滤波后相加形成处理后的信号。

图 12.5 为用 $z$ 变换表示的简单双子带系统，左边为双子带分解滤波器组，低带为 $H_0(z)$，高带为 $H_1(z)$；右边为综合滤波器组，低带为 $K_0(z)$，高带为 $K_1(z)$。输入信号为 $F(z)$，输出信号为 $Y(z)$。图中“2∶1”表示“二抽取”，即隔点抽取，形成半长度序列 $G'_0(z)$和 $G'_1(z)$；“1∶2”表示“二插值”，即隔点插值，恢复为全长度序列 $G''_0(z)$和 $G''_1(z)$。参照图 12.5，不难得到输入和输出的关系：

$$\begin{aligned}Y(z)&=\frac{1}{2}K_0(z)[H_0(z)F(z)+H_0(-z)F(-z)]+\frac{1}{2}K_1(z)[H_1(z)F(z)+H_1(-z)F(-z)]\\&=\frac{1}{2}[H_0(z)K_0(z)+H_1(z)K_1(z)]F(z)+\frac{1}{2}[H_0(-z)K_0(z)+H_1(-z)K_1(z)]F(-z)\end{aligned}\tag{12.8}$$

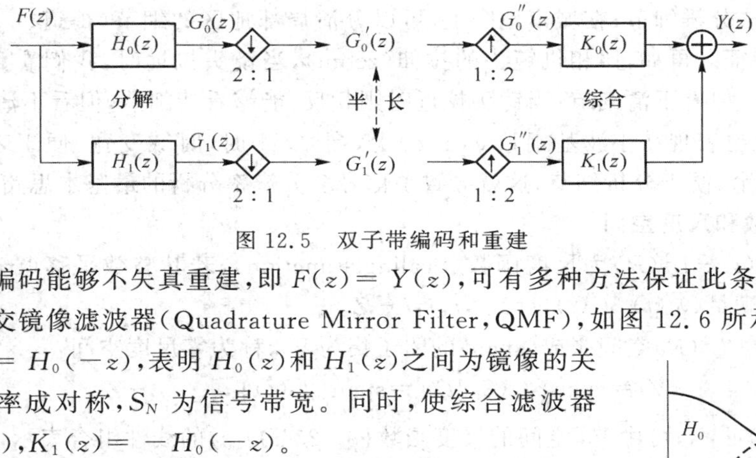


图 12.5　双子带编码和重建

要使子带编码能够不失真重建，即 $F(z)=Y(z)$，可有多种方法保证此条件成立。例如，采用常见的正交镜像滤波器(Quadrature Mirror Filter, QMF)，如图 12.6 所示，在 $0\sim S_N$ 区间满足 $H_1(z)=H_0(-z)$，表明 $H_0(z)$和 $H_1(z)$之间为镜像的关系，和 $S_N/2$ 频率成对称，$S_N$ 为信号带宽。同时，使综合滤波器 $K_0(z)=H_0(z)$，$K_1(z)=-H_0(-z)$。

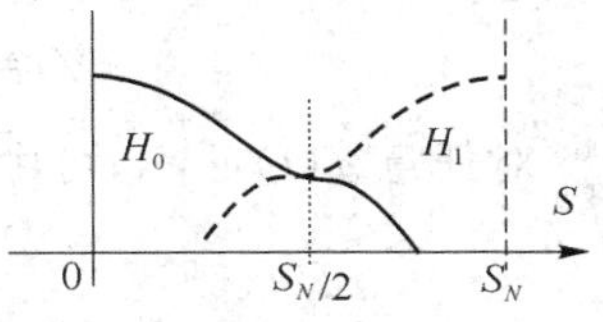


图 12.6　镜像滤波器

通过上面的分析，从子带滤波过渡到小波变换已是很自然的了。Mallat 定义了一种采用双子带编码的小波变换算法，如图 12.7 上半部所示。第一步，对一个 $N$ 点的信号进行第一次双子带分解,产生 $N/2$ 点的低半带信号;第二步,对 $N/2$ 点的低半带信号再进行双子带分解,产生 $N/4$ 点的低半带信号;……依此类推,每一步分解的结果其带宽减半,直到所需要的分解层次为止,图中进行了 3 层分解。滤波产生的所有高带信号和最后一个低带信号就形成了 $f(i)$ 的小波分解的结果。按照相反的过程,就可以实现小波重建,如图 12.7 下半部所示。这样,原来是用于频率滤波的子带编码方法,经过多层的分解和综合,就自底向上地完成了时间-尺度的小波分解和综合的任务。这种算法也称为快速小波变换(FWT),或者 Mallat 算法,还形象地称它为"鱼骨算法"(Herring Bone Algorithm)。

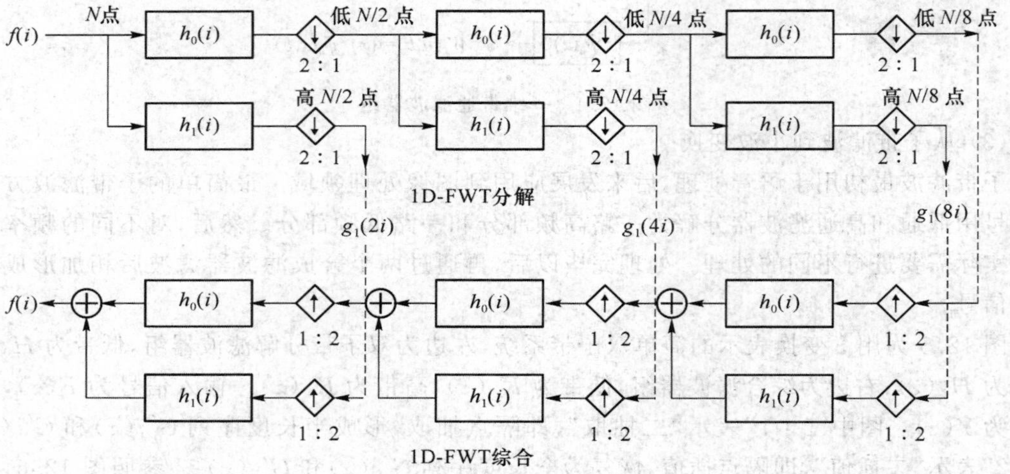


图 12.7　Mallat 快速小波变换算法

## 12.1.2　多分辨率分析*

多分辨率分析(Multi-Resolution Analysis,MRA)是现代信号处理中的一个重要的概念,也是小波变换的理论基础。在日常生活中也有类似的情况,例如,不同比例的地图就形成了一套典型的多分辨率图形。在全国地图上,可以分辨国内地形地貌(大的江海、湖泊和山川等)的主要特征,但无法分辨细节;在城市地图上,可以分清局部地区的细节(街道、广场和公园等),但无法看到大特征。再如,照相机镜头的拉伸(zoom),当镜头拉远时,我们看到的大场面,能够分辨大的特征,但看不清细节;当镜头拉近时则相反,能够看清细节,但看不清大特征。

类似的情况也表现在小波基函数 $\psi(x/a)$ 上,当 $a>1$ 时,时域变宽,便于表现大特征,当 $a<1$ 时,时域变窄,便于分析细节,这就导致了信号多分辨率分析的最基本思路。

**1. 尺度函数和尺度空间**

定义函数 $\phi(t)\in L^2(R)$ 为尺度函数(Scaling Function),若其整数平移(translation)序列 $\phi_k(t)=\phi(t-k)$ 满足 $\langle\phi_i(t),\phi_j(t)\rangle=\delta_{i,j}, i,j,k\in\mathbf{Z}$。

定义 $\phi_k(t)$ 在 $L^2(R)$ 空间张成(span)的闭子集为 $V_0$,称为零尺度空间:

$$V_0=\operatorname*{span}_k\{\phi_k(2^{-0}t)\}=\operatorname*{span}_k\{\phi_k(t)\},\qquad k\in\mathbf{Z}\tag{12.9}$$

对任意 $f(t)\in V_0$,可由 $V_0$ 空间的尺度函数 $\{\phi_k(2^{-0}t)\}_{k\in\mathbf{Z}}$ 的线性组合表示,即

$$f(t)=\sum_k a_k\phi_k(t)$$

假设尺度函数 $\phi(t)$ 在平移的同时又进行了尺度的伸缩,即得到一个尺度和位移均可变化的函数集合:

$$\phi_{j,k}(t)=2^{-j/2}\phi(2^{-j}t-k)=\phi_k(2^{-j}t) \tag{12.10}$$

则称某一固定尺度 $j$ 上的平移序列 $\phi_k(2^{-j}t)$ 所张成的空间 $V_j$ 是尺度为 $j$ 的尺度空间：

$$V_j=\operatorname*{span}_k\{\phi_k(2^{-j}t)\},\qquad k\in\mathbf{Z} \tag{12.11}$$

同样，对任意 $f(t)\in V_j$，可由 $V_j$ 空间的尺度函数 $\{\phi_k(2^{-j}t)\}_{k\in\mathbf{Z}}$ 的线性组合表示，即

$$f(t)=\sum_k a_k\phi_k(2^{-j}t)=2^{-\frac{j}{2}}\sum_k a_k\phi(2^{-j}t-k) \tag{12.12}$$

由此，尺度函数 $\phi(t)$ 在不同尺度下其平移序列构成了一系列的尺度空间 $\{V_j\}_{j\in\mathbf{Z}}$。

由式(12.10)可知，随着尺度 $j$ 的增大，如图 12.8 的右边，$j=2$，函数 $\phi_{j,k}(t)$ 的定义域变大，且实际的平移间隔(由 $2^j$ 决定)也变大，则它们的线性组合式(12.12)不适宜表示函数的细微(小于该尺度)变化，因此其张成的尺度空间只能包括大跨度的缓变信号。相反，随着尺度 $j$ 的减小，如图 12.8 的左边，$j=0$，函数 $\phi_{j,k}(t)$ 的定义域变小，且实际的平移间隔也变小，则它们的线性组合式便能表示函数的更细微(小尺度范围)的变化，因此其张成的尺度空间所包含的函数增多(包括小尺度信号和大尺度的缓变信号)，随着尺度 $j$ 的减小，尺度空间变大。

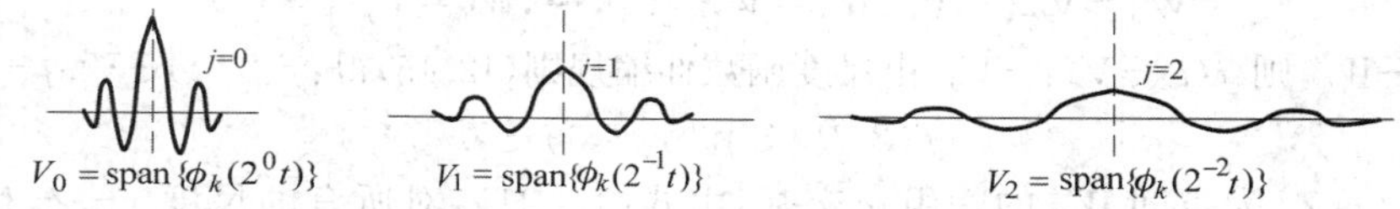


图 12.8　不同尺度空间的尺度函数

**2. 多分辨率分析**

由不同的尺度函数和尺度空间可以组成一个多分辨率分析(Multi-Resolution Analysis, MRA)，其定义为满足下述性质的 $L^2(R)$ 上的一系列闭子空间 $\{V_j\}_{j\in\mathbf{Z}}$。

(1) 一致单调性

$$\cdots\subset V_2\subset V_1\subset V_0\subset V_{-1}\subset V_{-2}\cdots \tag{12.13}$$

反映不同尺度空间之间的包含关系，即 $V_{-1}$ 包含 $V_0$、$V_0$ 包含 $V_1$ 等。

(2) 渐近完全性

$$\bigcap_{j\in\mathbf{Z}}V_j=\{0\};\qquad \bigcup_{j\in\mathbf{Z}}V_j=L^2(R) \tag{12.14}$$

(3) 伸缩规则性(不同尺度间)

$$f(t)\in V_j\Rightarrow f(2^jt)\in V_0,\qquad j\in\mathbf{Z} \tag{12.15}$$

(4) 平移不变性(同一尺度内)

$$f(t)\in V_j\Rightarrow \text{则 } f(t-n)\in V_j,\qquad \forall n\in\mathbf{Z} \tag{12.16}$$

(5) 尺度函数存在性

存在尺度函数 $\phi(t)\in V_0$，使得 $\{\phi(t-n)\}_{n\in\mathbf{Z}}$ 成为 $V_0$ 的一个线性无关基(Riesz 基)，即

$$V_0=\overline{\text{span}\{\phi(t-n)\}_{n\in\mathbf{Z}}} \tag{12.17}$$

由上述 MRA 可知，所有闭子空间 $\{V_j\}_{j\in\mathbf{Z}}$ 都是由同一尺度函数 $\phi(t)$ 伸缩、平移系列张成的尺度空间，其相互包含关系如图 12.9 所示。

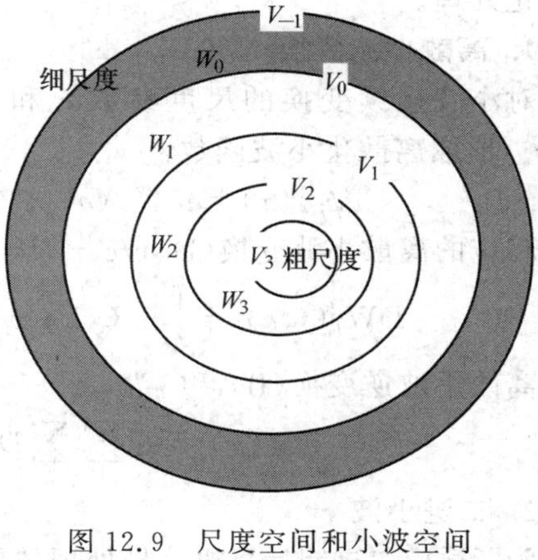


图 12.9　尺度空间和小波空间

**3. 小波函数和小波空间**

多分辨率分析的一系列尺度空间是由一个尺度函数在不同的尺度下张成的,即一个多分辨率分析$\{V_j\}_{j\in \mathbf{Z}}$对应一个尺度函数。由式(12.13)可知,$\{V_j\}_{j\in \mathbf{Z}}$空间互相包含,因此它们的基函数 $\phi_{j,k}(t)=2^{-j/2}\phi(2^{-j}t-k)$在不同尺度间不具有正交性,但在同一尺度下具有正交性。

为了寻找一组 $L^2(R)$空间的正交基,定义尺度空间$\{V_j\}_{j\in \mathbf{Z}}$的补空间。如图 12.9 所示,$V_0$ 空间包含在 $V_{-1}$中,设 $W_0$ 为 $V_0$ 在 $V_{-1}$中的补空间,如图中灰色圆环所示,将这种关系推广到一般的 $V_{m-1}$、$W_m$、$V_m$ 的情况,则有

$$V_{m-1}=V_m \oplus W_m, \qquad V_m \perp W_m \tag{12.18}$$

显然,当 $m\neq n$ 和 $m,n\in \mathbf{Z}$ 时,任意 $W_m$ 与 $W_n$ 也是相互正交的(空间不相交),记为 $W_m\perp W_n$。由式(12.13)、式(12.14)可知:

$$L^2(R)=\bigoplus_{j\in \mathbf{Z}} W_j \tag{12.19}$$

其中,符号⊕表示空间相加,因此,$\{W_j\}_{j\in \mathbf{Z}}$构成了 $L^2(R)$的一系列正交的子空间,并且,由式(12.19)可得

$$W_0=V_{-1}-V_0, W_1=V_0-V_1, \cdots, W_j=V_{j-1}-V_j \tag{12.20}$$

若 $f(t)\in W_0$,则 $f(t)\in V_{-1}-V_0$,由尺度函数伸缩规则(12.15)得:$f(2^{-j}t)\in V_{j-1}-V_j$,即

$$f(2^{-j}t)\in W_j, \qquad j\in \mathbf{Z} \tag{12.21}$$

设$\{\psi_{0,k};k\in \mathbf{Z}\}$为空间 $W_0$ 的一组正交基,由式(12.21),对所有的尺度 $j\in \mathbf{Z}$,$\{\psi_{j,k}=2^{-j/2}\psi(2^{-j}t-k);k\in \mathbf{Z}\}$必为空间 $W_j$ 的正交基。由此再根据式(12.19),$\psi_{j,k}$的整个集合$\{\psi_{j,k};j,k\in \mathbf{Z}\}$必然构成了 $L^2(R)$空间的一组正交基。$\psi_{j,k}(t)$正是由同一母函数伸缩、平移得到的正交小波基。因此可称 $\psi$ 为小波函数,相应称 $W_j$ 是尺度为 $j$ 的小波空间。

由多分辨率分析的定义 $V_0=V_1\oplus W_1=V_2\oplus W_2\oplus W_1=V_3\oplus W_3\oplus W_2\oplus W_1=\cdots$,对于任意函数 $f(x)\in V_0$,可以将它分解为细节部分 $W_1$ 和大尺度逼近部分 $V_1$,然后将大尺度逼近部分 $V_1$ 进一步分解,……如此重复可以得到任意尺度(或分辨率)上的逼近部分和细节部分,这就是多分辨率分析的框架。

### 12.1.3 离散小波变换

由前面的分析可知,信号的连续小波变换系数是存在冗余信息的,这对于信号的分析固然是有利的,但是对于信号的压缩和存储却是不希望的。为此,除了选用正交完备的小波基函数外,最有效的措施就是选取部分小波变换的参数,即对小波基函数的尺度参数和平移参数进行离散化处理。

**1. 离散小波变换**

对小波连续变换的尺度参数 $a$ 和平移参数 $b$ 进行离散化,最常见的是使 $a=a_0{}^j$,$b=ka_0{}^jb_0$,形成离散化小波函数:

$$\psi_{j,k}(x)=a_0^{-j/2}\psi(a_0^{-j}x-kb_0), \qquad j,k\in \mathbf{Z}, \quad a_0\neq 1, \quad b_0\neq 0 \tag{12.22}$$

相应的离散小波变换(Discrete Wavelet Transform,DWT)为

$$\mathrm{DW}_f(j,k)=\int_R f(x)\cdot \psi_{j,k}(x)\mathrm{d}x=\int_R f(x)a_0^{-j/2}\psi(a_0^{-j}x-kb_0)\mathrm{d}x \tag{12.23}$$

离散小波逆变换(IDWT)为

$$f(x)=C\sum_j \sum_k DW_f(j,k)\psi_{j,k}(x) \qquad (C\text{ 为常数}) \tag{12.24}$$

**2. 二进小波**

为了适应二进制计算机信号处理的要求,特别设置伸缩参数 $a$ 为 2 的整数幂,设 $a_0=2$,则

$a=2^j$，形成二进制伸缩；设 $b_0=1, b=2^jk$，平移参数 $b$ 为小波宽度的整数倍，形成二进制平移。这样，一般的离散小波函数 $\psi_{j,k}(x)=a_0^{-j/2}\psi(a_0^{-j}x-kb_0)$ 就变为二进小波(Dyadic Wavelet)函数：

$$\psi_{j,k}(x)=2^{-\frac{j}{2}}\psi(2^{-j}x-k)=\psi_2(j,k) \tag{12.25}$$

其中，$j,k\in\mathbf{Z}$，$j$ 是尺度指示，$k$ 是索引(平移)指示。$f(x)$的二进小波变换为

$$D_2W_f(j,k)=\int_R f(x)\cdot\psi_2(j,k)\mathrm{d}x=2^{-j/2}\int_R f(x)\psi(2^{-j}x-k)\mathrm{d}x \tag{12.26}$$

相应的逆变换为

$$f(x)=C\sum_j\sum_k D_2W_f(j,k)\psi_2(j,k) \tag{12.27}$$

如果二进小波函数 $\psi_{j,k}(x)=2^{-j/2}\psi(2^{-j}x-k)$满足：

$$\langle\psi_{j,k},\psi_{l,m}\rangle=\delta_{j,k}\cdot\delta_{l,m}=\begin{cases}1, & j=l\text{ 且 }k=m\\0, & \text{其他}\end{cases} \tag{12.28}$$

则称$\{\psi_{j,k}(x)\}$为正交小波集。如果任一函数 $f(x)\in L^2(R)$，可由正交小波基的线性组合表示，参比傅里叶变换的命名规律，也可称作小波级数表示：

$$f(x)=\sum_{j=-\infty}^{\infty}\sum_{j=-\infty}^{\infty}c_{j,k}\psi_{j,k}(x) \tag{12.29}$$

$f(x)$的小波系数为 $c_{j,k}=\langle f(x)\cdot\psi_{j,k}(x)\rangle=2^{-j/2}\int_{-\infty}^{+\infty}f(x)\psi(2^{-j}x-k)\mathrm{d}x$。

**3. 二维多分辨率分析**

在一维空间，多尺度分析为$\cdots\subset V_2\subset V_1\subset V_0\subset V_{-1}\subset V_{-2}\cdots\subset L^2(R)$，相应的尺度函数为$\phi(t)\in L^2(R)$。如果采用一维张量(Tensor)乘积的方法构造的二维尺度空间，用$\otimes$表示空间相乘，其各维变量是相互独立的，则可定义二维 $j$ 尺度空间为

$$\tilde{V}_j=V_j\otimes V_j=\{g(x)\cdot f(y)\},\quad \forall g(x)\in V_j,\quad \forall f(y)\in V_j,\quad j\in\mathbf{Z} \tag{12.30}$$

根据上述定义，如果 $\phi_{j,n}(x)=2^{-j/2}\phi(2^{-j}x-n)$是 $V_j$ 的标准正交基，则$\{\phi_{j,n}(x)\cdot\phi_{j,m}(x)\}_{n,m\in\mathbf{Z}}$是 $\tilde{V}_j$ 的标准正交基。令 $W_j$ 为 $V_j$ 在 $V_{j-1}$ 中的正交补空间，即 $W_j\perp V_j$，$W_j\oplus V_j=V_{j-1}$，则：

$$\begin{aligned}\tilde{V}_{j-1}&=V_{j-1}\otimes V_{j-1}=(V_j\oplus W_j)\otimes(V_j\oplus W_j)\\&=(V_j\otimes V_j)\oplus(W_j\otimes V_j)\oplus(W_j\otimes V_j)\oplus(W_j\otimes W_j)\\&=\tilde{V}_j\oplus\tilde{W}_j^1\oplus\tilde{W}_j^2\oplus\tilde{W}_j^3\end{aligned} \tag{12.31}$$

显然，式(12.31)定义了一个尺度空间和 3 个小波空间：$\tilde{V}_j=V_j\otimes V_j$ 对应的正交尺度基函数为 $\{\phi_{j,n}(x)\cdot\phi_{j,m}(x)\}_{n,m\in\mathbf{Z}}$；$\tilde{W}_j^1=W_j\otimes V_j$、$\tilde{W}_j^2=V_j\otimes W_j$ 和 $\tilde{W}_j^3=W_j\otimes W_j$ 对应的正交小波基函数分别为$\{\psi_{j,n}(x)\cdot\phi_{j,m}(x)\}_{n,m\in\mathbf{Z}}$、$\{\phi_{j,n}(x)\cdot\psi_{j,m}(x)\}_{n,m\in\mathbf{Z}}$和$\{\psi_{j,n}(x)\cdot\psi_{j,m}(x)\}_{n,m\in\mathbf{Z}}$。这是 $j$ 尺度的情况，和一维 MRA 类似，所有的不同尺度的二维空间构成一个相应的二维 MRA，如图 12.10 所示。由$\{\tilde{V}_j\}_{j\in\mathbf{Z}}$构成的张量积二维 MRA 也和一维 MRA 类似，具有一致单调、渐近

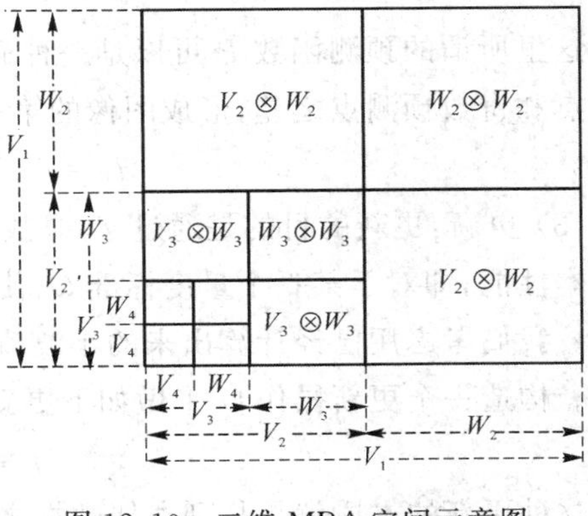


图 12.10　二维 MRA 空间示意图

完全、伸缩规则、平移不变等性质。

### 12.1.4　小波变换的提升算法

二维离散小波变换最有效的实现方法之一是采用 Mallat 的分解方法,通过在图像的水平和垂直方向交替采用低通和高通滤波得到。这种传统的基于卷积的离散小波变换计算量大,对存储空间的要求高,而且 2∶1 的下采样意味着卷积计算中有一半是无意义的。提升(lifting)方式的小波计算的出现有效地解决了这一问题。“提升算法”相对于 Mallat 算法而言是一种更为快速有效的小波变换实现方法,它不依赖于傅里叶变换,完全在空间域内完成了对双正交(bi-orthogonal)小波滤波器的构造。已经证明,所有能够用 Mallat 算法实现的小波变换都可以用提升算法来实现。常规的小波变换多采用浮点运算,但利用提升方式可十分方便地构造整数到整数的小波变换,以利于计算机运算。

这里所谓的双正交是相对通常的“单”正交而言的,双正交变换的正变换和逆变换使用两套不同的基函数,同一系列的基函数之间不正交,而不同系列的基函数之间正交。可以证明,除了 Haar 小波外,不存在实的、规范正交的小波函数,同时具有紧支性以及对称性。因此,在图像小波变换中,一般看重小波函数的紧支性和对称性,宁可适当牺牲正交性,往往采用双正交小波替代正交小波。

提升算法给出了双正交小波简单而有效的构造方法,使用了基本的多项式插补来获取信号的高频分量($d_i$ 系数),之后通过构建尺度函数来获取信号的低频分量($f_i$ 系数)。提升算法的基本思想在于通过一个基本小波,逐步构建出一个具有更加良好性质的新的小波,这就是提升的基本含义。

提升算法的步骤如图 12.11 所示,包括三个步骤:分裂(Split),预测(Predict),更新(Update)。下面我们以一维函数 $f_0(x)$为例,简要说明基于提升的小波变换过程。

(1) 分裂:假定图像相邻的像素之间有最大的相关性,按照像素的奇偶序号对数据列进分裂处理:将原始图像数据 $f_0$ 分解成为两个子集,具有偶数标号的点集 $f_{0e}$和具有奇数标号的点集 $f_{0o}$。$f_0$ 被分裂成的两个部分,希望它们具有尽可能大的局部相关性,相关性越大,为后面的预测和更新提供的数据越准确。

(2) 预测:用预测函数 $P$,由偶数值 $f_{0e}$来预测奇数值,得到的预测奇数值为 $\hat{f}_{0o}$,

$$\hat{f}_{0o}=P(f_{0e}) \tag{12.32}$$

这里所谓的预测函数 $P$ 可以是一种插值运算,由奇偶数点插出奇数点来即可。然后计算奇数点和奇数预测点之差,形成图像的第一层小波分量 $d_1$:

$$d_1=f_{0o}-P(f_{0e})=f_{0o}-\hat{f}_{0o} \tag{12.33}$$

(3) 更新:更新的目的是通过 $f_{0e}$寻找第一层小波的概貌部分 $f_1$,使得 $f_1$ 尽量保持原图像的基本性能,即对于某一个量度标准 $Q$,使得 $Q(f_1)=Q(f_0)$。例如,两者均值相等,或者能量相等。我们考虑用已经计算出来的小波值 $d_1$ 来更新 $f_{0e}$,从而使得 $f_1$ 保持以上所提到的那种特性。构造一个更新操作 $U$ 来做如下更新:

$$f_1=f_{0e}+U(d_1) \tag{12.34}$$

这种更新的本质就是找到奇偶数据之间的共性,这种共性其实就是图像小波的低频成分。通过以上的分裂、预测、更新,基于提升格式的小波第一层分解就完成了,由原图像 $f_0$ 产生小

波低频分量 $f_1$ 和小波高频分量 $d_1$。可以再次对 $f_1$ 用以上的方法进行分裂、预测和更新，又可以得到第二层小波分解的结果 $f_2$ 和 $d_2$。经过反复 $n$ 次，可以完成 $n$ 层小波分解。

这里只是简单说明提升算法的实现过程，具体证明就省略了。对于逆变换的提升算法，它和正变换的方法可以共用一个框图表示，只要将其中信号的方向反过来就可以了。

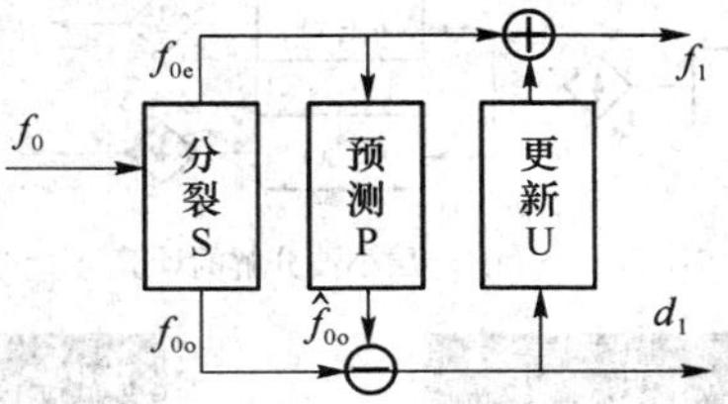


图 12.11　小波提升算法示意

## 12.1.5　图像的小波变换

由上面二维 MRA 分析可知，在二维小波空间，为了区别两维的方向，分别由 $x$、$y$ 来表示。由二维尺度向量 $h_0(x, y)$可得到的二维小波尺度函数 $\phi(x,y)$，仅考虑它是可分离的情况，即 $\phi(x,y)=\phi(x)\phi(y)$，其中，$\phi(x)$是一维尺度函数，相应的小波函数为 $\psi(x)=\sum_k h_1(k)\phi(2x-k)$，$\phi(y)$是另一维尺度函数，相应的小波函数为 $\psi(y)=\sum_k h_1(k)\phi(2y-k)$。如前所述，由尺度函数和小波函数可以得到另外 3 个二维小波基函数：$\psi^1(x,y)=\phi(x)\psi(y)$，$\psi^2(x,y)=\psi(x)\phi(y)$，$\psi^3(x,y)=\psi(x)\psi(y)$，连同 $\phi(x,y)=\phi(x)\phi(y)$ 共有 4 个基本小波，由此建立二维二进小波函数集：

$$\{\psi^l_{j,m,n}(x,y)\}=\{2^{-j}\psi^l(2^{-j}x-m,2^{-j}y-n)\} \tag{12.35}$$

式(12.35)是 $L^2(R^2)$下的正交归一基，其中，$l=1,2,3$ 是二维坐标的方向，而不是幂指数；$m$、$n$ 为整数，表示水平和垂直方向的平移；$j$ 为正整数，是分辨率索引。

**1. 二维小波变换**

给定 $N\times N$ 的图像 $f_1(x,y)$，其中 $N=2^i$，为 2 的整数幂，二维离散小波变换的第一层分解($j=1$)结果如下(忽略小波基函数前面的常数)：

$$W_1^0(m,n)=\langle f_1(x,y),\phi(2^{-1}x-m,2^{-1}y-n)\rangle \tag{12.36}$$

$$W_1^1(m,n)=\langle f_1(x,y),\psi_1^1(2^{-1}x-m,2^{-1}y-n)\rangle \tag{12.37}$$

$$W_1^2(m,n)=\langle f_1(x,y),\psi_1^2(2^{-1}x-m,2^{-1}y-n)\rangle \tag{12.38}$$

$$W_1^3(m,n)=\langle f_1(x,y),\psi_1^3(2^{-1}x-m,2^{-1}y-n)\rangle \tag{12.39}$$

当 $j=1$ 时，$W_1^l(m,n)$是原图像的第一层的 4 个小波分解的系数，实际上是 $f_1(x,y)$和小波基函数 $\psi^l_{j,m,n}(x,y)$进行内积运算的结果；当 $j=2$ 时，……，可以一直分解下去。具体运算时，一次分解需在行和列两个方向上的间隔抽样后依次进行。

**【例 12.1】**　图像的 3 层小波分解实际过程如图 12.12 所示。第一层小波变换的具体算法以及小波系数放置的位置示意如图 12.12(a)所示。图 12.12(b)表示了一幅 Lena 图像的 3 层小波分解结果的一种放置方法。

**2. 二维小波逆变换**

二维小波逆变换(IDWT)过程和正变换相反，其中一层的主要计算如图 12.13 所示。

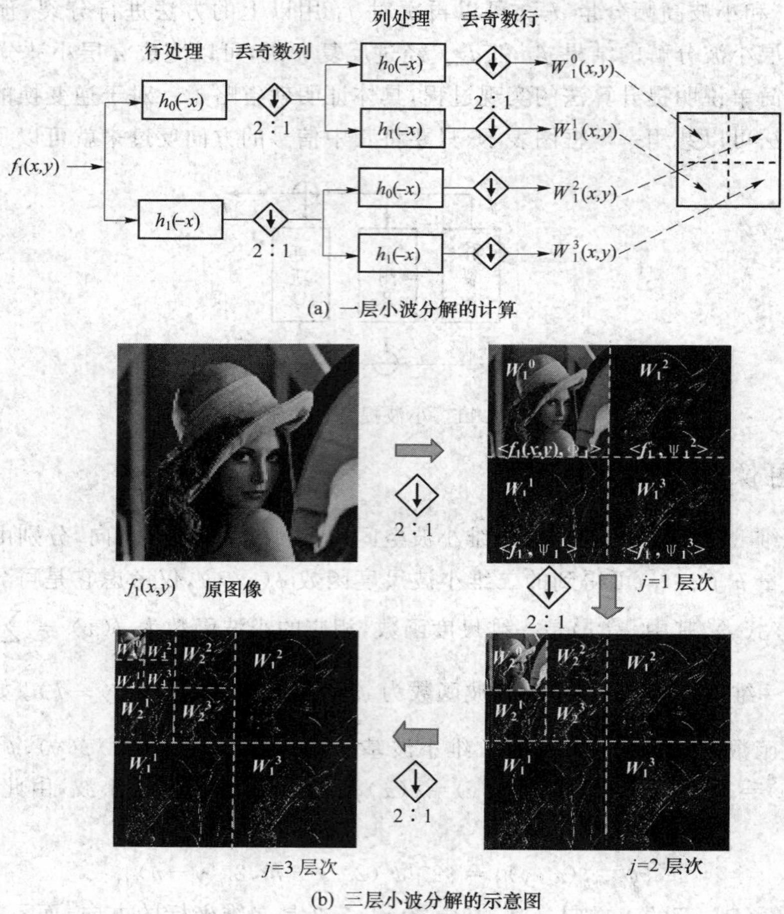


图 12.12　图像小波分解的示例

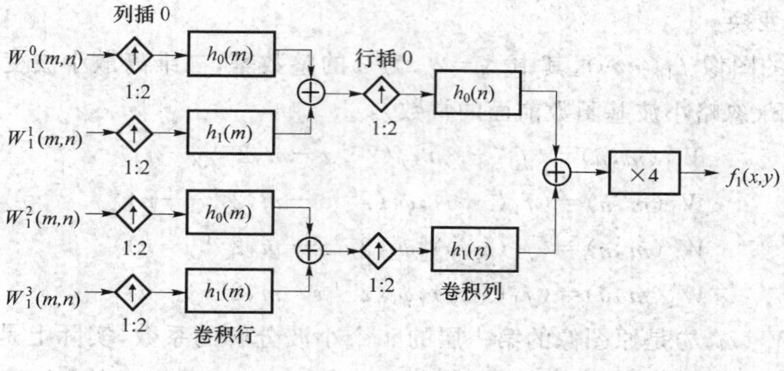


图 12.13　一层小波逆变换示意图

## 12.2　可分级编码和多描述编码

网络的异构性、信道带宽的波动和信道的误码等因素的存在，使得原来面向存储和电路交换的视频压缩算法已经很难满足现代 IP 网络、特别是无线网络的实时传输要求。为了解决这样的问题，人们进行了多年的研究和实验，提出了种种解决办法和改进措施，其中有两种方法已经比较成熟,这就是可分级视频编码(Scalable Video Coding,SVC)和视频多描述编码(Multiple Description Coding,MDC)。

可分级视频编码,它将单一视频序列采用不同于传统的视频编码方法,产生若干个(若干层)高低有序的压缩码流。其中必须有一个为基本层(Base Layer)码流,然后依次为第一增强层(Enhancement Layer)、第二增强层等。视网络状况和用户能力,编码器将这些"层"的码流发送到网上,首先发送的是基本层码流,如果网络允许,再逐渐依次发送增强层码流。接收端的解码器首先接收、解码基本层码流,获得一个可接收质量的重建视频,如果带宽和用户终端能力允许,还能够接收并解码增强层码流,将解得的结果"加"到基本层,产生质量更好的重建视频。随着更多增强层的加入,重建视频的质量也逐渐提高,直至和原始发送视频质量相当。

和可分级编码类似,视频多描述编码也是将单一的视频序列压缩编码成多个独立的码流,每个码流就是一个"描述"。和 SVC 不同之处在于,MDC 的各个描述处于同等地位,都能够被单独接收并解码重建一定质量的视频。发送端视网络状况和用户能力,将这些描述的码流发送到网上,并没有先后顺序的限制,如果网络允许,可发送尽可能多的描述。在接收端,只要收到任何一个描述,解码重建的视频质量也能够在人们可接受的范围内;如果接收到的描述越多,将它们"加"起来解码,解码视频的质量会越好。

## 12.2.1　可分级视频编码

可分级视频编码机制在视频编码的国际标准中已有体现,比如从早先的 MPEG-2、MPEG-4、H.264/AVC 到近期的 HEVC 都包含 SVC 的内容。如 H.264 的 SVC 规定了待解码的码流应符合的语法结构,而对其具体的编码方法不作规定。

目前,视频的可分级编码主要包括 4 种方式:空域可分级(Spatial Scalability)编码、质量或 SNR 可分级(SNR Scalability)编码、时域可分级(Temporal Scalability)编码和精细粒度可分级(Fine Granularity Scalability,FGS)编码。此外还有对图像的不同频率分量进行分层的频域 SVC,将不同可分级形式的组合形成的混合 SVC。

**1. 空域可分级编码**

空域可分级视频编码(Spatial SVC)就是在图像的空间域进行的分层编码,编码产生的基本层图像和增强层图像的空间分辨率不同。意味着这种编码方式产生的不同的层具有不同的空间分辨率,但具有相同的帧速率。空域可分级常常应用于信道带宽波动或接收端设备显示屏幕分辨率不同的场合。

空间可分级视频的编码主要涉及图像的下采样、基本层编码、上采样、增强层编码等操作,其具体过程如图 12.14 所示:先对原始视频中的每帧图像进行下采样得到低分辨率图像,经 DCT、量化后形成低分辨率图像的系数。这个系数一边送去熵编码后得到空域基本层码流;一边送到反量化、反 DCT 得到基本层低分辨率重建图像,然后上采样低分辨率图像并和原始图像相减,对减得的差值进行 DCT、量化和熵编码以后,生成空域增强层码流。由于增强层使用了较小的量化参数,它实质上包含了基本层所损失的图像的细节部分。其他增强层的编码方法与第一个增强层的编码方法类似。

不难理解,空间可分级视频解码过程同编码相反。对接收到的基本层码流进行普通的解码重建,得到低分辨率视频图像。如果还有增强层码流可以利用,则对此码流解码,得到增强层信号,将此信号和对应的基本层信号相加,即可得到高分辨率的视频。用于增强层的信息近似等于原图像和基本层图像之差,因此增强层的信息和基本层相加,就可以获得比基本层更高分辨率的图像。如果还有其他增强层,它的解码和重建的方法与第一个增强层的编码方法类似。

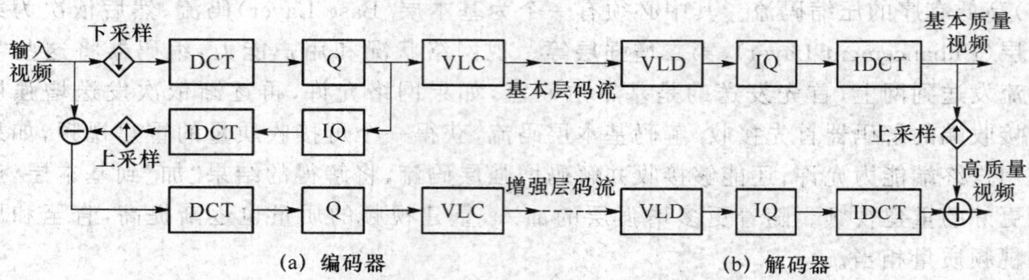


图 12.14 空间可分级视频编码原理图

**2. 质量可分级编码**

顾名思义,视频的质量可分级编码(Quality SVC)可形成不同质量的图像。它用较大的量化步长对 DCT 系数进行量化,所形成的基本层图像和原图像相比较,对应像素之间的灰度(彩色)误差较大,图像质量较差;用较小的量化步长对基本层粗量化引起的 DCT 系数误差进行细量化形成的增强层数据,实际上近似等于基本层像素的误差,可在解码端用于"抵消"基本层的误差,获得较高的图像质量。由误差引起的图像质量可以用信噪比(SNR)来度量,因此质量可分级编码又称为 SNR 可分级编码。

质量可分级编码过程如图 12.15 所示,基本层编码这一路对原始图像 DCT 变换后进行一次较粗糙的量化(如量化步长较大),再经熵编码后形成基本层码流发送到信道。与此同时,粗糙量化后的数据经反量化后形成基本层系数,与原始图像 DCT 变换系数相减形成频率域的差分信号,对此差分信号再进行一次细量化和熵编码生成增强层码流。如有多个增强层则重复上述过程。

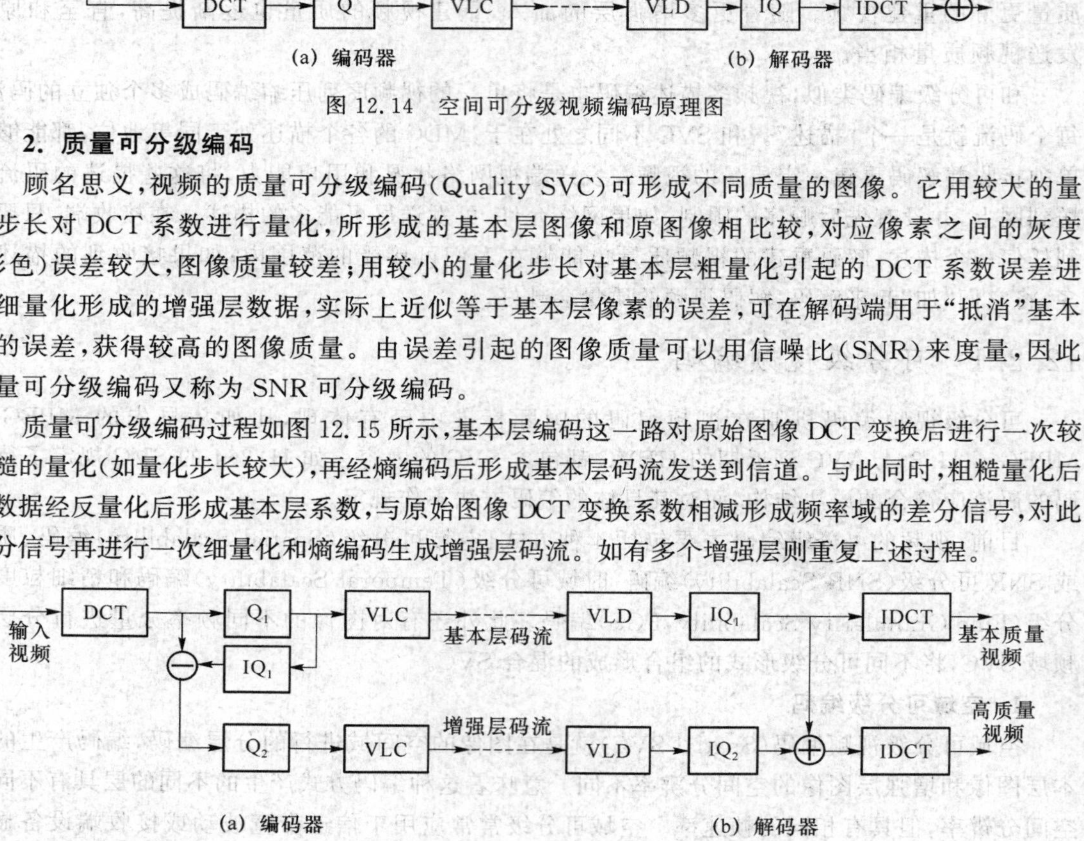


图 12.15 质量可分级视频编码原理图

在解码端,解码过程和编码完全相反。如果只收到基本层码流,则可解码得到可接受质量的视频;如果同时收到基本层和增强层码流,则可获得高质量的视频。在多个增强层的情况下,每引入一层增强层,都会使重建图像的信噪比提高,视频质量得到进一步改善。

从图 12.15 可以看出,质量可分级编码的思路和空间可分级编码很类似,区别在于质量可分级不涉及图像的空间分辨率,无须对原始视频进行下采样。

**3. 时域可分级编码**

视频序列是由连续的多帧图像组成的,帧率(每秒包含的图像帧数)越高,显示的视频序列给人的感觉就越流畅,视觉效果越好。但是,帧率增加会使传输数据量大大增加,提高了对信道带宽的要求,同时也要求用户的终端设备具有较强的处理能力和显示能力。因此,不同的信道、不同的用户,一般会对视频序列的帧率有不同的要求,这一要求就导致了时域可分级视频编码(Temporal SVC)技术的产生。

时域可分级视频编码对同一序列以不同的帧频来分别编码,其大体的过程如图 12.16 所示。首先把视频序列的帧交替抽取形成两列(或更多),其中一列作为基本层,对它进行普通的视频编码,提供具有基本时间分辨率的基本层码流;另一列作为增强层,利用基本层数据对本层的帧进行时间预测编码,生成增强层数据。

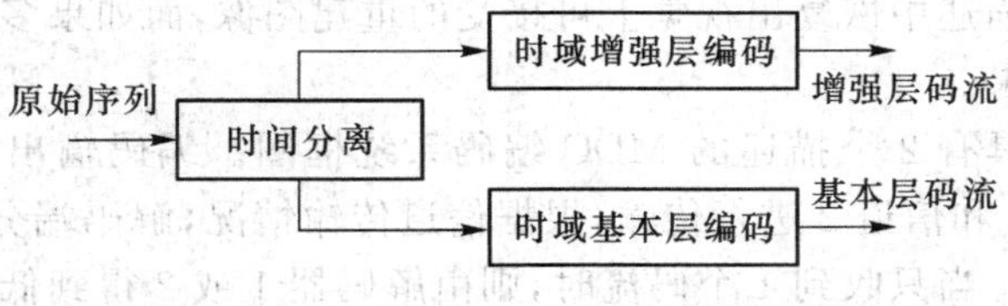


图 12.16　时间可分级视频编码原理图

解码端如果只解码基本层帧数据,可以得到帧频较低的重建视频,主观感觉视频的流畅度欠佳。如果还有解码的增强层数据加入,随着加入的增强层的增多,解码视频的帧频越来越高,以致达到与原始视频序列相同的帧率。

**4. 精细粒度可分级编码**

前述几种可分级编码方法,只能提供几个等级的分级视频,各个层的码率间距较大,这对于网络带宽的变化来说码率调节粒度太粗糙了。因此为了适应带宽变化大、各种码率都会出现的网络特性,MPEG-4 制订了精细粒度可分级(FGS)视频编码标准。FGS 是将视频编码成一个可以单独解码的基本层码流和一个可以在任何地方截断的增强层码流,其中基本层码流适应最低的网络带宽,而增强层码流用来满足网络带宽变化的动态范围和终端异构性的要求。

MPEG-4 修订版中 FGS 编码器框图如图 12.17 所示。FGS 的基本层采用基于分块运动补偿和 DCT 变换的编码方式,达到网络传输的最低要求;增强层使用比特面(Bit-Plane)编码技术对原始 DCT 系数与基本层粗量化系数的残差进行编码,以适应网络带宽的变化。位平面编码技术使得每一个系数的较高位(重要部分)优先得到编码。每一帧图像的增强层码流可以在任何地方截断而不影响解码的继续;收到并解码的比特数越多,解码器重建的视频质量越高,从而提供了精细可分级的特性。FGS 的解码过程和编码相反,不再多叙。

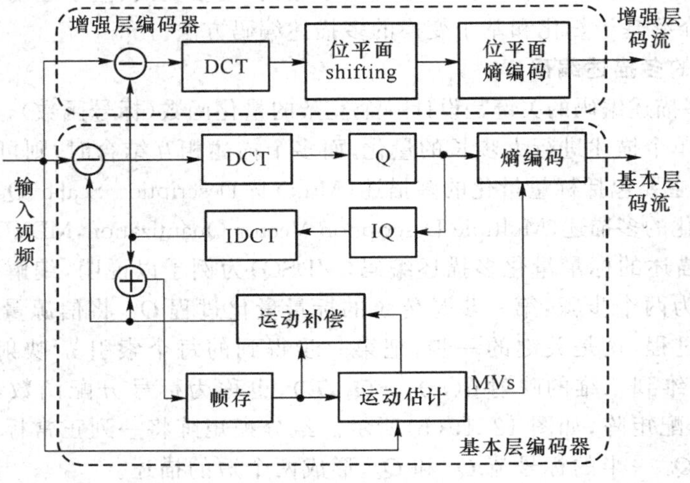


图 12.17　精细可分级视频编码原理图

FGS 编码的基本层和增强层都以基本层图像作为参考帧图像进行运动补偿预测,这样对于偶尔的数据丢失或增强层中的数据错误通常具有很好的差错恢复能力,而且在码流传输过程中增强层信息的丢失或出错不会引起误差漂移现象。

## 12.2.2　多描述视频编码

视频多描述编码(MDC)是将图像信号进行编码并且分成多个数据流(描述)并行传输,每一个数据流都是对图像的一个粗略的描述,当在传输过程中有描述丢失时,接收端的解码器仍可从单个正确接收的描述中恢复出视觉上可接受的重建图像,而如果多个描述都同时收到,则可获得更好的重建效果。

图 12.18 为一个具有 2 个描述的 MDC 编码系统框图。编码输出的两个码流(描述)$X_1$ 和 $X_2$ 分别经过信道 1 和信道 2 进行传输,根据信道传输情况,解码端分别使用 3 个解码器中的一个进行解码输出。当只收到 1 个码流时,则由解码器 1 或 2 得到低质量的输出;当两个码流均收到时,则由解码器 0 输出较高质量的解码重建图像。研究表明,假设两个描述的码率分别为 $R_1$ 和 $R_2$,当两个描述均收到、并和码率为 $R$ 的单描述编码达到同样的重建图像质量,则

$$R < R_1 + R_2 \tag{12.40}$$

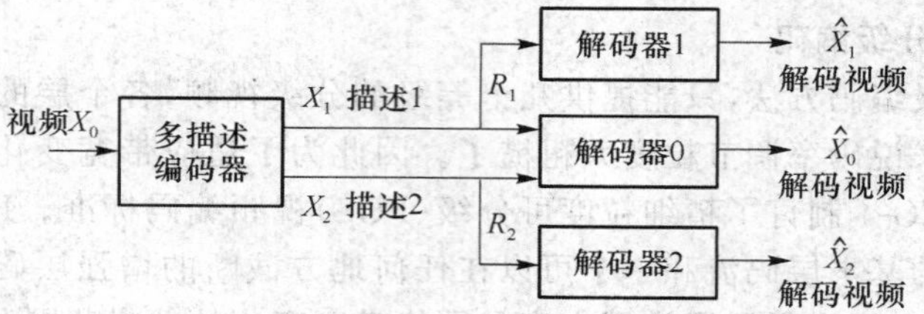

图 12.18　MDC 视频编码框图

式(12.40)说明,为获得相同图像质量,MDC 要比常规编码的码率高。这是因为,为了从单个描述也能恢复图像,两个描述之间存在较大的相关性,这样就必然会使它的编码效率与单描述相比有所降低。但是,从传输的角度考虑,单描述编码在信道出现误码时就会发生严重的降质,而多描述编码则可以由正确接收到的描述得到一定质量的重建图像。因此,多描述编码通过引入一定的编码冗余度提高了抗误码的能力。

目前图像的多描述编码方法主要可分为基于量化、基于变换、基于运动矢量和基于压缩感知等几类。下面介绍基于量化和基于变换的多描述编码方法。

**1. 基于量化的多描述编码**

基于量化的多描述编码的关键是设计一个复杂的量化函数(标号函数),用于对信源进行不同精度的量化,对单个描述进行大步长的量化,而多个描述相互结合时,则可得到精细的量化。基于量化的 MDC 主要包括标量量化的多描述(Multiple Description Scalar Quantization,MDSQ)编码,以及矢量量化的多描述(Multiple Description Vector Quantization,MDVQ)编码。

这里以两个描述的标量量化多描述编码(MDSQ)为例予以说明,编解码结构如图12.19所示。MDSQ 分为两个步骤:第一步是传统的标量量化过程 $Q_0$,将信源量化为各个索引;第二步是索引分配过程,这是关键的一步,把第一步得到的每个索引 $i_0$ 映射为一对量化索引$(i_1,i_2)$,即一个一维到二维的映射 $a(i_0)\rightarrow(i_1,i_2)$,也称为标号分配函数,如用矩阵表示该过程,称为索引分配矩阵,如图 12.19(b)所示。经分配矩阵将一列正常标量量化流 $Q_0$ 分解为两路长度各为 $Q_0$ 一半的标号流 $Q_1$ 和 $Q_2$,形成两个短的描述。

为简单起见,可以将标号理解为量化步长。以图 12.19 为例,输入 $Q_0$ 量化标号值为"8",矩阵中的值 8 被分配到一对行列坐标(4,3),得到的行坐标 $Q_2$ 标号"4"输出,列坐标 $Q_1$ 标号"3"输出,形成两路描述。在解码端,若只收到一路描述 $Q_2$ 的标号"4"时,对应的行坐标为 4,

该行对应的值为 8 和 10，则取它们的平均为恢复值，即 18/2＝9；若收到列所对应的描述 $Q_1$ 标号"3"时，列坐标 3 对应着值 5、7 和 8，恢复为 20/3＝6.66。可以看到每单个描述都会产生一定的误差，可以得到质量可接受的重建图像。如果两路描述都可以收到，那么根据索引对(4,3)，可以准确地得到矩阵中的值 8，得到质量更高的解码信号。

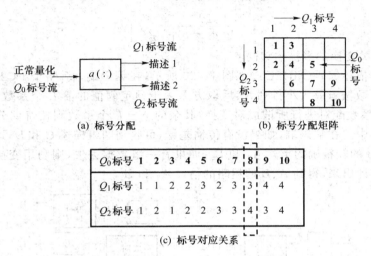

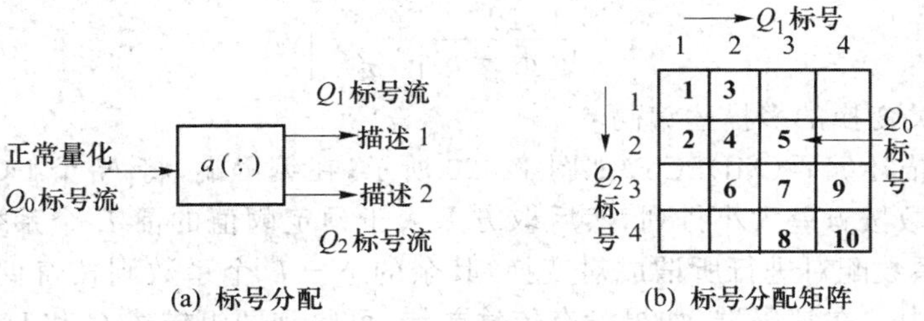


| $Q_0$标号 | 1 | 2 | 3 | 4 | 5 | 6 | 7 | 8 | 9 | 10 |
|---|---|---|---|---|---|---|---|---|---|---|
| $Q_1$标号 | 1 | 1 | 2 | 2 | 3 | 2 | 3 | 3 | 4 | 4 |
| $Q_2$标号 | 1 | 2 | 1 | 2 | 2 | 3 | 3 | 4 | 3 | 4 |

(c) 标号对应关系

图 12.19　标号分配示意图

尽管理论上多描述矢量量化的效果会好于多描述标量量化，然而随着维数的增加，矢量量化的复杂度会成指数级递增，致使索引的分配等问题变得非常复杂，因此很难推广到实际应用中，具体的实现方法这里不再介绍。

**2. 基于变换的多描述编码**

在传统的视频编码中，DCT 变换的作用是去相关，但若信源被编码成多个描述，要从收到的描述中恢复出丢失的描述就需要这些描述之间有一定的相关性，因此需引入相关。因此，基于变换的多描述编码通过特定的相关变换，将经过正交变换后的系数重新引入一定量的相关性，以便丢失的数据能够从其他接收到的数据中近似估计得到，这个特定的变换就是所谓的成对相关变换(Pair-wise Correlation Transform，PCT)。通过 PCT 产生的系数分成两个码流传输。如果接收端收到两个描述，那么通过逆 PCT 变换得到精确的恢复信号。如果只收到一个描述，基于两个描述之间的相关性，丢失流中的系数可以通过接收到流中的系数估算出来。

(1) 成对相关变换

设 $A$、$B$ 表示输入，$C$、$D$ 表示输出，则输入量和输出量之间的"相关变换"及其逆变换可表示为

$$\begin{bmatrix} A \\ B \end{bmatrix} = \boldsymbol{T} \begin{bmatrix} C \\ D \end{bmatrix}, \qquad \begin{bmatrix} C \\ D \end{bmatrix} = \boldsymbol{T}^{-1} \begin{bmatrix} A \\ B \end{bmatrix} \tag{12.41}$$

$\boldsymbol{T}$ 是相关矩阵，要求是可逆的，控制着 $C$、$D$ 之间的相关程度，也控制着变换后的冗余度，可以人为选择。为了便于理解，可见下面这个简单的相关变换的例子。令

$$\begin{bmatrix} y_1 \\ y_2 \end{bmatrix} = \boldsymbol{T} \cdot \begin{bmatrix} x_1 \\ x_2 \end{bmatrix} = \begin{bmatrix} \theta & (2\theta)^{-1} \\ -\theta & (2\theta)^{-1} \end{bmatrix} \cdot \begin{bmatrix} x_1 \\ x_2 \end{bmatrix} \tag{12.42}$$

其中，$\theta$ 是正实数，$x_1$ 和 $x_2$ 为独立高斯随机变量，方差分别为 ${\sigma_1}^2$ 和 ${\sigma_2}^2$。若相关变换 $\boldsymbol{T}$ 将非相关向量 $\boldsymbol{x}$ 变换为相关向量 $\boldsymbol{y}$，则可以推出 $y_1$ 和 $y_2$ 之间的相关系数：

$$E[y_1 y_2] = -\theta^2 \sigma_1^2 + (2\theta)^{-2} \sigma_2^2 \tag{12.43}$$

只要 $\theta^2 \sigma_1^2 \neq (2\theta)^{-2} \sigma_2^2$，式(12.43)就不为零，也就是说 $y_1$ 和 $y_2$ 是互相关的。如果把 $y_1$ 和

$y_2$ 作为 $\boldsymbol{x}$ 的两个描述,当只收到一个描述 $y_1$ 时,可通过下式来恢复 $\boldsymbol{x}$:

$$\hat{\boldsymbol{x}}=\frac{2\theta}{4\theta^4\sigma_1^2+\sigma_2^2}\begin{bmatrix}2\theta^2\sigma_1^2\\ \sigma_2^2\end{bmatrix}y_1 \tag{12.44}$$

当只收到一个描述 $y_2$ 时,可通过下式来恢复 $\boldsymbol{x}$:

$$\hat{\boldsymbol{x}}=\frac{2\theta}{4\theta^4\sigma_1^2+\sigma_2^2}\begin{bmatrix}2\theta^2\sigma_1^2\\ \sigma_2^2\end{bmatrix}y_2 \tag{12.45}$$

(2) 成对相关变换的多描述编码

成对变换多描述编码(MDPCT)如图 12.20 所示,在编码端,将 $N$ 个 DCT 系数均分成两组:先将 DCT 系数按方差大小排列,然后取方差大于预定阈值的前 $L$ 个系数,并将第 $k$ 个系数与第 $L-k$ 个系数配对进行所谓成对变换,其余的 $N-L$ 个系数则按奇偶分离的原则分别分配到两个描述中。在解码端,如果没有传输差错,可收到两组描述 $C$ 和 $D$,通过成对相关逆变换得到对 $A$、$B$ 的较精确的重建 $A_3$ 和 $B_3$;如果有一组数据丢失,则利用变换产生的相关性把另一组数据估计出来,得到 $A$、$B$ 的粗略的估计 $A_2$ 和 $B_2$。

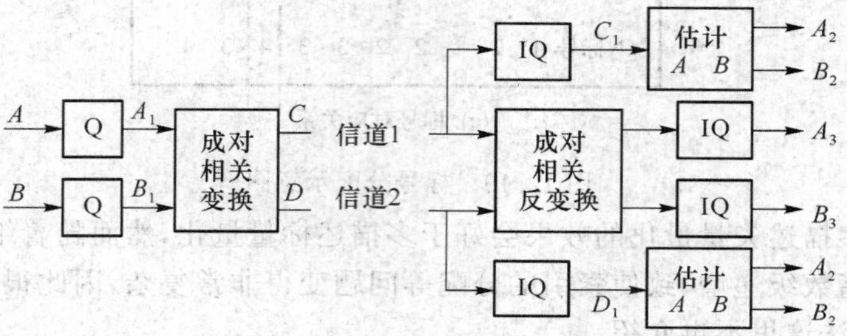


图 12.20　成对相关变换的视频 MDC 编码框图

基于变换的多描述编码在较低码率下性能较好,但在高码率下,如果只有一个信道的信号被正确接收到,其性能会下降很多。这是因为基于变换的多描述编码对丢失系数的估计是通过统计得到的,即使相关变换引入了高冗余度,但由于接收到的描述中只包含一个系数,所以其失真还是比较大的。

**3. 多描述编码的特点**

至此,我们已经可以看出多描述视频编码方式具有如下的特点:

① 多描述编码只有一个发送端,而有一个或多个接收端,编码器将信源分成两个或者多个"平等"的码流(描述)并行传输,每个码流被称为一个描述。

② 各描述间都具有一定的相关性,不仅包括自身信息,同时还包括其他描述的一部分信息。

③ 各描述经过不同信道独立传输到接收端,信道可以是多个不同的物理信道,也可以是一条物理信道上承载的多个逻辑(虚拟)信道。

④ 接收端有多个解码器,若接收到全部描述则通过中心解码器恢复信号,若只接收到部分描述则通过边缘解码器恢复信号,若仅仅接收到一个描述也可以在一定的质量接受范围内恢复信号,并且接收到的描述越多,恢复质量越好。

⑤ 多描述方式仅对误码、丢包多发信道有意义,如果信道能够确定地发送所有描述,那么就只需考虑编码效率问题,而不用担心接收端恢复质量。

⑥ 各信道的差错概率是相互独立的,一个信道的传输状况不会影响到另一个信道的传输,考虑到差错概率一般都比较小,在接收端所有描述同时丢失或出错的概率极小。

### 12.2.3　可分级编码与多描述编码的差异

多描述编码和分级编码都是重要的抗误码编码，但两者之间存在显著的差异，从而在编码理念、抗误码的性能、码流划分、适用场合等方面都有所不同。

首先在编码理念上，从可分级编码的概念出发，传统的视频编码可看成是单层(基本层)方式的编码；从多描述编码的概念出发，传统的视频编码可看成是单描述方式的编码。

其次在抗误码能力上，多描述编码可以被认为是一种“主动式”的抗误码编码。在多描述编码中，每个描述包含了一定的信息冗余度，描述之间存在一定的相关性，因此任何一个描述被正确接收后，都能够对其余未收到的描述进行估计和恢复，提供基本的解码重建质量。而分级编码是一种“被动式”的抗误码编码。分级编码只是提供了具有不同重要性的层次数据结构，它必须与其他数据优先级保护技术结合，如不等重要性保护(UEP)技术等，才能给系统提供抗误码性能。

再次在编码子集划分上，多描述编码和分级编码虽然都是将一个视频编码分成多个码流，在 SVC 中称“分层”，在 MDC 称“描述”，但它们有不同之处：SVC 的分层有主次之分，“基本层”是最主要的，没有它，再多的“增强层”也没有用，不能够被解码，只有基本层加增强层才能够获得高质量的解码重建视频；MDC 的描述是平等的，每个描述都可以独自被解码重建视频，任意两个(或更多)描述都可以联合起来被解码，重建更高质量的视频。

最后在应用场合上，多描述编码着眼在肯定存在误码影响的条件下，如何保证一定基本质量的视频传输，因此各描述可以独立进行解码，没有优先级之分，最终的重建质量与描述是一种累加关系。而分级编码则是要在确保一定质量的前提下，提供更好的图像质量，因此，增强层数据的恢复必须依赖基本层数据的正确解码，只有基本层被正确接收，增强层的数据才有意义，基本层码流要被赋予最高的优先级。为此在一些实际系统中，甚至用 ARQ 重传来确保基本层的传送。

## 12.3　分布式视频编码

分布式视频编码(Distributed Video Coding，DVC)是多用户相关信源编码的一种特殊形式，虽然它的理论基础早已确定，但实际的编码方案和实现方法却有待进一步探索。

### 12.3.1　分布式编码原理

**1. 相关信源的编码**

在实际通信中，常常遇到感兴趣的信息由多个信源向多个信宿(信息的接收者)传送的情况。例如，同一场景的多个视频监控信息通过网络传输到多个信宿。为了简单起见，这里只讨论两个信源的情况。

如果发送端两个信源的信息是相互独立的，这时多信源编码传送就可以化为两个单信源到单信宿的编码问题，用单用户编码理论完全可以解决这个问题。

如果发送端两个信源的信息是彼此相关的，那么可以采取两种不同的编码方法，一种是对两个信源的信息分别进行编码，另一种是对两个信源进行协同编码。解码端也类似可以独立解码或协同解码。这就是所谓的相关信源的“分布式编码”，这里关注的是独立编码、协同解码的方式，其模型如图 12.21 所示。在无损编码的情况下，实际上就是 Slapian-Wolf 编码，而在有损编码的情况下，则是 Wyner-Ziv 编码。

在分布式信源编码中，边信息(Side Information，SI)是一个非常重要的概念。一般边信息是指编码器(发送端)或解码器(接收端)能够得到的关于信源的辅助信息。具体到图 12.21 所示的分布式系统,解码器 2 提供给解码器 1 的信息流 3 对解码器 1 而言就是"边信息"。可以清楚地看到,正是有了边信息的补充,解码器输出给信宿 1 的信息不仅仅包涵相关信源 1 的内容,还包含了相关信源 2 的内容,这样信宿 1 就有可能获得整个信源的信息(包括信源 1 和信源 2)。而信宿 2 只能够获得相关信源 2 的信息。

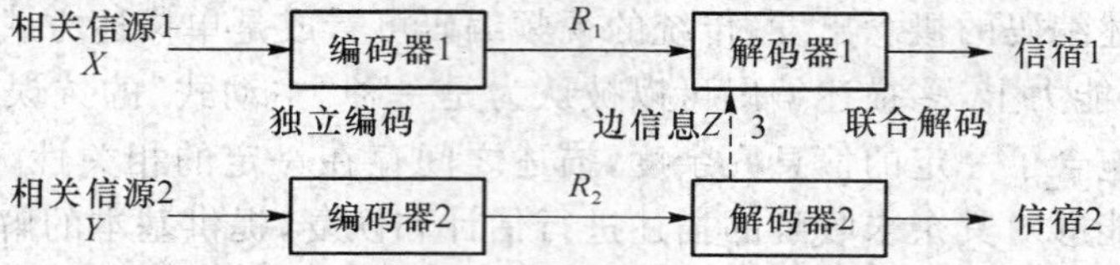


图 12.21　相关信源的分布式编解码模型

**2. Slepian-Wolf 无损编码**

根据信息论的知识可知:在单个无记忆信源的情况下,符号集为 $X$,信源熵为 $H(X)$,只要编码速率 $R \geqslant H(X)$,就可能使解码错误的概率达到任意小,即达到无失真解码。在两个信源的情况下,假设两个相关的信源 1 和信源 2 皆为无记忆信源,信源 1 发出的随机符号集为 $X$,信源熵为 $H(X)$,信源 2 发出的符号集为 $Y$,信源熵为 $H(Y)$。如对两个信源进行协同编码,则只要编码速率大于联合熵 $H(X,Y)$,解码器就有可能无失真地解得 $X$ 和 $Y$ 的信息。

但是如信源 $X$ 和 $Y$ 分别由两个编码器独立编码,如图 12.21 所示,而解码器是一个,要同时恢复 $X$ 和 $Y$,那么这两个编码器的编码速率应该是多大呢?当然,若选 $R_1 \geqslant H(X)$,同时 $R_2 \geqslant H(Y)$,即编码器 1 和编码器 2 达到的总速率为 $R = R_1 + R_2 \geqslant H(X) + H(Y)$ 就足够了,足以保证解码器能够以任意小的错误概率解码得到两个信源的信息 $X$ 和 $Y$。

实际上对于图 12.21 的离散无记忆相关信源独立编码、协同解码系统,1973 年 Slepian-Wolf 编码定理(证明从略)告诉我们,只要 $R_1$ 和 $R_2$ 同时满足下面的约束条件,也可以保证接收端的无失真解码:

$$R_1 \geqslant H(X|Y) \tag{12.46}$$

$$R_2 \geqslant H(Y|X) \tag{12.47}$$

$$R_1 + R_2 \geqslant H(X,Y) \tag{12.48}$$

此公式表明,虽然 $X$ 和 $Y$ 是分别编码的,但是总码率 $R_1 + R_2$ 可以与联合信息熵 $H(X,Y)$ 相等,这等同于对 $X$ 和 $Y$ 进行联合编码的情况。

Slepian-Wolf 定理示意图如图 12.22 所示,可以看到符合 Slepian-Wolf 无损编码条件的速率的阴影区域包含两部分,一部分为速率较高的部分,$R_1 \geqslant H(X)$ 且 $R_2 \geqslant H(Y)$,这一区域信源 $X$ 和信源 $Y$ 可以进行独立编码,独立解码的无损编码;不满足上述两个条件的其余区域速率较低,信源 $X$ 和信源 $Y$ 需要联合解码获得。

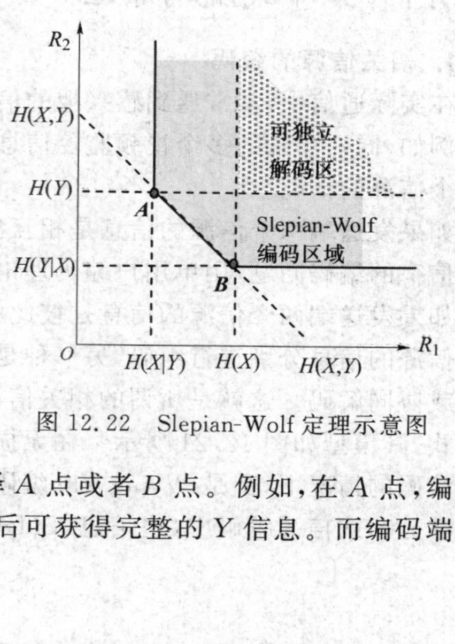


图 12.22　Slepian-Wolf 定理示意图

一般情况下,总是希望编码速率尽可能低,因此,从图 12.22 还可以看出,当选择 $R_1$ 和 $R_2$ 工作于 $A$、$B$ 两点之间的线段上时,编码器输出码率最低。因此,在设计无失真 Slepian-Wolf 分布式编码器时,总是在线段 $AB$ 上选择工作点,而且常常选择 $A$ 点或者 $B$ 点。例如,在 $A$ 点,编码端的辅助信息 $Y$ 编码后以 $H(Y)$ 码率发送,解码端解码后可获得完整的 $Y$ 信息。而编码端的信

息 $X$ 的编码既不需要 $Y$ 信息辅助，也不需要以 $H(X)$ 码率传送，只需要以 $H(X|Y)$ 码率传送，解码端在 $Y$ 信息的辅助下也可获得完整的 $X$ 信息。

**3. Wyner-Ziv 有损编码**

如何进一步降低分布式编码的速率，很自然地就会想到，如果允许一定的编解码失真，那么就有可能跳出图 12.22 所示的 Slepian-Wolf 无损编码区域，编码总速率 $R_1+R_2$ 就有可能下降。这就是 Wyner-Ziv 有损分布式编码，它奠定了分布式信源有损编码的理论基础。

对相关随机信源 $X$ 和 $Y$，在有损编码的情况下，信源符号 $X$ 和解码端恢复符号 $\hat{X}$ 之间存在失真，并以 $d(x,\hat{x})$ 度量，如果这种失真是有界的，则符号序列之间的平均失真可以定义为

$$D=\frac{1}{n}\sum_{k=1}^{n}d(x_k,\hat{x}_k) \tag{12.49}$$

Wyner-Ziv 定理告诉我们，仅在译码器端具有边信息 $Y$ 可供利用情况下的失真率函数为

$$R^{WZ}(D)\geqslant R_{X|Y}(D),\qquad D\geqslant 0 \tag{12.50}$$

其中，$R^{WZ}(D)$ 为 Wyner-Ziv 编码时失真率函数，表示在失真小于 $D$ 时，$X$ 所需的最小编码速率；$R_{X|Y}(D)$ 也为失真率函数，表示在失真小于 $D$ 时，联合编码、联合解码情况下 $X$ 所需的最小编码速率。可见，当解码器端具有边信息 $Y$ 可供利用时，解码器端重构 $X$，其失真可以控制在很小的范围之内。当 $D=0$，即失真为零时，$R^{WZ}(0)=R_{X|Y}(0)$，此时的 Wyner-Ziv 分布式编码就相当于 Slepian-Wolf 无损编码的情况。

不仅如此，如果 $X$、$Y$ 为两个统计相关的高斯无记忆信源，失真度量为均方差（Mean Square Error，MSE），若用分布式的方式（独立编码、联合解码）进行压缩编码，编码后的速率与传统编码方式编码后的速率相当。

Wyner-Ziv 定理的证明比较复杂，这里从略。为了比较容易地理解 Wyner-Ziv 编码，可以将它看作是对信源进行了量化后再进行 Slepian-Wolf 编解码、反量化重建的过程。失真是由量化引起的，如图 12.23 所示。值得注意的是，在 Slepian-Wolf 解码器和 $X$ 的重建都需要利用到边信息 $Y$，因此量化过程不仅和 $X$ 信源本身有关，同时还可能和 $X$ 与 $Y$ 的统计特性有关。

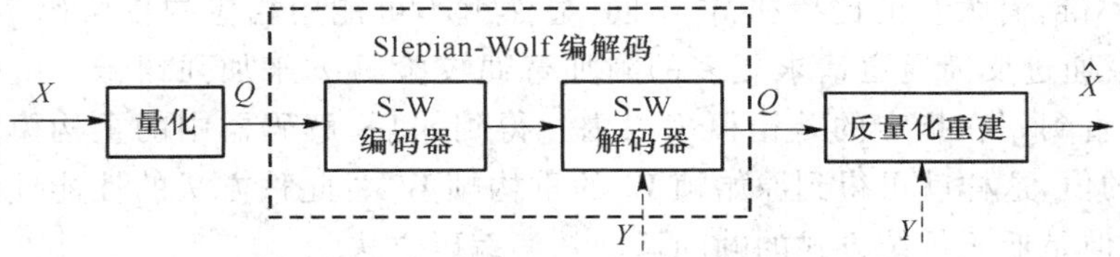


图 12.23　Wyner-Ziv 编码器的等效结构

## 12.3.2　分布式视频编码框架

尽管分布式视频编码属于信源编码的范畴，但目前 Slepian-Wolf 编解码器大多采用信道编码（如纠错编码）的方法来实现。但并不等同于信道编码，因为一般的信道编码在编码后的码字的数量都要略多于原信息符号的数量。而在 Slepian-Wolf 编码器中，信道编码后只传送为数较少的纠错位信息，原信息可视情况决定发送与否，从而达到信息压缩的目的。下面介绍几种典型的分布式视频编码的方案。

**1. 空域 Wyner-Ziv 编码**

(1) 基于 Turbo 码的方法

由于 Turbo 码是性能优良的级连卷积信道码，编码相对解码较为简单，很适于应用到分

布式信源编码。基于 Turbo 码的分布式编码方法的结构如图 12.24 所示，是一种对相关信源的独立编码、联合解码的工作方式。

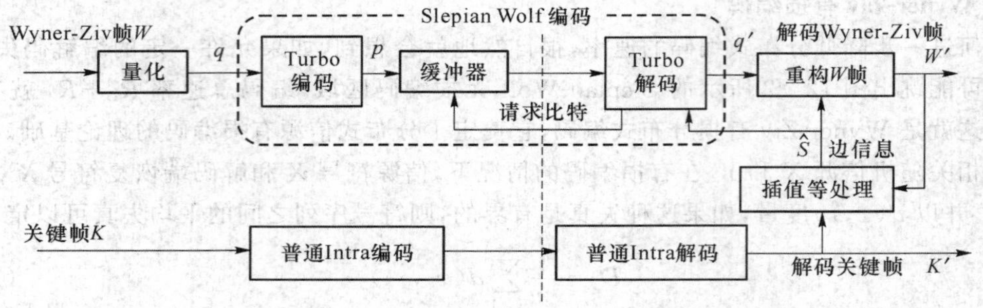


图 12.24　基于 Turbo 码的分布式视频编码

在编码端，采用独立编码方式。连续的视频帧(相关信源)被分成两种类型：关键(Key)帧 $K$ 和 Wyner-Ziv 帧 $W$，常常分别对应视频中的奇帧和偶帧。对于关键帧 $K$，系统使用普通的帧内编码方式编码；对于 Wyner-Ziv 帧 $W$，系统采用帧内编码、帧间解码的方式处理。

$W$ 帧的编码过程：首先对编码帧中的每个像素进行均匀量化，量化级数为 $2^M$，将量化后的数据按照重要性进行划分排列，形成符号流 $q$。然后将该符号流送入 Slepian-Wolf 编码器，进行 Turbo 编码，产生奇偶校验码 $p$，系统将这些校验码暂时存到缓冲器中。在以后的解码过程中，缓冲器会根据需求来传送部分校验码到解码器。

在解码端，采用联合解码方式。对于 $K$ 帧码流，只需要进行普通的帧内解码，即可得到解码后的关键帧 $K'$；对于 $W$ 帧，解码器利用相邻已解码的 $K'$ 帧或者 $W'$ 帧，通过运动补偿、插值等操作，形成插值帧 $\hat{S}$，即对 $W$ 帧的初步估计，也称其为边信息。联合解码器正是利用这一边信息为 Wyner-Ziv 解码部分传递了关键帧那一路的支持信息，以利于 Wyner-Ziv 解码。

Turbo 解码器使用编码器发来的奇偶校验码 $p$，对边信息 $\hat{S}$ 进行"纠错"解码，得到数据流 $q'$。如果 $\hat{S}$ 估计得很准，只有少量的比特和 $W$ 不同，就可以用收到的相应的校验码 $p$ 来校正；如果 $\hat{S}$ 估计得不准，有大量的比特和 $W$ 不同，显然就不可能用相应的校验码 $p$ 来校正，这时 Turbo 解码器会通过反馈通道请求更多的附加奇偶校验码 $p$ 来加强纠错，"解码-请求"过程一直重复下去，直到 $q'$ 在指定的差错概率之内。得到 $q'$ 后，解码器中的重构模块根据 $q'$ 和 $\hat{S}$ 重构每个像素的值，这样就可得到原始帧 $W$ 的重构帧 $W'$。此种方法的性能优于传统编码方式的帧内编码，但是低于传统方式的帧间运动补偿编码方法。

为了便于理解，可以将 Turbo 编解码看成是传统视频编码中的无失真的"熵编码"部分，而将量化看成是传统视频编码的"源编码"部分，是有失真编码。

(2) 基于 LDPC 码的方法

低密度奇偶校验码(Low Density Parity Check，LDPC)是一类可以用非常稀疏的校验矩阵或者二分图定义的线性分组纠错码。这种码字采用迭代的译码算法，编码性能接近于香农极限，也被广泛用于分布式编码之中。使用 LDPC 码的分布式信源编码方法的整体框图类似于图 12.24，只是把 Turbo 编码换 LDPC 编码。近年来，LDPC 码以其优异的性能逐渐成为 DVC 的主流方法。

**2. 频域 Wyner-Ziv 编码**

DCT 变换域分布式视频编码系统如图 12.25 所示，它比上述像素域的分布式视频编码稍许复杂一点，但编解码原理基本相同，而且解码图像质量要比像素域方法高 2～2.5 dB。

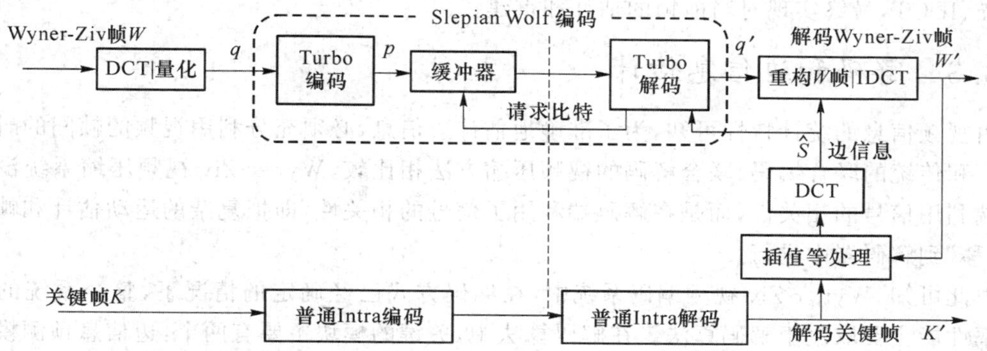


图 12.25　基于 DCT 变换的分布式视频编码

在编码端，待编码视频依然分为关键帧 $K$ 和 Wyner-Ziv 帧 $W$ 两类。和像素域方法一样，关键帧编码器采用传统的帧内编解码技术。Wyner-Ziv 帧编码时，先对一帧视频数据进行基于块的 DCT 变换并量化，然后将 DCT 量化系数按位平面分层送至 Slepian-Wolf 编码器进行编码。编码器将编码生成的校验码存于编码端缓存器中，根据解码端的反馈请求发送校验码给解码器作迭代纠错解码。

在解码端，Slepian-Wolf 解码器根据解码边信息和接收到的校验比特从最高位平面开始进行迭代解码，若根据当前已接收到的校验信息仍不能实现正确的解码，则需通过反馈信道请求编码端缓存器继续发送校验码。解码端再重新进行解码，直至将解码误比特率降低至预定要求。在完成 DCT 量化系数解码后，依据 Wyner-Ziv 帧解码的 DCT 量化系数和解码边信息的 DCT 量化系数的限制，进行反量化和反 DCT 变换得到解码图像 $W'$。

**3. PRISM 编码**

PRISM(Power-efficient, Robust, high-compression, Syndrome-based Multimedia coding)视频编码方案和上述的频域 Wyner-Ziv 视频编码方案类似，如图 12.26 所示。但和前面的基于 DCT 的分布式编码不同，它不是将视频分为关键帧和 Wyner-Ziv 帧，而是将每个宏块的 DCT 系数分为高频和低频两个相关的部分进行独立编码和联合解码。

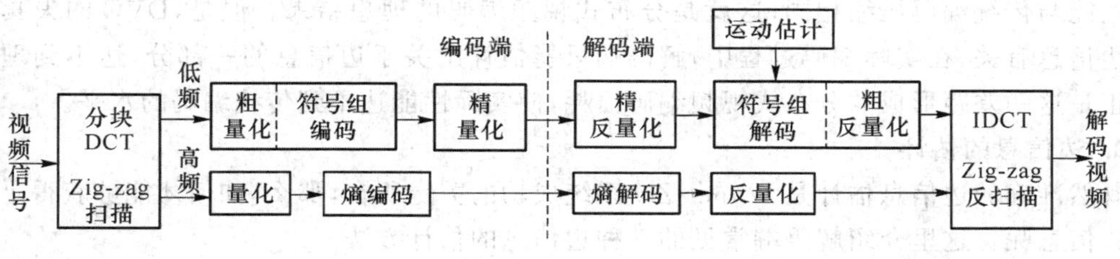


图 12.26　PRISM 分布式视频编解码框图

在编码端，首先对待编码视频数据统一进行 8×8 或 16×16 的 DCT 变换，采用 Zig-zag 方式将变换系数扫描成一维数据。然后，根据该宏块在空间域和时间域的特性，对所编码宏块的高低频系数进行划分。接着对 DCT 系数分两路处理：一路对低频系数依次进行粗量化(base quantization)、基于分类的符号组(syndrome)编码、精量化(refinement quantization)处理，形成 Wyner-Ziv 信息编码输出；另一路对 DCT 系数的高频部分进行传统的量化、熵编码处理，形成关键信息编码输出。

在解码端，关键信息这一路经过熵解码、反量化恢复出高频 DCT 系数；Wyner-Ziv 解码这一路首先通过精反量化、运动估计得到边信息，进行 syndrome 联合解码，然后进行反粗量化、逆扫描、IDCT,最终实现对当前帧的估计和重建。

### 12.3.3　解码和边信息估计

由视频信息的统计特性可知,为了准确地估计边信息,必须充分利用视频的帧间的时间相关性。和传统的联合编码、联合解码的视频压缩方法相比较,Wyner-Ziv视频压缩系统没有在编码端利用信号的相关性,而是在解码端利用了信号的相关性,即把复杂的运动估计和帧间预测"搬移"到解码器中进行。

由此可知,Wyner-Ziv视频编码系统中,在编码方式已经确定的情况下,整个系统的编码失真率性能主要取决于解码算法。在解码算法中,关键的模块主要有两个:边信息预测模块和利用边信息的联合解码模块。其中最为关键的还是边信息的预测,边信息预测得越准,联合解码越容易,重建的图像质量也越高。

**1. Wyner-Ziv 解码框架**

分布式视频编码的理论基础来源于 Wyner-Ziv 定理,而 Wyner-Ziv 定理中假设边信息在解码端已知,并没有讨论边信息是如何获得的。在分布式视频联合解码中,边信息必须在解码端被估计,可通过对解码重建图像进行运动估计、像素内插,得到当前解码帧的估计值作为边信息,如图12.27所示。

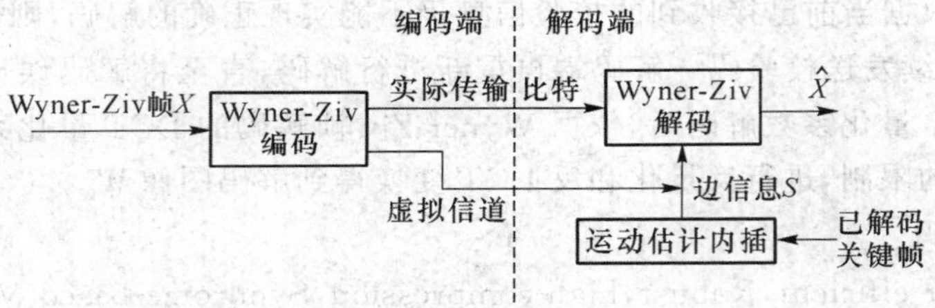


图12.27　运动估计边信息估计框图

经过上述分析可知,传统的运动补偿视频编码方式在编码端和解码端都能够获得边信息。而 Wyner-Ziv 定理指出,如果只在解码端有边信息支持的情况下,存在一种编码方式,使得其编码性能与传统编码压缩相同,这就是分布式视频编码的理想结果。但是,DVC的失真率特性和边信息有关,在实际编码过程中,解码端只能估计出关于边信息的一部分,达不到理想水平。正是这一差距形成的分布式视频编码损耗,使实际性能达不到传统编码的水平。

**2. 边信息的估计**

既然准确的边信息估计是 Wyner-Ziv 系统成功的关键所在,那么,如何才能够获得足够准确的边信息呢?这里介绍解码端常见的三种边信息的估计方法。

(1) 直接边信息预测

直接预测方式不需要运动估计。设已解码重建的关键帧图像为 $K(n)$,需要估计当前解码帧 $S(n)$的边信息 $\hat{S}_{\text{side}}(n)$。从时间域上,与当前解码帧 $S(n)$相隔最近的重建帧为 $K(n-1)$,则有:$\hat{S}_{\text{side}}(n)=K(n-1)$。

(2) 前向运动估计边信息预测

前向运动估计预测边信息的方法如图12.28所示,设已解码重建的关键帧图像为 $K(n-1)$、$K(n-2)$,需要估计出关于当前帧 $S(n)$的边信息 $\hat{S}_{\text{side}}(n)$。和传统视频编码相似,把视频帧分成若干个不重叠的小块,每一个块都作为一个运动估计单元。设块A和块C在各自图像帧中的位置相同,根据视频序列时域上的高度相关性,块A和块C应该具有相似甚至相同的运动特征。

根据这一特性，可以估计出当前解码帧 $S(n)$ 中块 C 的边信息。

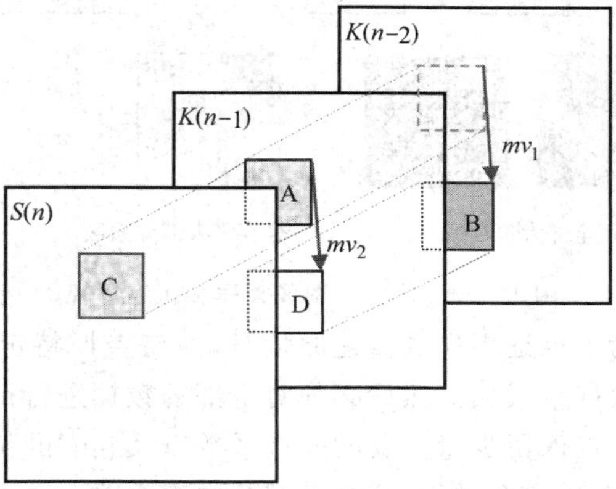


图 12.28　前向运动估计预测边信息

要估计 $S(n)$ 中的块 C，首先计算出 $K(n-1)$ 中和块 C 位置一样的块 A；然后用运动估计的方法在已解码帧 $K(n-2)$ 中找到块 A 的最匹配块 B，由此得到运动矢量 $mv_1$；然后，根据块 A 和块 C 的运动特征相似的假设条件，在当前解码帧 $S(n)$ 中的块 C 到已解码重建帧 $K(n-1)$ 的运动矢量是 $mv_2$，且 $mv_2 = mv_1$；最后，通过运动矢量 $mv_2$，可以预测出当前解码帧 $S(n)$ 中块 C 的边信息为 $K(n-1)$ 中的块 D。采用同样的方法，可以预测出 $S(n)$ 中所有的图像块。

(3) 双向运动估边信息预测

在某种程度上，前向运动估计预测方式类似于传统视频编码中的前向预测 P 帧。而双向运动估计预测则类似于传统视频编码中的双向预测帧 B 帧。$K(n+1)$ 和 $K(n-1)$ 为已经解码的重建帧，可以通过它们用类似双向运动估计的方法估计出 $S(n)$ 的边信息数据 $\hat{S}_{side}(n)$。

Wyner-Ziv 视频系统中的 3 种求取边信息方法中，直接预测法最简单，不需要用到运动估计，但是准确度差，其失真率性能也最差；前向运动估计预测方式和双向运动估计预测方式都需要用到运动估计，由于双向运动估计预测边信息用到的运动模型更为准确，因此该算法的性能也最好，算法也最为复杂。

## 12.4　图像的压缩感知

### 12.4.1　压缩感知基础

在经典的数字信号处理中，信号的数字化和压缩是先后分开进行的。信号数字化的采样过程是建立在奈奎斯特(Nyquist)采样定理基础上的。奈奎斯特定理告诉我们，若要由均匀采样得到的离散信号来无失真地恢复原模拟信号，则要求信号是限带信号，即信号的频谱仅在某一最高频率 $f_m$ 之内有值，而且采样速率必须大于或等于信号带宽 $f_m$ 的两倍。

随后，对已获得的 $N\times1$ 维数字信号最常见的是通过正交变换的方法来压缩它。由于信号大多数情况下是冗余的，正交变换去除了信号中大部分相关性，因此，我们只需保留 $N$ 个变换系数中 $K$ 个较大的分量，而把其他 $N-K$ 个 0 或者很小的系数舍去。然后通过对那 $K$ 个较大系数进行逆变换，能够近乎完美地重建原始信号。因为丢弃的那 $N-K$ 个变换域系数对重建图像的贡献，实在微乎其微。这一过程如图 12.29 所示。

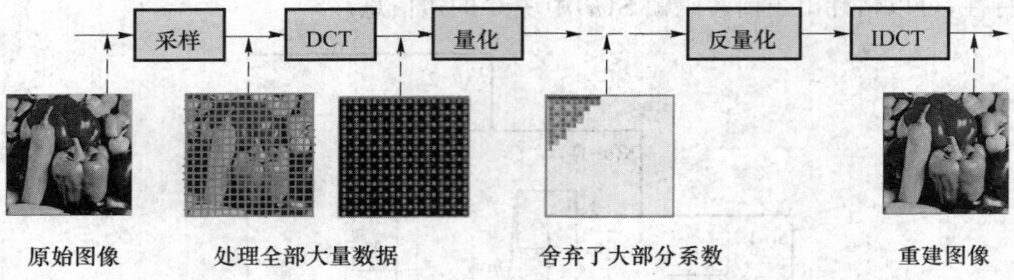


图 12.29 传统的图像采样和压缩过程

在这种压缩方式下,为了保证不失真重建原信号,由奈奎斯特定理决定的采样频率很高,采样间隔很小,所形成的数据量很大。然后必须对全部的数据进行正交变换,得到变换系数后又将大部分小的系数丢弃,仅保留少量重要的变换系数以及它们的位置信息。

对比上述的采样和压缩这两个过程,就会发现其中存在着一个矛盾之处:在图像信号采集阶段,需要高密度 CCD 和高速 A/D 器件,获得大量的图像数据;对这大量数据进行压缩处理,只保留少量的重要数据,丢弃了大量"辛勤"采集和处理的数据。这意味着在传统的采样、压缩环节中存在着很大的"浪费",有大量的硬件和软件资源将被消耗用来采集那些最终将被丢弃的数据。

有没有办法避免这种先大量采集、后大量丢弃的"浪费"做法,而直接对信号中的有用数据采样呢?回答是肯定的,这就是近年来引起人们广泛关注的压缩感知(Compressed Sensing, CS)理论,将信号的采集和压缩这两个环节合并进行,在信号的采集过程中就进行了压缩。压缩感知是建立在矩阵分析、概率统计、拓扑几何、泛函优化与时频分析等基础上的一种新的信号描述与处理的理论,其目标就是使信号的采样与压缩在低于奈奎斯特定理所要求的速率上进行,可以显著降低数据采集、压缩、存储和传输代价。

在压缩感知理论中,信号的采样速率不再取决于信号的带宽,而是取决于信号的稀疏性(sparsity),取决于观测系统的不相关性。满足这两个条件,就可以在信号采集的同时得到经压缩的观察值,而且通过解一个优化问题,就可以保证以极大的概率从压缩的观测数据中完全恢复出原信号。和传统压缩方法的信号重建相比较,压缩感知方法必须为信号的重建付出繁重的代价。

从上述分析可知,压缩感知的理论和实现包含三个关键部分:信号的稀疏表示、信号的非相关测量和信号的非线性优化重建。其中信号的稀疏表示是压缩感知的必备条件,非相关随机测量是压缩感知的关键,非线性优化是压缩感知信号重建的独特手段。下面先围绕这三个部分来描述,然后再介绍基本的压缩感知的图像编码方法。

### 12.4.2 信号的稀疏表示

在实际应用的信号中,尤其是自然信号,如语音、图像等,绝大部分是稀疏的。但这一结论和人们的日常感觉并不一致,如我们看到的图像其画面是"满满当当"的,并不稀疏。其实,这"满满当当"中间存在着很多相同或相近的内容,存在大量的信息冗余。如果通过某种线性正交变换(不限于线性,也不限于正交)得到信号在变换域的等价表示,消除了变换域系数之间的大部分或全部相关性,出现了大量的零元素或极小的元素,则称该信号具有明显的稀疏性,其变换域系数就是它的稀疏表示。可见,正是信号在空域或时域的冗余造就了它在变换域的稀疏。

这里以一维($N\times1$)信号矢量为例来说明信号的稀疏性,其他二维或多维信号都可以经堆叠的方式形成一维信号。设 $N\times1$ 维信号 $\boldsymbol{x}=(x_1\cdots x_N)^{\mathrm{T}}\in\mathbf{R}^N$ 的正交线性分解为

$$\boldsymbol{x}=\boldsymbol{\Psi s}\quad 或者\quad \boldsymbol{x}=\sum_{i=1}^{N}s_i\psi_i \tag{12.51}$$

其中，$\boldsymbol{\Psi}\in\mathbf{R}^{N\times N}$ 为正交变换矩阵，$\{\psi_i\mid i=1,2,\cdots,N\}$ 是其基矢量，$\boldsymbol{s}=(s_1\cdots s_N)^{\mathrm{T}}\in\mathbf{R}^N$ 为变换系数，$s_i=\langle\boldsymbol{x},\psi_i\rangle=\psi_i^{\mathrm{T}}\cdot\boldsymbol{x}$。如果 $\boldsymbol{s}$ 中仅有少量 $K$ 个系数非零，其他大部分为 0 或近似为 0，即 $K\ll N$，则称信号 $\boldsymbol{x}$ 是 $K$ 稀疏的（$K$-sparse），准确地说，$\boldsymbol{x}$ 在变换域是稀疏的，有时也称这种稀疏为隐式稀疏（Implicit Sparse）。更一般地表述，只要信号在一个域是稀疏的（一般不可能在变换的两个域都稀疏），则称信号是稀疏的。

因此，对一自然信号 $\boldsymbol{x}$ 而言，就可能存在两种稀疏性：一种是 $\boldsymbol{x}$ 本身是稀疏的，不为 0 的分量很少；另一种是 $\boldsymbol{x}$ 本身不是稀疏的，但经某种变换，如 $\boldsymbol{x}=\boldsymbol{\Psi s}$，在变换域 $\boldsymbol{s}$ 是稀疏的，不为 0 的分量很少。在实际中，第二种情况是最常见的。对以第一种情况，信号 $\boldsymbol{x}$ 本身是稀疏的，则可看成 $\boldsymbol{x}=\boldsymbol{\Psi s}=\boldsymbol{Is}$，其中 $\boldsymbol{I}$ 是单位对角阵，也是正交矩阵，然后再参照第二种情况的稀疏信号处理。对这两种情况都可称 $\boldsymbol{x}$ 为稀疏信号，具有稀疏性。

### 12.4.3 随机测量矩阵

$N\times1$ 维信号 $\boldsymbol{x}$ 被随机测量矩阵 $\boldsymbol{\Phi}$ 测量后得到测量（观测）值 $\boldsymbol{y}$：

$$\boldsymbol{y}=\boldsymbol{\Phi x} \tag{12.52}$$

其中，$\boldsymbol{\Phi}\in\mathbf{R}^{M\times N}$，为 $M$ 行、$N$ 列矩阵，$M<N$，信号 $\boldsymbol{x}=(x_1\cdots x_N)^{\mathrm{T}}\in\mathbf{R}^N$，测量结果 $\boldsymbol{y}=(y_1\cdots y_M)^{\mathrm{T}}\in\mathbf{R}^M$。这里 $\boldsymbol{\Phi}$ 的每一行可以看作是一个传感器，它与信号列矢量相乘，即两个矢量的对应元素相乘求和，其结果就形成了 $\boldsymbol{y}$ 的一个分量，它包含了信号 $\boldsymbol{x}$ 的部分信息，也可以说对信号 $\boldsymbol{x}$ 执行一个压缩观测，一共形成了 $M$ 个观察值，组成了信号的 $M\times1$ 维线性观察 $\boldsymbol{y}$，它包含了重构信号 $\boldsymbol{x}$ 的足够的信息。由于 $\boldsymbol{x}$ 往往本身的表现形式不是稀疏的，为了重建的需要，将前面的 $\boldsymbol{x}=\boldsymbol{\Psi s}$ 代入式(12.52)，有

$$\boldsymbol{y}=\boldsymbol{\Phi x}=\boldsymbol{\Phi\Psi s}=\boldsymbol{\Theta s} \tag{12.53}$$

其中，$\boldsymbol{\Theta}=\boldsymbol{\Phi\Psi}$，常称为感知矩阵。式(12.53)中矩阵和矢量维数之间的关系可用图 12.30 表示。

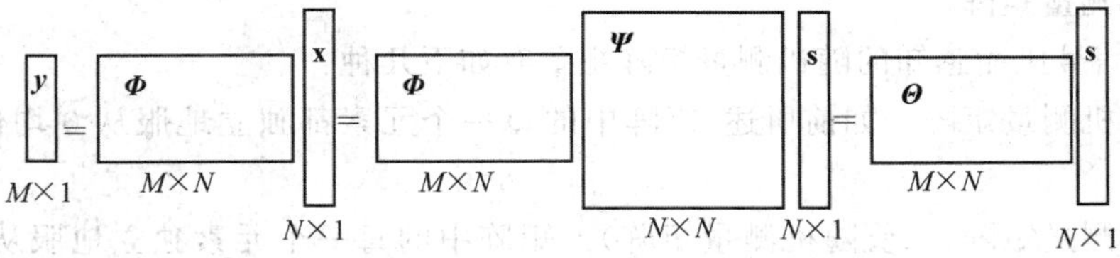


图 12.30 测量矩阵的维数关系

从图 12.30 可以看出，对 $N\times1$ 信号 $\boldsymbol{x}$ 的随机测量，得到离散的 $M\times1$ 的结果 $\boldsymbol{y}$，一并完成了“采样”和“压缩”两项任务。这里的采样已经打破了以往采样的概念，以往的采样一般是用均匀冲激序列和模拟信号相乘来进行离散化的。而在压缩感知的情况下，如果设想 $\boldsymbol{x}$ 为模拟信号，$\boldsymbol{\Theta}$ 为某一种具有随机矩阵性能的器件，这样同样可以得到离散的随机测量值 $\boldsymbol{y}$，其作用就相当于采样，采样的结果就是离散的 $\boldsymbol{y}$。由于传统均匀采样 $\boldsymbol{x}$ 时得到的离散信号的长度为 $N$，而在 CS 情况下 $\boldsymbol{y}$ 的长度为 $M$，比离散的 $\boldsymbol{x}$“短”，因而，输出 $\boldsymbol{y}$ 已经得到了压缩，压缩率为 $N/M$。当然还可用其他方法对 $\boldsymbol{y}$ 再压缩。可见，CS 的采集和压缩是通过感知矩阵直接获取的，没有任何先获取 $N$ 个样本的中间过程。而且这是一个非自适应的过程，感知矩阵 $\boldsymbol{\Theta}$ 是固定的，不取决于 $\boldsymbol{x}$。

**1. 测量矩阵的要求**

由前述式(12.53)可知,$K$ 稀疏($K$-sparse)信号 $\boldsymbol{x}$ 经随机测量矩阵测量后得到压缩的观察值 $\boldsymbol{y}=\boldsymbol{\Theta s}$,其中 $\boldsymbol{\Theta}=\boldsymbol{\Phi\Psi}$。现在重要的问题在于,能否由压缩后的观察值通过上述方程完整地重建原未知信号 $\boldsymbol{x}$ 或 $\boldsymbol{s}$。由于 $\boldsymbol{y}$ 的维数远小于 $\boldsymbol{s}$ 的维数,即方程的个数远少于未知数的个数,显然这是一个病态(ill-condition)方程,可以有无数个符合方程的解。如不能够唯一恢复,那么随机测量得到的测量值就没有意义。显然并非任意的测量矩阵都可以保证能够由 $\boldsymbol{y}$ 正确恢复 $\boldsymbol{x}$,那么,什么样的测量矩阵才能够保证后续的恢复工作顺利进行呢?

可以证明,只要测量矩阵 $\boldsymbol{\Theta}$ 具有有限等距性(Restricted Isometry Property,RIP),就可保证上述方程有稳定的唯一解,即需证明 $\boldsymbol{s}$ 的 $K$ 个非零系数的所有 $C_N^K$ 种组合中的任意一个都要满足:

$$1-\varepsilon\leqslant\frac{\|\boldsymbol{\Theta s}\|_2}{\|\boldsymbol{s}\|_2}\leqslant 1+\varepsilon \tag{12.54}$$

这是对矩阵 $\boldsymbol{\Theta}$ 的条件数的要求,是上述病态方程有稳定解的充分必要条件,其中 $\varepsilon$ 为某一小于 1 的正数。

验证测量矩阵是否满足 RIP 条件是一个 NP-hard(Non-deterministic Polynomial-hard)问题。目前,常用 RIP 的等价条件来使之容易验证。这个等价条件就是 $\boldsymbol{\Theta}=\boldsymbol{\Phi\Psi}$ 的不相干性(incoherence),即要求 $\boldsymbol{\Phi}$ 的行$\{\phi_j\}$不能够表示为 $\boldsymbol{\Psi}$ 的列$\{\psi_i\}$的稀疏组合,反过来 $\boldsymbol{\Psi}$ 的行也不能够由 $\boldsymbol{\Phi}$ 的列的稀疏组合来表示。

例如,要满足 $\boldsymbol{\Theta}$ 为 RIP 和不相干的要求,可选择 $\boldsymbol{\Phi}=\{\phi_{ij}\}$为随机高斯矩阵,其中任意一项 $\phi_{ij}$ 是相互独立且服从 0 均值、$1/N$ 方差的高斯分布的随机变量。这时,RIP 条件的满足可简化为

$$M\geqslant cK\log\left(\frac{N}{K}\right) \tag{12.55}$$

其中,$c$ 是一个固定的常数。而且不管 $\boldsymbol{\Psi}$ 是什么正交方阵,$\boldsymbol{\Phi}$ 都统一为上述的随机高斯矩阵,$\boldsymbol{\Theta}=\boldsymbol{\Phi\Psi}$ 都以极大的概率具有 RIP。

**2. 常见的测量矩阵**

用于稀疏信号压缩感知的随机测量矩阵主要有如下几种:

① 高斯随机测量矩阵。如前所述,矩阵中的每一个元素都独立地服从 0 均值、$1/N$ 方差的正态分布。

② 贝努利测量矩阵(二值随机测量矩阵)。矩阵中的每一个元素独立地服从对称的贝努利分布。

③ 傅里叶随机测量矩阵。矩阵的 $M$ 个行向量服从于均匀随机分布,并且所有的列向量均归一化。

④ 非相关测量矩阵。该测量矩阵是从 $N\times N$ 阶正交矩阵中均匀随机选取 $M$ 行组成行向量,并将其所有的列向量归一化。

还有其他一些测量矩阵,这里就不一一列举了。

### 12.4.4 优化重建算法

压缩感知理论告诉我们,一个有限维(高维)具有稀疏或可压缩特性的信号可以从它的非自适应随机测量值(低维)的集合复原出来。因此,从测量值重建原稀疏信号是有理论保证的,

同时也是 CS 信号处理的三个关键问题中最为重要的一个。

**1. 由测量值重建原信号**

信号 $\boldsymbol{x}$ 经过 $\boldsymbol{y}=\boldsymbol{\Theta s}$ 测量形成观察值 $\boldsymbol{y}$，一并完成了采样和压缩。如何从压缩的观察值 $\boldsymbol{y}$ 来重建原信号 $\boldsymbol{x}$ 呢？如下的压缩感知的重建定理说明了重建的条件和方法，这里省略了复杂的证明，直接引入结论如下。

已知约束方程 $\boldsymbol{y}=\boldsymbol{\Phi\Psi s}=\boldsymbol{\Theta s}$，$\boldsymbol{x}$ 是稀疏的，且 $\boldsymbol{x}=\boldsymbol{\Psi s}$，$\boldsymbol{s}$ 中只有 $K$ 个分量非零。求解 $\boldsymbol{x}$，等价于求解 $\boldsymbol{s}$，而 $\boldsymbol{s}$ 可由下式解得：

$$\hat{\boldsymbol{s}}=\arg\min_{\boldsymbol{s}}\|\boldsymbol{s}\|_0 \quad \text{s.t.} \quad \boldsymbol{y}=\boldsymbol{\Theta s} \tag{12.56}$$

其中，$\|\boldsymbol{s}\|_0$ 为 $\boldsymbol{s}$ 的 0 范数，$\|\boldsymbol{s}\|_0=\sum_{i=1}^{N}|\operatorname{sgn}(s_i)|$，它实际上是表示矢量 $\boldsymbol{s}$ 中不为 0 的分量的个数。式(12.56)表明，可以用穷举法找出符合 $\boldsymbol{y}$ 约束条件的那个最稀疏的 $\hat{\boldsymbol{s}}$，该最稀疏 $\hat{\boldsymbol{s}}$ 即是问题的解答。可是，当 $\boldsymbol{s}$ 的维度较大时，其计算量达到匪夷所思的地步，在数学中称此类问题为 NP-hard 难题而行不通。可见压缩感知的测量（编码）较简单，重建（解码）是一个复杂的不定方程求最优化解问题。

**2. 匹配追踪算法**

快速有效、性能可靠的信号重构算法是压缩感知理论的最核心部分，目前已出现了多种稀疏信号的重构算法，大致可以归结为 3 大类：贪婪算法、凸优化算法和组合算法。这里仅简单介绍属于贪婪算法类的最基本的匹配追踪（Matching Pursuit，MP）算法。

(1) 信号的 MP 稀疏分解

先介绍信号的稀疏分解过程，明白了分解的过程，也就很容易理解信号重建的过程。按照式(12.51)给出的信号的稀疏表示 $\boldsymbol{x}=\boldsymbol{\Psi s}$，设 $\boldsymbol{D}=[\boldsymbol{d}_1,\boldsymbol{d}_2,\cdots,\boldsymbol{d}_N]$为希尔伯特空间 $\boldsymbol{H}$ 中一冗余原子库（Atom Database），即张成空间 $\boldsymbol{D}$ 的非正交、非独立的函数系列的集合，用以取代式(12.51)中的 $\boldsymbol{\Psi}$，$\boldsymbol{d}_i$ 为原子库中的归一化列向量，又称原子，且 $\|\boldsymbol{d}_i\|_2=1$。对于任意信号 $\boldsymbol{x}\in\boldsymbol{H}$，都可以通过 $\boldsymbol{D}$ 中原子的线性组合来表示，即 $\boldsymbol{x}=\boldsymbol{Ds}$。

为了获得信号 $\boldsymbol{x}$ 的最稀疏表示，首先需获得和信号最接近的那个原子，即满足下列条件的 $\boldsymbol{d}_0$：

$$\boldsymbol{d}_0=\arg\max_{i\in\{1,2,\cdots,N\}}|\langle\boldsymbol{x},\boldsymbol{d}_i\rangle| \tag{12.57}$$

式(12.57)表明首先寻找信号 $\boldsymbol{x}$ 在所有原子方向上投影最大的那个原子，结果是 $\boldsymbol{d}_0$，它是 $N$ 维希尔伯特空间中和 $\boldsymbol{x}$ 方向最为靠近的一个原子，即最为“匹配”的一个原子方向。这样信号可分解为

$$\boldsymbol{x}=\langle\boldsymbol{x},\boldsymbol{d}_0\rangle\boldsymbol{d}_0+\boldsymbol{r}^{(1)} \tag{12.58}$$

其中，$\boldsymbol{r}^{(1)}$ 为 $\boldsymbol{x}$ 通过 $\boldsymbol{d}_0$ 分解后的残差，且同 $\boldsymbol{x}$ 正交，有

$$\|\boldsymbol{x}\|^2=\|\langle\boldsymbol{x},\boldsymbol{d}_0\rangle\|^2+\|\boldsymbol{r}^{(1)}\|^2 \tag{12.59}$$

采用相同的方法对残差 $\boldsymbol{r}^{(1)}$ 继续进行分解，也就是所谓的“追踪”，可得到 $n$ 次分解后的残差 $\boldsymbol{r}^{(n)}$ 为

$$\boldsymbol{r}^{(1)}=\langle\boldsymbol{r}^{(1)},\boldsymbol{d}_1\rangle\boldsymbol{d}_1+\boldsymbol{r}^{(2)},\cdots,\boldsymbol{r}^{(n)}=\langle\boldsymbol{r}^{(n)},\boldsymbol{d}_n\rangle\boldsymbol{d}_n+\boldsymbol{r}^{(n+1)} \tag{12.60}$$

因此，信号 $\boldsymbol{x}$ 的 $n$ 个原子的逼近为

$$\boldsymbol{x}=\sum_{i=1}^{n}\langle\boldsymbol{r}^{(i)},\boldsymbol{d}_i\rangle\boldsymbol{d}_i+\boldsymbol{r}^{(n+1)} \tag{12.61}$$

残差 $\boldsymbol{r}^{(i+1)}$ 始终正交于上一次迭代的残差 $\boldsymbol{r}^{(i)}$，所以最后有

$$\| \boldsymbol{x} \|^2 = \sum_{i=0}^{n} |\langle \boldsymbol{x}, \boldsymbol{d}^{(i)} \rangle|^2 + \| \boldsymbol{r}^{(n+1)} \|^2 \tag{12.62}$$

当残差为零的时候信号得到精确分解。

(2) 信号的 MP 重建

上面说明了 MP 算法的信号稀疏分解过程,其实压缩感知信号重构的 MP 算法的主要过程和它是一致的,只是具体操作对象有所区别。在通过 $\boldsymbol{x}=\boldsymbol{Ds}$ 求信号 $\boldsymbol{x}$ 的稀疏分解中,是已知 $\boldsymbol{x}$ 和 $\boldsymbol{D}$,求解 $\boldsymbol{s}$。在压缩感知信号重建中,则是已知测量值 $\boldsymbol{y}$ 和感知矩阵 $\boldsymbol{\Theta}$,由 $\boldsymbol{y}=\boldsymbol{\Theta s}$ 求解稀疏信号 $\boldsymbol{x}$ 的系数 $\boldsymbol{s}$,$\boldsymbol{s}$ 本身是 $K$ 稀疏的。这里感知矩阵 $\boldsymbol{\Theta}=\boldsymbol{\Phi D}$ 也相当于一个过完备原子库。

因此 MP 重建的基本思想是在每一次迭代过程中,从感知矩阵 $\boldsymbol{\Theta}$ 中选择与测量值 $\boldsymbol{y}$ 最匹配的列 $\boldsymbol{\theta}_i$(原子)来进行稀疏逼近;然后求出测量值 $\boldsymbol{y}$ 和 $\boldsymbol{\theta}_i$ 的残差 $\boldsymbol{r}^{(i)}$,再继续选出与残差最为匹配的原子。如此反复迭代,直到迭代次数达到稀疏度 $K$ 或者迭代误差满足预设的误差要求。实际操作中只要满足误差足够小,迭代就可中止,完成了压缩感知信号的重建的任务,重建信号 $\boldsymbol{s}$ 便可以由这些原子的线性组合表示,知道了 $\boldsymbol{s}$ 也就相当于求出了 $\boldsymbol{x}$。

**3. 重建算法的改进**

对于图像信号,上述的优化重建方法存在计算复杂度高或重建效果不理想等问题。目前,对上述问题的改进主要集中于两个方面:

① 建立更加有效的图像稀疏模型。由于图像信号并不能直接体现稀疏,只是在某个变换域是稀疏的。因此,通过相应的数学模型,如全变分(Total Variation,TV)模型、训练字典模型、非局部稀疏模型等,可以构建更稀疏的图像稀疏描述,获得更好的重建效果。

② 由于压缩感知的解码计算复杂度相对很高,为了解决这个问题,稀疏的重建优化算法受到较高的关注。目前,典型的算法包括:收敛算子(Shrinkage)算法、线性化近似点算法,交替方向分裂 Bregman 方法和增广拉格朗日函数法等。

此外,图像信号的压缩感知编码的硬件实现也是重要的研究问题,典型的成功方案包括美国 Rice 大学研发的单像素相机(Single Pixel Camera),这套系统是根据压缩感知原理实现的硬件实验系统,在采样的同时就对数据进行了压缩。这种方式不需要传统相机中的大面积传感器,尤其是在传统 CCD 或 CMOS 传感器测量不到的不见可光区具有潜在的应用价值。

## 12.4.5　视频的压缩感知编码

近年来,将压缩感知技术用于视频编码是一种新的尝试,希望以一种新的"采集有用信号"的方式将信号的采集与压缩同时完成,形成一种简洁、高效的基于压缩感知的视频编码机制。这种编码方式除了能够实现视频数据的压缩外,还具有多项普通视频压缩方式所没有的特性。如编码的鲁棒性,因为 CS 编码方式的非自适应性,其中编码数据的少部分丢失,不会引起解码的停顿或大片出错,而只会引起重建图像质量的稍稍下降。

正因为 CS 视频编码具有多项优越之处,在视频通信领域得到越来越多的关注,相关的研究成果也不断出现。这里从 CS 视频编码和传统视频编码的比较入手,简单介绍一下 CS 视频编码的原理、系统和关键技术。

**1. 全感知和压缩感知**

从压缩感知的观点出发,可以发现,传统的视频编码是一种"完全感知"(Complete Sensing)的信号处理模式,而压缩感知视频编码是一种"压缩感知"(Compressed Sensing)的信号处理模式。两种模式的比较如图 12.31 所示,左边是普通的完全感知示意图,右边是压缩感知示意图。

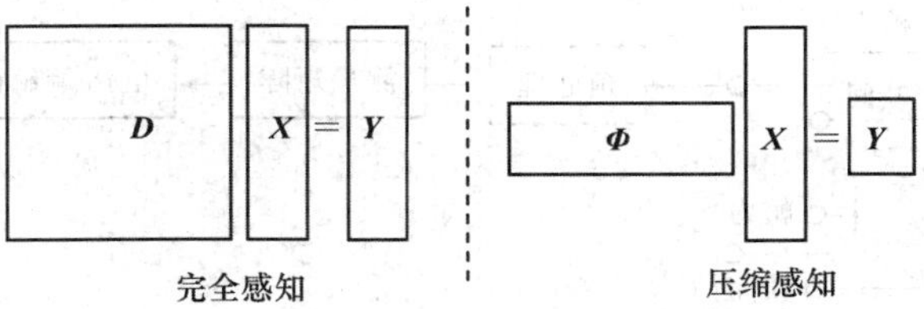


图 12.31　完全感知和压缩感知

图 12.31 的左边所示的是传统的采样方法，其测量矩阵 $\boldsymbol{D}\in\mathbf{R}^{N\times N}$ 为单位阵，受奈奎斯特采样定理约束。将信号 $\boldsymbol{X}$ 的每一个值都如实地完全“感知”到，并记录为 $\boldsymbol{Y}$，因而有 $\boldsymbol{Y}=\boldsymbol{X}$。然后采用传统的压缩方法，如经 DCT 变换，丢掉大部分不重要的 DCT 系数，保留少数重要的系数，从而得到数据的有效压缩。

图 12.31 的右边所示的是 CS 的采样方法，采用的随机测量矩阵 $\boldsymbol{\Phi}\in\mathbf{R}^{M\times N}$，其中 $M$ 远远小于 $N$。和 $N$ 维信号 $\boldsymbol{X}$ 相比较，测量结果 $\boldsymbol{Y}$ 是 $M$ 维信号，是一种“压缩了的感知”，只要 $\boldsymbol{\Phi}$ 满足一定条件，$\boldsymbol{Y}$ 中包含了 $\boldsymbol{X}$ 的所有信息，采用适当的重建方法，完全能够从 $\boldsymbol{Y}$ 重建出 $\boldsymbol{X}$。

从上述的比较我们可以明显地看到，压缩感知是一种高效的编码方式，尤其是在编码端，其简洁性特别引人注目，且大有应用前景，如传感网、无线视频传输等。

在对视频的压缩感知编码中，应尽量利用视频信号中帧内图像的高度空间相关性、帧间图像的高度时间相关性。对于视频的 CS 编码，一种简单的方法就是将视频的每一帧看作一幅普通的图像，对它进行独立的 CS 图像编码(称为“帧内”CS 编码)。当然还可将帧间预测、运动估计(ME)和运动补偿(MC)等技术加到视频的 CS 编码中来，以进一步提高编码效率。

**2. CS 视频编码**

一个基于压缩感知的视频编码系统如图 12.32 所示。在编码端，如图 12.32(a)所示，和传统编码类似，对视频序列进行帧内编码或帧间编码。如果对当前帧采用帧内编码，就是直接对该帧数据进行随机测量和编码。如果对当前帧采用帧间编码，实际上是对帧间的残差进行处理，即对当前帧和前面解码重构帧的差值进行随机测量和编码。一般说来，由于差值数据的稀疏性更强，所需的测量样本数可以更少，可以获得更高的压缩率。对编码帧到底采用哪种编码模式，和传统的视频编码中编码模式的判定类似，则可选择不同的方法来确定，但它们都是和视频的内容有关。至此可以看出，在这个 CS 视频编码系统中，只是将 CS 作为一种离散信号的处理方式来使用，而未涉及 CS 的根本优越之处：在信号采集的同时就完成对信号的压缩处理。如果将上述的压缩过程和采集过程一并在某种新型器件中实现，就会形成具有实用价值的 CS 视频编码器。

对编码获得测量值，还可以采用量化、熵编码等技术进一步去除其中的相关性，得到压缩率更高的 CS 压缩视频码流。和传统方式相比较，帧间编码需要的前一解码帧的获得、运动估计和补偿的利用等问题，由于 CS 解码算法和运动估计算法的复杂性，目前尚未很好地解决。

在 CS 编码端，也和传统的视频编码器一样，为了获得解码的前一帧信号，必须包含一个解码过程，即包含一个解码器，而且是一个和解码端一样的解码器。将这样的解码器独立出来就形成了 CS 解码端，具体过程如图 12.32(b)所示。接收到的压缩视频码流先进行熵解码、反量化后，再进行 CS 重建。如果重建的是帧内图像，则该图像即是可输出的解码视频帧。如果重建的是帧间图像，则该图像是一幅残差图像，此时需要将帧存储内保存的参考图像与残差图像通过加法器相加，相加的结果才是可以输出的视频帧图像。

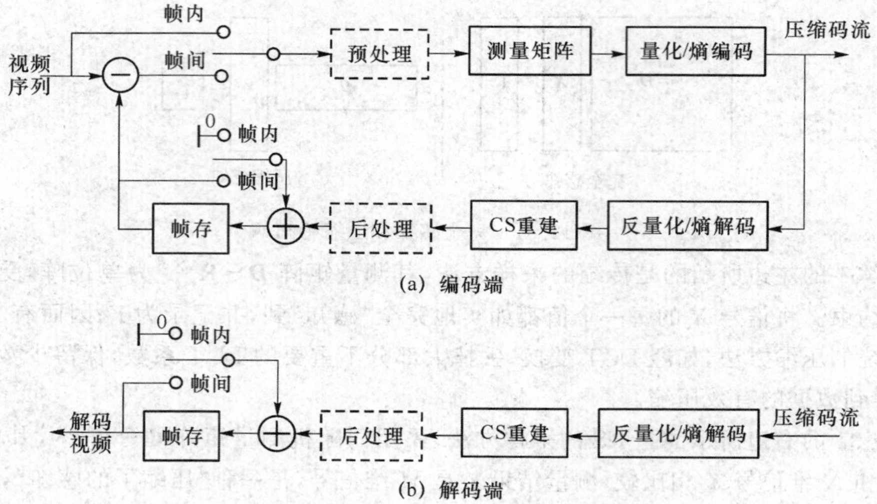


图 12.32　CS视频编码系统

从上述的CS视频编解码过程可以看出这种方式和传统视频编解码方式的一个显著差别在于:传统的视频编码过程复杂,解码是编码的逆过程,相对简单。而基于CS理论的编解码器,其编码过程比较简单,主要就是一个随机测量的操作,而其解码过程就显得非常复杂,不再是编码的简单逆过程,而是一个求解优化问题的过程。这样的差别就带来两类编码器实用的场合的不同,传统编码器一般适合编码器少、解码器多的应用场合,如消费电子的视频存储和播放等应用。CS编码器一般适合编码器多、解码器少的应用场合,如无线传感网络等应用,这里对编码要求低计算量、低功耗、小体积。

**3. 分块的CS视频编码**

在CS视频压缩处理中,如果直接对视频序列中的整幅帧图像,特别是尺寸较大的图像进行观测与重构,其运算量大、耗时长,尤其是在重构时更是如此。因此,也和传统的视频压缩一样,采用图像分块技术,形成分块压缩感知技术(Block based CS,BCS),可以有效地解决这一问题。BCS方法把整幅图像分成等尺寸的块,基本独立地对每个图像块进行观测和重构。这样,在减小运算复杂度的同时,也减少了传感器部分的存储容量;而且,在对图像重构之前不需要传输整幅图像所有观测数据,提高了实时性。

BCS视频编解码的原理框图如图12.33所示。在编码端,首先对一幅图像进行分块,一般为方形块,每块大小为$n \times n$,如$8 \times 8$、$16 \times 16$等。然后,对每个图像块的像素点进行扫描,形成含$N = n \times n$个元素的列向量,如第$i$个图像块数据为$\boldsymbol{X}_i = [x_{i1}, x_{i2}, \cdots, x_{iN}]^{\mathrm{T}}$。最后,用相同的观测矩阵$\boldsymbol{\Phi}_B$对每个图像块数据进行观测,如获取的第$i$个图像块的观测值:$\boldsymbol{Y}_i = \boldsymbol{\Phi}_B \boldsymbol{X}_i$。其中观测矩阵$\boldsymbol{\Phi}_B$大小为$M \times N$,$\boldsymbol{Y}_i$是长度为$M$的列向量,$M < N$。如果不考虑量化、熵编码,大体上的压缩比为$N/M$。

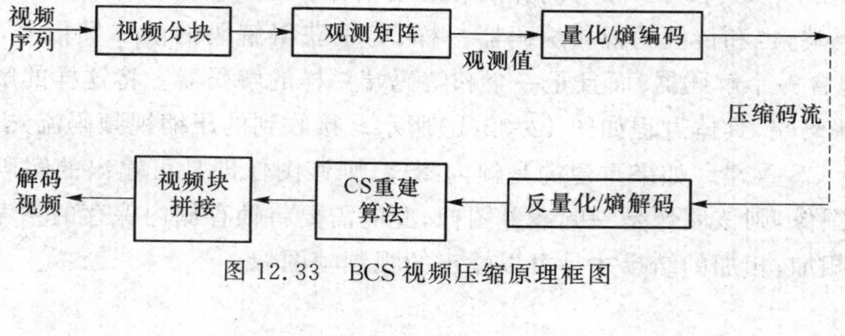


图 12.33　BCS视频压缩原理框图

在解码端,当接收端获取了某图像块观测值后,就可以运用重构算法恢复该图像块。对所有的图像块采用相同算法进行重构,后将得到的图像块组合就形成了整幅图像。不同的重构算法形成了不同的解码机制。

图 12.33 所示的是最基本的 BCS 编码系统,或者说仅仅采用帧内编码方式,没有利用帧间的时间相关性以及运动估计技术。如果将这些因素考虑在内,还可以提高 BCS 的压缩率和重建视频质量。

目前,虽然 CS 视频编解码技术在不断进步,但编码效率和质量尚未达到传统视频编解码器的水平,远未达到实用、商用的水平。但是随着理论、技术和材料的发展,CS 视频编码将有希望很快走出实验室,进入实用。

# 第 13 章　图像的网络传输

数字化图像信息的传输必须借助于现有的通信网进行，而现代通信网络是一种全业务型的网络，即各种媒体的数字化信息都在同一网络中传输，不可能为图像信息的传输重新建立一个专门的通信网络。因此，要了解图像的网络传输，必须首先了解有关通信网络的基本结构、种类、传输和接入等方面的内容。

本章在简要介绍通信网的基本概念、主要接入方式的基础上，简述了图像信号调制和传输方面的基本原理、特点，给出了几种图像通信的典型应用系统。

## 13.1　通信网基础

简单地说，多用户互连的通信体系称为通信网。通信网按其业务不同可分为电话通信网、计算机通信网、数据通信网、移动通信网及广播电视网等；按其通信范围的不同可分为局域网(LAN)、城域网(MAN)、广域网(WAN)等；按其传输介质不同可分为微波通信网、光纤通信网、同轴电缆通信网、无线通信网等。但是在讨论通信网络时，往往注重网络中最基本的本质内容，如网络的拓扑结构、网络的通信质量、网络的种类、信息的交换和传输方式等。

### 13.1.1　拓扑结构和服务质量

**1. 常见的网络拓扑**

按通信网络链路的拓扑形状来分类，主要有以下几种形式：如图 13.1 所示，从左到右分别为网状网、星状网、树状网、环状网、总线网等。其中圆点表示通信节点，连线表示通信线路。在实际应用中，常常将多种网络拓扑结构混合使用，产生结构复杂的通信网络。

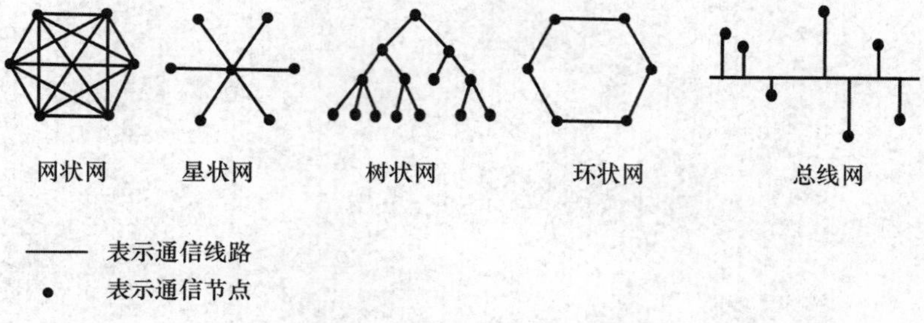


图 13.1　网络的拓扑分类

**2. 通信服务质量**

表征通信网络性能的重要指标之一就是通信服务质量(Quality of Service，QoS)，它包含多个层面的内容，是网络效果的主要技术参数，用于描述通信双方的传输质量。制订 QoS 的最终的目标是让终端用户在通信服务中获得最好的用户感受。

QoS 基本参数包括网络传输的吞吐率、稳定性、安全性、可靠性、传输延迟、抖动、拥塞率、丢包率等。不同的系统，不同的应用强调的参数往往不同。QoS 参数的设置一般采用分层方式,不同层的参数有不同的表现形式。例如,用户层中,针对音频、视频信息的采集和显示,QoS 参数表现为采样率和每秒帧数。在网络层中,QoS 表现为传输码率、传输延迟等表示传输质量的参数。描述网络管理的 QoS 时,应主要考虑网络资源的共享、参数的动态管理和重组等。

### 13.1.2　信息交换方式

我们知道,对具有 $n$ 个节点的通信网中的某一点而言,它为了能和其他各点通信,必须具有 $n-1$ 条线路通向其他 $n-1$ 个点,整个网络就必须有 $n(n-1)/2$ 条线路,当 $n$ 较大时,这将是一个庞大的数字。在实际的通信系统中,往往采取其他办法来减少这些点之间的连接。例如,我们可以在网络中设立一个交换中心,各个点的信息都经过交换中心向其他点传送,只需要 $n$ 条线路就解决问题了,可以大大节省通信线路,这就是信息交换最基本的原理。可见,以何种方式来实现信息交换,是现代通信系统的核心技术之一。它们的基本任务就是提供信息流动的通路,完成用户信息、控制信息的交互。

目前,通信网应用的主要交换方式有 3 种:电路交换、报文交换和分组交换。

**1. 电路交换**

在电路交换(Circuit Switching)中,需要为一对用户的通信建立一条专用的传输通路,并在整个通信过程中一直维持不变。这里要强调的是,连接通信双方的是一条实际的物理电路。电路交换的通信过程可分为三个步骤:首先是线路建立,通信双方按一定的通信规程进行呼叫和应答,如果电路空闲,则完成了本次通信线路的建立;然后是信息传送,在双方线路建立以后,双方(或单方)的信息就可以通过这条电路进行信息传送;最后是线路的拆除,在双方完成了相互通信以后,可由其中任一方来进行线路的拆除工作,一旦线路拆除后,这条线路就可以为其他的通信过程所占用。

电路交换包括空分交换和时分交换两种方式。空分方法比较简单,不同的通信信道占用空间不同的电路。而在时分交换系统中,多路信息是以时分的方式进行复用的,也称为时分复用(Time Division Multiplexing,TDM),它把一条线路按时间划分为若干相等的片段,也称为时隙(Time Slot,TS)。每相继的 $n$ 个时隙组成一帧,一帧的 $n$ 个时隙可分配给 $n$ 个用户。尽管只有一条线路,但这条线路通过时间分割,可供 $n$ 个用户同时使用,这就是时分复用数字通信系统的基本原理。

电路交换效率较低,信道在连接期间是专用的,即使没有信息发送,别人也不能利用。此外通信的建立和拆除也要消耗一定的时间。但这种交换方式双方通信的时延很小,能为对端通信的用户提供可靠的带宽保证,非常适用于图像、语音、高速数据等实时通信场合。传统的电信网大多是采用电路交换方式。

**2. 报文交换**

报文交换(Message Switching)是一种适合于数据信息传输的交换方式。在报文交换网络中,每个报文(如电报、文件)都作为一个独立传输的信息实体。在准备发送报文之前,在用户报文前加上报头,标明该信息的目的地址、源地址等。在传输过程中,报文暂时存储在交换节点的缓存区内,等到有合适的输出线路时再发送出去。这种"存储-转发"的交换方式在以往的公共电报网中得到广泛的应用,如电报、财务报表、电子邮件、计算机文件以及信息查询等业务都可以报文交换的方式进行。

报文交换由于用户不是固定连接,一个信道可为多个报文用户使用,线路利用率高,可平滑线路业务量的峰值,可将一份报文复制并多地投递;报文交换系统中具有传输差错控制,采用遇错重发机制来保证报文的正确传输,因此可靠性较高。

当然,报文交换也有它的不足之处,因为这种网络传输的延时相对较长,并且延迟的长短变化较大,所以它不能用于语音、视频等实时信息的通信,也不适合会话式终端到主机的连接。实际上报文交换是从电路交换向分组交换的一种过渡,如果将报文细拆为更小的分组,就是下面所说的分组交换的概念。

**3. 分组交换**

分组交换(Packet Switching)也属于"存储-转发"方式的交换,它把要传送的数据分解成若干个较短的信息单位——分组或信息包,对每个分组附加上地址信息、传输控制信息、校验信息及表示各分组头尾的标志信息。先把这些要传送的分组或信息包存储起来,然后等到线路有空闲时再发送出去,传至接收端。显然,它是一种非实时的交换方式。在通信线路中,数据分组作为一个整体进行交换。在传输时,各个分组可以断续地传送,也可以经不同的途径送到目的地,到达目的地的顺序也不一定和原来一样。分组达到收信目的地点后,再把它们按原来的顺序装配起来。由于数据分组的长度固定,分组交换以分组作为存储、处理和传输的单位,能够节省缓冲存储器容量,降低交换设备的费用,缩短处理时间,加快了信息传输速率。在分组交换中,暂存的分组仅仅是为了校正错误,一旦分组已被接收方确认无误就立即把它从转发存储器中清除出去。

分组交换方式主要有两个优点:一是多用户可以同时共享线路(统计时分复用),提高了线路利用率,降低通信费用;二是能自适应地为各个信息包选择路由。

由于分组交换的上述优越性,数据网、因特网、计算机网都采用分组交换的方式。不仅如此,以往一直采用电路交换方式的电话等业务现在也已采用分组交换方式了,这已成为通信发展的一大趋势。

## 13.1.3 三种通信网络

"三网融合"里的三种通信网分别是公共电信网、计算机网和广播电视网,这"三网"和图像通信密切相关,下面作一简单介绍。

**1. 公共电信网**

虽然公共电信网能传送多种业务,但是其主体业务仍然是电话。公用交换电话网(Public Switched Telephone Network,PSTN)是公共电信网中规模最大、历史最长的基础网络。该网络的终端设备主要是普通模拟电话机,传输的信号带宽在 300 Hz～3.4 kHz 之间,语音信息可通传输线路和交换设备进行互传。

现在的电话网以模拟设备为主的情况已经发生了根本性的变化,数字传输设备和数字交换设备,替代了以往的模拟设备,使公用电话网已经成为一个以数字通信为主体的网络。但是,由于在传输中占比例最大的用户线路上传输的仍然是模拟语音信号,这给在公用电话网上传输数字信息带来了一定的困难。为了解决这一问题,一种经济实用的办法就是采用 ADSL(非对称数字用户线)技术为广大用户提供一种数据接入方式,它无须很大规模改造现有的电信网络,只需在用户端接入 ADSL-Modem,便可提供准宽带数据服务和传统语音服务,且两种业务互不影响。

**2. 计算机通信网**

计算机通信网中,最常见的有局域网(Local Area Network,LAN)、广域网(Wide Area

Network WAN)、城域网(Metropolitan Area Network,MAN)以及世界上最大的计算机互联网络 Internet。在这些网络中,局域网是基础,广域网、城域网、Internet 都是由若干局域网通过电信网及相关的通信协议互联而成的。

(1) 局域网

局域网是在一定的范围内将多台计算机及其他设备连接在一起,可以使它们相互通信、共享资源的一种数据通信系统。在局域网中,所有的工作站(计算机)和资源都连接到文件服务器上。局域网一般采用分布式处理,应用程序在本地工作站的内存中运行,数据文件、程序文件和打印机等外围设备都可得到共享。局域网具有安装容易、服务范围广、应用独立性强、易于维护和管理等优越性。局域网结构的一例如图 13.2 所示。

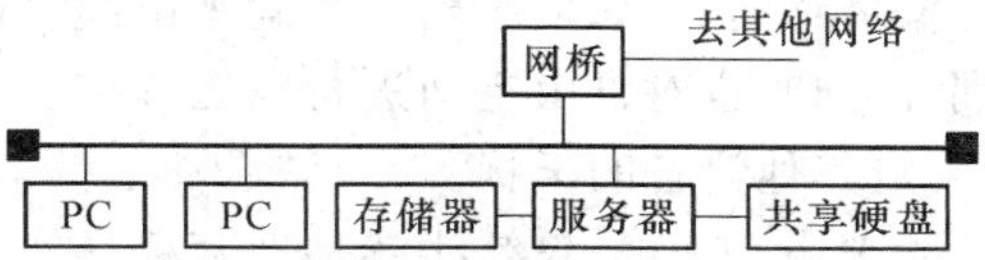


图 13.2　局域网的基本结构图

局域网中最初出现的是以太网,以 10 Mbit/s 速率进行基带传输。光纤传输介质的使用,使局域网络的传输速率可达到 100 Mbit/s、1 Gbit/s 以上,成为高速局域网,但其体系结构仍和基本 LAN 一样。

(2) 城域网和宽带城域网

城域网的地理覆盖范围大约为一个城市,通信距离约 50 km 左右,通信速率可超过 100 Mbit/s,它由互联的局域网组成。通过城域网,可以实现数以万计的个人计算机、工作站和局域网的互联。城域网本身具有开放性,城域网的用户不仅可以从本网中获得高质量的数据服务,还可以通过城域网访问广域网。

IP 宽带城域网是近几年来城域网朝宽带、综合化方向发展的产物。它是以 TCP/IP 协议为基础、具有高速传输和交换能力的 IP 网。它支持各种宽带接入、保证服务质量,是综合数据、语音、视频服务于一体的网络平台,可为城市的企事业单位和居民提供多种业务。典型的 IP 城域网应用包括信息化智能小区、商业楼(区)、校园网和企业网等。

(3) 广域网

广域网是一个松散定义的计算机网络,它是指一组在地域相隔较远、但逻辑上连成一体的计算机系统。用于广域网通信的传输装置和介质一般是由远程电信网络提供的,距离可以遍于一个城市或全国,甚至国际范围。现在十分普及的因特网不是独立的网络,也可算作广域网的一种。它将为数众多的、类型各异物理网络(如局域网、城域网和广域网)互联,通过高层协议实现不同类型网络间的通信。

**3. 广播电视网**

早期的模拟广播电视功能单一,仅通过无线方式单向、广播方式地向用户提供电视节目,基本上谈不上"网"的概念。随后,广播电视逐渐向有线电视发展,但主要是以单向、树型网络方式连接到终端用户,虽然改进了用户收视质量,但用户只能被动地选择接收。近年来经过数字化、双向化和宽带化改造,广播电视已经成为一张名副其实的以传送数字电视为主要业务的现代数字通信网,具有自己的骨干网、接入网和网管系统。这样的数字广播电视网普及率高、接入带宽较宽、掌握海量视频资源。现在,广播电视网的目标就是将现有的电视网全面改造成为双向交互式网络,可以传送各种媒体信息,向现代通信网络的方向发展。

### 13.1.4 信息传输方式

在通信中,目前最常用的信息传输方式有以下几种:普通导线传输(电话线)、微波传输、卫星传输、同轴电缆传输、无线传输、光纤和光传输等。

**1. 普通导线传输**

用普通的铜芯导线作为信息传输媒介(如电话网)的应用广泛,历史悠久。在铜导线类媒介中,有两种最常见的类型。

一种是平行双导线。平行双导线彼此是相互绝缘的,适用于连接近距离(10～100 m)的低速通信设备。所使用的两条线中,通常一根为地线,另一根用来传输电信号的电压或电流。还可以使用多根平行导线来传输多路信号,如多芯电缆和扁平电缆。显然这样的传输方式容易引起导线之间的不必要的耦合,同时也对自由空间进行电磁辐射。一方面会对别的设备产生干扰,另一方面也难以抗御来自其他设备的干扰。

另一种是双绞线(Twisted Pair,TP)。双绞线就是把两根导线紧紧地绞合在一起。外部干扰源对双绞线产生的干扰被两根线同时接收,结果使所产生的感应信号有一部分被抵消而大为减弱,因而双绞线比平行双导线的抗干扰能力强。同理,双绞线对外界的干扰也比平行双导线小。

双绞线传输一般用于频带较窄或速率较低的基带信号的传输,且传输距离不长,因此其使用受到一定的限制。目前,由于 ADSL(不平衡用户数据线)、HDSL(高速数字用户线)和 VDSL(超高速数字用户线)技术的发展,在用户双绞线上也可传输高达数 10 Mbit/s 的图像信息了。

**2. 微波传输**

在微波传输中,采用波长在 5～20 cm 数量级的微波波段信号进行通信。微波信号几乎按直线传播,因此可以通过抛物线形状的天线将它们聚集成窄窄的一束,从而获得极高的信噪比,但是发射端和接收端的天线必须精确地相互对齐。由于微波只在视距范围内传播,如果要进行长距离的传输,必须采用接力传送的方式,将信号多次转发,这就是微波中继。相邻两微波站之间的距离一般为 50 km 左右。

微波传输中,用户信号是调制在微波载频上的,常采用的调制方式有多相相位键控($m$PSK)和多电平正交调幅($m$QAM),常用的载波频率为 4 GHz、6 GHz、12 GHz、16 GHz 等。

**3. 卫星传输**

卫星传输可算是一种特殊的微波传输,主要是利用同步卫星作中继站。在数字传输时,常采用 $m$PSK 和 $m$QAM 方式,载波频段常选 4/6,12/14 GHz 等,其带宽约为 500 MHz。同步卫星距地面大约 40 000 km,使用地球覆盖天线时(夹角为 17.3°)可覆盖地球上 1/3 的区域,因此用三颗同步卫星就可以实现全球通信。

卫星传输中应用较为广泛和灵活的甚小口径终端站(Very Small Aperture Terminal,VSAT)是一种工作在 Ku 频段(11～14 GHz)或 C 频段(4～6 GHz)的小型卫星地面站。VSAT 的特点是天线口径很小(一般为 0.3～2.4 m),设备结构紧凑,误码率低,安装方便,环境影响小,较适合边远地区或临时使用。VSAT 利用通信卫星转发器,通过本站控制,按需向 VSAT 网站用户提供各种通信信道,实现数据、话音、图像等多种通信。

**4. 同轴电缆和 HFC 传输**

同轴电缆因其允许频带较宽,因而常用于图像信号的传输。在长距离传输中,光纤传输已基本取代同轴电缆。在短距离传输中,往往采用光纤同轴混合系统(Hybrid Fiber Coax,

HFC)，满足用户对高速宽带视频传输的需求。HFC 系统的主干线用光纤传输，用户线则利用现有的 CATV 同轴电缆。HFC 成本较低、实施比较容易，可提供综合宽带业务，如 Internet、电话、数据、数字视频、VOD 等。

从 HFC 网络中心局出来的信号被加载到光纤上传送到靠近用户小区的光电节点，可服务于几百个住户。信号在节点进行光电转换后，经同轴电缆送到网络用户接口单元(NIU)。NIU 放在住户家中或附近，每一个 NIU 服务一个家庭。NIU 将信号分解成一路电话信号，一路数据信号和一路视频信号后送至用户设备(电话机、电视机和计算机)。常见的 HFC 系统有 550 MHz、750 MHz 以及 1 GHz 宽带的几种，其中 750 MHz 较为典型。

**5. 无线传输**

利用有线传输组网往往会因地理环境或流动性等原因不容易实现。此时采用无线传输便可以有效地克服这些不足，实现无线数据通信的组网，如中波、短波、超短波通信网，微波中继通信网等。目前，无线数据网有以地面区域及蜂窝服务设计的网，也有以微小区设计的无线局域或广域计算机网。

移动通信是最大的无线传输网络，现在第 4 代宽带数字移动通信(简称 4G)正在普及。在 4G 系统中，采用了先进的 OFDM 调制技术、多输入多输出(MIMO)天线收发分集技术和软件无线电(SDR)技术，用户的速率可以做到下行 100 Mbit/s、上行 50 Mbit/s 或更高。性能更高的第 5 代移动通信的研究和实验亦已在进行中。

**6. 光纤和光传输**

与无线电波相似，光在本质上也是一种电磁波，只是它的波长要比普通的电磁波波长短得多(300 μm～600 nm)。在光纤传输系统中，传输媒体就是光导纤维(Optical Fiber)，简称光纤，它由纤芯和包层两部分组成。由于纤芯和包层的折射率不同，纤芯的折射率大于包层的折射率，于是光波就沿着纤芯传播。与同轴电缆传输相比，光纤传输的速率高、距离远、抗干扰能力强。速率高是由于光频率很高，以波长为 1.3 μm 的光纤为例，传输速率可达 200 Gbit/s，因此频带很宽；距离远是因为光在光纤中传输的衰减小，一般说光纤的无中继传输距离比同轴电缆要大 3 倍以上。光纤是非金属光导纤维，因此不会产生电磁感应，能在强电磁干扰环境中很好地工作。

如果光脱离光纤的“光导”传输，就是现在正在兴起的直接光波传输，或自由空间光通信。信息以激光束为载波，沿大气传播。它不需要铺设线路，设备较轻便，不受电磁干扰，保密性好，传输信息量大，可传输声音、数据、图像等信息。但是大气激光通信易受气候和外界环境的影响，一般用作河流、山谷、沙漠地区及海岛间的视距通信。

### 13.1.5　下一代网络

随着大数据(Big Data)时代的到来，网络负荷不断增大，业务需求趋于多样化，这对在传统通信网络基础上发展起来的数据网络是难以承受的。在这样的背景下，基于软交换(Soft Switch)技术的下一代网络(Next Generation Network，NGN)应运而生。根据国际电联的定义，NGN 是基于分组的、提供 QoS 保证、支持移动性和多媒体业务的开放式宽带网络构架。

**1. NGN 的网络和业务特征**

广义的 NGN 是一个较松散的概念，在当前网络基础上有突破性的技术进步可称为下一代网络，尽管不同的网络领域，如电信网、计算机网、移动网等对 NGN 有不同的内容。但是由 NGN 的定义可以看出，它具有以下共同的网络和业务特征。

(1) 开放式网络结构

NGN 采用软交换技术,将传统交换机的功能模块分离为独立网络部件,各部件按相应功能进行划分,独立发展。采用业务与呼叫控制分离、呼叫控制与承载分离技术,实现开放分布式网络结构,使业务独立于网络。通过开放式协议和接口,可灵活、快速地提供业务,用户可自己定义业务特征,而不必关心承载业务的网络形式和终端类型。

(2) 高速分组的核心网

NGN 核心承载网采用高速包交换分组传送方式,可实现公共电信网、计算机网和广播电视网三网融合,同时支持语音、数据、视频等业务。

(3) 独立的网络控制层

NGN 的网络控制层即软交换,采用独立开放的计算机平台,将呼叫控制从媒体网关中分离出来,通过软件实现基本呼叫控制功能,包括呼叫选路、管理控制和信令互通,使业务提供者可自由结合承载业务与控制协议,提供开放的 API(Application Program Interface),从而可使第三方快速、灵活、有效地实现业务提供。

(4) 利用网关实现网络互通

通过接入媒体网关、中继媒体网关和信令网关等,可实现与 PSTN、地面移动网(Mobile Network)、智能网(Intelligent Network,IN)、Internet 等网络的互通,可有效地继承现有网络的业务,融合固定与移动业务,具有通用移动性。

(5) 安全和 QoS 保证

普通用户可通过智能分组话音终端、多媒体终端接入,通过接入媒体网关、综合接入设备(IAD)来满足用户的语音、数据和视频业务的共存需求。NGN 适应所有管理要求,如应急通信、安全性和私密性等要求,具有端到端 QoS 和透明的传输能力,允许用户自由地接入不同业务提供商。

**2. NGN 和现有网络的互通**

基于软交换技术的 NGN 除了实现多运营商 NGN 之间的互通以外,还必须实现与现有网络之间的互通。与现有网络互通方面,NGN 与以电路交换为核心的 PSTN 以及移动通信网的互通,均可通过 TMG(中继媒体网关)完成。NGN 与 7 号信令(Signalling System No. 7, SS7)网的互通可以通过信令网关(SG)完成。当软交换网络内的用户使用智能网业务时,如卡号业务,NGN 必须实现与智能网的互通,可以通过 TMG 与 PSTN 进行话路互通,在 PSTN 接入智能网,对软交换系统没有要求;也可以是软交换设备直接接入智能网,这种方式对软交换系统提出较高要求,但在网络资源占用、时延等方面具有优势。随着产品、技术、标准和网络运营的不断成熟,NGN 已经成为网络建设的主流。

**3. NGN 的主要协议**

为了实现 NGN 的目标,IETF、ITU-T 制订并完善了一系列标准协议,如 H. 248/Megaco (Media Gateway Control)、SIP(Session Initiation Protocol)、BICC(Bearer Independent Call Control)、SIGTRAN、H. 323 等。由于历史原因,NGN 系列协议有些相互补充,有些则相互竞争。如媒体网关控制协议 H. 248 和 Megaco 是非对等主从协议,与其他协议配合可完成各种 NGN 业务。SIP 和 H. 323 为对等协议,存在竞争关系,由于 SIP 具有简单、通用、易于扩展等特性,已逐渐发展成为主流协议。

(1) MGCP、H. 248/Megaco

H. 248/Megaco 分别是 ITU-T 和 IETF 在 MGCP(Media Gateway Control Protocol)基础上,

结合其他媒体网关控制协议特点发展而成的一种媒体网关控制协议，用于媒体网关控制（MGC）和媒体网关（MG）之间的通信。它们的内容基本相同，可以看作是 MGCP 的升级版本。

（2）SIP 协议

会话发起协议（SIP）是 IETF 制订的 NGN 多方多媒体通信系统框架协议之一，用于软交换、SIP 服务器和 SIP 终端之间的通信控制和信息交互。它是一个基于文本的应用层控制协议，独立于底层传输协议 TCP/UDP/SCTP，用于建立、修改和终止 IP 网上的双方或多方多媒体会话。SIP 支持语音、视频、数据、E-mail、状态、聊天、游戏等业务。

（3）BICC 协议

由 ITU-T 制订的 BICC 是"与承载无关的呼叫控制协议"，主要用于软交换与软交换之间的呼叫控制，可以建立、修改和结束呼叫。BICC 解决了呼叫控制和承载控制分离的问题，使呼叫控制信令可在各种网络上承载，包括信息传送部分（Message Transfer Part，MTP）、SS7 网络、ATM 网络、IP 网络。

（4）SIGTRAN 协议

SIGTRAN 是 IETF 提出的一套在 IP 网络上传送 PSTN 信令的协议，它用于解决 IP 网络承载 7 号信令的问题，它允许 7 号信令穿过 IP 网络到达目的地。

（5）H.323 协议

H.323 是 ITU-T 制订的在分组网络上提供实时音频、视频和数据通信的一套复杂的协议，比 SIP、H.248/Megaco 的发展历史更长，升级和扩展性不是很好。为了与 H.323 网络互通，NGN 必须支持该项协议。

### 13.1.6　软交换

软交换（Soft Switch）是近年发展起来的一种新的呼叫控制技术，是 NGN 的核心模块，它具有分层体系架构、基于分组传输、能够提供多种接入方式等特点，并能综合提供语音、数据、多媒体业务。

**1. 软交换网络的结构**

软交换系统由多种设备组成，主要包括：软交换设备、中继网关、信令网关、接入网关、媒体服务器、应用服务器等网络设备，以及 IAD、SIP 终端等终端设备。软交换系统的主要功能包括：媒体网关接入、呼叫控制和业务提供；对用户的认证、授权、计费；对通信的资源控制和 QoS 管理等。软交换系统在功能上可以参考以前 OSI 体系模型，形成如图 13.3 所示的 4 层体系模型。

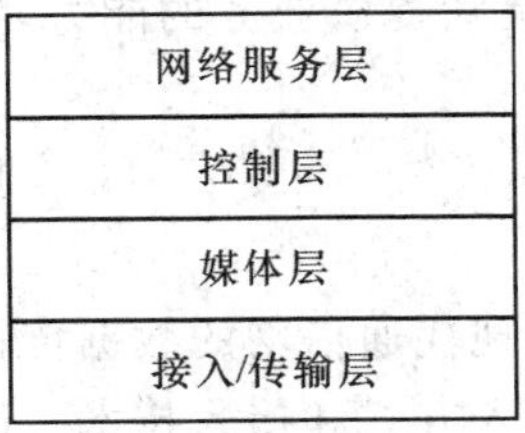


图 13.3　软交换网络分层结构图

接入和传输层（Access and Transport Layer）采用各种接入手段将用户连接至网络，集中用户业务并将它们传递至目的地，并提供可靠的传送方式；媒体层（Media Layer）将信息格式转换成能够在核心网上传送的形式，如将语音或数据信号打包成 IP 包，同时将信息选路到目的地；控制层（Control Layer）将呼叫控制从网关中分离出来，以分组网代替控制底层网络元素对业务流的处理，提供呼叫控制，相当于传统网络中提供信令和业务控制的节点；网络服务层（Network Service Layer）在呼叫建立的基础上提供独立于网络的智能服务，提供以 API 为基础的灵活快速的业务。

**2. 软交换网络的特点**

软交换网络采用开放的分层结构。它将传统交换机的功能模块分离成独立的 4 层网络部件,各部件可以独立发展,部件间的接口协议基于相应的标准,使得网络更加开放,可以根据业务的需求自由组合各部件功能来组建网络,部件间协议的标准化有利于异构网的互联互通。

软交换网络可以接入多种用户。由于软交换网络是三网合一的网络,它对于目前存在的各种用户,如模拟/数字电话用户、移动用户、ADSL 用户、IP 窄带/宽带网络用户都能有效地支持,为传统运营商和新兴运营商都开辟了有效的技术途径。

软交换网络是业务驱动的网络。通过业务与呼叫控制分离、呼叫控制与承载控制分离实现相对独立的业务体系,使业务真正独立于网络,灵活有效地实现业务的提供。用户可以自行配置和定义业务特征,而不必关心承载业务的网络形式与终端类型,从而满足用户不断发展、更新业务的需求,也使网络具有可持续发展的能力。

软交换网络是基于统一协议的分组网络。目前存在的通信网,无论是电信网、计算机网,还是有线电视网都不可能单独作为信息基础设施的平台。而 IP 技术的发展使人们认识到各种网络都将最终汇合到 IP 网络,各种以 IP 为基础的业务能在不同的网络上实现互通,从技术上为软交换网络奠定了坚实的基础。

**3. IP 多媒体子系统**

可将以软交换为核心的 NGN 体系描述为 4 个网络子系统,其中 IP 多媒体子系统(IMS)为 NGN 接入网和终端提供基于会话启动协议(SIP)的业务,包括多媒体会话业务、集群信息定购等。

IP 多媒体子系统主要使用 3GPP(Third Generation Partnership Projects)的 IMS 的核心网络作为核心控制系统,并在 3GPP 规范的基础上对 IMS 系统进行扩展,以支持 xDSL 等固定接入方式。重点解决两个技术问题:一是完善 IMS 子系统与其他子系统的互通;二是面对有线和无线网络在网络带宽、终端鉴权、位置信息和资源管理等多方面存在差异,实现稳定的固定接入。

**4. 电话网的演进**

电话网是目前世界上最大的电路交换网络之一,在向下一代网络演进过程中,软交换是其发展方向,符合电路交换向分组交换转型的总体发展趋势。软交换具备替代电路交换设备的能力,灵活提供业务的能力,使电话网向分组化、宽带化、智能化的方向发展。

## 13.2 通信网接入技术

在现代通信网的数据传输中,对用户而言,最为重要的是直接打交道的接入网以及数据的具体接入方式和接入技术。因此,了解常用网络的数据接入技术是十分必要的。

### 13.2.1 电话网接入

公用电话网接口是目前应用得最广泛的通信接口,它提供 300～3 400 Hz 的模拟话音信号通道。为了在这个话音通道里传输数字信息,早期使用调制解调器(Modem),将用户数据信号调制到用户线的带宽以内,当作模拟话音信号传到局端,局端对此进行相应的数字化处理后得到基带数据信号送到交换机,和其他的数字话音信号一样传输到对方;对方再用 Modem 解调还原出用户数据信号。为了充分利用电话网用户线资源为用户提供高速的数据信息,此后开发一系列的数字用户线(Digital Subscriber Loop,DSL)技术。

**1. 高速数字用户线**

高速数字用户线(High-rate DSL,HDSL)是一种用户数字线传输技术,它采用现代数字通信的自适应均衡、自适应回波抵消和线路编码技术,可在两对电话网用户双绞线上实现速率为 784～1 544 kbit/s 之间对称的双向通信。

电话网用户环路的双绞铜线的传输特性在高频端跌落很快,导致传输脉冲信号的相互重叠,出现所谓的码间干扰,使得传输数据的速率不可能很高。随着电子技术的发展,特别是自适应数字滤波器和回波抵消电路的集成化,用它们对线路传输特性进行动态调整,这就使得在用户双绞线上进行高速数据传输有了可能。再加上采用适当的线路编码(如 2B1Q 线路编码),加大了 HDSL 无中继传输的距离(3～6 km),增强了系统的抗干扰能力,误码率可达 $10^{-9}$。

近年来发展的 HDSL2 技术和 SHDSL(Symmetric HDSL)技术,采用 TC-PAM(Trellis Coded Pulse Amplitude Modulation)线路码,可在单路双绞线上传输 192～2 360 kbit/s 的用户信息。

**2. 不对称数字用户线**

不对称数字用户线(Asymmetrical DSL,ADSL)技术在 HDSL 的基础上,在信号调制与编码、相位均衡、回波抵消等方面采用了更先进的技术,使 ADSL 的性能更佳。

ADSL 设备将一个用户线带宽分为 3 段信道,如图 13.4(a)所示。普通电话业务(POTS)仍在原频带内传送,它经由一低通滤波器和分离器插入到 ADSL 通路中。即使 ADSL 系统出故障或电源中断等也不影响正常的电话业务。ADSL 的上、下行速率不一样(不对称),可提供 1.5～6 Mbit/s 的高速下行信道,中速的 160～640 kbit/s 的双向信道。ADSL 可工作于标准的用户环路,24 号线径的双绞铜线以 6.144 Mbit/s 的速率能传 3.7 km,以 1.536/2.048 Mbit/s 的速率能传 5.5 km。

由于数据信道位于话音频带之上,线路特性差,所以要采用一些特殊技术,如自适应数字滤波技术、纠错编码调制技术,非对称回波消除技术等,以保证数据的可靠传输。

在 ADSL 中采用离散多音(Discrete Multi-Tone,DMT)调制方式,这是多载波调制的一种特殊形式,它利用数字信号处理中快速傅里叶变换(FFT)和逆变换对信号进行调制和解调,实现起来比较简单。DMT 将原先电话线路的 0～1.1 MHz 频段划分成 256 个频宽为 4.3 kHz 的子频带,其中 0～4 kHz 带宽传送普通电话业务,26～138 kHz 的频段用来传送上行信号,138 kHz～1.1 MHz 的频段用来传送下行信号。138 kHz 以上的频段共有 249 个离散信道,如图 13.4(b)所示。根据对信道识别的结果,按各个子信道数据传送能力(S/N)自适应地把输入数据分配给每一个子信道。噪声很大,不能传送数据的子信道干脆予以关闭。这种动态分配数据的技术,提高了可用频带的平均传输速率,减少了传输差错。

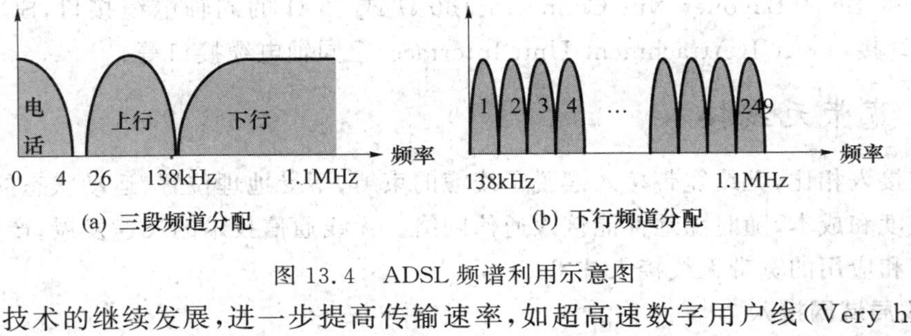


图 13.4　ADSL 频谱利用示意图

ADSL 技术的继续发展,进一步提高传输速率,如超高速数字用户线(Very high bit rate DSL,VDSL),可在 300 m～1.6 km 双绞铜线上传送 25 Mbit/s 或 52 Mbit/s 的数据。

### 13.2.2 光纤宽带接入

在各种宽带接入技术中,光纤宽带接入技术是非常理想的。在光纤宽带接入中,由于光纤到达位置的不同,有 FTTB(Fiber To The Building)、FTTC(FTT Curb)、FTTH (FTT Home)等多种服务形态,统称 FTTx。其中,除了 FTTH 是光纤直接到达最终用户以外,其他几种光纤离最终用户都还有一段距离,在光信号终接之后,还需要采用金属线接入或无线接入技术,才能实现最终的用户接入。目前应用较多的是采用同轴电缆的 HFC 技术,采用电话线的 ADSL、VDSL 技术,以及无线局域网(WLAN)技术等接入用户。

FTTH 是光纤宽带接入的最终方式,它提供全光的接入,因此可以充分利用光纤的宽带特性,为用户提供充足的带宽,满足宽带接入的需求。在 FTTH 应用中,主要采用两种技术,无源光网络(Passive Optical Network,PON)接入和有源光网络(Active Optical Network,AON)接入。PON 技术出现较早,在光纤接入中具有优势,是公认的实现 FTTH 的首选方案。

PON 是物理层技术,它可与多种数据链路层技术相结合,如 SDH、以太网等,分别产生 GPON(G bit PON)和 EPON(Ethernet PON)等。目前用得比较多的是 EPON 和 GPON,它们各有优缺点,各自适合一定的应用环境。例如,EPON 更适合于居民用户的需求,而 GPON 更适合于企业用户的接入等。GPON 技术比较复杂,成本偏高,但对电路交换类的业务支持具有优势,可充分利用现有的 SDH,提供 TDM 业务比较方便,有较好的 QoS 保证。EPON 继承了以太网的优势,把全部数据封装在以太网帧内传送,成本相对较低,但对 TDM 类业务的支持难度相对较大。现今绝大多数的局域网都使用以太网,所以选择以太网技术应用于 IP 数据接入是很合乎逻辑的,并且原有的以太网只限于局域网,在和光传输技术相结合后的 EPON 不再只限于局域网,还可扩展到城域网,甚至广域网。

### 13.2.3 局域网接入

局域网(LAN)的数据接入属于计算机网的用户接入范畴,用户计算机主要是通过路由器与局域网进行连接,由于局域网有不同的类型,所以路由器和局域网的接口协议类型也各不相同。除了接入的数据协议以外,局域网常见的物理接口主要有 AUI、BNC 和 RJ-45 等。

RJ-45 接口是最常见的双绞线以太网接口,因为在快速以太网中主要采用双绞线作为传输介质。根据接口的通信速率不同,RJ-45 接口又可分为 10Base-T 网 RJ-45 接口和 100Base-TX 网 RJ-45 接口两类。现在快速以太网路由器产品多数采用 10/100 Mbit/s 带宽自适应方式工作,其接口为 100Base-TX 网 RJ-45 接口。两种 RJ-45 仅就端口本身物理结构而言是完全一样的,但端口中对应的网络电路结构是不同的,所以也不能随便互接。

此外还有 BNC(Bayonet Nut Connector)50 Ω 或 75 Ω 的同轴电缆接口,SC(Secondary Control)光纤接口,AUI(Attachment Unit Interface)粗同轴电缆接口等。

### 13.2.4 宽带无线接入

同有线接入相比,无线宽带接入摆脱了线缆的束缚,不受地理位置、运动状态的限制,降低了接入复杂度和成本,随时随地都能接入通信网络。无线通信技术的飞速发展,产生了多种面向不同场合和应用的宽带无线接入技术。

**1. 无线局域网接入**

无线局域网(Wireless LAN,WLAN)是利用无线技术实现快速接入以太网的技术,采用的无线网络协议簇为 IEEE 802.11x。其中 802.11 数据速率只有 2 Mbit/s，802.11a 工作在 5 GHz频段上，支持 54 Mbit/s 的速率；802.11b 和 802.11g 都工作在 2.4 GHz 频段上，速率各为 11 Mbit/s、54 Mbit/s。服从 WLAN 协议的接入技术有两种：一种是小功率短距离的 Wi-Fi 接入方式；另一种是较大功率和较长距离的 WiMAX 接入方式。

(1) Wi-Fi 接入

无线保真(Wireless Fidelity，Wi-Fi)网络的特点是速率较高，可实现几十到几百 Mbit/s 的无线接入，但通信范围较小，不具有移动性，价格便宜，因此主要用于小范围的无线通信。Wi-Fi 使用包括 IEEE802.11b、802.11a 或 802.11g 标准通过无线接入点(Access Point，AP)实现计算机无线互联并接入 Internet。Wi-Fi 发射采用的是低功率无线电信号，穿透能力不强，室内传输距离约为 25～50 m，在户外开放的环境里可达 300 m 左右。现在大多数笔记本电脑和智能手机已引入 Wi-Fi 接入功能。

(2) WiMAX 接入

全球微波接入互操作(World Interoperability for Microwave Access，WiMAX)是一项基于 IEEE 802.16 的系列宽带无线 IP 城域网技术。WiMAX 可提供固定、移动、便携形式的无线宽带连接。一般在 5～15 km 半径范围内，WiMAX 可为固定和便携接入提供高达每信道 40 Mbit/s 的容量，可以同时支持数百使用 2 Mbit/s 连接速度的商业用户或数千使用 DSL 连接的家庭用户。WiMAX 作为移动接入服务时，能在 3 km 半径范围内为用户提供高达 15 Mbit/s 的带宽。

**2. 蓝牙和 ZigBee 接入**

蓝牙(Bluetooth)是一种高速率、低功耗、近距离的微波无线连接技术，主要用于电话、便携式电脑、PDA 和其他袖珍型设备的自动连接组网。蓝牙具有全向传输能力，只要蓝牙技术产品进入彼此的有效范围之内，它们会立即传输地址信息并组建成网。它基本通信速度为 750 kbit/s，目前已能达到 4 Mbit/s 甚至 16 Mbit/s。蓝牙工作于 ISM(Industrial Scientific Medical)频段中的 2.4 GHz 左右的科学频段，采用 FM 调制方式，设备成本低；采用快速跳频、正向纠错和短分组技术，减少同频干扰和随机噪声，使无线通信质量得以提高。蓝牙在多向性传输方面上具有较大的优势，但若是设备众多，识别方法和速度也会出现问题；蓝牙具有一对多点的数据交换能力，故需要安全系统来防止未经授权的访问。

和蓝牙技术类似，ZigBee 也是一种低复杂度、低功耗、低数据速率、低成本的无线网络技术，主要用于近距离无线连接。它基于 IEEE 802.15.4 标准，工作在 2.4 GHz 和 868/928 MHz，用于个域网和对等网状网络。

**3. 卫星通信**

由于卫星通信具有覆盖面大、传输距离远以及不受地理条件限制等优点，利用卫星通信作为宽带接入技术，具有很好的发展前景。例如，可利用卫星的宽带 IP 多媒体广播技术解决 Internet带宽的瓶颈问题。目前，有些网络使用卫星通信的 VSAT 技术，发挥其非对称特点，上行检索使用地面电话线或数据电路，而下行则通过卫星通信高速率传输，为 ISP(Internet Server Provider)提供双向传输服务。

### 13.2.5　移动通信网接入

**1. GSM、CDMA 接入**

GSM(Global System for Mobile communications)和 CDMA(Code Division Multiple

Access)一样,同属于第 2 代移动通信技术。

GSM 是窄带 TDMA,允许在一个射频上同时进行 8 组通话,它的频率范围在 900～1 800 MHz。GSM 数据通信的接入方式和电话网调制解调器接入类似,通过 GSM 调制解调器(或 GSM 手机)接入,一路 GSM 接入的数据速率为 9.6 kbit/s。

CDMA 采用的是扩频(Spread Spectrum)技术的码分多址系统,具有高效的频带利用率和更大的网络容量。一路 CDMA 的接入速率和 GSM 相当,在十几 kbit/s 左右。

**2. GPRS、EDGE 接入**

GPRS(General Packet Radio Service)是从 2G 移动通信 GSM 技术向 3G 移动通信 WCDMA 技术演进中的一种过渡技术,属于所谓的"2.5 代"移动通信技术,是 GSM 网络的扩展应用。相对原来 GSM 的电路交换数据传送方式,GPRS 是分组交换技术,它采用分组交换模式来传送数据和信令,数据通信和通话可以同时进行,声音的传送继续使用 GSM,而数据的传送使用 GPRS。GPRS 频道采用 TDMA,一个 TDMA 帧划分 8 个时隙,每个时隙对应一个物理信道。在 GPRS 中,每个物理信道可以由多个用户共享,并可根据语音和数据的业务要求动态分配。GPRS 采用性能更好的物理信道编码方案,当使用 8 个时隙时,理论最高接入速率可达 164 kbit/s。

EDGE(Enhanced Data Rate for GSM Evolution)是一种在 GPRS 和 3G 移动通信之间的过渡技术,因此称它为"2.75 代"技术,数据传输速率可达 384 kbit/s。EDGE 相比 GPRS 最大的变化是在数据传输时采用 8PSK 调制替代原先 GPRS 中的 GMSK(高斯最小频移键控)调制,由于 8PSK 可将 GMSK 调制技术的信号空间从 2 扩展到 8,从而使每个符号所包含的信息是原来的 4 倍。此外,EDGE 共提供 9 种不同的调制编码方案,采用纠错检错能力更强的信道编码,而 GPRS 仅提供 4 种编码方案,这样 EDGE 可以适应更恶劣的无线传播环境。

**3. 3G、LTE 接入**

第 3 代(3G)移动通信业务既包括 2G 移动通信的所有业务,也包括 3G 网络特有的流媒体等新业务。3G 业务的主要特征是可提供移动宽带多媒体业务,高速移动环境下支持 144 kbit/s 速率,步行和慢速移动环境下支持 384 kbit/s 速率,室内环境下支持 2 Mbit/s 速率的数据传输,并保证高可靠的服务质量。因此,3G 可以提供高速移动情况下的无线接入,实现移动终端之间直接的图像、视频通信。

3G 移动通信正在向第 4 代(4G)移动通信方向发展。目前,正在迅速推广应用的长期演进项目(Long Term Evolution,LTE)是 3G 的演进,也称为"准 4G"技术。LTE 改进并增强了 3G 的空中接入技术,采用多项关键技术,如正交频分复用(OFDM)高效调制、多输入多输出(MIMO)分集收发、软件无线电(Software Defined Radio,SDR)、IPv6 等。在 20 MHz 频谱带宽下能够提供下行 100 Mbit/s 与上行 50 Mbit/s 的峰值速率。

## 13.3 模拟视频基带信号

基带信号是相对于调制信号而言的,所谓模拟视频基带信号一般是指未调制的视频信号,如视频信号的模拟亮度信号 $Y(t)$ 和色度信号 $U(t)$、$V(t)$,但有时也称经过正交平衡调制的色度信号 $c(t)$ 和亮度信号 $Y(t)$ 合并在一起(包括同步信号)所形成的复合视频信号为(模拟)基带信号。由于目前数字图像信号大部分都是由模拟图像信号经模数转换而得,而且用于显示的图像信号一般也是模拟图像信号,因此良好的模拟图像信号是数字图像通信取得高质量的首要保证。为此,有必要了解噪声和各种失真对模拟图像信号传输的影响,了解传输带宽对电视信号的清晰度的影响。

## 13.3.1 噪声影响

在模拟图像传输中,对图像质量影响较大的噪声有随机噪声、脉冲性噪声、周期噪声和重影性噪声等。

**1. 随机噪声**

随机噪声往往表现为叠加在正常图像上的雪花式的干扰。这种干扰主要是由电阻类器件(如天线等)中电子作不规则运动所引起的热噪声,以及电子器件起伏电流引起的噪声所引起。由于人眼对噪声中的高频分量不太灵敏,因此,为了将高频噪声引起的视觉主观评价与低频噪声引起的视觉主观评价相同,应将不同频率的噪声进行折算。这一作用相当于将噪声通过一个加权网络电路。经加权网络后,频率愈高的噪声衰减愈大,所得信噪比(成为加权信噪比)才和人眼视觉的感受一致。

**2. 脉冲性噪声**

这种噪声往往使正常图像突然变得杂乱。例如,在收看无线发射的电视节目时,附近有汽车驶过,恰逢其打火,所产生的高压脉冲的辐射往往会在荧光屏上引起一阵扰动。对脉冲性噪声的影响可以通过限制噪声源,将传输线路进行良好的屏蔽等方法来减小。

**3. 周期噪声**

这种噪声接近周期性的正弦波。例如,由于电源干扰造成电源信号叠加在正常图像上就形成了周期性的噪声。它在画面上呈规则的条纹干扰,这些条纹状的图案看上去很显眼,应设法消除。主要的方法是改善滤波和加强屏蔽。

**4. 重影性噪声**

以无线方式接收图像信号时,除了从天线输入端接收信号外,还会收到经过诸如反射、绕射等途径的干扰信号。这种干扰信号叠加在正常图像上就形成重影。减少重影性噪声的主要方法就是消除接收多途径信号的可能性。例如,提高接收天线的方向性、避开引起反射的建筑物等。此外,应力求天线与馈线、馈线与放大器阻抗的匹配,以达到减小反射信号的目的。

## 13.3.2 线性失真

线性失真是指传输网络的传输参数(幅度增益 $G$ 和相位 $\varphi$)随输入信号的频率变化的不均匀性,包括振幅频特性失真和相位频率特性失真,它与信号的输入幅度无关。

**1. 高频失真**

由于传输网络的带宽是有限的,使得图像中的高频分量通过传输网络后遭到不同程度的衰减,常常在图像上表现为水平清晰度下降和镶边失真。

例如,在 PAL 制视频信号中,图像信号的带宽为 5 MHz 左右,如果传输网络的带宽小于 5 MHz,那么,视频信号中的高频分量将无法通过,将使得图像中的细节部分变得模糊,这就引起了水平清晰度下降。当图像中有由黑变白,或由白变黑的轮廓部分时,由于高频失真,会在轮廓的两侧产生黑白细条纹图案,称为镶边失真。

为了减少视频传输网络对图像的高频波形失真的影响,其带宽应足够宽,至少要大于视频信号的最高频率。

**2. 中频波形失真**

对视频信号来说,中频波形失真是指由于在几十千赫兹至几兆赫兹频带范围内频率特性不均匀而引起的波形失真。例如,输入信号是持续时间为一扫描行时间的方波,通过传输网络后,由于中频分量的衰减,输出信号在一行时间内不再保持方波,会出现线性倾斜现象,它使得图像信号沿水平方向出现左边变亮,右边变暗的现象。为了减少视频传输网络对中频波形失真的影响,应使传输网络的中频频率特性尽量平坦。

**3. 低频波形失真**

低频波形失真是指在几十赫兹至几十千赫兹频带范围内频率特性不均匀而引起的波形失真。和中频失真类似,若输入信号是持续时间为一帧时间的方波,由于低频分量的衰减,输出波形在一帧时间内出现线性倾斜。它使得一帧内图像信号沿垂直方向出现上部画面变亮,下部画面变暗的现象。减少这种失真的方法是改善传输网络的低通特性。

### 13.3.3 非线性失真

传输网络线性失真的特点是在输出信号中不会产生输入信号中没有的新的频率分量,而非线性失真则会使输出信号中产生新的频率分量。如果传输网络的传输参数随输入信号的振幅变化,也就是说输出信号与输入信号不成正比关系,就会产生非线性失真。非线性失真主要包括振幅非线性失真和相位非线性失真。在图像信号分析中,常用微分增益(DG)来表示振幅的非线性失真,用微分相位(DP)来表示相位的非线性失真。ITU-R 对长距离电视传输线路所提出的要求是 DG 的偏差小于 10%,DP 偏差小于 5°。

**1. 微分增益 DG**

为了讨论图像系统的振幅非线性失真,可以将输出电压 $y$ 与输入电压 $x$ 之间的关系 $y=f(x)$ 用幂级数展开为

$$y=a_0+a_1x+a_2x^2+\cdots \tag{13.1}$$

其中,$a_1,a_2,a_3,\cdots$ 为系数。如果没有非线性失真,$a_2,a_3,\cdots$ 皆为 0,输入和输出为线性关系。

非线性失真可以用微分特性表示,即分析微分信号 $\mathrm{d}y/\mathrm{d}x$ 的变化情况。微分特性与非线性失真都可以表示网络非线性失真的大小,它们之间存在着一定的关系。由式(13.1)可得微分特性 $D$,它表示单位输入电压的变化所引起的输出电压的变化量。

$$D(x)=\frac{\mathrm{d}y}{\mathrm{d}x}=a_1+2a_2x+3a_3x^2+\cdots \tag{13.2}$$

式(13.2)表示当输入信号 $x$ 变化时,系统的微分量也随之而变。然后求 $x=0$ 时的微分值:

$$D_0=\frac{\mathrm{d}y}{\mathrm{d}x}\Big|_{x=0}=a_1 \tag{13.3}$$

以 $D_0$ 为标准,求出任意输入电压对应的微分值 $D$ 和 $D_0$ 之间的相对误差,称为微分增益 $DG$,即

$$\mathrm{DG}(x)=\frac{D-D_0}{D_0}=2\frac{a_2}{a_1}x+3\frac{a_3}{a_1}x^2+\cdots \tag{13.4}$$

图 13.5 表示出网络的电压传输特性、微分特性 $D(x)$ 及微分增益 DG($x$)的曲线。当电压传输特性曲线有非线性失真时,$D(x)$、DG($x$)曲线就不平直。

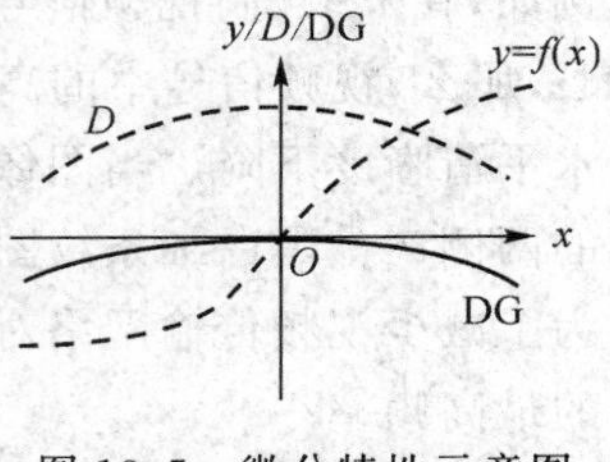

图 13.5　微分特性示意图

我们知道,在彩色电视图像信号中,有亮度信号和色度信号,色度信号是叠加在亮度信号上的。当亮度信号由黑电平变到白电平时,同样的色度信号,由于网络的微分增益不均匀,就会造成色度信号的幅度变化。由于色度信号的幅度是和彩色的饱和度关联的,这样,同一彩色信号在图像亮的部分和图像暗的部分其饱和度

不同，从而引起饱和度失真。这就是 DG 失真在图像上的直观表现之一。

**2. 微分相位 DP**

实际微分特性 $D$ 是一个复数，除了幅度以外还有相角。考虑相角以后，$\dot{D}=D\exp(j\varphi)$，$\dot{D}_0=D_0\exp(j\varphi_0)$，式中 $\varphi$ 和 $\varphi_0$ 分别为 $\dot{D}$ 和 $\dot{D}_0$ 的相角，它们都是输入信号 $x$ 的函数。定义微分相位 DP 为

$$\mathrm{DP}(x)=\varphi(x)-\varphi_0(0) \tag{13.5}$$

从式(13.5)可以看出，DP 的定义是一种绝对误差的概念，其单位为度或弧度。

如果 DP($x$)曲线不平直，就说明有相位非线性失真或 DP 失真。相位非线性失真会引起色同步和色副载波之间的相移变化，色度信号的相位和彩色的色调相关联，使得同样的彩色信号在画面上亮的部分和暗的部分所显示的色调不同。这就是 DP 失真在图像上的直观表现之一。

### 13.3.4　清晰度和信号带宽

衡量模拟图像质量高低的一个重要参数就是图像的清晰度。对于活动图像，或者视频序列，其图像(或视频帧)的清晰度往往可以用水平清晰度和垂直清晰度来表示。垂直清晰度基本上是由视频信号的每帧扫描线数来确定的，水平清晰度则是由视频基带信号的带宽所决定。质量良好的图像，如高清晰度电视(HDTV)的图像，首先其清晰度要高。

下面以 PAL 制电视信号为例，用比较直观的方法，而不是严格论证的方法来说明电视信号的清晰度和带宽的基本概念。垂直清晰度 $r_v$ 主要取决于每帧的有效扫描行数：

$$r_v=L_vK\approx 575\times 0.7\approx 400\ \text{线}=200\ \text{对(黑白水平线)}$$

其中，$L_v=575$ 为每帧有效扫描行数，$K\approx 0.7$ 为凯尔系数。可见垂直清晰度在最好的情况下约为 288 对黑白相间的扫描线(575÷2)，但在一般常情况下还要乘上凯尔系数($K=0.6\sim0.7$)，则垂直清晰度为 200 对左右。

从看电视的角度来说，观众希望水平和垂直清晰度大体相当，因而与之对应的水平清晰度则应为

$$r_h=(w/h)r_v=(4/3)200\approx 270\ \text{对(黑白垂直线)}$$

其中，$w/h$ 为画面的宽高比。上式说明在一行有效扫描期内，视频信号必须能反映经历约 270 次高低电平变化。设行扫描正程有效期为 51.2 μs，此时每对黑白电平变化所需周期为 $T=51.2\ \mu s/270\approx 0.19\ \mu s$，相应的频率即为视频的最高频率分量 $f_{max}=1/0.19\approx 5.2$ MHz。$f_{max}$ 决定了要达到预定的水平清晰度所需的视频信号带宽。如果摄像机和显示器的特性还有富余，则水平清晰度的决定因素是传输带宽和扫描速度。也就是说，如果传输网络的传输带宽小于 5 MHz，则图像中的高频部分难以通过，水平方向 270 对的清晰度难以得到保证，会引起水平清晰度的下降。

## 13.4　基带信号的数字调制

模拟图像信号经数字化以后就形成 PCM 信号，也可称作数字基带信号。数字基带信号可以直接进行传输，但传输距离有限。要进行长距离传输，可以将 PCM 信号进行数字调制(通常是采用连续波作为载波)，然后再将经调制后的信号送到信道上去传输。这种数字调制称为连续波数字调制，它包括传统的幅移键控(ASK)，频移键控(FSK)，相移键控(PSK)，也包括后来发展的多相相移键控(mPSK)，多电平正交调幅(mQAM)，正交频分复用(Orthogonal Frequency Division Multiplexing，OFDM)调制，数字残留边带(VSB)调制等现今普遍使用的

数字调制技术,也是本节简要介绍的内容。

## 13.4.1 多相相移键控调制

多相相移键控($m$PSK)数字调制,用载波的 $m$ 个不同的相位来表示 $L$ 比特码元的 $2^L=m$ 种状态。如 4PSK 调制,$m=4,2^2=4,L=2$,4 种不同的相位可用来表示 2 比特 4 种不同的数字信息。因此,将需要调制的二进制比特流进行分组,每 2 bit 为一组;每一组都可能有 4 种不同的状态,对应每一种状态用一种相位去表示。例如,输入二进制码流为 1 1 0 1 0 0 1 0 1 1 …则将它们分组为 1 1、0 1、0 0、1 0、1 1、…然后用不同的相位来代表它们。如 8PSK 调制,则 $m=8,2^3=8,L=3$,需将码流每 3 bit 分为一组,每一组用 8 种不同的相位中的一种来代表它们。其他的情况依此类推。

由数字通信中的多相位调制原理可知,$m$PSK 调制信号为

$$s(t)=\sum_n g(t-nT_s)\cos(\omega_0 t+\psi_n) \tag{13.6}$$

其中,$g(t)$是脉宽不超过 $T_s$ 的单个基带脉冲,$\omega_0$ 为载波频率,$\psi_n$ 为受调相位,共有 $m$ 个取值。先将 $\cos(\omega_0 t+\psi_n)$和差化积,再令 $x_n=\cos\psi_n$,$y_n=\sin\psi_n$,则有

$$\begin{aligned} s(t) &= \cos\omega_0 t\left[\sum_n g(t-nT_s)\cos\psi_n\right]-\sin\omega_0 t\left[\sum_n g(t-nT_s)\sin\psi_n\right] \\ &= \left[\sum_n x_n g(t-nT_s)\right]\cos\omega_0 t-\left[\sum_n y_n g(t-nT_s)\right]\sin\omega_0 t \end{aligned} \tag{13.7}$$

当 $\psi_n$ 确定以后,$x_n$ 和 $y_n$ 就是确定的值,也就是不同的幅度,这样上式也可以看成 2 项多幅度正交调制的和。在 4 相相移键控调制的情况下,取 $\psi_n=\pi/4$、$3\pi/4$、$5\pi/4$、$7\pi/4$ 时,$x_n$ 和 $y_n$ 的值如表 13.1 所示。可见,$x_n$ 和 $y_n$ 只有 2 个取值,4PSK 调制完全等效于 2 路 2 电平($1/\sqrt{2}$,$-1/\sqrt{2}$)分别对 $\cos\omega_0 t$ 和 $\sin\omega_0 t$ 进行振幅键控(ASK)调幅后的叠加。

**表 13.1 4PSK 时的 $x_n$ 和 $y_n$ 的取值**

| | $\pi/4$ | $3\pi/4$ | $5\pi/4$ | $7\pi/4$ |
|---|---|---|---|---|
| $x_n$ | $1/\sqrt{2}$ | $-1/\sqrt{2}$ | $-1/\sqrt{2}$ | $1/\sqrt{2}$ |
| $y_n$ | $1/\sqrt{2}$ | $1/\sqrt{2}$ | $-1/\sqrt{2}$ | $-1/\sqrt{2}$ |

根据上述原理,4PSK 调制的实现可利用两个正交调幅器分别对每个 2 bit 中的 1 bit 进行幅度调制,然后相加,就得 4PSK 信号,如图 13.6(a)所示。相应的正交相干解调方法如图 13.6(b)所示。4PSK 在二维信号平面上的矢量如图 13.6(c)所示。

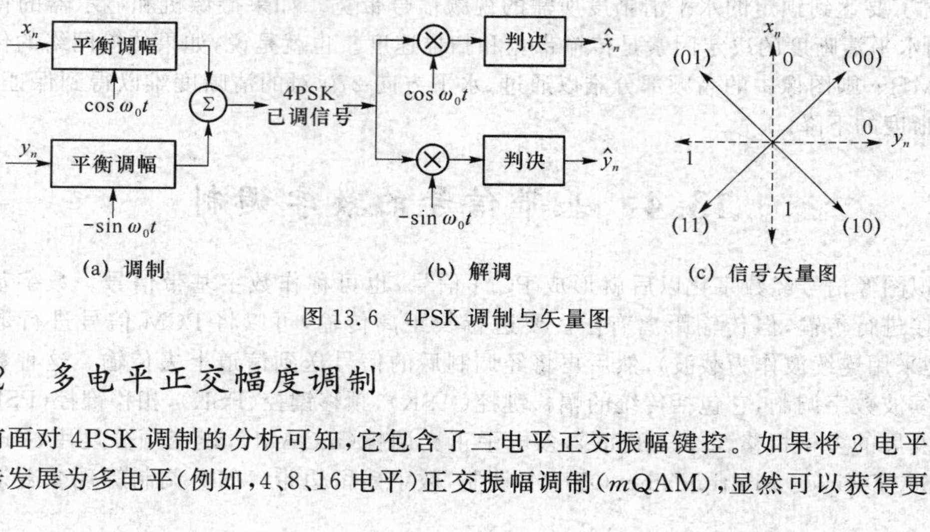


图 13.6 4PSK 调制与矢量图

## 13.4.2 多电平正交幅度调制

由前面对 4PSK 调制的分析可知,它包含了二电平正交振幅键控。如果将 2 电平振幅键控进一步发展为多电平(例如,4、8、16 电平)正交振幅调制($m$QAM),显然可以获得更高的频

谱利用率。一般说来，$L$ 个电平的 QAM，在二维信号平面上产生 $m=2^L$ 个状态。因此，正交振幅调制 $m$QAM 中的 $m$ 是指定总信号状态数。这种方法实质上就是利用相位和幅度来联合调制，进一步增加信号调制的频带利用率，其调制信号一般表达式为

$$s(t)=\sum_n A_n g(t-nT_s)\cos(\omega_0 t+\psi_n) \tag{13.8}$$

其中，$g(t)$是脉宽不超过 $T_s$ 的单个基带脉冲，$\omega_0$ 为载波频率，$\psi_n$ 为受调制的不同相位，$A_n$ 为受调制的不同幅度，类似于多相位调制，上式可以写成：

$$s(t)=\left[\sum_n A_n g(t-nT_s)\cos\psi_n\right]\cos\omega_0 t-\left[\sum_n A_n g(t-nT_s)\sin\psi_n\right]\sin\omega_0 t \tag{13.9}$$

令 $x_n=A_n\cos\psi_n$，$y_n=-A_n\sin\psi_n$，则式(13.9)为

$$s(t)=\left[\sum_n x_n g(t-nT_s)\right]\cos\omega_0 t+\left[\sum_n y_n g(t-nT_s)\right]\sin\omega_0 t \tag{13.10}$$

由此可以看出，幅度相位联合调制可以看作 2 个正交调制信号的和。用 $x_n$ 和 $y_n$ 可表示调制信号在矢量平面上的位置，又形象地称为“星座”。对于 16QAM，其星座图如 13.7(a)所示，不同的 $x_n$ 和 $y_n$ 形成 16 种状态，对应星座图中的 16 个点。16 电平正交幅度键控可以用两个 4PSK 组合而成，它们之间幅度的比值为 2∶1，其原理框图如图 13.7(b)所示。基带信号每 4 bit 为一组($a_1$、$b_1$、$a_2$、$b_2$)输入到 16QAM 调制器，对应某一个相位和幅度状态的已调载波输出。

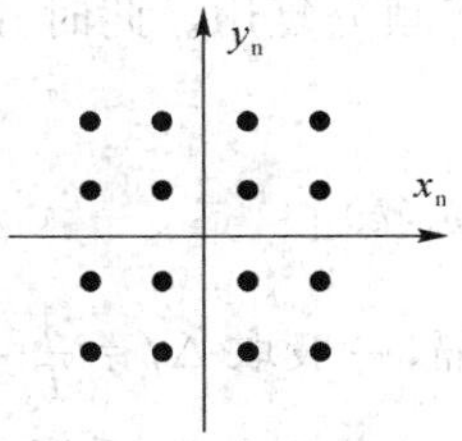

(a) 16QAM星座图

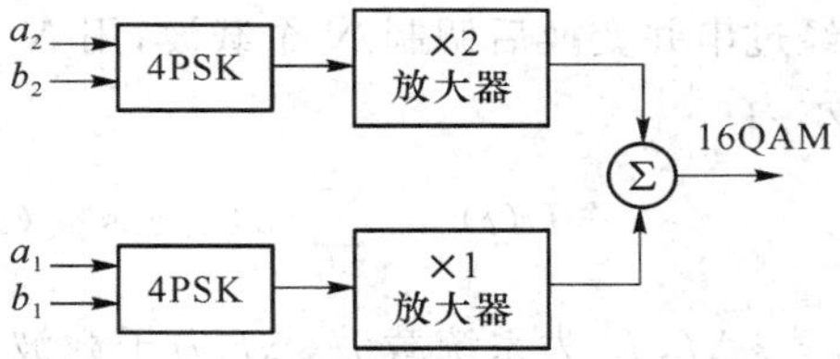

(b) 16QAM实现方法

图 13.7　16QAM 调制与实例图

## 13.4.3　正交频分复用调制

通常的数字调制都是在单个载波上进行，如 PSK、QAM 等。这种单载波的调制方法易发生码间干扰而增加误码率，而且在多径传播的环境中因受瑞利衰落的影响而会造成突发误码。若将高速率的串行数据转换为若干低速率数据流，每个低速数据流对应一个载波进行调制，组成一个多载波的同时调制的并行传输系统。这样总的信号带宽被划分为 $N$ 个互不重叠的子通道，$N$ 个子通道进行正交频分多重调制，就可克服上述单载波串行数据系统的缺陷。这一新型的调制方式称为正交频分复用(OFDM)。这种调制方式以其优越的性能已在数字电视地面广播、4G 移动通信系统、无线局域网等众多场合得到广泛的应用。

参见图 13.8 的频谱，OFDM 通过多载波的并行传输方式将 $N$ 个单元码同时传输来取代通常的串行脉冲序列传送，使得每个单元码所占的频带 $\Delta f$ 远小于单载波码元频带，从而有效地防止了因频率选择性衰落造成的码间干扰。例如，在 $N=256$ 的情况下，和相同传输容量的单载波调制系统相比，每个载波承担的码率要低得多，符号要长得多。在 OFDM 调制中，设 $f_k$ 是一组载波，各载波频率的关系为

$$f_k=f_0+\frac{k}{T_s}=f_0+k\Delta f,\qquad k=1,2,\cdots,N-1 \tag{13.11}$$

其中,$T_s$ 是单元码的持续时间,$f_0$ 是发送的频率组的初始频率。可以看出,这一组载波从 $f_0$ 开始以 $1/T_s$ 的频率间隔均匀排列。设第 $k$ 个载波为

$$g_k(t)=\begin{cases} e^{j2\pi f_k t}, & 0\leqslant t\leqslant T \\ 0, & \text{其他} \end{cases} \tag{13.12}$$

显然各子载波之间满足正交性就是使下式成立:

$$\int_0^{T_s} e^{j2\pi f_k t}(e^{j2\pi f_j t})^* dt=\begin{cases} T_s, & j=k \\ 0, & j\neq k \end{cases} \tag{13.13}$$

其中,符号"*"表示复共轭。和一般的频分复用(FDM)方式不同,它是 $N$ 个间隔为 $1/T_s$ 的 sinc 函数,每个 sinc 函数的峰值正好位于其他 sinc 函数的零点。因而其频谱是相互正交的,而不是相互分开的,所以这种调制方式的频谱利用率较高。

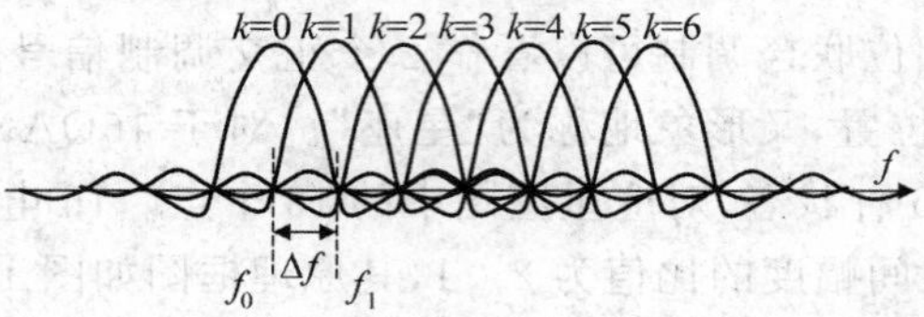


图 13.8　$g_k(t)$信号的频谱

设在一个周期$[0,T]$内传输 $N$ 个符号为$(d_0, d_1, \cdots, d_{N-1})$,$d_k$ 为复数,$d_k=a(k)+jb(k)$。此复数序列经过串并变换后调制 $N$ 个载波,用 $N$ 个调制器进行频分复用。此时,所得到的传输波形可表示为

$$D(t)=\sum_{k=0}^{N-1}[a(k)\cos\omega_k(t)+b(k)\sin\omega_k(k)] \tag{13.14}$$

其中,$f_k=f_0+k\Delta f$,$f_0$ 为系统载波,$\Delta f$ 为子载波间的最小间隔,一般取 $\Delta f=\frac{1}{T_s}=\frac{1}{N\cdot t_s}$,其中,$t_s$ 为符号序列$(d_0,d_1,\cdots,d_{N-1})$的时间间隔,显然有 $T=N t_s$。在接收端,采用 $N$ 对相干解调器对 $D(t)$正弦分量和余弦分量进行相乘、滤波等操作可得到解调序列$\hat{a}(0)$,$\hat{a}(1)$,…,$\hat{a}(N-1)$,$\hat{b}(0)$,$\hat{b}(1)$,…,$\hat{b}(N-1)$,经过并串转换和数据解码后恢复为原发送端数据序列。如果没有误码干扰,解码序列和发送的序列没有差别。

根据以上分析,可以构造出基本的 OFDM 调制器和解调器,但这样实现 OFDM 调制实现较为复杂,当 $N$ 很大时,需要大量的正弦波发生器、滤波器、调制器及相干解调器。从式(13.14)可以看出,如果利用离散傅里叶逆变换(IDFT)来实现 OFDM 的调制,用离散傅里叶变换(DFT)来实现 OFDM 解调,则可以大大简化它的实现复杂度。用这种方式实现的 OFDM 如图 13.9 所示,其中的 DFT 由 FFT(快速 FT)完成。

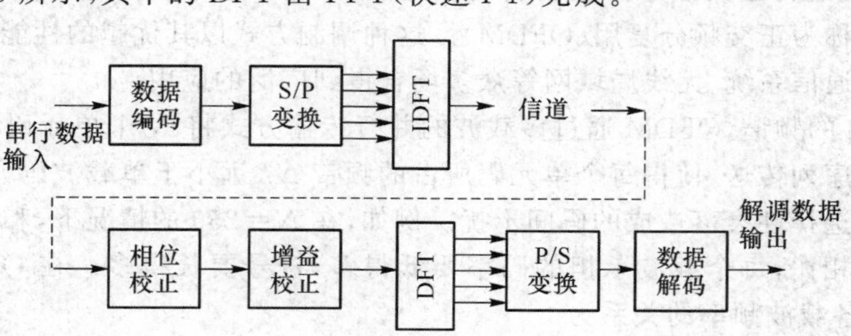


图 13.9　用 DFT 实现 OFDM

OFDM 系统中，数据信号对各并行子带的副载波调制可以采用 $m$PSK、$m$QAM 等方式。当优先考虑传输鲁棒性时，可采用误码性能特别好的 $m$PSK，如 4PSK 或 16PSK。而需优先考虑频谱利用率时，可采用 $m$QAM，如 16QAM 或 64QAM 等。此时将相应的 OFDM 称为 PSK-OFDM 或 QAM-OFDM。

### 13.4.4　残留边带调制

**1. 模拟 VSB 调制**

由于模拟图像信号一般所占频带都较宽，如视频基带信号的带宽约为 4～5 MHz。在双边带调幅(DSB-AM)中，传输频带是基带带宽的两倍，占用了较宽的频带，因而不适合在图像传输中使用。单边带调幅(SSB-AM)虽然能节省一半的频带，但由于要求单边带滤波器具有陡峭的幅度特性和良好的线性相位特性，实现比较困难，因而也不适合在图像传输中应用。地面广播电视领域多采用占用带宽和单边带差不多、但实现相对简便的残留边带(Vestigial Side Band，VSB)调制方式。

VSB 调制方式具有双边带和单边带调幅的特点，它除去了下边带中相当大的一部分，而把其残留的部分(即残留边带)与上边带的大部分同时传输，上边带中对应于残留边带的那部分低频分量也不传送。这样，在接收端可以用残留边带分量弥补上边带中未传送的低频部分。

下面简要说明 VSB 调制解调的原理。设基带信号为 $m(t)$，载频信号为 $A\cos(\omega_c t+\varphi_c)$，如果使载频的振幅随基带信号而变，则双边带调幅信号 $M(t)$ 为

$$M(t)=A[1+Km(t)]\cos(\omega_c t+\varphi_c) \tag{13.15}$$

其中，$K$ 为调幅系数(通常 $K\leqslant 1$)，为简单起见，令 $m(t)=\cos(\omega_p t+\omega_p)$，则

$$\begin{aligned}M(t)&=A[1+K\cos(\omega_p t+\varphi_p)]\cos(\omega_c t+\varphi_c)\\&=A\cos(\omega_c t+\varphi_c)+\frac{1}{2}KA\cos[(\omega_c+\omega_p)t+(\varphi_c+\varphi_p)]+\frac{1}{2}KA\cos[(\omega_c-\omega_p)t+(\varphi_c-\varphi_p)]\end{aligned} \tag{13.16}$$

式(13.16)右边第一项为载频分量，第二、第三项分别为上、下边带。理想的残留边带滤波器的截止特性在载波附近 $f_c\pm f_v$ 的范围内相位特性为线性的，幅度特性对载频 $f_c$ 是对称的，如图 13.10 所示。

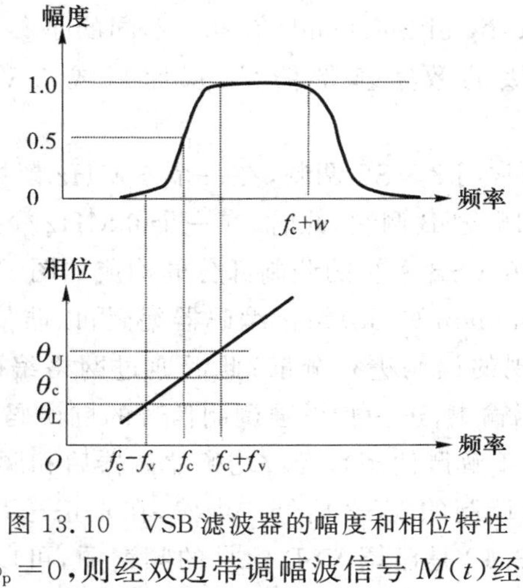


图 13.10　VSB 滤波器的幅度和相位特性

为简单起见，令 $\varphi_c=0$，$\varphi_p=0$，则经双边带调幅波信号 $M(t)$ 经残留边带滤波器滤波后得

$$G(t)=A_cA\cos(\omega_c t+\theta_c)+\frac{1}{2}KAA_U\cos[(\omega_c+\omega_p)t+\theta_U]+\frac{1}{2}KAA_L\cos[(\omega_c-\omega_p)t+\theta_L] \tag{13.17}$$

其中，$G(t)$为 VSB 滤波器输出的调制信号，$A_c$、$\theta_c$ 为 VSB 滤波器对载波的衰减量和相移，$A_L$、$\theta_L$ 为 VSB 滤波器对下边带的衰减量和相移，$A_U$、$\theta_U$ 为 VSB 滤波器对上边带的衰减量和相移。式(13.17)经三角运算后为

$$G(t)=A\cos(\omega_c t+\theta_c)\left[A_c+\frac{1}{2}KA_L\cos(\omega_p t+\theta_c-\theta_L)+\frac{1}{2}KA_U\cos(\omega_p t+\theta_U-\theta_c)\right]+$$
$$A\sin(\omega_c t+\theta_c)\left[\frac{1}{2}KA_L\sin(\omega_p t+\theta_c-\theta_L)-\frac{1}{2}KA_U\sin(\omega_p t+\theta_U-\theta_c)\right] \tag{13.18}$$

在接收端，用本地载波 $B\cos(\omega_c t+\theta)$和 $G(t)$相乘，即 $G(t)B\cos(\omega_c t+\theta)$，用低通滤波器取出频率为 $\omega_p$ 的分量，并设 $\theta_U-\theta_c=\theta_c-\theta_L=\theta'$，则得解调输出：

$$m'(t)=\frac{1}{4}KAB(A_L+A_U)\cos(\omega_p t+\theta')\cos(\theta_c-\theta)+\frac{1}{4}KAB(A_L-A_U)\sin(\omega_p t+\theta')\sin(\theta_c-\theta) \tag{13.19}$$

如果使本地载波的相位 $\theta$ 和发端载波的相位 $\theta_c$ 相等，即 $\theta_c=\theta$，则 $\cos(\theta_c-\theta)=1$，$\sin(\theta_c-\theta)=0$，可消除正交分量，使解调信号输出无失真，因此在接收端应具有自动相位调整功能电路。在理想情况下 $A_L+A_U=1$，结果为

$$m'(t)=\frac{1}{4}KAB(A_L+A_U)\cos(\omega_p t+\theta')=\frac{1}{4}KAB\cos(\omega_p t+\theta') \tag{13.20}$$

设滤波器具有线性相位，则应有 $\theta'=\omega_p\tau$，从而

$$m'(t)=\frac{1}{4}KAB\cos(\omega_p t+\omega_p\tau)=\frac{1}{4}KAB\cos[\omega_p(t+\tau)] \tag{13.21}$$

由此可见，解调输出 $m'(t)$只比原调制信 $m(t)$号延迟了 $\tau$ 时间，而没有失真。以上分析虽然是由单频调制、同步解调推出的，但其方法和结论对一般的调制信号都适用，若采用包络检波解调，会引入正交失真，在某些要求不高的场合可使用。

**2. 数字 VSB 调制**

数字 VSB 调制方式的原理和模拟 VSB 相仿，输出的也是一种使用单个载波、采用幅度调制、抑制载波的残留边带(Vestigial Sideband)信号。不同的是参与调幅的不是连续的模拟信号，而是只有几个幅度等级的数字基带信号，从而形成 2-VSB、4-VSB、8-VSB、16-VSB 调制等。

在地面数字电视广播中常用 8-VSB 调制，在一个 6 MHz 模拟带宽内可传送一路 HDTV 信号；而在有线电视中常用 16-VSB 调制，此时，在一个 6 MHz 模拟带宽内可传送 2 路 HDTV 信号。一般的 8-VSB 或者 16-VSB 系统的调制部分的构成如图 13.11 所示。经过压缩编码的视频信号送到 R-S(Reed-Solomon Code)纠错编码器编码，以防信道上的突发误码；然后再进行数据交织，其作用是将出现的误码进行分散；此后通过网格编码(TCM)编码，形成 10.7M 符号/秒的 8 电平 TCM 编码输出，进一步增强调制信号的抗误码能力。这一信号和同步数据复用后，插入适当的导频(便于解调使用)，经过均衡滤波器后和调制载频(如 46.7MHz)相乘，再经 VSB 滤波器，即输出已调制的 VSB 信号。当然，在真正送到发射天线之前，还要进行上变频和高频功率放大。图 13.12 是已调 VSB 信号的频谱图，可以看出，除了增加了一个导频以外，数字 VSB 的频谱范围是和现行的广播电视的频谱一致的。

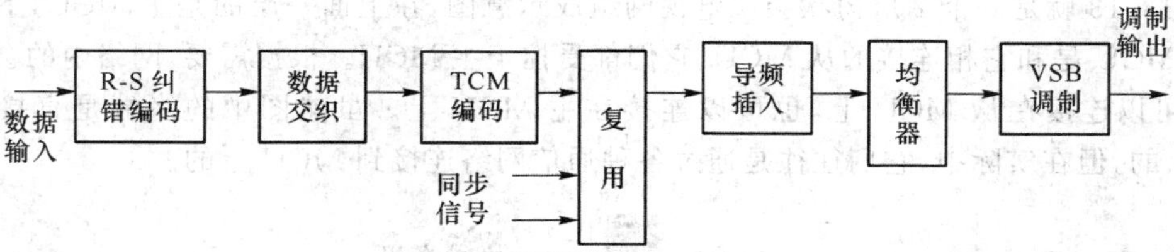


图 13.11　8/16-VSB 调制框图

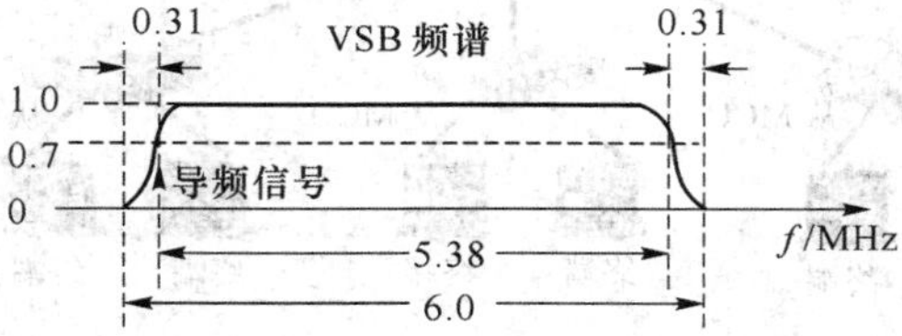


图 13.12　VSB 频谱示意图

# 13.5　图像通信应用系统

近年来，互联网和移动通信的迅速崛起，微电子和计算机技术的发展，对通信信息领域的各个方面都产生了巨大的影响，并且还将持续下去。这种影响同样也明显地存在于图像通信中，催生了更多新兴的图像通信技术和业务，使得图像通信的应用进入了一个新阶段。本节简要介绍 3 类图像通信应用系统：会议电视系统、远程视频监控系统和网络视频等。限于篇幅，还有更多的应用系统难以一一介绍，如远程教学与培训，远程医疗，点播电视，居家购物，视频聊天，视频博客，销售演示，知识获取（博物馆、图书馆、资料室等），电子新闻等。

## 13.5.1　会议电视系统

电视会议是图像通信的典型应用之一，通过视频和网络实现多点之间的图像通信，传送会场（与会者及背景）的图像、语音其他参考材料等，特别适合多个地点、多个参加者的"面对面"的信息交流活动。会议电视已给人们带来了诸多便利，可以节省大量参加会议所需的旅费、时间，提高开会的效率，解决有些人无法参会的困难。此外，在一些紧急场合，可以用会议电视及时了解或发布紧急情况，做出决策。

**1. 电视会议系统构成**

电视会议系统也和其他通信系统一样，主要由通信网络、交换设备和用户终端构成。

(1) 通信网络。通信网络为会议电视提供信息传输的通道。会议电视系统一般都借助于现有的通信网络，如电信网、因特网、广电网等组建而成，具体的信道包括光纤、电缆、微波、无线、卫星等。

(2) 交换设备。交换设备主要是多点控制单元（Multipoint Control Unit，MCU），担任网络中各个会议节点之间的信息交换和汇接作用。目前大部分会议电视系统都是有 MCU 搭建的分层树状网络。

(3) 用户终端。用户终端主要是完成信号发送与接收任务，将数据、音频、视频等各种信号进行处理之后组合成数据码流传输；同时将收到的码流即时处理成视频、音频等信息为与会者提供。

图 13.13 就是一个 2 层树状会议电视网组成示意图,在上面一层的是主 MCU,下面一层的 3 个 MCU 是和它相连接的从 MCU,它们都受控于主 MCU。根据需要,网络内的会议电视终端既可以连接在从 MCU 上,也可以连接在主 MCU 上。虽然图中的终端是直接连接到 MCU 上的,但在实际中,它们往往是通过各种通信网络连接到 MCU 上的。

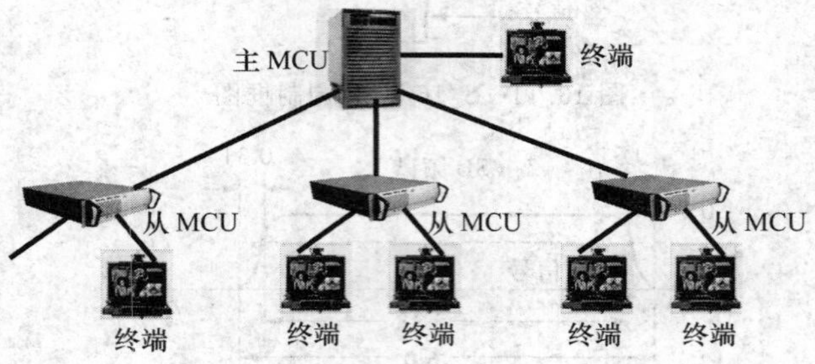


图 13.13　2 层配置的会议电视系统

**2. H.323 和 SIP 会议电视系统**

(1) H.323 会议电视系统

在会议电视应用中,最早是 ITU-T 于 20 世纪 90 年代初推出的基于 ISDN 的 H.320 会议电视系统。随后,为充分利用 PSTN 网,推出了 H.324 系统。随着计算机网、因特网的发展与普及,ITU-T 于 1995 年陆续推出了基于 LAN 的 H.323 系统。这 3 套系统各自所包括的主要国际标准如表 13.2 所示。

**表 13.2　3 套实用的会议电视国际标准**

| 标准 | H.320 | H.324 | H.323 |
|---|---|---|---|
| 应用网络 | ISDN | PSTN | LAN |
| 视频编码 | H.261 | H.261/263 | H.261/263 |
| 音频编码 | G.711/722/728 | G.723/729 | G.711/722/728/723/729 |
| 多路复用 | H.221 | H.223 | H.225 |
| 通信控制 | H.242 | H.245 | H.245 |
| 数据传输 | T.120 | T.120 | T.120 |

(2) SIP 会议电视系统

20 世纪 90 年代末,随着 Internet 网络应用的逐步普及,IETF(Internet Engineering Task Force)于 1999 年制订、2002 年修改的 SIP 协议,称为"会话(Session)发起协议"(SIP),用于发起会话。所谓的会话,就是指用户之间的数据交换。在基于 SIP 协议的应用中,每一个会话可以是各种不同类型的信息,可以是普通的文本数据,也可以是经过数字化处理的音频、视频数据,还可以是诸如游戏等应用数据,具有很大的灵活性。现在 SIP 已经被 ITU-T 所接受,并推出了用于 H.323 和 SIP 之间互通的协议。

利用 SIP 协议可在因特网上动态组网,提供会议电视服务,形成 SIP 系统。按逻辑功能区分,SIP 系统由以下 4 种元素组成:

- SIP 用户代理(User Proxy)。又称为 SIP 终端,是 SIP 系统中的最终用户。
- SIP 代理服务器(Proxy Server)。既是客户机又是服务器,具有解析名字的能力,能够代理前面的用户向下一跳服务器发出呼叫请求并决定下一跳的地址。

• SIP 重定向服务器(Redirect Server)。负责制订 SIP 呼叫路径。

• SIP 注册服务器(Register Server)。用来完成用户服务器的注册登录。

SIP 协议符合网络的 IP 发展趋势,且本身简洁高效,因而在目前的网络视频通信中已胜过 H.323,成为主流的应用方式。

**3. 会议电视发展趋势**

会议电视借助于高清视频、云计算和三网融合等技术,今后的发展主要是朝提高用户体验、降低运行成本、方便操作等方面进行。

(1) 向高清视频、立体视频、临场逼真方向发展

采用高分辨率视频,如 1 080p 甚至更高的 4K 分辨率 4 096×2 160 的视频,伴随以低时延、高品质语音,采用现场感很强的会场布置、拍摄和显示的"远程呈现"(Telepresence)方式,使与会者对远端的场景和人物感到更加清晰、逼真。应用立体视频,甚至多视点视频技术的会议电视系统也在实验当中。

(2) 逐步融入云计算中

云计算的核心理念,就是实现 IT 资源的共享和合理调配,用户可以通过任何一个终端观看和共享统一云端的视频内容,还能够轻松解决高清视频带来的海量信息存储的问题。这种方便、经济的信息交互的方式已深深影响到视频会议系统,不少厂商已推出各自的基于云计算的视频会议系统。

云计算视频会议系统的数据传输、处理和存储均由云计算系统完成,用户无须购置硬件设备和相应的软件,无须维护投入,只需缴纳一定的费用,注册、登录到云系统,就能获得高效的视频会议服务。

(3) 三网融合和多屏融合

三网融合是当今通信发展的大趋势,指的是公共通信网、计算机网、广播电视网在业务应用、网络技术和终端等多层面的融合,将三者进行整合使其成为相互兼容的统一信息服务网络。会议电视在这样的融合网络上进行,受到的带宽制约、协议制约、接口制约等会越来越少。三网融合也使手机屏、计算机屏以及电视屏统一起来,三者的切换和共享很容易,从而使会议地点不再局限于会议室内。

## 13.5.2 远程监控系统

随着社会的发展,人们生产和生活的活动范围不断扩大,对各种现场的监视和控制的要求也在不断增加,如对通信传输机房的无人值守、高速公路的卡口监视、银行 ATM 取款机的远程监管等。传统的模拟图像监控系统已经不能满足多设备、多参量、跨区域的监控要求。应运而生的是数字化、网络化、智能化的远程视频监控系统,它能很好地克服地域、线路和性能价格比的困扰,满足各种监控的要求。

数字监控系统可以借助现有网络系统进行传输,小型的监控系统也无须建设专门的监控中心,可以由普通的计算机、工作站来完成。如果需要,系统控制点和图像浏览点也可不再局限在固定的监控中心,而是可以分布于计算机网络的每个节点,被授权的用户可以通过 LAN、移动网络、甚至用因特网来进行对现场目标的监控。在数字监控系统中,由于对数字信息可以进行加密编码,用户信息传输的安全保密要求比较容易得到满足。

**1. 远程监控系统的构成**

如图 13.14 所示,典型的远程监控系统基本上可分为远端图像设备(压缩编码和处理模

块)、监控中心和通信网络3大部分。通信网一般是借助于公共数字通信网络，如果需要可以形成虚拟专网；监控中心位于企业内，主要是由计算机及其相应的软件承担；大部分的远端监控设备分布较广，要承担图像信号的采集、压缩和必要的处理工作。

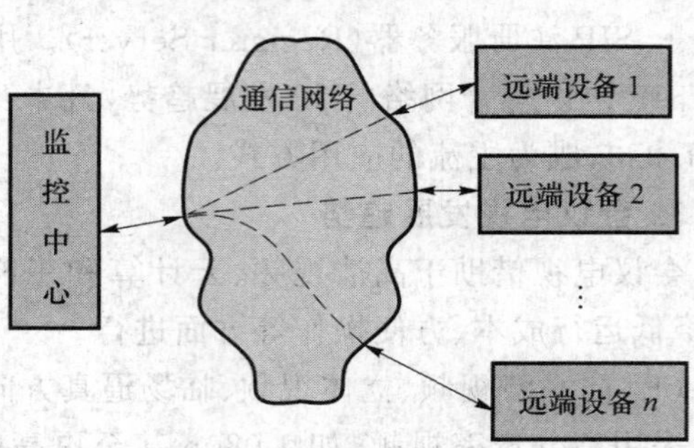

图 13.14　远程监控系统结构示意图

值得一提的是，随着因特网的发展，基于因特网的远程监控系统近来发展很快。这种系统分布广泛，传输费用低廉，传输的方式灵活。其不足之处是它的 QoS 不能确保，但近来的有关 IP 网上的 QoS 改进的方法不断出现，伴随 QoS 的提高，这种远程监控系统已经成为一种主要的监控方式。

**2. 远程监控系统的功能要求**

远程监控系统的对图像的分辨率要求较高，一般 352×288(CIF 格式)分辨率不能满足要求，多数要求 704×576(D1 格式)、1 024×768、1 920×1 080 像素点以上，而且实时图像传送要达到 15 帧/秒以上，传输延迟要小，镜头可控制，可切换多处视频源。例如，在高速公路道口监控现场，被监控的对象是高速运动的车辆，要求至少能看清它的车牌号，因而必须采用高清图像格式才行，如 4CIF、16CIF 等；而对楼宇监控这类场合，在多数情况下被监控的对象是静止不动的，因而图像质量可适当降低一些，一般采用 CIF 格式就能满足要求。

用户对远程监控系统的要求往往不是单一的传送现场图像，而是综合的现场环境。它既包括现场的图像信息，还要求包括现场的声音信息，以及其他的环境参数。例如，在电信机房监控中，要求将设备的工作状态参数(电压、电流、速率、温度等)传送到监控中心。

许多监控系统要求具备自动报警功能，具备智能化图像信息处理功能。要求当现场发生异常情况时能及时向监控中心发出告警信号，并及时记录现场的异常情况。例如，在家庭监控中，要求在陌生人非法进入家庭时，监控系统不仅要尽快地将现场的情况自动传到监控中心或户主，还要能将此报警信息传到公安部门。

远程监控系统对现场信息的存储也有不同的要求，有的仅要求即时观看，不需要进行存储。但大多数情况下要求监控中心有一定存储容量，以便事后查看。有的甚至要求在远端也要有一定的存储量，以防传输线路出现阻塞时不至于漏掉重要的远端现场信息。

对于监控中心，所监控的信息并不是所有人都可以观看和处理的，必须设置一定级别的权限。例如，可禁止无关的人员接触监控信息，有低级权限的人只能观看，有高级权限的人不仅能观看而且可以处理监控信息，发送监控命令等。

**3. 基于 IP 网络的监控系统**

目前使用最多的是通过现有的 IP 数字网络建立的远程监控系统。该系统用于传送远端的动态或静态图像、语音、数据信号以及系统控制、报警等信号。

**【例 13.1】**　这里介绍一个具体的 IP 网络上"移动通信基站动力环境综合监控系统"，如图 13.15 所示，除了传输网络外，主要包括基于计算机的视频监控中心和若干远端视频监控设备两部分。

放置在基站的远端设备包括若干台摄像机、4 画面处理器、云台、环境数据采集、视频编码器和信息处理、网络通信接口等部分。视频编解码器实际上是一个嵌入式系统，完成对视频图像的捕获、压缩处理，并将压缩后的现场信息和环境信息送到图像监控中心。此外，还负责整个远端的信息处理、存储和控制,如对云台、摄像机动作的控制。

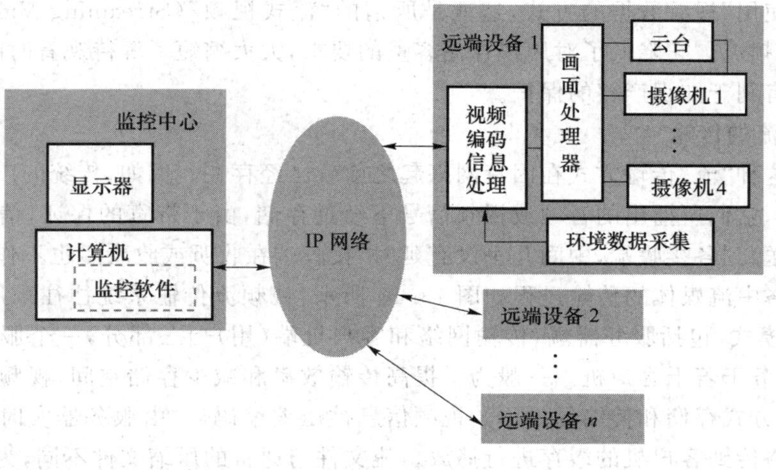


图 13.15　基于 IP 网络的远程视频监控系统

图像监控中心配备计算机、显示器、网络接口等设备。计算机接收解压视音频信息,发出相应的控制、处理、记录、显示和输出命令。管理人员通过界面友好、操作方便的计算机控制台,一方面了解、处理和记录由现场传来的各种实时信息,一方面还可对网内的全部或部分远端现场发出各种操作和控制指令,以完成对现场的各种监控操作。

该系统的主要技术指标如下:

(1) 传输速率:100～500 kbit/s。

(2) 监控图像:支持多地点视频输入,同一地点最多可接 4 路摄像机,可由监控中心选择某一路,或将 4 路合成为一个画面传输;图像格式为 QCIF、CIF 或 4CIF 格式;摄像机可接受监控中心的遥控,水平方向转动 120°,上下仰俯转动 60°;视频编码标准为 H.263、MPEG-4、H.264/AVC等。

(3) 监控环境参数:共有 100 多个,如温度、湿度、烟感、温感、仪表读数、不间断电源、门禁等。

(4) 监控中心:接收远端的现场信息,在计算机显示屏上解码显示 QCIF、CIF 或 4CIF 格式视频图像;可以通过键盘或鼠标实现对远端的摄像机、云台、4 画面处理器进行控制。

(5) 网络接口:LAN、WLAN、Wi-Fi 等标准接口。

(6) 数据处理:能够进行实时数据监测、存储,历史数据的查询,报表的统计、打印。

(7) 系统安全:设置人员操作权限,进行操作记录;系统具有容错能力和备用功能;具有自动时钟校正、智能门禁、烟雾报警等功能。

## 13.5.3　网络视频

**1. 视频数据流**

(1) 从视频文件到视频流

如果将视频数据的全体比作一潭池水,通过互联网观看视频节目时,可以先将这一潭池水全部搬(传输)到用户的池塘中,再由用户享用(观看)。这就是一种文件“下载”(Download)传输方式,是因特网初期普遍采用的一种方式。

如果仅仅是为了观看视频内容,那么,很容易理解,不必等到一池水完全搬到用户处以后再让用户使用,而是采取“水流”的方式,将这一池水不停地通过一根管道流到用户处。在用户处,待流入的水稍有积存便开始使用(观看),形成一种一边流入、一边观看、一边丢弃的一种新的“传输”和“使用”视频数据的方式,这就是所谓的“流式视频”(Streaming Video)方式,传输的对象就是视频流。它降低了对用户存储容量的要求,大大缩短了等待观看时间,观看过的数据不再保存,有利于知识产权的保护。

(2) 视频流的传输

实际上,这种“流”传输方式在因特网兴起之前就已经存在。例如,传统的广播与电视均采用了“流”技术,它们所播出的音频或视频信号不经过存储,由于带宽的保证,信号实时地从发送端“流”(传送)到各接收端,中间几乎没有延时,接收端在收听或收看后也不作任何存储。

在 IP 网络中流媒体的传输过程如图 13.16 所示,视频流传输系统往往采用客户机/服务器(C/S)传输模式,包括服务器端、传输网络和客户机端(用户)三部分,一个服务器通过网络的连接可以服务于若干客户机。一般为了提高传输效率和减少存储空间,视频数据都是以压缩视频数据的方式存储和传输的。原始视频信息被压缩编码后,由服务器实时打包流化发向网络,经过网络传到客户机的缓存进行播放。流文件与通常的压缩文件不同,为了适合在网络上边下载边播放,流文件需经特殊编码,形象地说就是把文件拆散,同时必须附加一些信息,如计时、压缩和版权信息等。

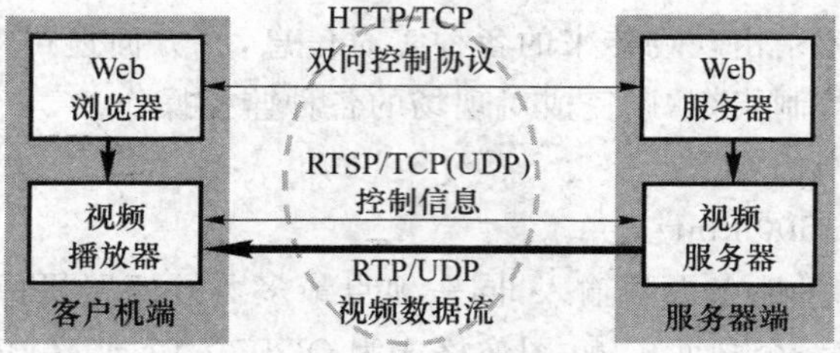


图 13.16 视频流传输过程

用户在节目播出前通过客户机端(电脑)的 Web 浏览器与服务器端的 Web 服务器之间需要采用 HTTP(超文本传输协议)/TCP(传输控制协议)进行互控操作,点播自己所选的视频节目流。用户选择某一视频流服务后,服务器开始检索用户所需要的实时数据,从编码器取出,并向用户端发送视频数据,节目开始播出。流文件经过传输网络到达用户端,用户通过视频播放器开始观看。视频服务器与用户电脑视频播放器之间的媒体数据流一般采用 RTP(实时传输协议)/UDP(用户数据报协议)协议进行传送。在节目播出中,用户电脑播放器与媒体服务器之间的控制信息则采用 RTSP(实时流控制协议)/TCP(UDP)协议进行互传。RTSP 起到一个遥控器的作用,用于用户电脑对视频服务器的远程控制,例如控制媒体数据流的暂停、快进、慢进或回放等。

**2. RTP 和 RTSP 协议**

图 13.16 中 TCP 是面向连接的、采用“遇错重传”方式工作的协议,主要用于传送控制信息。为保证 IP 网传输数据的可靠性,该协议对丢失、损坏或超时的 IP 包进行重发。

对于压缩视频数据,若采用 HTTP/TCP 传送,能够保证用户电脑所接收的内容是完整无缺的,但会因不断地重发 IP 包使得媒体数据流不断地中断,再加上接收端的缓冲区容量不够大,用户端在播放节目时将不可避免出现时断时续的现象。因此这种传输协议不适合用于实时播放视频流的播放,而比较适用于“下载”播放方式。

为了保证视频流的实时播放效果,视频流一般采用 RTP/UDP 传输。因 RTP/UDP 协议不采用误码重传机制,而是简单地将那些损坏或超时的 IP 包全部丢弃,从而可以保证实时的流传输,当然不可避免地会带来一定数量的数据错误,而在观赏视频时人眼是可以容忍一定程度的画面差错。如果在视频播放器中再加上一些差错控制措施,则采用 UDP 协议传输的视频流的播放质量还是十分令人满意的。

(1) 实时传输协议

由因特网工程任务组(IETF)制订的实时传输协议(Real-time Transport Protocol,RTP)是在因特网上实现点对点、点对多点传送数据的一种单向传输协议,只能从服务器端发送媒体流数据到客户端,经过简短的初始化握手和数据缓冲之后,即可开始在用户端实时播放,播放完了数据就丢弃。如果观众想要重新收看,只能通过再请求从流服务器来重放。RTP 一般和实时传输控制协议(Real Time Control Protocol,RTCP)配合使用,占用相继的两个 UDP 端口。RTP 负责实时媒体信息的传输,RTCP 负责相应控制信息的传输,监视 QoS 和携带预期控制信息。

RTP 数据协议用于对流媒体数据进行包封装,以实现媒体流的实时传输。每个 RTP 数据分组由一个头部和一组有效数据组成。有效数据可以是音频数据或视频数据。

(2) 实时流协议

和 RTP 类似,实时流协议(Real Time Streaming Protocol,RTSP)是另一个流媒体传送协议。RTSP 用在观众和单播(Unicast)服务器通信的场合。RTSP 提供双向通信,即观众可以和流服务器通信,可根据自己的爱好对节目进行控制性操作,如暂停、快进、后退等,这些控制功能的定义由 RTSP 来完成。

在 RTSP 中,定义了实时操作控制所用到的各种消息对应的状态码、操作方法、头信息等。为了兼容现有的 Web 基础结构,RTSP 在制订时较多地参考了 HTTP,RTSP 的实现采用服务器/客户机体系结构,使用与 HTTP 类似的语法和操作,RTSP 服务器与 HTTP 服务器有很多共同之处。

**3. IPTV**

IPTV(Internet Protocol Television)为交互式网络电视,简称网络电视,是一种利用宽带数字网络的基础设施作为传输媒介,集互联网、多媒体、通信等多种技术于一体,向家庭用户提供包括数字电视在内的多种交互式服务的新技术。用户在家中可采用两种固定有线方式获得 IPTV 服务:一种是借助于连接在宽带网上的计算机,另一种是在普通电视机上加接网络机顶盒。它能够充分有效地利用网络资源和电视节目提供商的内容优势,为用户提供多种形式的电视节目服务。

2006 年 10 月,ITU-T 的 IPTV 焦点组(FG IPTV)第二次在韩国釜山会议上探讨了 IPTV 的技术、标准等关键问题,认为 IPTV 播放平台是新一代家庭数字媒体终端的典型代表,它能根据用户的选择配置多种媒体服务功能,包括数字电视节目、IP 可视电话、DVD/VCD 播放、互联网浏览、电子邮件、电子购物以及多种在线信息咨询、娱乐、教育及商务功能。

(1) IPTV 的实现方式

目前,IPTV 有 3 种实现方式:一种是最早出现的方式,通过 IP 网络直接连接到 PC 客户端;第二种是最普及的方式,IP 网络通过机顶盒连接到电视机;第三种是最为灵活的方式,通过移动网络连接到用户手机。其中,机顶盒加电视机的方式已成为 IPTV 业务的主流终端方式。

从总体上来说,IPTV 的基本工作形态是视频数字化、传输 IP 化、播放流媒体化,它的工作原理与基于互联网的电话服务(VoIP)相似,它首先将视频信息进行压缩编码,把压缩视频流封装为数据包,然后通过互联网传送到用户,最后在用户端经解码通过计算机或电视播放。IPTV 的收视要想达到标准数字电视(SDTV)的效果,必须采用高效视频压缩技术,要求传输速率至少达到 500～700 kbit/s,如果是高清数字电视(HDTV),则要求速率达到 2 Mbit/s 左右。

(2) IPTV 关键技术和标准

IPTV 系统除包含流媒体技术、视频编解码技术等常见技术外,还包含内容分发(多播技术、内容发布、内容路由、内容交换等)、媒体资产管理、用户授权认证、集成解码等关键技术。

由于 IPTV 运营商所采用 MPEG-2/4、H. 264、AVS、VC-1 等各种视频标准优势各异,一时难以统一。针对这种情况,在 IPTV 的解码端采用集成解码技术来解决。所谓集成解码,就是用户终端能够同时支持多种压缩标准。至于集成解码的实现,可以同时采用多个硬件模块来实现,也可以采用功能强大的通用处理器,用软件实现解码;还可以采用支持多种视频压缩格式的专用芯片,采用软、硬件相结合的工作方式。

由于规范 IPTV 需要一系列技术标准,中国通信标准化协会(CCSA)的 IPTV 特别工作组于 2005 年成立,开始 IPTV 标准的制订工作,目前已经完成 34 项标准的制订,其中 9 项已经正式发布,形成了较为完善的标准体系。国际 IPTV 标准的制订工作 2006 年开始,但标准至今尚未有定论。中国作为 ITU-T IPTV 标准化工作的发起成员之一,全面参与了 IPTV 国际标准的制订,是 ITU-T 在 IPTV 标准制订方面的主导力量。在视频编码方面,H. 264、VC-1 和国标 AVS 由于采用了多项提高图像质量和增加压缩比的技术措施都已被 IPTV 国际标准所采纳。

(3) IPTV 的系统和终端

IPTV 系统由 3 部分组成:IPTV 播出服务中心、承载网络和用户终端,其结构如图 13.17 所示。具体承载网络如果是 IP 网络,如窄带/宽带局域网、城域网等,IPTV 终端常采用 PC、电视方式;如承载网络是同轴电缆、HFC 网络,IPTV 终端常采用“TV＋机顶盒”方式;如承载网络是移动网络,如 2G、3G 移动网、WLAN 等,则智能手机就是 IPTV 的基本终端。

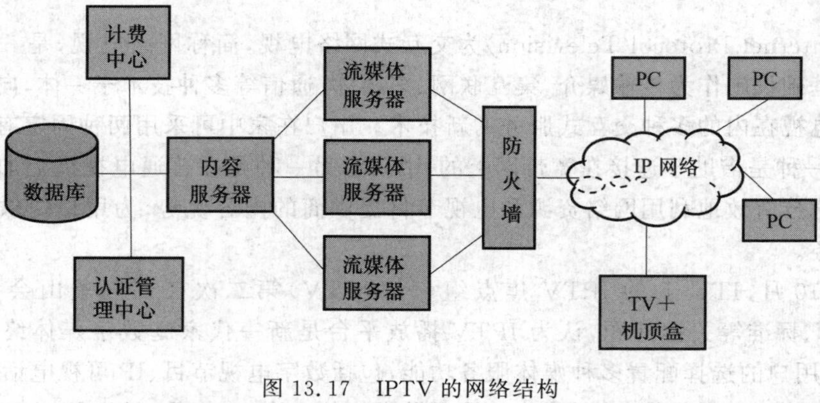


图 13.17　IPTV 的网络结构

IPTV 终端基本功能包括 3 个方面。首先,支持目前的 LAN 或 DSL 网络传输,接收及处理 IP 数据和视频流;其次,支持 MPEG-x、H. 26x、WMV、AVS 和 Real 等视频解码,支持视频点播、电视屏幕显示和数字版权管理;最后,支持 HTML 网页浏览,支持网络游戏,等等。

# 习题与思考

13.1　如题图 13.1 所示为 $m$PSK 的调制信号矢量图，问：

(1) 该调制为几相 PSK？

(2) 按此调制方式，信道波特率为 1 200 Baud/s 时，传送一幅 176×144×8 bit 灰度图像，要求在 1 s 内传完，求需将图像数据压缩多少倍？

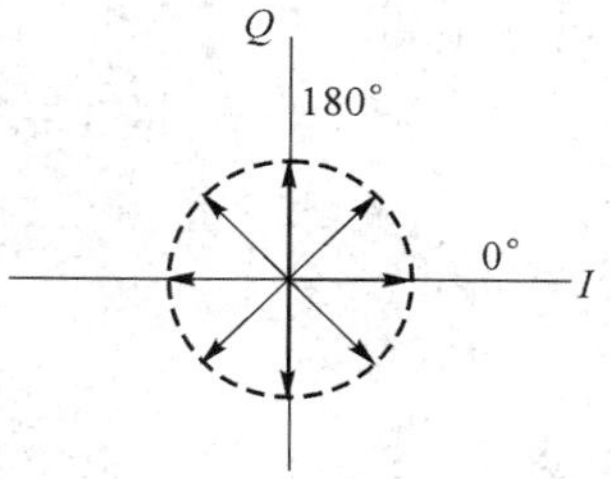


题图 13.1　PSK 调制信号矢量图

13.2　DMT(Discrete Multi Tone)调制方式和常用的单载波调制有什么不同？简述为什么在普通电话用户双绞线上，采用 ADSL 技术就可以传输数兆比特的数字信号？

13.3　请列举 4 种无线宽带接入方式，并列表对比它们的异同。

13.4　考察 $m=k^2$ 的 $m$QAM 调制，$k=4,8,16,\cdots$

(1) 推导使用 4PSK 实现 $m$QAM 的数学表达式；

(2) 根据上述关系画出用 4PSK 实现 64QAM 的原理图。

13.5　试述软交换 4 层协议的各自功能含义。

13.6　在数字视频传输中，常采用 VSB(残留边带)调制方式，画出采用带宽为 6 MHz 的视频基带信号经 VSB 调制和经 DSB(双边带)调制的频谱图，设载波频率为 1 000 MHz。